国外电子与通信教材系列

CMOS 模拟集成电路设计
（第三版）

CMOS Analog Circuit Design
Third Edition

[美] Phillip E. Allen 著
Douglas R. Holberg

冯军 李智群 译

电子工业出版社
Publishing House of Electronics Industry
北京·BEIJING

内 容 简 介

本书是 CMOS 模拟集成电路设计课程的经典教材,从 CMOS 技术的前沿出发,结合丰富的实践与教学经验,对 CMOS 模拟集成电路设计的原理和技术以及容易被忽略的问题进行论述。全书共 8 章,主要介绍了模拟集成电路设计的背景知识、CMOS 技术、器件模型及主要模拟电路的原理和设计,包括 CMOS 子电路、放大器、运算放大器及高性能运算放大器、比较器等。本书通过大量实例阐述设计原理,将理论与实践融为一体,提供了大量习题与部分习题解答。同时针对许多工业界人士的需求和问题进行了分析和解释。

本书可以作为大专院校相关专业高年级本科生和研究生的教材,也可以作为半导体和集成电路设计领域科技人员的参考书。

CMOS Analog Circuit Design, Third Edition was originally published in English in 2012. This translation is published by arrangement with Oxford University Press. Publishing House of the Electronics Industry is responsible for this translation from the original work and Oxford University Press shall have no liability for any errors, omissions or inaccuracies or ambiguities in such translation or for any losses caused by reliance thereon.

本书中文简体字翻译版由美国 Oxford University Press 授权电子工业出版社。未经出版者预先书面许可,不得以任何方式复制或抄袭本书的任何部分。此版本仅限在中国大陆发行与销售。

版权贸易合同登记号　图字:01-2013-8334

图书在版编目(CIP)数据

CMOS 模拟集成电路设计:第三版/(美)菲利普·E. 艾伦(Phillip E. Allen),(美)道格拉斯·R. 霍尔伯格(Douglas R. Holberg)著;冯军,李智群译. —北京:电子工业出版社,2023.3
(国外电子与通信教材系列)
书名原文:CMOS Analog Circuit Design, Third Edition
ISBN 978-7-121-45212-3

I. ①C… II. ①菲… ②道… ③冯… ④李… III. ①CMOS 电路-模拟集成电路-电路设计-计算机仿真-高等学校-教材 IV. ①TN432

中国国家版本馆 CIP 数据核字(2023)第 043956 号

责任编辑:马　岚
印　　刷:三河市鑫金马印装有限公司
装　　订:三河市鑫金马印装有限公司
出版发行:电子工业出版社
　　　　　北京市海淀区万寿路 173 信箱　邮编:100036
开　　本:787×1092　1/16　印张:28.75　字数:736 千字
版　　次:2005 年 3 月第 1 版(原著第 2 版)
　　　　　2023 年 3 月第 2 版(原著第 3 版)
印　　次:2025 年 4 月第 3 次印刷
定　　价:129.00 元

凡所购买电子工业出版社图书有缺损问题,请向购买书店调换。若书店售缺,请与本社发行部联系,联系及邮购电话:(010)88254888,88258888。

质量投诉请发邮件至 zlts@phei.com.cn,盗版侵权举报请发邮件至 dbqq@phei.com.cn。
本书咨询联系方式:classic-series-info@phei.com.cn。

前 言

本书第三版的目的仍然是介绍 CMOS 模拟集成电路的设计方法,对电路设计的介绍除了给出一些电路的例子及分析方法,还包括在分层次设计方式中必须用到的基础知识和背景知识,以便初学者理解。本书最重要的就是讲授采用 CMOS 技术设计模拟集成电路的相关概念。这些概念能使读者理解 CMOS 模拟电路的工作原理以及如何改变电路性能。在当今对计算机高度依赖的情况下,保持人对设计的控制、知道希望得到什么以及当模拟结果有误时如何辨别中至关重要的。随着集成电路设计变得越来越复杂,了解电路怎样工作变得越来越重要。如果不了解电路的工作原理,进行电路的模拟可能会得到错误的结果。

读者应怎样获取关于电路工作的知识呢?从第一版开始,本书就致力于解决此问题。在获取知识的过程中有几个重要的步骤:第一,学会分析电路,这种分析应能导出简单易懂且可在不同场合重复应用的结果;第二,以分层次的观点来看模拟集成电路的设计,这意味着设计者要能够清楚怎样利用子电路形成整体电路,怎样用简单电路构成复杂电路,等等;第三,列出一些步骤以帮助初学者做出实用的设计,即一些所谓的"设计秘诀",这些"设计秘诀"在第一版和第二版中很受欢迎,第三版中又做了些补充。有一点很重要,就是设计者要了解 CMOS 模拟集成电路设计有三种简单的输出:(1)电路图;(2)直流电流;(3)宽长比。绝大多数设计流程或者"设计秘诀"都可以很容易地围绕这三种输出组织起来。[①]

前版回顾

1987 年出版的第一版《CMOS 模拟集成电路设计》首次提出了 CMOS 模拟电路设计的方法体系,自出版以来,在全世界的工业与课堂中得到了广泛的应用,但随着技术的进步和方法论的成熟,第一版显然需要修订。第二版基于一种独特的工业界和学术界相结合的方式,这种结合在过去的 15 年中就已经出现在本书的第一作者所执教的培训班上。自第一版以来已经举办了 50 多期培训班,来自世界各地的 1500 多名工程师参加了培训。在培训班上这些工程师想知道 CMOS 模拟电路设计的观点和概念。对这些问题的回答大部分都被纳入第二版中。除了工业上的应用,作者也在佐治亚理工学院和得克萨斯大学奥斯汀分校讲授这些内容,这些经历为作者提供了一些来自学生的问题和观点,也收录在第二版中。此外,这些材料对理论的应用也形成了大量测试性习题,也被收录进第二版中。

本版特点

本版重点删除了一些材料和过时的章节,删减了一些效果不佳的课后习题,用更好的课

---

① 本书英文版已由电子工业出版社出版(ISBN:9787121419263),为便于读者对照阅读英文版,书中符号等形式上尽量与原著保持了一致。——编辑注

后习题来代替。第三版介绍了设计问题的思路，这些问题给出要求的标准和评定等级的分数。读者需要手动完成设计，然后使用计算机模拟得到分数，再以此得到分数与所花时间之间的折中。第三版中部分习题答案在书后给出。

　　第三版的主要改动如下：第 2 章部分内容更新，并增加了一个新的附录(附录 B)，给出了更多关于集成电路版图的详细知识。第 3 章中 MOS 管大信号模型增加了速度饱和的内容。第 4 章中带隙部分完全重写。第 6 章中共源共栅运算放大器内容有修改，使用增强增益技术产生具有超大电压增益的运放。第 7 章中差分输入和差分输出运放内容更新，增添了输出共模反馈的材料，引入了问题设计，增加了部分习题解答。

章节概述

　　与第二版相同，本书的层次结构如表 1.1-2 所示(本书第 5 页)。第 1 章介绍了 CMOS 模拟电路设计所必需的一些知识。这一章对 CMOS 模拟电路设计进行了概述，定义了符号和一些术语，简要介绍了模拟信号处理，最后给出了 CMOS 模拟电路设计的一个例子，着重强调了设计中的层次。第 2 章和第 3 章构成了设计的基础，介绍了 CMOS 技术和器件模型。第 2 章介绍了用于各种元器件的 CMOS 技术，这些元器件包括：MOS 器件、pn 结、与 CMOS 技术兼容的无源元件和其他元器件，如横向 BJT、衬底 BJT 和锁存器等。第 2 章还用了一节专门介绍集成电路版图的影响，说明了集成电路中物理层设计与电路设计具有同样的重要性，许多好的电路设计会因为不佳的物理层设计或版图设计而失败。第 3 章介绍了器件模型的关键问题，将贯穿全书，应用于电路分析以预测 CMOS 电路的性能。第 3 章的核心是介绍一个足够好的模型，能够用来在 $\pm 10\% \sim \pm 20\%$ 的误差范围内分析 CMOS 电路的性能，也便于设计者观察和理解。计算机仿真可以采用更精确的电路模型，但是不能给出有关电路的任何直观的图像和理解。第 3 章中给出的模型包括 MOS 管的大信号和小信号模型，考虑频率影响的模型。另外，该章还介绍了怎样对 MOS 管中噪声和温度的影响以及兼容的无源元件建立模型。第 3 章还讨论了计算机仿真的模型，虽然这个问题的复杂程度远远超出了本书的范围，但是给出的一些基本思想有利于读者对计算机仿真模型有所认识。此外还介绍了其他一些模型，如亚阈区工作的模型以及怎样用 SPICE 对 MOS 电路进行计算机仿真。

　　第 4 章和第 5 章介绍子电路和放大器，这些将被用来设计诸如运算放大器等更复杂的模拟电路。第 4 章首先介绍 MOS 开关、MOS 二极管和有源电阻。接下来介绍电流漏和镜像电流源等关键子电路。这些子电路的介绍涵盖了一些重要的设计概念，例如负反馈、设计中的折中以及匹配原理。最后，介绍独立基准电压、电流和带隙基准电压。这些基准电路提供不受电源和温度影响的电压或电流。第 5 章介绍各种形式的放大器，用大信号和小信号性能来描述其特征，也适当地考虑噪声和带宽特性。放大器的种类包括反相器、差分放大器、共源共栅放大器、电流放大器以及输出放大器。

　　第 6 章、第 7 章和第 8 章介绍一些复杂模拟电路的实例。第 6 章介绍一个简单的两级运算放大器电路的设计。该运算放大器中应用了实用电路所必需的补偿原理。对这两级运算放大器的分析提供了设计这一类模拟电路的方法。第 6 章中还介绍了共源共栅运算放大器的设计，特别是折叠式共源共栅运算放大器。最后讨论运算放大器的测试/仿真技术以及宏模型。宏模型可以在较高的抽象层次上更有效地对运算放大器进行仿真。第 7 章介绍高性能的运算放大器。在这一章中对简单运算放大器的各种性能进行优化主要以其他性能为代价。这些运算放大器包括缓冲运算放大器、高频运算放大器、差分输出运算放大器、微功耗运算放大器、低噪声运算放大器和低电压运算放大器等。第 8 章介绍开环比较器,其实就是一个未加补偿的运算放大器。然后介绍设计这类具有线性或快速响应的比较器的方法,介绍自动校零、迟滞技术等改进开环比较器性能的方法。最后,介绍再生比较器及其如何与低增益、高速放大器结合构成具有极小传输时延的比较器。

四个附录的内容分别是关于模拟电路设计的电路分析、集成电路版图、CMOS 器件性能(曾是第一版的第 4 章)、二阶系统的时域和频域关系。

第三版的内容对 15 周的课程来说已经足够。根据学生的情况,一学期 15 周课程,每周 3 学时可以讲授的内容包括第 2 章和第 3 章的部分内容、第 4 章~第 6 章、第 7 章的部分内容以及第 8 章。在佐治亚理工学院,这本教材是和《模拟集成电路的分析与设计(第四版)》(*Analysis and Design of Analog Integrated Circuits, Fourth Edition*) 一起使用的,两学期的课程中包括了 BJT 与 CMOS 模拟 IC 设计。

学习本书需要较好地掌握基本电子学知识,主要内容是:大信号模型、偏置、小信号模型、频率响应、反馈和运算放大器。当然,具有半导体器件及其工作原理、集成电路工艺、用 SPICE 仿真及 MOS 管模型化的相关背景知识对学习本课程将会很有帮助。如果具有这些背景知识,读者也可直接从第 4 章开始学习。

致谢

衷心感谢许多对本书第三版修订做出贡献的人,包括使用过第二版的许多研究生和本科生,他们提出了很多建议和意见。此外还有 1600 多位业内的参与者,在过去的 8 年里他们相继参加了关于这个课题的为期一周的短训班。感谢他们的鼓励、耐心以及建议。还要感谢那些给予我们反馈和修正意见的来自全球范围内的业界和学术界的人士。特别要感谢以下为新版提供了有用反馈的人:

Dr. Ron Pyle, Independent Consultant
Ka Y. Leung, Silicon Labs, Inc.
Suat Ay, University of Idaho
Degang Chen, Iowa State University
Yun Chui, University of Illinois at Urbana-Champaign
Roman Genov, University of Toronto
Michael Green, University of California, Irvine
Dong S. Ha, Virginia Tech
Timothy Horiuchi, University of Maryland
Pedro Irazoqui, Purdue University
Hongrui Jiang, University of Wisconsin-Madison
Youngjoong Joo, University of Texas at San Antonio
Aydin Karsilayan, Texas A&M University

Bruce Kim, University of Alabama
Eun Sok Kim, University of Southern California
Ron Kneper, Boston University
Boris Murmann, Stanford University
Sameer Sonkusale, Tufts University
Ashok Srivastava, Louisiana State University
Jin Wang, University of South Florida
Francis Williams, Norfolk State University

非常感谢他们对新版本提供了有价值的反馈意见。感谢牛津大学出版社工程、科学与计算机科学领域的策划编辑 Caroline DiTullio 在第三版出版中给予的耐心和鼓励，以及助理编辑 Claire Sullivan 在出版过程中的帮助。最后，非常感谢 Keith Faivre 协助完成第三版的细致工作。

目 录

第1章 绪论 ………………………………… 1
  1.1 模拟集成电路设计 …………………… 1
  1.2 字符、符号和术语 …………………… 5
  1.3 模拟信号处理 ………………………… 7
  1.4 模拟 VLSI 混合信号电路设计
     举例 …………………………………… 8
  1.5 小结 …………………………………… 12
  习题 ………………………………………… 13
  参考文献 …………………………………… 14

第2章 CMOS 技术 …………………………… 15
  2.1 基本 MOS 半导体制造工艺 ………… 15
  2.2 pn 结 ………………………………… 27
  2.3 MOS 晶体管 ………………………… 32
  2.4 无源元件 ……………………………… 37
  2.5 关于 CMOS 技术的其他
     考虑 …………………………………… 42
  2.6 小结 …………………………………… 48
  习题 ………………………………………… 49
  参考文献 …………………………………… 52

第3章 CMOS 器件模型 ……………………… 54
  3.1 简单的 MOS 管大信号模型
     (SPICE LEVEL 1) …………………… 54
  3.2 其他 MOS 管大信号模型的
     参数 …………………………………… 61
  3.3 MOS 管的小信号模型 ……………… 70
  3.4 计算机仿真模型 ……………………… 73
  3.5 亚阈区 MOS 管模型 ………………… 78
  3.6 MOS 电路的 SPICE 仿真 …………… 79
  3.7 小结 …………………………………… 87
  习题 ………………………………………… 87
  参考文献 …………………………………… 91

第4章 模拟 CMOS 子电路 …………………… 92
  4.1 MOS 开关 …………………………… 92
  4.2 MOS 二极管/有源电阻 ……………… 101
  4.3 电流漏和电流源 ……………………… 103
  4.4 电流镜 ………………………………… 111
  4.5 基准电流和电压 ……………………… 118
  4.6 与温度无关的基准 …………………… 125
  4.7 小结 …………………………………… 138
  4.8 设计性习题 …………………………… 138
  习题 ………………………………………… 139
  参考文献 …………………………………… 149

第5章 CMOS 放大器 ………………………… 150
  5.1 反相器 ………………………………… 150
  5.2 差分放大器 …………………………… 160
  5.3 共源共栅放大器 ……………………… 175
  5.4 电流放大器 …………………………… 185
  5.5 输出放大器 …………………………… 189
  5.6 小结 …………………………………… 198
  习题 ………………………………………… 198
  参考文献 …………………………………… 210

第6章 CMOS 运算放大器 …………………… 211
  6.1 CMOS 运算放大器设计 …………… 211
  6.2 运算放大器的补偿 …………………… 219
  6.3 两级运算放大器设计 ………………… 231
  6.4 两级运算放大器的电源
     抑制比 ………………………………… 244
  6.5 共源共栅运算放大器 ………………… 249
  6.6 运算放大器的仿真和测量 …………… 264
  6.7 小结 …………………………………… 274
  习题 ………………………………………… 275
  参考文献 …………………………………… 284

第7章 高性能 CMOS 运算放大器 …… 285
　7.1 缓冲运算放大器 ………………… 286
　7.2 高速/高频 COMS 运算放大器 ·· 299
　7.3 差分输出运算放大器 …………… 310
　7.4 微功耗运算放大器 ……………… 320
　7.5 低噪声运算放大器 ……………… 327
　7.6 低电压运算放大器 ……………… 337
　7.7 小结 ……………………………… 350
　习题 …………………………………… 351
　参考文献 ……………………………… 355

第8章 比较器 …………………………… 357
　8.1 比较器的特性 …………………… 357
　8.2 两级开环比较器 ………………… 360
　8.3 其他开环比较器 ………………… 372
　8.4 开环比较器性能的改进 ………… 374
　8.5 离散时间比较器 ………………… 383
　8.6 高速比较器 ……………………… 389
　8.7 小结 ……………………………… 393
　习题 …………………………………… 393
　参考文献 ……………………………… 397

附录 A 模拟电路设计的电路分析 …… 398
附录 B 集成电路版图 ………………… 407
附录 C CMOS 器件性能 ……………… 426
附录 D 二阶系统的时域和频域关系 … 445

第1章 绪 论

超大规模集成电路(VLSI)技术已经发展到可以在一块芯片上集成数百万个晶体管的水平。芯片中那些原来组成子系统的电路,尤其是数模接口部分的电路,现在能够以数模混合方式集成在一起形成片上系统[1]。互补金属-氧化物半导体(CMOS)技术已经成为实现混合信号①电路的主流技术,因为对数字电路来说其集成度高、功耗低,对模拟电路则能提供各种单元电路的良好组合。由于应用广泛,CMOS技术成为本书讨论的主题。

由于数字电路的规律性和离散性,计算机辅助设计(CAD)方法学在给定所需功能行为描述的数字系统设计自动化方面已经非常成功。然而模拟电路的设计情况并非如此。一般说来,模拟电路仍需"手工"方法进行设计。而且,许多用于分立器件模拟电路的设计技术也无法应用于模拟/混合信号的超大规模集成电路(VLSI)设计中。因此,仔细研究模拟电路的设计过程,熟悉一些提高设计效率、增加设计成功机会的原则是有必要的。为此,本书提供模拟集成电路设计的层次化结构和一般原则的介绍。

本章主要介绍模拟集成电路设计的相关知识,为后续学习打下基础。本章首先阐述了模拟集成电路设计的一般问题,然后介绍本书中用到的字符、符号和术语,接下来讨论了涉及模拟信号处理系统的一般考虑,最后一节给出了一个模拟CMOS电路设计的例子。在学习第2章之前,读者也许希望先了解一些与CMOS技术相关的知识,这些知识包括电子器件建模、计算机仿真技术、拉普拉斯变换和z变换理论以及半导体器件理论。

1.1 模拟集成电路设计

集成电路设计可分为两大类:模拟的和数字的。为了说明这两类设计方法的特征,必须首先定义模拟信号和数字信号。信号可以被认为是电压、电流或电荷等电量的可视值。信号应该反映物理系统的状态或行为信息。模拟信号定义为在连续时间范围内具有连续幅度变化的信号,图1.1-1(a)为模拟信号的示例。数字信号是只在一些离散幅度值上有定义的信号,换句话说,数字信号是一些量化了的离散值。典型的数字信号是只有两种幅值定义的信号的二进制加权和,如式(1.1-1)和图1.1-1(b)所示。图1.1-1(b)是图1.1-1(a)所示模拟信号的3比特表示。

$$D = b_{N-1}2^{-1} + b_{N-2}2^{-2} + b_{N-3}2^{-3} + \cdots + b_0 2^{-N} = \sum_{i=1}^{N} b_{N-i} 2^{-i} \qquad (1.1\text{-}1)$$

单个二进制数 b_i 取值只有0或1。因而,可以用只工作在两个稳定状态的器件来实现数字电路。这导致了很强的规则性,并可用代数方法描述电路的功能。因此,数字电路设计者可以得心应手地设计更复杂的集成电路。

模拟集成电路设计中还会遇到另一种信号,即模拟采样数据信号。模拟采样数据信号是指在连续幅值范围内仅在离散时间点上有定义的信号。通常,模拟信号采样后保持的是采样

---

① 术语"混合信号"被广泛用于描述在同一块硅衬底上制作的模拟和数字电路。

周期结束时的值,形成采样保持信号。模拟采样保持信号如图1.1-1(c)所示。

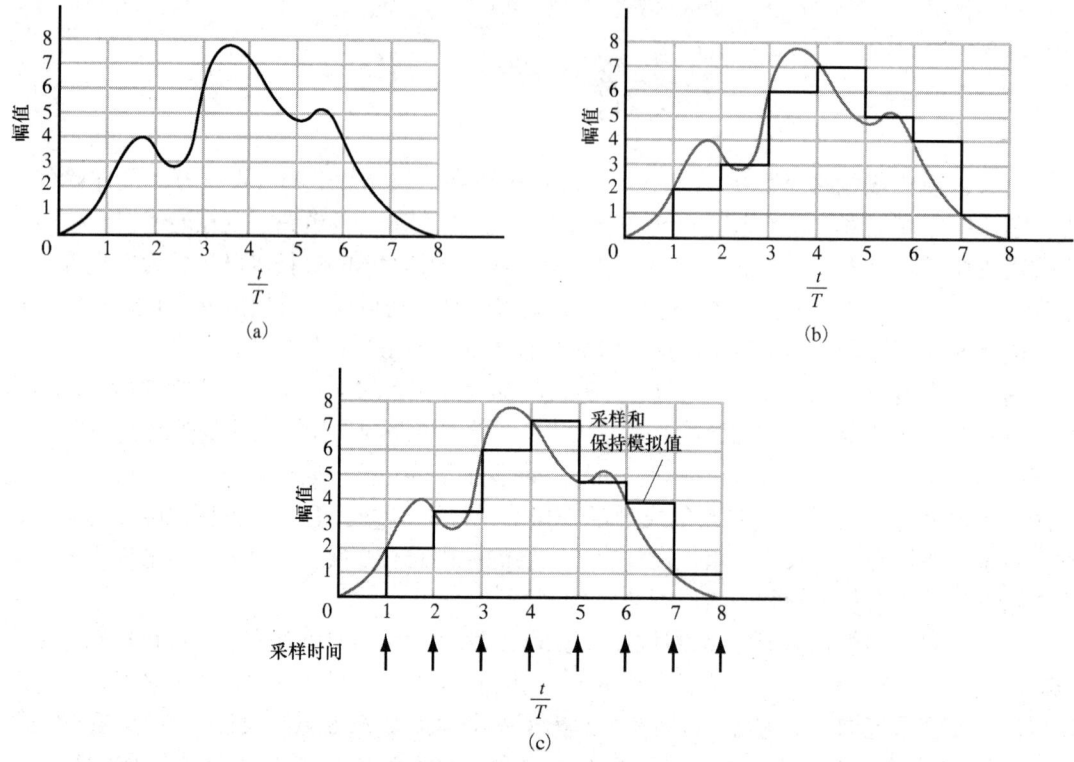

图 1.1-1　信号。(a)模拟信号或连续时间信号；(b)数字信号；(c)模拟采样保持信号或离散时间信号；T是数字信号或采样信号的周期

电路设计是为解决特定问题构思一个电路的创造性过程。对电路进行分析和比较能够更好地理解设计。如图 1.1-2(a)所示,电路分析是从电路出发找出其特性的过程。分析过程的一个重要特征是特性唯一。另一方面,电路设计(或综合)是这样一个过程,从要求的特性出发,找出满足这些特性的电路。对设计而言方案并不唯一,这为设计者提供了发挥创造力的机会。比如以设计一个 1.5 Ω的电阻为例,可以用三个 0.5 Ω电阻的串联实现,也可以用两个 1 Ω的电阻并联后再与一个 1 Ω的电阻串联来实现,等等。虽然有些设计的其他特性可能会更好,但所有设计都满足 1.5 Ω电阻的要求。图 1.1-2 中可以看出电路设计与分析之间的不同。

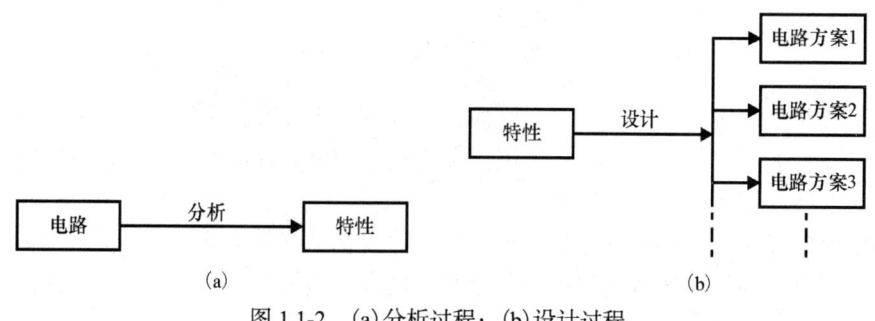

图 1.1-2　(a)分析过程；(b)设计过程

了解集成和分立模拟电路设计间的差别是重要的。与集成电路不同，分立电路不把有源和无源器件制作在同一衬底上。而将器件紧密地制作在同一衬底上的一个主要的优点就是器件间的匹配也可以作为设计考虑的一个方面。两种设计方式的另一个不同点是，在集成电路设计中，有源器件和无源器件的几何尺寸是在设计者的控制中的。在设计过程中，这种控制赋予设计者一个新的自由度。第二个差别基于一个事实，即在电路板上进行集成电路设计是不现实的。因此，设计者必须采用计算机仿真的方法来验证其电路的性能。集成和分立模拟电路设计间还有一个不同点是，在集成电路设计中，设计者将会更多地受到与所用工艺相关的元器件类型的约束。

图1.1-3所示为模拟集成电路设计的一般过程。设计一个模拟集成电路分为很多步骤。主要的步骤有：

1. 定义
2. 综合或执行
3. 仿真或模拟
4. 版图设计
5. 考虑版图寄生参数后的仿真(后仿真)
6. 制作
7. 测试和验证

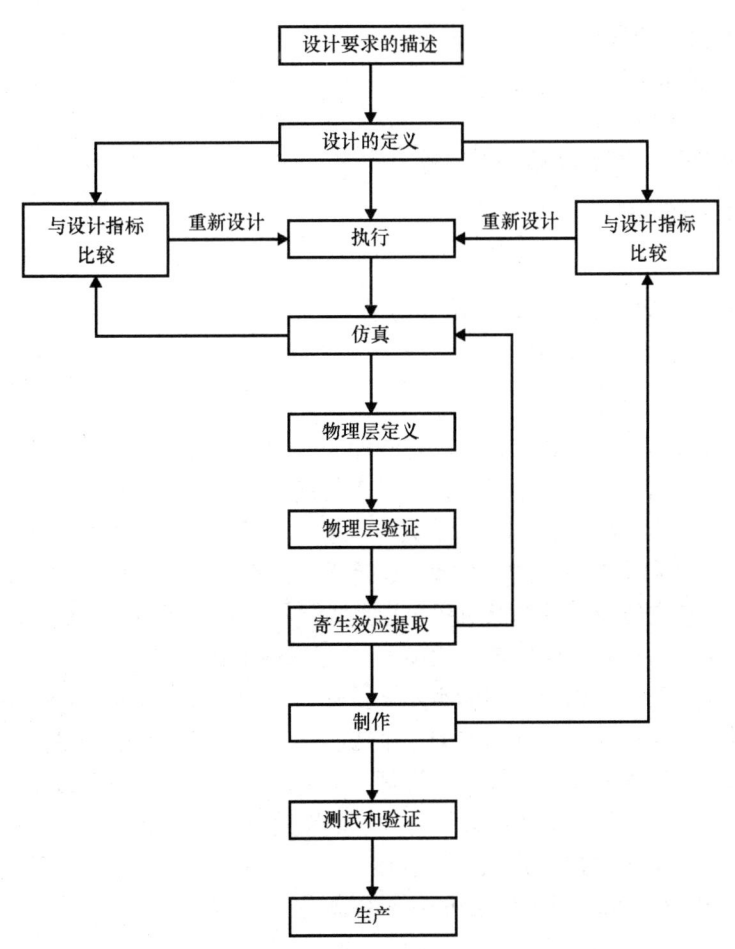

图 1.1-3　模拟集成电路设计的一般过程

所有步骤中除了加工制造，其余均需设计者负责。前期步骤是定义和综合的功能，非常重要，决定了设计的性能。当前期步骤完成后，设计者必须在制造之前能够确认这个设计。为此，下一步对电路进行仿真，观察电路性能。开始，设计者只能使用电路物理层的近似参数仿真，一旦完成版图设计，就可以用从版图得到的寄生参数信息检查仿真结果。此后设计者可反复利用模拟结果改进电路的性能。一旦满足了性能要求，就可以进入下一步——版图设计(电路的几何描述)。通常情况下，这种几何描述由在平面(x-y 轴)以及不同层面(z 轴)上各种形状的矩形或多边形形成的计算机数据库组成，它与电路的电性能密切相关。版图完成后，需要将版图的寄生效应考虑进去再次仿真。如果性能满足，就可准备送交流片以制造电路。制成之后，设计者将会面临最后一步——确定制成的电路是否满足设计要求。在整个设计过程中，如果设计者没有仔细考虑这一步，那么在进行电路测试以及判断电路是否满足设计要求时可能会遇到困难。

正如前面所提到的，集成与分立模拟电路设计的区别之一是在电路板上进行集成电路设计的可行性。计算机仿真技术已经有了长足的发展，能提供适当的模型。

计算机仿真的优点有：

- 不需要电路试验板
- 具有监测电路中任一点信号的能力
- 能够将反馈环路拆开
- 可以方便地修改电路
- 具有在不同工艺和温度条件下分析电路的能力

计算机仿真的缺点有：

- 模型的精度不够
- 可能因程序不收敛而无法得出仿真结果
- 对大型电路进行仿真费时
- 计算机无法代替人的思维

由于仿真与设计过程密切相关，本书将在适当的地方进行介绍。

在完成上述各个设计步骤的过程中，设计者使用了三种不同的描述格式：设计描述、物理层描述和模型/仿真描述。设计描述的格式用来确定电路；物理层描述用来定义电路的几何形状；模型/仿真描述用来对电路进行仿真。设计者必须在每种描述格式中都能对设计进行描述。例如，模拟集成电路设计的初始阶段可以用设计描述格式完成。显然，版图设计阶段可以用物理层描述格式，仿真阶段应该采用模型/仿真描述格式。

模拟集成电路设计还可以用分层的观点来描述。表 1.1-1 展示了由系统、电路和器件构成的纵向层次，横向分为设计、物理和模型三个层次。器件级是设计的最底层，可以分别用器件性能、几何图形和器件模型作为设计、物理和模型的相应描述。电路级是设计的中间层，可以用器件的术语来表示。电路级的设计、物理和模型描述的格式一般为：电路性能、参数化模块/单元和宏模型。设计的最高层是系统级——用电路的术语来表示。系统级的设计、物理和模型描述的格式为：系统说明、版图布局以及行为模型。

表 1.1-1　模拟集成电路设计过程的层次及描述

层　　次	设　　计	物　　理	模　　型
系统	系统说明	版图布局	行为模型
电路	电路性能	参数化模块/单元	宏模型
器件	器件性能	几何图形	器件模型

本书的组织体系侧重于集成电路设计的层次化观点，表1.1-2示出了模拟电路设计与相应各章的对应关系。在器件级，第2章和第3章介绍CMOS技术及器件模型。为了设计CMOS模拟集成电路，设计者必须了解工艺技术，因此第2章与附录B简要地介绍了CMOS技术以及由技术考虑得出的设计规则。这些信息对于设计者理解工艺的限制是非常重要的。在开始设计之前，设计者应该已经了解了工艺和器件模型的电参数。建模在综合与仿真这两个步骤中是关键部分，将在第3章中进行介绍。设计者还应了解实际器件的模型参数，以便确定假设模型参数是否合适。理想情况下设计者已获得可以对这些参数进行测量的测试芯片。最终，测试芯片制成后的模型参数测试可被用来测试完整的电路。器件描述方法在附录C中进行介绍。

表 1.1-2　模拟电路设计与相应各章的对应关系

设计层次	CMOS 技术		
复杂电路	第6章　CMOS 运算放大器	第7章　高性能 CMOS 运算放大器	第8章　比较器
简单电路	第4章　模拟 CMOS 子电路	第5章　CMOS 放大器	
器件	第2章　CMOS 技术	第3章　CMOS 器件模型	附录C　CMOS 器件性能

第4章与第5章主要介绍由两个及两个以上晶体管构成的电路，这类电路称为简单电路。在第6章到第8章中介绍如何由这些简单电路设计更复杂的电路。各种设计层次间的界限有时并不太明确，但是，基本的关系是有效的，可以给读者一个模拟集成电路设计的框架结构概念。

1.2　字符、符号和术语

为了让读者更清楚地理解本书介绍的内容，本节介绍书中所用到的字符、符号和术语，通常与本科电子学教材中使用的以及由技术协会建议的标准字符、符号和术语一致。计量单位采用国际单位制。本书将尽量采用这些规定。

首先是电流、电压的符号表示。信号通常用带下标的参量表示。参量和下标的大小写规律参见表 1.2-1。

表 1.2-1　各种信号的符号定义

信号定义	参　　量	下　　标	示　　例
瞬时信号值	小写	大写	q_A
直流信号值	大写	大写	Q_A
交流信号值	小写	小写	q_a
复变量、相位或有效值	大写	小写	Q_a

图 1.2-1 示出在直流电平上叠加周期信号时如何用表 1.2-1 中的规律来表示。

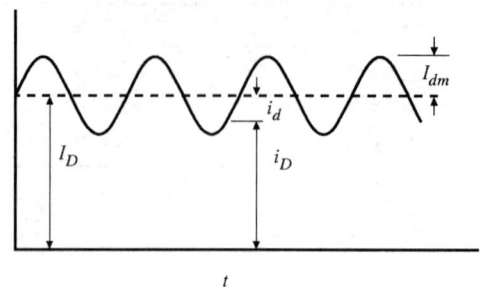

图 1.2-1 信号的表示

器件建模时这些符号是有用的。例如，考虑与各端口间电压相关的漏-源电流的 MOS 模型时。在这种模型中要用到瞬态变量（i_D），用直流变量（I_D）表示偏置，用交流变量（i_d）进行小信号分析，用复变量（I_d）讨论小信号频率特性。

第二项要讨论的是用什么符号表示各种元器件（这些符号中的大多数读者都很熟悉。只是 MOS 器件的符号有所不同，如图 1.2-2 所示）。图 1.2-2(a) 与图 1.2-2(b) 表示衬底或体（B）与源极相接的增强型 MOS 管。MOS 管的工作需稍后介绍，这里先给出各电极的名称，分别为漏极（D）、栅极（G）和源极（S）。如果衬底没有与源极相接，则符号如图 1.2-2(c) 和图 1.2-2(d) 所示。知道在电路设计中所用 MOS 管的衬底接在何处是重要的。一般而言，p 沟道管的衬底接最高电位，n 沟道管的衬底接最低电位。

图 1.2-3 是另一类需要定义的符号。图 1.2-3(a) 表示差分输入的运算放大器，有时也可表示与运算放大器增益相近的比较器。图 1.2-3(b) 和图 1.2-3(c) 分别表示独立电压源和独立电流源。有时也可用图 1.2-3(b) 所示的符号表示电池。最后，图 1.2-3(d)～图 1.2-3(g) 表示四种理想的受控源。图 1.2-3(d) 为电压控制电压源（VCVS），图 1.2-3(e) 为电压控制电流源（VCCS），图 1.2-3(f) 为电流控制电压源（CCVS），图 1.2-3(g) 为电流控制电流源（CCCS）。这些受控源的增益分别为 A_v、G_m、R_m 和 A_i（分别对应于 VCVS、VCCS、CCVS 和 CCCS）。

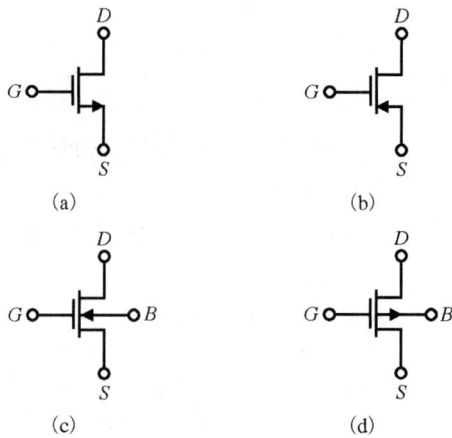

图 1.2-2 MOS 器件符号。(a) n 沟道增强型 MOS 管，衬底与源极相接；(b) p 沟道增强型 MOS 管，衬底与源极相接；(c)、(d) 与 (a)、(b) 相同，只是衬底未与源极相接

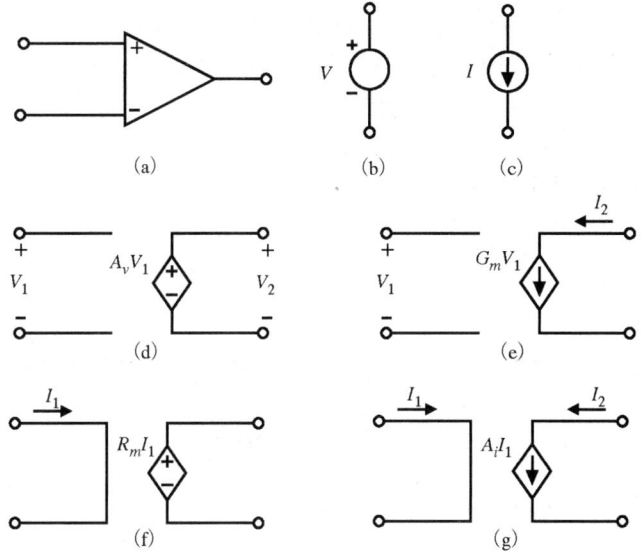

图 1.2-3 (a)运算放大器;(b)独立电压源;(c)独立电流源;(d)电压控制电压源(VCVS);
(e)电压控制电流源(VCCS);(f)电流控制电压源(CCVS);(g)电流控制电流源(CCCS)

1.3 模拟信号处理

在深入学习模拟电路设计前,需要探讨这类电路的应用。模拟信号处理的一般内容将包含在本书出现的大部分电路与系统中。图1.3-1 所示为一个典型的信号处理系统的简单框图。过去,这样一个信号处理系统需要由多个集成电路以及相当多的外加无源器件构成。然而,随着模拟数据采集技术以及 MOS 工艺的出现,使得在单片集成电路中同时采用模拟、数字技术实现信号处理的设计成为可能[2]。

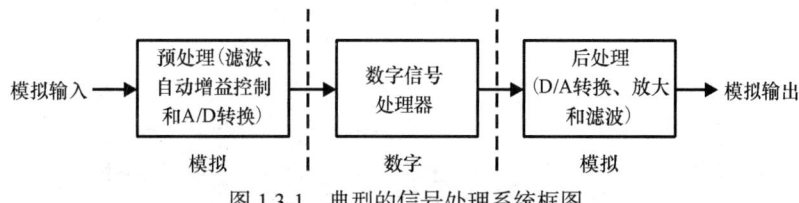

图 1.3-1 典型的信号处理系统框图

模拟信号处理系统设计的第一步是仔细考察技术指标,确定系统中的模拟部分和数字部分。多数情况下,输入信号是模拟的。输入信号可以是语音信号、传感器输出、雷达回波等。图1.3-1中的第一个模块是预处理模块。一般来说,这个模块由滤波器、自动增益控制电路和模数转换器(简称ADC)组成。通常,精确的速度和精度要求由该模块的组件承担。模拟信号处理器后面接数字信号处理器。用数字的方式进行信号处理有很多优点:一是数字电路易于用最小尺寸的工艺实现,提供价格和速度的优势;另一个是与数字信号处理中(如线性相移滤波器中)额外的有效自由度有关;还有一个优点是很容易对数字器件进行编程。最后,必须有一个模拟的输出。在这个例子中需要一个后处理模块,此模块通常包括一个数模转换器(简称 DAC)、放大器和滤波器。

在信号处理系统中，待处理信号的带宽是需要特别考虑的问题。图 1.3-2 中列出了一些信号的工作频率。较低者是地震信号，因地壳的吸收作用不会低于 1 Hz。较高者是微波信号。高于 30 GHz 的信号未被列出，因为在高频即使最简单的信号处理也是困难的。

为使图 1.3-2 所示的任何特定区域均能使用，必须采用支持所要求带宽的工艺。图 1.3-3 所示为目前可用技术所能支持的速度能力。决定在某个应用领域采用哪种技术进行集成电路 (IC) 设计时，不仅要考虑带宽和速度的要求，还要考虑成本和集成度。如今的趋势是尽可能采用 CMOS 数模混合技术（如果需要的话），因为可以达到很高的集成度，从而提供高可靠的紧凑系统解决方案。

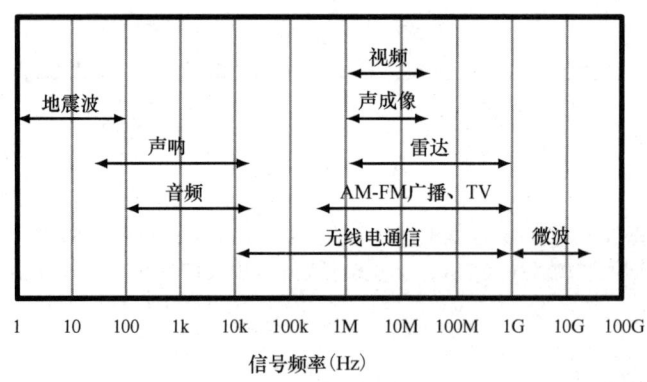

图 1.3-2　信号处理中的信号频率

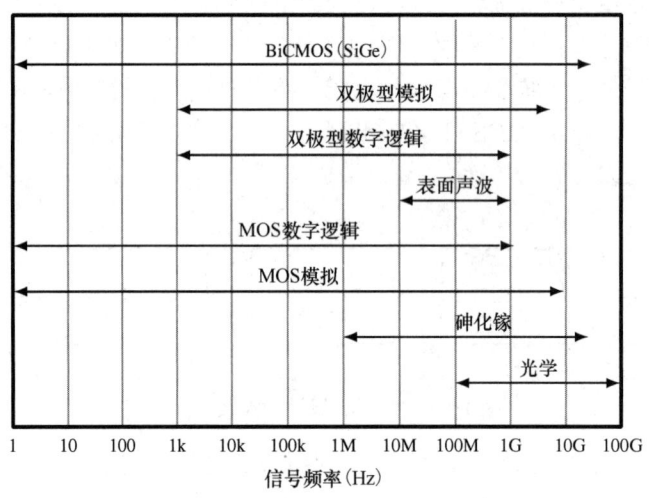

图 1.3-3　目前技术可工作的频段

1.4　模拟 VLSI 混合信号电路设计举例

本节通过一个实例来说明模拟电路设计的方法。图 1.4-1 所示为一个磁盘驱动器的数字读/写通道集成电路框图。在读入数据时，设备采用部分响应最大可能性 (PRML) 序列检测来提高相对于信噪比的误码率性能。设备支持的数据率可达到 64 Mb/s，采用 0.8 μm 双层金属的 CMOS 工艺实现。

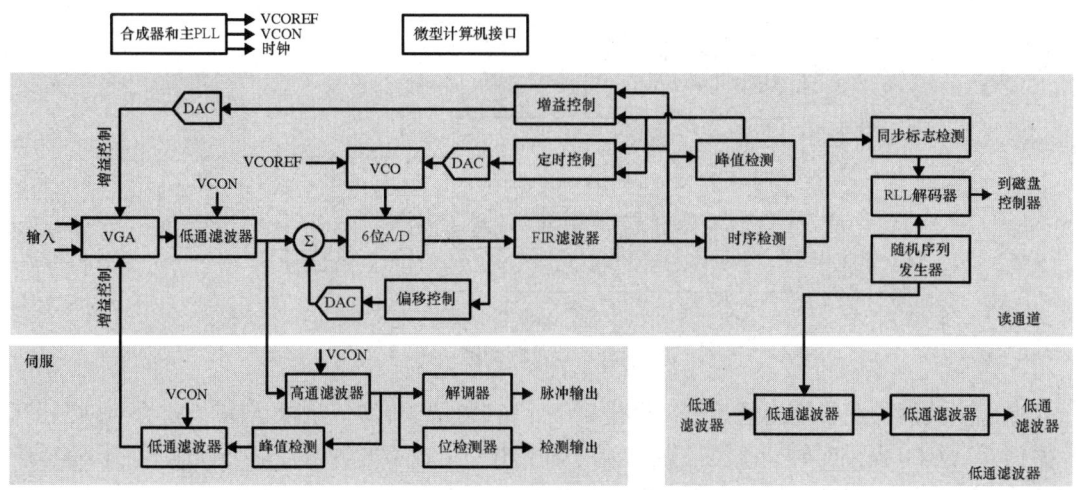

图 1.4-1 读/写通道集成电路框图

在典型应用中，该IC从外部预放大器接收一个全差分模拟信号，此信号是从旋转的磁盘盘片上经磁感应转换得到的。这个差分信号先经由实时数字增益控制环路控制的可变增益放大器(VGA)放大，然后通过一个七极点双零点等波纹相位低通滤波器。该滤波器的双零点是实数并且关于虚轴对称，零点和极点的相对位置是可编程的且被设计成可在高频时提升滤波器增益，使信号的宽度变窄。

低通滤波器由跨导级(g_m级)和电容构成。低通滤波器设计中所用到的一个单极点原理图如图1.4-2所示。当极点的相对位置固定时，可用两种方法来调节低通滤波器的频率响应。第一种方法是利用控制电压(标注为VCON)，这个电压是滤波器中所有跨导级共用的。该电压被加在每个跨导级 n 沟道管的栅极上。这些晶体管的电导决定了与之相关的总电导，而且可以通过控制电压使其连续变化。第二种方法是对滤波器中的电容值进行数字控制。低通滤波器中所有电容结构相同，都是由具有二进制权值的电容构成的可编程阵列组成。

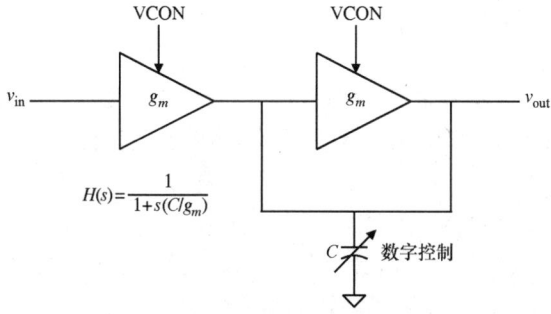

图 1.4-2 单极点低通滤波器

在跨导级设计中，利用所设计的 VCON 的连续控制能力为滤波器提供频率补偿，弥补由工艺、温度和电源电压变化引起的频响变化[3]。控制电压 VCON 由"主 PLL"产生，其中"主 PLL"是由滤波器结构的复制品充当锁相环中的压控振荡器组成的，结构如图 1.4-3 所示。振荡频率反比于特征时间常数，复制滤波器级的 C/g_m。通过 VCON 端电压的变化时使振荡器的频率和相位锁定在一个外部的参考频率上，以使特征时间常数保持不变。当低通滤波器中的电路元件与主滤波器匹配时，低通滤波器的特征时间常数(以及相应的频率响应)也就固定了。

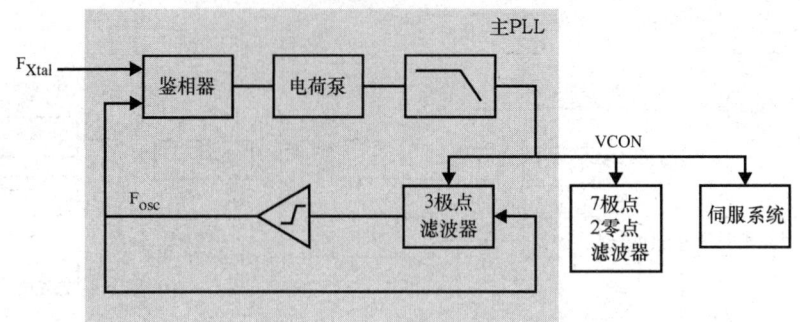

图 1.4-3 主滤波器锁相环

低通滤波器的正常输出通过缓冲器送到一个 6 位的单步快速采样 ADC。这个 ADC 由压控振荡器(VCO)提供时钟,该压控振荡器的频率由一个数字时钟恢复循环控制。在快速采样 ADC 的 63 个比较器中,每一个都含有采样电容,用来对从低通滤波器输出并经缓冲后的模拟信号进行采样。该电容在对信号进行采样时也采集比较器的失调电压,用于矫正因失调而引起的失真[4]。比较器的输出还要通过一个检查无效模式的逻辑模块,若不检查可能会引起严重的转换错误[5]。这个模块的输出被编码为一个 6 位的字。

如图 1.4-1 所示,数字化之后,ADC 的 6 位输出要由一个有限脉冲响应(FIR)滤波器滤波。上面提到的数字增益控制和时钟控制环路监测原始数字信号或者 FIR 滤波器的输出作为增益和定时的误差。由于这些误差只有在信号脉冲发生时才能测量到,因此使用一个数字跃变检测器来监测脉冲以及激活增益和定时误差检测器。然后,增益和定时误差信号通过数字低通滤波器和模拟电路中的数模转换器分别调节 VGA 增益和 A/D VCO 的频率。

读出信道 IC 的核心是序列检测器。检测器的工作基于 Viterbi 算法,该算法通常被用于完成最大似然性检测。检测器预测线性符号间的干扰且处理接收序列值后,推算出最可能的发射序列(即由磁介质读出的数据)。序列检测器输出的比特流通过游长受限码(RLL)解码器模块被解码。如果写入磁盘的数据在编码前已进行扰码处理,那么比特流必须经过相应的逆过程再出现在读出信道的输出端。

写通道的详细描述如图 1.4-4 所示。在写模式时,数据首先经 RLL 编码器模块编码。当然,在送去编码之前也可以选择先对数据扰码。编码时,线性反馈移位寄存器用来产生一个与输入数据异或的伪随机序列。用这种随机化方式可以保证位流容易从随机输入数据中读出。

写时钟由置于锁相环中的 VCO 综合而成,用于设置数据速率。VCO 输出频率按可编程数值 M 分频,分频后信号与输入信号锁定,该输入信号是外部参考信号经二分频后再按可编程数值 N 分频所得,结果写时钟频率是外部参考频率的 $M/2N$ 倍,其中 M 和 N 的值均可在 2~256 之间变化。同时,写时钟能够被综合成支持 ZBR 区位记录设计,在 ZBR 区定义了媒体上具有不同数据速率。

编码数据通过写预补偿电路。尽管在 PRML 通道中由符号间干扰引起的线性位移不必补偿,但非线性效应会引起由写 1 的跃变导致邻近跃变点位置的偏移。虽然特别完成的 RLL 码在写的过程中禁止两个连续的"1"(两个跃变紧邻),但是"1/0/1"码仍能在第二次跃变时测出偏移。为抵消偏移,写预补偿电路可延迟第二个"1"的写入。综合出的写时钟被送到两条延时线路,每条延时线路都由与 VCO 中类似的结构组成。通常经过一条延时线路的信号被用来将通道数据定时到输出驱动。然而,当检测到"1/0/1"码时,第二个"1"由另一条延迟线路上的信号定时到输出驱动。第二条延迟线路上是弱电流,延迟时间超过第一条,因此在码型中第二个"1"延时了,延时的量是可编程的。

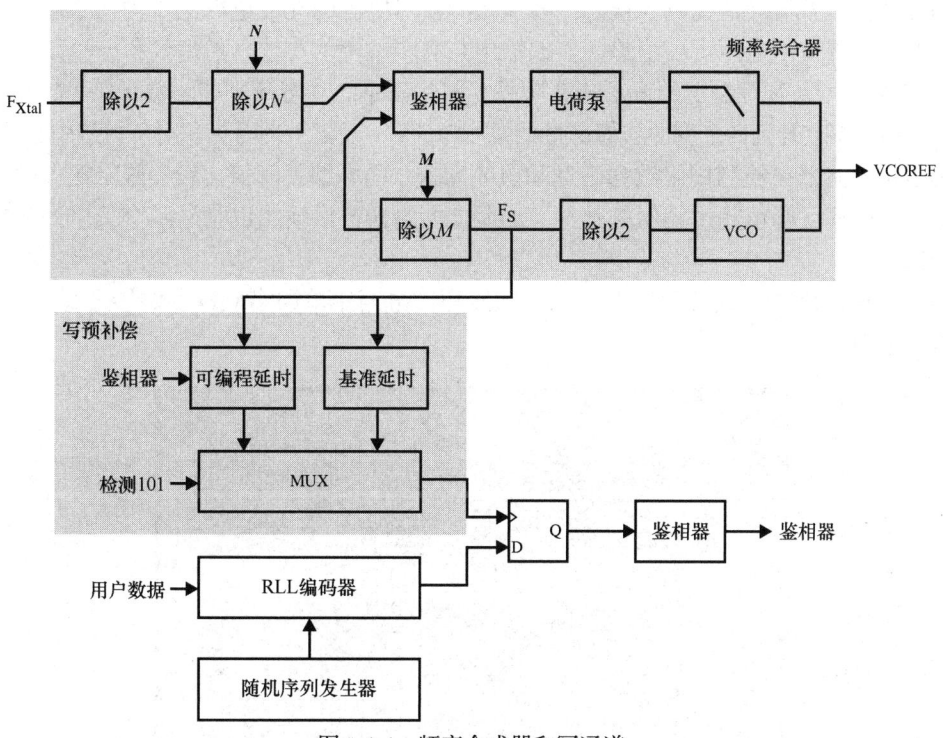

图 1.4-4 频率合成器和写通道

图 1.4-5 所示的伺服通道电路可检测嵌入起始位置信息,它有三个主要功能块:

- 自动增益控制(AGC)环路
- 位检测器
- 脉冲解调器

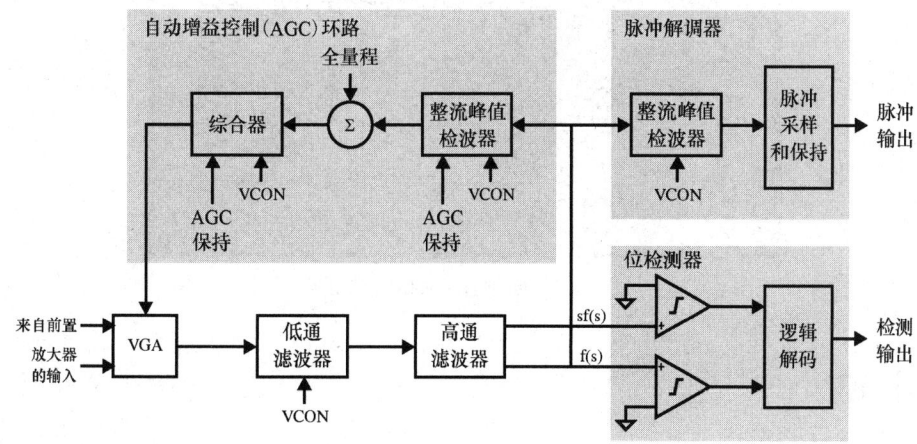

图 1.4-5 伺服通道电路

在伺服部分,时间常数和电荷比是可编程的且由主滤波器控制,避免由电源电压、工艺和温度变化引起变化。为了节电，在伺服工作间歇期所有功能块是不供电的。在伺服前同步期间，AGC 环路围绕 VGA 反馈迫使高通滤波器输出恒定电平。前同步由交变位码组成并定义 100%满幅电平。为避免必须提供的定时，伺服 AGC 环路在模拟域中完成。高通滤波器输出的幅度峰值用整流峰值检测器检测。峰值检测器对电容的充放电取决于输入信号是高于还是低于电容上保持的电压。峰值检测器的输出与满幅参考值比较，然后经积分控制 VGA 的增益。VGA 的增益和控制电压间呈指数关系，因此环路的动态范围与增益无关。脉冲检测器用来检测和保持上升到四个伺服位置脉冲的幅度峰值，用以指示读写头相对于轨迹中心的位置。

异步位检测器可检测伺服数据信息和地址标志。用可编程阈值比较器限定输入脉冲，以便只检测那些幅度峰值超过阈值的脉冲。伺服位检测器提供输出以指示零交叉事件和检测事件的极性。

图 1.4-6 所示为上述读通道芯片的显微照片。电路用单层多晶硅、两层金属的 0.8 μm CMOS 工艺制造。

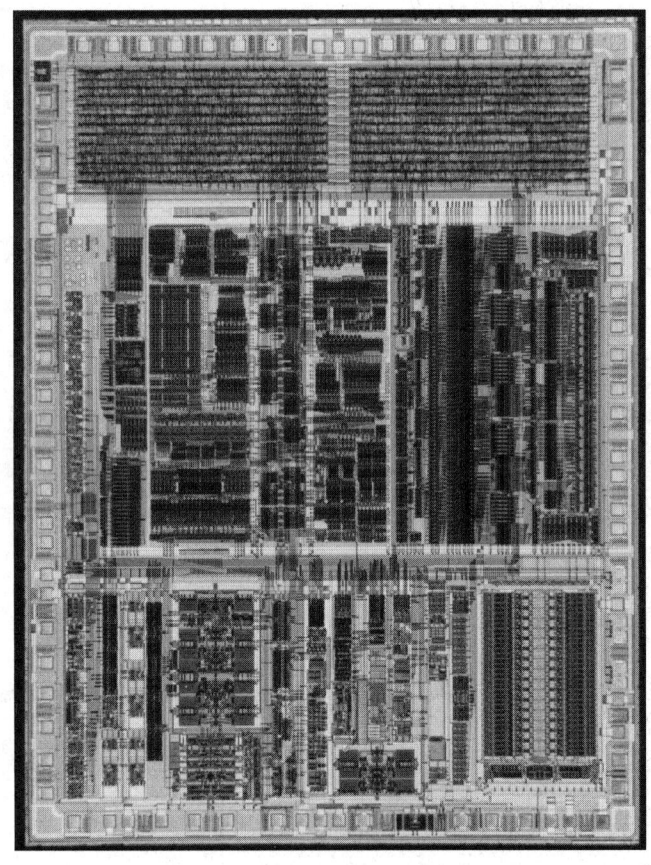

图 1.4-6 读通道芯片的显微照片

1.5 小结

本章介绍了 CMOS 模拟集成电路设计。1.1 节给出模拟电路中信号的定义和模拟、数字以及模拟采样数据信号的定义，讨论了分析和设计之间的差别。分立和集成模拟电路设计之间的差别主要在于设计者对电路几何尺寸的控制和对计算机仿真而不是用试验板的需要。这一节还给出了本书的概览,且在表1.1-2中说明了各章节的组织体系。建议读者在开始阅读每一章时先看表1.1-2。

1.2节讨论了字符、符号和术语。了解这些问题可以避免在各种主题的描述中可能发生的混淆。符号和术语的选择与标准惯例和定义一致。另外,与本节的主题有关的问题也将在相应的地方给出。

1.3节给出了模拟信号处理的概述。多数模拟电路的用途在模拟信号处理的几种运行方式中得以反映。该节介绍了电路应用、电路技术和系统带宽等重要概念,同时指出,模拟电路较少单独使用,一般与数字电路一起完成一些信号处理的任务。模拟电路和数字电路间的界限取决于应用、性能和面积。

1.4节给出一个磁盘驱动的数字读/写信道集成电路设计实例,这个实例强调设计的层次化结构并说明如何用下面章节中介绍的子电路完成一个复杂设计。

开始下面章节的学习之前,可先读附录A,附录A提供了进一步学习应该掌握的知识,具体包含了与模拟电路设计相关的电路分析和与本章末部分习题有关的材料。也可浏览一下其他诸如电子建模、计算机仿真技术、拉普拉斯变换和z变换理论以及半导体器件理论方面的材料。

习题

1.1-1　用式(1.1-1)将5位二进制数10110(顺序为b_4, b_3, b_2, b_1, b_0)换算成十进制数。

1.1-2　对图P1.1-2所示的正弦信号进行模拟采样和保持,假设采样点在t/T的整数值上。

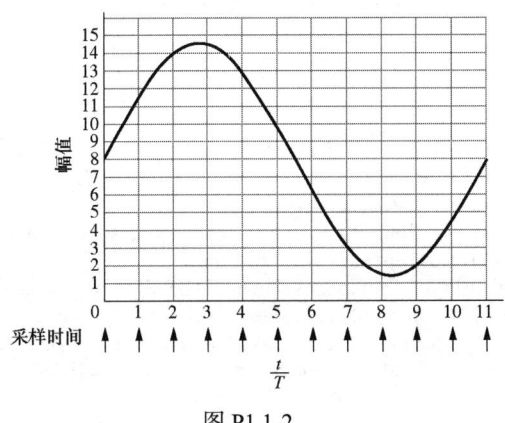

图 P1.1-2

1.1-3　按照式(1.1-1)用4位数据完成图P1.1-2正弦信号的数字化。

下面的问题请参考附录A中的内容。

1.1-4　用节点方程求出图P1.1-4的v_{out}/v_{in}。

1.1-5　用网孔方程求出图P1.1-4的v_{out}/v_{in}。

1.1-6　用电源等效变换和置换的概念简化图P1.1-6,并求出i_{out}/i_{in}(仅用链式计算)。

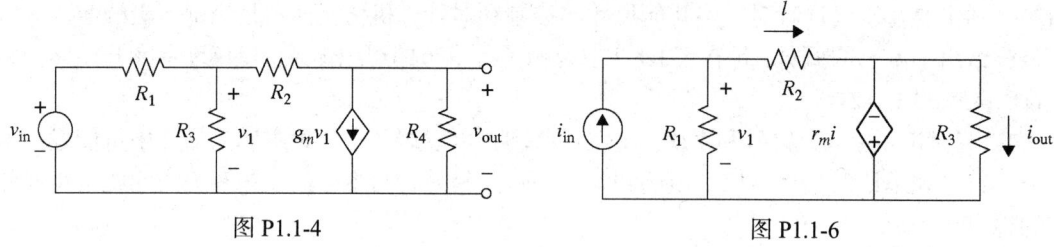

图 P1.1-4　　　　　　　　　　图 P1.1-6

1.1-7　电路如图 P1.1-7 所示，求 v_2/v_1 和 v_1/i_1。

1.1-8　用电路简化技术求解图 P1.1-8 中的 v_{out}/v_{in}。

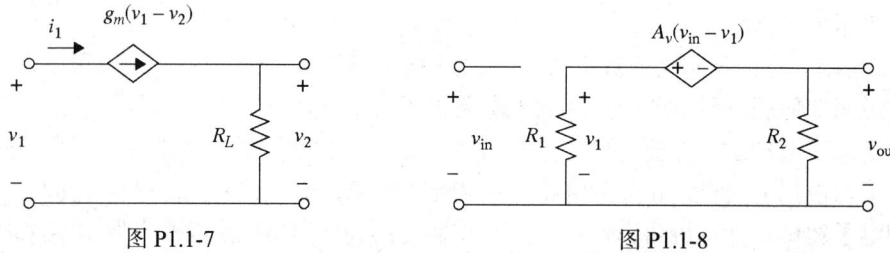

图 P1.1-7　　　　　　　　　　图 P1.1-8

1.1-9　试用密勒简化技术求解图 A.1-3 中的 v_{out}/v_{in}（见附录 A）。

1.1-10　试求图 A.1-12 中的 v_{out}/i_{in} 并与例 A.1-1 的结果进行比较。

1.1-11　用附录 A 中介绍的密勒简化技术求解图 P1.1-4 中的输出电阻 v_{out}/i_{out}；不用密勒简化技术，直接计算输出电阻并对结果进行比较。

1.1-12　在一个增益 $A_v=0.98$ 的理想电压放大器中，用一个 50 kΩ 的电阻从输出端连接到输入端。试用密勒简化技术计算电路的输入电阻。

参考文献

1. D. Welland, S. Phillip, K. Leung, T. Tuttle, S. Dupuie, D. Holberg, R. Jack, N. Sooch, R. Behrens, K. Anderson, . Armstrong, W. Bliss, T. Dudley, B. Foland, N. Glover, and L. King, "A Digital Read/Write Channel with EEPR4 Detection," *Proc. IEEE Int. Solid-State Circuits Conf.*, Feb. 1994.
2. M. Townsend, M. Hoff, Jr., and R. Holm, "An NMOS Microprocessor for Analog Signal Processing," *IEEE J. Solid-State Circuits,* Vol. SC-15, No. 1, pp. 33–38, Feb. 1980.
3. M. Banu and Y. Tsividis, "An Elliptic Continuous-Time CMOS Filter with On-Chip Automatic Tuning," *IEEE . Solid-State Circuits,* Vol. 20, No. 6, pp. 1114–1121, Dec. 1985.
4. Y. Yee et al., "A 1 m V MOS Comparator," *IEEE J. Solid-State Circuits,* Vol. 13, pp. 294–297, June 1978.
5. A. Yukawa, "A CMOS 8-bit High-Speed A/D Converter IC," IEEE J. Solid-State Circuits, Vol. 20, pp. 775–779, June 1985.

第 2 章 CMOS 技术

现代硅集成电路技术由双极型，BiCMOS 和 CMOS 组成，如图 2.0-1 所示。多年来，硅集成电路技术中占主导地位的是双极型技术，这一点由单片运算放大器和 TTL 系列（晶体管-晶体管逻辑）芯片的广泛应用足以证明。在 20 世纪 70 年代初期，MOS 技术被证明可以应用于动态随机存储器(DRAM)、微处理器和 4000 系列逻辑芯片等领域。到了 20 世纪 70 年代末期，由于集成度需求的驱动，MOS 技术变成开发数字 VLSI 的技术支撑。与此同时，一些组织也试图用 MOS 技术来设计模拟电路[1~4]。NMOS 技术是早期数字和模拟 MOS 设计的首选技术。20 世纪 80 年代初期，VLSI 开始向硅栅 CMOS 方向发展，从那时起，硅栅 CMOS 技术已成为 VLSI 数字和混合信号设计的主导技术[5,6]。CMOS 和双极型混合的技术（即 BiCMOS）已经证明其自身不但在技术上而且在市场上都是成功的，这里市场的主要推动力是提高数字电路（主要是静态随机存储器，SRAM）的速度。由于增强了 CMOS 技术中提供的双极型晶体管的性能，使得 BiCMOS 技术在模拟电路设计上具有潜力。本书的重点是 CMOS 模拟混合信号电路设计的应用。

由于有许多关于 MOS 器件物理的参考资料[7,8]，所以本书仅介绍与电路设计有关的理论部分。目的是了解 MOS 电路模型的限制并理解其在电性能上的物理约束。

本章从物理角度介绍了 CMOS 技术的多方面情况。为了解 CMOS 技术，首先简单回顾基本的半导体制造工艺和基本 CMOS 工艺必需的制造步骤。然后讨论 pn 结及其特性。接下来讨论与 CMOS 技术兼容的有源和无源器件的制造。最后介绍 CMOS 技术性能上的重要限制，包括闩锁效应、温度特性和噪声。

集成电路的物理版图设计要求了解版图规则和工艺。成功的模拟电路设计与版图设计紧密相关。相关知识见附录 B，它可与第 2 章的内容一起学习。

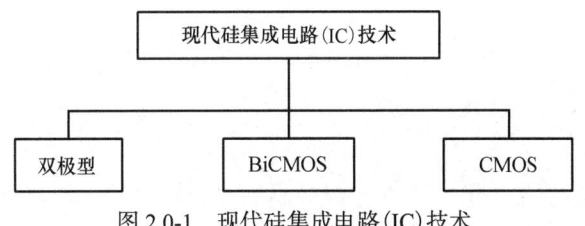

图 2.0-1 现代硅集成电路(IC)技术

2.1 基本 MOS 半导体制造工艺

半导体技术是基于许多用于制造半导体部件的完整工艺步骤之上的。要了解制造工艺，就必须首先了解这些步骤。这些步骤包括氧化、扩散、离子注入、沉积和刻蚀。用于确定半导体部件区域的工艺称为光刻。最后，介绍用化学机制抛光的平坦化方法。

所有工艺都基于单晶硅材料。有两种方法生长这样的晶体[9]。用得最多的一种是由 1917

年 Czochralski 提出的方法的基础上发展而成的；第二种方法称为浮融带法，它可以产生高纯度晶体，常用于功率器件。一般来说，晶体是按<100>或<111>方位生长的，长成的晶体是直径为 75～300 mm、长度为 1 m 的圆柱体。然后柱状晶体被切成厚 0.5～0.75 mm、直径 100～300 mm 的晶圆[10]。晶圆的厚度主要由物理强度要求决定。晶体在生长过程中，掺进 n 型或 p 型杂质即可形成 n 型或 p 型衬底。衬底是制造工艺中晶圆的起始材料。多数衬底的掺杂近似为 10^{15} 个杂质原子/cm^3，大致对应 n 型衬底电阻率为 3～5 Ω·cm，p 型衬底电阻率为 14～16 Ω·cm[11]。另一种以轻掺杂的硅晶圆作为原材料的方法是在重掺杂的晶圆顶部进行轻掺杂以形成外延层，在外延层形成器件。虽然外延晶圆更昂贵，但是它具有一些优点，例如，降低闩锁效应（后文将讨论到）的敏感度，在混合信号集成电路中减少模拟和数字电路间的干扰。

接下来将介绍为制造半导体元件对掺杂硅晶圆采用的六个基本工艺步骤（氧化、扩散、离子注入、沉积、刻蚀和化学机械抛光）。

氧化

第一个基本工艺步骤是氧化物生长，或称氧化[12]。氧化是在硅晶圆的表面形成二氧化硅（SiO_2）的过程。氧化物在硅表面生长的同时也深入硅的内部，如图2.1-1所示。典型情况下，氧化物总厚度中大约有 56%生长在原材料表面之上，44%生长在原材料表面之下。氧化物的厚度用 t_{ox} 表示，既可以用干法也可以用湿法生长，其中，前者具有较低的缺陷密度。一般来说，氧化物的厚度变化范围从低至 50 Å 以下的栅氧化层到高至 10 000 Å 以上的场氧化层。氧化过程发生在 700～1100°C 的温度范围内，而氧化物的厚度正比于生长时的温度（在一个确定的时间内）。

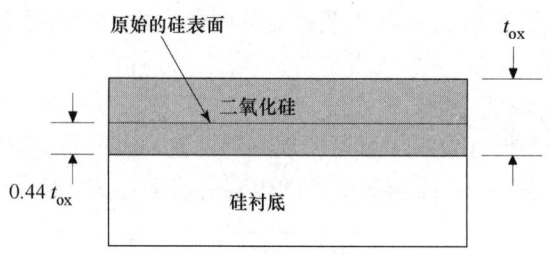

图 2.1-1　硅晶圆表面上二氧化硅的生长

扩散

第二个基本工艺步骤是扩散[13]。在半导体材料中，扩散是一种杂质原子由材料表面向材料内部运动的过程。扩散发生在 800～1400°C 的温度范围内，并且与气体在空气中的扩散相似。半导体中杂质的浓度分布是表面杂质浓度和半导体在高温环境内所处时间的函数。按半导体表面的杂质浓度区分，有两种基本扩散机制：第一种机制假定在整个扩散过程中，表面有一个无限的杂质源（N_0 cm^{-3}）。对于一个无限的杂质源，其杂质的分布是扩散时间的函数，如图2.1-2(a)所示；第二种机制假定初始情况下材料表面的杂质源是有限的，当 $t=0$ 时值为 N_0。然而，随着时间的增加，表面杂质的浓度将减少，如图2.1-2(b)所示。图中 N_B 表示扩散前半导体的杂质浓度。

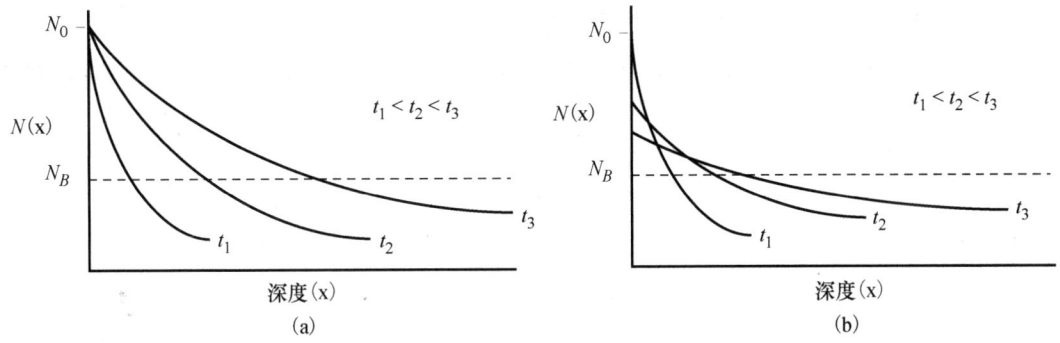

图 2.1-2 作为时间函数的扩散分布。(a)表面无限杂质源的情形；(b)表面有限杂质源的情形

无限源和有限源的扩散分别是预沉积扩散和渗透扩散的典型情况。预沉积扩散的目的是在材料表面附近掺进高浓度的杂质。能够扩散进硅材料的最大杂质浓度取决于杂质类型，受固体溶度的限制，最大杂质浓度在 $5 \times 10^{20} \sim 2 \times 10^{21}$ 原子/cm³ 的范围内变化。沉积扩散后是渗透扩散，主要用于使杂质更加深入半导体。预扩散杂质面和相反类型扩散杂质面的交叠处定义为半导体结。这是在 p 型和 n 型半导体材料之间的结，所以称为 pn 结。半导体的表面和结之间的距离称为结深。对于扩散，典型的结深范围可以从预沉积型的 0.1 μm 到渗透型的 10 μm 以上。

离子注入

接下来的一个基本工艺步骤是离子注入，这一步被广泛应用于 MOS 元件的制造中[14,15]。离子注入是特殊掺杂物(杂质)的离子由电场加速至很高的速度并注入半导体材料中的工艺。渗透的平均深度在 0.1 μm 到 0.6 μm 范围内，具体取决于注入硅晶圆离子的速度和角度。每个离子的路径取决于它的碰撞经历。所以，注入一般偏离晶圆的轴向，使离子有机会与原子晶格相碰撞，避免在硅中产生不必要的深离子沟槽。另一种解决沟槽的方法是通过二氧化硅进行注入，使离子在到达硅表面之前具有随机的注入方向。离子注入过程会对半导体晶格产生破坏，使许多注入的离子留在非电活性区域。这种破坏可以用退火的方法来修复，也就是注入后将半导体温度上升到 800℃ 以使离子移动到半导体晶格内的电活性区域。

离子注入和扩散的目的都是让杂质掺进半导体材料内，因此可以用离子注入代替扩散。离子注入相对于热扩散来说有几大优点：一是掺杂的精确控制，误差在±5%以内，且重复性好，可以调节 MOS 器件的阈值，或用于制造精确的电阻；二是离子注入为室温工艺，只在修复硅晶格缺陷的退火过程中要求高温；三是可以通过薄层注入，因此在注入期间或者注入后，被注入的材料都不会暴露于污染物中，与离子注入不同，扩散需要把表面的二氧化硅层或氮化硅层除去；四是离子注入可以控制注入杂质的分布。例如，如果需要，可以在硅表面下形成浓度峰值。

沉积

第四个基本工艺步骤是沉积。沉积就是把多种不同材料的薄膜层沉积到硅晶圆上。这些薄膜可以用几种不同的技术沉积，包括蒸发沉积[16]、溅射沉积[17]和化学气相沉积(CVD)[18,19]。在蒸发沉积中，一种固体材料被放在真空中加热致其蒸发，蒸发出的分子撞击较冷的晶圆，在晶圆表面凝结为一层固体薄膜。沉积材料的厚度取决于温度和蒸发的时间(典型厚度为 1 μm)。

溅射沉积是利用正离子轰击阴极,阴极采用需要沉积的材料覆盖,被轰击的或目标材料被直接的动力转换驱使沉积到放在阳极的晶圆表面。溅射技术被用在 DC、射频(RF)和磁电管(磁场)这些集成电路上。溅射通常在真空中完成。化学气相沉积是在硅晶圆表面进行化学反应或者气相高温分解使薄膜沉积的方法。这种沉积技术一般用来沉积多晶硅、二氧化硅(SiO_2 或简称氧化物)或氮化硅(Si_3N 或简称氮化物)。化学气相沉积一般在大气压力下完成,但有时也可以在扩散率显著上升的低压下进行,这种技术称为低压化学气相沉积(LPCVD)。

刻蚀

刻蚀是去除被暴露(无保护)材料的工艺。使一些材料被暴露和另一些材料不被暴露的方法将在下面介绍光刻的时候讨论。现在,假设图 2.1-3(a)所示的情况已经存在,从图中可以看到被称为薄膜的顶层和一个底层。被称为掩模[①]的保护层覆盖在不需要刻蚀的薄膜上。刻蚀的目的就是除去这些暴露的薄膜部分。为了达到这一目的,刻蚀过程必须有两个重要特性:选择性和各向异性。所谓选择性就是指刻蚀时只除去期望除去的层,不影响保护层(掩模)和底层。选择性可以用期望层的刻蚀率与不期望层的刻蚀率之比来衡量:

$$S = \frac{期望层的刻蚀率}{不期望层的刻蚀率} \tag{2.1-1}$$

各向异性是指刻蚀本身在同一个方向的特性,即完美的各向异性刻蚀应该仅在一个方向上刻蚀。各向异性的程度可用如下公式表示:

$$A = 1 - \frac{横向刻蚀率}{垂直刻蚀率} \tag{2.1-2}$$

事实上,在现实中,既不可能有完美的选择性,也不可能有完美的各向异性,结果往往如图 2.1-3(b)所示的那样,既有侧凹影响又会除去部分底层。如图 2.1-3(b)所示,在掩模上选择性的不完善用 a 表示,底层选择性的不完善用 b 表示,而 c 则表示了各向异性的程度。具有高度各向异性优势的刻蚀技术可以有最小的侧凹效应,保持高选择性。通常被刻蚀的材料包括多晶硅、二氧化硅、氮化硅和铝。

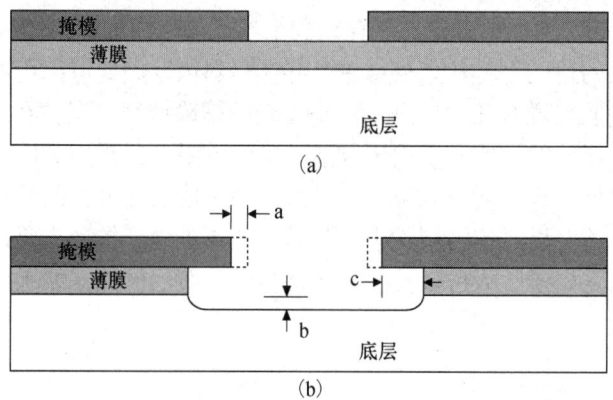

图 2.1-3　(a)准备刻蚀的顶层部分;(b)刻蚀结果表示水平刻蚀和底层刻蚀

有两种基本刻蚀技术。湿法刻蚀利用化学试剂去除需刻蚀的材料。氢氟酸(HF)用来刻蚀

[①] 分清两种掩模间的区别,沉积掩模引用"掩模",在光刻胶曝光中所用的照相版称为"光掩模版"。

二氧化硅；磷酸(H_3PO_4)用来刻蚀氮化硅；硝酸、乙酸或氢氟酸用来除去多晶硅；硅则用氢氧化钾来刻蚀；磷酸混合物可以用来除去金属。湿法刻蚀技术非常依赖时间和温度，而且由于酸的潜在危险，使用中必须小心。干法刻蚀或等离子刻蚀利用射频等离子发生器产生具有化学活性的离子化气体进行刻蚀。这种技术需要对最佳压力、气流率、气体混合度和射频功率特别关注。干法刻蚀技术十分类似于溅射，而且实际上可以用同种设备来实现。离子反应刻蚀(RIE)是一种伴有离子轰击的等离子刻蚀。由于干法刻蚀可以获得各向异性的分布(没有侧凹)，所以常用于亚微米工艺中。

化学机械抛光

在非平面的表面上完成光刻是极具挑战的，维持突变表面上覆盖的熔敷金属的均匀厚度也是困难的。解决的办法是在每一次光刻或沉积步骤前使晶圆的表面平滑。达到平滑的一种方法是用适当掺杂的氧化物，使其在高温下的回流。另一种可能更好的方法是直接采用抛光技术。现代工艺中用化学机械抛光(CMP)也可使晶圆平滑[20]。

光刻

除了氧化、沉积和化学机械抛光步骤，所有讨论到的基本的半导体制造工艺都只在硅晶体上的某些区域进行，完成这些区域选择的工艺称为光刻[12, 21, 22]。光刻是从光掩模版或计算机的数据库中将图像转换到晶圆上的完整过程。光刻的基本单元是光刻胶材料和光掩模版。光掩模版被用来使光刻胶的一些区域暴露在紫外(UV)光下，而另一些则被遮掩保护起来。

光刻胶是一种暴露在紫外光下就会改变特性的有机聚合体，它分为正性和负性两种。正性光刻胶被用来制作有图形存在(紫外光无法穿透)区域的光掩模版，负性光刻胶用来制作无图形存在(紫外光可以透过)区域的光掩模版。

光刻过程包括在一定的时间和温度控制下将光刻胶涂在晶圆上。然后光刻胶的一部分暴露在紫外线下。曝光后，暴露的光刻胶通过显影工序变硬，未暴露的区域被去除。变硬的光刻胶可以在等离子刻蚀或酸刻蚀过程中保护被选择的区域。当保护功能完成后，将光刻胶用溶剂或等离子灰化去除，留下完好无损的下层。此过程必须对集成电路制作中的每层结构重复进行。图2.1-4所示的是利用正性光刻胶确定多晶硅图形的基本光刻流程。

光通过掩模对晶圆选择性曝光的过程称为光刻。一般光刻方法有三种：

- 接触式光刻
- 接近式光刻
- 投影式光刻

最简单、最精确的方法是接触式光刻。这种方法利用一块带有所需图形且比实际晶圆尺寸略大的玻璃板，玻璃板的一边与晶圆直接接触。通常这块玻璃板称为光掩模版。这种方法分辨率高，产出高且费用低。问题是由于直接接触，光掩模版会有损耗，使用10~25次后就必须更换。同时，这种方法会引进杂质和缺损。鉴于这些原因，现代VLSI中不采用接触式光刻。

第二种曝光方法称为接近式光刻，在这种系统中，光掩模版和晶圆靠得非常近，但不直接接触。随着光掩模版和晶圆的间隔增大，分辨率将减小。一般来说，当最小特征尺寸小于2 μm时，就无法采用这种方法了，所以接近式光刻也不适用于VLSI。

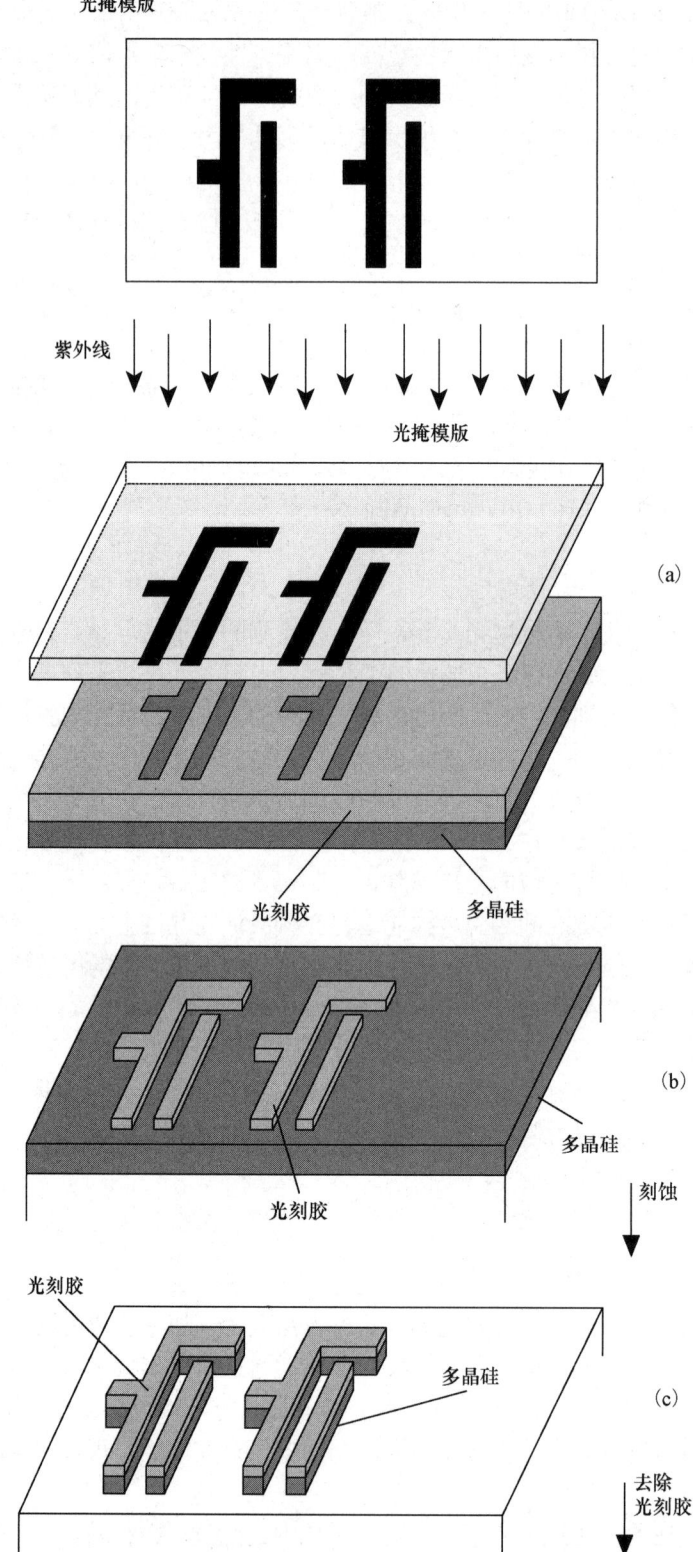

图 2.1-4 确定多晶硅形状的基本光刻流程。(a)曝光；(b)显影；(c)刻蚀；(d)去除光刻胶

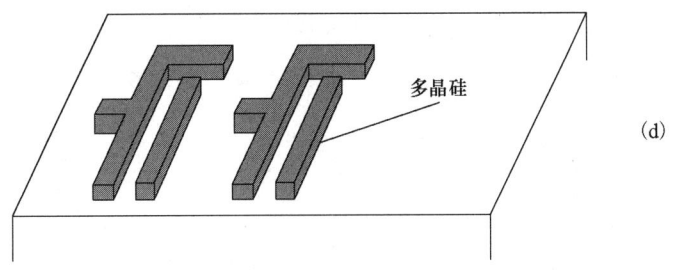

图 2.1-4(续)　确定多晶硅形状的基本光刻流程。(a)曝光；(b)显影；(c)刻蚀；(d)去除光刻胶

投影式光刻把光掩模版和晶圆拉开相对较大的距离，采用透镜或反射镜将光掩模版上的图形聚焦到晶圆表面。投影式光刻有扫描和步进两种方式。扫描方式使光线通过按比例缩放的光掩模版(典型值 5×)，经一系列复杂的光学多棱镜反射，利用弧光在晶圆表面上形成影像，以优化最小失真。光掩模版和晶圆扫描照亮的弧光。这种方法的最小特征尺寸为 0.25 μm。当前投影式光刻中应用最多的是步进式。

在光刻的发展中，以增加分辨率为目的，用液体媒介(高纯净水)替代透镜和晶圆表面之间的空气间隙。

电子束曝光技术由于其高分辨率(小于 1 μm)而常被用来制作投影光刻用的光掩模版。不过，电子束也可以不经过光掩模版而直接对光刻胶进行刻写。利用电子束曝光系统的优点是精确和具有利用软件进行修改的能力，缺点是成本高和生产能力低。

双阱 CMOS 制造步骤

对于电路设计者来说，了解一些 CMOS 电路的基本制作步骤是非常重要的。下面介绍一般亚微米 CMOS 双阱硅栅工艺的制造步骤。

选择具有轻掺杂的 p⁻ 外延层(epi 层)的重掺杂 p⁺ 硅晶圆材料，然后在 p⁻ 外延层上生长一层薄二氧化硅区域。之后，在掩模步骤，通过在在氧化物上面沉积光刻胶，定义 n 阱的区域。对光刻胶曝光显影后，n 型杂质被注入晶圆，如图 2.1-5(a)所示。接下来，除去光刻胶，用 p 阱掩模和光刻工序在确定的适当区域注入形成 p 阱。除去光刻胶后在高温下进行氧化和扩散，使注入的离子进入 p⁻ 型衬底。然后，去除氧化层，再一次进行薄垫底氧化层生长(垫底氧化层的作用是保护衬底，防止由于硅和氮化硅的热膨胀不同而产生的应力)。接着一层氮化硅被沉积在整个晶圆表面，如图 2.1-5(b)所示。氮化硅作为 CMP 阶段的停止层。再按照如前所述的过程操作，沉积光刻胶、成形并显影，将氮化硅从成形处去除。仅在制作晶体管的地方留下氮化硅和光刻胶。留有氮化硅的区域称为有源区(AA)。为制作晶体管之间的隔离，进行一次刻蚀，即在留下的氮化物(AA)区域刻出深槽如图 2.1-5(c)所示。接下来是线性的氧化物生成，等角氧化物沉积，如图 2.1-5(d)所示。然后通过 CMP 步骤去除氧化物，在氮化物的顶上形成一个平面，如图 2.1-5(e)所示。在此阶段，有源区被浅槽(STI)隔开。

接着，采用适当的 p 阱或 n 阱掩模和光刻步骤，完成 p 型和 n 型场注入。这些将确保场区不会形成寄生晶体管。除去氮化物，使薄栅氧化层生长，多晶硅沉积，如图 2.1-5(f)所示。然后多晶硅成形并刻蚀，仅留下需要制作晶体管的栅极和内联线的多晶硅。

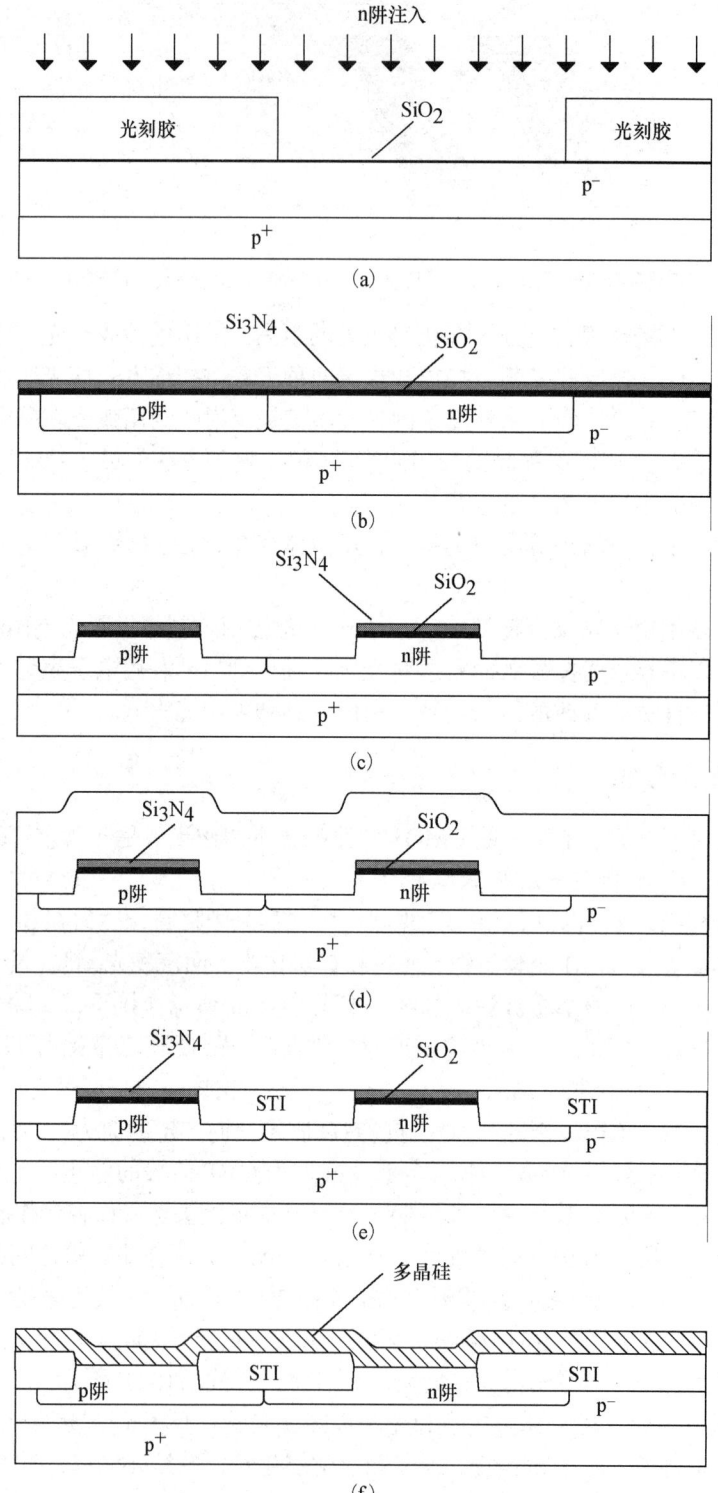

图 2.1-5 CMOS 工艺的主要步骤

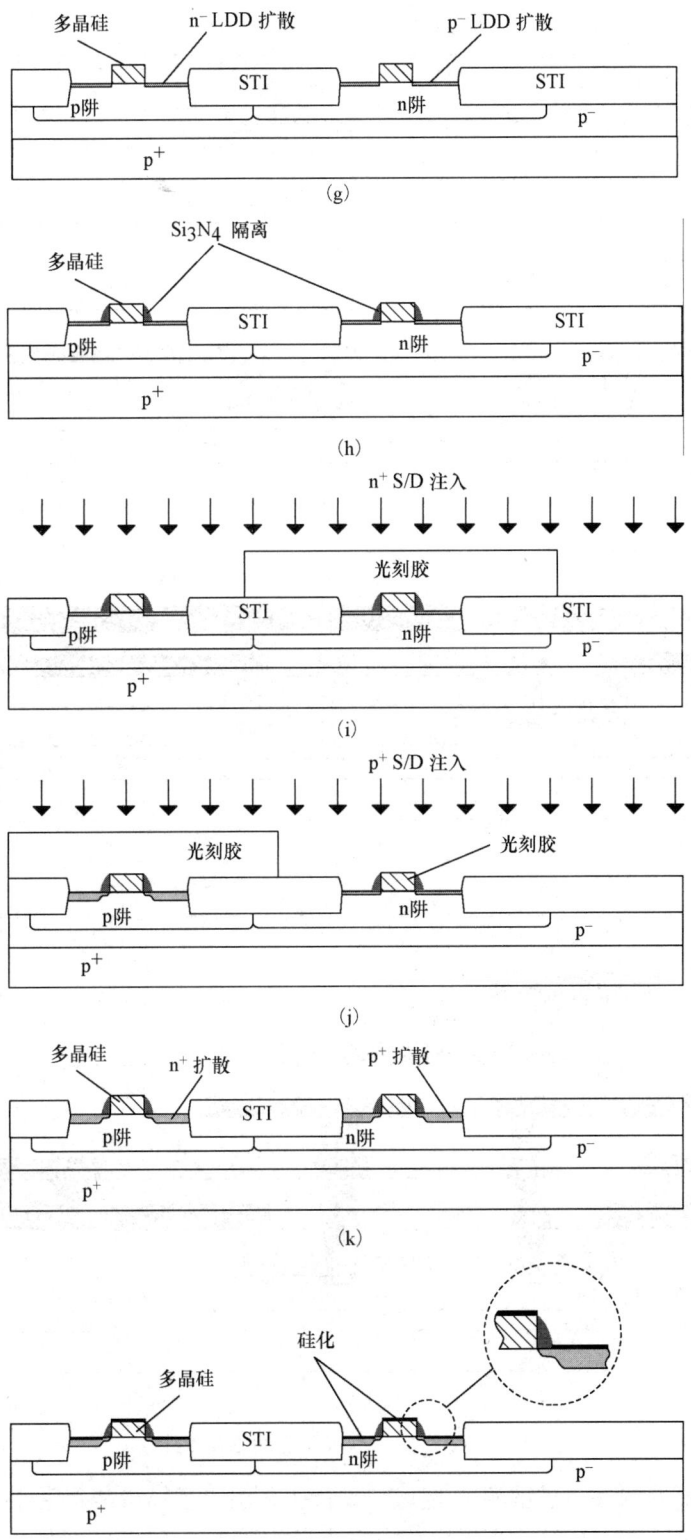

图 2.1-5(续)　CMOS 工艺的主要步骤

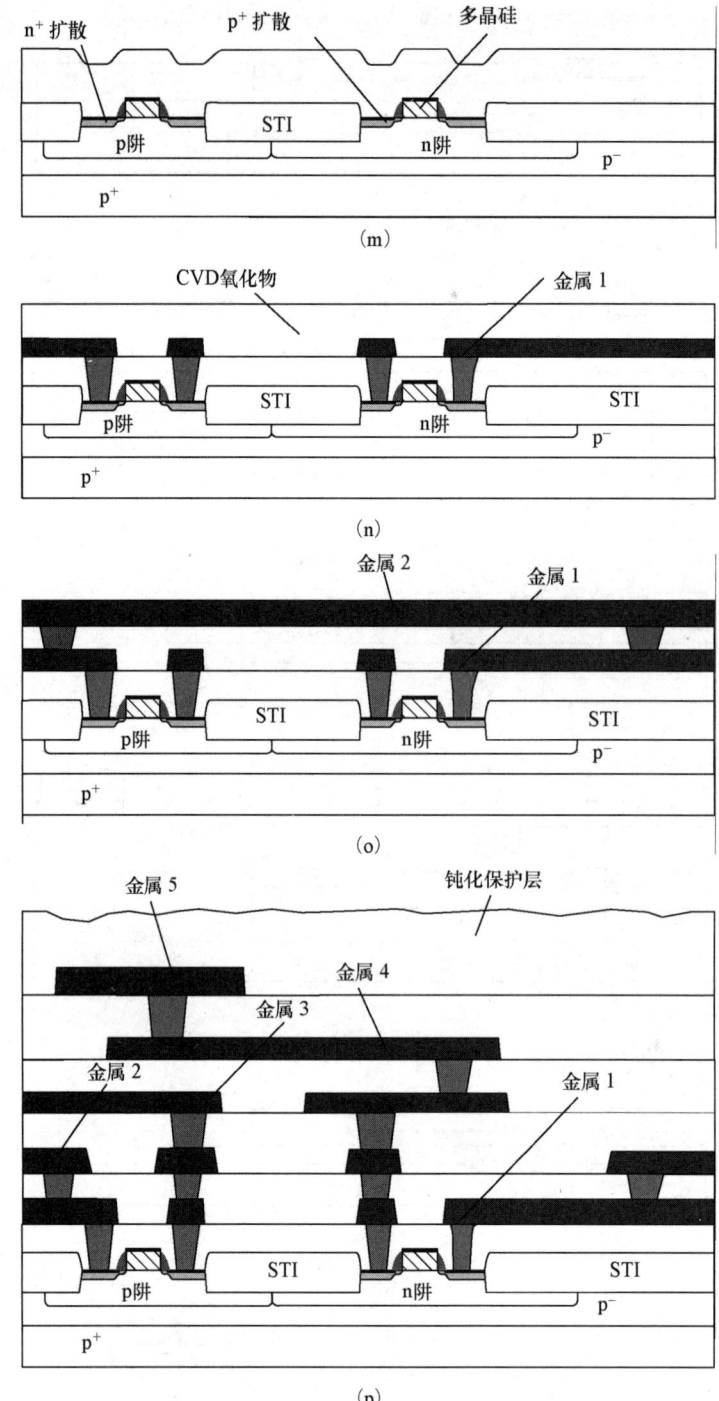

图 2.1-5(续)　CMOS 工艺的主要步骤

至此，还没有在衬底中扩散源区/漏区。现代工艺引入了轻掺杂漏区/源区(LDD)扩散，以使碰撞离子化最小。LDD 结构可以由首先完成轻杂质注入(LDD)得到，过程中可以用多晶硅栅和 STI 自校准。图 2.1-5(g)给出 p 沟道和 n 沟道晶体管采用它们适当(相应为 p⁻ 和 n⁻)的 LDD 注入的结果。由沉积薄氮化层，然后进行各向异性刻蚀，将在多晶硅栅的边上形成氮化物隔离[见图 2.1-5(h)]。为了形成 n^+ 源和漏，在所有需要做成 n 沟道晶体管的地方涂上光刻胶并使其成形；在 n^- 区(如 n 阱)中需要连接金属引线的区域也应形成 n^+ 区。显影后，对 n^+ 区进行杂质注入，如图 2.1-5(i)所示。光刻胶像氮化物隔离一样对注入起屏障作用。因此 n^+ 区与氮化物隔离正确对齐。类似，p 沟道晶体管用上适当的掩模，接受 S/D 注入[见图 2.1-5(j)]。利用退火工艺激活注入离子。图 2.1-5(k)为退火后的结果。

为了改进 S/D、多晶硅内联和接触孔，钛(Ti)被溅射覆盖在整个晶圆上。退火后，整个多晶硅表面形成硅化钛($TiSi_2$)[22]。硅化物的电阻低于扩散或多晶硅。硅化物不会在氮化硅隔离上形成。不与硅相接的钛可以用化学刻蚀去除。图 2.1-5(l)展示了留存在 S/D 和多晶硅栅上的硅化钛。由于硅化钛不会与氮隔离起反应(且稍后会去除)，结果产生的硅化物根据多晶硅和扩散进行自校准。得到硅化物的技术被称为硅化工艺(表示自校准硅化)。为避免混淆，术语"硅化"将在整本教材中使用。在整个晶圆上沉积一个新的厚氧化层，如图 2.1-5(m)所示。接下来进行 CMP 步骤使表面平滑。制作接触孔时，在前期的步骤中，首先利用光刻工艺定位，然后，接触的氧化层被刻蚀到硅化物表面。除去残留的光刻胶。一个薄的钛/钛-氮(Ti/TiN)层被沉积然后是厚的钨(W)层。Ti/TiN 层提供一种黏合和对扩散的遮蔽作用，钨实际上是对接触孔刻蚀时形成的空洞进行填补。另一次 CMP 完成，这一次去除了钨，只在接触孔空洞中留下钨接触。然后进行铝的沉积以形成内联层金属 1。再用光刻和随后的刻蚀去除所有不需要的金属。在制作第二层金属前，需再沉积一隔离介质层，见图 2.1-5(n)。再一次 CMP 使氧化物的表面平坦化。内金属连接(过孔)通过光刻成形和刻蚀来确定。一个薄的 Ti/TiN 层和厚的钨(W)层先后沉积。进行 CMP 步骤去除氧化物表面上的钨，留下钨接触。金属 2 铝进行沉积、成形和刻蚀[见图 2.1-5(o)]。氧化物沉积、CMP、钨接触形成和铝的金属化各步骤的重复可形成所希望的金属层数。

为了保护晶圆免受化学侵蚀或刮擦，将氧化物或氮化物形成的钝化层覆盖在整个晶圆上。然后确定焊盘区(在集成电路和外部封装间用金属线键合的区域)，仅在划分为焊盘的地方将钝化层去除。图 2.1-5(p)是最终电路的横截面图。

为着重详细说明制造工艺过程，这里并没有给出真实的尺寸关系(例如侧面图并不符合实际比例)。但是，建立一个实际尺寸的概念也是很有价值的，图 2.1-6 给出了一个相关尺寸图。

至此，基本的双阱 CMOS 工艺基本介绍完毕。下面将介绍一些提高电路性能的方法。

在形成接触孔之前，钛被沉积和退火，在所有的硅表面，包括多晶硅的表面形成硅化钛。硅化钛的电阻低于多晶硅电阻。在那些需要低电阻内连的地方这是有益的。然而，模拟设计者常希望用高阻元件，此时多晶硅是一种不错的选择。为了使用多晶硅的薄层电阻，必须阻挡住钛向多晶硅的沉积。这可以用一个附加的掩模——硅化阻塞，这是这个命名暗指的含义。在有些工艺中，不给多晶硅掺杂，本征多晶硅有非常高的电阻。为使多晶硅作为有用的模拟元件，一块掩模被用来选择对多晶硅电阻掺杂以达到所希望的电阻率。

历来如此，模拟电路要求高性能的电容。至少有三种通用方式实现有用电容：(1)多晶硅-氧化物-多晶硅；(2)金属-氧化物-金属(MOM)；(3)金属-绝缘层-金属(MIM)。多晶硅-氧化物-多晶硅(或简称多晶硅-多晶硅)电容是在栅多晶硅工艺步骤后增加一个步骤，使两层多晶硅中形成一薄氧化层，从而制成的。MOM 电容的构成不需增加任何工艺步骤，因为它们是由已存在的多层金属层(在版图中以适当的布局)形成的。MIM 电容需要形成一层额外的金属构成。通常，该金属层是在最高内联层之前形成，位于次高内联层上一薄氧化层之上。该电容结构将在 2.4 节给出。

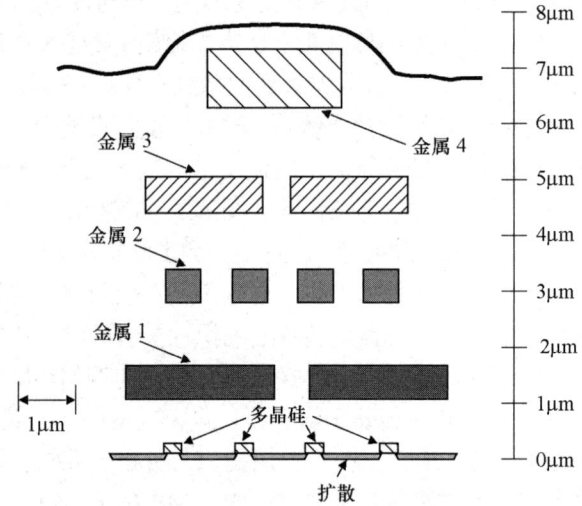

图 2.1-6 CMOS 集成电路侧面图

当模拟电路与复杂数字电路混合设计时，必须注意避免由数字逻辑引起的数字噪声的干扰。这类噪声会降低模拟信号通路的灵敏度性能。有许多电路技术能够减轻数字噪声。另外也有结构上的方法可以使模拟电路与数字电路隔离。其中一种方法是采用深 n 阱(DNW)。图 2.1-7 给出了一个深 n 阱的实例。此阱位于 p 阱和标准 n 阱的下面。电连接至深 n 阱形成通过 n 阱和 n^+ 的扩散。深 n 阱连接至静态电源电压(即 V_{DD})即可形成隔离并减小干扰。

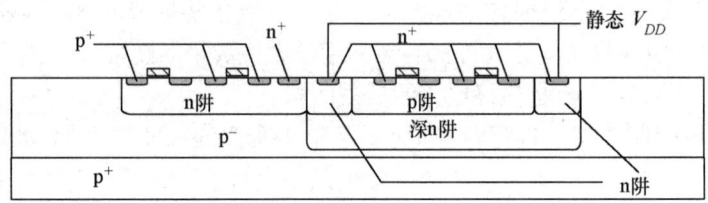

图 2.1-7 深 n-阱改善隔离效果

几何尺寸减小，晶体管的击穿电压也会下降。于是核心电压继续下降(例如，65nm 工艺的核心电压，典型值在 1.0V 左右)。但即使核心电压在减小，I/O 也不会以相同的比例减小。因此，集成电路核心电路与 I/O 接口技术形成挑战。一个解决办法是在标准器件边上提供具有较高击穿电压的晶体管，完成此任务的手段是提供多重栅氧化。最小的栅氧化用于核心晶体管，而较大的栅氧化用于 I/O 器件。精明的设计者常会用 I/O 器件设计核心电路以解决特殊的需求(例如在低泄漏电路中)。

这部分给出的工艺一般适用于 0.25 μm 及以下工艺。0.35 μm 及以上工艺，典型情况下是采用 LOCOS 方法进行隔离。一个 n 阱 LOCOS 工艺的实例示于图 2.1-8。

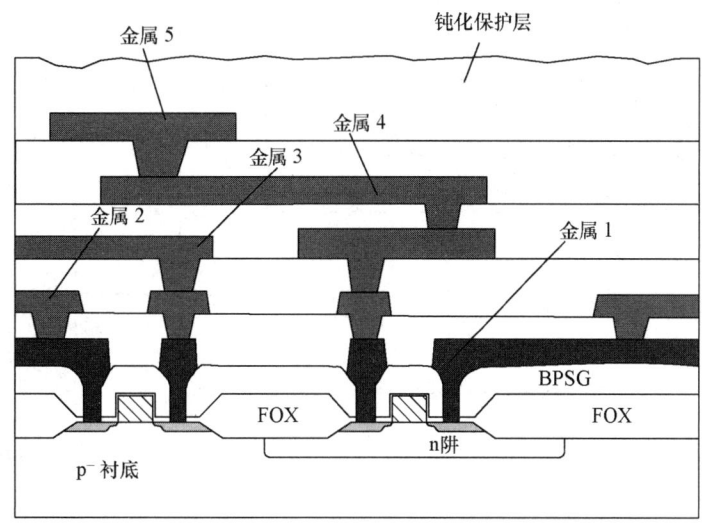

图 2.1-8 一个 LOCOS CMOS 工艺的剖面图

2.2 pn 结

pn 结在所有的半导体器件中都起着重要的作用。本节介绍有关 pn 结的一些概念,包括耗尽区宽度、耗尽区电容、反偏或击穿电压和二极管方程等,便于以后的学习,更多的信息可以阅读参考文献[23, 24]。图 2.2-1(a)显示的是 pn 结的物理结构。在这个结构中,假定杂质浓度由 n 型半导体的施主杂质浓度 N_D 突变到 p 型半导体的受主杂质浓度 N_A,这种结构称为突变结,如图 2.2-1(b)所示。x 是以 $x=0$ 处的冶金结为原点向右测量的距离。当两种不同类型的半导体材料以这种方式结合时,每一种类型的载流子都以扩散的方式穿过结,此时,就会留下与载流子电荷相反的固定原子。例如,n 型半导体一侧的结附近的电子扩散越过结时,在 n 型半导体侧的结附近就留下固定的带正电荷(+)的施主原子,图 2.2-1(c)中用高度为 qN_D 的矩形来表示。同样,空穴从 p 型半导体扩散越过结到达 n 型半导体时,留下带负电荷固定的受主原子。以扩散方式越过结的自由电子和空穴很快与多子重新结合。因为结附近的正、负固定电荷未被扩散的载流子结合,所以产生了电场,使载流子产生反向的运动。当扩散产生的电流和电场产生的电流相等时,pn 结达到了平衡。在平衡状态下图 2.2-1(a)中的 v_D 和 i_D 都是 0。

在图 2.2-1(c)中,带正电荷的施主原子(因失去了自由电子)占据的长度用 x_n 表示。同样,带负电荷的受主原子(因失去了空穴)占据的长度用 x_p 表示,在这张图中 x_p 是负值。定义载流子耗尽的冶金结为耗尽区,耗尽区为

$$x_d = x_n - x_p \tag{2.2-1}$$

其中,$x_p < 0$。

由于呈电中性,pn 结两边的电荷必定相等,所以有

$$qN_D x_n = -qN_A x_p \tag{2.2-2}$$

式中,q 是电子电荷量(1.60×10^{-19} C),在耗尽区电场分布可以用高斯定律计算得出

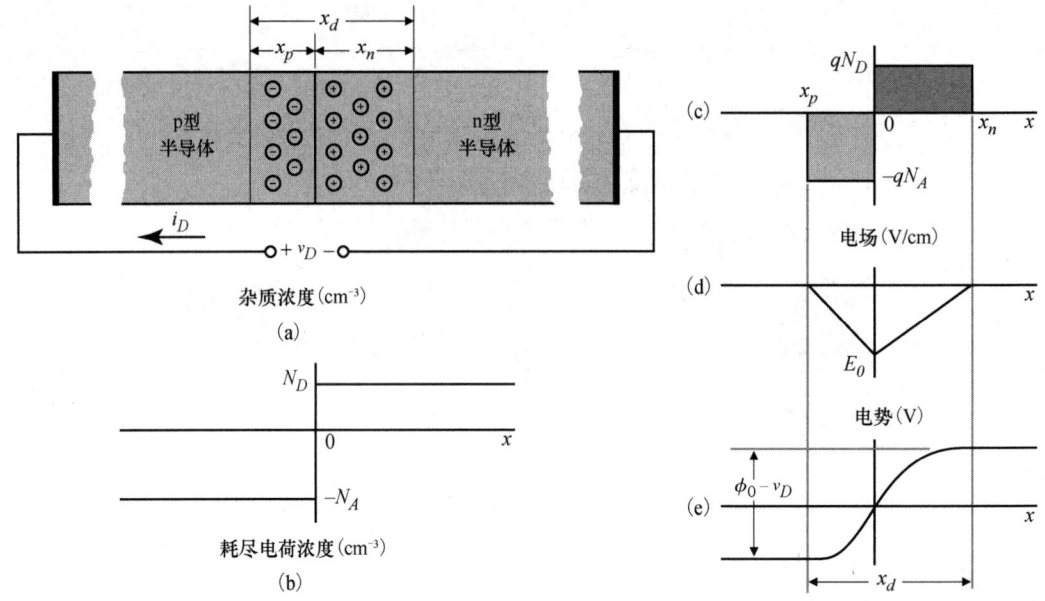

图 2.2-1 pn 结。(a)物理结构；(b)杂质浓度；(c)耗尽电荷浓度；(d)电场；(e)电势

$$\frac{dE(x)}{dx} = \frac{qN}{\varepsilon_{Si}} \tag{2.2-3}$$

对 pn 结的任一边进行积分，可求出 pn 结中最大场强 E_0，如图 2.2-1(d)所示，E_0 的表达式为

$$E_0 = \int_0^{E_0} dE = \int_{x_p}^0 \frac{-qN_A}{\varepsilon_{Si}} dx = \frac{qN_A x_p}{\varepsilon_{Si}} = \frac{-qN_D x_n}{\varepsilon_{Si}} \tag{2.2-4}$$

式中，ε_{Si} 是硅的介电常数，等于 $11.7\varepsilon_0$（$\varepsilon_0 = 8.85 \times 10^{-14}$ F/cm）。

耗尽区的电压降如图 2.2-1(e)所示，它可以通过对负电场积分得到，结果如下：

$$\phi_0 - v_D = \frac{-E_0(x_n - x_p)}{2} \tag{2.2-5}$$

式中，v_D 为外加电压，ϕ_0 被称为势垒，表达式为

$$\phi_0 = \frac{kT}{q} \ln\left(\frac{N_A N_D}{n_i^2}\right) = V_t \ln\left(\frac{N_A N_D}{n_i^2}\right) \tag{2.2-6}$$

式中，k 是玻尔兹曼常数（1.38×10^{-23} J/K），n_i 是硅的本征载流子浓度（1.45×10^{10}/cm³，300 K）。在室温时 V_t 的值为 25.9 mV。应该注意，这里的 V_t 表示 kT/q，而不是 MOS 管的阈值电压 V_T（见 2.3 节），两者不要混淆。虽然当 $v_D = 0$ 时也存在势垒电压，但在二极管的外部端点是反映不出来的。当二极管的两端与金属导线相接时，形成金属-半导体结。金属-半导体的势垒恰好等于 ϕ_0，所以二极管的开路电压为零。

对式(2.2-2)、式(2.2-4)和式(2.2-5)联立求解，即可求得 n 型和 p 型半导体的耗尽区宽度，结果为

$$x_n = \left[\frac{2\varepsilon_{Si}(\phi_0 - v_D)N_A}{qN_D(N_A + N_D)}\right]^{1/2} \tag{2.2-7}$$

和

$$x_p = \left[\frac{2\varepsilon_{\text{Si}}(\phi_0 - v_D)N_D}{qN_A(N_A + N_D)}\right]^{1/2} \tag{2.2-8}$$

由式(2.2-1)、式(2.2-7)和式(2.2-8)可以解出耗尽区宽度 x_d 为

$$x_d = \left[\frac{2\varepsilon_{\text{Si}}(N_A + N_D)}{qN_AN_D}\right]^{\frac{1}{2}}(\phi_0 - v_D)^{1/2} \tag{2.2-9}$$

由式(2.2-9)可见，图 2.2-1 所示的 pn 结耗尽区的宽度与势垒和外加电压之差的平方根成正比。还可看出，当 $N_A \gg N_D$ 时，x_d 近似等于 x_n；当 $N_D \gg N_A$ 时，x_d 近似等于 x_p。所以，耗尽区主要向轻掺杂半导体一侧扩展。

耗尽区电荷 Q_j 的特性也是备受关注的问题，它等于 pn 结两侧任一侧固定电荷的量。由上面的关系式得出耗尽区电荷如下：

$$Q_j = |AqN_Ax_p| = AqN_Dx_n = A\left[\frac{2\varepsilon_{\text{Si}}qN_AN_D}{N_A + N_D}\right]^{1/2}(\phi_0 - v_D)^{1/2} \tag{2.2-10}$$

其中，A 是 pn 结的横截面积。

pn 结的电场强度 E_0 可以从式(2.2-4)、式(2.2-7)或式(2.2-8)求出，关系式为

$$E_0 = \left[\frac{2qN_AN_D}{\varepsilon_{\text{Si}}(N_A + N_D)}\right]^{1/2}(\phi_0 - v_D)^{1/2} \tag{2.2-11}$$

式(2.2-9)、式(2.2-10)和式(2.2-11)是了解 pn 结的主要关系式。

pn 结耗尽区形成的电容称为耗尽层电容，它是由结附近没有被中和的固定电荷形成，并随着外加电压的变化而改变。耗尽层电容 C_j 可利用式(2.2-10)按电容的定义求出：

$$C_j = \frac{dQ_j}{dv_D} = A\left[\frac{\varepsilon_{\text{Si}}qN_AN_D}{2(N_A + N_D)}\right]^{1/2}\frac{1}{(\phi_0 - v_D)^{1/2}} = \frac{C_{j0}}{[1-(v_D/\phi_0)]^m} \tag{2.2-12}$$

式中，C_{j0} 是 $v_D = 0$ 时的耗尽层电容，m 是梯度系数。图2.2-1所示情况的系数 $m = \frac{1}{2}$，称为突变结。如果 pn 结是采用 2.1 节中介绍的扩散工艺制成的，图 2.2-1(b) 的分布曲线图就应该更换为图 2.2-2，这种情况下 $m = \frac{1}{3}$。通常梯度系数的范围在 $\frac{1}{3}$ 和 $\frac{1}{2}$ 之间。图 2.2-3 示出了 pn 结的耗尽层电容曲线，图中可见，当 v_D 为正并接近 ϕ_0 时，耗尽层电容将接近无穷大。但是，在此电压下，上述推导公式中的假设是无效的。尤其假设耗尽区没有载流子是不实际的。因此，实际的曲线将变弯曲，当 v_D 接近 ϕ_0 时 C_j 会减小[25]。

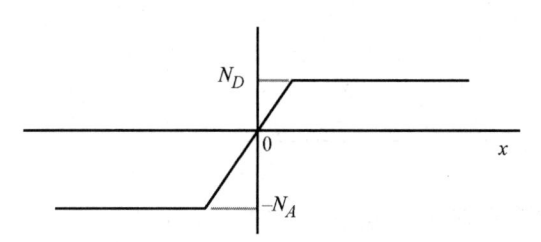

图 2.2-2 扩散 pn 结的杂质浓度分布曲线

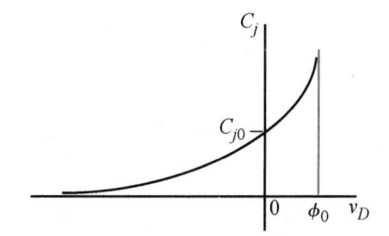

图 2.2-3 pn 结的耗尽层电容曲线

例 2.2-1 pn 结特性

已知一突变结二极管的参数 $N_A = 5×10^{15}/cm^3$,$N_D = 10^{20}/cm^3$,结面积为 $10\ \mu m × 10\ \mu m$,外加电压为 $-4\ V$。求 x_p、x_n、x_d、ϕ_0、C_{j0} 和 C_j。

室温下,由式(2.2-6)可得势垒为 $0.917\ V$。由式(2.2-7)和式(2.2-8)求出 $x_n = 0$ 和 $x_p = 1.128\ \mu m$。所以,耗尽区宽度近似等于 x_p 或 $1.128\ \mu m$。将这些值代入式(2.2-12),求出 $C_{j0} = 20.3\ fF$,在外加电压为 $-4\ V$ 时 C_j 为 $9.18\ fF$。

反向偏置($v_D < 0$)pn 结的击穿电压是由耗尽区所能承受的最大电场 E_{max} 决定的。对硅来说,最大电场近似为 $3×10^5\ V/cm$。假设 $|v_D| > \phi_0$,然后将 E_{max} 代入式(2.2-11),便可以得到最大反偏电压或击穿电压(BV)的表达式如下:

$$BV \cong \frac{\varepsilon_{Si}(N_A + N_D)}{2qN_A N_D} E_{max}^2 \qquad (2.2\text{-}13)$$

将例 2.2-1 的数据代入式(2.2-13),取 $E_{max} = 3×10^5\ V/cm$,可得到击穿电压为 $58.2\ V$。但是随着反向偏置电压开始趋近这个数值时,pn 结的反向电流才开始增加。电流的增加是由于在两种重掺杂半导体形成的 pn 结上加反向偏置时存在两种导电机制。第一种导电机制称为雪崩倍增,它是由 pn 结上的高电场引起的;第二种称为齐纳击穿。齐纳击穿是在高电场情况下直接分裂共价键,但是齐纳击穿不需要高能离子化载流子。在多数击穿二极管中电流都是这两种机制共同作用的结果。

如果 i_R 是 pn 结的反向电流,v_R 是 pn 结上的反偏电压,那么实际的反向电流 i_{RA} 可以写成

$$i_{RA} = Mi_R = \left(\frac{1}{1 - (v_R/BV)^n}\right) i_R \qquad (2.2\text{-}14)$$

其中,M 是雪崩倍增因子,n 是一个指数,用来调整图 2.2-4 中曲线拐弯处的曲率,n 的典型值在 3~6 之间。如果 pn 结两侧都是重掺杂的,那么击穿将通过隧道发生,引起齐纳击穿。此击穿通常发生在低于 6 V 的电压下。齐纳二极管是在 n^+ 扩散区与 p^+ 扩散区的交叠处形成的。值得注意的是,尽管齐纳二极管的一端必须接到最低电源、地或最高电源 V_{DD},但是齐纳二极管的制造工艺却是和基本 CMOS 工艺兼容的。

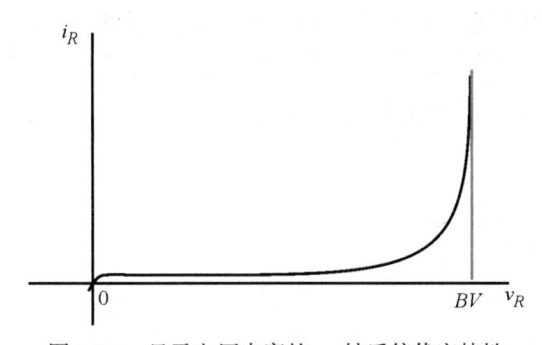

图 2.2-4 显示电压击穿的 pn 结反偏伏安特性

二极管的电压-电流关系可由分析 pn 结中少数载流子的浓度推导得出。图 2.2-5 示出了 pn 结正向偏置时少数载流子浓度分布曲线。多数载流子浓度要比它大得多,在图 2.2-5 中没有表示出来。正向偏置使少数载流子移动越过 pn 结并与另一边的多数载流子复合。pn 结两

边过剩的少数载流子浓度在图 2.2-5 中用阴影区域表示。过剩载流子浓度从 $x=0(x'=0)$ 处以最大值开始,随着 $x(x')$ 的增大而减小到一个平衡值。过剩载流浓度的值在 $x=0$ 处设为 $p_n(0)$,或在 $x'=0$ 处设为 $n_p(0)$,它们可以用正向偏置 v_D 来表示。

$$p_n(0) = p_{n0} \exp\left(\frac{v_D}{V_t}\right) \tag{2.2-15}$$

$$n_p(0) = n_{p0} \exp\left(\frac{v_D}{V_t}\right) \tag{2.2-16}$$

其中,p_{n0} 和 n_{p0} 分别是 n 型和 p 型半导体中少数载流子的平衡浓度,该浓度等于本征浓度的平方除以施主或受主的杂质原子浓度,如图 2.2-5 所示。若 v_D 增加,则过剩的少数载流子也增加;若 v_D 为零,则过剩的少数载流子为零;如果 v_D 是负值(反向偏置),则少数载流子的浓度将低于平衡值。

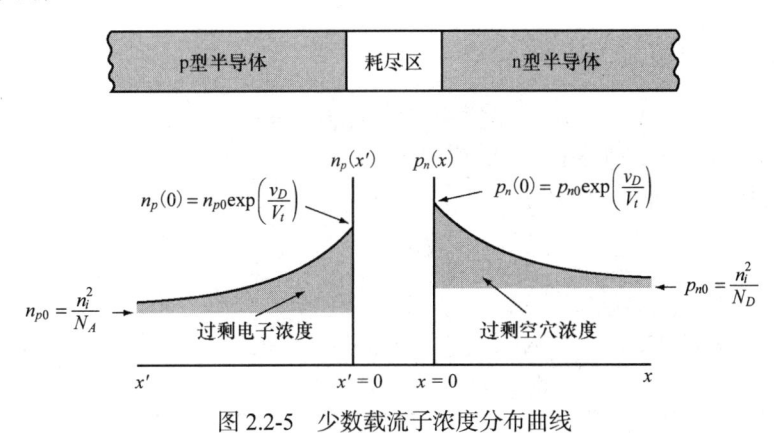

图 2.2-5 少数载流子浓度分布曲线

流过 pn 结的电流正比于过剩少数载流子浓度在 $x=0$ ($x'=0$) 处的斜率。这个关系可由 n 型半导体中空穴的扩散方程给出。

$$J_p(x) = -qD_p \left.\frac{\mathrm{d}p_n(x)}{\mathrm{d}x}\right|_{x=0} \tag{2.2-17}$$

其中,D_p 为 n 型半导体中的空穴扩散常数。在 n 型半导体中,过剩空穴可以表示为

$$p'_n(x) = p_n(x) - p_{n0} \tag{2.2-18}$$

过剩少数载流子从 pn 结开始以指数规律衰减,可以表示为

$$p'_n(x) = p'_n(0)\exp\left(\frac{-x}{L_p}\right) = [p_n(0) - p_{n0}]\exp\left(\frac{-x}{L_p}\right) \tag{2.2-19}$$

式中,L_p 是 n 型半导体中空穴的扩散长度,将式 (2.2-15) 代入式 (2.2-19),可得

$$p'_n(x) = p_{n0}\left[\exp\left(\frac{v_D}{V_t}\right) - 1\right]\exp\left(\frac{-x}{L_p}\right) \tag{2.2-20}$$

将式 (2.2-20) 代入式 (2.2-17),可得 n 型半导体中由过剩空穴浓度产生的电流密度。

$$J_p(0) = \frac{qD_p p_{n0}}{L_p}\left[\exp\left(\frac{v_D}{V_t}\right) - 1\right] \tag{2.2-21}$$

同样，对 p 型半导体的过剩电子，有

$$J_n(0) = \frac{qD_n n_{p0}}{L_n}\left[\exp\left(\frac{v_D}{V_t}\right) - 1\right] \quad (2.2\text{-}22)$$

若忽略耗尽区的复合电流，则 pn 结的总电流密度的表达式为

$$J(0) = J_p(0) + J_n(0) = q\left[\frac{D_p p_{n0}}{L_p} + \frac{D_n n_{p0}}{L_n}\right]\left[\exp\left(\frac{v_D}{V_t}\right) - 1\right] \quad (2.2\text{-}23)$$

用式(2.2-23)乘 pn 结的面积 A 可得总电流为

$$i_D = qA\left[\frac{D_p p_{n0}}{L_p} + \frac{D_n n_{p0}}{L_n}\right]\left[\exp\left(\frac{v_D}{V_t}\right) - 1\right] = I_s\left[\exp\left(\frac{v_D}{V_t}\right) - 1\right] \quad (2.2\text{-}24)$$

其中，I_s 是常数，称为饱和电流。式(2.2-24)就是熟悉的 pn 结二极管的电压-电流关系式。

例 2.2-2 计算饱和电流

已知二极管参数，$N_A = 5 \times 10^{15}/\text{cm}^3$，$N_D = 10^{20}/\text{cm}^3$，$D_n = 20\ \text{cm}^2/\text{s}$，$D_p = 10\ \text{cm}^2/\text{s}$，$L_n = 10\ \mu\text{m}$，$L_p = 5\ \mu\text{m}$，$A = 1000\ \mu\text{m}^2$，求 pn 结二极管的饱和电流。

根据式(2.2-24)可知饱和电流为

$$I_s = qA\left[\frac{D_p p_{n0}}{L_p} + \frac{D_n n_{p0}}{L_n}\right]$$

由 n_i^2/N_D 求得 $p_{n0} = 2.103/\text{cm}^3$，由 n_i^2/N_A 求得 $n_{p0} = 4.205 \times 10^4/\text{cm}^3$，将面积的单位由 μm^2 转换到 cm^2 并代入上式，则饱和电流的值为 1.346×10^{-15} A 或 1.346 fA。

本节介绍了耗尽区宽度、耗尽电容、击穿电压和 pn 结的电压-电流特性。这些概念对了解 MOS 有源和无源元件的特性都非常重要。

2.3 MOS 晶体管

采用 n 阱 LOCOS 工艺流程(与双阱 STI 工艺流程原理相同)的 n 沟道和 p 沟道 MOS 晶体管结构如图 2.3-1 所示。p 沟道器件是在称为阱的轻掺杂 n⁻ 区中扩散出两个重掺杂的 p⁺ 区构成的。两个 p⁺ 区被称为漏和源，两者相距一个距离 L(称为器件长度)。漏源之间表面有一栅电极，电极与硅之间隔有一层薄的介质材料(二氧化硅)。同样，n 沟道晶体管是由两个在轻掺杂的 p⁻ 衬底上重掺杂的 n⁺ 区组成。同样，在漏源之间表面有一个由二氧化硅将其与硅隔开的栅电极。从本质上来讲，两种类型的晶体管都是如图1.2-2(c)和图1.2-2(d)所示的四端器件。B 端是体，或称衬底，其上有源和漏的扩散区。对 n 阱工艺，p 型体是整个集成电路的公共端，接地(通常是最负的电源)。一个电路可以有多个 n 阱，根据应用的需要以各种方式接到不同的电位上。

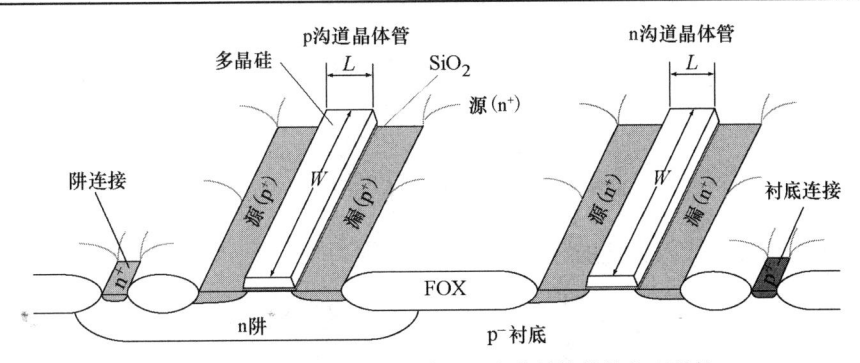

图 2.3-1 n 阱技术中 p 沟道和 n 沟道晶体管的物理结构

图 2.3-2 中是一个四端接地的 n 沟道晶体管。平衡时 p⁻ 衬底和 n⁺ 的漏、源形成 pn 结。因此，在 n⁺ 的漏、源与 p⁻ 衬底之间有耗尽区。因为源、漏是由背对背的 pn 结分开的，漏、源之间的电阻非常高($10^{12}\,\Omega$ 以上)。MOS 晶体管的栅极和衬底形成由二氧化硅作为介质的平板电容。该电容除以栅极面积所得电容为 C_{ox}[①]。若在栅极上加一个相对于源极为正的电压，则硅和二氧化硅接触面附近的空穴被推离，栅极下形成耗尽层。耗尽层由带负电荷的固定离子组成。使用一维分析，耗尽层电荷密度 ρ 表示为

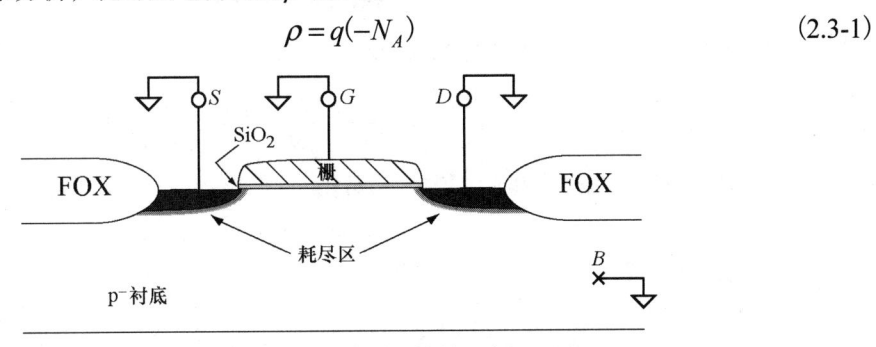

$$\rho = q(-N_A) \tag{2.3-1}$$

图 2.3-2 四端接地的 n 沟道晶体管垂直切面图

根据高斯定律，由此电荷形成的电场为

$$E(x) = \int \frac{\rho}{\varepsilon}\,dx = \int \frac{-qN_A}{\varepsilon_{Si}}\,dx = \frac{-qN_A}{\varepsilon_{Si}}x + C \tag{2.3-2}$$

常数 C 由耗尽区边界(硅和二氧化硅接触面为 $x=0$，在衬底中耗尽区的边缘为 $x=x_d$) $E(x)$ 的计算确定。

$$E(0) = E_0 = \frac{-qN_A}{\varepsilon_{Si}}(0) + C = C \tag{2.3-3}$$

$$E(x_d) = 0 = \frac{-qN_A}{\varepsilon_{Si}}x_d + C \tag{2.3-4}$$

$$C = \frac{qN_A}{\varepsilon_{Si}}x_d \tag{2.3-5}$$

$E(x)$ 的表达式为

[①] 通常电容 C 的单位是法拉(F)，但是在 MOS 器件中这个电容的单位是法拉/单位面积(即 F/m^2)。

$$E(x) = \frac{qN_A}{\varepsilon_{Si}}(x_d - x) \tag{2.3-6}$$

根据电势和电场的关系，可得

$$\int d\phi = -\int E(x)dx = -\int \frac{qN_A}{\varepsilon_{Si}}(x_d - x)dx \tag{2.3-7}$$

对式(2.3-7)两边积分，代入合适的积分上下限，可得

$$\int_{\phi_s}^{\phi_F} d\phi = -\int_0^{x_d} \frac{qN_A}{\varepsilon_{Si}}(x_d - x)dx = -\frac{qN_A x_d^2}{2\varepsilon_{Si}} = \phi_F - \phi_s \tag{2.3-8}$$

$$\frac{qN_A x_d^2}{2\varepsilon_{Si}} = \phi_s - \phi_F \tag{2.3-9}$$

其中，ϕ_F 是半导体静电平衡势垒(费米能级)，ϕ_s 是半导体表面势垒，x_d 是耗尽区厚度。对 p 型半导体，可得

$$\phi_F = -V_t \ln(N_A / n_i) \tag{2.3-10}$$

对 n 型半导体，可得

$$\phi_F = V_t \ln(N_D / n_i) \tag{2.3-11}$$

假设 $|\phi_s - \phi_F| \geq 0$，由式(2.3-9)可解得 x_d 为

$$x_d = \left[\frac{2\varepsilon_{Si}|\phi_s - \phi_F|}{qN_A}\right]^{1/2} \tag{2.3-12}$$

由空穴离去留下的受主离子产生的固定电荷可由

$$Q = -qN_A x_d \tag{2.3-13}$$

确定。将式(2.3-12)代入式(2.3-13)，可得

$$Q \cong -qN_A \left[\frac{2\varepsilon_{Si}|\phi_s - \phi_F|}{qN_A}\right]^{1/2} = -\sqrt{2qN_A\varepsilon_{Si}|\phi_s - \phi_F|} \tag{2.3-14}$$

当栅电压达到称为阈值电压的 V_T 值时，栅极下的衬底成为反型层，即由 p 型半导体变为 n 型。于是，源、漏间出现一个允许载流子移动的 n 型沟道。为了获得反型层，表面电势必须从原始负值($\phi_s - \phi_F$)增加到 $0(\phi_s = 0)$，再到正值($\phi_s = -\phi_F$)。在表面势垒引起这种变化所需的栅、源电压定义为阈值电压 V_T。这种情况称为强反型，其 n 沟道晶体管剖面图如图 2.3-3 所示。衬底接地，栅极下的沟道和衬底间耗尽层所存储的电荷可由式(2.3-14)获得。考虑到 $v_{GS} = V_T$，则 ϕ_s 可由 $-\phi_F$ 代替，电荷 Q_{b0} 为

$$Q_{b0} \cong -\sqrt{2qN_A\varepsilon_{Si}|-2\phi_F|} \tag{2.3-15}$$

如果反向偏置电压 v_{BS} 加在 pn 结上，则式(2.3-15)为

$$Q_b \cong \sqrt{2qN_A\varepsilon_{Si}|-2\phi_F + v_{SB}|} \tag{2.3-16}$$

阈值电压的表达式可分解成几个部分。首先，必须包括称之为 ϕ_{MS}[1] 的参数来表示沟道区域栅材料和体硅(bulk silicon)之间功函数之差。ϕ_{MS} 表示为

$$\phi_{MS} = \phi_F(衬底) - \phi_F(栅) \tag{2.3-17}$$

---

[1] 前面已将该符号定义为金属对硅的功函数，当栅极采用金属以外的其他材料时，仍沿用此符号。

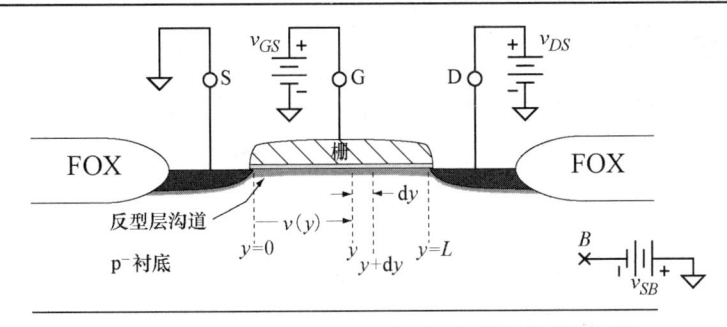

图 2.3-3 当 $v_{GS}>V_T$ 且 v_{DS} 较小时 n 沟道晶体管剖面图

式中，ϕ_F（金属）$=0.6$ V。其次，值为 $-2\phi_F-(Q_b/C_{ox})$ 的栅电压要能够改变表面势垒且抵消耗尽层电荷 Q_b。最后，在氧化物和体硅之间总存在着不希望的正电荷 Q_{ss}。这一电荷是由接触面杂质和非理想性造成的，且必须由 $-Q_{ss}/C_{ox}$ 的栅电压进行补偿。于是，MOS 管的阈值电压可写成

$$V_T = \phi_{MS} + \left(-2\phi_F - \frac{Q_b}{C_{ox}}\right) + \left(\frac{-Q_{ss}}{C_{ox}}\right)$$
$$= \phi_{MS} - 2\phi_F - \frac{Q_{b0}}{C_{ox}} - \frac{Q_{ss}}{C_{ox}} - \frac{Q_b - Q_{b0}}{C_{ox}} \tag{2.3-18}$$

阈值电压可重写为

$$V_T = V_{T0} + \gamma\left(\sqrt{|-2\phi_F + v_{SB}|} - \sqrt{|-2\phi_F|}\right) \tag{2.3-19}$$

其中，

$$V_{T0} = \phi_{MS} - 2\phi_F - \frac{Q_{b0}}{C_{ox}} - \frac{Q_{ss}}{C_{ox}} \tag{2.3-20}$$

体效应因子 γ 定义为

$$\gamma = \frac{\sqrt{2q\varepsilon_{Si}N_A}}{C_{ox}} \tag{2.3-21}$$

上面分析的符号易于混淆。表 2.3-1 进行整理[24]。

表 2.3-1 在阈值电压公式中各参量的符号

参 量	n 沟道（p 衬底）	p 沟道（n 衬底）
ϕ_{MS}		
Metal（金属）	−	−
n$^+$ Si gate（硅栅）	−	−
p$^+$ Si gate（硅栅）	+	+
ϕ_F	−	+
Q_{b0}, Q_b	−	+
Q_{ss}	+	+
V_{SB}	+	−
γ	+	−

例 2.3-1 求解阈值电压

已知 n⁺硅栅 n 沟道管参数 $t_{ox} = 200$ Å，$N_A = 3 \times 10^{16}$ cm^{-3}，栅掺杂 $N_D = 4 \times 10^{19}$ cm^{-3}，设在氧化硅接触面上单位面积正电荷离子数为 10^{10} cm^{-2}。求阈值电压和体效应因子 γ。

由式(2.3-10)，ϕ_F(衬底)为

$$\phi_F(\text{衬底}) = -0.0259 \ln\left(\frac{3 \times 10^{16}}{1.45 \times 10^{10}}\right) = -0.337 \text{ V}$$

由式(2.3-11)可得 n⁺多晶硅栅的平衡静电势为

$$\phi_F(\text{栅}) = 0.0259 \ln\left(\frac{4 \times 10^{19}}{1.45 \times 10^{10}}\right) = 0.563 \text{ V}$$

式(2.3-17)给出 ϕ_{MS} 为

$$\phi_F(\text{衬底}) - \phi_F(\text{栅}) = -0.940 \text{ V}$$

氧化层电容为

$$C_{ox} = \varepsilon_{ox}/t_{ox} = \frac{3.9 \times 8.854 \times 10^{-14}}{200 \times 10^{-8}} = 1.727 \times 10^{-7} \text{ F/cm}^2$$

耗尽区的固定电荷 Q_{b0} 由式(2.3-15)导出，可得

$$C_{b0} = -(2 \times 1.6 \times 10^{-19} \times 11.7 \times 8.854 \times 10^{-14} \times 2 \times 0.377 \times 3 \times 10^{16})^{1/2}$$
$$= -8.66 \times 10^{-8} \text{ C/cm}^3$$

用 Q_{b0} 除以 C_{ox} 为-0.501 V。最终，Q_{ss}/C_{ox} 为

$$\frac{Q_{ss}}{C_{ox}} = \frac{10^{10} \times 1.60 \times 10^{-19}}{1.727 \times 10^{-7}} = 9.3 \times 10^{-3} \text{ V}$$

将这些值代入式(2.3-18)，有

$$V_{T0} = -0.940 + 0.754 + 0.501 - 9.3 \times 10^{-3} = 0.306 \text{ V}$$

由式(2.3-21)求得体效应因子，得

$$\gamma = \frac{(2 \times 1.6 \times 10^{-19} \times 11.7 \times 8.854 \times 10^{-14} \times 3 \times 10^{16})^{1/2}}{1.727 \times 10^7} = 0.577 \text{ V}^{1/2}$$

上面的例子说明了杂质浓度是怎样影响阈值电压的。事实上，阈值电压可以通过对式(2.3-18)中变量的适当选择被设置为任意值。标准工艺中，在沟道区的衬底中注入适当类型的离子以调整阈值至预期值。如果在衬底的沟道区注入相反的杂质，则 n 沟道管的阈值电压就是负值。这一类型的晶体管被称为耗尽型管，在栅、源电压值为零时，此类晶体管已可以在漏源间产生电流。

在图2.3-3 中，当漏、源间形成了沟道且将电压 v_{DS} 加在沟道上时，就产生漏极电流 i_D。由图2.3-3考虑定义为 dy 的沟道长度增量特性可以导出漏极电流对MOS管端电压的依赖关系，设 MOS 管的宽度(进入页面方向)为 W 且 v_{DS} 很小。沟道中单位面积电荷 $Q_I(y)$ 可表示为

$$Q_I(y) = C_{ox}[v_{GS} - v(y) - V_T] \tag{2.3-22}$$

沟道中单位长度 dy 的电阻可以写为

$$dR = \frac{dy}{\mu_n Q_I(y)W} \tag{2.3-23}$$

式中，μ_n 是沟道中电子的平均迁移率。相对于源极的沿沟道 y 的电压降为

$$dV(y) = i_D dR = \frac{i_D dy}{\mu_n Q_I(y)W} \tag{2.3-24}$$

或

$$i_D dy = W\mu_n Q_I(y) dv(y) \tag{2.3-25}$$

沿沟道从 $y=0$ 到 $y=L$ 积分，可得

$$\int_0^L i_D dy = \int_0^{v_{DS}} W\mu_n Q_I(y) dv(y) = \int_0^{v_{DS}} W\mu_n C_{ox}[v_{GS} - v(y) - V_T] dv(y) \tag{2.3-26}$$

积分经整理可得 i_D 为

$$\begin{aligned} i_D &= \frac{\mu_n C_{ox} W}{L}\left[(v_{GS} - V_T)v(y) - \frac{v(y)^2}{2}\right]_0^{v_{DS}} \\ &= \frac{\mu_n C_{ox} W}{L}\left[(v_{GS} - V_T)v_{DS} - \frac{v_{DS}^2}{2}\right] \end{aligned} \tag{2.3-27}$$

这一等式有时被称为 Sah 等式[26]，由 Shichman 和 Hodges[27] 首先用于计算机仿真模型。只有当下面条件满足时式(2.3-27)才有效：

$$v_{GS} \geq V_T \text{ 且 } v_{DS} \leq (v_{GS} - V_T) \tag{2.3-28}$$

且其沟道长度 L 的值大于最小沟道长度。因子 $\mu_n C_{ox}$ 常被定义为器件跨导参数，记为

$$K' = \mu_n C_{ox} = \frac{\mu_n \varepsilon_{ox}}{t_{ox}} \tag{2.3-29}$$

式(2.3-28)在第 3 章涉及 MOS 管的建模时将会更详细地解释。p 沟道晶体管的工作原理与 n 沟道晶体管的基本相同，只是电压和电流的极性相反。

2.4 无源元件

本节介绍与 MOS 器件的制造工序相兼容的无源元件，包括电容和电阻。

电容

在设计模拟集成电路时常需要优质电容，在放大器设计中作为补偿电容，在 gm/C 滤波器中作为带宽确定元件，在开关电容滤波器和数模转换器中作为电荷存储元件，等等。在这些应用中所期望的电容特性包括：

- 良好的匹配精度
- 低的电压相关系数
- 高的目标电容和分布电容比
- 高的单位面积电容
- 低的温度相关性

模拟 CMOS 工艺与数字 CMOS 工艺的区别就在于可提供满足上述特性的电容。对这样的模拟工艺有两种基本的有效电容类型：利用多晶硅作为平板的电容和利用金属作为平板的电容。现代亚微米工艺(0.18 μm 及以下)中采用 MIM 电容(金属-绝缘体-金属)，因为其制作最经济(最少的掩模、步骤以及复杂度)且能满足上面的特性。图2.4-1(a)给出了 MIM 电容的一个实例。在形成最后一层金属内联层之前先提供一个附加的金属层，该层位于倒数第二金属层顶部薄氧化层的上面，从而构成一个 MIM 电容(即在五层金属的工艺中，M4 顶上的电容金属由制作的薄氧化层隔开)。0.18 μm 工艺中实现的 MIM 电容的典型性能示于表 2.4-1。

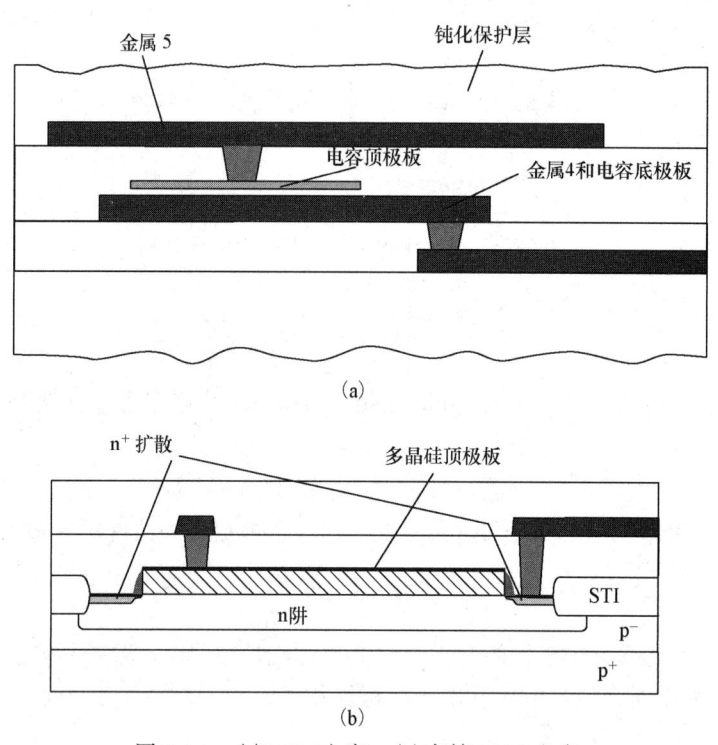

图 2.4-1 (a) MIM 电容；(b) 存储 MOS 电容

第二种类型的电容如图 2.4-1(b)所示。这种电容由在 n 沟道管下面设置 n 阱而构成。该电容的底极板(n 阱)有非常高的电阻率(与 MIM 电容的底极板相比)。正因为如此，它不适合在要求低电压系数的电路中使用，但常用于电容一端接地的场合。这种电容能提供非常高的单位面积电容，匹配性好。在所有的 CMOS 工艺中均可获得，因其不要求特殊的步骤或掩模。将一般的晶体管适当的偏置在反型区也可以作为电容，而且形成的电容与图 2.4-1(b)所描述的电容具有类似的性能。

通常，混合信号集成电路的数字部分所要求的工艺性能必须采用面向数字电路的工艺。这样的工艺不会提供为模拟应用制作的电容。因此，当需要电容的时候，必须由两层或三层已有的内联层得到。仅利用已有金属构成的电容称为 MOM(金属-氧化物-金属)电容(在采用相互交叉的叉指时也可称为叉指电容)。图 2.4-2 象征性地给出几种仅用在纯数字工艺中有效的金属层制作 MOM 电容的方案。图 2.4-2(a)是一个垂直结构叉指电容，其优势在于具有垂直电容和侧壁电容。该结构是非常有效的，因为金属层间的垂直间距大于它们之间所允许的间距(见图 2.1-6)。同层平行板 MOM 电容的实例如图 2.4-1(b)所示。与 MIM 电容相比，这些电容的单位面积电容较低，且期望电容与寄生电容的比值较低。然而，一般情况下，它们有较高的 Q 值，使其成为 RF 电路应用中的可选电容。采用图 2.4-2 实现的电容的匹配精度是 1%~2%，电压系数较低。用四层金属实现的叉指电容的典型值大约为 0.2 fF/μm²（极大程度上取决于版图）。

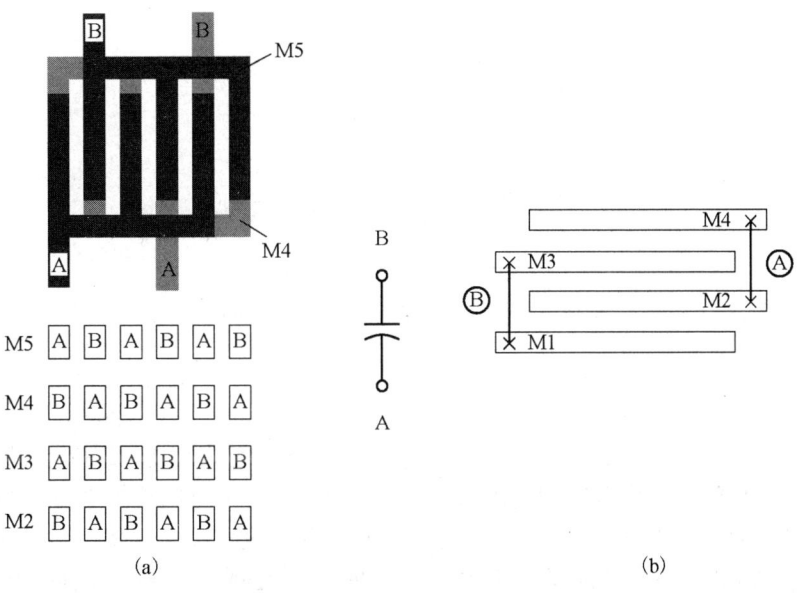

图 2.4-2 采用有效内联层实现电容的几种象征性的表示方法：(a)相互交叉叉指电容；(b)水平平行板电容

MIM 和 MOM 电容的电压系数一般低于 50 ppm/V，温度系数低于 50 ppm/°C。考虑相同衬底上两个电容之比时，注意由温度引起的电容绝对值变化是有可能抵消的。因此温度变化几乎不影响电容的匹配精度。在采样数据电路中，电容被开关连接到不同的电压，如果电压系数不能保持最小，那么将会对性能有负面影响。

表 2.4-1 0.18 μm CMOS 工艺中无源元件大致的性能总结

元件类型	典 型 值	典型匹配精度	温度系数	电压系数
MIM 电容	1.0 fF/μm²	0.03%	50 ppm/°C	50 ppm/V
MOM 电容	0.17 fF/μm²	1%	50 ppm/°C	50 ppm/V
p⁺扩散电阻(非硅化)	80~150 Ω/□	0.4%	1500 ppm/°C	200 ppm/V
n⁺扩散电阻(非硅化)	50~80 Ω/□	0.4%	1500 ppm/°C	200 ppm/V
n⁺多晶硅电阻(非硅化)	300 Ω/□	2%	−2000 ppm/°C	100 ppm/V
p⁺多晶硅电阻(非硅化)	300 Ω/□	0.5%	−500 ppm/°C	100 ppm/V
p⁻多晶硅电阻(非硅化)	1000 Ω/□	0.5%	−1000 ppm/°C	100 ppm/V
n 阱电阻	1~2 kΩ/□		8000 ppm/°C	10k ppm/V

与图 2.4-1 和图 2.4-2 中电容相关的寄生电容将成为模拟采样数据电路中重要的误差源。图 2.4-3 给出集成电容的模型，显示顶极板和底极板的寄生电容。这些寄生电容取决于电容的尺寸，版图和工艺而且是不可避免的。

具有最小寄生电容的极板被认为是顶极板。它不一定是物理意义上的顶极板，但多数情况下是。与之相关的寄生电容较大的极板是底极板。电路图中，顶极板由电容符号中的平线代表，而曲线代表底极板。对于图2.4-1(a)所示的 MIM 电容，与顶极板相关的寄生电容主要由互连接线引起，而与底板相关的寄生电容主要是底极板和衬底或底极板与其下方任何中间层金属之间形成的电容。MIM 电容底极板的寄生电容可以在布局上实现最小化，方法是，在底极板下方不布设金属或多晶硅。在图2.4-2所示的数字工艺中有效的 MOM 电容的寄生参数不易进行一般化概括。

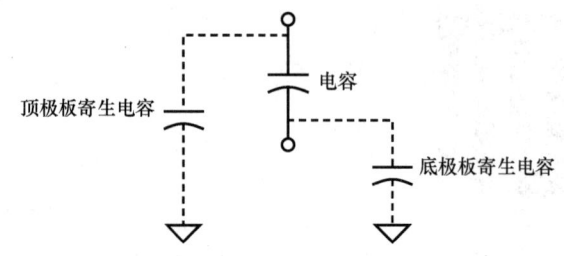

图 2.4-3 集成电容的模型，显示顶极板和底极板的寄生电容

电阻

另一种与 MOS 技术兼容的无源元件是电阻。尽管电路主要是由 MOS 有源器件和电容组成，但在诸如数模转换等许多应用中还需要用到电阻。与本节 MOS 技术兼容的电阻有扩散电阻，多晶硅电阻和 n 阱电阻。金属虽不常用但也能作为电阻。

为了易于理解与电阻性能有重要关系的尺寸问题。先回顾一下导电块的电阻关系。

在图 2.4-4 所示的导电块中，电阻 R 可表示为

$$R = \frac{\rho L}{A} (\Omega) \tag{2.4-1}$$

式中 ρ 是电阻率，单位为 $\Omega \cdot cm$；A 是电流流过方向上的截面积。以图 2.4-4 所给的尺寸标注，式(2.4-1)可重写为

$$R = \frac{\rho L}{WT} (\Omega) \tag{2.4-2}$$

因为在给定工艺和材料类型的情况下 ρ 和 T 的值是固定的，将两者合并用符号 ρ_S 表示，称为方块电阻率，可以表示为

$$R = \left(\frac{\rho}{T}\right)\frac{L}{W} = \rho_S \frac{L}{W} (\Omega) \tag{2.4-3}$$

依惯例 ρ_S 的单位为 $\Omega/\square$（读作每方块欧姆）。从版图来看，电阻值由方块电阻数乘以 ρ_S 来确定。

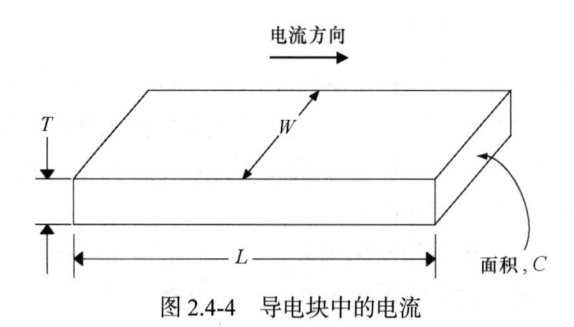

图 2.4-4 导电块中的电流

例 2.4-1 电阻计算

给定多晶硅电阻如图 2.4-4 所示,假设多晶硅的 ρ 是 9×10^{-4},厚度为 3000 Å,$W = 0.8$ μm,$L = 20$ μm,忽略任何接触电阻。试计算 ρ_S 值(单位为 Ω/□),电阻的方块数和电阻值。

先求 ρ_S,

$$\rho_S \frac{\rho}{T} = \frac{9\times 10^{-4}\,\Omega\cdot\text{cm}}{3000\times 10^{-8}\,\text{cm}} = 30\,\Omega/\Box$$

再求电阻的方块数,N 为

$$N = \frac{L}{W} = \frac{20\,\mu\text{m}}{0.8\,\mu\text{m}} = 25$$

最后电阻值为

$$R = \rho_S \times N = 30 \times 25 = 750\,\Omega$$

图 2.4-5(a)给出 p^+ 扩散电阻。该电阻用 n 阱中源/漏扩散形成。在非硅化工艺中此电阻的方块电阻通常是在 50~150 Ω/□ 的范围内。对于硅化工艺,阻值范围通常为 5~15 Ω/□。在集成电路中源/漏扩散作为导体(即作为内联)与其作为电阻产生矛盾。硅化工艺的明确目的是使源/漏扩散更接近导体的性能。此工艺中,硅化模块可用于形成硅化的钛薄膜的掩模,因此允许在所希望的地方进行高阻源/漏扩散。扩散电阻的电压系数在 100~500 ppm/V 范围内。此种电阻的对地寄生电容也与电压有关。图 2.4-5(b)示出一个 n 阱电阻的实例。n 阱电阻有非常高的电阻率(在 1000 Ω/□ 的数量级)和高的电压系数。在精度要求不高的情况下,例如上拉电阻或保护电阻,这种结构很有用。

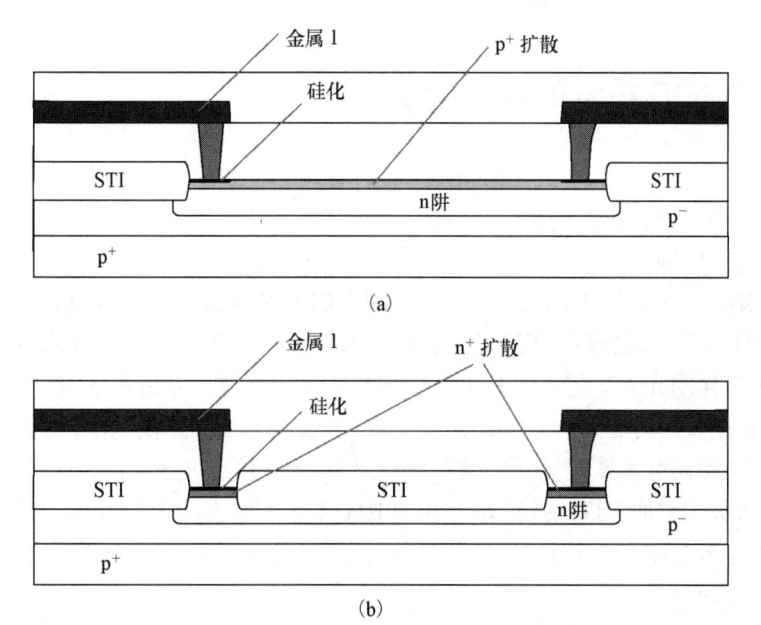

图 2.4-5 (a)扩散电阻;(b)n 阱电阻

多晶硅是用于电阻的一种很好的选择,因为它具有最小的电压系数和寄生电容的影响。多晶硅也提供非常好的匹配性能。多晶硅电阻如图 2.4-6(a)所示,图中硅化模块未使用。硅化多晶硅的电阻在 5~15 Ω/□量级。非硅化多晶硅电阻的方块电阻在 30~200 Ω/□范围内，其值取决于掺杂浓度。一般要求附加的掩模允许硅化多晶硅电阻进行掺杂选择，以达到有用的电阻率。

若修改工艺，制作其他类型的电阻也是可能的。上述三类电阻是采用标准 MOS 技术时最常见的电阻形式。表 2.4-1 总结了目前讨论的无源元件的特性。

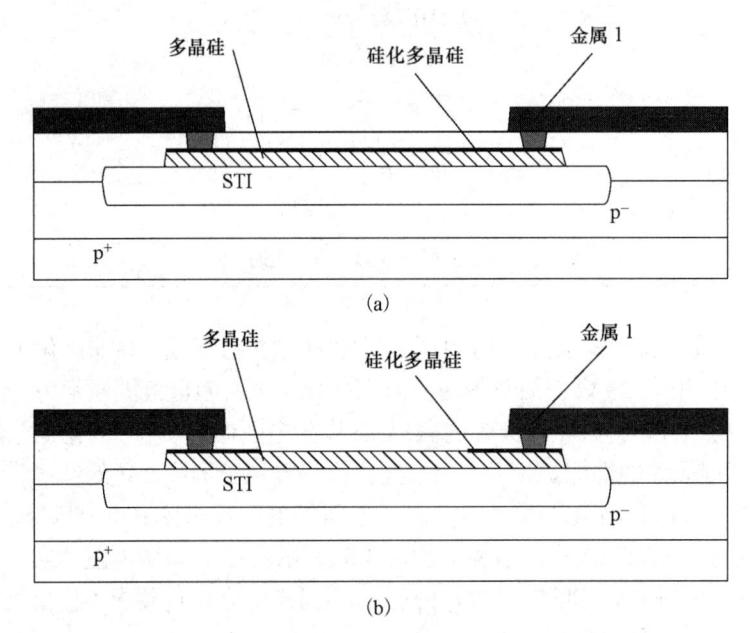

图 2.4-6 多晶硅电阻：(a) 无硅化模块；(b) 有硅化模块

2.5 关于 CMOS 技术的其他考虑

在前两节中，介绍了基本的 CMOS 技术的有源和无源元件。本节将讨论一些在基本 CMOS 技术中不被广泛使用但仍会应用到的其他元件。此外还需要进一步考虑 CMOS 技术中的一些限制，包括闩锁、温度和噪声。当描述 CMOS 电路特性时，这些知识将十分有用。

至此已经看出，利用图 2.3-1 所示的基本双阱 CMOS 制造工艺可以制作电阻、电容和 pn 结。该工艺也可以实现与之兼容的双极型晶体管(BJT)，尽管集电极必须接地(对于 n 阱工艺)。图 2.5-1 说明了怎样用 n 阱工艺实现 BJT。发射极是源/漏扩散，基极是 n 阱(基区宽度为 w_B)，而集电极是 p⁻衬底。因为 n 阱和 p⁻衬底之间形成的 pn 结必须加反偏电压，所以集电极必须接最负电源电压(典型情况为接地)。尽管集电极必须接地，但 BJT 管仍然有许多应用。图 2.5-1 所示的 BJT 常被称为衬底 BJT。衬底 BJT 和用 BJT 工艺制造出的 BJT 功能一样，唯一区别是，其衬底 BJT 集电极受限制，并且基区宽度无法控制，导致电流增益(典型的不会太高)大范围变化。

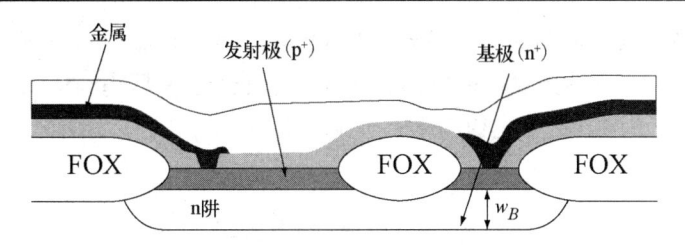

图 2.5-1 中标注：金属、发射极(p⁺)、基极(n⁺)、FOX、FOX、FOX、n阱、w_B、集电极(p⁻衬底)

图 2.5-1 利用 n 阱工艺实现的衬底 BJT

图 2.5-2 表示 BJT 少数载流子浓度。通常，基极-发射极(BE)的 pn 结加正偏，集电极-基极(CB)的 pn 结加反偏。正偏 BE 结引起自由运动的空穴注入基区。如果基区宽度 w_B 很小，则大多数空穴到达 CB 结并且被反偏电压扫入集电区。如果少数载流子浓度远小于多数载流子浓度，则集电极电流可以通过求解基区电流获得。就电流密度而言，集电极电流密度为

$$J_C = J_p \big|_{\text{base}} = -qD_p \frac{dp_n(x)}{dx} = qD_p \frac{p_n(0)}{w_B} \tag{2.5-1}$$

由式(2.2-16)得出

$$p_n(0) = P_{n0} \exp\left(\frac{v_{EB}}{V_t}\right) \tag{2.5-2}$$

将式(2.5-2)代入式(2.5-1)并乘以 BE 结面积 A，得到集电极电流为

$$i_C = AJ_C = \frac{qAD_p p_{n0}}{w_B} \exp\left(\frac{v_{EB}}{V_t}\right) = I_S \exp\left(\frac{v_{EB}}{V_t}\right) \tag{2.5-3}$$

式中 I_s 被定义为

$$I_S = \frac{qAD_p p_{n0}}{w_B} \tag{2.5-4}$$

图 2.5-2 BJT 少数载流子浓度

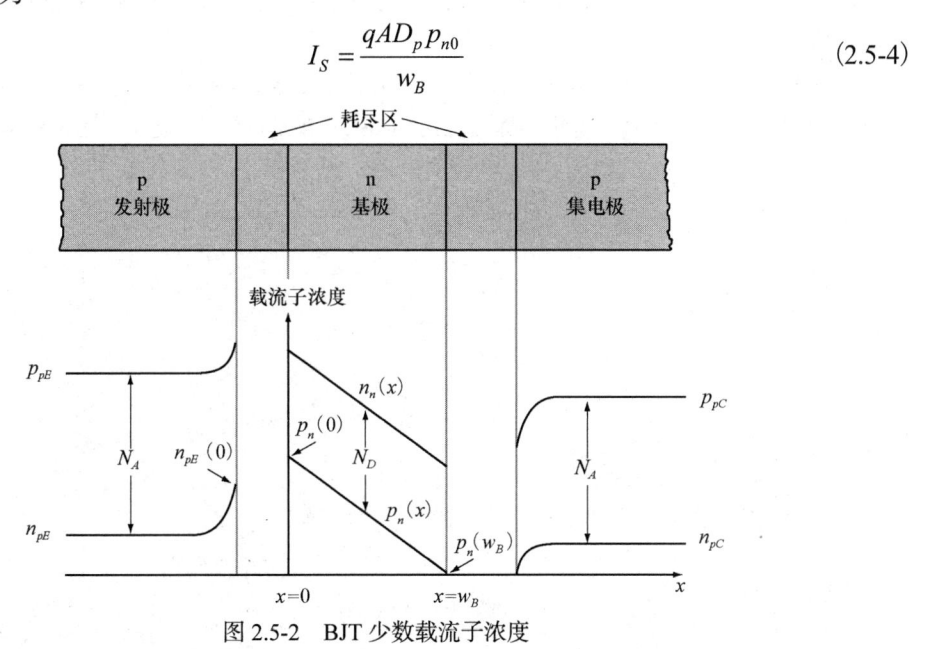

在空穴穿过基极时，其中小部分空穴会与基区的多数载流子即自由电子复合。此时，等量自由电子必须从基极外电路进入基区以保持基区的电中性。由于 BE 结的正偏电压，也会

有自由电子从基区注入发射区。但是因为发射区的掺杂浓度比基区高,所以这种注入量要远小于发射区向基区的空穴注入量。向发射区注入的电子和在基区内与空穴复合的电子组合构成基极电流 i_B,由基极流出。集电极与基极电流之比(i_C/i_B)被定义为 β_F 或为共发电流增益。因此,基极电流表示为

$$i_B = \frac{i_C}{\beta_F} = \frac{I_s}{\beta_F} \exp\left(\frac{v_{EB}}{V_t}\right) \tag{2.5-5}$$

发射极电流可由基极电流和集电极电流求出,因为三者之和等于零。虽然 β_F 被假设为常数,其实它随着 i_C 的变化而变化:当 i_C 适中时,β_F 取最大值;而当 i_C 过大或过小时,β_F 从最大值开始下降。

除了衬底 BJT,还有横向 BJT。图2.3-1可用于说明横向 BJT 是如何实现的。发射区可以是 n 沟道器件的 n+源极,基区可以是 p⁻衬底,集电极是 n 阱。虽然基极受限于芯片的衬底电压,但发射极和集电极可接任意值的电压。然而横向 BJT 因为基区宽度较大不是很有用。事实上,横向 BJT 更多的作为寄生管处理。但在不希望的 CMOS 闩锁电路问题中,横向 BJT 起到关键作用[29]。

在亚微米工艺中,器件的尺寸极小导致它们对很小的过电压或过电流都很敏感。引起损害的电流或电压的量会基于许多因素变化。无论何时只要过电压或过电流引起了损害,就称此电路经历了电过应力(EOS)或 EOS 事件。下面讨论的 EOS 事件的第一种类型,即闩锁。

在集成电路中,出现高电流且伴随损坏或低电压的状态被定义为闩锁。闩锁会引起不可逆的损害。瞬间辐射或一定的电激发都可能触发闩锁或高电流状态。在 CMOS 电路中,闩锁几乎是特定的,是由类似于可控硅整流(SCR)的 PNPN 结构的触发引起的。这种结构是 CMOS 技术本身带来的,因此必须了解,以便采用一些技术将可能的触发以及伴随引起的损害最小化。

图 2.5-3(a)给出了图 2.3-1 的剖面图,示出了 PNPN SCR 的形成。图 2.5-3(a)对应的等效电路图如图 2.5-3(b)所示。这里清楚地显示了 SCR 的作用。电阻 R_{n-} 是 n 阱电阻,是从纵向 PNP(Q2)的基极到 V_{DD} 的电阻。R_{p-}是衬底电阻,是从横向 NPN(Q1)的基极到地的电阻。

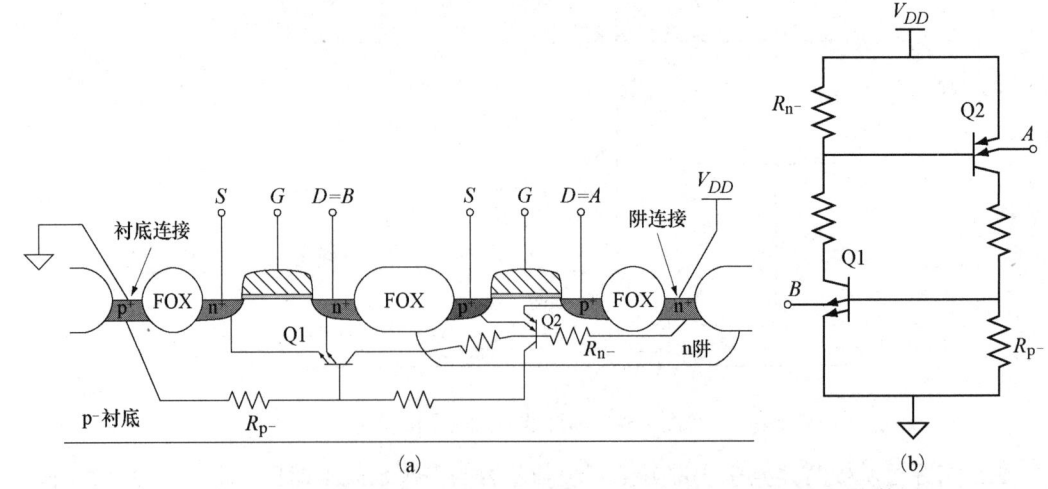

图 2.5-3　(a)CMOS 集成电路中的寄生横向 NPN 和纵向 PNP 双极型晶体管;(b)由寄生双极型晶体管构成的可控硅整流器的等效电路

当满足以下三个条件时，电路具有再生能力。第一个条件是环路增益必须大于1，即

$$\beta_{NPN}\beta_{PNP} \geqslant 1 \tag{2.5-6}$$

其中，β_{NPN}和β_{PNP}分别是Q1和Q2的共发电流增益。第二个条件是两个BE结都被加正偏电压。第三个条件是与发射极相连的电路必须能够提供或承受大于PNPN器件保持的电流。

为了避免闩锁，可采取几种标准的防范措施。第一种措施使n沟道管的源/漏区尽量远离n阱，以减小β_{NPN}的值，从而有助于防止闩锁，但将造成面积的浪费。第二种措施减小R_{n^-}和R_{p^-}的值，电阻越小，为使Q1、Q2的BE结获得足够的正偏电压所要求流过的电流就越大。可以这样来减小电阻值：将n⁺区形成的环绕p沟道器件的保护环接至V_{DD}；p⁺区形成的环绕n沟道器件的保护环接至地，如图2.5-4所示。

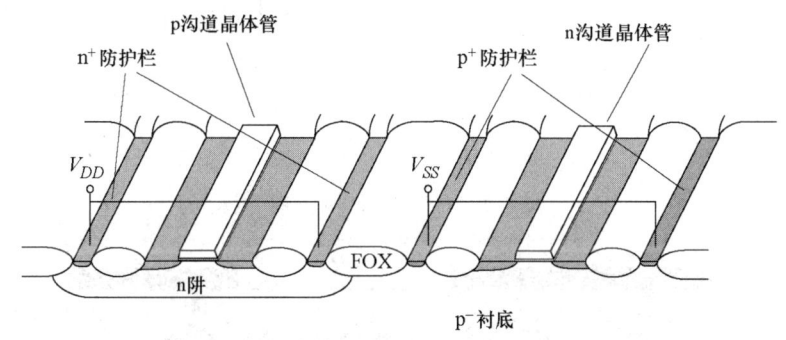

图2.5-4　n阱技术中为防止闩锁采用的保护环

此外还可以这样来防止闩锁：保持p沟道器件[见图2.5-3(b)中的A]的源/漏极电位不高于V_{DD}，或n沟道器件[图2.5-3(b)中的B]的源/漏极电位不低于地。多数情况下可以通过版图的精心设计避免闩锁现象。在各种电路设计中，尤其是强电流电路中，必须仔细考虑，以避免可能引起闩锁的因素。

EOS事件的另一个必须考虑的类型是静电放电(ESD)。当非常高的电压(几千伏)出现在集成电路的某些引脚上时，有可能会发生ESD事件。当一个带有大量静电荷的人接触电路时，也可能会发生ESD事件，而大量静电荷的产生可能是因为此人走过铺有地毯的地面。当此人接触电路且电路存在一条放电通路时，电路元器件可能被毁坏。输入晶体管的栅氧化层极易受损。外部可接的晶体管的栅极保护是ESD保护方法学/电路的目标，防止栅氧化层偶然损坏的最简单结构是由一个电阻和两个反向偏置的pn结二极管形成的输入保护电路。其中一个二极管的阴(负)极接电路最高电位(V_{DD})，阳(正)极接被保护的栅极。另一个二极管的负极接被保护的栅极，阳极接电路最低电位(地)，如图2.5-5所示。在n阱工艺中，第一个二极管通常由p⁺扩散进n阱形成。第二个二极管由n⁺扩散进衬底形成。电阻一端接与外部接触的焊盘，另一端接两个二极管的串接点和被保护的栅极节点。如果输入端电压过高，那么根据电压极性，其中一个二极管将被击穿。若电阻足够大，则可以大大限制击穿电流，二极管不会损坏。只要MOS管的栅极与外电路相接，都应采用这种保护电路。

ESD保护的研究与前面部分相比是相当广泛的。除了为整体集成电路拓扑和内联考虑，更复杂的保护电路一般必须考虑最佳保护。当设计者的设计需完成集成电路引脚时，应首先查阅所用工艺的设计指南(一般由供应商/公司提供)。通常，I/O单元都是精心设计的，设计者可将其作为标准单元使用。以这种方式，一般设计者就不必理解(仅需知道)ESD的复杂性。

MOS 器件的温度特性是模拟电路设计的一个重要性能指标。无源元件的温度特性通常用温度比例系数 TC_F 来表示，定义为

$$TC_F = \frac{1}{X} \cdot \frac{dX}{dT} \tag{2.5-7}$$

其中，X 是无源元件的电阻值或电容值。通常，温度比例系数乘以 10^6，用每度百万分之几（即 ppm/℃）为单位。各种 CMOS 无源元件的温度比例系数在表 2.4-1 中列出。

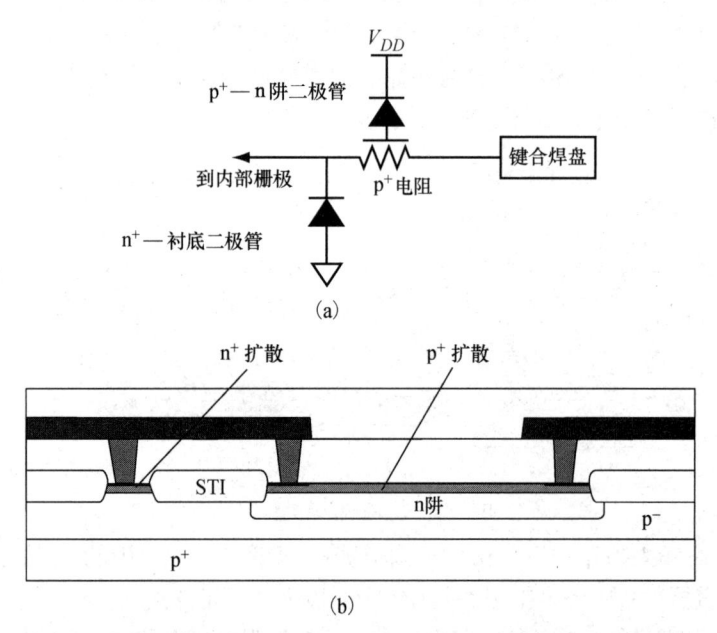

图 2.5-5　静电放电保护电路。(a) 等效电路；(b) CMOS 技术的实现

MOS 器件的特性与温度之间关系可以由式 (2.3-27) 给出的漏极电流表达式看出，与温度有关的主要参数是迁移率 μ 和阈值电压 V_T。载流子迁移率 μ 与温度的关系[28]为

$$\mu = K_\mu T^{-1.5} \tag{2.5-8}$$

阈值电压与温度的关系[29]可近似表示为

$$V_T(T) = V_T(T_0) - \alpha(T - T_0) \tag{2.5-9}$$

其中，α 近似等于 2.3 mV/℃。这个表达式在 200～400 K 的范围内有效，而 α 取决于制造过程中衬底的掺杂浓度和杂质注入量。这些迁移率、阈值电压与温度的关系表达式将被用来确定 MOS 电路的温度特性，且限定在室温附近的温度变化范围内，若超出范围则需要进行修正。

pn 结与温度的关系也相当重要，例如 pn 结二极管可用来产生基准电压，此基准电压的温度稳定性取决于 PN 二极管的温度特性。首先考虑加反向电压的 pn 结二极管。式 (2.2-24) 显示当 $v_D < 0$ 时，二极管电流为

$$-i_D \cong I_s = qA\left[\frac{D_p p_{n0}}{L_p} + \frac{D_n n_{p0}}{L_n}\right] \cong \frac{qAD}{L}\frac{n_i^2}{N} = KT^3 \exp\left(\frac{-V_{G0}}{V_t}\right) \tag{2.5-10}$$

假设上式括号中有一项起主导作用，那么 L 和 N 分别表示起主导作用的载流子的扩散长度和掺杂浓度。式中，T 是绝对温度，单位为开尔文；V_{G0} 是硅在 300 K 温度时的带隙电压 (1.205 V)。

将等式(2.5-10)两边对 T 求导,得

$$\frac{dI_s}{dT} = \frac{3KT^3}{T}\exp\left(\frac{-V_{G0}}{V_t}\right) + \frac{qKT^3 V_{G0}}{KT^2}\exp\left(\frac{-V_{G0}}{V_t}\right) = \frac{3I_s}{T} + \frac{I_s}{T}\frac{V_{G0}}{V_t} \qquad (2.5\text{-}11)$$

二极管反向电流的 TC_F 可写成

$$\frac{1}{I_s}\frac{dI_s}{dT} = \frac{3}{T} + \frac{1}{T}\frac{V_{G0}}{V_t} \qquad (2.5\text{-}12)$$

从下例可以看出,温度每升高 5℃,二极管反向电流近似翻一番。

例 2.5-1 计算二极管反向电流与温度的关系和 TC_F

假设温度为 300 K(室温),计算温度升高 5℃ 时二极管反向电流的变化和 TC_F。
由式(2.5-12)计算可得

$$TC_F = 0.01 + 0.155 = 0.165$$

由于 TC_F 是每单位温度的变化量,因此反向电流随温度变化增加的系数应是 1.165/K(或℃)。1.165 连乘 5 次,近似等于 2 倍。这意味着温度每升高 5℃,反向饱和电流增加一倍。实验证明,温度每增加 8℃,反向电流增加一倍,因为反向电流是漏电流的一部分。

正偏 pn 结二极管电流为

$$i_D \cong I_s \exp\left(\frac{v_D}{V_t}\right) \qquad (2.5\text{-}13)$$

等式两边对温度求导,并假设二极管电压是一个常数($v_D = V_D$),得

$$\frac{di_D}{dT} = \frac{i_D}{I_s}\cdot\frac{dI_s}{dT} - \frac{1}{T}\cdot\frac{V_D}{V_t}i_D \qquad (2.5\text{-}14)$$

由式(2.5-14)可得 i_D 的温度比例系数为

$$\frac{1}{i_D}\cdot\frac{di_D}{dT} = \frac{1}{I_s}\cdot\frac{dI_s}{dT} - \frac{V_D}{TV_t} = \frac{3}{T} + \left[\frac{V_{G0} - V_D}{TV_t}\right] \qquad (2.5\text{-}15)$$

假设 V_D 等于 0.6 V,那么温度比例系数等于 0.01+(0.155 − 0.077) = 0.0879。可见温度每升高 10℃,二极管正向电流近似增加一倍。

以上对正偏 pn 结二极管的分析是在假设二极管电压 v_D 为常数的情况下进行的。如果保持正向电流不变($i_D = I_D$),那么可以求出正向二极管电压的温度比例系数。由式(2.5-13)求 v_D 可解得

$$v_D = V_t \ln\left(\frac{I_D}{I_s}\right) \qquad (2.5\text{-}16)$$

在式(2.5-16)两边对温度求导,得

$$\frac{dv_D}{dT} = \frac{v_D}{T} - V_t\left(\frac{1}{I_s}\cdot\frac{dI_s}{dT}\right) = \frac{v_D}{T} - \frac{3V_t}{T} - \frac{V_{G0}}{T} = -\left(\frac{V_{G0} - v_D}{T}\right) - \frac{3V_t}{T} \qquad (2.5\text{-}17)$$

假设 $v_D = V_D = 0.6$ V,室温下,正偏二极管电压与温度的关系近似等于 −2.3 mV/℃。

CMOS 器件应用的另一个限制是噪声。噪声是由器件内部模拟信号的微小波动引起的现

象，是非连续电荷的量化结果，且与半导体器件的基本工艺有关。噪声本质上是作为一个随机变量加以处理的。这里的目的是介绍在 CMOS 器件中涉及的噪声基本概念。更详细的内容可以在一些很好的文献中查到[23, 30]。

CMOS 器件中有几种影响较大的噪声源。散弹噪声与流过 pn 结的直流电流有关。通常有

$$i_n^2 = 2qI_D\Delta f \; (\text{A}^2) \tag{2.5-18}$$

其中，i_n^2 是噪声电流的均方值，q 是电子电荷量，I_D 是 pn 结的平均直流电流，Δf 是带宽，单位为 Hz。噪声电流的谱密度为 i_n^2 除以 Δf，记为 $i_n^2/\Delta f$。

另一种称为热噪声的噪声源是由电子的随机热运动引起的，与器件中流过的直流电流无关。通常为

$$e_n^2 = 4kTR\Delta f \tag{2.5-19}$$

其中，k 是玻尔兹曼常数，R 是引起热噪声的电阻或等效电阻。

MOS 器件中一种影响较大的噪声源是闪烁噪声或称 $1/f$ 噪声。这种噪声与半导体中以随机方式捕获和释放载流子形成的缺陷有关。与此过程相关的时间常数使得能量集中在低频的噪声信号。$1/f$ 噪声通常有

$$i_n^2 = K_f \left[\frac{I^a}{f^b}\right] \Delta f \tag{2.5-20}$$

其中，K_f 是常数，a 是常数(0.5～2)，b 是常数($\cong 1$)。典型的 $1/f$ 噪声的电流功率谱密度如图 2.5-6 所示。其他诸如突发噪声和雪崩噪声等噪声源在 CMOS 器件中不占主要地位，因此这里不予讨论。

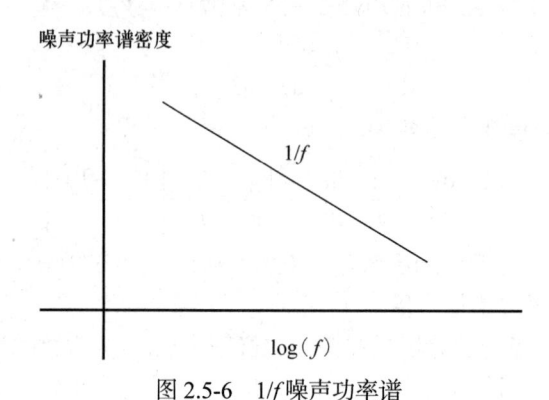

图 2.5-6 $1/f$ 噪声功率谱

2.6 小结

本章从模拟电路的实现角度介绍了 CMOS 技术并描述了基本半导体制造工艺，以帮助读者了解此技术的基本概念。基本制造步骤包括扩散、注入、沉积、刻蚀和氧化层生长。这些步骤都由光刻实现，光刻限制工艺步骤中硅晶圆的特定物理区。实现典型双阱、STI、硅栅极 CMOS 工艺所必需的基本工艺步骤在后面介绍。

在介绍完 CMOS 技术后复习了 pn 结，因为它在所有半导体器件中起着重要作用。其中

介绍了 pn 突变结，引出了物理尺寸，耗尽区电容，以及 pn 结的电压-电流特性。接着，介绍了 MOS 管及其特性。介绍了源漏极之间的沟道是如何形成的，讨论了作用于此沟道的栅极电压的影响。从物理上讲，MOS 管是一个非常简单的器件。

接下来讨论了可用 CMOS 技术实现的无源元件，但只包括了电阻和电容。也对实现这些元器件的各种方法以及方法的优劣进行了讨论。

接着给出了关于 CMOS 技术的进一步讨论，包括与 CMOS 技术兼容的衬底和横向双极型晶体管，电过应力和防护的方法，CMOS 器件的温度关系及噪声源。

本章的支撑材料与器件版图相关的内容见附录 B。

习题

2.1-1　列举 5 个 MOS 制造工艺中的基本步骤并说明每个步骤的作用或目的。

2.1-2　试述正、负光刻胶的区别及如何使用光刻胶？

2.1-3　假设有一块掩模，除了中心圆是透明的，其余均不透明。将金属沉积在衬底上，然后采用负性光刻胶，具有所描述掩模的图形，经过曝光、显影和随后的刻蚀，留下的是什么？

2.1-4　说明偏离垂直 7° 的离子注入对源极和漏极的影响。假设多晶硅的厚度为 8000 Å，从离子影响点向外扩散的距离为 0.07 μm。

2.1-5　对于 2.1 节所描述的工艺流程，能否生成这样一种结构，由薄氧化层隔离重掺杂与其顶上的多晶硅？并解释为什么。

2.2-1　当外加电压为 –3 V 时，重做例 2.2-1。

2.2-2　用式 (2.2-1)、式 (2.2-7) 和式 (2.2-8) 推导式 (2.2-9)。

2.2-3　如果 pn 结的杂质浓度由图 2.2-2 给出，而不是图 2.2-1 (b) 中的突变结，试再推导式 (2.2-7) 和式 (2.2-8)。

2.2-4　画出硅 pn 结二极管的归一化反偏电流 i_{RA}/i_R 与反偏电压 v_R 的关系图，设 $BV = 10$ V, $n = 6$。

2.2-5　如果 pn 结的 $N_A = N_D = 2 \times 10^6/\text{cm}^3$，则其击穿电压是多少？

2.2-6　设有一个硅 pn 结二极管，为使二极管正向电流增加 10 倍（一个数量级），v_D 应变化多少？

2.3-1　用自己的话解释在式 (2.3-19) 中阈值电压的值为什么随源、衬底间电压增大而增大（源、衬底间 pn 结二极管保持反偏）。

2.3-2　若 $V_{SB} = 3$ V，试求例 2.3-1 中 n 沟道晶体管的 V_T 值。

2.3-3　假设在式 (2.3-22) 中 V_T 不是常数，而是随 $v(y)$ 按下式做线性变化的，重推式 (2.3-27)。

$$V_T = V_{T0} + \alpha v(y)$$

2.3-4　电子迁移率为 600 cm²/(V·s)，空穴迁移率为 300 cm²/(V·s)，试比较 n 沟道和 p 沟道管的性能。尤其考虑跨导参数和 MOS 管的工作速度。

2.3-5　以例 2.3-1 的计算作为起始点，计算栅氧化层厚度有 2% 的差别（即 $t_{ox} = 204$ Å）时两个器件阈值电压的差。

2.3-6　假设 $N_A = 8 \times 10^{16}$ cm⁻³，栅掺杂，$N_D = 1 \times 10^{19}$ cm⁻³，重新计算例 2.3-1。

2.4-1　如果一个电容必须从内部信号节点旁路高频信号到地，那么图 2.4-1 给出的两个电容哪一个更适合，为什么？假设两个电容有相同的单位面积电容。

2.4-2 简单一阶滤波器电路如图 P2.4-2 所示，元件为多晶硅电阻和 MOS 电容。多晶硅电阻的方块阻值为 50 Ω/□ ± 30%，宽度 5 μm。MOS 电容是 2 fF/μm² ± 10%。低通滤波器的-3 dB 频率为 1 MHz。(a)为最小化滤波器的总面积，包括电阻和电容，选择电阻的尺寸(方块数，N)。求出电阻和电容的面积(单位为 μm²)及电阻和电容的值；(b)考虑电阻和电容的最坏容差情况，求最大和最小-3dB 频率。

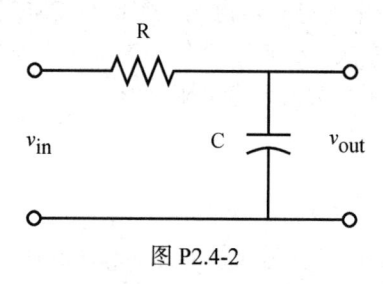

图 P2.4-2

2.4-3 采用 CMOS 工艺制造电容，列举两个制成的实际电容与设计值产生不同的误差原因。

2.4-4 在图 2.4-1(a)所示的 MIM 电容中，除了所希望的顶极板和底极板之间的电容，还有金属 4 和金属 5 之间形成的电容。试用草图方式给出一种方法，使由 M5-M4 引起的附加电容最小。对于这个问题，用相对尺寸画出一个方块电容。

2.4-5 电路如图 P2.4-5 所示。图中电阻 R_1 是 n 阱电阻，当两端电压为 2.5 V 时，标称值为 20 kΩ。输入电压 v_{in} 等于 2.5V。在这些条件下 R_1 值为

$$R_1 = R_{nom}\left[1 + K\left(\frac{v_{in} + v_{out}}{2}\right)\right]$$

式中，R_{nom} 为 20K，系数 K 是 n 阱电阻的电压系数，其值为 20K ppm/V。电阻 R_2 为理想电阻，阻值 10 kΩ。试计算 v_{out} 的值。

图 P2.4-5

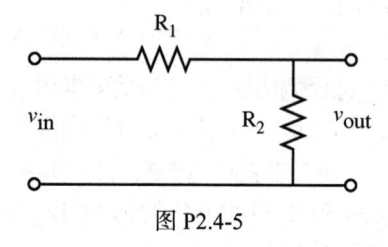

2.4-6 将电阻 R_1 改为 n⁺扩散电阻，重做习题 2.4-5。假设 n⁺扩散电阻的电压系数为 200 ppm/V。

2.4-7 再次考虑习题 2.4-6，但是假设电阻 R_1 所在的 n 阱不是接 5V 电源，而是如图 P2.4-7 的接法。试问 n 阱对扩散电阻的电压依赖关系有什么影响？

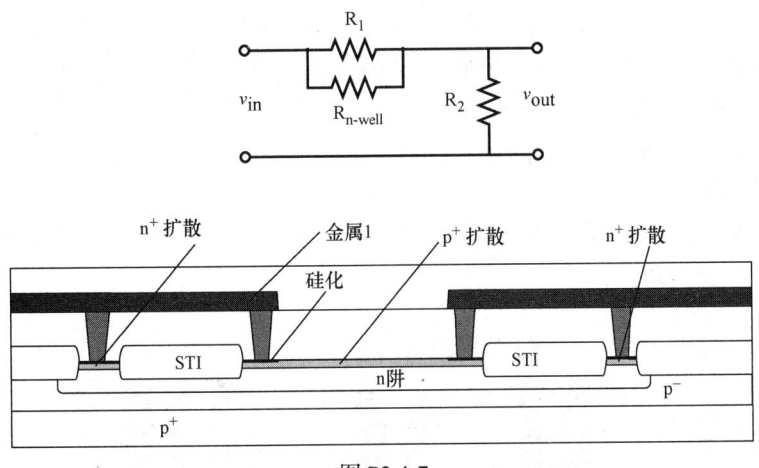

图 P2.4-7

2.4-8 多晶硅电阻如图 P2.4-8 所示，电阻率 $\rho = 6 \times 10^{-3} \, \Omega \cdot \text{cm}$。仅考虑由硅化框所定义的电阻，试计算该结构的电阻值。

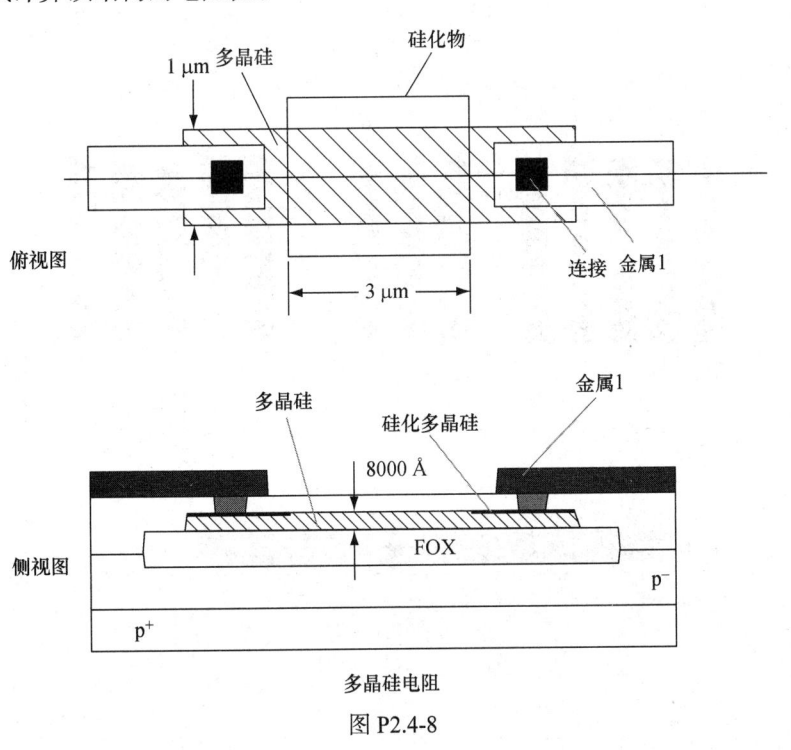

图 P2.4-8

2.5-1 假设 $v_D = 0.7 \, \text{V}$，试计算 I_s 和 v_D 的分式温度系数。

2.5-2 画出作为频率函数的噪声电压关系曲线。设热噪声单位为 $100 \, \text{nV}/\sqrt{\text{Hz}}$，$1/f$ 噪声和热噪声（$1/f$ 噪声的拐点）的交叉点为 $10\,000 \, \text{Hz}$。

下面的问题请参考附录 B

A-1 给定两只晶体管，W/L 均为 $40 \, \mu\text{m}/0.3 \, \mu\text{m}$，欲将其匹配，试给出达到最佳匹配时两只晶体管版图的草图。

A-2 假设一只电容的顶板边缘变化为 $0.05 \, \mu\text{m}$，且顶板是正方形的。欲将两个相同电容匹配至准确率为 0.1%，假设氧化物厚度不变，需要多大的电容才能达到匹配要求？

A-3 证明给定面积的情况下，与矩形和正方形相比，圆的周长与面积之比为最小。

A-4 试分析说明图 A-5 所示 Yiannoulos-path 技术如何保持恒定非整数的面积与周长之比。

A-5 设计一对匹配晶体管的最佳版图，晶体管的 W/L 为 16 μm/0.5 μm。匹配应该是像同质心一样的光刻不变。

A-6 图 PA-6 列举了数种实现电阻分割的方法。选择达到 2∶1 比例的最好版图。并说明其他选择为什么不合适。

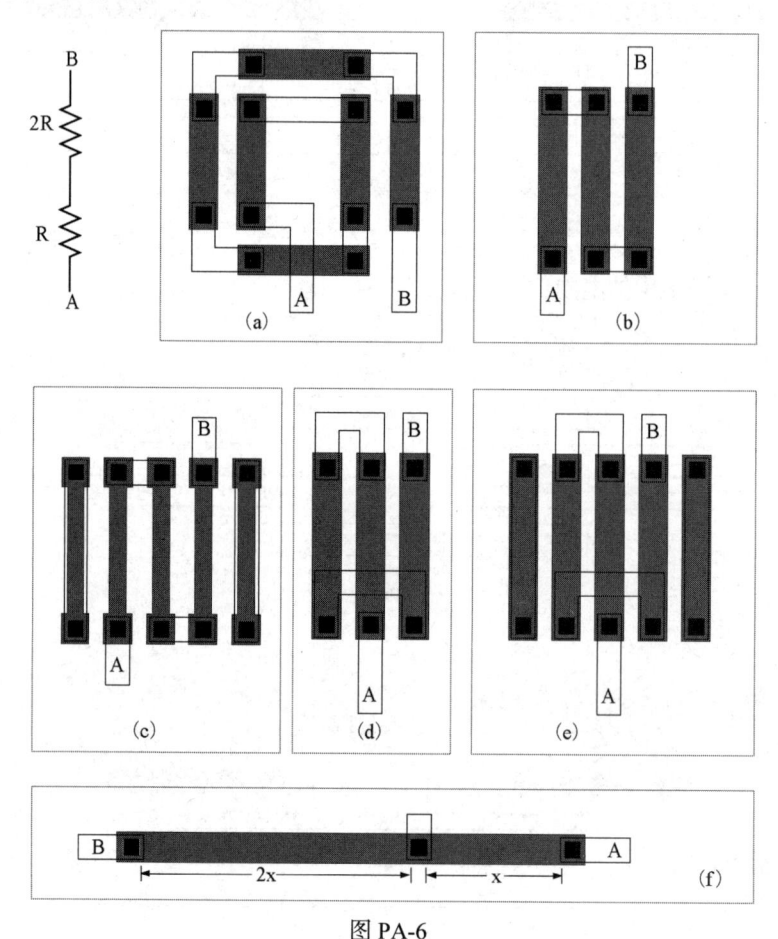

图 PA-6

参考文献

1. Y. P. Tsividis and P. R. Gray, "A Segmented _255 Law PCM Voice Encoder Utilizing NMOS Technology," *IEEE J. Solid-State Circuits*, Vol. SC-11, pp. 740–747, Dec. 1976.
2. B. Fotohouhi and D. A. Hodges, "High-Resolution A/D Conversion in MOS/LSI," *IEEE J. Solid-State Circuits*, Vol. SC-14, pp. 920–926, Dec. 1979.
3. J. T. Caves, C. H. Chan, S. D. Rosenbaum, L. P. Sellers, and J. B. Terry, "A PCM Voice Codec with On-Chip Filters," *IEEE J. Solid-State Circuits*, Vol. SC-14, pp. 65–73, Feb. 1979.
4. Y. P. Tsividis and P. R. Gray, "An Integrated NMOS Operational Amplifier with Internal Compensation," *IEEE J. Solid-State Circuits*, Vol. SC-11, pp. 748–754, Dec. 1976.
5. B. K. Ahuja, P. R. Gray, W. M. Baxter, and G. T. Uehara, "A Programmable CMOS Dual Channel Interface

Processor for Telecommunications Applications," *IEEE J. Solid-State Circuits*, Vol. SC-19, pp. 892–899, Dec. 1984.
6. H. Shirasu, M. Shibukawa, E. Amada, Y. Hasegawa, F. Fujii, K. Yasunari, and Y. Toba, "A CMOS SLIC with an Automatic Balancing Hybrid," *IEEE J. Solid-State Circuits*, Vol. SC-18, pp. 678–684, Dec. 1983.
7. A. S. Grove, *Physics and Technology of Semiconductor Devices*. New York: John Wiley & Sons, 1967.
8. R. S. Muller and T. I. Kamins, *Device Electronics for Integrated Circuits*. New York: John Wiley & Sons, 1977.
9. S. Wolf and R. N. Tauber, *Silicon Processing for the VLSI Era*, Vol. 1: *Process Technology*. Sunset Beach, CA: Lattice Press, 1986, pp. 5–11.
10. S. Wolf and R. N. Tauber, *Silicon Processing for the VLSI Era*, Vol. 1: *Process Technology*. Sunset Beach, CA: Lattice Press, 1986, p. 27.
11. J. C. Irvin, "Resistivity of Bulk Silicon and Diffused Layers in Silicon," *Bell Syst. Technical J.*, Vol. 41, pp. 387–410, Mar. 1962.
12. D. G. Ong, *Modern MOS Technology—Processes, Devices, & Design*. New York: McGraw-Hill, 1984, Chap. 8.
13. D. J. Hamilton and W. G. Howard, *Basic Integrated Circuit Engineering*. New York: McGraw-Hill, 1975, Chap. 2.
14. D. H. Lee and J. W. Mayer, "Ion Implanted Semiconductor Devices," *Proceedings of IEEE*, pp. 1241–1255, Sept. 1974.
15. J. F. Gibbons, "Ion Implantation in Semiconductors," *Proceedings of IEEE,* Part I, Vol. 56, pp. 295–319, March 1968; Part II, Vol. 60, pp. 1062–1096, Sept. 1972.
16. S. Wolf and R. N. Tauber, *Silicon Processing for the VLSI Era*, Vol. 1: *Process Technology*. Sunset Beach, CA: Lattice Press, 1986, pp. 374–381.
17. S. Wolf and R. N. Tauber, *Silicon Processing for the VLSI Era*, Vol. 1: *Process Technology*. Sunset Beach, CA: Lattice Press, 1986, pp. 335–374.
18. J. L. Vossen and W. Kern (eds.), *Thin Film Processes*, Part III-2. New York: Academic Press, 1978.
19. P. E. Gise and R. Blanchard, *Semiconductor and Integrated Circuit Fabrication Technique*. Reston, VA: Reston Publishers, 1979, Chaps. 5, 6, 10, and 12.
20. S. Wolf and R. N. Tauber, *Silicon Processing for the VLSI Era*, Vol. 2: *Process Integration*. Sunset Beach, CA: Lattice Press, 1990, pp. 238–239.
21. D. J. Elliot, *Integrated Circuit Fabrication Technology*. New York: McGraw-Hill, 1982.
22. S. Wolf and R. N. Tauber, *Silicon Processing for the VLSI Era*, Vol. 1: *Process Technology*. Sunset Beach, CA: Lattice Press, 1986, pp. 384–406.
23. P. R. Gray and R. G. Meyer, *Analysis and Design of Analog Integrated Circuits*. 2nd ed. New York: John Wiley & Sons, 1984, Chap. 1.
24. D. A. Hodges and H. G. Jackson, *Analysis and Design of Analog Integrated Circuits*. New York: McGraw-Hill, 1983.
25. B. R. Chawla and H. K. Gummel, "Transition Region Capacitance of Diffused pn Junctions," *IEEE Transactions on Electron Devices*, Vol. ED-18, pp. 178–195, Mar. 1971.
26. C. T. Sah, "Characteristics of the Metal-Oxide-Semiconductor Transistor," *IEEE Transactions on Electron Devices*, Vol. ED-11, pp. 324–345, July 1964.
27. H. Shichman and D. Hodges, "Modelling and Simulation of Insulated-Gate Field-Effect Transistor Switching Circuits," *IEEE J. Solid-State Circuits*, Vol. SC-13, pp. 285–289, Sept. 1968.
28. D. B. Estreich and R. W. Dutton, "Modeling Latch-Up in CMOS Integrated Circuits and Systems," *IEEE Transactions on CAD*, Vol. CAD-1, pp. 157–162, Oct. 1982.
29. S. M. Sze, *Physics of Semiconductor Devices*, 2nd ed. New York: John Wiley & Sons, 1981, p. 28.
30. R. A. Blauschild, P. A. Tucci, R. S. Muller, and R. G. Meyer, "A New Temperature-Stable Voltage Reference," *IEEE J. Solid-State Circuits*, Vol. SC-19, Dec. 1978, pp. 767–774.
31. C. D. Motchenbacher and F. G. Fitchen, *Low-Noise Electronic Design*. New York: John Wiley & Sons, 1973.

第 3 章 CMOS 器件模型

在采用 CMOS 技术设计集成电路之前，首先必须具有一个模型，能够描述设计中所要使用的元器件性能。模型可以采用数学表达式、电路图或者图表的形式。本教材所用的多数建模主要针对前面章节所提到的有源、无源器件，而非诸如宏模型或行为级建模等更高层次的建模。

首先必须强调的是，模型仅仅是模型而已，并不是实际的器件。在理想情况下，可以得到在所有可能情况下精确描述器件行为的模型。现实中，如果一个模型预测得到的模拟性能与测量得到的性能之间的误差能保持在百分之几之内就已经很令人满意了。目前什么样的模型更接近于理想情况还没有定论[1]，因此 HSPICE[2] 为使用者提供了 43 种 MOS 管模型以供选择。

本教材只集中讨论以下三种模型。

第一种是最简单的模型，可以用于手工计算。这种模型曾在 2.3 节中讨论过，本章将会介绍引入电容、噪声以及欧姆电阻的情况。在 SPICE 中，这个简单模型称为 LEVEL 1 模型。接下来，由 LEVEL 1 大信号模型推出它的小信号模型，3.3 节将详细讲述。

第二种是相对复杂的模型，即 SPICE LEVEL 3 模型，该模型将在 3.4 节中讨论。此模型包含了许多类似于亚阈区导通一类在现代短沟道工艺中更为明显的效应，当器件几何尺寸达到 0.8 μm 以下时，这种模型很适用。

第三种为 BSIM3v3 模型[3]，这是最有可能成为计算机仿真标准的模型。

符号说明

SPICE 最初是用 FORTRAN 语言实现的，所有的输入都要求用大写的 ASCII 字符。小写、希腊字母、上标或者下标都是不允许的。现在的 SPICE 实现一般可以接受（但是不能区分）大写和小写字符，不过传统的使用大写 ASCII 字符的情况仍然存在。这在器件模型的参数表示中尤其明显。由于希腊字母无效，因此就用音标来代替，比如 γ 用 GAMMA 替代。上标、下标仍然是禁止使用的。

在书中采用 SPICE 的命名约定不方便，因为等式往往是不规则的，而且与平时在文献中所见的不大一样。另一方面，在 SPICE 的应用中必须提供正确符号。为了解决这个问题，除简单模型（SPICE LEVEL 1）所用的模型参数外，其他都用 SPICE 的大写给出模型参数符号。

3.1 简单的 MOS 管大信号模型（SPICE LEVEL 1）

作为 n 沟道 MOS 器件，大信号模型的电压和电流的正方向按照图 3.1-1(a) 来标示。同样的模型也可以用于 p 沟道的 MOS 器件，只要把所有的电压和电流值都乘以 -1，阈值电压取绝对值即可。这等效于图 3.1-1(b) 所定义的电压和电流，图中所有值都是正值。正如第 1 章中提到的，带大写下标的小写字母用来表示大信号模型中的变量，而带小写下标的小写字母表示小信号模型中的变量。当电压或者电流是模型参数(如阈值电压)时,用大写变量和大写下标来表示。

当 MOS 器件的长和宽大于 10 μm 的时候,衬底掺杂低,假如又正好需要一个简单的模型,那么由 Sah 建议[4]、由 Shichman 和 Hodges 在 SPICE 中使用[5]的这个模型是合适的。这个模型由式(2.3-27)发展而来,具体如下:

$$i_D = \frac{\mu_0 C_{ox} W}{L}\left[(v_{GS} - V_T) - \left(\frac{v_{DS}}{2}\right)\right]v_{DS} \qquad (3.1\text{-}1)$$

在前面的章节中已经定义了终端电压和电流。式(3.1-1)中的变量参数定义如下:μ_0 为 n 沟道或者 p 沟道器件的表面迁移率($\text{cm}^2/(\text{V·s})$),$C_{ox} = \dfrac{\varepsilon_{ox}}{t_{ox}}$ 单位面积栅氧化物电容(F/cm^2),W 为有效沟道宽度,L 为有效沟道长度。

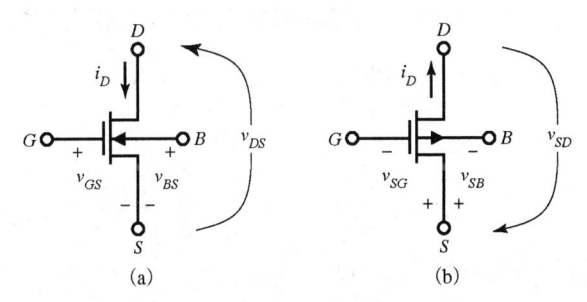

图 3.1-1 MOS 管常用正符号。(a) n 沟道;(b) p 沟道

由式(2.3-19)给出的 n 沟道管阈值电压 V_T 为

$$V_T = V_{T0} + \gamma\left(\sqrt{2|\phi_F| + v_{SB}} - \sqrt{2|\phi_F|}\right) \qquad (3.1\text{-}2)$$

$$V_{T0} = V_T(v_{SB}=0) = V_{FB} + 2|\phi_F| + \frac{\sqrt{2q\varepsilon_{Si}N_{SUB}2|\phi_F|}}{C_{ox}} \qquad (3.1\text{-}3)$$

$$\gamma = \text{体阈值参数}(V^{1/2}) = \frac{\sqrt{2\varepsilon_{Si}qN_{SUB}}}{C_{ox}} \qquad (3.1\text{-}4)$$

$$\phi_F = \text{强反型层表面势垒}(V) = \frac{kT}{q}\ln\left(\frac{N_{SUB}}{n_i}\right) \qquad (3.1\text{-}5)$$

$$V_{FB} = \text{平带电压}(V) = \phi_{MS} - \frac{Q_{ss}}{C_{ox}} \qquad (3.1\text{-}6)$$

$$\phi_{MS} = \phi_F(\text{衬底}) - \phi_F(\text{栅}) \qquad (3.1\text{-}7)$$

$$\phi_F(\text{衬底}) = -\frac{kT}{q}\ln\left(\frac{N_{SUB}}{n_i}\right) \qquad (3.1\text{-}8)$$

$$\phi_F(\text{栅}) = -\frac{kT}{q}\ln\left(\frac{N_{GATE}}{n_i}\right) \qquad (3.1\text{-}9)$$

$$Q_{ss} = \text{氧气层-电荷} = qN_{ss} \qquad (3.1\text{-}10)$$

其中,k 为玻尔兹曼常数;T 为温度(K);n_i 为本征载流子浓度。

表 3.1-1 给出了硅晶体的一些常数。

表 3.1-1 硅晶体的一些常数

常数符号	常数描述	值	单位
V_{G0}	硅带隙(27℃)	1.205	V
k	玻尔兹曼常数	1.381×10^{-23}	J/K
n_i	本征载流子浓度(27℃)	1.45×10^{10}	cm^{-3}
ε_0	自由空间介电常数	8.854×10^{-14}	F/cm
ε_{Si}	硅的介电常数	$11.7\,\varepsilon_0$	F/cm
ε_{ox}	二氧化硅的介电常数	$3.9\,\varepsilon_0$	F/cm

MOS 器件的独特之处是它的电压与源极和衬底之间电压有关，如式(3.1-2)所示。这种关系决定了 MOS 器件是个四端器件。后面分析将会看到这种特性如何影响 MOS 电路的大信号以及小信号性能。

在电路设计领域，更希望用电参数而非物理参数表示模型方程式。因此漏极电流通常表示为

$$i_D = \beta\left[(v_{GS} - V_T) - \frac{v_{DS}}{2}\right]v_{DS} \quad (3.1\text{-}11)$$

或者

$$i_D = K'\frac{W}{L}\left[(v_{GS} - V_T) - \frac{v_{DS}}{2}\right]v_{DS} \quad (3.1\text{-}12)$$

式中，跨导参数 β 以物理参量的形式给出：

$$\beta = K'\frac{W}{L} \cong \mu_0 C_{ox}\frac{W}{L} \quad (A/V^2) \quad (3.1\text{-}13)$$

当器件的栅漏电压较低、管子工作在非饱和区时，简单模型中 K' 值近似等于 $\mu_0 C_{ox}$。但是当电压较大出现迁移率退化的时候，情况就不同了，此时 K' 通常会小一些。式(3.1-12)中模型的典型参数值在表 3.1-2 中给出。

表 3.1-2 适合手算的典型 CMOS 体工艺模型参数：采用 0.8 μm 硅栅体 CMOS n 阱工艺的简单模型

参数符号	参数描述	典型参数值 n 沟道	典型参数值 p 沟道	单位
V_{T0}	阈值电压($V_{BS}=0$)	0.7 ± 0.15	-0.7 ± 0.15	V
K'	跨导参数(饱和区)	$110.0 \pm 10\%$	$50.0 \pm 10\%$	μA/V^2
γ	体阈值参数	0.4	0.57	V$^{1/2}$
λ	沟道长度调制参数	0.04 ($L=1$ μm)	0.05 ($L=1$ μm)	V^{-1}
		0.01 ($L=2$ μm)	0.01 ($L=2$ μm)	
$2\lvert\phi_F\rvert$	强反型层表面势垒	0.7	0.8	V

基于式(3.1-1)模型的 MOS 管有多种工作区，具体取决于 $v_{GS} - V_T$ 的值。若 $v_{GS} - V_T$ 的值是零或负值，则 MOS 晶体管工作在截止区[①]，式(3.1-1)变成

$$i_D = 0, \quad v_{GS} - V_T \leqslant 0 \quad (3.1\text{-}14)$$

在这个区域，沟道就如同断路。

$\lambda = 0$、$v_{GS} - V_T$ 为不同值时式(3.1-1)中 i_D 随 v_{DS} 变化的曲线如图 3.1-2 所示。在这些曲线

---

① 后面会介绍 MOS 晶体管可以工作在亚阈区，该区域中的栅-源电压小于阈值电压。

的最大值处，称 MOS 管"饱和"。此时 v_{DS} 的值称为饱和电压，表示为

$$v_{DS}(饱和) = v_{GS} - V_T \tag{3.1-15}$$

于是，定义 v_{DS}(饱和)为两个区的分界值。若 v_{DS} 小于 v_{DS}(饱和)，MOS 管工作在非饱和区，则式(3.1-1)变成

$$i_D = K'\frac{W}{L}\left[(v_{GS}-V_T) - \frac{v_{DS}}{2}\right]v_{DS}, \quad 0 < v_{DS} \leq (v_{GS}-V_T) \tag{3.1-16}$$

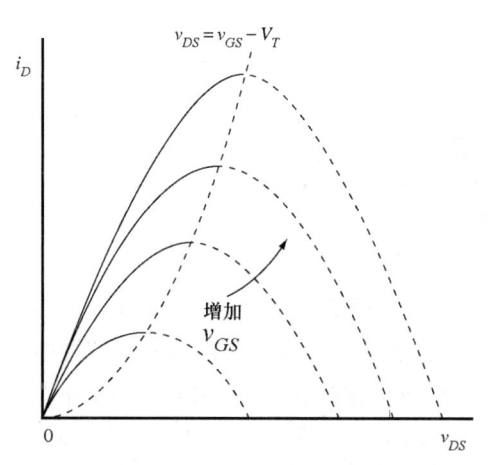

图 3.1-2　修改过的 Sah 等式的图形表示

在图 3.1-2 中，非饱和区处于纵坐标轴($v_{DS}=0$)和 $v_{DS}=v_{GS}-V_T$ 曲线之间。

第三个工作区位于 v_{DS} 大于 v_{DS}(饱和)区域或 $v_{GS}-V_T$ 的区域。这里的电流 i_D 与 v_{DS} 无关。因此，将式(3.1-1)中的 v_{DS} 换成式(3.1-15)中的 v_{DS}(饱和)，可得

$$i_D = K'\frac{W}{2L}(v_{GS}-V_T)^2, \quad 0 < (v_{GS}-V_T) \leq v_{DS} \tag{3.1-17}$$

式(3.1-17)表明，一旦 v_{DS} 大于 $v_{GS}-V_T$，漏极电流即为一常数。但实际并非如此，随着漏极电压增大，沟道长度减小，引起电流增加。这种现象被称为沟道长度调制效应，相应地，饱和模型应该乘以一个因子($1+\lambda v_{DS}$)，这里的 v_{DS} 是实际的源漏极电压值而非 v_{DS}(饱和)。因此，考虑了沟道长度调制效应之后的饱和模型就变成

$$i_D = K'\frac{W}{2L}(v_{GS}-V_T)^2(1+\lambda v_{DS}), \quad 0 < (v_{GS}-V_T) \leq v_{DS} \tag{3.1-18}$$

这里默认将 $v_{GS}-V_T \leq 0$ 视为 MOS 管截止，将 $0 \leq v_{DS} \leq (v_{GS}-V_T)$ 视为 MOS 管工作在有源区、欧姆区、三极管区或者非饱和区，而 $(v_{GS}-V_T) \leq v_{DS}$ 视为 MOS 工作在饱和区。虽然在本书中仍将沿用这样的条件，但是读者必须意识到最近在参考文献[6]的第四版中介绍的与之不同的条件，定义 $v_{GS}-V_T \leq 0$ 为 MOS 管截止，$0 \leq v_{DS} \leq (v_{GS}-V_T)$ 为工作在三极管区或欧姆区，而 $(v_{GS}-V_T) \leq v_{DS}$ 视为工作在有源区。重要的是在 $(v_{GS}-V_T) \leq v_{DS}$ 时，用有源区替代了饱和区。这种新的默认条件使 MOS 管工作区的命名类似于双极型晶体管。

MOS 管的输出特性可以由式(3.1-14)、式(3.1-16)和式(3.1-18)得到。图 3.1-3 示出了归一化偏置的输出特性。这些曲线都是由最顶上的一条曲线归一化得到的，其中 V_{GS0} 被定义为在饱和区使漏极电流等于 I_{D0} 的 v_{GS} 值。整个特性曲线由图 3.1-2 的实线从电流最大点向右水

平延伸得到。图 3.1-3 中的实线对应于 $\lambda=0$ 的情况。若 λ 不等于零,则曲线如图中虚线所示。

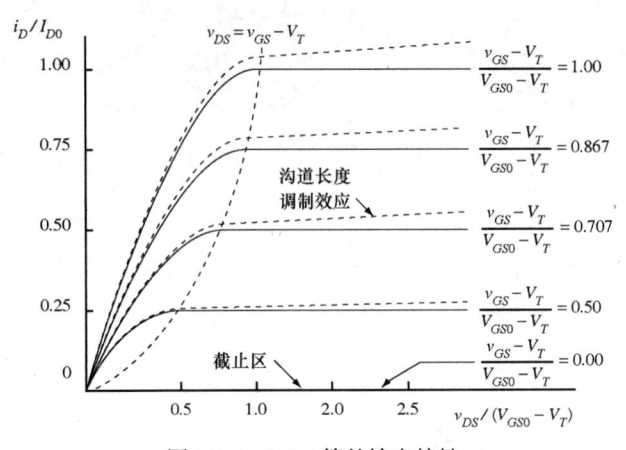

图 3.1-3　MOS 管的输出特性

MOS 管的另一个重要特性可以利用式(3.1-18)绘出 i_D 与 v_{GS} 的关系得到,如图 3.1-4 所示。该特性被称为跨导特性。饱和区跨导特性可以从输出特性曲线得到:在图 3.1-3 所示的输出特性曲线上,通过在虚线所示抛物线的右面画一组线并得到 i_D 与 v_{GS} 的值即可。用图 3.1-4 说明源极和体之间电压 v_{SB} 的影响也是有用的。随着 v_{SB} 值的增加,n 沟道增强型管 V_T 的值也增大(对于 p 沟道器件来说,v_{BS} 增加,V_T 绝对值增加)。对于 n 沟道耗尽型管,V_T 也增大,但因为 V_T 是负值,所以它的增大是从负值向零变化。如果 v_{SB} 足够大,V_T 将变成正值,耗尽型管就变成了增强型管。

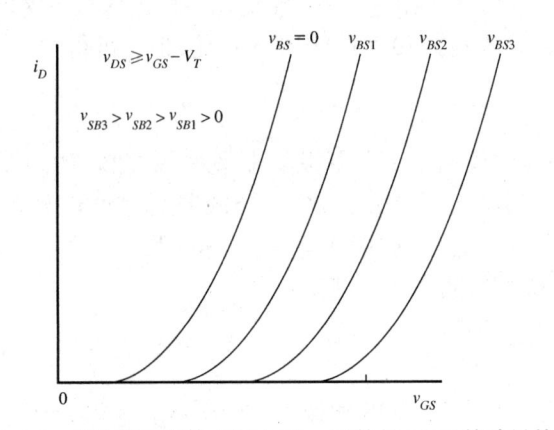

图 3.1-4　作为源极和体之间电压 v_{SB} 函数的 MOS 管跨导特性

MOS 管是双向器件,漏、源极的指定看似任意,其实并非如此。对于一个 n 沟道管来说,源极总是两个极中电位较低的那个。而对于 p 沟道器件来说,源极则是两个极中电位较高的那个。由此可以看出源漏极的确定并不受限于 MOS 管给定的物理节点,而是可以根据端点所加电压的不同相互调换。

MOS 管大信号模型的电路形式可以由连接在源漏间的电流源组成,该电流源如本节讨论的简单模型所定义的那样与漏极、源极、栅极和体电压有关。该简单模型有五个可以完整对其进行定义的电工艺参数。这些参数分别是 K',V_T,γ,λ 和 $2\phi_F$。下标 n 或者 p 分别对应着 n 沟道或 p 沟道器件。它们构成了 SPICE LEVEL 1 模型的参数[7]。这些模型参数的典型值在表 3.1-2 中给出。

大信号模型的作用是在给定 MOS 器件端电压时求解漏极电流。下面的例子将有助于了解这点，此外此例也说明如何在 p 沟道器件中运用模型。

例 3.1-1 简单大信号模型的应用

在图 3.1-1 中，已知管子的宽长比为 $W/L = 5\ \mu m/1\ \mu m$，大信号模型参数值如表 3.1-2 所示，n 沟道管的漏极、栅极、源极和体电压分别为 3 V、2 V、0 V 和 0 V，试求漏极电流。如果换成 p 沟道管，漏极、源极、栅极和体电压分别为 -3 V、-2 V、0 V 和 0 V，再一次求漏极电流。

解： 首先必须确定 MOS 管的工作区。式(3.1-15)给出 v_{DS}(饱和) = 2 V − 0.7 V = 1.3 V，因为 v_{DS} 为 3 V，则 n 沟道管工作在饱和区。用式(3.1-18)和表 3.1-2 给出的值，可得

$$i_D = \frac{K'_N W}{2L}(v_{GS} - V_{TN})^2(1 + \lambda_N v_{DS})$$

$$= \frac{110 \times 10^{-6}(5\mu m)}{2(1\mu m)}(2 - 0.7)^2(1 - 0.04 \times 3) = 520\ \mu A$$

对于 p 沟道管，由式(3.1-15)计算可得

$$v_{SD}(饱和) = v_{SG} - |V_{TP}| = 2V - 0.7V = 1.3\ V$$

因为 $v_{SD} = 3$ V，则 p 沟道管也工作在饱和区，可用式(3.1-17)计算。利用表 3.1-2 给出的值，可以得到图 3.1-1(b) 中的漏极电流为

$$i_D = \frac{K'_P W}{2L}(v_{SG} - |V_{TP}|)^2(1 + \lambda_P v_{SD})$$

$$= \frac{50 \times 10^{-6}(5\mu m)}{2(1\mu m)}(2 - 0.7)^2(1 + 0.05 \times 3) = 243\ \mu A$$

在饱和区用电流 i_D 来表示 v_{GS} 常常很有用，表达式如下：

$$v_{GS} = V_T + \sqrt{2i_D/\beta} \tag{3.1-19}$$

此式说明 v_{GS} 由两个部分组成——一部分用于形成沟道，另一部分产生需要的漏极电流。文献中常将第二部分称为 V_{ON}。于是 V_{ON} 可以定义为

$$V_{ON} = \sqrt{2i_D/\beta} \tag{3.1-20}$$

V_{ON} 可以认为是电压 V_{DS}(饱和)，它们可以交换使用。

随着工艺中沟道长度的减小，沟道中的载流子将出现速度饱和现象，速度不再正比于电场[8]。此时载流子的速度近似为

$$v_d \approx \frac{\mu E}{1 + \dfrac{E}{E_c}} \tag{3.1-21}$$

式中 E_c 是载流子速度饱和时的临界电场。式(2.3-25)可以表示为

$$i_D = WQ_I(y)\mu_n \frac{dv(y)}{dy} = WQ_I(y)\mu_n E(y) = WQ_I(y)\mu_n v_d \tag{3.1-22}$$

将式(3.1-21)代入式(3.1-22)且用 dv/dy 代替电场 E，可得

$$i_D\left(1+\frac{1}{E_c}\frac{\mathrm{d}v}{\mathrm{d}y}\right)\mathrm{d}y = WQ_I(y)\mu_n\mathrm{d}y(y) \tag{3.1-23}$$

这就是在式(2.3-25)中考虑电子速度饱和效应时的表达式。如在 2.4 节中所做的,对此式积分,距离是沿沟道从 0 到 L,电压则从 0 到 v_{DS},可得

$$i_D = \frac{\mu_n C_{\mathrm{ox}}}{2\left(1+\frac{1}{E_c}\frac{v_{DS}}{L}\right)}\frac{W}{L}[2(v_{GS}-V_T)v_{DS} - v_{DS}^2] \tag{3.1-24}$$

此式与式(2.3-27)等效,但考虑了速度饱和效应。通常采用常数 θ 表示,即

$$\theta = \frac{1}{E_c L}\ (V^{-1}) \tag{3.1-25}$$

用此定义,式(3.1-24)可重写为

$$i_D = \frac{\mu_n C_{\mathrm{ox}}}{2(1+\theta v_{DS})}\frac{W}{L}[2(v_{GS}-V_T)v_{DS} - v_{DS}^2] \tag{3.1-26}$$

这个表达式与式(3.1-1)也是等效的,只是考虑了速度饱和的影响。

接下来使用式(3.1-15)求解 v_{DS}(饱和)。但这个求解并不直接,因为式(3.1-26)的分母上也有 v_{DS}。文献[7]中给出 v_{DS}(饱和)的近似表达式为

$$\begin{aligned}v'_{DS}(饱和) &\approx (V_{GS}-V_T)\left(1-\frac{\theta(V_{GS}-V_T)}{2}+\cdots\right) \\ &= v_{DS}(饱和)\left(1-\frac{\theta(V_{GS}-V_T)}{2}+\cdots\right)\end{aligned} \tag{3.1-27}$$

饱和区考虑速度饱和效应的大信号模型可以通过假设 $0.5\theta(v_{GS}-V_T)<1$,使式(3.1-27)简化至 v_{DS}(饱和)来定义。有了这个假设,式(3.1-26)成为

$$i_D = \frac{\mu_n C_{\mathrm{ox}}}{2[1+\theta(v_{GS}-V_T)]}\frac{W}{L}[(v_{GS}-V_T)^2],\ v_{DS} \geq (v_{GS}-V_T)\left(1-\frac{\theta(v_{GS}-V_T)}{2}+\cdots\right) \tag{3.1-28}$$

此式是对式(3.1-17)中大信号模型的扩展,并考虑了速度饱和效应。图 3.1-5 示出当 $k'=110\ \mu A/V^2$,$W/L=1$ 时,参数 θ 对 n 沟道 MOS 管跨导特性的影响。可见速度饱和效应(当 $\theta \neq 0$ 时)引起跨导曲线斜率减小,当 θ 从 0 开始增加时,跨导特性从平方律变成了线性。

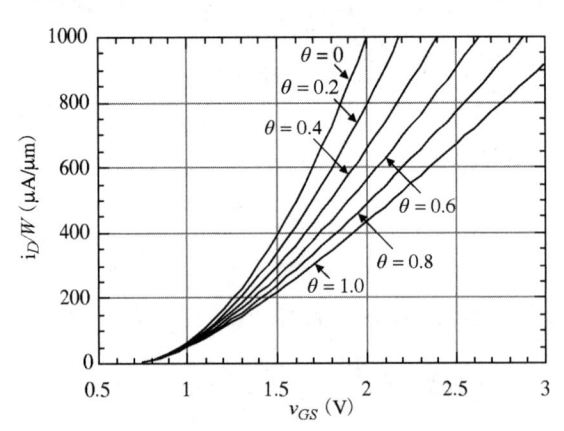

图 3.1-5 速度饱和对跨导特性的影响

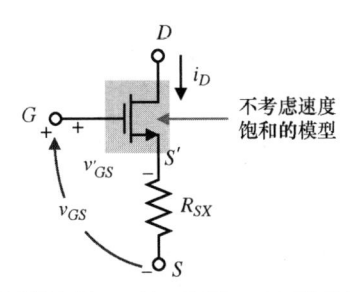

图 3.1-6 带有反馈电阻 R_{SX} 的 n 沟道 MOS 管的速度饱和建模

考虑 MOS 管的退化可得到一个简单的速度饱和建模方式[8]。退化是在源极插入一个串联电阻，如图 3.1-6 所示。根据图的标注，可以写出

$$i_D = \frac{K'W}{2L}(v'_{GS} - V_T)^2 \tag{3.1-29}$$

其中

$$v'_{GS} = v_{GS} - i_D R_{SX} \tag{3.1-30}$$

将式(3.1-30)代入式(3.1-29)求 i_D 可得

$$i_D = \frac{K'}{2\left[1 + K'\dfrac{W}{L}R_{SX}(v_{GS} - V_T)\right]}\frac{W}{L}(v_{GS} - V_T)^2 \tag{3.1-31}$$

结合式(3.1-31)与式(3.1-28)可知

$$R_{SX} = \frac{\theta L}{K'W} = \frac{1}{E_c K'W} \tag{3.1-32}$$

因此，由给出的临界电场 E_c 可以求出 R_{SX} 的值，R_{SX} 即可插入与 MOS 管源极串联对速度饱和建模的电阻。因此给定 E_c、K' 和 W，就可以计算与 MOS 管源极串联的电阻，用不包含速度饱和的 MOS 管建立速度饱和的模型。

例 3.1-2 带有速度饱和的简单 MOS 大信号模型的应用

在图 3.1-6 中，令晶体管的 $W/L = 1\ \mu m/0.18\ \mu m$，大信号模型参数如表 3.1-2 所示，假设该晶体管出现速度饱和效应，$E_c = 1.5 \times 10^6$ V/m。求 R_{SX} 的值。

解：R_{SX} 的值可由如下计算得到

$$R_{SX} = \frac{1}{E_c K'W} = \frac{1}{1.5 \times 10^6 \cdot 110 \times 10^{-6} \cdot 1 \times 10^{-6}} = 6.06\text{k}\Omega$$

3.2 其他 MOS 管大信号模型的参数

大信号模型还包括其他一些特征，比如源/漏衬底结，源/漏欧姆电阻，各种电容、噪声和温度关系。MOS 管的完整大信号模型如图 3.2-1 所示。

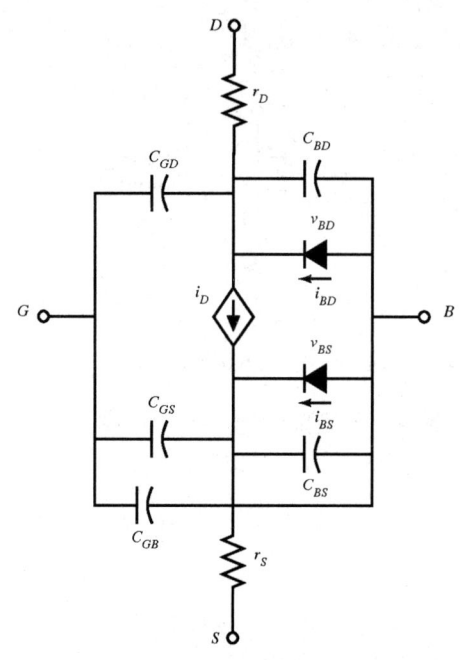

图 3.2-1　MOS 管的完整大信号模型

图 3.2-1 中的二极管表示在源区与衬底和漏区与衬底之间的 pn 结。为了使晶体管能够正常工作，这些二极管必须始终反偏。在直流模型中它们主要是用来模拟漏电流的。这些电流可表示为

$$i_{BD} = I_S \left[\exp\left(\frac{qv_{BD}}{kT}\right) - 1 \right] \tag{3.2-1}$$

和

$$i_{BS} = I_S \left[\exp\left(\frac{qv_{BS}}{kT}\right) - 1 \right] \tag{3.2-2}$$

式中，I_S 是 pn 结的反向饱和电流，q 是电子电荷量，k 是玻尔兹曼常数，T 是以开尔文为单位的温度。

电阻 r_D 和 r_S 分别表示漏极和源极的欧姆电阻。这些电阻的典型值为 50～100 Ω[①]，所以在漏电流较小的情况下可以忽略。

图 3.2-1 中的电容可以分为三类。第一类包括 C_{BD} 和 C_{BS}，它们与源区与衬底和漏区与衬底之间耗尽区上的反偏有关。第二类包括 C_{GD}、C_{GS} 和 C_{GB}，它们与栅极有关并且取决于晶体管的工作条件。第三类主要是寄生电容，与晶体管的工作条件无关。

耗尽结电容是 pn 结上电压的函数。在高注入作用下，这个耗尽结电容被分为两个区域来计算。第一个区域的电容可表示为

$$C_{BX} = (CJ)(AX)\left[1 - \frac{v_{BX}}{PB}\right]^{-MJ}, \quad v_{BX} \leq (FC)(PB) \tag{3.2-3}$$

---

① 如果是硅工艺下，那么这些电阻的值更低，一般为 5～10 Ω。

式中，X 对于 C_{BD} 是 D，对于 C_{BS} 是 S；AX 为源面积（X = S）或漏面积（X = D）；CJ 为零偏置（v_{BX} = 0）的结电容（单位面积），表示为

$$CJ \cong \sqrt{\frac{q\varepsilon_{Si}N_{SUB}}{2PB}}$$

其中，PB 为体结电势[类似于式(2.2-6)所给的 ϕ_0]。

第二个区域的电容可表示为

$$C_{BX} = \frac{(CJ)(AX)}{(1-FC)^{1+MJ}}\left[1-(1+MJ)FC+MJ\frac{v_{BX}}{PB}\right], \quad v_{BX} > (FC)(PB) \tag{3.2-4}$$

式中，FC 为正偏非理想结电容系数（$\cong 0.5$），MJ 为体结变容指数（对于突变结为 1/2，对于缓变结为 1/3）。

图3.2-2 说明式(3.2-3)和式(3.2-4)给出的耗尽结电容是如何组合成大信号电容模型 C_{BD} 和 C_{BS} 的。可以看到随着 v_{BX} 趋向 PB，式(3.2-4)中的 C_{BX} 不趋向无穷。

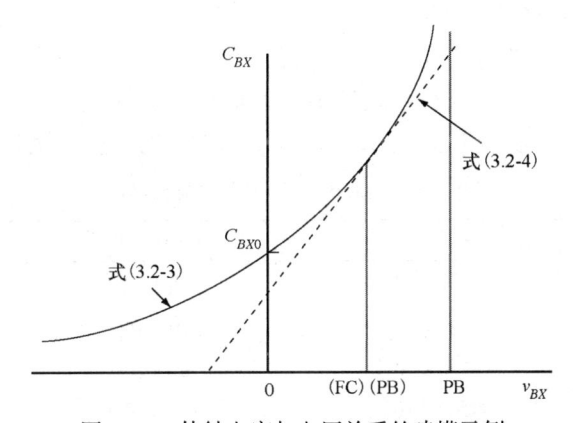

图 3.2-2 体结电容与电压关系的建模示例

在图3.2-3中对耗尽结电容更形象的描述是像一个盆。其底面积与源区以及漏区一样大。然而，那些侧面也属于耗尽区，这些侧面被称为周边。式(3.2-3)和式(3.2-4)中的 AX 应该包含底面和周边，假设两个区的零偏置电容是相似的。为了更逼近耗尽电容的模型，将底面与周边分开，如下所示：

$$C_{BX} = \frac{(CJ)(AX)}{\left[1-\left(\frac{v_{BX}}{PB}\right)\right]^{MJ}} + \frac{(CJSW)(PX)}{\left[1-\left(\frac{v_{BX}}{PB}\right)\right]^{MJSW}}, \quad v_{BX} \leqslant (FC)(PB) \tag{3.2-5}$$

$$\begin{aligned}C_{BX} = &\frac{(CJ)(AX)}{(1-FC)^{1+MJ}}\left[1-(1+MJ)FC+MJ\frac{v_{BX}}{PB}\right]\\&+\frac{(CJSW)(PX)}{(1-FC)^{1+MJSW}}\left[1-(1+MJSW)FC+\frac{v_{BX}}{PB}(MJSW)\right], v_{BX} \geqslant (FC)(PB)\end{aligned} \tag{3.2-6}$$

式中，AX 为源面积（X = S）或漏面积（X = D），PX 为源区周长（X = S）或漏区周长（X = D），CJSW 为零偏置时的衬底源/漏区周边电容，MJSW 为衬底源/漏区周边变容指数。

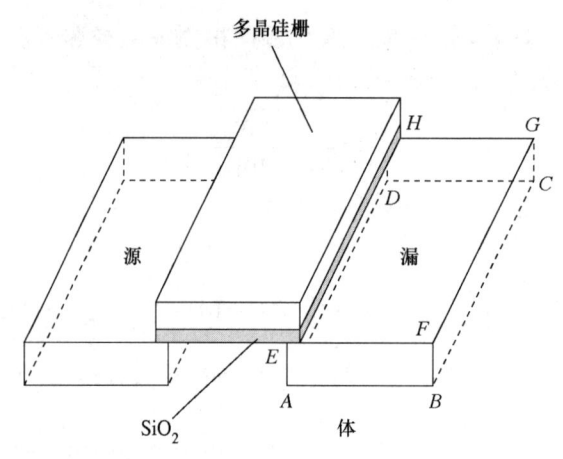

图 3.2-3 体结电容的底面($ABCD$)和周边($ABFE + BCGF + DCGH + ADHE$)的图示

表 3.2-1 给出了当氧化层厚度为 140 Å、$C_{ox} = 24.7×10^{-4} \text{ F/m}^2$ 时 MOS 器件的电容值和系数。显然，在没有确定器件的几何尺寸之前，不知道源、漏和周边的面积就无法准确模拟耗尽结电容。但是为了进行设计，这些值可以假设。例如，可以考虑典型的源、漏区为 1.8 μm×5 μm，于是对于 $V_{BX}=0$ 来说，n 沟道和 p 沟道管的 C_{BX} 值分别为 12.1 F 和 9.8 F。

表 3.2-1 MOS 器件的电容值和系数

类型	p 沟道	n 沟道	单位
CGSO	220×10^{-12}	220×10^{-12}	F/m
CGDO	220×10^{-12}	220×10^{-12}	F/m
CGBO	700×10^{-12}	700×10^{-12}	F/m
CJ	560×10^{-6}	770×10^{-6}	F/m^2
CJSW	350×10^{-12}	380×10^{-12}	F/m
MJ	0.5	0.5	
MJSW	0.35	0.38	

氧化层厚度为 140 Å，$C_{ox} = 24.7 \times 10^{-4} \text{ F/m}^2$。

大信号 MOS 器件的电荷存储电容由栅极到源极电容(C_{GS})、栅极到漏极电容(C_{GD})和栅极到体电容(C_{GB})组成。图 3.2-4 示出了 MOS 器件构成电荷存储电容的各种电容的剖面图。C_{BS} 和 C_{BD} 分别是前面讨论过的体到源极的电容和体到漏极的电容。接下来的讨论展示了大信号模型中电荷存储电容的演变。

C_1 和 C_3 是交叠电容，是由介质分开的两个导电表面的交叠效应而产生的。图 3.2-5 更详细地说明了交叠电容。交叠量记为 LD。这种交叠是由晶体硅栅极下面的源和漏区的横向扩散引起的。例如，0.8 μm 的 CMOS 工艺可能会有一个横向扩散 LD，大约为 16 nm。那么交叠电容就近似为

$$C_1 = C_3 = (\text{LD})(W_{\text{eff}})C_{ox} = (\text{CGXO})W_{\text{eff}} \tag{3.2-7}$$

式中，W_{eff} 是有效沟道宽度，CGXO(X = S 或 D)是栅-源或者栅-漏的交叠电容，单位为 F/m。掩模宽度和实际宽度之间的差别是由于氮化硅下场氧化区被侵蚀所致。表3.2-1 给出了氧化层厚度为 140 Å 时器件的 CGSO(栅-源交叠电容)和 CGDO(栅-漏交叠电容)的值。第三个重要

的交叠电容是体和栅极的交叠而引起的。图 3.2-6 更详细地表示了这个交叠电容(C_5)。这是在沟道边缘栅极和体间产生的电容,是沟道有效长度 L_{eff} 的函数。表 3.2-1 给出了当器件氧化层厚度为 140 Å 时 CGBO(栅-体交叠电容)的典型值。

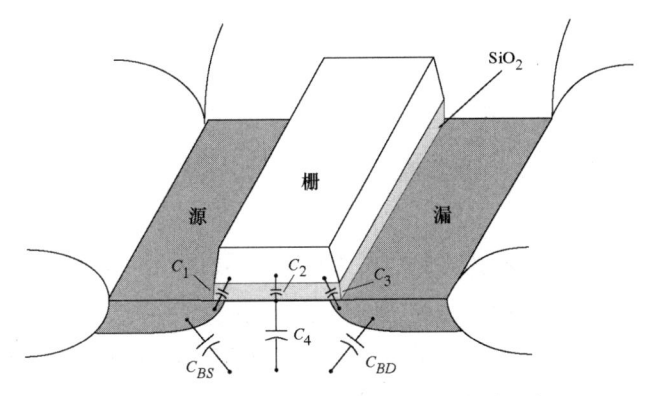

图 3.2-4 大信号 MOS 器件的电荷存储电容

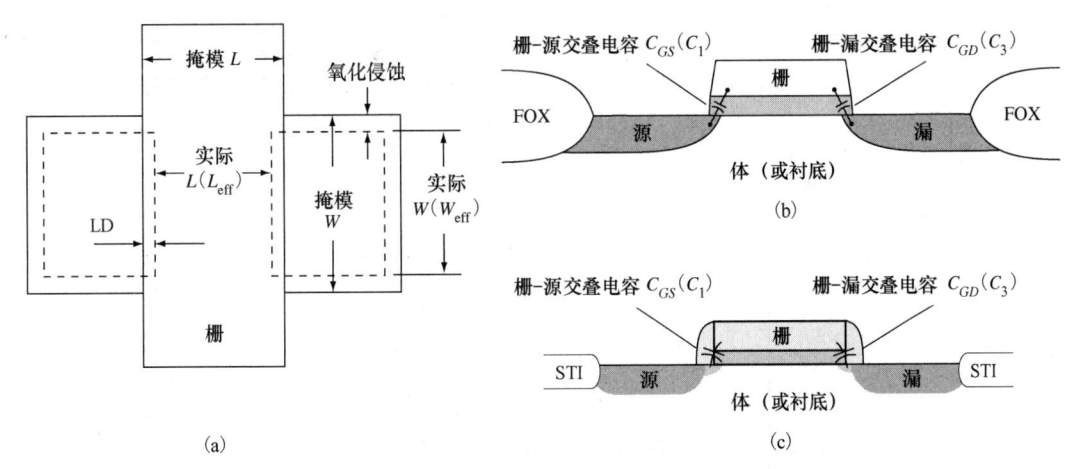

图 3.2-5 MOS 管的交叠电容。(a) LOCOS 技术的源、漏与栅之间交叠的俯视图;(b) LOCOS 技术的侧视图;(c) STI 技术的侧视图

若图 3.2-4 中的 MOS 器件工作在饱和区,则沟道将几乎延伸到漏极,若 MOS 器件工作在非饱和区,则沟道将完全扩展到漏极。C_2 是栅极-沟道电容,表示如下:

$$C_2 = W_{eff}(L - 2LD)C_{ox} = W_{eff}(L_{eff})C_{ox} \tag{3.2-8}$$

变量 L_{eff} 为有效沟道长度,由掩模定义的长度减去横向扩散值确定(在此之前符号 L 和 W 都是指的有效尺寸,但是这里要进行说明,符号已有所改变)。C_4 是沟道-体电容,像 C_{BS} 和 C_{BD} 一样,它是一个随着电压变化的耗尽型电容。

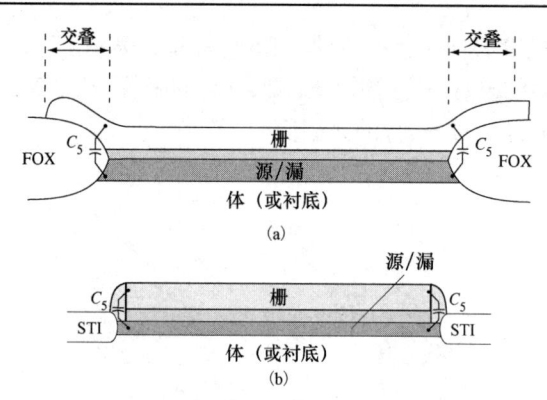

图 3.2-6 栅-体交叠电容。(a) LOCOS 技术；(b) STI 技术

当 v_{DS} 为常数、v_{GS} 从零开始增加时，考察 C_{GB}、C_{GS} 和 C_{GD} 是非常有意义的。为了解结果，假设当 v_{GS} 从零增加时，在图 3.1-3 中有一条垂线[比如 $v_{DS} = 0.5(V_{GS0}-V_T)$]。$v_{GS}$ 增加到 V_T 之前，MOS 管是截止的。此后，在 $v_{GS} = v_{DS}$(饱和)+ V_T 之前 MOS 管都工作在饱和区。最后，MOS 管进入非饱和区。C_{GB}，C_{GS} 和 C_{GD} 在这些条件下的近似变化情况如图 3.2-7 所示。在截止区，没有沟道，C_{GB} 近似等于 $C_2 + 2C_5$。随着 v_{GS} 向着 V_T 逐渐增大，一个薄耗尽层渐渐形成，产生一个大的 C_4。因为 C_4 与 C_2 串联，所以影响并不大。随着 v_{GS} 的增加，耗尽区变宽，C_4 减小，引起 C_{GB} 也减小。当 $v_{GS} = V_T$ 的时候，反型层形成，阻止 C_4 进一步减小，也阻止了 C_{GB} 的减小。

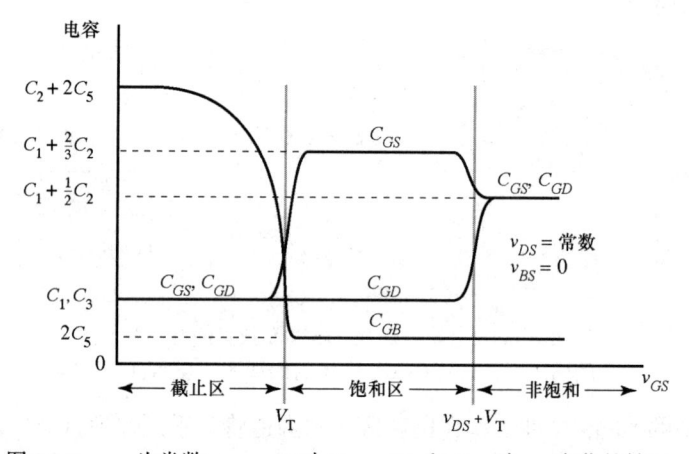

图 3.2-7 v_{DS} 为常数，$v_{BS} = 0$ 时 C_{GB}，C_{GS} 和 C_{GD} 随 v_{GS} 变化的情况

C_1，C_2 和 C_3 组成了 C_{GS} 和 C_{GD}。问题是如何将 C_2 分配给 C_{GS} 和 C_{GD}。解决办法是在饱和区假设将 C_2 的 2/3 分配给 C_{GS}，不分配给 C_{GD}。当然，这只是近似而已。不过，已有证据表明这会得到相当好的结果。图 3.2-7 显示了 C_{GS} 和 C_{GD} 的值从截止区到饱和区的变化情况。最后，当 v_{GS} 大于 $v_{DS} + V_T$ 时，MOS 管进入非饱和区。这种情况下沟道从漏区延伸到源区，C_2 在 C_{GD} 和 C_{GS} 之间平均分配，如图 3.2-7 所示。

按照上面讨论的结果推论，用下面公式描述指定工作区域内 MOS 器件的电荷存储电容。
截止区：

$$C_{GB} = C_2 + 2C_5 = C_{ox}(W_{eff})(L_{eff}) + \text{CGBO}(L_{eff}) \tag{3.2-9a}$$

$$C_{GS} = C_1 \cong C_{ox}(\text{LD})(W_{eff}) = \text{CGSO}(W_{eff}) \tag{3.2-9b}$$

$$C_{GD} = C_3 \cong C_{ox}(\text{LD})(W_{eff}) = \text{CGDO}(W_{eff}) \tag{3.2-9c}$$

饱和区：

$$C_{GB} = 2C_5 = \text{CGBO}(L_{\text{eff}}) \tag{3.2-10a}$$

$$C_{GS} = C_1 + \frac{2}{3}C_2 = C_{\text{ox}}(\text{LD} + 0.67L_{\text{eff}})(W_{\text{eff}}) \tag{3.2-10b}$$

$$= \text{CGSO}(W_{\text{eff}}) + 0.67C_{\text{ox}}(W_{\text{eff}})(L_{\text{eff}})$$

$$C_{GD} = C_3 \cong C_{\text{ox}}(\text{LD})(W_{\text{eff}}) = \text{CGDO}(W_{\text{eff}}) \tag{3.2-10c}$$

非饱和区：

$$C_{GB} = 2C_5 = \text{CGBO}(L_{\text{eff}}) \tag{3.2-11a}$$

$$C_{GS} = C_1 + 0.5C_2 = C_{\text{ox}}(\text{LD} + 0.5L_{\text{eff}})(W_{\text{eff}}) \tag{3.2-11b}$$

$$= (\text{CGSO} + 0.5C_{\text{ox}}L_{\text{eff}})W_{\text{eff}}$$

$$C_{GD} = C_3 + 0.5C_2 = C_{\text{ox}}(\text{LD} + 0.5L_{\text{eff}})(W_{\text{eff}}) \tag{3.2-11c}$$

$$= (\text{CGDO} + 0.5C_{\text{ox}}L_{\text{eff}})W_{\text{eff}}$$

参考文献[9]给出了三个工作区间平滑过渡的公式。

其他与晶体管相关的寄生电容是由晶体管的互联决定的，例如多晶硅覆盖的区域（衬底）。这类电容在非饱和区和饱和区都是 C_{GB} 的主要组成部分，因而非常重要，在 CMOS 电路的设计中应该考虑。

CMOS 器件建模的另一个重要方面是噪声。噪声的存在是因为电荷的不连续，但不连续携带的电荷量等于电子电荷量。在电路中，噪声对能放大的信号的最小幅度值给出了限制，当信号低于此值时，被放大的信号质量就严重降低。噪声可以用电流源与图 3.2-1 中 i_D 并联的模型表示。这个电流源表示两个噪声源：热噪声与闪烁噪声[10,11]。这些噪声源在 2.5 节中已经介绍过。均方噪声电流源定义为

$$i_n^2 = \left[\frac{8kTg_m(1+\eta)}{3} + \frac{(\text{KF})I_D}{fC_{\text{ox}}L^2}\right]\Delta f \quad (\text{A}^2) \tag{3.2-12}$$

其中，Δf 为频率 f 处一个小的带宽（一般为 1 Hz），$\eta = g_{mbs}/g_m$ [见式(3.3-8)]，k 为玻尔兹曼常数，T 为温度(K)，g_m 为栅与沟道的小信号跨导[见式(3.3-6)]，KF 为闪烁噪声系数(F·A)，f 为频率(Hz)。KF 的典型值为 10^{-28} (F·A)。两种噪声源均与工艺有关，通常增强型和耗尽型场效应管的值是不同的。

若源极交流接地，则均方噪声电流可以折算到 MOS 管栅极上。用式(3.2-12)除以 g_m^2 可得

$$e_n^2 = \frac{i_n^2}{g_m^2} = \left[\frac{8kT(1+\eta)}{3g_m} + \frac{\text{KF}}{2fC_{\text{ox}}WLK'}\right]\Delta f \quad (\text{V}^2) \tag{3.2-13}$$

式(3.2-13)的等效输入均方电压噪声对后文中分析 CMOS 电路的噪声是很有用的。

n 沟道管与 p 沟道管的实验噪声特性如图 3.2-8(a)与图 3.2-8(b)所示。这些器件采用了亚微米、硅栅、n 阱、CMOS 工艺。图 3.2-8(a)与图 3.2-8(b)中的数据是 MOS 器件的典型值，可见，在频率低于 100 kHz 时，$1/f$ 噪声是噪声源的主要部分（在给定偏置条件下）[①]。

---

① 如果偏置电流减小，热噪声最低频率提高，$1/f$ 噪声的拐点将向低频移动。因此 $1/f$ 噪声的拐点是热噪声最低频率的函数。

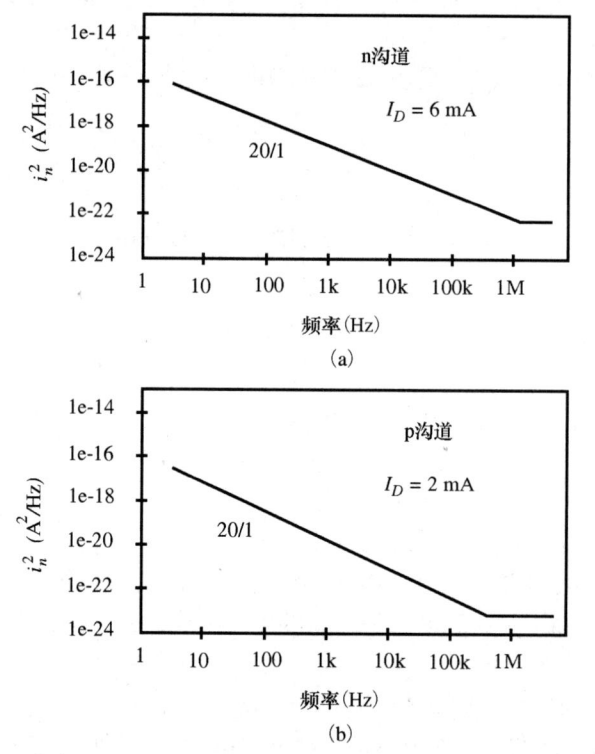

图 3.2-8 硅栅、亚微米工艺制造 MOS 管漏极电流噪声测量值。(a) n 沟道管；(b) p 沟道管

因此，在很多实际应用中，式(3.2-13)的等效输入均方电压噪声简化为

$$e_{eq}^2 = \left[\frac{KF}{2fC_{ox}WLK'}\right]\Delta f \quad (V^2) \tag{3.2-14}$$

或者表示为输入电压噪声谱密度。可以把式(3.2-14)重写成

$$e_{eq}^2 = \frac{e_{eq}^2}{\Delta f} = \frac{KF}{2fC_{ox}WLK'} = \frac{B}{fWL} \quad (V^2/Hz) \tag{3.2-15}$$

式中，B 对于给定工艺[①]下的 n 沟道管或者 p 沟道管是常数。式(3.2-15)右边的表达式在优化噪声性能的设计上是很重要的。

式(2.5-8)和式(2.5-9)给出了 MOS 管的温度性能。式(2.5-8)可以表示为

$$K'(T) = K'(T_0)(T/T_0)^{-1.5} \tag{3.2-16}$$

式(2.5-9)是阈值电压与温度关系的近似表示，可以写为

$$V_T(T) = V_T(T_0) + \alpha(T - T_0) + \cdots \tag{3.2-17}$$

式中用加号替换了式(2.5-9)中的第一个减号。这意味着 NMOS 管 α 为负，PMOS 管 α 为正。将式(3.2-16)和式(3.2-17)代入 MOS 管的简化大信号模型式(3.1-17)中，可得晶体管电流与温度的关系为

$$I_D = \frac{\mu_o C_{ox} W}{2L}\left(\frac{T}{T_0}\right)^{-1.5}[V_{GS} - V_{T0} - \alpha(T - T_0)]^2 \tag{3.2-18}$$

---

① 由于电压（电流）噪声和电压（电流）谱密度使用同样的符号，因此本教材中通常用单位来区分。

式中 V_{T0} 是在参考温度 T_0 时的阈值电压。

虽然式(3.2-18)可用于确定温度对于晶体管电流的影响,但这里再介绍一个值得关注的特性,称为零温度系数点。对式(3.2-18)求导数给出

$$\frac{\mathrm{d}I_D}{\mathrm{d}_T} = \frac{-1.5\mu_o C_{\mathrm{ox}} W}{2LT_0}\left(\frac{T}{T_0}\right)^{-2.5}[V_{GS} - V_{T0} - \alpha(T-T_0)]^2 \\ -\alpha\frac{\mu_o C_{\mathrm{ox}} W}{L}\left(\frac{T}{T_0}\right)^{-1.5}[V_{GS} - V_{T0} - \alpha(T-T_0)]$$

(3.2-19)

令式(3.2-19)为零,可给出零温度系数的 V_{GS} 值为

$$V_{GS}(\mathrm{ZTC}) = V_{T0} - \alpha T_0 - \frac{\alpha T}{3}$$

(3.2-20)

NMOS 管的零温度系数特性如图 3.2-9 所示。注意,一般情况下 ZTC 点只在温度低于 150℃ 时可以很好地定义。较高温度时,ZTC 会偏离低温时的值。同样需注意的是栅-源电压的值高于 ZTC 值,漏极电流随温度增加而减小。与 BJT 相比,这可减小 MOS 管的热失控特性,下面的实例可说明 ZTC 概念的应用。

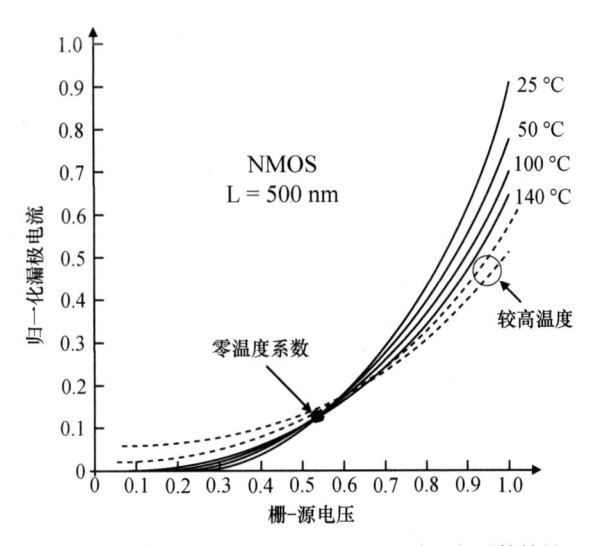

图 3.2-9 NMOS 管($L_{最小} = 50\ \mathrm{nm}$)的零温度系数特性

例 3.2-1 NMOS 管 ZTC 点的应用

假设 NMOS 管的 $K' = 110\ \mu\mathrm{A/V}^2$,$V_{T0} = 0.7\ \mathrm{V}$,$\alpha = -2.3\ \mathrm{mV/℃}$。如果参考温度为 300 K,新的温度为 400 K,试求 ZTC 点。如果 $W/L = 10$,求上述条件下的漏极电流值。

解:由式(3.2-20)给出

$$V_{GS}(\mathrm{ZTC}) = 0.7\mathrm{V} + 0.0023(\mathrm{V/℃})(300\mathrm{K}) + \frac{0.0023(\mathrm{V/℃})(400\mathrm{K})}{3}$$

$$= 1.697\mathrm{V}$$

V_{GS} 为此值时的漏极电流为

$$I_D(400K) = \frac{110\mu A/V^2(10)}{2}\left(\frac{400}{300}\right)^{-1.5}[1.697-0.7-0.0023(100)]^2$$
$$= 176\mu A$$

3.3 MOS 管的小信号模型

至此,图 3.2-1 所示的 MOS 管大信号模型已介绍完毕。然而,使用大信号模型确定直流状态后,小信号模型就变得非常重要了。小信号模型是一个有助于简化计算的线性模型。它仅在大信号电压和电流完全可以用直线表示时有效。

图 3.3-1 示出了 MOS 管的线性化小信号模型。小信号模型的参数用小写的下标来标识。小信号模型的这些参数与大信号模型参数和直流变量相关。两个模型间的正常关系假定了小信号参数是通过大信号变量的增量比或者一个大信号变量对另一个大信号变量的偏微分定义的。

电导 g_{bd} 和 g_{bs} 是体-漏和体-源 pn 结的等效电导。因为这些结通常为反偏,因此电导非常小,定义为

$$g_{bd} = \frac{\partial i_{BD}}{\partial v_{BD}}(\text{在静态工作点求值}) \cong 0 \tag{3.3-1}$$

和

$$g_{bs} = \frac{\partial i_{BS}}{\partial v_{BS}}(\text{在静态工作点求值}) \cong 0 \tag{3.3-2}$$

沟道跨导 g_m 和 g_{mbs} 以及沟道电导 g_{ds} 定义为

$$g_m = \frac{\partial i_D}{\partial v_{GS}}(\text{在静态工作点求值}) \tag{3.3-3}$$

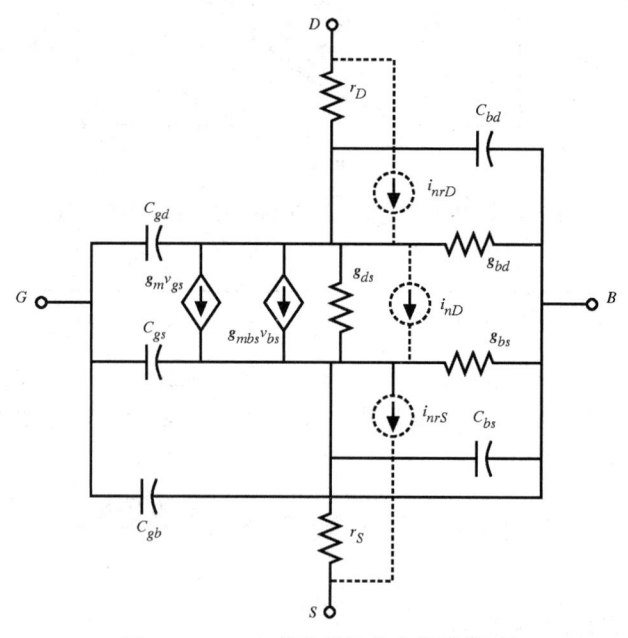

图 3.3-1 MOS 管的线性化小信号模型

$$g_{mbs} = \frac{\partial i_D}{\partial v_{BS}}(\text{在静态工作点求值}) \tag{3.3-4}$$

和

$$g_{ds} = \frac{\partial i_D}{\partial v_{DS}}(\text{在静态工作点求值}) \tag{3.3-5}$$

这些小信号模型的值取决于静态工作点所处的工作区。例如，在饱和区 g_m 可以由式(3.1-18)得到

$$g_m = \sqrt{(2K'W/L)|I_D|(1+\lambda V_{DS})} \cong \sqrt{(2K'W/L)|I_D|} \tag{3.3-6}$$

上式强调了小信号参数依赖于大信号工作条件。与 v_{SB} 有关的小信号沟道跨导可以通过重写式(3.3-4)得到

$$g_{mbs} = \frac{-\partial i_D}{\partial v_{SB}} = -\left(\frac{\partial i_D}{\partial V_T}\right)\left(\frac{\partial V_T}{\partial v_{SB}}\right) \tag{3.3-7}$$

利用式(3.1-2)并结合 $\partial i_D/\partial V_T = -\partial i_D/\partial v_{GS}$，可以得到[①]

$$g_{mbs} = g_m \frac{\gamma}{2(2|\phi_F|+|V_{SB}|)^{1/2}} = \eta g_m \tag{3.3-8}$$

当源-体电位的交流值 v_{sb} 不为零的时候，此跨导在 MOS 管小信号分析中就变成一个重要的参数。

小信号沟道电导 $g_{ds}(g_0)$ 给出如下：

$$g_{ds} = g_0 \frac{I_D \lambda}{1+\lambda V_{DS}} \cong I_D \lambda \tag{3.3-9}$$

λ 反比于 L，因此沟道电导也与 L 有关。上面式(3.3-6)、式(3.3-8)和式(3.3-9)是假设 MOS 管工作在饱和区所得的结果。

小信号模型参数与大信号模型参数和直流电压、电流的关系如表 3.3-1 所示，在这个表中，可以看到三个小信号模型参数 g_m、g_{mbs} 和 g_{ds} 有几种不同的表达方式。小信号模型参数的典型值如例 3.3-1 所示。

表 3.3-1 饱和区小信号模型参数与直流电压和电流值的关系

小信号模型参数	直流电流	直流电流和电压	直流电压
g_m	$\cong (2K'I_D W/L)^{1/2}$	—	$\cong \frac{K'W}{L}(V_{GS}-V_T)$
g_{mbs}	—	$\dfrac{\gamma(2I_D\beta)^{1/2}}{2(2|\phi_F|+|V_{SB}|)^{1/2}}$	$\dfrac{\gamma[\beta(V_{GS}-V_T)]^{1/2}}{2(2|\phi_F|+|V_{SB}|)^{1/2}}$
g_{ds}	$\cong \lambda I_D$	—	—

例 3.3-1　小信号模型参数的典型值

已知宽长比为 1 μm/1 μm 的 n 沟道管和 p 沟道管，假设漏极电流的直流分量为 50 μA，

---

① 注意，V_{SB} 加绝对值符号是为了防止 g_{mbs} 无限大。然而，在极罕见的情况下有可能出现源-体结正偏，此时绝对值符号应去除，V_{SB} 成为负值(对 n 沟道管而言)。

源-体直流电压绝对值为 2 V。试利用表 3.1-2 的大信号模型参数分别求出两管的 g_m、g_{mbs} 和 g_{ds} 的值。

解：利用表 3.1-2 的值和式(3.3-6)、式(3.3-8)和式(3.3-9)求出：n 沟道管的 g_m=105 μA/V，g_{mbs} = 12.8 μA/V 和 g_{ds} = 2.0 μA/V；p 沟道管的 g_m = 70.7 μA/V，g_{mbs} = 12.0 μA/V 和 g_{ds} = 2.5 μA/V。

虽然在模拟电路设计中 MOS 器件并不经常工作在非饱和区，但仍给出非饱和区小信号模型的关系如下：

$$g_m = \frac{\partial i_D}{\partial v_{GS}} \cong \beta V_{DS} \tag{3.3-10}$$

$$g_{mbs} = \frac{\partial i_D}{\partial v_{BS}} = \frac{\beta \gamma V_{DS}}{2(2|\phi_F|+|V_{SB}|)^{1/2}} \tag{3.3-11}$$

$$g_{ds} \cong \beta(V_{GS} - V_T - V_{DS}) \tag{3.3-12}$$

表 3.3-2 综合了非饱和区小信号模型参数和大信号模型参数与直流电压和电流的关系。非饱和区小信号模型参数的典型值如例 3.3-2 所示。

表 3.3-2 非饱和区小信号模型参数与直流电压和电流值的关系

小信号模型参数	直流电压和电流的关系
g_m	$\cong \beta V_{DS}$
g_{mbs}	$\dfrac{\beta \gamma V_{DS}}{2(2|\phi_F|+|V_{SB}|)^{1/2}}$
g_{ds}	$\cong \beta(V_{GS} - V_T - V_{DS})$

例 3.3-2 非饱和区小信号模型参数的典型值

已知宽长比为 1 μm/1 μm 的 n 沟道管和 p 沟道管，假设 V_{GS} = 5 V，V_{DS} =1 V 且 $|V_{BS}|$ 为 2 V，非饱和区的 K' 值与饱和区一样。试求非饱和区的小信号模型参数。

解：首先，必须用式(3.1-2)计算出 MOS 管的阈值电压。得到 n 沟道管的 V_T 为 1.02 V，p 沟道管的 V_T 为–1.14 V，相应的直流电流分别为 383 μA 和 168 μA。利用式(3.3-10)，式(3.3-11)和式(3.3-12)可得 n 沟道管的 g_m = 110 μA/V，g_{mbs} = 13.4 μA/V 和 r_{ds} = 3.05 kΩ。p 沟道管的 g_m = 50 μA/V，g_{mbs} = 8.52 μA/V 和 r_{ds} = 6.99 kΩ。

假设 r_d 和 r_s 与图 3.2-1 中的 r_D 和 r_S 相同，同样作为小信号情况的 C_{gs}，C_{gd}，C_{gb}，C_{bd} 和 C_{bs} 也可被计算：已知工作区(截止、饱和或非饱和)可计算 C_{gs}，C_{gd} 和 C_{gb}，已知 V_{BD} 和 V_{BS} 可计算 C_{bd} 和 C_{bs}。C_{gs}，C_{gd}，C_{gb}，C_{bd} 和 C_{bs} 的相关信息可以相应从 C_{GS}，C_{GD}，C_{GB}，C_{BD} 和 C_{BS} 中得到。

如果要对 MOS 管的噪声建模，那么在图 3.3-1 中应该加入三个虚线所示的电流源。均方噪声电流源的值为

$$\overline{i_{nrD}^2} = \left(\frac{4kT}{r_D}\right)\Delta f \quad (\text{A}^2) \tag{3.3-13}$$

$$i_{nrS}^2 = \left(\frac{4kT}{r_S}\right)\Delta f \quad (\text{A}^2) \tag{3.3-14}$$

$$i_{nD}^2 = \left[\frac{8kTgm(1+\eta)}{3} + \frac{(KF)I_D}{f\,C_{ox}L^2}\right]\Delta f \quad (\text{A}^2) \tag{3.3-15}$$

以上三式中的变量前面都已定义了。带有噪声模型的图3.3-1的小信号模型是一个非常普遍的模型。

熟悉本节所讨论的饱和区的小信号模型是很重要的。这个模型与附录 A 中给出的电路简化技术将是以后几章中分析电路的关键知识。

3.4 计算机仿真模型

前面讨论的 MOS 管大信号模型虽然简单，便于手工计算，但是忽略了很多重要的二阶效应。虽然用于手工计算和直观设计的简单模型是必不可少的，而对于计算机仿真来说则需要一个更为精确的模型。进行计算机仿真的时候，有许多有效模型可供设计者选择。有一段时间，HSPICE[1]曾支持 43 种不同的 MOS 管模型[2]（其中许多是某些公司专用的），而 SmartSpice 公开支持的有14种[12]。哪一种才是应该选择的呢？在没有集成电路生产线的设计环境下，使用者必须按照晶圆制造厂提供的模型来进行设计。在一些自己拥有晶圆制造工艺设备的公司里，由建模小组向电路设计组提供模型。让设计者自己选择模型进行参数提取来对模型进行选取的情况是很少见的。

SPICE LEVEL 3 直流模型会掩盖一些细节，因为它是 LEVEL 2 模型的直接扩展。后面将会介绍 BSIM3v3 模型，但是不会给出具体的公式，因为描述这些公式将会占用很多的篇幅——有专门讨论模型的书[13,14]，与此处讨论的内容关系不大。

计算机的仿真模型多年来一直在不断发展，但是还没有一个模型能够做到只用一组参数就能覆盖所有可能的几何尺寸器件的工作情况。因此许多 SPICE 仿真器提供了一个称为"模型库"的部件。在库中，不同几何尺寸（宽和长）的参数都已经提取出来，仿真者只需要按照电路描述中调出的器件的实际 *W* 和 *L* 确定使用哪一组参数。因为库是由建模者提供的，电路设计者只需要知道如何使用就行。

SPICE LEVEL 3 模型

前面讨论的 MOS 管大信号模型简单且便于手工计算，但忽略了很多重要的二阶效应。大部分的二阶效应是由于沟道尺寸较窄或较短（小于3 μm）引起的。本节将讨论适用于计算机分析（电路仿真，即 SPICE 仿真）的更复杂的模型。尤其将包括 SPICE LEVEL 3 模型（参见表 3.4-1）。这个模型对于 0.8 μm 以下的 MOS 工艺十分有效。这里也将讨论 MOS 大信号模型参数的温度影响。

---

[1] HSPICE 现在被 Avant! 公司收购，已被更名为 Star-Hspice。

表 3.4-1 使用 LEVEL 3 模型进行 SPICE 仿真的模型参数典型值(扩展模型)*

参数符号	参数描述	典型参数值		单位
		n 沟道	p 沟道	
VTO	阈值	0.7 ± 0.15	-0.7 ± 0.15	V
UO	迁移率	660	210	$cm^2/V \cdot s$
DELTA	窄宽度阈值调整系数	2.4	1.25	—
ETA	静态反馈阈值调整系数	0.1	0.1	—
KAPPA	沟道长度调制中的饱和场系数	0.15	2.5	1/V
THETA (O)	迁移率衰减系数	0.1	0.1	1/V
NSUB	衬底掺杂	3×10^{16}	6×10^{16}	cm^{-3}
TOX	氧化层厚度	140	140	A
XJ	冶金学结深	0.2	0.2	μm
WD	Δ 宽度			μm
LD	横向扩散	0.016	0.015	μm
NFS	弱反型层建模参数	7×10^{11}	6×10^{11}	cm^{-2}
CGSO		220×10^{-12}	220×10^{-12}	F/m
CGDO		220×10^{-12}	220×10^{-12}	F/m
CGBO		700×10^{-12}	700×10^{-12}	F/m
CJ		770×10^{-6}	560×10^{-6}	F/m^2
CJSW		380×10^{-12}	350×10^{-12}	F/m
MJ		0.5	0.5	
MJSW		0.38	0.35	

* 这些参数是基于 0.8 μm 硅栅衬底 CMOS n 阱工艺且包括表 3.2-1 的电容参数。

首先考虑因几何尺寸较小而引起的二阶效应(见图3.4-1)。当 v_{GS} 大于 V_T 时,小器件的漏极电流如式(3.4-1)~式(3.4-6)所示[2]。

漏极电流:

$$i_{DS} = \text{BETA}\left[v_{GS} - V_T - \left(\frac{1+f_b}{2}\right)v_{DE}\right]v_{DE} \quad (3.4\text{-}1)$$

$$\text{BETA} = \text{KP}\frac{W_{\text{eff}}}{L_{\text{eff}}} = \mu_{\text{eff}}\text{COX}\frac{W_{\text{eff}}}{L_{\text{eff}}} \quad (3.4\text{-}2)$$

$$L_{\text{eff}} = L - 2(\text{LD}) \quad (3.4\text{-}3)$$

$$W_{\text{eff}} = W - 2(\text{WD}) \quad (3.4\text{-}4)$$

$$v_{DE} = \min(v_{DS}, v_{DS}(\text{饱和})) \quad (3.4\text{-}5)$$

$$f_b = f_n + \frac{\text{GAMMA} \cdot f_s}{4(\text{PHI} + v_{SB})^{1/2}} \quad (3.4\text{-}6)$$

注意,SPICE 模型中 PHI 表示 $2\phi_F$ 的量。同时还要注意无论 MOS 管的类型为哪种(p 沟道或 n 沟道),PHI 始终为正值。在本教材中,PHI 也始终为正值,而 $2\phi_F$ 的极性由晶体管类型决定,如表 2.3-1 所示。

第 3 章 CMOS 器件模型

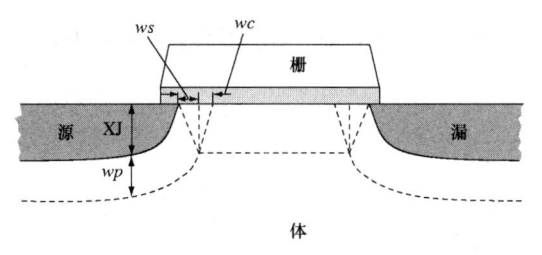

图 3.4-1 MOS 管短沟道效应的图示

$$f_n = \frac{\text{BETA}}{W_{\text{eff}}} \frac{\pi \varepsilon_{\text{Si}}}{2 \cdot C_{\text{ox}}} \tag{3.4-7}$$

$$f_s = 1 - \frac{\text{XJ}}{L_{\text{eff}}} \left\{ \frac{\text{LD} + wc}{\text{XJ}} \left[1 - \left(\frac{wp}{\text{XJ} + wp} \right)^2 \right]^{1/2} - \frac{\text{LD}}{\text{XJ}} \right\} \tag{3.4-8}$$

$$wp = xd(\text{PHI} + v_{SB})^{1/2} \tag{3.4-9}$$

$$xd = \left(\frac{2 \cdot \varepsilon_{\text{Si}}}{q \cdot \text{NSUB}} \right)^{1/2} \tag{3.4-10}$$

$$wc = \text{XJ} \left[k_1 + k_2 \left(\frac{wp}{\text{XJ}} \right) - k_3 \left(\frac{wp}{\text{XJ}} \right)^2 \right] \tag{3.4-11}$$

$$k_1 = 0.063\,135\,3, \quad k_2 = 0.080\,132\,92, \quad k_3 = 0.011\,107\,77$$

阈值电压：

$$V_T = V_{bi} - \left(\frac{\text{ETA} - 8.14 \times 10^{-22}}{C_{\text{ox}} L_{\text{eff}}^3} \right) v_{DS} + \text{GAMMA} \cdot f_s (\text{PHI} + v_{SB})^{1/2} + f_n (\text{PHI} + v_{SB}) \tag{3.4-12}$$

$$v_{bi} = v_{fb} + \text{PHI} \tag{3.4-13}$$

或

$$v_{bi} = \text{VTO} - \text{GAMMA} \cdot \sqrt{\text{PHI}} \tag{3.4-14}$$

饱和电压：

$$v_{\text{sat}} = \frac{v_{gs} - V_T}{1 + f_b} \tag{3.4-15}$$

$$v_{DS}(\text{饱和}) = v_{\text{sat}} + v_C - \left(v_{\text{sat}}^2 + v_C^2 \right)^{1/2} \tag{3.4-16}$$

$$v_C = \frac{\text{VMAX} \cdot L_{\text{eff}}}{\mu_s} \tag{3.4-17}$$

如果 VMAX 没有给出，那么 $v_{DS}(饱和) = v_{\text{sat}}$。

有效迁移率：

$$\mu_s = \frac{\text{U0}}{1 + \text{THETA}(v_{Gs} - V_T)}, \quad \text{VMAX} = 0 \tag{3.4-18}$$

$$\mu_{\text{eff}} = \frac{\mu_s}{1 + \frac{v_{DE}}{v_C}}, \quad \text{VMAX} > 0; \mu_{\text{eff}} = \mu_s \tag{3.4-19}$$

沟道长度调制：

$$\Delta L = xd[\text{KAPPA}(v_{DS} - v_{DS}(饱和))]^{1/2}, \text{VMAX} = 0 \tag{3.4-20}$$

$$\Delta L = -\frac{ep \cdot xd^2}{2} + \left[\left(\frac{ep \cdot xd^2}{2}\right)^2 + \text{KAPPA} \cdot xd^2(v_{DS} - v_{DS}(\text{sat}))\right]^{1/2}, \text{VMAX} > 0 \tag{3.4-21}$$

式中，

$$ep = \frac{v_C(v_C + v_{DS}(饱和))}{L_{\text{eff}} v_{DS}(饱和)} \tag{3.4-22}$$

$$i_{DS} = \frac{i_{DS}}{1 - \Delta L} \tag{3.4-23}$$

迄今为止，模型中涉及的与温度有关的变量有费米能级、PHI、EG、源-体结和漏-体结的体结电压、PB、pn 结的反向电流、I_S 和与温度有关的迁移率。这些变量中的多数与温度的关系可以用前面的公式或一些常见的公式得到。迁移率与温度的关系如下：

$$\text{U0}(T) = \text{U0}(T_0)\left(\frac{T}{T_0}\right)^{\text{BEX}} \tag{3.4-24}$$

式中，BEX 是迁移率的温度指数，其典型值为-1.5。

$$v_{\text{therm}}(T) = \frac{kT}{q} \tag{3.4-25}$$

$$\text{EG}(T) = 1.16 - 7.02 \times 10^{-4}\left[\frac{T^2}{T + 1108.0}\right] \tag{3.4-26}$$

$$\text{PHI}(T) = \text{PHI}(T_0) \cdot \left(\frac{T}{T_0}\right) - v_{\text{therm}}(T)\left[3\ln\left(\frac{T}{T_0}\right) + \frac{\text{EG}(T_0)}{v_{\text{therm}}(T_0)} - \frac{\text{EG}(T)}{v_{\text{therm}}(T)}\right] \tag{3.4-27}$$

$$v_{bi}(T) = v_{bi}(T_0) + \frac{\text{PHI}(T) - \text{PHI}(T_0)}{2} + \frac{\text{EG}(T_0) - \text{EG}(T)}{2} \tag{3.4-28}$$

$$\text{VT0}(T) = v_{bi}(T) + \text{GAMMA}\left[\sqrt{\text{PHI}(T)}\right] \tag{3.4-29}$$

$$\text{PHI}(T) = 2v_{\text{therm}}\ln\left(\frac{\text{NSUB}}{n_i(T)}\right) \tag{3.4-30}$$

$$n_i(T) = 1.45 \cdot 10^{16}\left(\frac{T}{T_0}\right)^{3/2}\exp\left[\text{EG}\cdot\left(\frac{T}{T_0} - 1\right)\left(\frac{1}{2 \cdot v_{\text{therm}}(T_0)}\right)\right] \tag{3.4-31}$$

对于漏区和源区结二极管，应用下面的关系：

$$\text{PB}(T) = \text{PB}\cdot\left(\frac{T}{T_0}\right) - v_{\text{therm}}(T)\left[3\ln\left(\frac{T}{T_0}\right) + \frac{\text{EG}(T_0)}{v_{\text{therm}}(T_0)} - \frac{\text{EG}(T)}{v_{\text{therm}}(T)}\right] \tag{3.4-32}$$

$$I_S(T) = \frac{I_S(T_0)}{N}\cdot\exp\left[\frac{\text{EG}(T_0)}{v_{\text{therm}}(T_0)} - \frac{\text{EG}(T)}{v_{\text{therm}}(T)} + 3\ln\left(\frac{T}{T_0}\right)\right] \tag{3.4-33}$$

式中，N 是二极管的发射系数，温度 T_0 为 300 K。

MOS 模型与温度关系的替换形式可以在别处得到[15]。

BSIM3v3 模型

到目前为止，本章中介绍的 MOS 管模型已经成功地应用于 0.8 μm 及以上的工艺中。当工艺的几何尺寸低于 0.8 μm 时，就需要更精确的模型。作为 SPICE 发展和模型应用领域的领袖，加州大学伯克利分校的电气工程和计算机科学系的研究人员 1984 年提出了 BSIM1 模型[16]，较好地满足了亚微米 MOS 管模型的需要。BSIM1 模型以多参数曲线拟合实验的方式研究建模问题。模型用 60 个参数描述 MOS 管的直流性能，有些与器件物理有关，但是大部分是非物理的模型。1991 年，他们发布了经过改进的 BSIM2 模型，主要考虑了由热电子效应引起的输出电阻变化、源/漏寄生电阻和反型层电容。这个模型有 99 个直流参数，使它比只有 60 个直流参数的 BSIM1 模型更加庞大。1994 年，他们又推出了 BSIM3（第二版）模型，不像先前的 BSIM 模型，它又回到了基于器件物理的建模方法。这个模型使用更简单，只有 40 个直流参数。而且，BSIM3 模型对于模拟电路可以像数字电路一样提供很好的仿真性能。它的第三版 BSIM3v3[3]已经成为工业界标准的 MOS 管模型。

BSIM3 模型致力于以下在深亚微米 MOS 管工作中能够看到的重要影响：

- 阈值电压减小
- 垂直场迁移率的退化
- 速度饱和影响
- 漏极感应势垒降低
- 沟道长度调制
- 亚阈值（弱反型）导通
- 漏区和源区的寄生电阻
- 输出电阻的热电子效应

图 3.4-2 显示了一个 20/0.8 器件使用 LEVEL 1、LEVEL 3 和 BSIM3v3 模型仿真结果的比较。模型参数分别做了调整以便提供相似的特性（每个模型都做了限制）。假设 BSIM3v3 模型对实际的晶体管特性拟合最好，可以看出 LEVEL 1 模型误差较大，而 LEVEL 3 在非饱和区与线性区域之间的性能上有明显的不同。

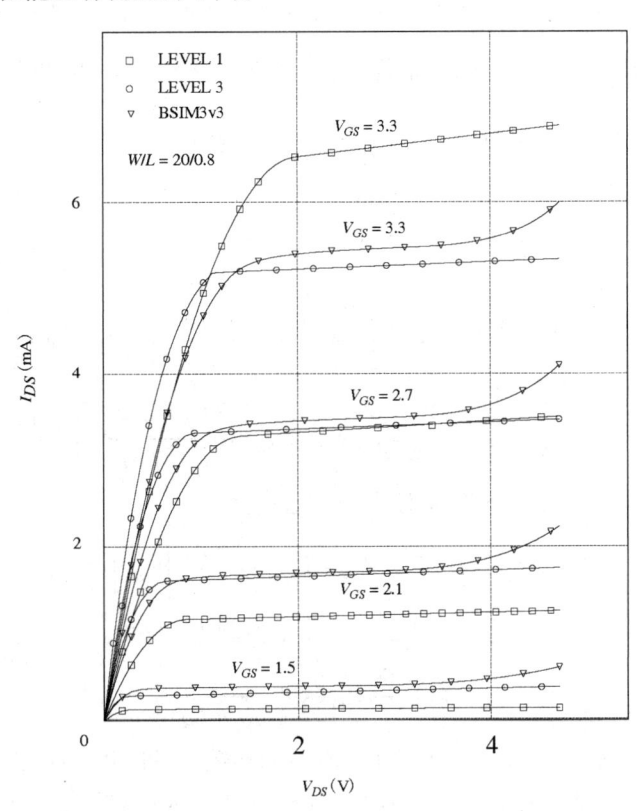

图 3.4-2 分别使用 LEVEL1、LEVEL3 和 BSIM3v3 模型仿真的 MOS 管跨导特性

3.5 亚阈区 MOS 管模型

在前面几节里讨论的模型意味着栅-源电压等于或小于阈值电压时器件中没有电流。实际上并非如此。当 v_{GS} 逼近 V_T 时，i_D-v_{GS} 的特性从平方律变为指数。v_{GS} 高于阈值电压的区域被称为强反型区，而低于阈值电压的区域（事实上两个区域之间的界限并不容易区分）被称为亚阈区或弱反型区。这在图 3.5-1 中示出，图中饱和区的跨导特性显示为电流平方根作为栅-源电压的函数。当栅-源电压达到被标识为 V_{ON}（这与 SPICE 模型的公式有关）的电压时，电流变化从平方律变为指数律。本节提供两个适当的亚阈区模型：首先是用于计算机仿真的 SPICE LEVEL 3 模型[2]，其次是用于手工计算的模型。

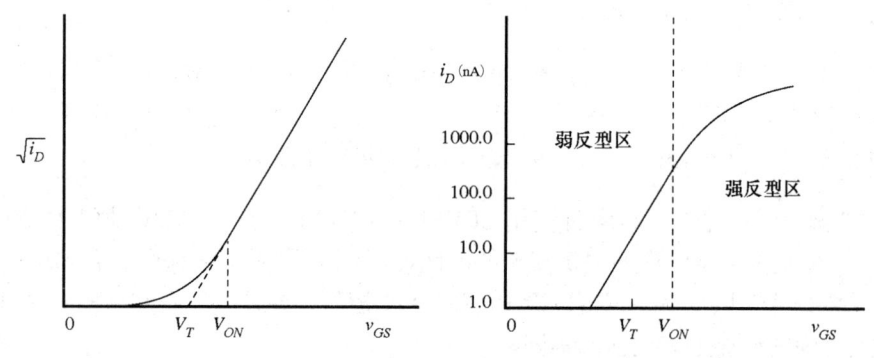

图 3.5-1 由式(3.5-4)作为 MOS 管模型的弱反型区特性

在 SPICE LEVEL 3 模型中，MOS 器件特性从强反型区到弱反型区的过渡点被定义为 V_{ON}，比 V_T 要大。V_{ON} 为

$$V_{ON} = V_T + fast \tag{3.5-1}$$

式中，

$$fast = \frac{kT}{q}\left[1 + \frac{q \cdot \text{NFS}}{\text{COX}} + \frac{\text{GAMMA} \cdot f_s(\text{PHI} + v_{SB})^{1/2} + f_n(\text{PHI} + v_{SB})}{2(\text{PHI} + v_{SB})}\right] \tag{3.5-2}$$

NFS 是一个用来估计 V_{ON} 值的参数，它可以通过测量获取。在弱反型区，$v_{GS} < V_{ON}$，漏极电流为

$$i_{DS} = i_{DS}(V_{ON}, v_{DE}, v_{SB}) \exp\left(\frac{v_{GS} - V_{ON}}{fast}\right) \tag{3.5-3}$$

式中，i_{DS} 给出如下 [用 V_{ON} 代替式(3.4-1)中的 v_{GS}]：

$$i_{DS} = \text{BETA}\left[V_{ON} - V_T - \left(\frac{1+f_b}{2}\right)v_{DE}\right] \cdot v_{DE} \tag{3.5-4}$$

对于手工计算，一个描述弱反型区工作的简单模型为

$$i_D \cong \frac{W}{L} I_{D0} \exp\left(\frac{v_{GS}}{n(kT/q)}\right) \tag{3.5-5}$$

式中，n 是亚阈值斜率因子，I_{D0} 是一个与工艺有关的参数，同时也与 v_{SB} 和 V_T 有关。这两项最好由实验数据提取。典型的 n 值大于 1 小于 3 ($1 < n < 3$)。MOS 管进入弱反型区的点近似为

第 3 章 CMOS 器件模型　　79

$$v_{gs} < V_T + n\frac{kT}{q} \quad (3.5\text{-}6)$$

遗憾的是，这里给出的模型并不适合模拟 MOS 管从强反型区到弱反型区的变化。事实上，在强反型区和弱反型区之间有一个过渡区，称为"缓变反型"区[17]，如图 3.5-2 所示。参考文献[17,18]给出了这个区域 MOS 管工作情况的完整描述。

考虑 MOS 器件在亚阈区工作的温度特性是很重要的。与强反型区一样，弱反型区阈值电压的温度系数是负值。在弱反型区，由温度引起器件工作电流的变化是由阈值电压的负温度系数决定的。因此，对于一个给定的栅-源电压，亚阈值电流随着温度的增加而增加，如图 3.5-3 所示[19]。

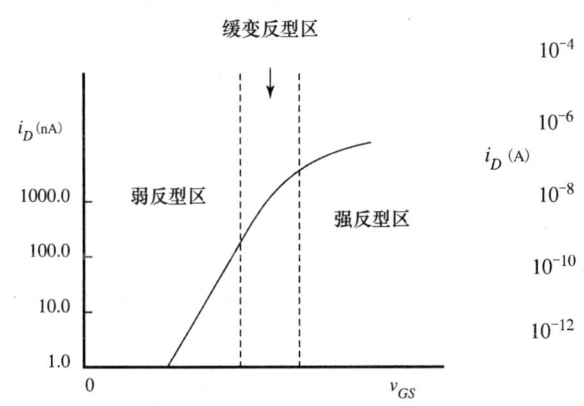

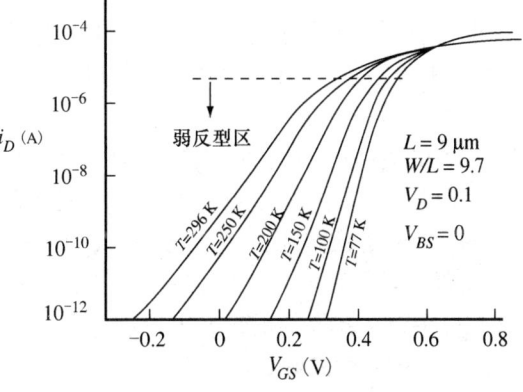

图 3.5-2　MOS 管的三个工作区

图 3.5-3　长沟道器件随温度变化的转移特性

在低功率电路中，MOS 器件工作在亚阈区是非常重要的。一个基于上述模型描述的弱反型区工作特性的完整 CMOS 电路已经生成[20~23]。在后文中将会讨论其中一些电路。

3.6　MOS 电路的 SPICE 仿真

本节说明如何使用 SPICE 验证 MOS 电路的性能。假设读者已使用 SPICE 仿真过含有电阻、电容、信号源等电路，本节将进行扩展，将 MOS 管引入 SPICE 仿真中。本节所用的模型是 LEVEL 1 和 LEVEL 3。

为了用 SPICE 仿真 MOS 电路，SPICE 仿真文件必须包含两个部分，器件描述和模型描述。器件描述是对出现在电路模拟中的 MOS 器件的简单描述，这种描述对于每一个器件是唯一的。一个晶体管最简单的描述如下：

```
M1 3 6 7 0 NCH W=100U L=1U
```

示例中，第一个字母 M 表示 MOS 管(正像 SPICE 中用 R 表示电阻一样)。1 在示例中是唯一的(与 M2, M99 等不同)。M1 后的四个数字分别表示漏、栅、源和体(衬底)连接的节点，这些节点有如下特定的顺序：

```
M <数字>　<漏>　<栅>　<源>　<体>……
```

节点数字后是器件的模型名，上例中，模型名是 NCH。在仿真文件中，必须在某一位置给出模型 NCH 的描述。示例中晶体管的宽和长分别表示为 W=100U 和 L=1U，它们的默认单位是米，所以 100 后面的 U 表示乘以 10^{-6} (实际上，在 SPICE 中后面的乘数可以分别用 M、

U、N、P、F 表示乘 10^{-3}、10^{-6}、10^{-9}、10^{-12}、10^{-15}）。

对每个示例还可指定其他的信息，包括：

- 漏面积和周边长度(AD 和 PD)
- 源面积和周边长度(AS 和 PS)
- 漏、源方块电阻(NRD 和 NRS)
- 晶体管并联个数(M)
- 初始条件(为初始瞬态分析)

漏、源面积和周边长度用来计算耗尽结电容和二极管电流(请记住，漏、源和体或阱形成 pn 结型二极管)。漏、源的方块电阻(NRD 或 NRS)用来计算晶体管的漏源电阻。晶体管并联个数非常重要，因此很有必要在此展开讨论。

附录 B 介绍了版图匹配技术。所描述的基本原理之一就是"单元匹配"。该原理指出，当一个器件是另一个器件的 M 倍时，那么这个大的器件应当由 M 个相应较小的器件组成。在版图中，大的器件用 M 个小器件的拷贝画出——所有器件以并联方式连接(即所有的栅极连在一起，所有的漏极连在一起，所有的源极连在一起)。在 SPICE 中，多个元件并联时必须做出说明。一种方法是用 M 个小器件来表示一个大器件。另一个更为简单的办法是用器件乘数参数设置来表示大器件。图 3.6-1 示出了 2X 器件(所用到的单位器件)的两种实现方法。图 3.6-1(a)中所示器件的正确 SPICE 描述如下：

```
M1 3 2 1 0 NCH W=20U L=1U
```

而图 3.6-1(b)所示器件在 SPICE 中描述如下：

```
M1 3 2 1 0 NCH W=10U L=1U M=2
```

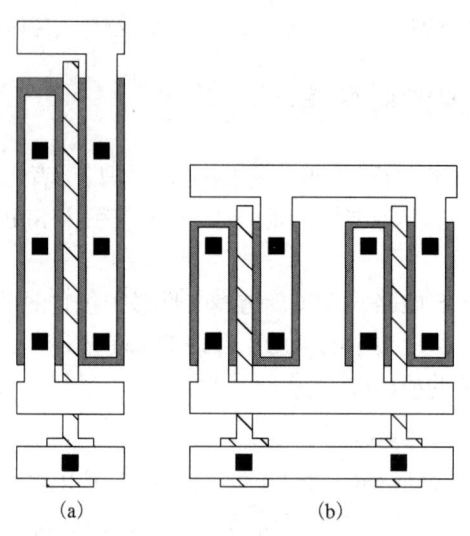

图 3.6-1 (a) M1 3 2 1 0 NCH W =20U L = 1U；
(b) M1 3 2 1 0 NCH W = 10U L = 1U M = 2

显然，从匹配的角度来看(再考虑到试图达到 2∶1 的比例)，图(b)的选择更好，因此需要使用乘数参数来表示多个器件。出于完整性考虑，下面两行表示与 M 的使用是等效的：

```
M1A 3 2 1 0 NCH W=10U L=1U
```

```
M1B 3 2 1 0 NCH W=10U L=1U
```

一些 SPICE 仿真器可提供更多的参数来进一步描述 MOS 管。

在 MOS 电路的 SPICE 仿真文件中，如果没有对电路中出现的 MOS 管特性的模型进行描述，那么此文件是不完整的。在仿真文件中用一个命令语句描述模型：

```
.MODEL <MODEL NAME> <MODEL TYPE> <MODEL PARAMETERS>
```

这条语句必须以 .MODEL 作为开头，然后紧跟着模型的名字，此例中模型名为 NCH。模型名后是模型类型，在 MOS 电路中模型类型的适当选择是 PMOS 或 NMOS。最终输入的一组是模型参数。如果不提供模型参数，那么 SPICE 采用模型参数的默认值。除非是做最粗略的分析，否则应该避免使用默认参数。多数情况下设计者可以从晶圆制造厂商或从公司的模型小组那里获得模型。当需要检查用简单模型(LEVEL 1 模型)完成手工计算时，了解输入模型信息的细节是很有用的。下面是一个模型描述的例子：

```
.MODEL NCH NMOS LEVEL=1 VT0=1 KP=50U GAMMA=0.5
+LAMBDA=0.01
```

在这个例子中，模型名是 NCH，模型类型是 NMOS。模型参数表明 LEVEL 1 模型采用 VT0、KP、GAMMA 和 LAMBDA。注意，+为 SPICE 的语法，用来表示续行。

模型语句的信息内容非常广泛，下面将加以讨论。模型语句以点号作为开始标志，告诉程序这不是一个元件。模型语句确定模型级别(例如 LEVEL=1)并提供电学与工艺参数。如果使用者未输入各种参数，那么将会使用默认参数。这些默认值在使用的不同 SPICE 版本的用户手册(如 SmartSpice)中给出。LEVEL 1 的模型参数在 3.1 节中给出，对于大器件，零偏置阈值电压 VT0(V_{T0})以伏特为单位得到 $i_D = 0$；本征跨导参数 KP(K')单位为 A/V^2；体阈值参数 GAMMA(γ)单位为 V$^{1/2}$；强反型层表面势垒 PHI($2\phi_F$)单位为 V；沟道长度调制参数 LAMBDA(λ)单位为 V^{-1}。这些参数的值可在表 3.1-2 中查到。

有时人们更愿意让 SPICE 根据合适的工艺参数来计算上述参数。如果输入单位为 cm^{-2} 的表面状态密度(NSS)，单位为 m 的氧化层厚度(TOX)，单位为 cm^2/(V·s)的表面迁移率 U0(μ_0)，单位为 cm^{-3} 的衬底掺杂(NSUB)，计算电参数的公式为

$$VT0 = \phi_{MS} - \frac{q(\text{NSS})}{(\varepsilon_{ox}/\text{TOX})} + \frac{(2q \cdot \varepsilon_{Si} \cdot \text{NSUB} \cdot \text{PHI})^{1/2}}{(\varepsilon_{ox}/\text{TOX})} + \text{PHI} \quad (3.6\text{-}1)$$

$$KP = U0 \frac{\varepsilon_{ox}}{\text{TOX}} \quad (3.6\text{-}2)$$

$$\text{GAMMA} = \frac{(2q \cdot \varepsilon_{Si} \cdot \text{NSUB})^{1/2}}{(\varepsilon_{ox} \cdot \text{TOX})} \quad (3.6\text{-}3)$$

$$\text{PHO} = |2\phi_F| = \frac{2kT}{q} \ln\left(\frac{\text{NSUB}}{n_i}\right) \quad (3.6\text{-}4)$$

LAMBDA 不由 LEVEL 1 模型的工艺参数来计算。表 3.1-1 给出的硅常数含在 SPICE 程序中，不需要再输入。

下面要考虑的模型参数是 3.2 节中提到的参数。首先考虑的参数是与体-漏 pn 结和体-源 pn 结有关的参数。这些参数包括其反向电流(IS)，单位为 A，或其反向电流密度(JS)，单位为 A/m^2。JS 要求模型语句中有 AS 和 AD 的说明。如果 IS 确定，就不必考虑 JS。默认的 IS 通常为 10^{-14}A。在 3.2 节中要考虑的其他参数是漏极欧姆电阻(RD)，单位为Ω，源极欧姆电

阻(RS)，单位为Ω，源漏方块电阻(RSH)，单位为Ω/口。如果输入 RD 和 RS，就不必考虑 RSH。若用 RSH，则模型语句中必须给出 NRD 和 NRS 的值。

漏-体和源-体耗尽电容(CJ)可用零偏置体结底边电容表示，单位为 F/m^2。CJ 需要用到 NSUB 并假设用类似式(2.2-12)描述突变结电容。另一方面，漏-体和源-体耗尽电容可以用式(3.2-5)和式(3.2-6)描述。必要的参数包括零偏置体-漏结电容(CBD，单位为 F)，零偏置体-源结电容(CBS，单位为 F)，体结电势(PB，单位为 V)，正向偏置耗尽电容系数(FC)，零偏置体结周边电容(CJSW，单位为 F/m)，体结周边电容梯度系数(MSJW)。如果 CBD 或 CBS 确定，就不必考虑 CJ。AS、AD、PS 和 PD 的值必须在使用这些参数的器件语句中给出，这些参数的典型值在表 3.2-1 中给出。

接下来在 3.2 节中要讨论的参数是栅交叠电容。这些电容用栅-源交叠电容(CGSO)、栅-漏交叠电容(CGDO)和栅-体交叠电容(CGBO)决定，单位均为 F/m，其典型值可在表 3.2-1 找到。最后，噪声参数包括闪烁噪声系数(KF)和闪烁噪声指数(AF)，其典型值分别为 10^{-28} 和 1。

在 3.4 节中没有讨论的参数包括栅材料的类型(TPG)、薄氧化层电容模型标志和沟道电荷对漏极的分配系数(XQC)。若栅材料和衬底材料相反，则 TPG 为 1，若相同，则 TPG 为 -1，若栅材料为铝，则 TPG 为 0。如果参数 XQC 的值小于或等于 0.5，则在 SPICE 仿真器中采用电荷控制模型。这个模型试图保持与每个节点相关的电荷总量为 0。如果 XQC 大于 0.5，则电荷守恒就不能保证。

为了说明 SPICE 的使用方法且为初学者提供一些参考，下面将会给出一些用来进行各种仿真的例子。

例 3.6-1 用 SPICE 仿真 MOS 输出特性

在图 3.6-2 中，n 沟道管采用 LEVEL 1 模型和表 3.1-2 中给出的参数值，试采用 SPICE 仿真得到晶体管的输出特性。仿真中假设体电压为 0，绘制漏-源电压从 0 V 到 5 V 变化、栅-源电压分别为 1 V、2 V、3 V、4 V 和 5V 时的输出特性曲线。

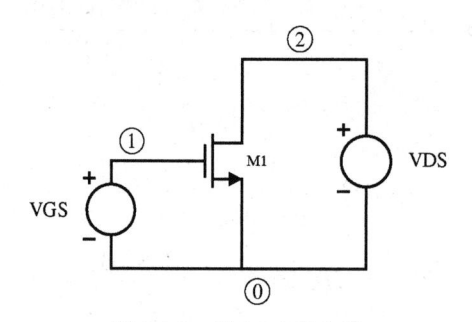

图 3.6-2 例 3.6-1 的电路

解：表 3.6-1 给出求解此问题的 SPICE 输入文件。第一行是仿真文件的标题且必须提供。行首没有"."的行表示电路的内部连接。第二行描述了晶体管是怎样连接的，确定使用的模型，给出 W 和 L 的值。注意，因为单位是 m，后缀 U 表示 μm。第三行和第四行表示独立电压源，VDS 和 VGS 用来给 MOS 管加偏置。第五行是 M1 的模型描述。其余的行指示 SPICE 完成直流扫描并打印结果。.DC 要求直流扫描，这里指定一个嵌套的直流扫描以避

第 3 章 CMOS 器件模型

免 7 次连续的分析。.DC...行设置 VGS 初始值为 1 V，然后 VDS 从 0 V 到 5 V 扫描，步长为 0.2 V。接下来将 VGS 变为 2 V，之后重复 VDS 扫描。然后继续在所有希望的 VGS 上进行共 5 次 VDS 扫描。.PRINT...行指示程序打印出直流扫描的值。SPICE 输入文件的最后一行必须是.END。图3.6-3给出了输出曲线。

表 3.6-1　例 3.6-1 的 SPICE 输入文件

```
Ex. 3.6-1 Use of SPICE to Simulate MOS Output
M1 2 1 0 0 MOS1 W=5U L=1.0U
VDS 2 0 5
VGS 1 0 1
.MODEL MOS1 NMOS VTO=0.7 KP=110U GAMMA=0.4 LAMBDA=0.04 PHI=0.7
.DC VDS 0 5 0.2 VGS 1 5 1
.PRINT DC V(2) I(VDS)
.END
```

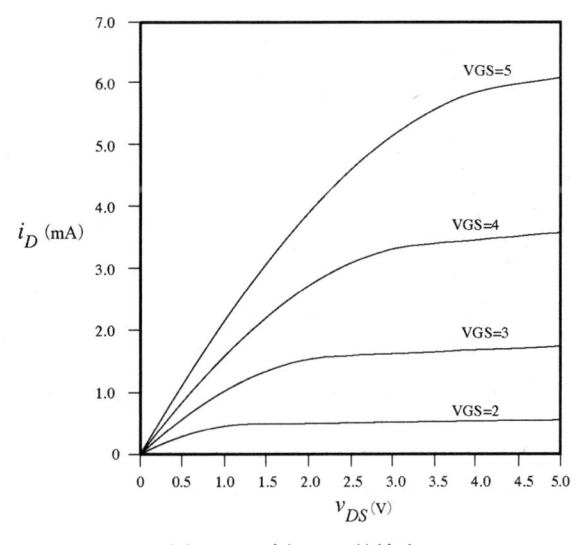

图 3.6-3　例 3.6-1 的输出

例 3.6-2　图 3.6-4 的直流分析

电路如图 3.6-4 所示，试用 SPICE 仿真器得到 v_{OUT} 作为 v_{IN} 函数关系的曲线。确定 v_{OUT} =2.5 V 时 v_{IN} 的直流值。

解： 表 3.6-2 给出了 SPICE 的输入文件。它与例 3.6-1 有同样的格式，只是这里采用了两种类型的晶体管。模型设计为 MOSN 和 MOSP。直流扫描需要从 v_{IN} = 0 V 开始直到+5 V。图 3.6-5 给出了直流分析的输出结果。当 $v_{IN} \approx 1.0$ V 时，v_{OUT} =2.5 V。

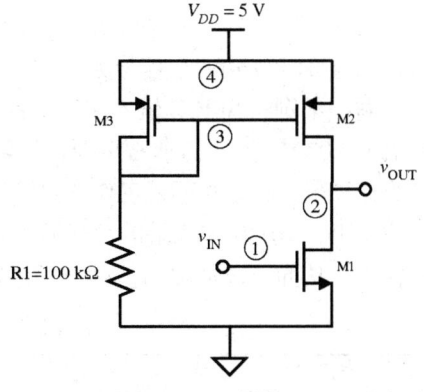

图 3.6-4　例 3.6-2 一个简单的 MOS 放大器

表 3.6-2　例 3.6-2 的 SPICE 输入文件

```
Ex. 3.6-2 DC Analysis of Fig. 3.6-4
M1 2 1 0 0 MOSN W=5U L=1U
M2 2 3 4 4 MOSP W=5U L=1U
M3 3 3 4 4 MOSP W=5U L=1U
R1 3 0 100K
VDD 4 0 DC 5.0
VIN 1 0 DC 5.0
.MODEL MOSN NMOS VTO=0.7 KP=110U GAMMA=0.4 LAMBDA=0.04 PHI=0.7
.MODEL MOSP PMOS VTO=_0.7 KP=50U GAMMA=0.57 LAMBDA=0.05 PHI=0.8
.DC VIN 0 5 0.1
.PRINT DC V(2)
.END
```

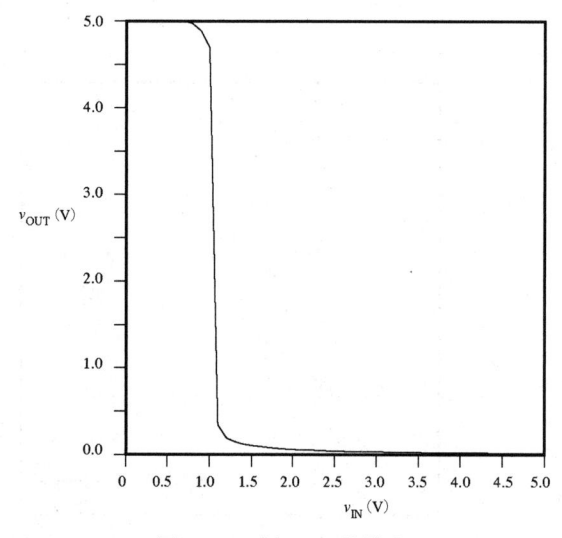

图 3.6-5　例 3.6-2 的输出

例 3.6-3　图 3.6-4 的交流分析

在图 3.6-4 电路中，假设输出端接 5 pF 的电容，当放大器被偏置在过渡区时，试用 SPICE 获得 $V_{out}(\omega)/V_{in}(\omega)$ 的小信号频率响应，给出从 100 Hz 到 100 MHz 范围内的幅度和相位响应。

解：本例的 SPICE 输入文件见表 3.6-3。注意，VIN 已经被定义为交流和直流电压源，直流值为 1.07 V，这一点非常重要。如果没有给出直流电压，那么 SPICE 会给出 VIN = 0 V 时的直流结果，而这并不是工作在过渡区。因此也无法从过渡区中计算出小信号解。一旦直流分析结束，作用在输入端的信号幅度对仿真就不会有任何影响。因此，将交流的输入设为单位输入，从而可以从输出值很方便地得到增益特性。这里设交流输入峰值为 1.0 V。

表 3.6-3　例 3.6-3 的 SPICE 输入文件

```
Ex. 3.6-3 AC Analysis of Fig. 3.6-4
M1 2 1 0 0 MOSN W=5U L=1U
M2 2 3 4 4 MOSP W=5U L=1U
M3 3 3 4 4 MOSP W=5U L=1U
CL 2 0 5P
R1 3 0 100K
VDD 4 0 DC 5.0
```

```
VIN 1 0 DC 1.07 AC 1.0
.MODEL MOSN NMOS VTO = 0.7 KP = 110U GAMMA = 0.4 LAMBDA = 0.04
+ PHI = 0.7
.MODEL MOSP PMOS VTO = _0.7 KP = 50U GAMMA = 0.57 LAMBDA = 0.05
+ PHI = 0.8
.AC DEC 20 100 100MEG
.OP
.PRINT AC VM(2) VDB(2) VP(2)
.END
```

所希望的仿真由语句.AC DEC 20 100 100MEG 定义。该语句命令 SPICE 完成交流分析，在对数频率轴上从 100 Hz 到 100 MHz 的范围内每十倍频计算 20 个点。加入.OP 选项用来打印所有电路节点的直流电压，以便验证交流分析是否在期望的区域。程序会计算输出电压的线性幅度、dB 幅度和相位。图 3.6-6(a) 和 3.6-6(b) 给出了仿真结果的幅度和相位。

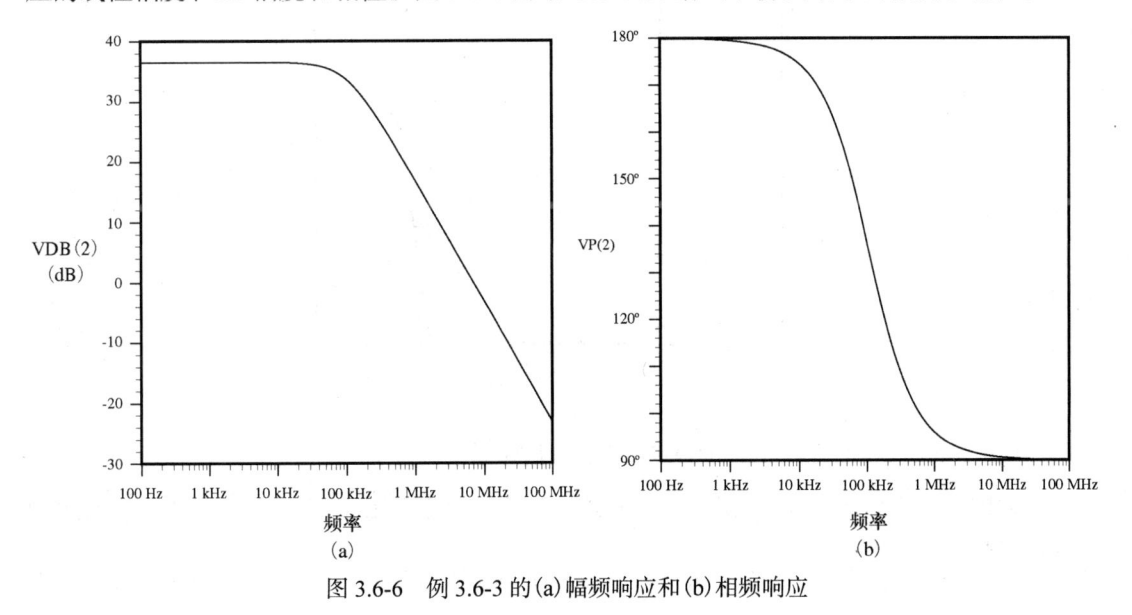

图 3.6-6 例 3.6-3 的(a)幅频响应和(b)相频响应

例 3.6-4 图 3.6-4 的瞬态分析

最后要仿真的是当图 3.6-4 电路输入脉冲信号时的瞬态响应，仍然包括一个 5 pF 的输出电容，仿真时间从 0 到 4 μs。

解：表 3.6-4 给出了 SPICE 输入文件。输入脉冲用 SPICE 的分段线性源(PWL)描述。输出由语句.TRAN 0.01U 4U 给出，要求从 0 到 4 μs 做瞬态分析，步长为 0.01 μs。输出应该由 $v_{IN}(t)$ 和 $v_{OUT}(t)$ 组成，如图 3.6-7 所示。在行前使用星号则使这行被忽略。

表 3.6-4 例 3.6-4 的 SPICE 输出

```
Ex. 3.6-4 Transient Analysis of Fig. 3.6-4
M1 2 1 0 0 MOSN W=5U L=1U
M2 2 3 4 4 MOSP W=5U L=1U
M3 3 3 4 4 MOSP W=5U L=1U
CL 2 0 5P
R1 3 0 100K
VDD 4 0 DC 5.0
VIN 1 0 PWL(0 0V 1U 0V 1.05U 3V 3U 3V 3.05U 0V 6U 0V)
```

```
*VIN 1 0 DC 21.07 AC 1.0
.MODEL MOSN NMOS VTO _ 0.7 KP _ 110U GAMMA _ 0.4 LAMBDA _ 0.04
+ PHI _ 0.7
.MODEL MOSP PMOS VTO _ _0.7 KP _ 50U GAMMA _ 0.57 LAMBDA _
+ 0.05 PHI _ 0.8
.TRAN 0.01U 4U
.PRINT TRAN V(2) V(1)
.END
```

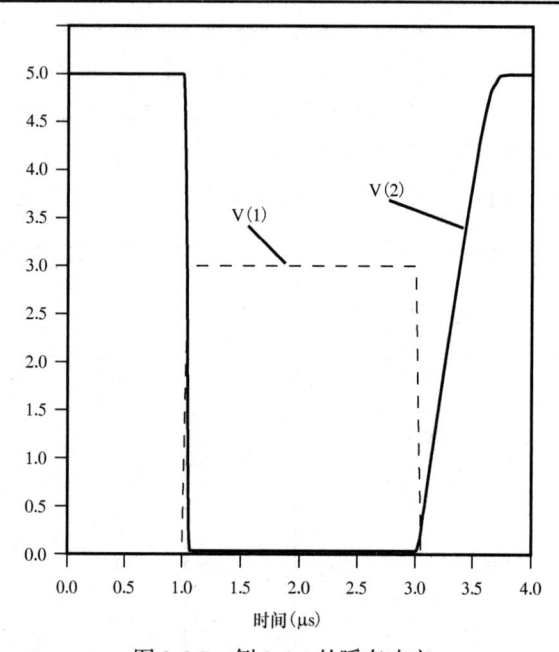

图 3.6-7　例 3.6-4 的瞬态响应

上面的例子是给读者提供 SPICE 程序使用的基本方法和概念。下面还提供了一组有用的指导性原则：

1. 除非预先估计出答案的范围，否则不要使用仿真器。
2. 除非必要，否则决不对电路进行多余的功能仿真。
3. 使用可以完成这项工作的最简单的模型。
4. 在绝大多数器件导通的情况下开始直流仿真。
5. 用与在工作台上进行测量的同样方式使用仿真器。
6. 在使用仿真器设计时一次只改变一个参数。
7. 学习仿真器的基本操作原理以便充分发挥它的能力，了解如何使用其选项。
8. 注意防止出现诸如 O 和 0 之类的符号错误。
9. 采用准确的倍乘因子。
10. 使用常识。

使用仿真器的绝大多数问题都可以归结到违反了上述的一条或多条原则。

如今有众多 SPICE 仿真器。这里的讨论主要集中在大多数情况下使用的 SPICE 的最一般的版本。但是，这里并没有囊括关于语法或电路仿真器使用的基本内容，因此，当使用 SPICE 仿真器时应仔细地学习相应的指导手册。

3.7 小结

本章介绍了一些仿真 CMOS 电路所必需的背景知识。使用的方法都是基于 SPICE 仿真程序的。通常，程序有三种 MOS 模型级别可用。模型的作用是求解直流工作情况，然后用这些信息进一步得出线性小信号模型。3.1 节给出了 SPICE 用来计算直流工作点的 LEVEL 1 模型。这一模型也使用了 3.2 节给出的其他模型参数，包括体电阻、电容和噪声。3.3 节给出了一个从大信号模型导出的一个小信号模型。这三节描述了 MOS 管的基本模型概念。

接下来介绍了计算机仿真用的模型，包括对于器件长度等于或大于 0.8 μm 的有效的 SPICE LEVEL 3 模型，以及对于深亚微米器件有效的 BSIM3v3 模型。此外还介绍了适合于弱反型区的大信号模型。这些模型的细节及其他模型可以在本章列出的参考文献中获得。3.6 节简要介绍了仿真的基本方法，同时介绍了用 SPICE 对 MOS 电路的仿真。学完本章后，读者应该能够利用提供的模型信息和 SPICE 仿真器来分析 MOS 电路。这种能力在学习本书后面的内容时是十分重要的，可用来验证直观的设计，并且完成超出所提供的技术范围的分析。建模最重要的工作之一是确定最适合所用 MOS 工艺的模型参数。附录 C 将会讨论这一问题。

习题

3.1-1 已知一个增强型 n 沟道器件，$V_T = 0.7\text{V}$，当 $V_{GS} = 5\text{V}$ 时晶体管工作在饱和区，$I_D = 500\ \mu\text{A}$，假设沟道调制效应参数为 0，试按比例绘出 $V_{GS} = 1\text{V}$、2 V、3 V、4 V 和 5 V 时器件的跨导特性。

3.1-2 已知一个增强型 p 沟道器件，$V_T = -0.7\text{V}$，当 $V_{GS} = -5\text{V}$ 时晶体管工作在饱和区，$I_D = -500\ \mu\text{A}$。假设沟道调制效应参数为 0，试按比例绘出 $V_{GS} = -1\text{V}$、−2 V、−3 V、−4 V 和 −6 V 时器件的输出特性。

3.1-3 表 3.1-2 中，为什么在 n 阱 CMOS 工艺中 γ_P 大于 γ_N？

3.1-4 具有漏-源对称性的 MOS 管的大信号模型给出如下：

$$i_D = K'\frac{W}{L}\{[(v_{GS}-V_{TS})^2 u(v_{GS}-V_{TS})]-[(v_{GD}-v_{TD})^2 u(v_{GD}-v_{TD})]\}$$

式中的 $u(x)$ 在 x 大于或等于 0 时为 1，x 小于 0 时为 0(阶跃函数)；V_{TX} 是从栅到 X 端的阈值电压，其中 X 不是 S(源)就是 D(漏)。当 $v_{GS}(v_{GS} > V_{TS})$ 为定值时，绘出 i_D 相对 v_{DS} 变化的模型关系，确定饱和与非饱和区。向 v_{DS} 的正、负值方向扩展此图。当 $v_{GD}(v_{GD} > V_{TD})$ 为定值时，重绘 i_D 相对 v_{DS} 变化的模型关系。假设 V_{TS} 和 V_{TD} 都为正值。

3.1-5 式(3.1-12)和式(3.1-18)分别给出了非饱和区与饱和区的 MOS 管模型。这些公式在非饱和区和饱和区之间的过渡点是不一致的。这对于手工计算不是什么问题，但对计算机分析则构成问题。应如何修正式(3.1-18)使其在 $v_{DS} = v_{DS}$(饱和)点处与式(3.1-12)吻合？

3.2-1 已知 MOS 器件的 W 为 10 μm，L 为 1 μm，使用表 3.1-1 和表 3.2-1 中的值，计算该器件工作在三种状态时 CGB、CGS 和 CGD 的值。

3.2-2 在图 P3.2-2 中，MOS 器件采用表 3.2-1 中的值，假设 FC = 0.5，PB = 1 V，试求 n 沟

道器件在 $V_{BX} = 0\text{V}$ 和 1.0V（结总是反偏）时的 C_{BX} 值。若为 p 沟道器件，重复上述计算。

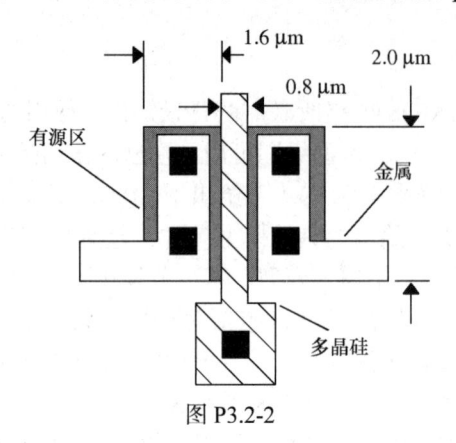

图 P3.2-2

3.2-3 已知一个 n 沟道管，沟道长为 1 μm，宽为 10 μm，设 $V_D = 2\text{ V}$，$V_G = 2.4\text{ V}$，$V_S = 0.5\text{ V}$ 和 $V_B = 0\text{ V}$。用表 3.1-1、表 3.1-2 和表 3.2-1 中的模型参数计算 C_{GB}、C_{GS} 和 C_{GD}。

3.2-4 一个 NMOS 管的版图如图 P3.2-4 所示。(a) 如果 n⁺ 的方块电阻是 35 Ω/□，单个接触孔的电阻是 1 Ω，试求图中 R_D 和 R_S 的值；(b) 若设晶体管是截止的，漏和源处于地电平，NMOS 管的 CJ 和 CJSW 是 $770 \times 10^{-6}\text{F/m}^2$ 和 $380 \times 10^{-12}\text{F/m}$，并设电容为集总元件，且出现在 (a) 题所求电阻的源/漏边。试求 C_{BD} 和 C_{BS} 值；(c) 求此管的 W 和 L 值；(d) 如果交叠电容/单位长度是 $220 \times 10^{-12}\text{F/m}$，求 C_{GD} 值

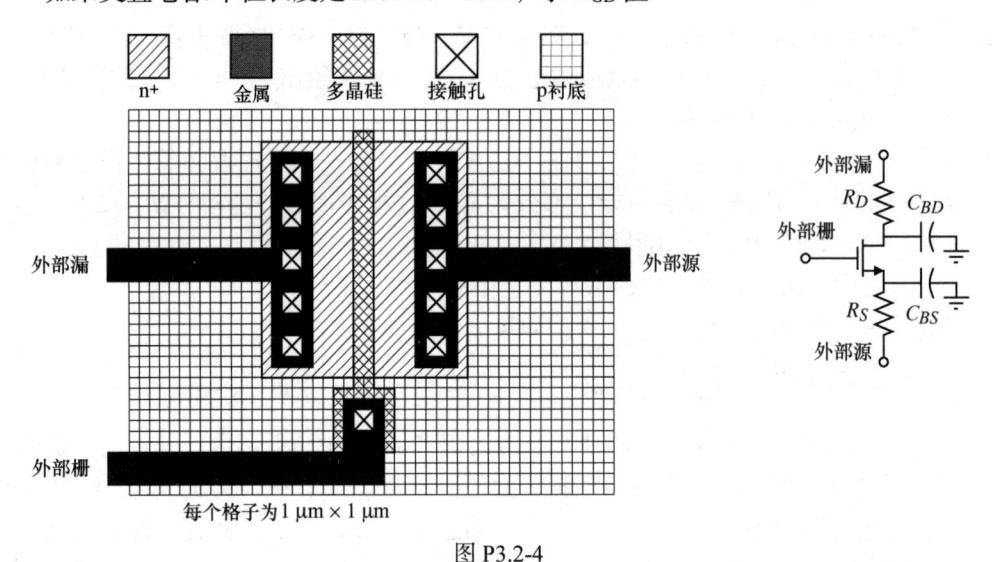

图 P3.2-4

3.2-5 采用 p 阱 CMOS 工艺设计的 CMOS 反相器电路版图的俯视图如图 P3.2-5 所示。若设该反相器由相同版图的反相器驱动，试求第一反相器输出和第二反相器输入 (v_x) 点的极点值，此值等于该节点总电容和输出电阻乘积的倒数。假设输出电阻为 1 MΩ，极点值的单位为 Hz，利用表 3.2-1 计算电容值。

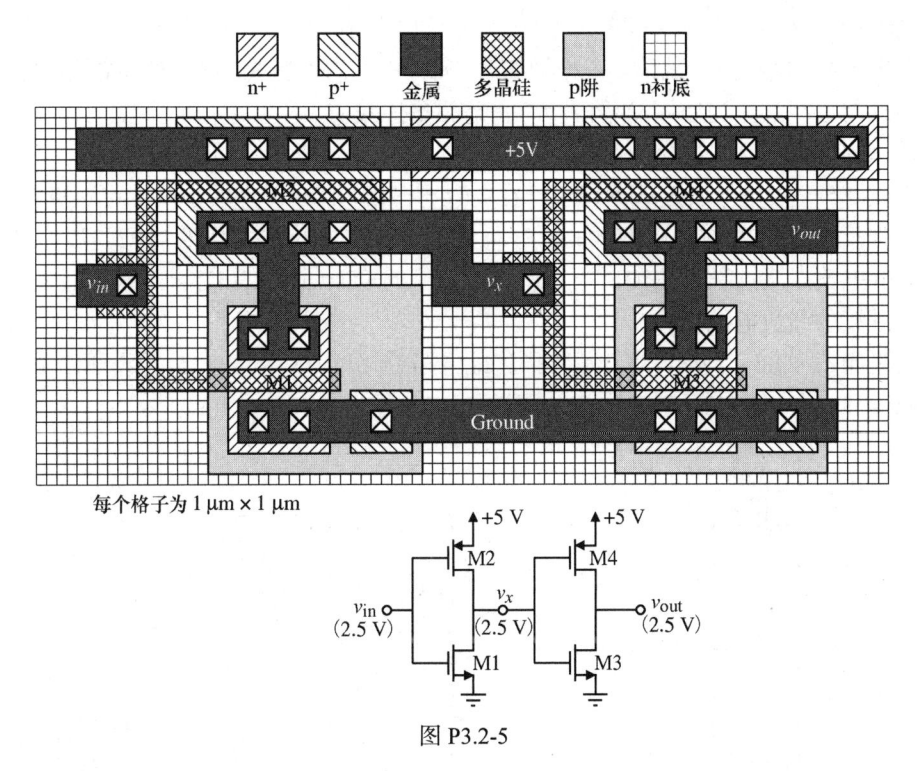

第 3 章 CMOS 器件模型

图 P3.2-5

3.3-1 电路如图 P3.3-1 所示，已知 M1 的 W/L 为 $2\,\mu m/0.8\,\mu m$，M2 的 W/L 为 $8\,\mu m/4\,\mu m$，试计算电路的传输函数 $v_{out}(s)/v_{in}(s)$。注意，这是小信号分析且输入电压有 2 V 的直流电压。

3.3-2 参照图 P3.3-1，设计一个低通滤波器，要求频率为 200 kHz 的带宽达到 -3dB。

3.3-3 假设晶体管的 W/L 为 $100\,\mu m/10\,\mu m$，$\lambda = 0.01\,V^{-1}$，重做例 3.3-1 和例 3.3-2。

3.3-4 已知一个 n 沟道管，各电极电压为：漏极 4 V，栅极 4 V，源极 2 V，衬底 0 V，设模型参数由表 3.1-1、表 3.1-2 和表 3.2-1 提供且 W/L 为 $10\,\mu m/1\,\mu m$，试求完整的小信号模型。

3.3-5 电路如图 P3.3-5 所示，这是 n 个 MOS 管的并联连接，每个 MOS 管有着相同的栅长 L，但是栅宽 W 不同。试推导一个 MOS 管关于 W 和 L 的表达式，该单管可以替代此并联结构并与之相等。

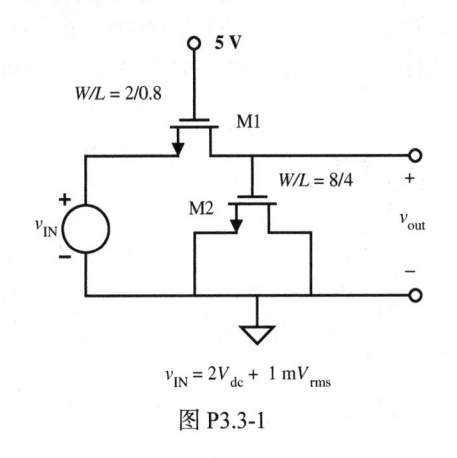

图 P3.3-1

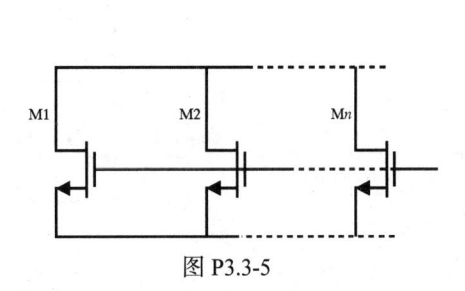

图 P3.3-5

3.3-6 电路如图 P3.3-6 所示，这是 n 个 MOS 管的串联连接，每个晶体管有相同的栅宽 W，但有不同的栅长 L。试推导一个单管关于 W 和 L 的表达式，该单管可以替代此串联结构且与之相等。当使用简单模型时，请忽略体效应。

3.5-1 计算 NMOS 管在弱反型区时的 V_{ON} 值，假设 f_s 和 f_n 近似为单位 1(1.0)。

3.5-2 用式(3.5-5)大信号表达式导出工作在弱反型区的 MOS 器件的小信号跨导模型表达式。

3.5-3 从强反型区过渡到弱反型区的另一种近似方法是找出强反型跨导和弱反型跨导相等时的电流。用这种方法和对弱反型漏极电流的近似[式(3.5-5)]导出强反型和弱反型之间过渡的漏极电流。

3.6-1 电路如图 P3.6-1 所示。(a)写出描述此电路的 SPICE 网表；(b)假设 M2 的 W/L 为 4 μm/1 μm，且 M3 和 M2 的比匹配为 1:2，重做(a)。

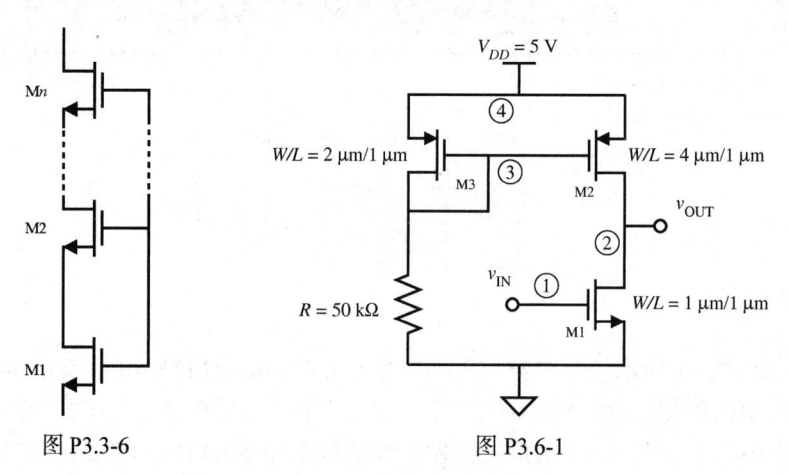

图 P3.3-6

图 P3.6-1

3.6-2 用 SPICE 对图 P3.6-1 所示电路进行下列分析：(a)绘出 v_{OUT} 相对于 v_{IN} 的变化，参数如图标注；(b)分别以+10%的变化改变 K' 和 V_T，重复(a)——进行四次仿真。

参数	n 沟道	p 沟道	单位
V_T	0.7	−0.7	V
K'	110	50	μA/V^2
λ	0.04	0.05	V^{-1}

3.6-3 在图 P3.6-3 中，当 i_1 取值为 10 μA、20 μA、30 μA、40 μA、50 μA、60 μA 和 70 μA 时，用 SPICE 画出 i_2 随 v_2 变化的曲线，v_2 的最大值是 5 V。模型参数 $V_T = 0.7$ V，$K' = 110$ μA/V^2 和 $\lambda = 0.01$ V^{-1}。假设 $\lambda = 0.04$ V^{-1}，重画一次。

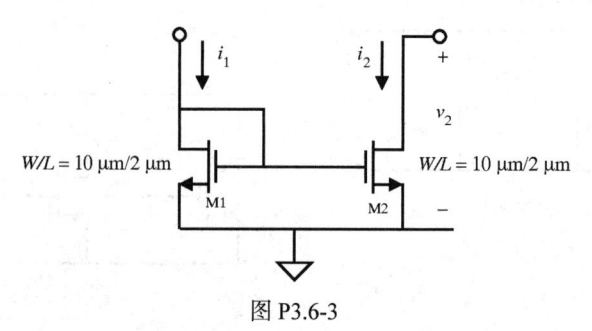

图 P3.6-3

3.6-4 用 SPICE 画出 i_D 随 v_{DS} 变化的曲线，采用 n 沟道管，令 v_{GS} = 1 V, 2 V, 3 V, 4 V 和 5 V, V_T = 1 V, K' = 110 μA/V^2 和 λ = 0.04 V^{-1}。说明如何使用 SPICE 画出如图 3.1-3 所示的曲线。

3.6-5 如果图 3.6-2 中的晶体管是 PMOS 管，参数如表 3.1-2 所示，重做例 3.6-1。

3.6-6 如果图 3.6-4 中的 R1 改为 200 kΩ，重做例 3.6-2～例 3.6-4。

参考文献

1. Y. Tsividis, "Problems with Modeling of Analog MOS LSI," *IEDM,* pp. 274–277, 1982.
2. Star-*Hspice User's Manual.* Fremont, CA: Avant! 2000.
3. Yuhua Cheng and Chenming Hu, *MOSFET Modeling & BSIM3 User's Guide.* Norwell, MA: Kluwer Academic Publishers, 1999.
4. C. T. Sah, "Characteristics of the Metal-Oxide-Semiconductor Transistor," *IEEE Transactions on Electron Devices,* Vol. ED-11, No. 7, pp. 324–345, July 1964.
5. H. Shichman and D. Hodges, "Modelling and Simulation of Insulated-Gate Field-Effect Transistor Switching Circuits," *IEEE J. Solid-State Circuits,* Vol. SC-3, No. 3, pp. 285–289, Sept. 1968.
6. P. R. Gray, P. J. Hurst, S. H. Lewis, and R. G. Meyer, *Analysis and Design of Analog Integrated Circuits,* 4th ed. New York: John Wiley & Sons, 2001, pp. 62–63.
7. A. Vladimerescu, A. R. Newton, and D. O. Pederson, *SPICE Version 2G.0 User's Guide.* University of California, Berkeley, Sept. 1980.
8. S. M. Sze and Kwok K. Ng, *Physics of Semiconductor Devices,* 3rd ed. Hoboken, NJ: John Wiley & Sons, Inc., 2007, pp. 36–38.
9. D. R. Alexander, R. J. Antinone, and G. W. Brown, *SPICE Modelling Handbook,* Report BDM/A-77-071-TR, BDM Corporation, 2600 Yale Blvd., Albuquerque, NM 87106.
10. P. R. Gray and R. G. Meyer, *Analysis and Design of Analog Integrated Circuits,* 2nd ed. New York: John Wiley & Sons, 1984, p. 646.
11. P. E. Allen and E. Sanchez-Sinencio, *Switched Capacitor Circuits.* New York: Van Nostrand Reinhold, 1984, p. 589.
12. *SmartSpice Modeling Manual,* Vols. 1 and 2. Santa Clara, CA: Silvaco International, Sept. 1999.
13. Daniel P. Foty, *MOSFET Modeling with SPICE: Principles and Practice.* Scarborough, ON: Prentice Hall Canada, 1997.
14. G. Massobrio and P. Antognetti, *Semiconductor Device Modeling with SPICE,* 2nd ed. New York: McGraw-Hill, 1993.
15. F. H. Gaensslen and R. C. Jaeger, "Temperature Dependent Threshold Behavior of Depletion Mode MOSFET's," *Solid-State Electronics,* Vol. 22, No. 4, pp. 423–430, 1979.
16. J. R. Pierret, *A MOS Parameter Extraction Program for the BSIM Model,* Electronics Research Laboratory, University of California, Berkeley, CA, 94720. Memorandum No. UCB/ERL M84/99, Nov. 21, 1984.
17. Y. Tsividis, "Moderate Inversion In MOS Devices," *Solid State Electronics,* Vol. 25, No. 11, pp. 1099–1104, 1982.
18. P. Antognetti, D. D. Caviglia, and E. Profumo, "CAD Model for Threshold and Subthreshold Conduction in MOSFET's," *IEEE J. Solid-State Circuits,* Vol. SC-17, No. 2, pp. 454–458, June 1982.
19. S. M. Sze, *Physics of Semiconductor Devices,* 2nd ed. New York: John Wiley and Sons, 1981.
20. E. Vittoz and J. Fellrath, "CMOS Analog Integrated Circuits Based on Weak Inversion Operation," *IEEE J. Solid-State Circuits,* Vol. SC-12, No. 3, pp. 231–244, June 1977.
21. M. G. DeGrauwe, J. Rigmenants, E. Vittoz, and H. J. DeMan, "Adaptive Biasing CMOS Amplifiers," *IEEE J. Solid-State Circuits,* Vol. SC-17, No. 3, pp. 522–528, June 1982.
22. W. Steinhagen and W. L. Engl, "Design of Integrated Analog CMOS Circuits—A Multichannel Telemetry Transmitter," *IEEE J. Solid-State Circuits,* Vol. SC-13, No. 6, pp. 799–805, Dec. 1978.
23. Y. Tsividis and R. Ulmer, "A CMOS Voltage Reference," *IEEE J. Solid-State Circuits,* Vol. SC-13, No. 6, pp. 774–778, Dec. 1978.

第 4 章 模拟 CMOS 子电路

从表1.1-2 的观点来看，第 2 章和第 3 章已经提供了一些基本知识，为了解 MOS 器件以及与 CMOS 工艺兼容的元件制造的技术和建模奠定了基础。下一步的目标是研究子电路，这是一个 CMOS 模拟电路设计的方法学课题。这些由一个或多个晶体管组成的简单电路一般仅完成一个功能。典型的子电路由简单电路组成，可完成更复杂的电路功能。因此，本章和第 5 章中讲解的电路可认为是基本模块。

本书将在第 6 章和第 7 章讲到的运算放大器(或 OP 放大器)是一个用简单电路完成复杂功能的范例。图 4.0-1 以层次化的方式显示了与运算放大器(复杂电路)有关的各种简单电路。回顾以往的工作，可以注意到运算放大器多级中的一级是输入差分放大器，由简单电路组成，包括电流漏、电流镜负载和源极耦合对。运算放大器的另一级是由反相器和电流漏负载组成的第二增益级。如果希望运算放大器可驱动低阻负载，那么输出级是必需的。输出级由源极跟随器和电流漏负载构成。对前面各级提供稳定的偏置也是必需的。偏置电路由电流源和电流镜组成，为各级提供偏置电流。

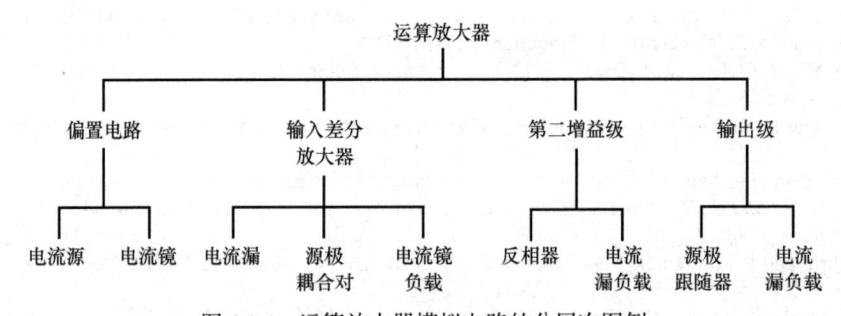

图 4.0-1 运算放大器模拟电路的分层次图例

基本 CMOS 模拟电路的内容被分成两章，以避免一章的篇幅太长，同时又可以提供足够详细的描述。第 4 章介绍简单子电路，包括 MOS 开关、有源负载、电流漏和电流源、电流镜和电流放大器、电压和电流参考电路。第 5 章将介绍更复杂的电路，比如 CMOS 放大器等，对在第 4 章中讲到的材料提供自然的延伸。对模拟 CMOS 电路设计者来说，这两章是基础，因为多数设计都是从这个层次开始，然后上升到其他更复杂的电路和系统的。

4.1 MOS 开关

开关在集成电路设计中有很多作用。在模拟电路中，开关先被用于连接各种结构的电容，这类电路称为开关电容电路。开关同样也用于多路选择、调制和其他许多应用。在数字电路中，开关可作为传输门，并加入了在标准逻辑电路中没有的尺寸的灵活性。本节的目的是研究与 CMOS 集成电路兼容的开关特性。

首先介绍电压控制开关的特性。图 4.1-1 所示为非理想开关模型。电压 v_C 控制开关的状态——开或关。电压控制开关是一个三端网络,其中 A、B①端组成开关,C 端是控制电压 v_C 作用端。开关最重要的特性是它的导通电阻 r_{ON} 和关断电阻 r_{OFF}。理想情况下,r_{ON} 为零而 r_{OFF} 为无穷大,实际上并非如此。此外,这些值与端口条件有关,绝不会是常数。通常,开关会有一些电压偏移,图 4.1-1 中用 V_{OS} 模拟。V_{OS} 表示当开关为导通状态、电流等于零时,端点 A 和 B 之间存在的小幅值电压。I_{OFF} 表示开关为断开状态的漏电流。电流 I_A、I_B 表示开关端点与地之间的漏电流(或其他电源电压)。图 4.1-1 中偏移源和漏电流的极性是不确定的,图中的方向是任意标注的。在模拟采样数据电路应用中,寄生电容是一个需认真考虑的问题。电容 C_A 和 C_B 是开关端 A、B 与地之间的寄生电容。电容 C_{AB} 是开关端 A、B 之间的寄生电容。电容 C_{AC} 和 C_{BC} 是存在于电压控制端 C 和开关端 A、B 之间的寄生电容。电容 C_{AC} 和 C_{BC} 的影响称为电荷馈通——由此控制电压的一部分会出现在开关 A、B 端。

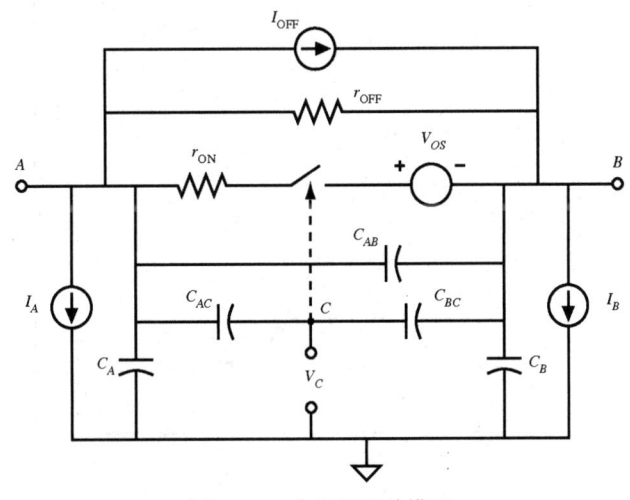

图 4.1-1 非理想开关模型

MOS 技术的一个优点是可提供一个性能良好的开关。图 4.1-2 显示了一个 MOS 晶体管被用作开关的情况。它的性能可以由图 4.1-1 显示的 MOS 晶体管大信号模型构成的开关确定。可以看到,端点 A 和 B 分别做 MOS 晶体管的漏极还是源极取决于端点电压(即对于 n 沟道管,如果 A 端电位高于 B,那么 A 端是漏极,B 端是源极)。导通电阻由 r_D、r_S 的组合与始终存在的沟道电阻串联组成。通常 r_D 和 r_S 的影响很小,所以主要考虑沟道电阻。沟道电阻的表达式可这样求得:在开关导通状态,开关两端的电压很小,且 v_{GS} 很大。因此,MOS 器件可以假设工作在非饱和区。重写式(3.1-1)以表示该状态:

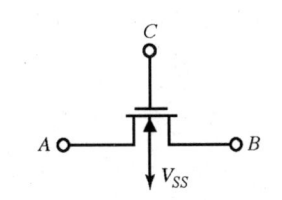

图 4.1-2 用 n 沟道管作为开关

$$i_D = \frac{K'W}{L}\left[(v_{GS} - V_T)v_{DS} - \frac{v_{DS}^2}{2}\right] \tag{4.1-1}$$

式中,v_{DS} 比 $v_{GS} - V_T$ 小,但是比零大(v_{DS} 为负时,v_{GS} 变为 v_{GD})。小信号沟道电阻表示为

---

① 读者必须注意,这里所用的符号 B 不要与衬底端所用的符号 B(见图 3.1-1)混淆。

$$r_{ON} = \frac{1}{\partial i_D / \partial v_{DS}}\bigg|_Q = \frac{L}{K'W(V_{GS} - V_T - V_{DS})} \tag{4.1-2}$$

其中的 Q 是晶体管的静态工作点。图 4.1-3 说明了 n 沟道管漏极电流随漏、源电压变化的曲线，其中宽长比 $W/L = 5/1$，V_{GS} 等间隔增加。此图说明了 MOS 管工作的一些重要原理。注意，图中的曲线并不是关于 $V_1 = 0$ 对称的。这是因为晶体管端(漏、源)开关起着 V_1 过零的转换作用。例如，当 V_1 为正时，B 点是漏极，A 点为源极，且 V_{BS} 固定为 -2.5 V，V_{GS} 由给定的 V_G 固定。当 V_1 为负时，B 点为源极，A 点为漏极，且 V_1 和 V_{BS} 连续减少，而 V_{GS} 增加，从而导致电流增加。

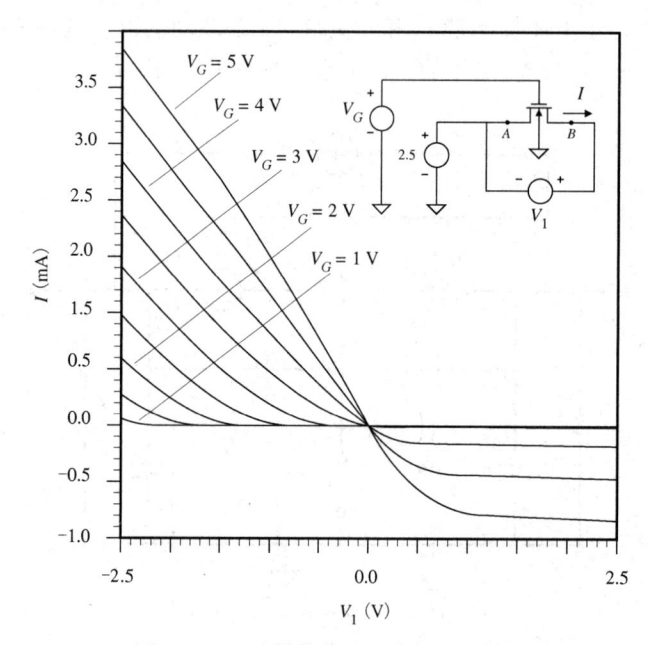

图 4.1-3 n 沟道管作为开关的 I-V 特性

图 4.1-4 显示了当 $V_{DS} = 0.1$ V，$W/L = 1$，2，5 和 10 时 r_{ON} 随 V_{GS} 变化的图。从图中可以看出 W/L 越大，r_{ON} 越低。当 V_{GS} 减到 $V_T (V_T = 0.7 \text{ V})$ 时，r_{ON} 为无穷大，因为开关断开。

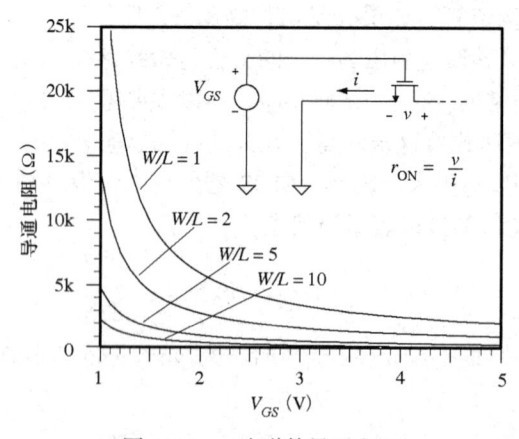

图 4.1-4 n 沟道管导通电阻

当 V_{GS} 小于或等于 V_T 时，开关断开，理想情况下 r_{OFF} 为无穷大。当然，它不可能为无穷大。但因为它非常大，截止状态的性能由漏极-体和源极-体的漏电流决定，就像亚阈值电压区从漏到源的漏电流一样。从源和漏到体的漏电流主要是 pn 结漏电流，在图 4.1-1 中用 I_A 和 I_B 模拟。典型情况下，漏电流在室温下为 1 fA/μm^2 的数量级，且温度每升高 8℃就增长一倍（见例 2.5-1）。

图 4.1-1 中模拟的失调电压在 MOS 开关中不存在，因此，在 MOS 开关性能中不必考虑。图 4.1-1 中的电容 C_A、C_B、C_{AC} 和 C_{BC} 直接对应于 MOS 管的电容 C_{BS}、C_{BD}、C_{GS} 和 C_{GD}（见图 3.2-1）。MOS 管的 C_{AB} 很小，通常可以忽略。

开关的一个重要方面是开关端和控制端间电压的变化范围。对 n 沟道 MOS 管，可以看到栅极电压应该比源或漏极电压大得多，以确保 MOS 管导通。作为 p 沟道管，栅极电压应该比源或漏极电压小得多。典型情况下，n 沟道开关的体接最负值（p 沟道开关的体接最高电位）。这个要求可以用 n 沟道开关来说明。假设栅极的导通电压是正电源电压 V_{DD}，体接地，保持 n 沟道开关导通，直到开关端信号（源、漏端电压近似相等）接近 $V_{DD} - V_T$。当信号达到 $V_{DD} - V_T$ 时，开关开始转向关断。n 沟道开关的典型电压如图 4.1-5 所示，其中开关置于图中的两个电路中间。

如图 4.1-6 所示，考虑利用开关为电容充电。n 沟道管被当成开关，且 V_ϕ 是作用在栅极上的控制电压（时钟）。在电路的电荷转移过程中，开关的导通电阻起重要作用。例如，当 V_ϕ 升高（$V_\phi > v_{in} + V_T$）时，M1 将 C 连接到电压源 v_{in}。此时的等效电路如图 4.1-7 所示。可以看成 C 以时间常数 $r_{ON} C$ 充电到 v_{in}。为了有效地工作，必须满足 $r_{ON} C \ll T$，其中 T 是 V_ϕ 为高电平的时间。显然，r_{ON} 随 v_{GS} 的变化很大，如图 4.1-4 所示。在对 C 充电期间，r_{ON} 的最坏值（最高值）出现在 $v_{DS} = 0$ 且 $v_{GS} = V_\phi - v_{in}$ 时。这个值用来确定晶体管尺寸，以达到预期的充电时间。

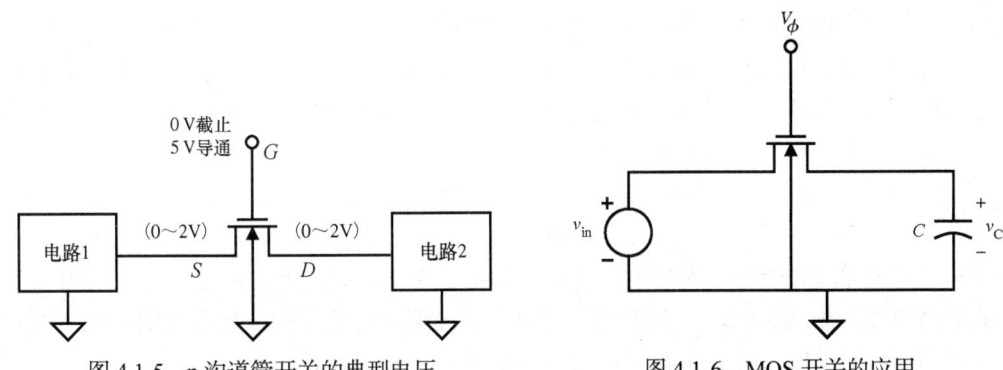

图 4.1-5　n 沟道管开关的典型电压

图 4.1-6　MOS 开关的应用

考虑这样一种情况，V_ϕ 为高电平的时间 $T = 0.1$ μs，$C = 0.2$ pF，那么导通电阻 r_{ON} 必须小于 100 kΩ 才能满足电荷转移时间等于 5 倍时间常数。对 5 V 的时钟摆幅和 2.5 V 的 v_{in} 以及图 4.1-4 中示出的 $W = L$ 的 MOS 管，$r_{ON} \approx 6.4$ kΩ。此值在所要求的时间内进行电荷转移来说已足够小。希望开关尽可能小（即具有最小的 $W \times L$），从而可以减小来自栅极的电荷馈通。

图 4.1-6 中的开关在关断状态除其漏电流外，对电路的影响很小。图 4.1-8 显示了一个采样保持电路，电路中漏电流可能引起严重问题。如果 C_H 不够大，那么在保持模式中 MOS 开关是断开的，漏电流会使 C_H 充上或放掉相当量的电荷。

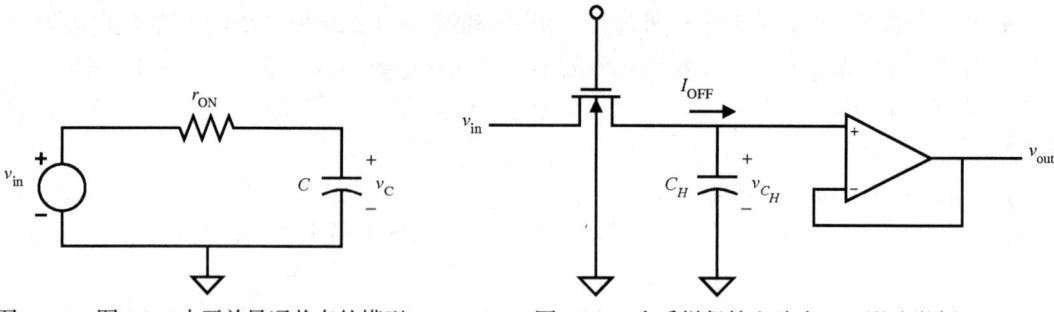

图 4.1-7 图 4.1-6 中开关导通状态的模型

图 4.1-8 在采样保持电路中 I_{OFF} 影响举例

开关常被用于将电容从一种结构转换到另一种。在这样的应用中，开关的电容是重要的。与 MOSFET 开关相关的电容有两种类型：一个端点连接到栅极的电容和漏、源分别与衬底相连的耗尽电容。栅电容可能会引起电荷注入正在进行开关的电容，而耗尽电容只是作为寄生电容影响被开关电容的值。因为耗尽电容的影响可以用电路技术抵消[1]，这里仅讨论栅电容的影响。

图 4.1-9 是研究 MOSFET 开关电荷注入的有用模型。图 4.1-9(b) 给出晶体管开关的模型，该模型用电阻 $R_{channel}$ 和 $C_{channel}$ 表示沟道电阻和栅-沟道耦合电容。$C_{channel}$ 和 $R_{channel}$ 的值取决于器件的端口情况。栅-沟道耦合电容是在整个沟道中的一个分布参数，同样沟道电阻 $R_{channel}$ 也是一个分布参数。除沟道电容外还有交叠电容 CGSO 和 CGDO。

事实上可以如图 4.1-9(c) 所示那样，将总沟道电容分成两个同样大小的集总电容分别置于栅-源端和栅-漏端。这些电容代表 MOSFET 开关沟道中所储存的电荷。此外，这些电容中还有交叠电容 CGSO 和 CGDO。保持这两种电容的区别，因为在开关工作期间它们引起的电荷转移形式是不一样的。例如，开关导通时，沟道中有电荷，这些电荷在开关转为关断前必须流出。这种从沟道到开关端点的电荷流动称为沟道电荷注入。除了沟道电荷注入，开关栅极的时钟经交叠电容连接到开关的端点。这些电容上的任何电压变化将会引起相应的电荷流动，这就称为时钟馈通。可以看到无论何时，无论开关是否导通，只要栅极相对于开关端点的电压有变化，就有可能产生时钟馈通。

首先，用图 4.1-9(a) 讨论沟道的电荷注入。当开关导通时，电荷将储存在沟道中，值为

$$Q_{channel} = -WLC_{ox}(V_H - v_{in} - V_T) \quad (4.1\text{-}3)$$

式中 V_H 是开关导通时作用在栅极上时钟波形的值，例如，$V_H \approx V_{DD}$ 和 $v_{in} = V_S$。当开关断开时，此电荷被注进源端和漏端。假设电荷均等分配，那么电荷中的一半到了输入电压源 v_{in}，另一半则到了 C_L。到 C_L 的电荷会使 C_L 上的电压产生一个增量为

$$\Delta V = \frac{Q_{ch}}{2C_L} = \frac{-WLC_{ox}(V_H - v_{in} - V_T)}{2C_L} \quad (4.1\text{-}4)$$

电荷注入不影响 v_{in}，因为它是电压源。由式(4.1-4)可见，沟道电荷注入是输入电压的函数，随输入电压的变化而变化。沟道充电应该有一个时间常数，其值等于沟道电阻与沟道电容的乘积。

时钟馈通(有时也称电荷注入和电荷馈通)允许电荷被从栅信号(一般为时钟)转移至漏节点和源节点，这是一个虽不希望但却不可避免的影响。时钟馈通涉及一个复杂的过程，引起的影响取决于诸如晶体管的版图、尺寸、源极和漏极节点的阻抗和栅极的波形等一系列因

素。试图对所有这些影响进行精确的分析是不可能的——需要用计算机去做。然而，对这些重要影响的定性了解仍是有用的。

在图 4.1-9 电路中，考察晶体管的栅极电压 ϕ_1 从高到低的跳变过程中电荷的流动是有意义的。此外，考虑栅极电压过渡的两种情况（慢跃变时间和快跃变时间）是实用的。首先考虑慢跃变情况（慢和快的意思很快将会介绍）。当栅极电压降低时，有电荷注入沟道。但是最初晶体管保持导通状态，所以无论怎样，注入的电荷只在输入电压源 V_S 中流动，不会出现在负载电容 C_L 上。随着栅极电压降低到某一点，晶体管截止（当栅极电压达到 $V_S + V_T$ 时）。当晶体管截止时，注入电荷除了流进 C_L 没有其他路径可走。

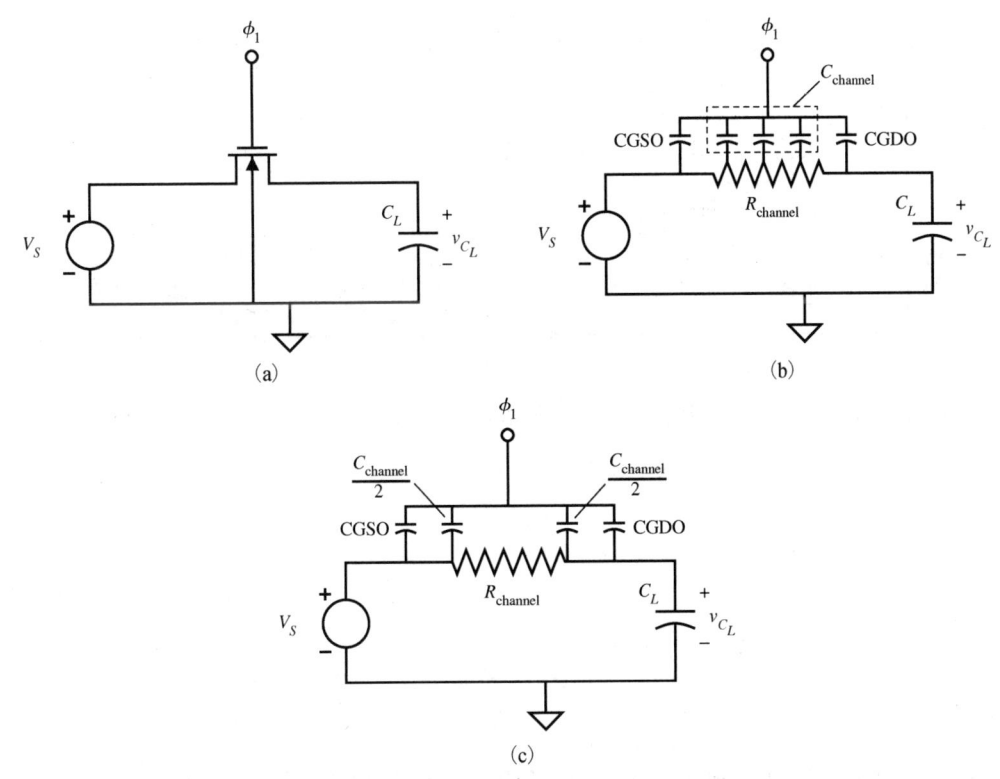

图 4.1-9 (a) 用于电荷注入研究的简单开关电路；(b) 晶体管开关的分布模型；(c) 图 4.1-9(a) 的集总模型

对于快跃变的情况，与沟道电阻和沟道电容有关的时间常数限制着流向电压源的电荷量，因此当晶体管处于导通状态时，一些注入的沟道电荷就提供给 C_L，以影响 C_L 的总电荷。

为了对快慢情况有更进一步的了解，将栅极电压模拟为分段恒定波形（一个量化波形）并考虑每个跳变过程中电荷的流动，如图 4.1-10(a) 和图 4.1-10(b) 所示。图中所示的 C_L 电压的变化范围表示晶体管导通时的工作情况。在两种情况中，量化的电压步长 ΔV 是相同的，但是步长间的时间是不同的。C_L 两端电压是呈指数变化的，其时间常数由沟道电阻和沟道电容决定，并不随快、慢情况而改变。

分析表达式可以得出对晶体管在快慢情况下工作的近似描述，包括电荷注入和时钟馈通[2]。考虑栅极电压从 V_H 到 V_L 的变化（例如，5.0 V 到 0.0 V），在时域中可以描述为

$$v_G = V_H - Ut \tag{4.1-5}$$

这里的 U 是 $v_G(t)$ 的斜率。工作在慢情况时由如下关系所确定。

$$\frac{\beta V_{HT}^2}{2C_L} \gg U \tag{4.1-6}$$

这里 V_{HT} 定义为

$$V_{HT} = V_H - V_S - V_T \tag{4.1-7}$$

由电荷注入引起的误差(所希望的电压 V_S 和实际电压 v_{C_L} 之间的差)由式(4.1-8)给出。

$$V_{\text{error}} = \left(\frac{W \cdot \text{CGDO} + \dfrac{C_{\text{channel}}}{2}}{C_L}\right)\sqrt{\frac{\pi U C_L}{2\beta}} + \frac{W \cdot \text{CGDO}}{C_L}(V_S + V_T - V_L) \tag{4.1-8}$$

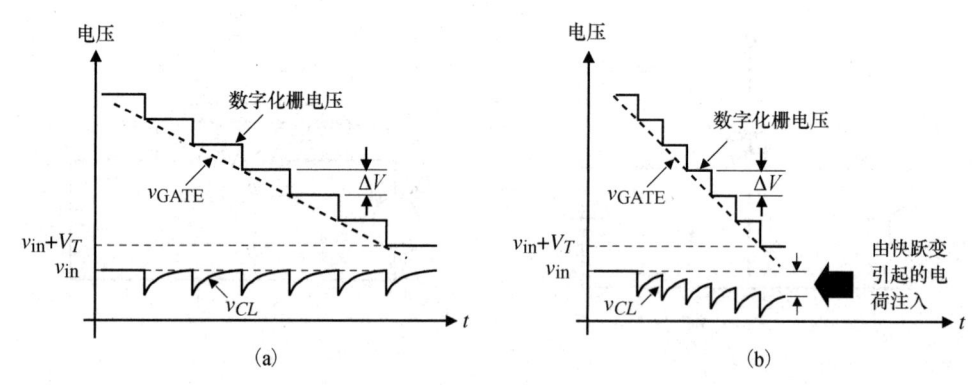

图 4.1-10 用量化斜坡电压说明由于沟道电阻和电容时间常数的影响。(a)慢斜坡；(b)快斜坡

此误差在快开关情况下由如下关系确定：

$$\frac{\beta V_{HT}^2}{2C_L} \ll U \tag{4.1-9}$$

误差电压给出为

$$V_{\text{error}} = \left(\frac{W \cdot \text{CGDO} + \dfrac{C_{\text{channel}}}{2}}{C_L}\right)\left(V_{HT} - \frac{\beta V_{HT}^3}{6UC_L}\right) + \frac{W \cdot \text{CGDO}}{C_L}(V_S + V_T - V_L) \tag{4.1-10}$$

下面的例子说明由式(4.1-5)到式(4.1-10)所给出的电荷馈通模型的应用。

例 4.1-1 电荷馈通误差的计算

计算图 4.1-9 所示电路中电荷馈通的影响。其中 $V_S = 1.0$ V，$C_L = 200$ fF，$W/L = 0.8$ μm / 0.8 μm，V_G 有两种情况见下图的说明。模型参数见表 3.1-2 和表 3.2-1。忽略 ΔL 和 ΔW 的影响。

解：情况 1： 第一步要确定表达式中 U 的值。

$$v_G = V_H - Ut$$

在 0.2 ns 时间内，从 5 V 跳变到 0 V，$U = 25 \times 10^9$ V/s。

为了确定工作状态，必须首先验证如下关系：

$$\frac{\beta V_{HT}^2}{2C_L} \gg U，慢变化；\quad \frac{\beta V_{HT}^2}{2C_L} \ll U，快变化$$

观察到在晶体管开关上有反向偏置影响 V_T，V_{HT} 为

$$V_{HT} = V_H - V_S - V_T = 5 - 1 - 0.887 = 3.113$$

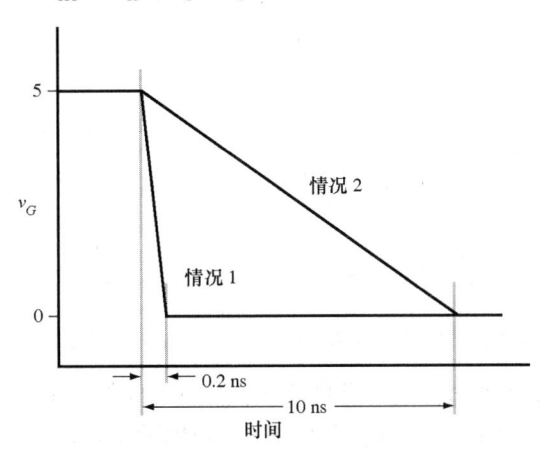

因此给出

$$\frac{\beta V_{HT}^2}{2C_L} = \frac{110 \times 10^{-6} \times 3.113^2}{2 \times 200 \times 10^{-15}} = 2.66 \times 10^9 \ll 25 \times 10^9$$

所以为快速状态。

由快速状态应用式(4.1-10)得

$$V_{\text{error}} = \left(\frac{176 \times 10^{-18} + \frac{1.58 \times 10^{-15}}{2}}{200 \times 10^{-15}} \right) \left(3.113 - \frac{3.32 \times 10^{-3}}{30 \times 10^{-3}} \right) + \frac{176 \times 10^{-18}}{200 \times 10^{-15}} (5 + 0.887 - 0)$$

$$V_{\text{error}} = 19.7 \text{mV}$$

情况 2：第一步要确定表达式中 U 的值。

$$v_G = V_H - Ut$$

在 10 ns 时间内，从 5 V 降到 0 V 时，$U = 5 \times 10^8$，于是按照下面的测试表明是慢速状态。

$$2.66 \times 10^9 \gg 5 \times 10^8$$

$$V_{\text{error}} = \left(\frac{176 \times 10^{-18} + \frac{1.58 \times 10^{-15}}{2}}{200 \times 10^{-15}} \right) \left(\frac{314 \times 10^{-6}}{220 \times 10^{-6}} \right)^{1/2} + \frac{176 \times 10^{-18}}{200 \times 10^{-15}} (5 + 0.887 - 0)$$

$$V_{\text{error}} = 10.95 \text{mV}$$

这个例子说明了电荷馈通模型的应用。读者不要期望从式(4.1-5)～式(4.1-10)得到实际电路中关于电荷馈通量的精确答案。这个模型只是有助于了解各种电路元件和端口条件的影响，以便在设计中最小化不希望有的现象。

采用图 4.1-11 所示的技术有可能部分抵消馈通效应。在这里虚拟 MOS 管 MD（这里源和漏被接到信号线，栅极接反相时钟端）被用来提供与 M1 反相的时钟馈通。MD 的面积可以被设计成提供最小的时钟馈通。典型的 $W_D/L_D \approx 0.5 W_1/L_1$。但遗憾的是，这个办法不可能完全消除馈通，并且在某些情况下还会更糟。另外还必须提供一个反相时钟作用到虚拟开关上。可以通过采用最大可能的电容、相对较小尺寸的开关和保持尽可能小的时钟摆幅来减少时钟馈通。通常，这些解决方案会在其他方面产生问题，这就需要进行一些折中。

图 4.1-11　抵消时钟馈通的虚拟管的使用

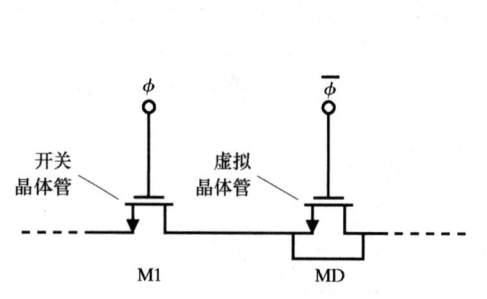

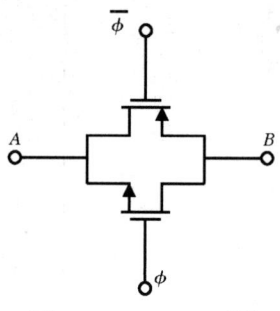

图 4.1-12　CMOS 开关

单沟道 MOS 开关导致的动态范围限制可以采用图 4.1-12 所示的 CMOS 开关加以避免。使用 CMOS 技术，开关通常由并联的 p 沟道和 n 沟道增强型管构成。在这种结构中，当 ϕ 值为低时，两只晶体管均截止，实现一个有效的开路。当 ϕ 值为高时，两只晶体管均导通，给出一个低阻抗状态。p 沟道管和 n 沟道管的体分别连接至最高和最低电位。CMOS 开关优于单沟道 MOS 开关的主要方面是在导通状态下模拟信号的动态范围明显增加。

在图 4.1-13 中模拟信号动态范围的增加是显然的，图中画出了 CMOS 开关导通电阻作为输入电压函数的变化关系。此图中，p 沟道管和 n 沟道管的尺寸这样来设置，以至于在相同端口条件下有等效的电阻。双峰性能是由于当 v_{in} 为低电平时，n 沟道管起主导作用，而 v_{in} 为高电平(接近 V_{DD})时 p 沟道管起主导作用。在中间($V_{DD}/2$ 附近)，两个晶体管的并联导致出现最低值。中间的凹点是由于迁移率降低，在用 LEVEL 1 模型分析时并不明显。

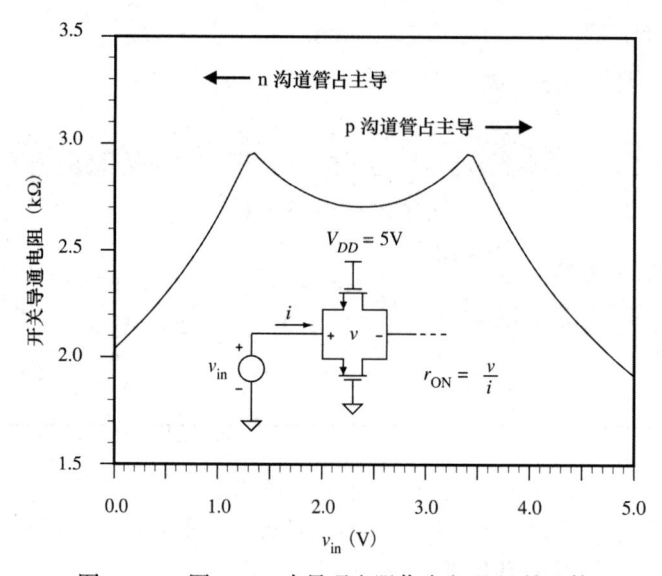

图 4.1-13　图 4.1-12 中导通电阻作为电压 v_{in} 的函数

在许多开关应用中，令开关导通的电压并非足够大。当电源电压降低或者被开关的电压处于电源的中间值这是可能的。在这些情况下，产生一个过驱动电压是必须的。电荷泵被用于提供栅的过驱动电压。图 4.1-14 给出以 CMOS 技术产生栅过驱动电压的方法。该电路的工作是明确的。为更容易理解电路的基本原理，开始可以忽略 M4，M5，M7 和 M8。只考虑

M1，M2，M3 和 M6 作为简单的开关。当 ϕ_A 是高电平 ϕ_B 是低电平时，C_{PUMP} 充电，充电电压为全电源电压。当 ϕ_A 降低，ϕ_B 升高时，M1 导通经由导通的 M6 将 C_{PUMP} 上的部分电荷转移进（或者泵进）C_{HOLD}，使 v_{DBL} 为正。如果两个电容相等且电荷的转移是理想的，那么第一次电荷转移后，v_{DBL} 应该等于 $V_{DD} + 0.5(V_{DD} - V_{SS})$。多个周期后，电压 v_{DBL} 相对于 V_{SS} 应该是 $2V_{DD}$（假设 v_{DBL} 节点没有电流泄漏）。开关 M4，M5，M7 和 M8 的目的是为了在泵电荷的期间，保持 M3 和 M6 的衬底源极反偏。

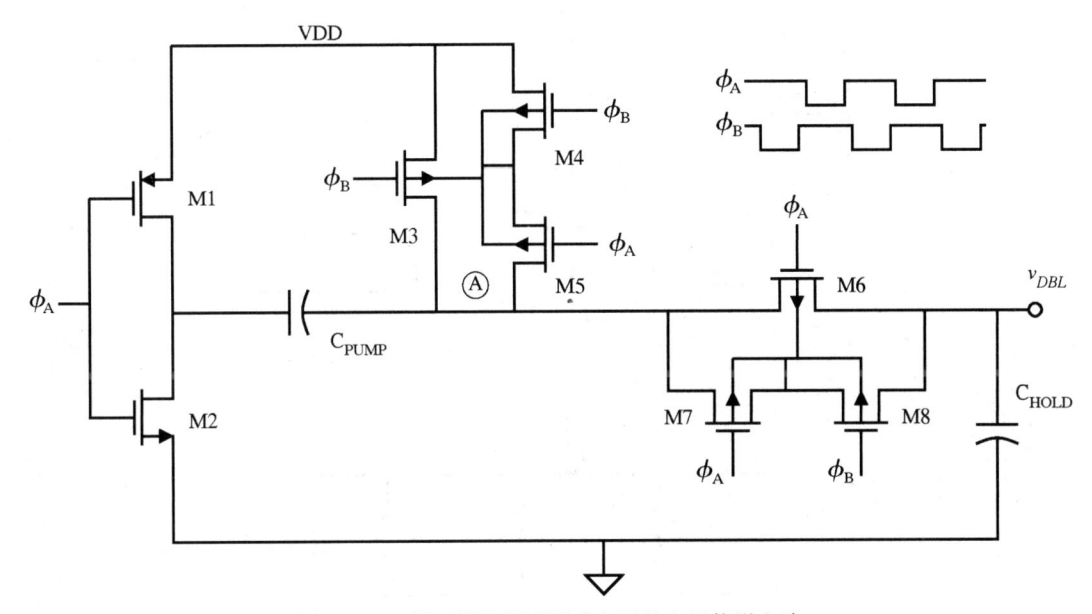

图 4.1-14 用于提供栅过驱动电压的电压倍增电路

本节中已经看到 MOS 管可以构成积分电路中可实现的最好开关之一。它们只需要很小的面积，非常低的功耗，并且在多数应用中能够提供合理的 r_{ON} 和 r_{OFF} 值。把适宜的开关实现放进设计者的基本设计模块中将产生一些有趣且有用的电路及系统，这些将在后文中介绍。

4.2 MOS 二极管/有源电阻

当 MOS 管的栅极和漏极被接在一起 [如图 4.2-1(a) 和图 4.2-1(b) 所示] 时，$I-V$ 特性实质上类似于一个 pn 结二极管，因此命名为 MOS 二极管。MOS 二极管作为电流镜的一个元件（见 4.4 节）可用于电平转换（电压降）。

MOS 二极管的 $I-V$ 特性曲线如图 4.2-1(c) 所示，由饱和区（栅极连接到漏极可以保证晶体管工作在饱和区）漏极电流的大信号方程描述，方程如下：

$$I = I_D = \left(\frac{K'W}{2L}\right)[(V_{GS} - V_T)^2] = \frac{\beta}{2}(V_{GS} - V_T)^2 \tag{4.2-1}$$

或

$$V = V_{GS} = V_{DS} = V_T + \sqrt{2I_D/\beta} \tag{4.2-2}$$

如果已知 V 或 I，那么其余变量可以根据式 (4.2-1) 或式 (4.2-2) 设计，并求出 β。

把栅极连接到漏极意味着 v_{DS} 控制 i_D，因此沟道跨导变成沟道电导。MOS 二极管的小信号模型（不考虑电容）如图 4.2-1(d) 所示。容易看出 MOS 二极管的小信号电阻为

$$r_{\text{out}} = \frac{1}{g_m + g_{mbs} + g_{ds}} \cong \frac{1}{g_m} \tag{4.2-3}$$

式中，g_m 大于 g_{mbs} 或 g_{ds}。

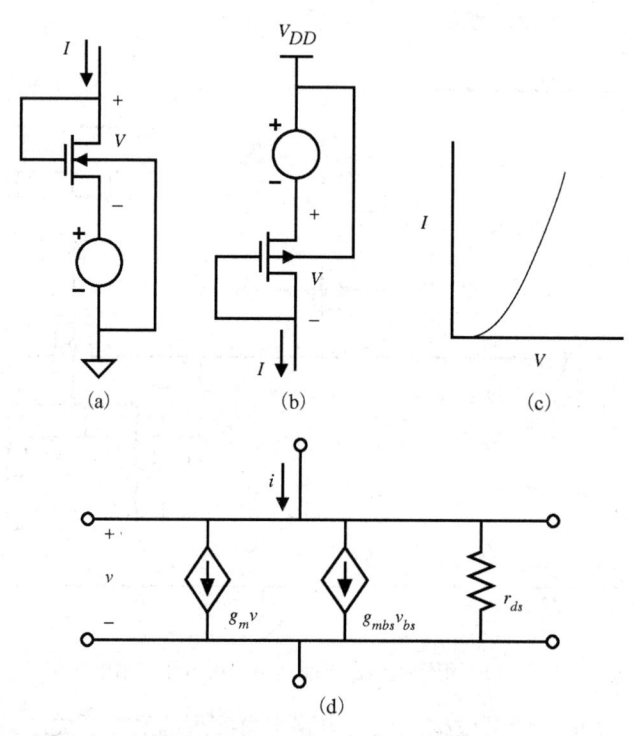

图 4.2-1　有源电阻。(a)n 沟道；(b)p 沟道；(c)n 沟道情况的 I–V 特性；(d)小信号模型

MOS 二极管的应用如图 4.2-2 所示，图中偏置电压为栅与地之间的电压（这样一个电路的值是显而易见的）。注意，两只晶体管都有 $V_{DS} = V_{GS}$。

$$V_{DS} = \sqrt{2I_D/\beta} + V_T = V_{\text{ON}} + V_T \tag{4.2-4}$$

$$V_{\text{BIAS}} = V_{DS1} + V_{DS2} = 2V_{\text{ON}} + 2V_T \tag{4.2-5}$$

在 4.1 节和图 4.1-2 中描述的 MOS 开关可以被看成一个电阻，虽然呈现非线性，如图 4.1-4 所示。在源-漏间电压非常小、晶体管导通电阻可近似为小信号电阻的情况下，非线性可以减小。用图 4.2-3 中的结构来说明这一点。在这个结构中晶体管的源极和漏极构成两端悬浮的电阻。假设是小信号，v_{DS} 很小，悬浮电阻的 I–V 特性由图 4.1-3 给出。因此，电阻值的范围是大的，但却是非线性的。当晶体管工作在非饱和区时，电阻可以用式(4.1-2)来计算，其中假设 v_{DS} 很小。

$$r_{ds} = \frac{L}{K'W(V_{GS} - V_T)} \tag{4.2-6}$$

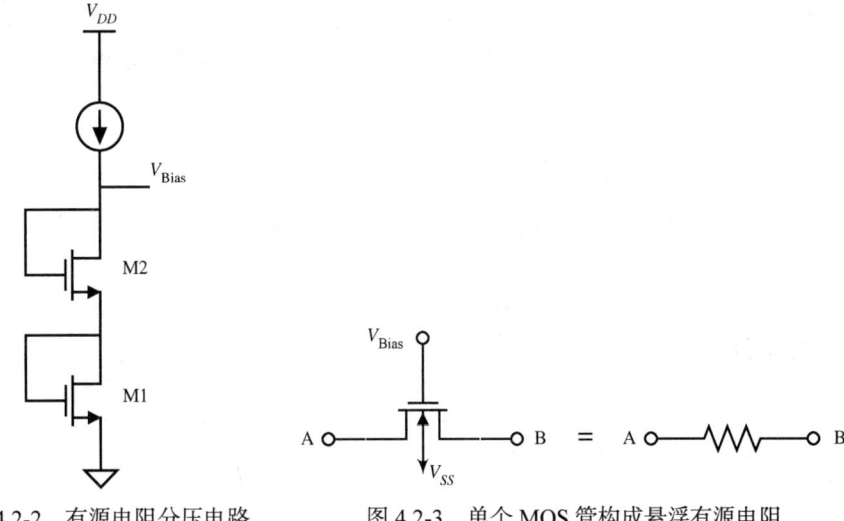

图 4.2-2 有源电阻分压电路

图 4.2-3 单个 MOS 管构成悬浮有源电阻

例 4.2-1 有源电阻的阻抗计算

用图 4.2-3 的悬浮有源电阻设计一个 1 kΩ 的电阻。假设直流值 $V_{A,B}=2$ V，衬底电压为 0.0 V，采用表 3.1-2 的参数。另设有源电阻是一个栅极电压为 5 V 的 n 沟道管，$V_{DS}=0.0$，计算达到 1 kΩ 电阻所需要的 W/L。

解：由于 V_{BS} 不为零（$|V_{BS}|=2$ V），在应用式 (4.2-6) 之前，必须计算新的阈值电压 V_T。由式 (3.1-2) 可得 $V_T=1.022$ V，将其代入式 (4.2-6) 中，可得 $W/L=4.579 \cong 4.6$。

4.3 电流漏和电流源

电流漏和电流源作为两端元件，其电流任何时候都与端电压无关。电流源或电流漏的电流从正节点通过源或漏流向负节点。典型的电流漏有一个 V_{SS} 的负节点，电流源有一个 V_{DD} 的正节点。图 4.3-1(a) 显示了电流漏的 MOS 实现。栅极电压应能使晶体管提供所需要的电流值。图 4.2-2 所示的分压电路可用来提供这个电压。可以注意到，在非饱和区 MOS 管不是一个好的电流源。实际上，电流漏的端电压必须大于 V_{MIN} 才能使电流漏工作正常。在图 4.3-1(a) 中，这意味着

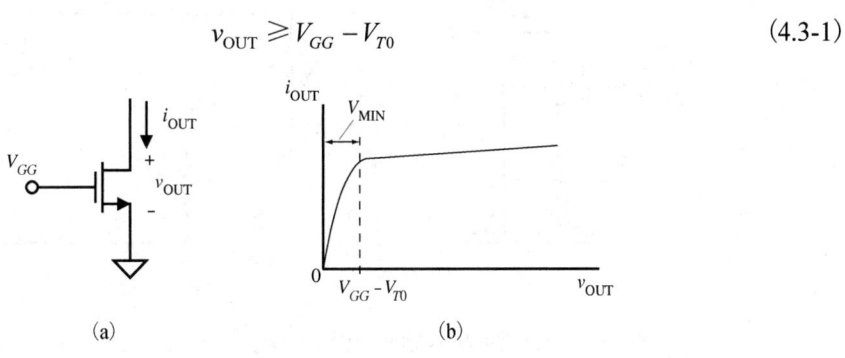

$$v_{OUT} \geqslant V_{GG} - V_{T0} \tag{4.3-1}$$

图 4.3-1 (a) 电流漏；(b) (a) 的电流-电压特性

如果栅-源电压保持恒定，那么MOS管的大信号特性可以由图3.1-3中的输出特性给出。图4.3-1(b)示出了一个例子。如果源极和衬底都接地，那么小信号输出电阻表示为

$$r_{out} = \frac{1+\lambda V_{DS}}{\lambda I_D} \cong \frac{1}{\lambda I_D} \tag{4.3-2}$$

如果源极和衬底不接在相同的电位上，只要 V_{BS} 保持恒定，特性就不会变化。

图4.3-2(a)示出了用p沟道管实现的电流源。另外，栅极和源极一样接恒定的电压。电流源的 v_{OUT} 和 i_{OUT} 的定义如图4.3-2(a)所示，大信号的 $I-V$ 特性如图4.3-2(b)所示。电流源的小信号输出电阻由式(4.3-2)给出。源-漏电压必须大于 V_{MIN} 才能使电流源工作正常。电流源要正常工作必须满足条件

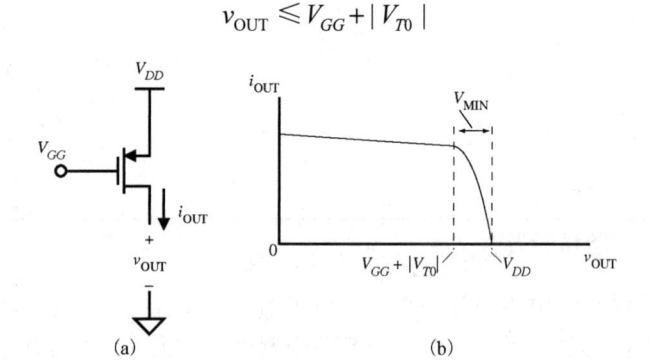

$$v_{OUT} \leqslant V_{GG} + |V_{T0}| \tag{4.3-3}$$

图4.3-2 (a)电流源；(b)(a)的 $I-V$ 特性

图4.3-1(a)和图4.3-2(a)所示的电流漏和电流源的优点是电路简单。但是，在实际应用中，还有两个方面需加以改进。一是增加小信号输出电阻——在 v_{OUT} 变化范围内时使电流趋近不变，二是要减小 V_{MIN} 的值，使电流源、漏正常工作时允许 v_{OUT} 有较大的变化范围。下面介绍这两方面性能的改善方法。首先，小信号输出电阻可以用图4.3-3(a)所示的原理来增加。该原理采用共栅结构倍增源极电阻 r，其倍数为在无穷大负载时的近似共栅电压增益。精确的小信号输出电阻 r_{out} 可以由图4.3-3(b)的小信号模型计算得出

$$r_{out} = \frac{v_{out}}{i_{out}} = r + r_{ds2} + [(g_{m2} + g_{mbs2})r_{ds2}]r \cong (g_{m2}r_{ds2})r \tag{4.3-4}$$

式中，$g_{m2}r_{ds2} \gg 1$ 且 $g_{m2} > g_{mbs2}$。

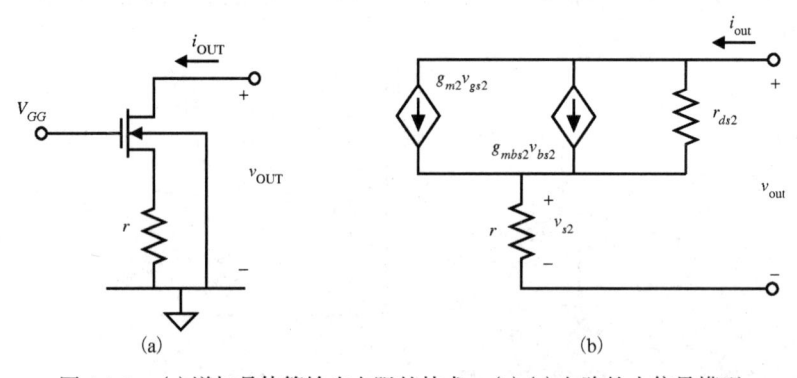

图4.3-3 (a)增加晶体管输出电阻的技术；(b)(a)电路的小信号模型

上面的原理可利用图 4.3-4(a)的电路来实现。这里，图 4.3-1(a)的电流漏输出电阻(r_{ds1})应当由 M2 的共栅电压增益来增加。为了验证这个原理，图 4.3-4(a)的共源共栅电流漏的小信号输出电阻用图 4.3-4(b)的模型计算。因为 $v_{gs2} = -v_1$ 且 $v_{gs1} = 0$，在输出节点求电流的和有

$$i_{out} + g_{m2}v_1 + g_{mbs2}v_1 = g_{ds2}(v_{out} - v_1) \tag{4.3-5}$$

又因为 $v_1 = i_{out} r_{ds1}$，因此能够解出 r_{out}。

$$r_{out} = \frac{v_{out}}{i_{out}} = r_{ds2}(1 + g_{m2}r_{ds1} + g_{mbs2}r_{ds1} + g_{ds2}r_{ds1}) \tag{4.3-6}$$

$$= r_{ds1} + r_{ds2} + g_{m2}r_{ds1}r_{ds2}(1+\eta_2)$$

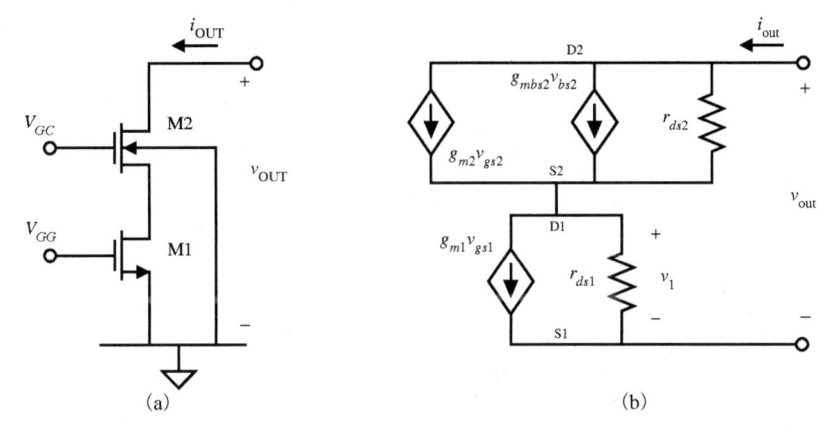

图 4.3-4 (a)增加 r_{out} 的电流漏电路；(b)(a)电路的小信号模型

典型的 $g_{m2}r_{ds2} \gg 1$，所以式(4.3-6)可简化为

$$r_{out} \cong (g_{m2}r_{ds2})r_{ds1} \tag{4.3-7}$$

可以看到，图 4.3-4(a)中电流漏的小信号输出电阻增加到 $g_{m2}r_{ds2}$ 倍。

例 4.3-1 计算电流漏电路的输出电阻

用表 3.1-2 中的模型参数计算：(a)图 4.3-1(a)的简单电流漏电路的小信号输出电阻，假设 I_{OUT} = 100 μA；(b)如果将(a)中的简单电流漏电路插入图 4.3-4(a)的共源共栅电流漏结构中，试计算小信号输出电阻。假设 $W_1/L_1 = W_2/L_2 = 1$。

解：(a)利用 λ = 0.04，I_{OUT} = 100 μA，得出小信号输出电阻为 250 kΩ。

(b)由于体效应，g_{mbs2} 可以被忽略。由式(3.3-6)可得 $g_{m1} = g_{m2}$ = 148 μA/V，将其代入式(4.3-7)，可得共源共栅电流漏电路的小信号输出电阻为 9.25 MΩ。

简单电流源/漏的其他性能限制是不能保证所有的 v_{OUT} 值都有恒定的输出电流。图 4.3-1(b)和图 4.3-2(b)说明了这一点。虽然这个问题在简单电流源/漏中也许并不严重，但在用来增加小信号输出电阻的共源共栅电流源/漏结构中这个问题会严重得多。因此，找出减小 V_{MIN} 值的办法是很重要的[3]。很明显，V_{MIN} 可以用增加 W/L 的值和调整栅-源电压得到相同输出电流来减小。下面介绍另一种对于共源共栅电流源/漏很有效的办法。

在说明减小共源共栅电流源/漏的 V_{MIN} 值的办法之前，必须介绍用于 MOS 器件偏置的重要原理。这个原理最好用两只 MOS 管(M1 和 M2)来说明。假设所加的栅-源直流电压 V_{GS}

可以被分为两个部分,即

$$V_{GS} = V_{ON} + V_T \tag{4.3-8}$$

式中,V_{ON} 是 V_{GS} 的一部分,是大于阈值电压 V_T 的那部分。MOS 管工作在饱和区时 v_{DS} 的最小值为

$$v_{DS}(饱和) = V_{GS} - V_T = V_{ON} \tag{4.3-9}$$

于是,V_{ON} 可以看成 MOS 管工作在饱和区时漏-源间电压的最小值。在饱和区,漏极电流可以表示为

$$i_D = \frac{K'W}{2L}(V_{ON})^2 \tag{4.3-10}$$

这个原理是基于式(4.3-10)的。如果两个 MOS 管的电流相等(因为它们是串联连接),那么就有

$$\frac{K'_1 W_1}{L_1}(V_{ON1})^2 = \frac{K'_2 W_2}{L_2}(V_{ON2})^2 \tag{4.3-11}$$

如果两个 MOS 管类型相同,那么式(4.3-11)简化为

$$\frac{W_1}{L_1}(V_{ON1})^2 = \frac{W_2}{L_2}(V_{ON2})^2 \tag{4.3-12}$$

或

$$\frac{\left(\dfrac{W_1}{L_1}\right)}{\left(\dfrac{W_2}{L_2}\right)} = \frac{(V_{ON2})^2}{(V_{ON1})^2} \tag{4.3-13}$$

上面的原理也可以用来定义电流和 W/L 之间的关系。如果两个相同的 MOS 管的栅-源电压是相等的(因为它们是物理连接),那么 V_{ON1} 等于 V_{ON2}。从式(4.3-10)可以得出

$$i_{D1}\left(\frac{W_2}{L_2}\right) = i_{D2}\left(\frac{W_1}{L_1}\right) \tag{4.3-14}$$

即使 M1 和 M2 的栅源极没有物理连接在一起,式(4.3-13)也是有用的。因为即使物理上不是连接在一起,电压也可以设置成相等,这在后面将会看到。式(4.3-13)和式(4.3-14)表示了一个非常重要的原理,这个原理不仅在后面的内容中适用,还可以在整本书中用来确定偏置关系。

考虑图 4.3-5(a)中共源共栅电流漏电路,目的是用上面的原理来减小 V_{MIN} 的值。如果忽略 M2、M4 的体效应,并且假设 M1、M2、M3 和 M4 都匹配有相同的 W/L,那么,如图 4.3-5(a)所示,每个 MOS 管的栅-源电压都可以表示为 $V_T + V_{ON}$。在 M2 的栅极,可以看到关于低电源供电的电压是 $2V_T + 2V_{ON}$。为了维持电流漏/源的正常工作,应该假设 M1 和 M2 至少有式(4.3-9)所给的 V_{ON} 电压值。为了得出图 4.3-5(a)的 V_{MIN} 值,可以将式(3.1-15)重新写为

$$v_D \geq v_G - V_T \tag{4.3-15}$$

因为 $V_{G2} = 2V_T + 2V_{ON}$,将此值代入式(4.3-15)得到

$$V_{D2}(最小) = V_{MIN} = V_T + 2V_{ON} \tag{4.3-16}$$

图 4.3-5(a)的 $I-V$ 特性如图 4.3-5(b)所示,这里给出了式(4.3-16)的 V_{MIN} 的值。

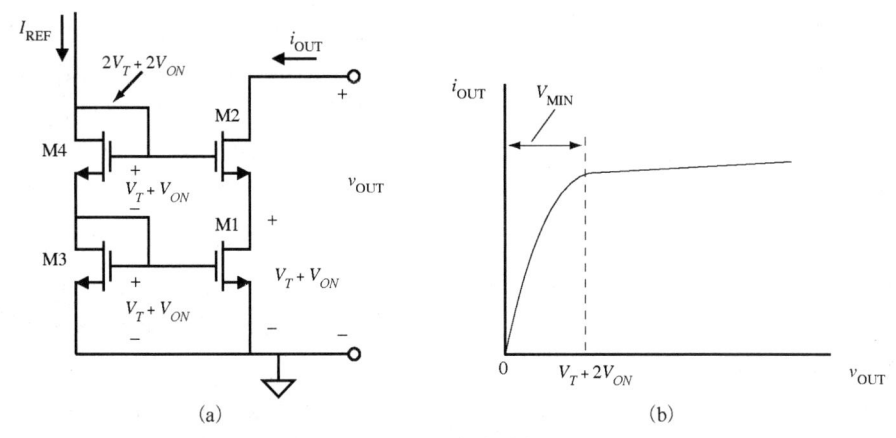

图 4.3-5 (a)标准共源共栅电流漏；(b)(a)电路的输出特性

式(4.3-16)中，V_{MIN} 的值分降在 M1 和 M2 上。M2 的压降是 V_{ON}，而 M1 的压降为 $V_{ON} + V_T$。从式(4.3-9)的结果来看，这意味着图 4.3-5 的 V_{MIN} 可以减小 V_T，M1 和 M2 此时仍保持在饱和区。图 4.3-6(a)说明了如何实现这一点[4]。M4 的 W/L 是相同的 M1～M3 的 W/L 的 1/4。这样可使 M4 的栅-源电压为 $V_T + 2V_{ON}$，而不是 $V_T + V_{ON}$。因此，M2 的栅极电压现在是 $V_T + 2V_{ON}$。将此值代入式(4.3-15)得

$$V_{D2}(最小) = V_{MIN} = 2V_{ON} \tag{4.3-17}$$

最终的 I–V 关系如图 4.3-6(b)所示。可以看到 $2V_{ON}$ 的电压降在 M1 和 M2 上，给出了 V_{MIN} 的最小值，且 M1 和 M2 都保持在饱和区。用这个办法再增加 W/L 可以得到 V_{MIN} 的最小值。

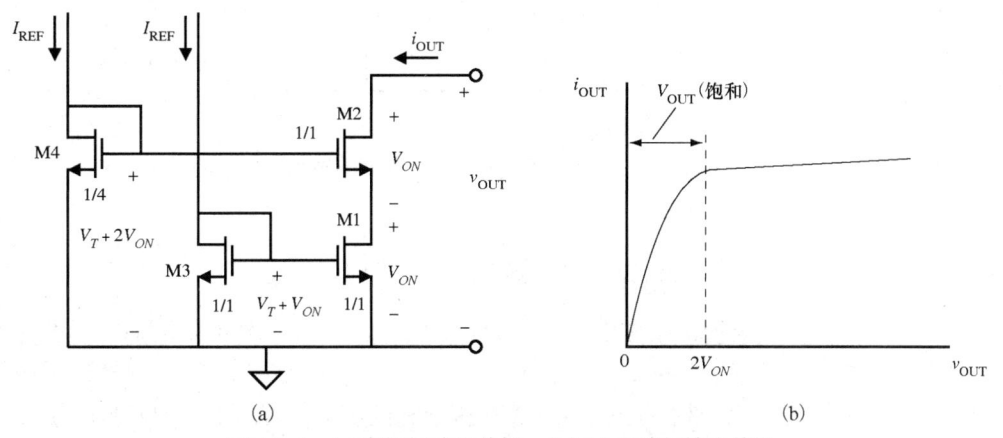

图 4.3-6 (a)高摆幅共源共栅；(b)(a)电路的输出特性

例 4.3-2 设计一个给定 V_{MIN} 的共源共栅电流漏

用图 4.3-6(a)所示的共源共栅电流漏结构设计一个 100 μA、V_{MIN} 为 1 V 的电流漏。假设 MOS 管采用表 3.1-2 的参数。

解： 因为 $V_{MIN} = 1$ V，选择 $V_{ON} = 0.5$ V。使用饱和模型，可求得 M1～M3 的 W/L 为：

$$\frac{W}{L} = \frac{2i_{OUT}}{K'V_{ON}^2} = \frac{2 \times 100 \times 10^{-6}}{110 \times 10^{-6} \times 0.25} = 7.27$$

M4 的 W/L 是这个值的 1/4，即为 1.82。

图 4.3-6 的电路存在一个问题。M1 的 V_{DS} 和 M3 的 V_{DS} 不等。因此，由于沟道长度调制就像漏极引起阈值的偏离一样，电流 i_{OUT} 不会精确地等于 I_{REF}。如果想要 I_{REF} 精确地映射到 i_{OUT}，那么需要对图 4.3-6 的电路做一点修正。图 4.3-7 说明了如何实现这个修正。增加一个 M5 与 M3 串联，迫使 M3 和 M1 的漏极电压相等，因而消除了由沟道长度调制效应和漏极引起阈值偏离而产生的误差。

上面的技术在后面将要讨论的最大化共源共栅结构的电压摆幅中是很有用的。本节已经说明了电流源/漏的应用和怎样提高 MOS 管的输出电阻。应用于偏置中的一个非常重要的原理是基于额外的栅-源电压 V_{ON}、漏极电流和 MOS 管 W/L 之间关系的。这个原理被用来减小共源共栅电流源的 V_{MIN} 电压。

当功耗必须保持在最小时，可以修改图4.3-7所示的电路来减少 I_{REF} 电流中的一个。图4.3-8 示出了自偏置共源共栅电流源，这个电路只需要一个参考电流[5]。虽然这个电路减少了一个偏置电压，但存在两个缺点，第一个是如果电流小，电阻 R 就会很大，第二个是会引进另一个节点，产生一个寄生极点。

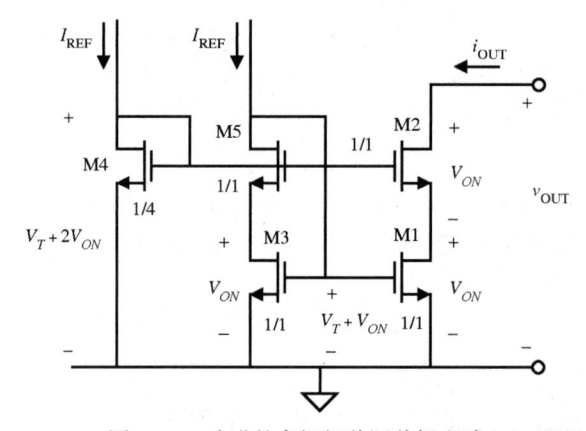

图 4.3-7 改进的高摆幅共源共栅电路

例 4.3-3 设计一个给定 V_{MIN} 的自偏置高摆幅共源共栅电流漏

用图 4.3-8 共源共栅电流漏结构设计一个 250 μA、V_{MIN} 为 0.5 V 的电流漏。假设管子采用表 3.1-2 的参数。

解： 因为 $V_{MIN} = 0.5$ V，选择 $V_{ON} = 0.25$ V，用饱和区模型，M1 和 M3 的 W/L 为

$$\frac{W}{L} = \frac{2i_{OUT}}{K'V_{ON}^2} = \frac{500 \times 10^{-6}}{110 \times 10^{-6} \times 0.0625} = 72.73$$

M2 和 M4 的背面栅偏置电压为 −0.25 V。因此，M2 和 M4 的阈值电压可计算如下：

$$V_{TH} = 0.7 + 0.4\left(\sqrt{0.25 + 0.7} - \sqrt{0.7}\right) = 0.755$$

考虑阈值电压的增量，M4 和 M2 的栅极电压为

$$V_{G4} = 0.755 + 0.25 + 0.25 = 1.255$$

第 4 章 模拟 CMOS 子电路

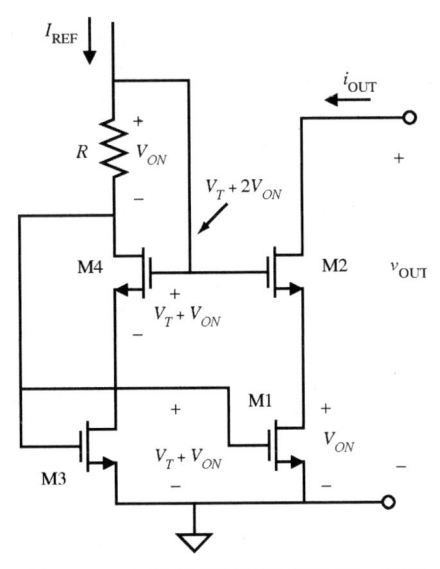

图 4.3-8 自偏置高摆幅共源共栅电流源

M1 和 M3 的栅极电压为

$$V_{G1} = 0.70 + 0.25 = 0.95$$

现在电阻两端都有定义，所以需要的电阻值为

$$R = \frac{V_{G4} - V_{G1}}{250 \times 10^{-6}} = \frac{1.255 - 0.95}{250 \times 10^{-6}} = 1220\Omega$$

如果电流漏的源极和地之间插入一个电阻，可以增加输出电阻。这可由式(4.3-4)和式(4.3-6)的小信号分析证明。然而从设计的角度，应该明白有这样结果的原理，以便在以后的设计中增加或者减小端口电阻。最基本的原理是应用在单端口的负反馈原理。可以用一个称成 Blackman 公式的概念来描述[6]。Blackman 公式基于图 4.3-9，图中，令所关心的端口为 x。在图 4.3-9(a) 中有一个受控源。控制变量可以是电压 v_c 或电流 i_c。相应的受控源是电压源 kv_c 或电流源 ki_c，其中控制参数是 k。在图 4.3-9(b) 中受控源已经被转换为独立电压源，用 kv'_c 表示，或者独立电流源，用 ki'_c 表示。这样反馈环路被开环，可以计算称为回归比的量。回归比可以简单地用控制变量除以加撇号的控制变量，比值加负号表示。有两种回归比类型，端口 x 开路($i_x = 0$)的回归比和端口 x 短路($v_x = 0$)的回归比。图 4.3-9(a) 端口 x 的输入电阻可以表示为[7]

$$R_x = R_x(k = 0)\left[\frac{1 + RR(\text{端口短路})}{1 + RR(\text{端口开路})}\right] \tag{4.3-18}$$

式中 RR 是回归比($-v_c/v'_c$ 或 $-i_c/i'_c$)。在下面的例子中将此式用于图 4.3-3(a) 推导式(4.3-4)。

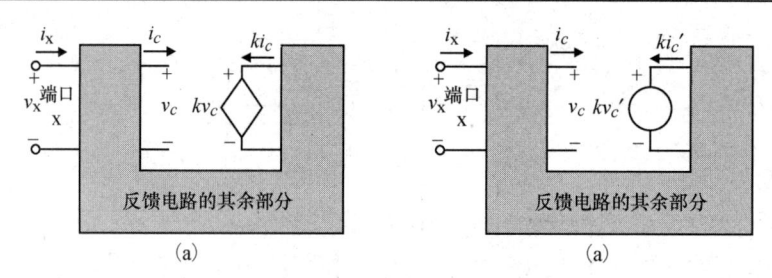

图 4.3-9 (a) 用 Blackman 公式求端口 x 的电阻；(b) 求 Blackman 公式回归比的电路

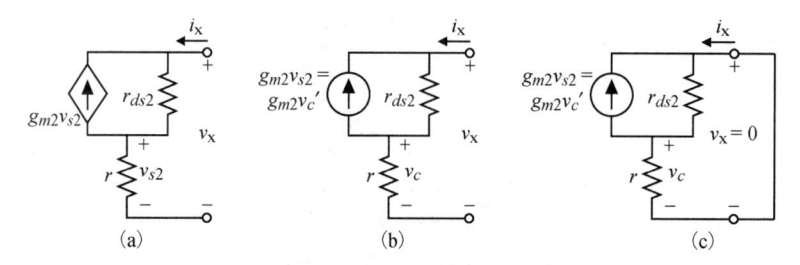

图 4.3-10 (a) 图 4.3-3(b) 中 $v_{g2}=0$ 和 $v_{bs2}=0$ 时的电路；(b) 将图 4.3-10(a) 按图 4.3-9(a) 到图 4.3-9(b) 的形式转换，也可用于 $i_x=0$ 端口开路的情况；(c) 图 4.3-10(b) 的短路形式

例 4.3-4 将 Blackman 公式用于图 4.3-3(a) 电路中

将式(4.3-18)给出的 Blackman 公式用于图 4.3-3(a) 电流漏电路中。为简化此例，设 $v_{bs}=0\ \text{V}$。

解： 图 4.3-10 示出了由图 4.3-3(b) 转换成图 4.3-9(b) 的过程，$g_{m2}=0$ 时输出电阻为

$$R_{out}(g_{m2}=0)=r_{ds2}+r$$

端口短路 $v_x=0$ 时的回归比为

$$RR(v_x=0)=-\frac{v_c}{v_c'}=g_m\frac{r_{ds2}r}{r_{ds2}+r}$$

端口开路 ($i_x=0$) 时的回归比为

$$RR(i_x=0)=-\frac{v_c}{v_c'}=0$$

因为 $i_x=0$，$g_{m2}v_c'$ 的电流全部流经 r_{ds2}，没有电流流过 r。将这些值代入式(4.3-18)求得输出电阻为

$$R_{out}=R_{out}(g_{m2}=0)\left[\frac{1+RR(\text{端口短路})}{1+RR(\text{端口开路})}\right]=(r_{ds2}+r)\left(1+g_{m}\frac{r_{ds2}r}{r_{ds2}+r}\right)=r_{ds2}+g_{m2}r_{ds2}r$$

当 $g_{mbs2}=0$ 时此式与式(4.3-4)相同。

由 Blackman 公式得到反馈影响的关键准则：如果要增加电阻，就必须建立一个反馈电路，并使其端口开路时的回归比为零。另一方面，如果希望减小端口电阻，就必须建立一个反馈电路，使其端口短路回归比为零。按反馈的概念，第一种情况称为串联反馈，第二种情况称为并联反馈。一般，如果控制变量是电压 v_c，则采用串联反馈；如果控制变量是电流 i_c，则采用并联反馈。

4.4 电流镜

电流镜是电流漏/电流源的简单扩展。事实上，在任何时候想要构建不形成电流镜的电流漏/电流源都是不可能的。电流镜遵循的原理是：如果两个相同 MOS 管的栅-源电压相等，那么沟道电流也应相等。图 4.4-1 说明了简单 n 沟道电流镜的构成。假设电流 i_I 由电流源或其他因素决定，i_O 是输出或"镜像"电流。M1 因 $v_{DS1} = v_{GS1}$ 而处在饱和区。假设 $v_{DS2} \geqslant v_{GS2} - V_{T2}$，那么可以采用 MOS 管饱和区的公式。在最一般的情况下，i_O 与 i_I 之比为

$$\frac{i_O}{i_I} = \left(\frac{L_1 W_2}{W_1 L_2}\right)\left(\frac{V_{GS} - V_{T2}}{V_{GS} - V_{T1}}\right)^2 \left[\frac{1 + \lambda v_{DS2}}{1 + \lambda v_{DS1}}\left(\frac{K'_2}{K'_1}\right)\right] \tag{4.4-1}$$

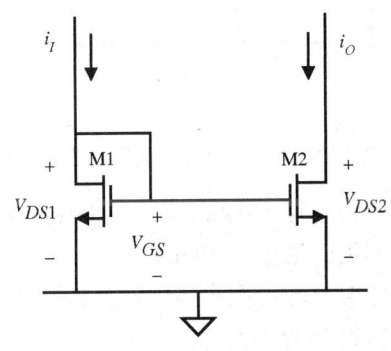

图 4.4-1 n 沟道电流镜

通常，电流镜的组成部分都在同一个集成电路上，因此两管的所有物理参数(如 V_T 和 K')都是相同的，式(4.4-1)简化为

$$\frac{i_O}{i_I} = \left(\frac{L_1 W_2}{W_1 L_2}\right)\left(\frac{1 + \lambda v_{DS2}}{1 + \lambda v_{DS1}}\right) \tag{4.4-2}$$

如果 $v_{DS2} = v_{DS1}$，则

$$\frac{i_O}{i_I} = \left(\frac{L_1 W_2}{W_1 L_2}\right) \tag{4.4-3}$$

因此，i_O/i_I 是设计者控制的宽长比的函数。

有三种因素会使电流镜与式(4.4-3)描述的理想情况不同。这些因素是：(1)沟道长度调制；(2)两管之间的阈值失配；(3)非理想的几何图形匹配。下面分别分析这三种因素。

首先考虑沟道长度调制效应。假设其他参数都是理想的，且两管的宽长比相同，那么式(4.4-2)可简化为

$$\frac{i_O}{i_I} = \frac{1 + \lambda v_{DS2}}{1 + \lambda v_{DS1}} \tag{4.4-4}$$

假设两管的 λ 相同。该式表明两管的漏-源电压差可能引起理想的单位电流增益或电流镜的偏差。图 4.4-2 所示为两管均在饱和区但有不同 λ 值时，电流比误差与 $v_{DS2} - v_{DS1}$ 的关系曲线。在该图中应注意到两个重要的情况：首先是当组成电流镜的两管的漏-源电压不相等时存在很明显的比例误差；其次对于给定的漏-源电压差，镜像电流与参考电流的比随 λ 的变小(输出电阻增大)而改善。因此，好的电流镜或电流放大器应当有相同的漏-源电压和高的输出电阻。

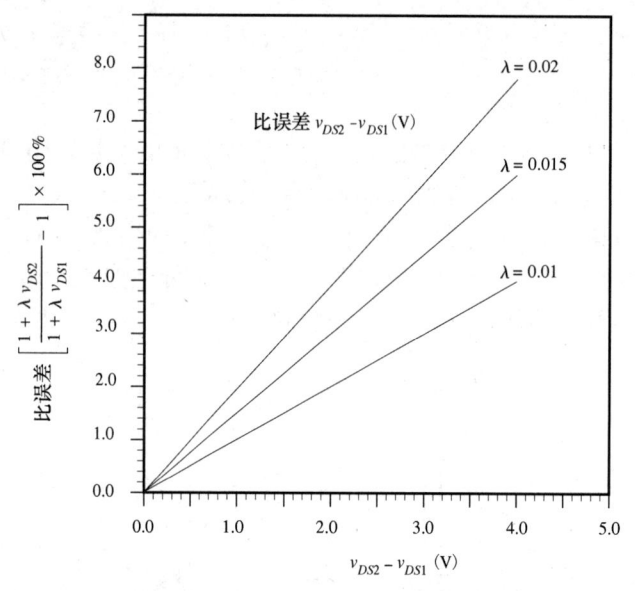

图 4.4-2　图 4.4-1 电流镜的比误差(%)与漏极电压差的关系曲线，图中 $v_{DS1} = 2.0$ V

第二个非理想因素是两管阈值电压的失配。对于洁净的硅栅 CMOS 工艺，相同且靠得很近的两个晶体管阈值电压的典型失配值小于 10 mV。

考虑镜像结构中的两个晶体管，假设两个晶体管有相同漏-源电压且除 V_T 外其他参数都相同。在这种情况下，式(4.4-1)简化为

$$\frac{i_O}{i_I} = \left(\frac{v_{GS} - V_{T2}}{v_{GS} - V_{T1}} \right)^2 \tag{4.4-5}$$

图 4.4-3 显示了比误差与失调电压的关系，这里 $\Delta V_T = V_{T1} - V_{T2}$。由此图容易看出，电流越大电流镜性能越好，因为电流越大 v_{GS} 越高，ΔV_T 在 v_{GS} 中所占的百分比就越小。

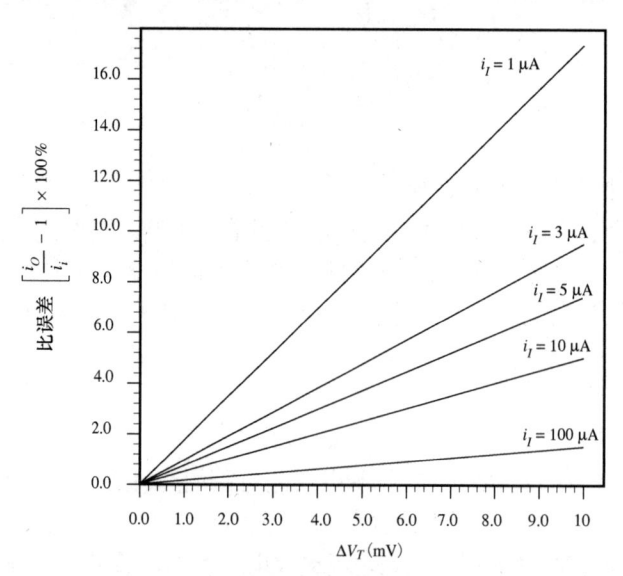

图 4.4-3　图 4.4-1 中电流镜的比误差(%)与失调电压的关系

电流镜的跨导增益 K' 也可能不匹配(由氧化物梯度所致)。现在给出 K' 和 V_T 的定量分析。假设两个镜像的晶体管的 W/L 精确相等,但是 K' 和 V_T 可能失配。式(4.4-5)可重写为

$$\frac{i_O}{i_I} = \frac{K'_2 (v_{GS} - V_{T2})^2}{K'_1 (v_{GS} - V_{T1})^2} \tag{4.4-6}$$

式中,$v_{GS1} = v_{GS2} = v_{GS}$。定义 $\Delta K' = K'_2 - K'_1$,$K' = 0.5(K'_2 + K'_1)$,$\Delta V_T = V_{T2} - V_{T1}$ 和 $V_T = 0.5(V_{T2} + V_{T1})$,有

$$K'_1 = K' - 0.5\Delta K' \tag{4.4-7}$$

$$K'_2 = K' + 0.5\Delta K' \tag{4.4-8}$$

$$V_{T1} = V_T - 0.5\Delta V_T \tag{4.4-9}$$

$$V_{T2} = V_T + 0.5\Delta V_T \tag{4.4-10}$$

将式(4.4-7)~式(4.4-10)代入式(4.4-6),有

$$\frac{i_O}{i_I} = \frac{(K' + 0.5\Delta K')(v_{GS} - V_T - 0.5\Delta V_T)^2}{(K' - 0.5\Delta K')(v_{GS} - V_T + 0.5\Delta V_T)^2} \tag{4.4-11}$$

提取出 K' 和 $(v_{GS} - V_T)$,得

$$\frac{i_O}{i_I} = \frac{\left(1 + \dfrac{\Delta K'}{2K}\right)\left(1 - \dfrac{\Delta V_T}{2(v_{GS} - V_T)}\right)^2}{\left(1 - \dfrac{\Delta K'}{2K}\right)\left(1 + \dfrac{\Delta V_T}{2(v_{GS} - V_T)}\right)^2} \tag{4.4-12}$$

假设式(4.4-12)中跟在"1"后面的变量都很小,那么式(4.4-12)可以近似为

$$\frac{i_O}{i_I} \cong \left(1 + \frac{\Delta K'}{2K'}\right)\left(1 + \frac{\Delta K'}{2K'}\right)\left(1 - \frac{\Delta V_T}{2(v_{GS} - V_T)}\right)^2 \left(1 - \frac{\Delta V_T}{2(v_{GS} - V_T)}\right)^2 \tag{4.4-13}$$

只保留一阶乘积项,得到

$$\frac{i_O}{i_I} \cong 1 + \frac{\Delta K'}{K'} - \frac{2\Delta V_T}{v_{GS} - V_T} \tag{4.4-14}$$

如果 K' 和 V_T 的变化百分比已知,那么式(4.4-14)可以用来在最坏偏置情况下预测电流镜增益的误差。例如,设 $\Delta K'/K' = \pm 5\%$,且 $\Delta V_T/(v_{GS} - V_T) = \pm 10\%$,那么得到的电流镜增益是 $i_O/i_I \cong 1 \pm 0.05 \pm (-0.20)$ 或 $1 \pm (-0.15)$,在增益上有总计 15% 的误差,前提是 K' 与 V_T 的容差是准确的。

第三个电流镜的非理想因素是两个器件的宽长比的误差。在第 3 章中可知,在画 W 和 L 的值时是有差异的。由于存在掩模、光刻、刻蚀以及外扩散的差异,即使是两个晶体管并排放在一起也会有所不同。为避免这些变化的影响,一种办法是将晶体管尺寸做得比人们可以看到的典型变化大得多。对于 W 和 L 大于 $10\,\mu\mathrm{m}$ 的同样尺寸的晶体管,由几何失配引起的误差相对于由失调电压和 v_{DS} 引起的误差通常可以忽略。

在一些应用中,电流镜作为电流倍乘器或电流放大器使用。在这种情况下,倍乘管(M2)的宽长比要比参考管(M1)大得多。为获得最佳性能,必须考虑几何尺寸。下面将会给出一个相关的例子。

例 4.4-1 电流放大器中宽长比的误差

图 4.4-4 显示了 1∶4 电流放大器的版图。假设沟道长度相同($L_1 = L_2$),如果 $W_1 = 5 \pm 0.1\,\mu\mathrm{m}$,

$W_2 = 20 \pm 0.1\,\mu m$,求比例误差。

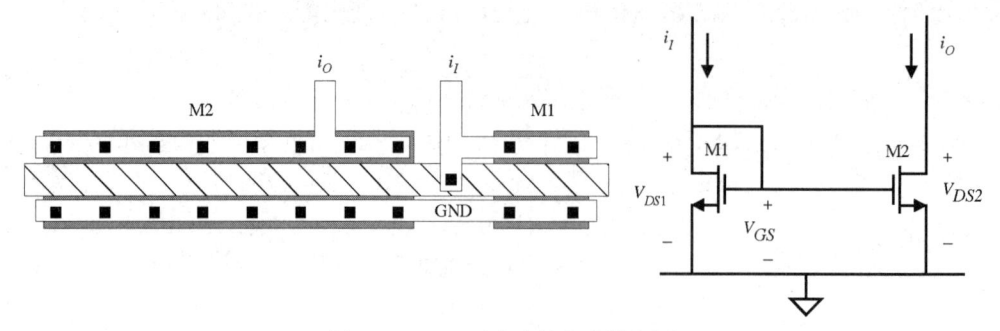

图 4.4-4 ΔW 不准确的电流镜版图

解：两个晶体管的实际宽度为

$$W_1 = 5 \pm 0.1\,\mu m$$

和

$$W_2 = 20 \pm 0.1\,\mu m$$

可以注意到容差并没有乘 4。因此 W_2 与 W_1 的比例和电流放大器的增益为

$$\frac{i_O}{i_I} = \frac{W_2}{W_1} = \frac{20 \pm 0.1}{5 \pm 0.1} = 4\left(\frac{1 \pm 0.1/20}{1 \pm 0.1/5}\right) \approx 4\left(1 \pm \frac{0.1}{20}\right)\left(1 - \frac{\pm 0.1}{5}\right)$$

$$\approx 4\left(1 \pm \frac{0.1}{20} - \frac{\pm 0.4}{20}\right) = 4 - (\pm 0.03)$$

这里假设变化有相同的符号。可以看出比例误差为所希望的电流比或增益的 0.75%。

如果晶体管的其他方面都是完全匹配的，上面的误差计算就是有效的。解决这个问题的办法是采用附录 B 中介绍的适当的版图技术。对 M1 管进行四次复制完成 1 到 4 比例的校正。在这种方法中，W_2 的容差就要乘电流增益。用该办法重新考虑上面的例子。

例 4.4-2 电流放大器宽长比误差的减小

用图 4.4-5 所示的版图技术，计算前例已有规格说明的电流放大器的比例误差。

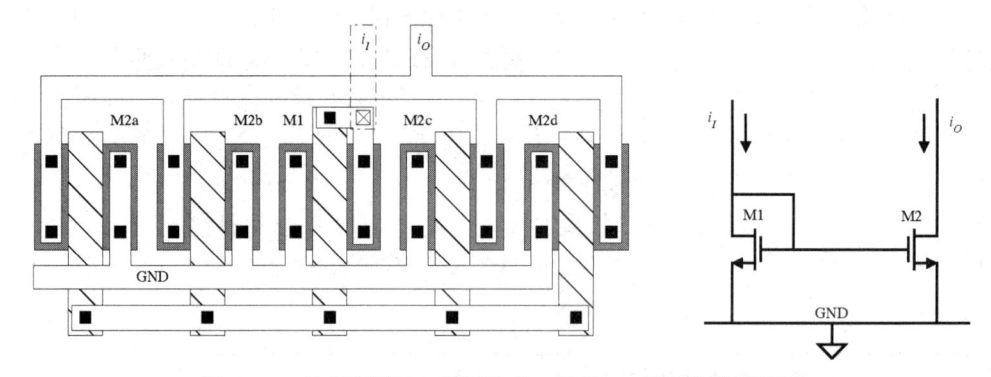

图 4.4-5 具有和同质心版图技术一样的 ΔW 校正电流镜版图

解：实际的 M1 和 M2 的宽度为

第 4 章 模拟 CMOS 子电路

$$W_1 = 5 \pm 0.05 \, \mu m$$

和

$$W_2 = 4(5 \pm 0.05) \, \mu m$$

因此，W_2 与 W_1 的比例和电流放大器的增益为

$$\frac{i_O}{i_I} = \frac{4(5 \pm 0.05)}{5 \pm 0.05} = 4$$

在上面的例子中假设了所有晶体管的 ΔW 都是相等的。但事实并非如此。ΔW 匹配误差与其他误差相比是很小的。如果两个晶体管的宽度相等但是长度不等，上面关于宽度的讨论办法同样适用于长度。通常，人们并不尝试等比例的长度，因为由于多晶硅栅下的扩散（外扩散）效应，它的容差要比宽度容差大得多。

可以看到小信号输出电阻是电流镜或放大器性能的一个完美的量度。图 4.4-1 所示简单 n 沟道电流镜的输出电阻为

$$r_{\text{out}} = \frac{1}{g_{ds}} \cong \frac{1}{\lambda I_D} \tag{4.4-15}$$

更高性能的电流镜将考虑增大 r_{out} 的值，式(4.4-15)是比较的基础。

至此，已经讨论了图 4.4-1 所示的电流镜或电流放大器的改善和图形问题，但还有一些改进电流镜性能的方法，采用的原理与 4.3 节中相同。图 4.4-6 所示的电流镜运用了共源共栅技术，可以减小由于输出和输入电压不同所引起的比例误差。

图 4.4-7 给出了图 4.4-6 的小信号等效模型。为了求出小信号输出电阻，设 $i_i = 0$。这使得小信号电压 v_1 和 v_3 为 0。所以，图 4.4-7 与例 4.3-1 电路完全等效。对图 4.4-7 采用恰当的下标，可以利用式(4.3-6)的结果写出

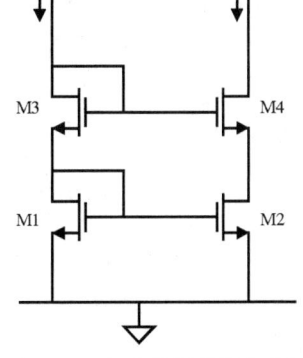

图 4.4-6 标准共源共栅电流漏

$$r_{\text{out}} = r_{ds2} + r_{ds4} + g_{m4} r_{ds2} r_{ds4} (1 + \eta_4) \tag{4.4-16}$$

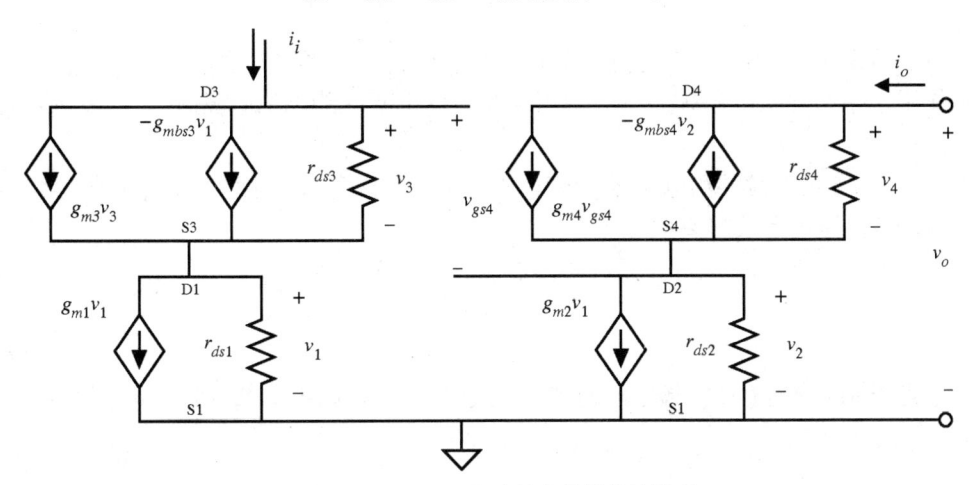

图 4.4-7 图 4.4-6 电路的小信号等效模型

从例 4.3-1 中可以看到该结构的小信号输出电阻比式(4.4-15)的简单电流镜要大得多。

图 4.4-8 给出了另一种电流镜，该电路是用 n 沟道实现的著名的威尔逊电流镜[8]。威尔逊电流镜的输出电阻通过采用电流负反馈得以增大。若 i_O 增大，则通过 M2 的电流也增大。然而，M1 和 M2 的镜像作用引起 M1 的电流增大。如果 i_I 恒定并且假设 M3 的栅极(M1 的漏极)到地有电阻，则 M3 的栅电压将随电流 i_O 增大而减小。环路增益基本上就是 g_{m1} 和从 M1 的漏极到地看进去的小信号电阻的乘积。

图 4.4-8 所示威尔逊电流源的小信号输出电阻可以写成

$$r_{out} = r_{ds3} + r_{ds2}\left(\frac{1 + r_{ds3}g_{m3}(1+\eta_3) + g_{m1}r_{ds1}g_{m3}r_{ds3}}{1 + g_{m2}r_{ds2}}\right) \tag{4.4-17}$$

可见，图 4.4-8 的输出电阻可以与图 4.4-6 的相比。

遗憾的是，为达到上述电流镜或放大器的性能要求，需要在输入和输出端有一个非零的电压。从大信号的观点考虑图4.4-6的共源共栅电流镜。在输入端这个电压用 V_I（最小）表示，取决于 i_I 的值。因为 M1 和 M3 的 $v_{DG}=0$，此两管始终饱和。所以，可以认为 V_I（最小）是

$$V_I(\text{最小}) = \left(\frac{2i_I}{K'}\right)^{1/2}\left[\left(\frac{L_1}{W_1}\right)^{1/2} + \left(\frac{L_3}{W_3}\right)^{1/2}\right] + (V_{T1} + V_{T3}) \tag{4.4-18}$$

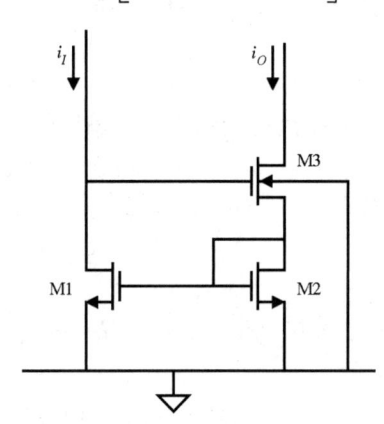

图 4.4-8 威尔逊电流镜

可见，对于给定的 i_I，减小 V_I（最小）的唯一方法是增加 M1 和 M3 的宽长比 W/L。由于 M3 的背栅作用，V_{T3} 会更大。本书在4.3节中用到的减小共源共栅电流漏/源输出的 V_{MIN} 的方法在这里不适用。

对于图 4.4-6 的共源共栅电流漏，电压 V_{MIN} 也值得探究，在这里 M4 会从非饱和区向饱和区过渡。该电压可以根据关系

$$v_{DS4} \geq (v_{GS4} - V_{T4}) \tag{4.4-19}$$

或

$$v_{DS4} \geq v_{G4} - V_{T4} \tag{4.4-20}$$

求得，这是当 M4 导通时两区域之间的阈值。式(4.4-20)可以用于求出 V_{MIN} 的值，即

$$V_{\text{MIN}} = V_I - V_{T4} = \left(\frac{2I_I}{K'}\right)^{1/2}\left[\left(\frac{L_1}{W_1}\right)^{1/2} + \left(\frac{L_3}{W_3}\right)^{1/2}\right] + (V_{T1} + V_{T3} - V_{T4}) \tag{4.4-21}$$

对于上面的电压 V_{MIN}，M4 管工作在饱和区，输出电阻应由式(4.4-16)计算得出。由于 M2 的电压值比饱和时所必需的电压大，在 4.3 节中所提到的减小 V_{MIN} 的方法在这里可以使用。

类似的关系可以用在威尔逊电流镜或放大器中。如果 M3 饱和，则 V_I (最小)表示为

$$V_I(\text{最小}) = \left(\frac{2I_O}{K'}\right)^{1/2}\left[\left(\frac{L_2}{W_2}\right)^{1/2} + \left(\frac{L_3}{W_3}\right)^{1/2}\right] + (V_{T2} + V_{T3}) \tag{4.4-22}$$

因为 M3 饱和，V_{OUT} 必须比

$$V_{\text{OUT}}(\text{饱和}) = V_I - V_{T3} = \left(\frac{2I_O}{K'}\right)^{1/2}\left[\left(\frac{L_2}{W_2}\right)^{1/2} + \left(\frac{L_3}{W_3}\right)^{1/2}\right] + V_{T2} \tag{4.4-23}$$

给出的 V_{OUT} (饱和)要大。因此这两个电路至少需要 $2V_T$ 的输入才能达到上述性能。增大 W/L 则会减小 V_I (最小)和 V_{OUT} (饱和)。

从另一个不同的观点可以形成威尔逊电流镜的一种改进方法。考虑图4.4-9中重画了的威尔逊电流镜。注意，用二极管方式连接的 M2 的电阻是

$$r_{M2} = \frac{r_{ds2}}{1 + g_{m2}r_{ds2}} \tag{4.4-24}$$

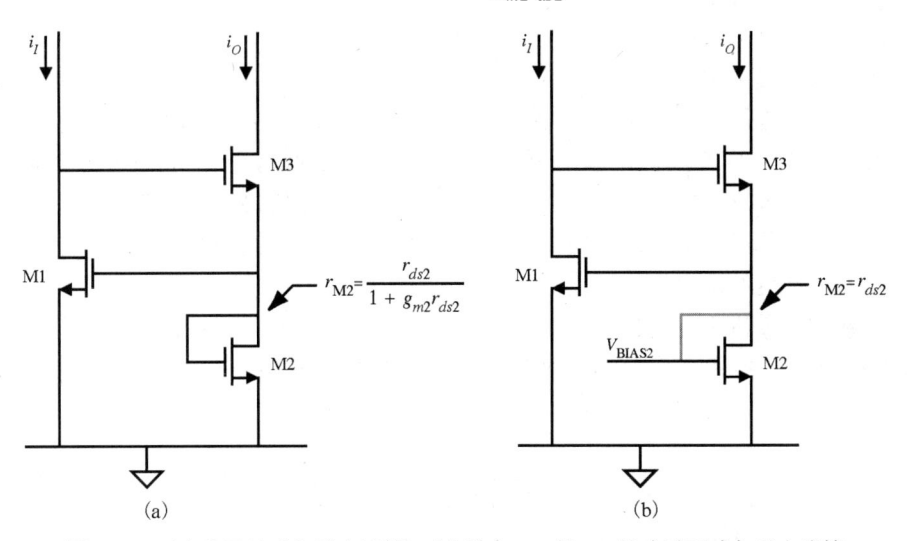

图 4.4-9 (a)重画的威尔逊电流镜；(b)增大 M2 的 r_{out} 的改进型威尔逊电流镜

若将 M2 的栅极接到一个偏置电压上，则 r_{M2} 变为

$$r_{M2} = \frac{r_{ds2}}{1 + g_{m2}r_{ds2}} \Rightarrow r_{M2} = r_{ds2} \tag{4.4-25}$$

r_{out} 的成为

$$r_{\text{out}} = r_{ds3} + r_{ds2}\left(\frac{1 + r_{ds3}g_{m3}(1+\eta_3) + g_{m1}r_{ds1}g_{m3}r_{ds3}}{1}\right) \tag{4.4-26}$$

$$r_{\text{out}} \cong r_{ds2}g_{m1}r_{ds1}g_{m3}r_{ds3} \tag{4.4-27}$$

图 4.4-10 所示的这种新电流镜称为校准共源共栅电流镜[9]，它的输出电阻达到 $g_m^2 r_{ds}^3$ 数量级。

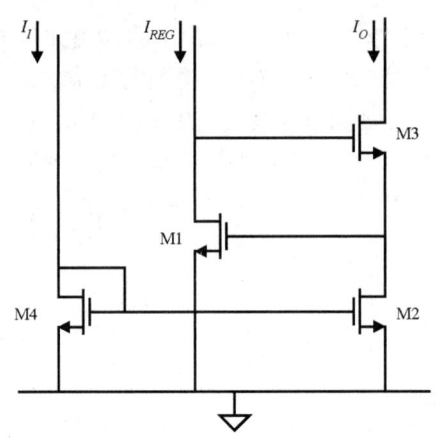

图 4.4-10 校准共源共栅电流镜

上述的每种电流镜都可以用 p 沟道管实现。电路以同样的方法工作，并具有相同的小信号输出电阻。n 沟道和 p 沟道电流镜的使用在 CMOS 电路的直流偏置中是有用的。

4.5 基准电流和电压

理想的基准电流或电压是与电源和温度变化无关的。模拟电路中的许多应用都要求具有提供稳定的电流和电压这样一个模块。图4.5-1所示为理想基准电流和电压的大信号伏安特性。这些特性与理想电流源和电压源是相同的。当电流和电压的值比在一般源中所要求的更精确和更稳定时，这些源就冠以"基准"的名称。典型的基准与连接到它的负载有关。一般可以用缓冲放大器隔离基准和负载，保持基准的高性能。在下面的讨论中，假设高性能的基准电压可以生成高性能的基准电流，反之亦然。

一个最粗略的基准电压可以通过电源分压器来实现。有源或无源元器件都可以作为分压器。图4.5-2各举了一个例子。而 V_{REF} 的值直接与电源成比例。可以通过引入灵敏度 S 这个概念来量化这个关系。图4.5-2(a)中的 V_{REF} 对 V_{DD} 的灵敏度可以表示为

$$S_{V_{DD}}^{V_{REF}} = \frac{(\partial V_{REF}/V_{REF})}{(\partial V_{DD}/V_{DD})} = \frac{V_{DD}}{V_{REF}}\left(\frac{\partial V_{REF}}{\partial V_{DD}}\right) \tag{4.5-1}$$

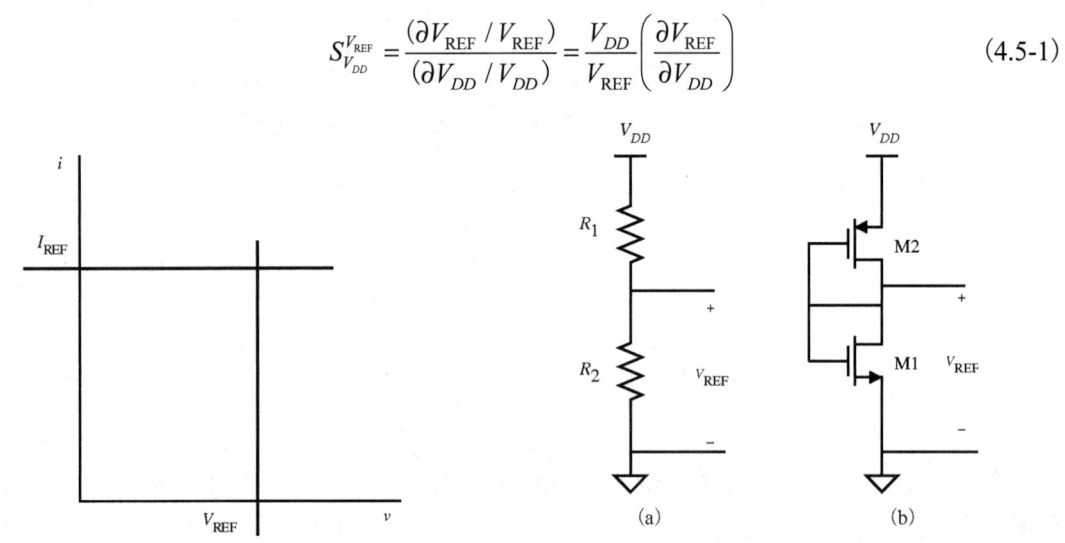

图 4.5-1 理想基准电流和电压的伏安特性曲线   图 4.5-2 分压式基准电压。(a)电阻实现；(b)有源器件实现

式(4.5-1)可按如下方式解释：如果灵敏度是 1，那么电源电压 V_{DD} 的 10%变化将引起基准电压 V_{REF} 的 10%变化(作为基准电压这是不希望有的)。可以证明，图4.5-2(b)中 V_{REF} 相对于 V_{DD} 的灵敏度等于 1(见习题 4.5-1)。

获得更理想基准电压的简单方法是采用如图 4.5-3 所示的有源器件。在图 4.5-3(a)中，衬底 BJT 通过电阻 R 接至电源电压，pn 结电压为

$$V_{REF} = V_{EB} = \frac{kT}{q}\ln\left(\frac{I}{I_s}\right) \tag{4.5-2}$$

式中，I_s 是式(2.5-4)定义的结反向饱和电流。如果 V_{DD} 远大于 V_{EB}，则电流 I 应为

$$I = \frac{V_{DD} - V_{EB}}{R} \cong \frac{V_{DD}}{R} \tag{4.5-3}$$

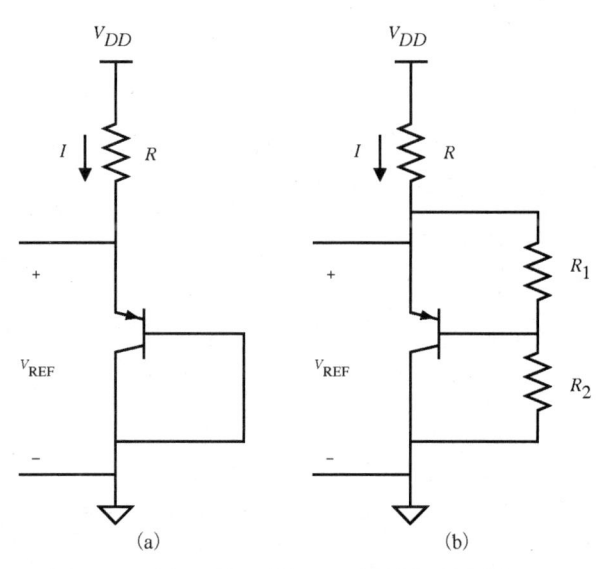

图 4.5-3 (a)pn 结基准电压；(b)增加(a)图的 V_{REF}

于是，该电路的基准电压为

$$V_{REF} \cong \frac{kT}{q}\ln\left(\frac{V_{DD}}{RI_s}\right) \tag{4.5-4}$$

图 4.5-3(a)中 V_{REF} 对 V_{DD} 的灵敏度为

$$S_{V_{DD}}^{V_{REF}} = \frac{1}{\ln[V_{DD}/(RI_s)]} = \frac{1}{\ln(I/I_s)} \tag{4.5-5}$$

有意思的是，因为 I 通常都比 I_s 要大得多，所以图4.5-3(a)中 V_{REF} 的灵敏度远小于 1。例如，若 I = 1 mA，I_s = 10^{-15} A，则由式(4.5-5)得到结果为 0.0362。也就是说，V_{DD} 10%的变化只会在 V_{REF} 中引起 0.362%的变化。图 4.5-3(b)给出一个增大图 4.5-3(a)中 V_{REF} 的方法。图 4.5-3(b)的基准电压可以写成

$$V_{REF} \cong V_{EB}\left(\frac{R_1 + R_2}{R_1}\right) \tag{4.5-6}$$

为了求出 V_{EB} 的值，有必要假设晶体管的 β_F(共发射极电流增益)和 $R_1 + R_2$ 很大。在图 4.5-3(b)中，V_{REF} 越大，电流 I 越成为 V_{REF} 的函数，最终需要采用迭代方法进行计算。

图 4.5-3(a)中的 BJT 可以用增强型 MOS 管替代，其电压对 V_{DD} 的依赖比图 4.5-2(a)更小，电路如图 4.5-4(a)所示。V_{REF} 可以由式(4.2-2)求出，其中 V_{GS} 为

$$V_{GS} = V_T + \sqrt{\frac{2I}{\beta}} \tag{4.5-7}$$

忽略沟道长度调制效应，V_{REF} 为

$$V_{REF} = V_T - \frac{1}{\beta R} + \sqrt{\frac{2(V_{DD} - V_T)}{\beta R} + \frac{1}{\beta^2 R^2}} \tag{4.5-8}$$

若 V_{DD} = 5 V，W/L = 2，R = 100 kΩ，利用表 3.1-2 中的数值，得出基准电压为 1.281 V。可以求出图 4.5-4(a)的灵敏度为

$$S_{V_{DD}}^{V_{REF}} = \left(\frac{1}{\sqrt{1+2\beta(V_{DD}-V_T)R}}\right)\left(\frac{V_{DD}}{V_{REF}}\right) \tag{4.5-9}$$

用先前的值可得 V_{REF} 对 V_{DD} 的灵敏度值为 0.283。这个灵敏度不如 BJT 来得好，这是因为对数函数对自变量的灵敏度小于平方根函数。采用图 4.5-3(b)中 BJT 基准电压的生成技术也可以增大图 4.5-4(a)中 V_{REF} 的值，如图 4.5-4(b)所示，基准电压为

$$V_{REF} = V_{GS}\left(1 + \frac{R_2}{R_1}\right) \tag{4.5-10}$$

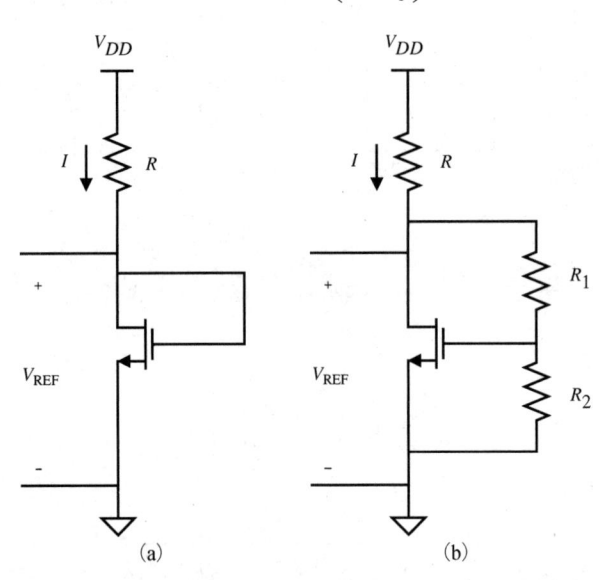

图 4.5-4 (a) pn 结基准电压的 MOS 等效；(b) 增加(a)图中的 V_{REF}

图 4.5-3 和图 4.5-4 所示基准电压的类型中，设计者可以利用几何尺寸来调整 V_{REF} 的值。在 BJT 基准中，与几何尺寸相关的参数是 I_s，在 MOS 管基准中是 W/L。这些基准下的小信号输出电阻可衡量其对负载的依赖程度（见习题 4.5-5）。

在图 4.5-3(a)和图 4.5-4(a)中可以注意到，有源器件上电压的灵敏度小于 1。若通过有源器件上的电压产生电流，并设法采用该电流提供通过器件的初始电流，那么可以得到各种用途的、独立于 V_{DD} 的电流或电压。该技术被称为 V_T 基准源，也称为自举基准。图 4.5-5(a)所示的是采用全 MOS 管实现这个技术的一个实例。M3 和 M4 使得电流 I_1 和 I_2 相等。I_1 流经 M1

产生电压 V_{GS1},I_2 流过 R 产生电压 I_2R。这两个电压连在一起,就确定出一个平衡点。图 4.5-5(b) 说明了该平衡点的确定方法。在该曲线上,I_1 和 I_2 被看成 V 的函数。曲线的交点定义为平衡点,用 Q 表示。描述这个平衡点的方程式为

$$I_2 R = V_{T1} + \left(\frac{2I_1 L_1}{K'_N W_1}\right)^{1/2} \tag{4.5-11}$$

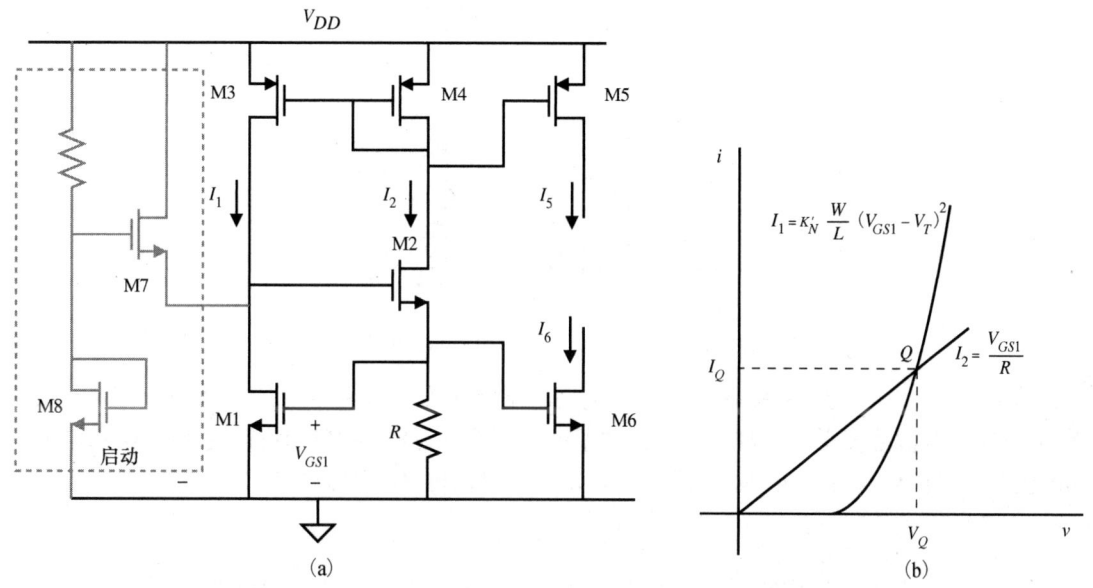

图 4.5-5 (a)阈值基准电路;(b)(a)的 I-V 特性,说明如何确定偏置点

由于 $I_1 = I_2 = I_Q$,因此可以解出(λ 忽略不计)

$$I_Q = I_2 = \frac{V_{T1}}{R} + \frac{1}{\beta_1 R^2} + \frac{1}{R}\sqrt{\frac{2V_{T1}}{\beta_1 R} + \frac{1}{\beta_1^2 R^2}} \tag{4.5-12}$$

首先,I_1 和 I_2 都不作为 V_{DD} 的函数随其变化,I_Q 对 V_{DD} 的灵敏度基本为零。通过 M5 或 M6 镜像 $I_2(=I_Q)$ 作用于一个电阻就得到一个基准电压。仔细研究说明,电流镜 M3-M4 的沟道长度调制效应会引起与 VDD 的一种较弱的依赖关系。

然而图 4.5-5(b)中有两个可能的平衡点。一个在 Q,而另一个在原点。为了避免电路处在错误的平衡点,必须有一个启动电路。图 4.5-5(a)中的虚线框内即为启动电路。如果电路处在不希望的平衡点,则 I_1 和 I_2 都等于 0,M7 将提供 M1 电流使得电路工作转移到平衡点 Q。随着电路工作接近 Q 点,M7 的源极电压增加,使得 M7 的电流减小。在 Q 点,M1 的电流应与 M3 相等。

图 4.5-5(a)的另一种,用 V_{BE} 作为基准电压或电流的电路如图 4.5-6 所示。可以证明平衡点由

$$I_2 R = v_{BE1} = V_T \ln\left(\frac{I_1}{I_s}\right) \tag{4.5-13}$$

确定。该基准电路也有两个平衡点,并且也需要与图 4.5-5(a)类似的启动电路。图 4.5-5(a) 和图 4.5-6 的基准电路给出了实现与电源无关基准的一个很好的方法。两个电路都可以工作在亚阈反型区,从而构成低功耗、低电源电压的基准。

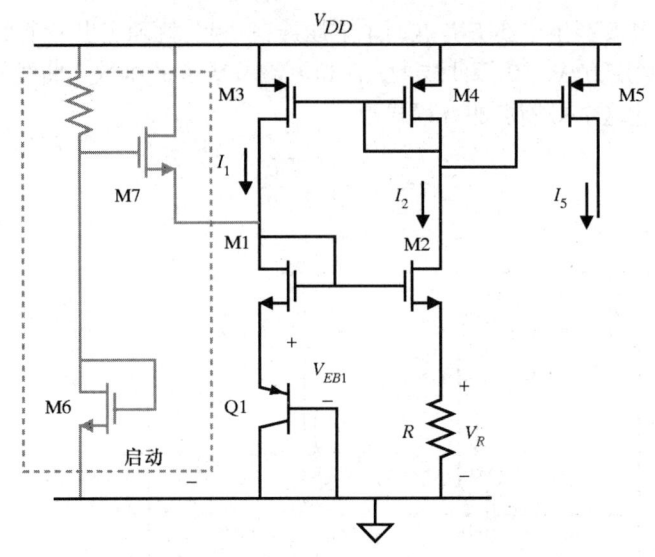

图 4.5-6 基于发射结电压的基准电路

遗憾的是，与电源无关的基准也不一定会与温度无关，因为如在 2.5 节中所述，pn 结和栅-源电压都与温度相关。式(2.5-7)定义的温度比例系数(TC_F)的概念将被用于描述基准电压和电流对温度的依赖性。可见，用式(4.5-1)定义的灵敏度 TC_F 可以写为

$$TC_F = \frac{1}{T}\left(S_T^X\right) \tag{4.5-14}$$

其中，$X = V_{REF}$ 或 I_{REF}。现在考虑图 4.5-3(a)中简单 pn 结基准电压的温度特性。假设 V_{DD} 远大于 V_{REF}，那么式(4.5-4)就给出基准电压。虽然 V_{DD} 与温度无关，但 R 与温度有关，必须考虑。该基准电压的温度比例系数可以用式(2.5-17)的结果表示为

$$TC_F = \frac{1}{V_{REF}}\frac{dV_{REF}}{dT} \cong \frac{V_{REF}-V_{G0}}{V_{REF}T} - \frac{3k}{V_{REF}q} - \frac{kT}{V_{REF}q}\left(\frac{dR}{RdT}\right) \tag{4.5-15}$$

若 $v_D = V_{REF}$，假设室温下 V_{REF} 为 0.6 V，则简单 pn 结基准电压的 TC_F 约为 -2500 ppm/℃。

图 4.5-4(a)是简单 pn 结基准的 MOS 等效电路，其中 V_{REF} 的温度依赖性可以写为

$$\frac{dV_{REF}}{dT} = \frac{-\alpha\sqrt{\frac{V_{DD}-V_{REF}}{2\beta R}}\left(\frac{1.5}{T} - \frac{1}{R}\frac{dR}{dT}\right)}{1 + \frac{1}{\sqrt{2\beta R(V_{DD}-V_{REF})}}} \tag{4.5-16}$$

例 4.5-1 阈值电压基准电路的计算

计算图 4.5-4(a)中电路的温度系数，图中，$W/L = 2$，$V_{DD} = 5$ V，$R = 100$ kΩ，采用表 3.1-2 中的参数。R 是多晶硅电阻，温度系数为 1500 ppm/℃。

解： 利用式(4.5-8)，可得

$$V_{REF} = V_T - \frac{1}{\beta R} + \sqrt{\frac{2(V_{DD}-V_T)}{\beta R} + \frac{1}{\beta^2 R^2}}$$

$$\beta R = 220 \times 10^{-6} \times 10^5 = 22$$

$$V_{REF} = 0.7 - \frac{1}{22} + \sqrt{\frac{2(5-0.7)}{22} + \left(\frac{1}{22}\right)^2}$$

$$V_{REF} = 1.281$$

$$\frac{1}{R}\frac{dR}{dT} = 1500 \text{ ppm}/\text{°C}$$

$$\frac{dV_{REF}}{dT} = \frac{-\alpha + \sqrt{\dfrac{V_{DD}-V_{REF}}{2\beta R}}\left(\dfrac{1.5}{T} - \dfrac{1}{R}\dfrac{dR}{dT}\right)}{1 + \dfrac{1}{\sqrt{2\beta R(V_{DD}-V_{REF})}}}$$

$$\frac{dV_{REF}}{dT} = \frac{-2.3\times 10^{-3} + \sqrt{\dfrac{5-1.281}{2(22)}}\left(\dfrac{1.5}{300} - 1500\times 10^{-6}\right)}{1+\dfrac{1}{\sqrt{2(22)(5-1.281)}}}$$

$$\frac{dV_{REF}}{dT} = -1.189\times 10^{-3} \text{ V}/\text{°C}$$

温度比例系数为

$$TC_F = \frac{1}{V_{REF}}\frac{dV_{REF}}{dT}$$

对于此例有，

$$TC_F = -1.189\times 10^{-3}\left(\frac{1}{1.281}\right)\text{°C}^{-1} = -928 \text{ ppm}/\text{°C}$$

遗憾的是，该例中的 TC_F 是不实用的，因为 α 值和电阻的 TC_F 并不是精确的。

图 4.5-5(a)的自举基准电路的电流 I_2 由式(4.5-12)给出。如果 R 和 β 的乘积较大，则自举基准电路的 TC_F 近似为

$$TC_F = \frac{1}{V_T}\frac{dV_T}{dT} - \frac{1}{R}\frac{dR}{dT} = \frac{-\alpha}{V_T} - \frac{1}{R}\frac{dR}{dT} \tag{4.5-17}$$

例 4.5-2　自举基准电路的计算

计算图 4.5-5(a)中电路的温度系数，其中 $W_1/L_1 = 20$，$V_{DD} = 5$ V，$R = 100$ kΩ，用表 3.1-2 中的参数。R 是多晶硅电阻，温度系数为 1500 ppm/°C，$\alpha = 2.3\times 10^{-3}$ V/°C。

解：利用式(4.5-12)，可得

$$I_Q = I_2 = \frac{V_{T1}}{R} + \frac{1}{\beta_1 R^2} + \frac{1}{R}\sqrt{\frac{2V_{T1}}{\beta_1 R} + \frac{1}{\beta_1^2 R^2}}$$

$$\beta_1 R = 220\times 10^{-5}\times 10^5 = 220$$

$$\beta_1 R^2 = 220\times 10^{-5}\times 10^{10} = 22\times 10^6$$

$$I_Q = \frac{0.7}{10^5} - \frac{1}{22\times 10^6} + \frac{1}{10^5}\sqrt{\frac{2\times 0.7}{220} + \left(\frac{1}{220}\right)^2}$$

$$I_Q = 7.75 \text{ μA}$$

$$\frac{1}{R}\frac{dR}{dT} = 1500 \text{ ppm/℃}$$

$$TC_F = \frac{-2.3\times10^{-3}}{0.7} - 1500\times10^{-6}\text{ ℃}^{-1} = -4.79\times10^{-3}\text{ ℃}^{-1} = -4790 \text{ ppm/℃}$$

图 4.5-6 的基于发射结电压的基准电路的温度性能类似于图 4.5-5(a) 的阈值基准电路。式 (4.5-13) 说明 I_2 等于 V_{BE1} 除以 R。于是,在上面这个表示基准的 TC_F 表达式 (4.5-17) 中用 V_{BE} 取代 V_T 可得

$$TC_F = \frac{1}{V_{BE}}\frac{dV_{BE}}{dT} - \frac{1}{R}\frac{dR}{dT} \quad (4.5\text{-}18)$$

假设 V_{BE} 为 0.6 V,可得 TC_F 等于 –2333 ppm/℃。

在许多应用中,设计者仅需要有一个合理的稳定偏置电压或者偏置电流。在这种情况下,一个简单有效的实现是基于图 4.5-5 和图 4.5-6 的思想示于图 4.5-7 的电路。该电路由 4 个晶体管和一个电阻构成。M5 和 M6 被用来产生电流漏或电流源。为简化设计,M1、M3 和 M4 的 W/L 的值相同,M2 是 4 倍的关系。M3-M4 组成的上电流镜保持两边电流相等。定义的方程式可以写为

$$V_{GS1} = V_{GS1} + I_2 R \quad (4.5\text{-}19)$$

假设所有晶体管均工作在饱和区,求 I_2 可得

$$I_2 = \frac{V_{GS1} - V_{GS2}}{R} = \frac{1}{R}\left(\sqrt{\frac{2I_1}{\beta_1}} - \sqrt{\frac{2I_2}{\beta_2}}\right) = \frac{\sqrt{2I_2}}{R\sqrt{\beta_1}}\left(1 - \frac{1}{2}\right) \quad (4.5\text{-}20)$$

因为 $I_1 = I_2$,$\beta_2 = 4\beta_1$,由式 (4.5-11) 可以解出偏置电流 $I_1 = I_2$ 为

$$I_1 = I_2 = \frac{1}{2\beta_1 R^2} \quad (4.5\text{-}21)$$

M5 和 M6 的 W/L 值显示与 M1 相同,它们可以被用于减小或者增加式 (4.5-21) 所给的电流值。

图 4.5-7 也提供了一个相对于地的偏置电压。此基准电压等于 V_{GS1},且可以写成

$$V_{\text{Bias}} = V_{GS1} = \sqrt{\frac{2I_1}{\beta_1}} = V_{TN} = \frac{1}{\beta_1 R} + V_{TN} \quad (4.5\text{-}22)$$

由于负反馈和正反馈的相互作用,图 4.5-7 有两个稳定的工作点,因此提供一个如图 4.5-5 和图 4.5-6 所示的启动电路是必需的。

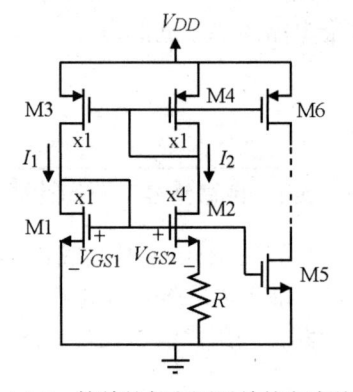

图 4.5-7 简单的与电源无关的电流基准

例 4.5-3 图 4.5-7 简单基准的设计

用图 4.5-7 设计 (a) 20 μA 电流漏;(b) 1V 偏置电压。设计中采用表 3.1-2 的 MOS 管参数,令 M1 的 $W/L = 5$。

解:由式 (4.5-21),可以设计电阻 R 为

$$R = \frac{1}{\sqrt{2\beta_1 I_1}} = \frac{1}{\sqrt{2 \times 110(\mu A/V^2) \times 5 \times 20\mu A}} = 6.74 \text{k}\Omega$$

为设计 1V 的偏置电压，用式(4.5-22)设计电阻 R 为

$$R = \frac{1}{\beta_1(V_{Bias} - V_{TN})} = \frac{1}{110(\mu A/V^2) \times 5 \times (1V - 0.7V)} = 6.06 \text{k}\Omega$$

本节所讨论的基准电压和电流能够在考虑电源和温度变化的情况下提供稳定的电流。可以看到，获得不依赖电源的独立基准就不能得到令人满意的温度性能。为了表述这个结论，考虑一个要求 8 位精度的基准电压。要在 100°C 以上的变化范围内维持此精度，就要求基准的 TC_F 为 $1/(256 \times 100°C)$ 或 39 ppm/°C。

4.6 与温度无关的基准

在 4.5 节中，介绍了与电源无关的基准电压和电流，但这些基准与温度有关。本节将介绍如何设计既与电源电压无关也与温度无关的基准电压和电流。典型的，这些电路称为带隙基准[10-14]，虽然它们几乎与带隙电压无关。这些基准的基本电路，在 0~70°C 范围内具有典型的 10~50 ppm/°C 温度系数（TC）。如果对电路做一些改进[15-20]，在 0~70°C 范围内，温度系数有可能达到 1ppm/°C 或者更低的数值。

具有中等温度稳定性的电压基准

与温度无关的基准原理非常简单。首先，找出一个随温度增加而增加的电压和一个随温度增加而减小的电压。图 4.6-1(a) 示出两个电压随温度变化，一个成比例增加，另一个成比例减小。增加的电压称为正比于绝对温度，或者 PTAT；减小的电压称为互补于绝对温度，或者 CTAT。接下来具有小斜率值的电压（这种情况是 V_{PTAT}）应该乘以一个与温度无关的常数 K，以便两个斜率值相等。最后，如果 $K \cdot V_{PTAT}(T)$ 与 $V_{CTAT}(T)$ 相加，如图 4.6-1(b) 所示，那么此电压应该与温度无关。

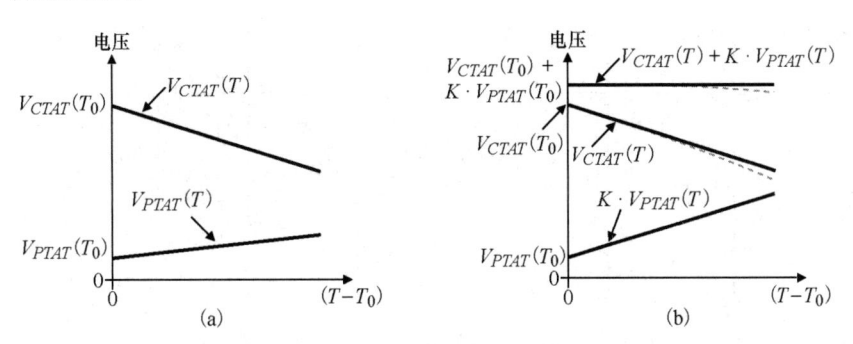

图 4.6-1 (a) 随温度增加而增加和减小电压的图示；(b) $V_{PTAT}(T)$ 乘以 K 使 $V_{PTAT}(T)$ 和 $V_{CTAT}(T)$ 的斜率值相等方向相反

为实现上面的原理，必须产生 V_{PTAT} 和 V_{CTAT} 电压。首先介绍如何产生 PTAT 电压。图 4.6-2 示出了两个分别与二极管串联的电流源，二极管也可以是双极型晶体管的集电极与基极短接的情况。电压 ΔV_D 即为 PTAT，可以表示为

$$V_{PTAT} = \Delta V_D = V_{D1} - V_{D2} = V_t \ln\left(\frac{I_1}{I_{s1}}\right) - V_t \ln\left(\frac{I_2}{I_{s2}}\right)$$

$$= V_t \ln\left(\frac{I_1}{I_2}\frac{I_{s2}}{I_{s1}}\right) = V_t \ln\left(\frac{I_{s2}}{I_{s1}}\right) = V_t \ln\left(\frac{A_2}{A_1}\right) = \frac{kT}{q}\ln\left(\frac{A_2}{A_1}\right) \quad (4.6\text{-}1)$$

如果 $I_1 = I_2$，那么式(4.6-1)说明 ΔV_D 与绝对温度成比例，比例常数或斜率等于玻尔兹曼常数除以一个电子的电荷量（$k/q = 1.381 \times 10^{-23}$ J/K/1.6×10^{-19} C $= 0.086$ mV/℃）。

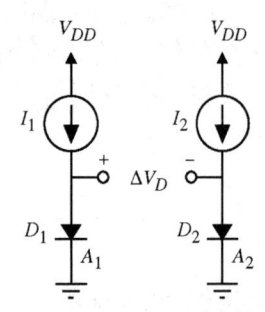

图 4.6-2　PTAT 电压的实现

为了产生独立电压基准，说明如何产生 PTAT 和 CTAT 电流是有用的。将 PTAT 电压加在一只电阻上即可得到电流。但是因为所有电阻多少都会与温度点关系，所以这样的电流不是真正的 PTAT，因此命名为伪 PTAT。其实这并不是一个问题，因为多数情况下这个伪 PTAT 电流会流经第二个电阻，产生新的 PTAT 电压。如果两个电阻有相同的温度依赖关系，那么新的 PTAT 电压依然是一个真正的 PTAT。伪 PTAT 电流用 PTAT′ 表示。

图 4.6-3(a) 和图 4.6-3(b) 给出两种实现伪 PTAT 电流的方法。图 4.6-3(a) 与图 4.5-6 类似，除了增加了与电阻 R 串联的二极管 D_2。晶体管 M1 和 M2 确保 D_1 电压与串联的电阻 R 和二极管 D_2 上的电压相等。若 $V_{GS1} = V_{GS2}$，则伪 PTAT 电流为

$$I_{PTAT}' = \frac{V_{D1} + V_{GS1} - V_{GS2} - V_{D2}}{R} = \frac{kT}{Rq}\ln\left(\frac{A_2}{A_1}\right) \quad (4.6\text{-}2)$$

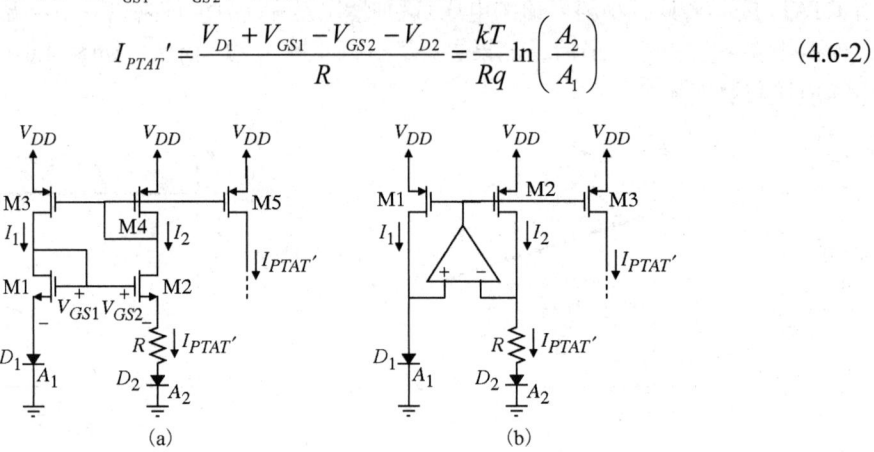

图 4.6-3　伪 PTAT 电流的实现电路。(a)仅用 MOS 管；(b)用运放和 MOS 管

图 4.6-3(b)给出用运算放大器实现伪 PTAT 电流的方法，其中运放可以使二极管 D_1 的电压和 R 与二极管 D_2 串联电路的电压相等。注意运放同时兼有正反馈和负反馈，其实这也是图 4.6-3(a)的情况。为使这些电路正常工作，负反馈的环路增益至少是正反馈的两倍。

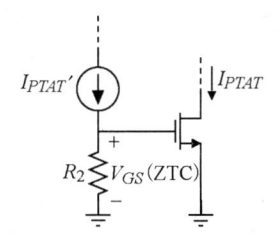

图 4.6-4　由伪 PTAT 电流实现的真 PTAT 电流电路

真 PTAT 电流 I_{PTAT} 可以由采用 3.2 节介绍的零温度系数性能的伪 PTAT 电流实现。图 4.6-4 给出了应用这种性能获得真 PTAT 电流的实例。其中的伪 PTAT 电流可以是图 4.6-3(a)或者图 4.6-3(b)。如果图 4.6-3(a)或者图 4.6-3(b)中的电阻 R 用 R_1 表示，那么 MOSFET 的栅-源电压可以写为

$$V_{GS6}(ZTC) = I_{PTAT}'R_2 = \frac{R_2}{R_1}\frac{kT}{q}\ln\left(\frac{A_2}{A_1}\right) \tag{4.6-3}$$

若式(4.6-3)中的电压被设计在 MOSFET 的 ZTC 点，则因栅-源电压是 PTAT，漏极电流也应该是 PTAT。当然，这里需假设温度变化不是太大，不会使 ZTC 点偏离。电阻 R_1 和 R_2 的影响可以用它们的比对温度求导数求得，结果为

$$\frac{d(R_2/R_1)}{dT} = \frac{1}{R_1}\frac{dR_2}{dT} - \frac{R_2}{R_1^2}\frac{dR_1}{dT} = \frac{R_2}{R_1}\left[\frac{1}{R_2}\frac{dR_2}{dT} - \frac{1}{R_1}\frac{dR_1}{dT}\right] \tag{4.6-4}$$

如果 R_1、R_2 的温度系数相同，则电阻比不影响温度特性。到此已经介绍了如何产生 PTAT 电压和电流。

下一步将介绍怎样产生与绝对温度互补的电压(CTAT)。这将具有更大的挑战性，因为不存在与温度相关的真互补电压。对于随绝对温度线性减小电压的最好选择是 pn 结。在二极管中，电流密度为

$$J_D = \left[\frac{qD_n n_{po}}{L_n} + \frac{qD_p p_{no}}{L_p}\right]\exp\left(\frac{V_D}{V_t}\right) \tag{4.6-5}$$

其中，J_D 为二极管电流密度(A/m^2)，n_{po} 为 p 型半导体中的平衡电子浓度，p_{no} 为 n 型半导体中的平衡空穴浓度，D_n 为电子的平均扩散常数，D_p 为空穴的平均扩散常数，L_n 为 p 型半导体中电子扩散长度，L_p 为 n 型半导体中空穴扩散长度。电子和空穴的平衡浓度可以表示为

$$n_{po} = \frac{n_i^2}{N_A} \tag{4.6-6}$$

和

$$p_{no} = \frac{n_i^2}{N_D} \tag{4.6-7}$$

其中

$$n_i^2 = DT^3\exp(-V_{G0}/V_t) \tag{4.6-8}$$

D 是与温度无关的常数，V_{G0} 是室温下的带隙电压(1.205V)。将式(4.6-5)至式(4.6-8)联立可得二极管电流密度的表达式为

$$J_D = \left[\frac{qD_n}{L_n N_A} + \frac{qD_p}{L_p N_D}\right] n_i^2 \exp\left(\frac{V_D}{V_t}\right) \tag{4.6-9}$$

或

$$J_D = AT^\gamma \exp\left(\frac{V_D - V_{G0}}{V_t}\right) \tag{4.6-10}$$

在式(4.6-10)中，式(4.6-9)中与温度无关的常数合并成单一的常数 A，考虑到 D_n 和 D_p 与温度关系的影响，式(4.6-8)中的 T^3 用 T^γ 取代。

由式(4.6-10)求解 V_D 得，

$$V_D = \frac{kT}{q} \ln\left(\frac{J_D}{AT^\gamma}\right) + V_{G0} \tag{4.6-11}$$

现在考虑温度 T_0 时的 J_D。

$$J_{D0} = AT_0^\gamma \exp\left[\frac{q}{kT_0}(V_{D0} - V_{G0})\right] \tag{4.6-12}$$

J_D 与 J_{D0} 的比是

$$\frac{J_D}{J_{D0}} = \left(\frac{T}{T_0}\right)^\gamma \exp\left[\frac{q}{k}\left(\frac{V_D - V_{G0}}{T} - \frac{V_{D0} - V_{G0}}{T_0}\right)\right] \tag{4.6-13}$$

整理式(4.6-13)可得到 V_D，这是一个 CTAT 电压

$$V_{CTAT} = V_D = V_{G0}\left(1 - \frac{T}{T_0}\right) + V_{D0}\left(\frac{T}{T_0}\right) + \frac{\gamma kT}{q}\ln\left(\frac{T_0}{T}\right) + \frac{kT}{q}\ln\left(\frac{J_D}{J_{D0}}\right) \tag{4.6-14}$$

仔细观察式(4.6-14)可见，$\frac{\gamma kT}{q}\ln\left(\frac{T_0}{T}\right)$ 与温度不是线性关系。此项将引起图 4.6-1(b)中 $V_{CTAT}(T)$ 的渐变按虚线而不是实线，这称为带隙曲率问题。稍后将会寻找解决这个问题的方法。

最后一步是产生 CTAT 电流。可用 pn 结的 CTAT 电压完成这个任务。图 4.6-5(a)和图 4.6-5(b)给出两种用负反馈实现电路的方法[15]。电阻 R 中流过的电流为

$$I_{CTAT}' = \frac{V_{BE}}{R} = \frac{V_D}{R} \tag{4.6-15}$$

两个电路中均标出了负反馈环路，这个环引起流过 R 的电流等于式(4.6-15)表示的电流。电阻 R 与温度有关，使此电流成为伪 CTAT，就像前面提到的。真 CTAT 电流不必求出，因为在所有应用中，假设两电阻与温度关系相同，则伪 CTAT 电流流过第二个电阻即可产生真 CTAT 电压。

用图 4.6-6 所示技术的任一种都可实现与温度无关的基准电压。与温度无关的基准电压有两种基本机构，图 4.6-6(a)的串联实现和图 4.6-6(b)的并联实现。文献[16]给出串联和并联混合的实现方式。对于串联连接与温度无关的基准电压可以写为

$$V_{REF} = I_{PTAT}' R_2 + V_D = \left(\frac{R_2}{R_1}\right) V_{PTAT} + V_{CTAT} \tag{4.6-16}$$

电阻 R_1 在式(4.6-3)中已有定义，式中 $R = R_1$，或者为图 4.6-3 实现 I_{PTAT}' 的电阻。

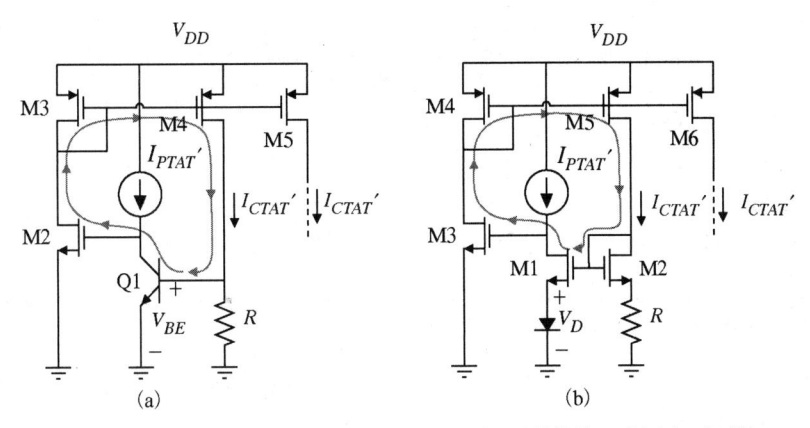

图 4.6-5 伪 CTAT 电流的产生。(a)用双极型晶体管;(b)用二极管

对于并联实现,与温度无关的基准电压可以写为

$$V_{REF} = (I_{PTAT}' + I_{CTAT}')R_3 = \left(\frac{R_3}{R_1}\right)V_{PTAT} + \left(\frac{R_3}{R_2}\right)V_{CTAT} \quad (4.6\text{-}17)$$

电阻 R_2 在式(4.6-15)中已有定义,式中 $R = R_2$,或者为图 4.6-5 实现 I_{PTAT}' 的电阻。

为使其与温度无关,式(4.6-16)和式(4.6-17)必须对温度求导,并令其为零。电阻比和其他参数可以被调整以达到与温度无关。首先考察串联方式。

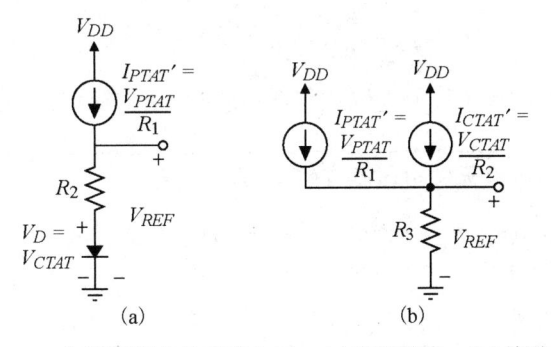

图 4.6-6 与温度无关的基准电压。(a)串联形式;(b)并联形式

式(4.6-16)相对于绝对温度求导给出

$$\frac{dV_{REF}}{dT} = \left(\frac{R_2}{R_1}\right)\frac{dV_{PTAT}}{dT} + \frac{dV_{CTAT}}{dT} \quad (4.6\text{-}18)$$

设两电阻 R_1、R_2 与温度关系相同,对式(4.6-1)和式(4.6-14)求导给出

$$\frac{dV_{PTAT}}{dT}\bigg|_{T=T_0} = \frac{k}{q}\ln\left(\frac{J_{D2}}{J_{D1}}\right) = \frac{k}{q}\ln\left(\frac{A_2}{A_1}\right) = \frac{V_{t0}}{T_0}\ln\left(\frac{A_2}{A_1}\right) = \frac{V_{PTAT}}{T_0} \quad (4.6\text{-}19)$$

和

$$\frac{dV_{CTAT}}{dT}\bigg|_{T=T_0} = \frac{V_D - V_{GO}}{T_0} + (\alpha - \gamma)\left(\frac{k}{q}\right) = \frac{V_{CTAT} - V_{GO}}{T_0} + (\alpha - \gamma)\left(\frac{V_{t0}}{T_0}\right) \quad (4.6\text{-}20)$$

在式(4.6-20)中假设式(4.6-14)中的电流密度 J_D 与温度的关系为 T^α。将式(4.6-19)和式(4.6-20)代入式(4.6-18)并令其为零可得所希望的结果

$$\text{与温度无关的常数} = K = \frac{R_2}{R_1} = \frac{V_{GO} - V_{CTAT} + (\gamma-\alpha)V_{t0}}{V_{PTAT}} \tag{4.6-21}$$

将式(4.6-21)代入式(4.6-16)给出 V_{REF} 为

$$V_{REF} = V_{GO} - V_{CTAT} + (\gamma-\alpha)V_{t0} + V_{CTAT} = V_{GO} + (\gamma-\alpha)V_{t0} \tag{4.6-22}$$

式(4.6-22)中的第二项小于 V_{GO},所以基准电压略大于带隙电压 V_{GO}。传统意义上这种基准被称为带隙基准[10]。然而如前所述,带隙电压基准与带隙电压无关。

例 4.6-1　设计串联型与温度无关电压基准的 R_2/R_1

设 $A_2/A_1 = 10$,$V_{CTAT} = 0.6V$,$V_{t0} = 0.026V$,求与温度无关的常数 R_2/R_1 和室温下的基准电压值。

解：由式(4.6-21)给出

$$\frac{R_2}{R_1} = \frac{1.205 - 0.6 + 2.2\times(0.026)}{0.026\times(2.3026)} = 11.04$$

由式(4.6-22)给出 V_{REF} 值

$$V_{REF} = 1.205 + 2.2\times(0.026) = 1.262\,V$$

式(4.6-17)表示的与温度无关的并联型基准电压,在与式(4.6-21)给出的串联型相同条件下与温度无关。并联时的 V_{REF} 值是

$$V_{REF} = \frac{R_3}{R_2}\left[(V_{GO} + (\gamma-\alpha)V_{t0})\right] \tag{4.6-23}$$

由式可见,R_3 与 R_2 的比可以调整以达到任何所希望的与温度无关的电压值。

例 4.6-2　设计并联型与温度无关电压基准的 R_2/R_1 和 R_3/R_2

设 $A_2/A_1 = 10$,$V_{CTAT} = 0.6V$,$V_{t0} = 0.026V$。如果 $R_1 = 1k\Omega$,试求室温下与温度无关的基准电压为 0.5V 时的 R_2 和 R_3 值。

解：由式(4.6-21)得到 $R_2/R_1 = 11.04$,因此 $R_2 = 11.04\,k\Omega$。由式(4.6-23)和例 4.6-1,可以求得

$$\frac{R_3}{R_2} = \frac{V_{REF}}{V_{GO} + (\gamma-\alpha)V_{t0}} = \frac{0.5V}{1.262V} = 0.3962$$

因此 $R_3 = 0.3962(11.04\,k\Omega) = 4.376\,k\Omega$

串联型与温度无关基准电压首次实现电路如图 4.6-7 所示[11]。这个实现与常规 n 阱 CMOS 工艺兼容,采用衬底双极型晶体管。事实上双极型晶体管可以用二极管替代。先假设 V_{OS} 是零,那么 V_{R1} 可以写为

$$V_{R1} = V_{EB2} - V_{EB1} = V_t\ln\left(\frac{J_2}{J_{S2}}\right) - V_t\ln\left(\frac{J_1}{J_{S2}}\right) = V_t\ln\left(\frac{I_2 A_{E1}}{I_1 A_{E2}}\right) \tag{4.6-24}$$

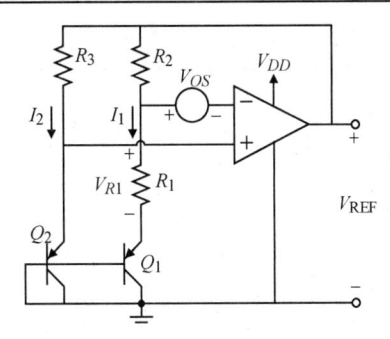

图 4.6-7 用运放实现的与温度无关的基准电压

然而，运算放大器也使

$$I_1 R_2 = I_2 R_3 \tag{4.6-25}$$

成立。因此图 4.6-7 的基准电压可以写成

$$V_{\text{REF}} = V_{EB2} + I_2 R_3 = V_{EB2} + VR_1 \left(\frac{R_2}{R_1}\right) \tag{4.6-26}$$

将式(4.6-25)代入式(4.6-24)并将结果代入式(4.6-26)得

$$V_{\text{REF}} = V_{EB2} + \left(\frac{R_2}{R_1}\right) V_t \ln\left(\frac{R_2 A_{E1}}{R_3 A_{E2}}\right) \tag{4.6-27}$$

式(4.6-27)对绝对温度求导，令其为零可得

$$\left(\frac{R_2}{R_1}\right) \ln\left(\frac{R_2 A_{E1}}{R_3 A_{E2}}\right) = \frac{V_{GO} - V_{CTAT} + (\gamma - \alpha) V_{t0}}{V_{PTAT}} \tag{4.6-28}$$

于是与温度无关的常数 K 被用电阻和发射极-基极面积的比来定义。如果输入失调电压不为零，则式(4.6-27)可以写为

$$V_{\text{REF}} = V_{EB2} - \left(1 + \frac{R_2}{R_1}\right) V_{OS} + \frac{R_2}{R_1} V_t \ln\left[\frac{R_2 A_{E1}}{R_3 A_{E2}}\left(1 - \frac{V_{OS}}{I_1 R_2}\right)\right] \tag{4.6-29}$$

显然，运算放大器的输入失调电压应该很小且与温度无关，才不会使 V_{REF} 的性能恶化。

现在考虑 V_{REF} 与电源电压的关系。在式(4.6-29)中，可能与电源电压有关的参数只是 V_{EB2}、V_{OS} 和 I_1。因为 V_{EB2} 和 I_1 是由 V_{REF} 产生的，V_{REF} 依赖电源的唯一的方法是通过运算放大器有限的电源抑制比(以变量 V_{OS} 表示)。如果运算放大器的 PSRR 很大，那么图 4.6-7 就成为可应用于各种场合、独立于电源和温度的基准。

例 4.6-3 带隙基准电压的设计

在图(4.6-7)中，设 $A_{E1} = 10 A_{E2}$，$V_{EB2} = 0.7$ V，$R_2 = R_3$，室温下 $V_t = 0.026$ V。求室温下能达到零温度系数的 R_2/R_1。如果 $V_{OS} = 10$mV，求 V_{REF} 的变化量。注意。$I_1 R_2 = V_{\text{REF}} - V_{EB2} - V_{OS}$。

解：计算式(4.6-28)的值可得

$$\left(\frac{R_2}{R_1}\right) \ln\left(\frac{R_2 A_{E1}}{R_3 A_{E2}}\right) = \frac{V_{GO} - V_{CTAT} + (\gamma - \alpha) V_{t0}}{V_{PTAT}} = \frac{1.205 - 0.7 + (2.2)(0.026)}{0.026} = 21.62$$

因此，$R_2/R_1 = 9.39$。为了使用式(4.6-29)，必须知道 V_{REF} 的近似值，有必要的话可能还需要迭代求出，因为 I_1 是 V_{REF} 的函数。假设 V_{REF} 为 1.262，由式(4.6-29)得到一个新值，$V_{\text{REF}}=$

1.153 V。第二次迭代与结果差别不大,因为 V_{REF} 是对数关系。

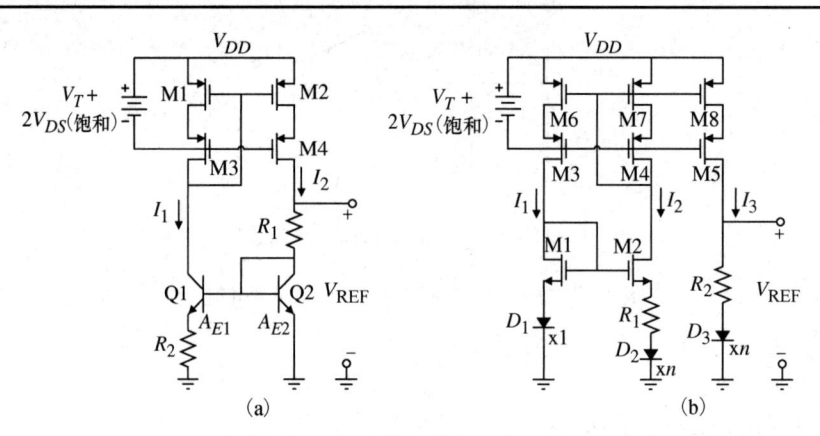

图 4.6-8 串联型与温度无关的基准电压。(a)采用 MOS 管和双极型晶体管;(b)只采用 MOS 管和二极管

虽然运放可用来实现与温度无关的电压基准,但存在几点不足,包括输入失调电压的影响(失调电压是温度的函数),运放的输入噪声和运放所增加的设计复杂性。在本节的最后部分,将介绍不采用运放的与温度无关的电压基准。

图 4.6-8 给出两个串联型与温度无关电压基准的实例。图 4.6-8(a)用共源共栅电流镜(M1-M4)迫使 I_1 与 I_2 更精确的相等。可以看到 I_1 是伪 PTAT 且可为

$$I_1 = I_{PTAT}' = \frac{V_{BE2} = V_{BE1}}{R_2} = \frac{V_t}{R_2}\left[\ln\left(\frac{I_2}{I_{s2}}\right) - \ln\left(\frac{I_1}{I_{s1}}\right)\right]$$
$$= \frac{V_t}{R_2}\ln\left(\frac{I_{s1}}{I_{s2}}\right) = \frac{V_t}{R_2}\ln\left(\frac{A_{E1}}{A_{E2}}\right) \tag{4.6-30}$$

因为 $I_1 = I_2$ 可以将 V_{REF} 写为

$$V_{REF} = V_{BE2} + I_1 R_1 = V_{BE1} + \left[\frac{R_1}{R_2}\ln\left(\frac{A_{E1}}{A_{E2}}\right)\right]V_t$$
$$= V_{CTAT} + \left[\frac{R_1}{R_2}\ln\left(\frac{A_{E1}}{A_{E2}}\right)\right]V_{PTAT} \tag{4.6-31}$$

可以看到式(4.6-31)与前面串联型与温度无关电压基准表达式的形式类似。为实现此基准,简单的可以设置 V_{PTAT} 与温度无关的倍数等于式(4.6-21)。

图 4.6-8(b)示出的是另一种与温度无关电压基准的实现。用 M1 和 M2 使

$$V_{D1} = I_2 R_1 = V_{D2} \tag{4.6-32}$$

或者

$$I_3 = I_2 = I_{PTAT}' = \frac{V_t}{R_1}\ln(n) \tag{4.6-33}$$

成立。这是一个伪 PTAT 电流。基准电压可写为

$$V_{REF} = V_{D3} + I_3(R_2) = V_{D3} + \frac{R_2}{R_1}V_t \ln(n)$$

$$= V_{CTAT} + \frac{R_2}{R_1}\ln(n)V_{PTAT}$$

(4.6-34)

与温度无关的常数$(R_2/R_1)\ln(n)$等于式(4.6-21)即可实现此设计。值得关注的是所有串联型与温度无关的电压基准，室温下均将逼近 1.262V。

并联型与温度无关电压基准要求伪 PTAT 和 CTAT 电流，若组合图 4.6-3(a)和图 4.6-5(a)就有可能实现，如图 4.6-9 所示。如果 PMOS 管的栅极连至黑色水平总线，源极接电源 V_{DD}，那么漏极电流不是 I_{PTAT}' 就是 I_{CTAT}'。在 I_{CTAT}' 产生机制中双极型管可以用 M1，M2 和二极管替代如图 4.6-5(b)所示，如此即可实现 MOSFET-二极管并联的与温度无关电压基准。例 4.6-2 给出了如何设计图 4.6-9 中电阻 R 的例子。

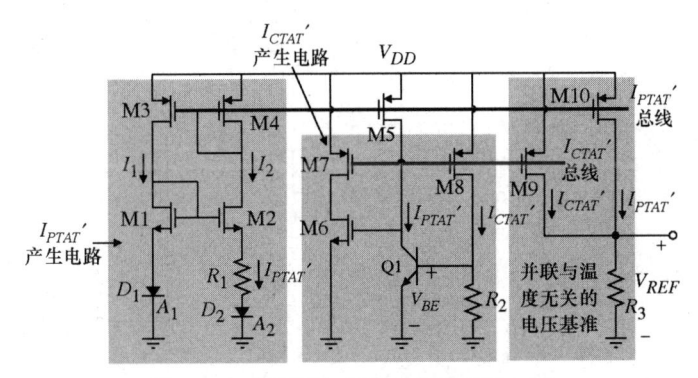

图 4.6-9 并联型与温度无关的基准电压

有许多实现带隙基准源的方法[17]。一组典型的基准电压作为 T 的函数在不同 T_0 值下的关系如图 4.6-10 所示。图中可以清楚地看出 CTAT 电压的非线性影响。与真实温度无关只能在小的温度范围内达到。多数不用曲率矫正技术的与温度无关电压基准，在 0~70℃范围内具有 10~50ppm/℃的温度系数。这种不希望有的特性称之为带隙曲率问题。

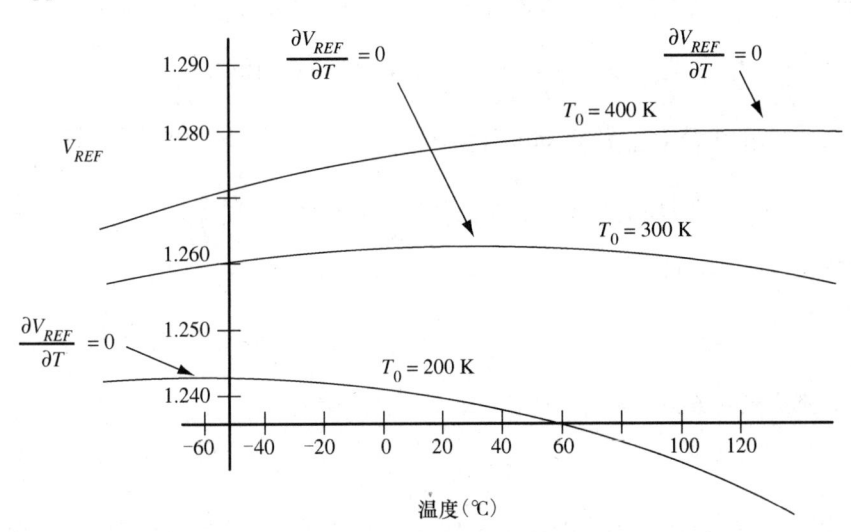

图 4.6-10 带隙基准输出随温度的变化关系

具有优异温度稳定性的电压基准

为达到优于上述电压基准的温度稳定性,解决带隙曲率问题是必须的。有许多解决此问题的思路[15-20]。这里介绍其中的一种,此方法可以在 0~100℃范围内,使温度系数小于 1ppm/℃。首先此方法基于串联型与温度无关的电压基准[20]。解决思路是抵消式(4.6-14)的 CTAT 电压的非线性项。图 4.6-11(a)示出一个有稍微改进的串联型与温度无关的电压基准。图 4.6-11(b)给出能够减少带隙曲率的电路。图中 V_{REF} 可以写为

$$V_{REF} = V_{PTAT} + 3V_{CTAT} - 2V_{Const} \tag{4.6-35}$$

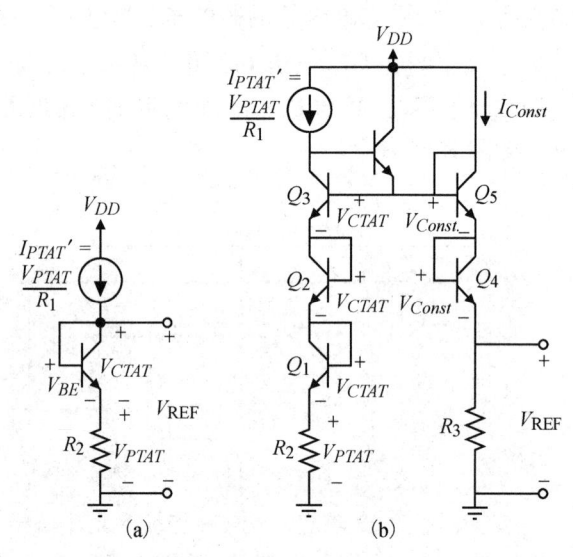

图 4.6-11 (a)串联型与温度无关的电压基准;(b)矫正带隙曲率问题的方法

如前所述,假设式(4.6-14)中的电流密度 J_D 与温度的关系为 T^α,式(4.6-14)可以重写为

$$V_{CTAT} = V_{BE}(T) = V_{GO} - \frac{T}{T_0}[V_{GO} - V_{CTAT}(T_0)] - (\gamma - \alpha)V_t \ln\left(\frac{T}{T_0}\right) \tag{4.6-36}$$

如果流过 pn 结的电流是伪 PTAT,那么当 $\alpha=1$ 时,pn 结上的电压可以写为

$$V_{CTAT} = V_{GO} - \frac{T}{T_0}[V_{GO} - V_{CTAT}(T_0)] - (\gamma - 1)V_t \ln\left(\frac{T}{T_0}\right) \tag{4.6-37}$$

如果令与温度无关的电流 I_{Const} 流过 pn 结,那么当 $\alpha=0$ 时,pn 结上的电压可以写为

$$V_{Const} = V_{GO} - \frac{T}{T_0}[V_{GO} - V_{CTAT}(T_0)] - \gamma V_t \ln\left(\frac{T}{T_0}\right) \tag{4.6-38}$$

将式(4.6-37)和式(4.6-38)代入式(4.6-35)得

$$V_{REF} = V_{PTAT} + V_{GO} - \frac{T}{T_0}[V_{GO} - V_{CTAT}(T_0)] - (\gamma - 3)V_t \ln\left(\frac{T}{T_0}\right) \tag{4.6-39}$$

如果 $\gamma \approx 3$,那么式(4.6-39)为

$$V_{REF} \approx V_{PTAT} + V_{GO} - \frac{T}{T_0}[V_{GO} - V_{CTAT}(T_0)] \tag{4.6-40}$$

为了完成此例,PTAT 电压必须乘以式(4.6-21)给出的常数 k。这是由伪 PTAT 电流产生电路

中与电阻 R_1 和 R_2 相关组成区域的比实现的。式(4.6-40)的独特之处是非线性 CTAT 项 $\ln(T/T_0)$ 已经消除,可以消除或者至少最小化带隙曲率问题。

随着电源电压的降低 pn 结堆叠的方法就会失去吸引力。先前的思路可以用更严谨而且在较小电源电压下也有效的方法实现,即以并联型与温度无关的电压基准实现。图 4.6-11(b) 以并联形式实现的电路在 4.6-12 中以方框图的形式出现。I_{PTAT}' 和 I_{CTAT}' 产生电路的各种形式已在前面的讨论中介绍过。I_{Const}' 的产生电路是利用图 4.6-4 的原理设计的如图 4.6-13 所示。求解 $V_{GS}(\text{ZTC})$ 可得

$$V_{GS}(\text{ZTC}) = (I_{PTAT}' + I_{CTAT}')R_3 = \left(\frac{R_3}{R_1}\right)V_{PTAT} + \left(\frac{R_3}{R_2}\right)V_{CTAT} \tag{4.6-41}$$

选定与 NMOS 管的 ZTC 特性相关的恒定电流的值和 W/L 就可以设计 I_{Const}。

在图 4.6-5 的伪 CTAT 产生电路中,如果伪 PTAT 电流用上面的恒定电流产生电路取代,那么产生的电流就是 CTAT,只是式(4.6-36)中的 α 成为 0。令此电流为 $I_{\alpha=0}'$。最后在图 4.6-14 低 TC 电压基准电路中三个电流 I_{PTAT}'、I_{CTAT}' 和 $I_{\alpha=0}'$ 组合形成高温度稳定的电压基准。为简化分析,假设所有 NMOS 管的 W/L 相等,所有 PMOS 管的 W/L 相等且为 NMOS 管 W/L 的两倍。基准电压的输出可以写为

$$\begin{aligned}V_{\text{REF}} &= R_5(I_{PTAT}' + I_{CTAT}' - I_{\alpha=0}') \\ &= \left(\frac{R_5}{R_1}\right)V_{PTAT} + \left(\frac{R_5}{R_2}\right)V_{CTAT}(\alpha=1) - \left(\frac{R_5}{R_4}\right)V_{CTAT}(\alpha=0)\end{aligned} \tag{4.6-42}$$

将式(4.6-37)和式(4.6-38)代入式(4.6-42)可得

$$\begin{aligned}V_{\text{REF}} = & \frac{R_5}{R_1}V_{PTAT} + \frac{R_5}{R_2}\left[V_{GO} - \frac{T}{T_0}[V_{GO} - V_{CTAT}(T_0)] - (\gamma-1)V_t\ln\left(\frac{T}{T_0}\right)\right] \\ & - \frac{R_5}{R_4}\left[V_{GO} - \frac{T}{T_0}[V_{GO} - V_{CTAT}(T_0)] - \gamma V_t\ln\left(\frac{T}{T_0}\right)\right]\end{aligned} \tag{4.6-43}$$

消除 CTAT 的非线性项,希望下面的关系式成立:

$$\frac{R_5}{R_2}(\gamma-1) = \frac{R_5}{R_4}\gamma \tag{4.6-44}$$

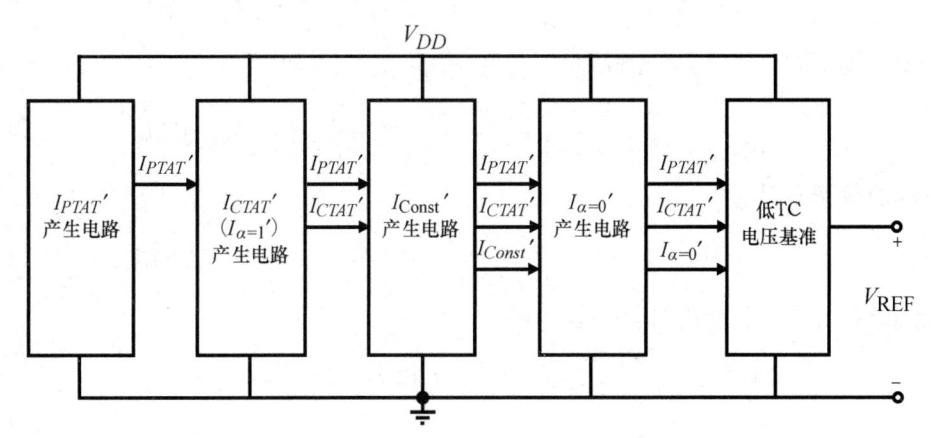

图 4.6-12 曲率矫正并联型温度稳定基准的框图

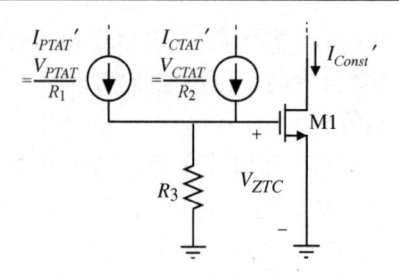

图 4.6-13 恒定电流产生电路

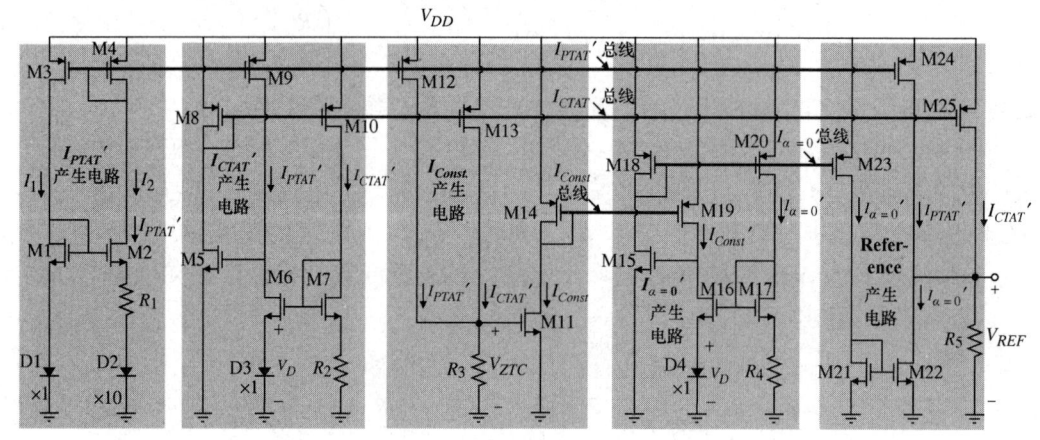

图 4.6-14 图 4.6-13 中低 TC 电压基准的晶体管级电路

这个关系给出

$$\frac{R_2}{R_4} = \frac{(\gamma-1)}{\gamma} \tag{4.6-45}$$

由于 γ 总是大于 1，因此式(4.6-45)是有效的，式(4.6-43)为

$$V_{REF} = \frac{R_5}{R_1}V_{PTAT} + \left(\frac{R_5}{R_4(\gamma-1)}\right)\left[V_{GO} - \frac{T}{T_0}[V_{GO} - V_{CTAT}(T_0)]\right] \tag{4.6-46}$$

将式(4.6-46)重写，给出能够使正、负温度系数相消所需的关系式如下：

$$V_{REF} = \frac{R_5}{R_4(\gamma-1)}\left[\frac{R_4(\gamma-1)}{R_1}V_{PTAT} + V_{GO} - \frac{T}{T_0}[V_{GO} - V_{CTAT}(T_0)]\right] \tag{4.6-47}$$

式(4.6-47)对温度微分且设 $T = T_0$ 得到

$$\frac{\partial V_{REF}}{\partial T}\bigg|_{T=T_0} = \frac{R_5}{R_4(\gamma-1)}\left[\frac{R_4(\gamma-1)}{R_1}\frac{V_{PTAT}}{T_0} - \frac{1}{T_0}[V_{GO} - V_{CTAT}(T_0)]\right] \tag{4.6-48}$$

令式(4.6-48)等于零得到

$$\frac{R_4}{R_1} = \frac{V_{GO} - V_{CTAT}(T_0)}{(\gamma-1)V_{PTAT}} \tag{4.6-49}$$

将式(4.6-49)代入式(4.6-47)，并令 $T = T_0$ 给出

$$\begin{aligned}V_{REF} &= \frac{R_5}{R_4(\gamma-1)}[V_{GO} - V_{CTAT}(T_0) + V_{GO} - V_{GO} + V_{CTAT}(T_0)] \\ &= \frac{R_5}{R_4(\gamma-1)}V_{GO}\end{aligned} \tag{4.6-50}$$

式(4.6-50)可用于设计 R_5/R_4 的值为

$$\frac{R_5}{R_1} = \frac{V_{REF}(\gamma - 1)}{V_{GO}} \tag{4.6-51}$$

于是图 4.6-14 的设计公式是式(4.6-45)、式(4.6-49)式和(4.6-51)。R_3 值的设计基于式(4.6-41)的 V_{GS}(ZTC)值。这些电阻的值可以通过调整 M23,M24 和 M25 的 W/L 值来改变。

例 4.6-4 零温度系数电压基准的设计

在图 4.6-14 电路中,设 $V_{CTAT} = 0.7$ V,$R_4 = 10$ kΩ,$\gamma = 3.2$ 和 $V_t = 0.026$ V(室温时)。为使基准电压为 1V 且室温时为零温度系数,求 R_1、R_2 和 R_5 值。

解:由式(4.6-45),可得 $R_2 = 0.6875R_4 = 6.88$kΩ。由式(4.6-49)可得

$$\frac{R_4}{R_1} = \frac{V_{GO} - V_{CTAT}(T_0)}{(\gamma - 1)V_{PTAT}} = \frac{1.205\text{V} - 0.7\text{V}}{2.2(0.026\text{V})2.306} = 3.83$$

于是 $R_1 = R_4/3.83 = 2.61$kΩ。由式(4.6-51)可得

$$\frac{R_5}{R_1} = \frac{V_{REF}(\gamma - 1)}{V_{GO}} = \frac{1\text{V}(2.2)}{1.205\text{V}} = 1.83$$

于是 $R_5 = 1.83R_1 = 1.83(2.61\text{kΩ}) = 4.77$kΩ。

保持与温度无关的基准电压上的所有影响都小于固有温度变化很重要。例如,如果直流漂移或者噪声引起了除固有温度变化外的电压变化,那么这个影响可能会大于温度变化。如果一个非常好的与温度无关的电压基准,在 100℃范围内与温度的关系是 1ppm/℃,那么这个基准的最大温度偏离是 100ppm 或者 0.01%。如果标称基准电压为 1V,那么偏离是 100μV。如果叠加在电压基准输出上的噪声,或者直流失调或漂移,或者运放(如果用到)的 PSRR 大于 100μV,那么就可能达不到与温度无关。当电压基准因温度的偏离较小时,设计者应该意识到其他因数的影响。

假设希望得到一个与温度无关的电流。至少可以有两种实现的方法。首先,产生一个与温度无关的电压,这个电压等于 MOSFET 的 ZTC 栅-源电压。前面已经介绍过此法。这种方法的唯一缺点是如果温度变化太大,ZTC 点将变化。第二种方法是使电阻上的电压为与温度无关的基准电压,于是产生 V_{REF}/R 的电流。这种方法的明显问题是缺少一个与温度无关的电阻。用式(4.6-16)除以电阻 R,得到的基准电流为

$$I_{REF} = \frac{V_{REF}}{R} = \frac{1}{R}\left[\left(\frac{R_2}{R_1}\right)V_{PTAT} + V_{CTAT}\right] \tag{4.6-52}$$

相对于绝对温度求导给出

$$\begin{aligned}\frac{dI_{REF}}{dT} &= \frac{1}{R}\left[\left(\frac{R_2}{R_1}\right)\frac{dV_{PTAT}}{dT} + \frac{dV_{CTAT}}{dT}\right] - \frac{1}{R^2}\frac{dR}{dT}\left[\left(\frac{R_2}{R_1}\right)V_{PTAT} + V_{CTAT}\right] \\ &= \frac{1}{R}\left[\left(\frac{R_2}{R_1}\right)\frac{dV_{PTAT}}{dT} + \frac{dV_{CTAT}}{dT}\right] - \frac{1}{R}\frac{dR}{dT}I_{REF} = 0\end{aligned} \tag{4.6-53}$$

为得到与温度无关的基准电流,与温度无关的常数值 R_2/R_1 必须是

$$\frac{R_2}{R_1} = \frac{I_{\text{REF}} T_0 \dfrac{dR}{dT} - V_{CTAT} + (\gamma - \alpha) V_{t0}}{V_{PTAT}} \tag{4.6-54}$$

假设采用例 4.6-1 的值且 $dR/dT = 100\,\Omega/\text{℃}$ 和 $I_{\text{REF}} = 100\mu\text{A}$ 可得 R_2/R_1 的值为

$$\frac{R_2}{R_1} = \frac{(100\,\mu\text{A})(300\,\text{K})(100\,\Omega/\text{K}) - 0.6\,\text{V} + 2.2(0.026)}{2.306(0.026)} = 40.98 \tag{4.6-55}$$

因与 dR/dT 和 I_{REF} 有关，R_2/R_1 的值也许不是正值那么此方法将失效，除非改变电流或者电阻的温度性能。

虽然还有其他技术已经被用来研究与电源和温度无关的基准，目前性能最好的还是带隙电路。本节用带隙概念改善了基准的精度。由于对精度要求的不断提高，设计者有必要开始考虑二阶效应，有时还包括平时可能忽略的三阶效应。这些高阶效应要求设计者熟悉 MOS 器件和无源元件的物理概念和工作原理。

4.7 小结

本章介绍了 CMOS 子电路，包括开关、有源电阻、电流漏/源、电流镜或电流放大器，还有基准电流和电压。介绍了各电路的基本原理，包括它们的大信号和小信号性能。但本章所讨论的电路几乎不能单独使用，它们通常都要和其他电路一起实现所需的模拟功能。

在各种情况中所用的方法介绍都旨在使读者对电路及其工作原理有一般性的理解。接下来介绍了大信号性能分析，典型的是电压传输函数或电压-电流特性。确定和描述了对信号摆幅的限制或非线性。然后介绍了小信号性能的分析。小信号性能的重要参数包括交流电阻、电压增益和带宽。

本章介绍的知识在下一章中还要继续加以讨论和进一步扩展。很好地理解本章和第 5 章所讨论的电路将为以后各章和相关学科材料的学习打下基础。

4.8 设计性习题

听到一个有经验的设计者说"我不能确信这个电路一定工作，但我知道它不工作的几个原因"是很正常的事。这种认知来自于各种设计经历的经验。作为一个模拟设计者，能够确定在给定设计约束条件下哪种拓扑可以给出最好的方案是非常重要的。本章以此为开始，引进设计习题，以使读者了解模拟电路设计的各种方案并增强对于设计原理的理解。这些习题将在每一章有需要的地方明确给出。

下面是一些有助于求解设计习题的指导准则。

1. 选择你相信能够达到设计目标的最好的拓扑结构。别忘了，你可能会把问题想复杂了。最重要的应该是在满足指标要求的前提下采用尽可能简单的电路。
2. 计算偏置电流，晶体管的宽长比和偏置电压，这些可以优化电路使之达到指标要求（例如，摆率、GBW、信号摆幅等）。在这一步设计者应该做电路的小信号分析或手动推导。给出计算结果和简单的解释推理。
3. 用 SPICE 或者任何所拥有的类似 SPICE 的仿真器（例如，Spectre、SpectreS 等）仿真电

路。在这一步，如果仿真结果与手动计算差别较大（一般超过±30%），那么需要检查你的推理和计算是否正确，也许需做一些微调。

4. 提供各种相关的仿真结果（例如，频响，阶跃响应等）。
5. 给出仿真结果的综合表（例如，摆率、GBW、直流增益、信号摆幅等）。
6. 给出最终标有宽长比和偏置电流的电路图。这一做法可以对所设计电路给出一些反馈的意见和建议，也许可以对电路的理解有所促进。

设计类习题都是自评分的。这就意味着设计者可以得到一个问题得分的公式。问题的各种指标已经被赋予了特别的权重。你的任务就是在为最大化你的得分做最好的选择和折中。一些有助于解题和得分的指导原则如下：

1. 通常这些习题被设计成这样一种情况，如果要得满分就需花大量的时间。因此做题时你需要学会在解题所花时间和你所预期的得分之间求得的折中。
2. 如果将设计递交给你的导师，则必须提供有用的仿真信息，其中至少包括输入文件或者电路原理图输入信息和后续处理所必须明确提供的仿真结果。
3. 记住没有"正确"的答案，你的任务是在给定条件下（包括解此题你将花费的时间）寻找最好的解答。

习题

4.1-1 用 SPICE 给 W/L= 10/1 的晶体管做一组与图 4.1-3 类似的 I-V 曲线参数。采用表 3.1-2 的模型参数。

4.1-2 电路如图 P4.1-2 所示，一个单沟道 MOS 电阻，W/L 为 4μm/1μm。用表 3.1-2 的模型参数，计算不同 V_S 值时 MOS 管的小信号导通电阻，并填在下表中。

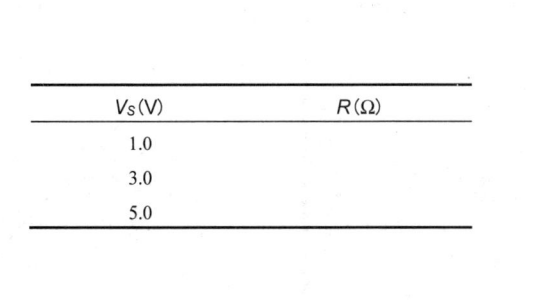

V_S(V)	$R(\Omega)$
1.0	
3.0	
5.0	

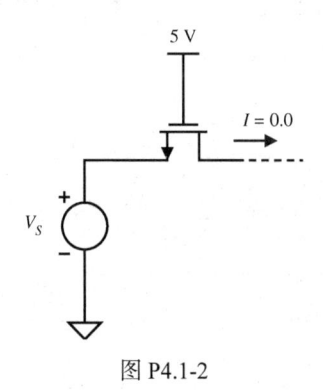

图 P4.1-2

4.1-3 电路如图 P4.1-3 所示，一个单沟道 MOS 电阻，W/L 为 2μm/1μm。用表 3.1-2 的模型参数计算不同 V_S 值时 MOS 管的小信号导通电阻并填在下表中。注意，正电源电压为 5 V。

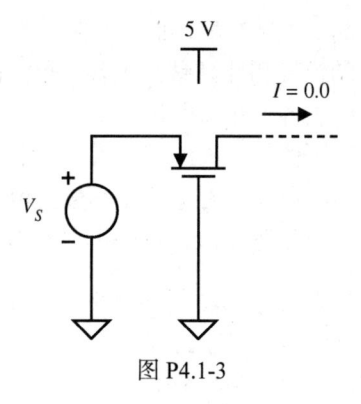

V_S(V)	$R(\Omega)$
1.0	
3.0	
5.0	

图 P4.1-3

4.1-4 电路如图 P4.1-4 所示，一个互补 MOS 电阻，其 n 沟道 W/L 为 4μm/1μm，p 沟道 W/L 为 2μm/1μm。用表 3.1-2 的模型参数，计算不同 V_S 值时互补 MOS 电阻的小信号导通电阻并填在下表中。注意正电源电压为 5 V。

V_S(V)	$R(\Omega)$
1.0	
3.0	
5.0	

图 P4.1-4

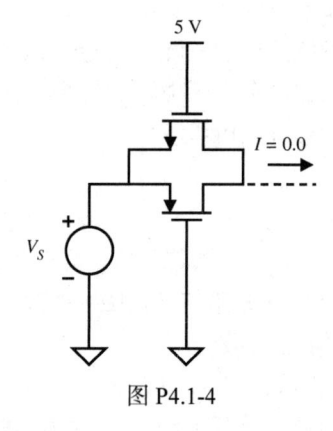

4.1-5 在图 P4.1-5(a) 的电路中，假设不考虑 M1 的寄生电容，v_{in} 是小信号值电压源，V_{DC} 是 2.5V 的直流电压源，设计 M1，使其能达到图 P4.1-5(b) 的渐近频率响应曲线。

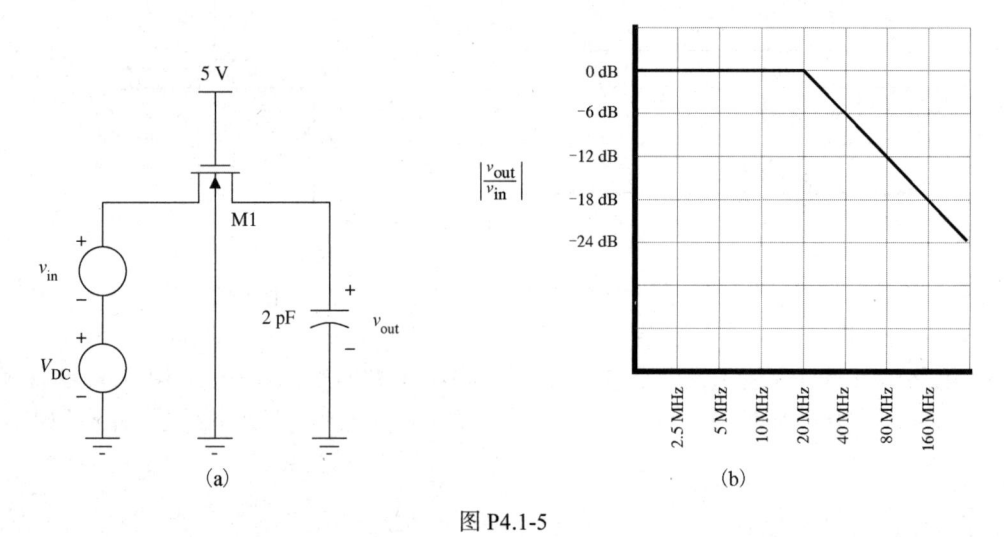

图 P4.1-5

4.1-6 利用习题 4.1-5 的结果，计算 M1 的栅极电压改为 4.5 V 时的频率响应。画出频响结果

第 4 章 模拟 CMOS 子电路

的波特图。

4.1-7 在图 P4.1-7 所示电路中，已知晶体管的 $L=1.0\ \mu m$，$W=5.0\ \mu m$，CGSO 和 CGDO 都为 5 fF，必须考虑体效应，电路中 $C_1=30$ fF。假设电荷注入的慢状态是有效的，初始状态下 C_1 上的电荷为零。计算在脉冲 ϕ_1 后 t_1 时刻的 v_{out}，需要时，可用表 3.1-2 和 3.2-1 中的模型参数。

4.1-8 在习题 4.1-7 中，为使 C_1 充电电压上升到期望终值（2.0 V）的 99%，ϕ_1 必须维持多长时间的高电平？

4.1-9 在习题 4.1-7 中，电荷馈通可以由减小 M1 管的尺寸或者增加 C1 的尺寸而减小。试问做这两种改变时会对脉冲 ϕ_1 宽度有什么影响？

4.1-10 仅考虑由于慢状态的电荷馈通，ϕ_1 脉冲幅度的减小会影响电荷馈通的结果吗？减小脉冲幅度又会对电压传输的精度有什么影响？

4.1-11 用下列条件重做例 4.1-1。计算图 4.1-9 所示电路中电荷馈通的影响。其中 $V_S=1.5$ V，$C_L=150$ fF，$W/L=1.6\ \mu m/0.8\ \mu m$。情况 1 和情况 2 的下降时间分别为 0.1 ns 和 8 ns。

4.1-12 在图 P4.1-12 所示的电路中设计了电荷抵消电路，计算 M2 的尺寸以便最小化电荷馈通效应。假设时钟具有慢的上升和下降速度。

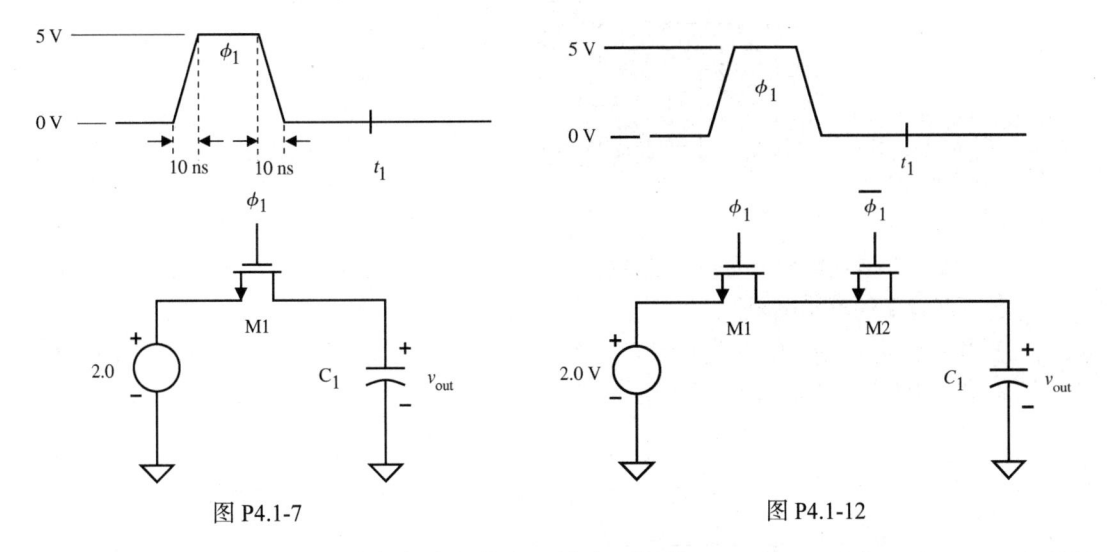

图 P4.1-7

图 P4.1-12

4.1-13 计算图 P4.1-13 所示电路中的电荷注入效应。假设 $U=5V/50ns=10^8$V/s 和 $v_{in}=2.5$V，忽略体效应。用表 3.1-2 和表 3.2-1 中的模型参数。

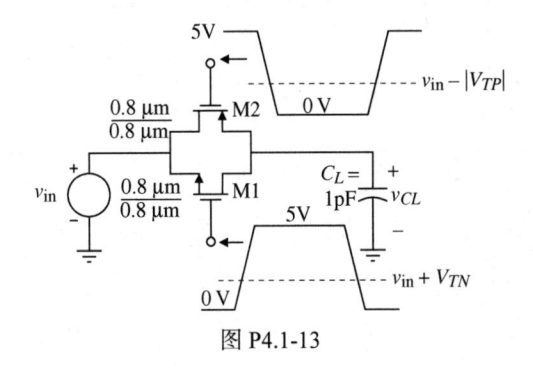

图 P4.1-13

4.1-14 图 P4.1-14 所示的四只 MOS 二极管，在电流 $I_{control}$ = 400 μA 时形成一个连接 v_{in} 到 1kΩ 负载电阻的开关。试求此时，该开关结构的小信号导通电阻。当开关导通时，该开关有多大的损耗（用 dB 表示）？如果该开关（四只 MOS 二极管和控制电流）被插入图 4.1-6 MOS 开关的位置，试比较两种实现方式开关的性能。

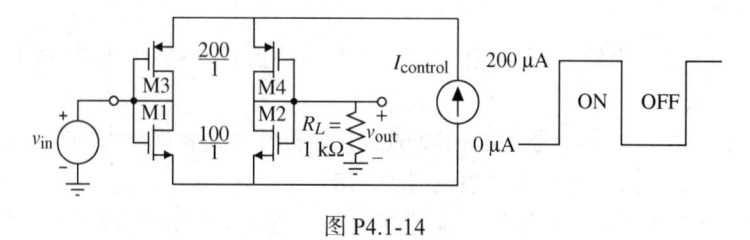

图 P4.1-14

4.2-1 相同 NMOS 管并联组合的电路如图 P4.2-1 所示。若设晶体管工作在非饱和区，v_{DS} 很小但不为 0，求电阻 R_{AB} 的表达式。假设所用的大信号模型参数和 W/L 与用在图 P4.2-1 中的相同，且当 v_{DS} 很小但不为 0 时，重新推导由式(4.2-6)给出的图 4.2-3 电阻的表达式。试问图 4.2-3 或图 P4.2-1 两种实现中，哪种线性更好？

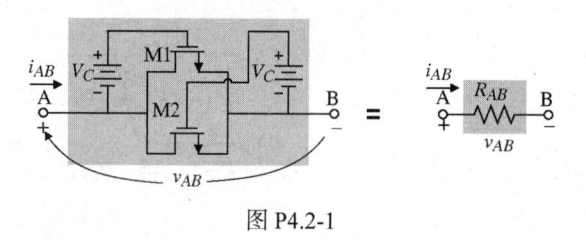

图 P4.2-1

4.3-1 源极负反馈电流源电路如图P4.3-1所示，采用表 3.1-2 的模型参数，计算该电路在给定电流偏置下的输出电阻。

4.3-2 采用共源-共栅结构的电路如图 P4.3-2 所示，设计 M1 的 W/L 使之达到与图 P4.3-1 所示电路中相同的输出电阻。忽略体效应。

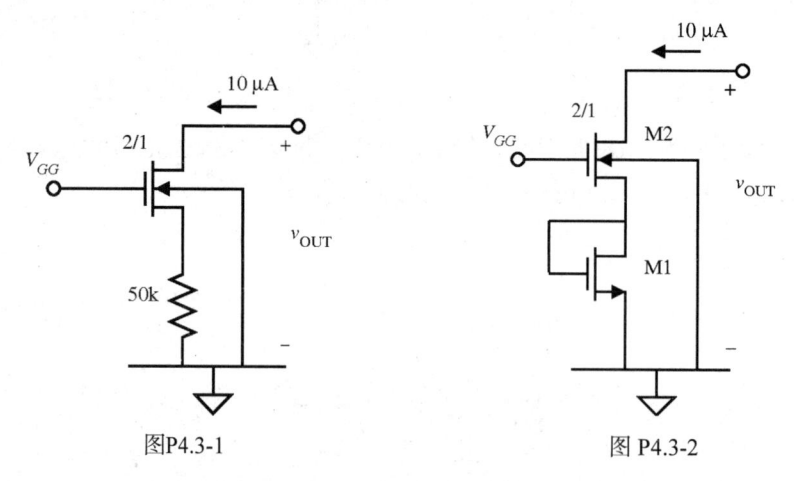

图P4.3-1　　　　　图 P4.3-2

4.3-3 计算在习题 4.3-1 条件中能够维持晶体管饱和的最小输出电压。此结果与对习题 4.3-2 中的相同计算结果进行比较，试问在多数情况下哪种电路是较好的选择？

4.3-4 电路如图 P4.3-4 所示，设 i_{OUT} 实际值为 10 μA，计算所有器件都在饱和区时的输出电阻和最小输出电压。用 SPICE LEVEL 3 模型（见表 3.4-1）仿真电路并确定实际输出电流 i_{OUT} 和小信号输出电阻 r_{OUT}。晶体管模型信息采用表 3.1-2 中的参数。忽略体效应。

4.3-5 电路如图 P4.3-5 所示，设 i_{OUT} 实际值为 10 μA，计算所有器件都在饱和区时的输出电阻和最小输出电压。用 SPICE LEVEL 3 模型（见表 3.4-1）仿真电路并确定实际输出电流 i_{OUT}，晶体管模型信息采用表 3.1-2 中的参数。

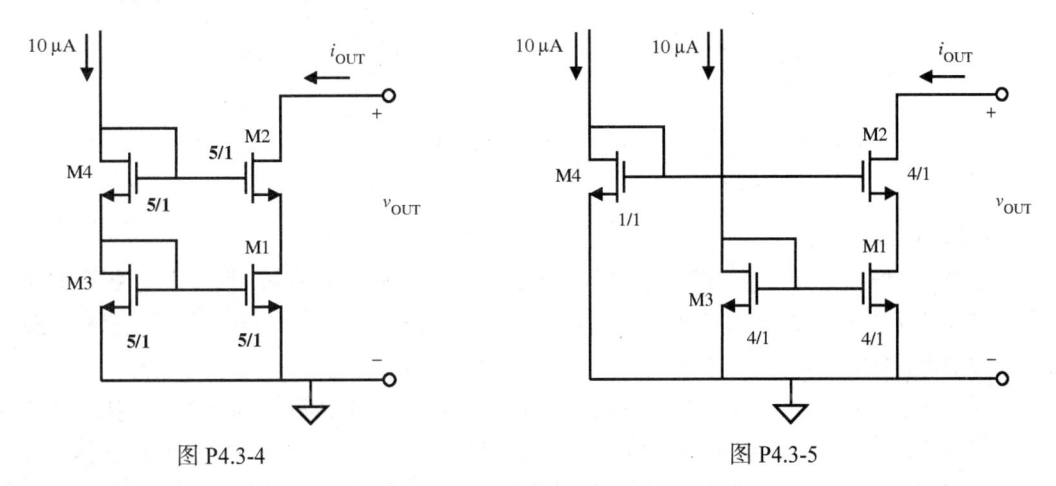

图 P4.3-4

图 P4.3-5

4.3-6 电路如图 P4.3-6 所示，设计图中的 M3 和 M4 使电路输出特性与图 P4.3-5 电路相同，i_{OUT} 应为理想的 10 μA。

4.3-7 电路如图 P4.3-7 所示，采用表 3.1-2 中的器件模型信息，用 SPICE LEVEL 3 模型（见表 3.4-1）仿真确定 i_{OUT} 并与习题 4.3-5 中的 SPICE 仿真结果进行比较。

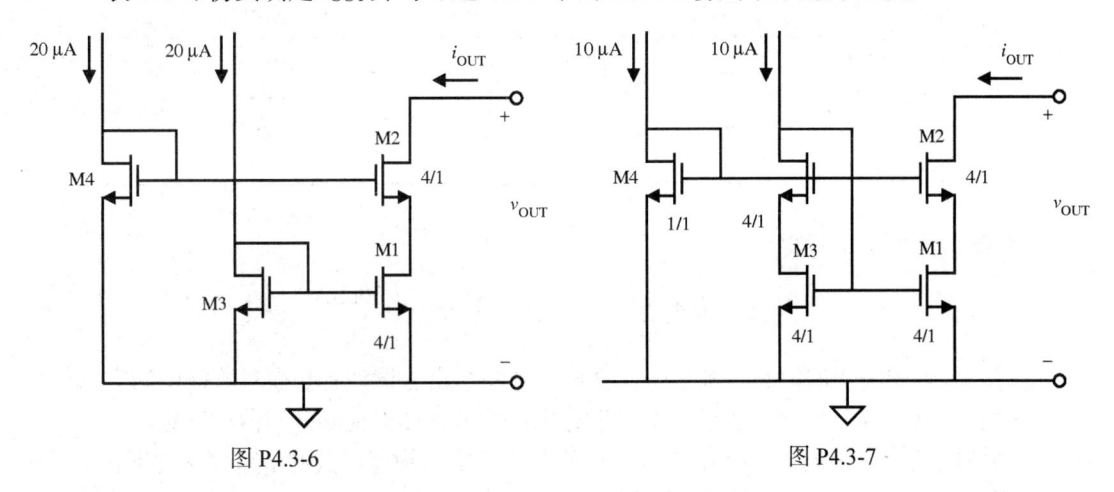

图 P4.3-6

图 P4.3-7

4.3-8 在图 P4.3-8 所示的堆叠 MOS 管结构图中，假设两只晶体管相同，有相同的漏-源电压且忽略体效应。试用 Blackman 公式计算电路的小信号输出电阻。用所有相关的小信号参数表示结果，如果满足 $g_m > g_{ds} > (1/R)$ 给出简化结果。

4.3-9 在图 P4.3-9 电路中，所有晶体管参数相同，W/L 为 10μm/1μm。假设所有晶体管均工作在饱和状态，试求得到最小 v_{min} 时的 v_{Bias} 值、此时的 v_{min} 值以及小信号输出电阻（单位为 Ω）。

图 P4.3-8

图 P4.3-9

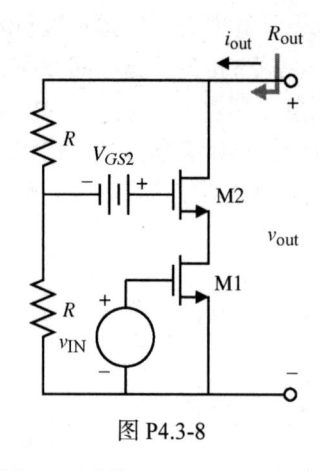

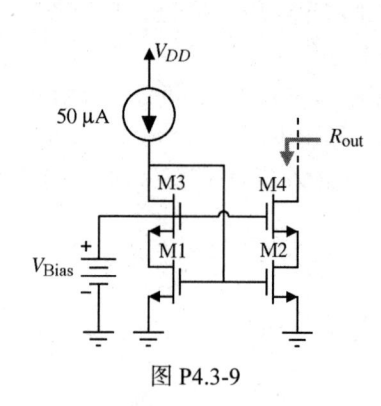

4.3-10（设计题：自评分）

仅用 MOS 管和一个 5V 的电源电压，试设计一个 CMOS 电流漏，设计中应使图 P4.3-10 所示的 V_{MIN} 和 ΔI_o 尽可能的小。其中 ΔI_o 在计算上是以 $I_o = 100\mu A$ 居中的。忽略体效应且保持 W/L 在 1~100 之间。

关于 V_{MIN} 和 ΔI_o 的确定。对所设计的电路用 HIGH 模型参数仿真一次，再用 LOW 模型参数仿真一次。针对这两次仿真画出 i_{OUT} 随 v_{OUT} 变化如图 P4.3-10 所示的曲线。V_{MIN} 是从 AB 线的起点到 AB 线与右边 IV 曲线交点的水平距离。ΔI_o 是两次仿真的最大垂直差值，观察点从 V_{MIN} 到 5V。

PMOS 和 NMOS 模型参数如下所示：

模型	$k'(\mu A/V^2)$	$V_{T0}(V^2)$	$\lambda(V^{-1})$
NMOS (HIGH)	26.4	0.675	0.011
NMOS (LOW)	21.6	0.825	0.009
PMOS (HIGH)	8.8	−0.675	0.022
PMOS (LOW)	7.2	−0.875	0.018

此题做完可按下式得分：

$$\text{得分} = \text{取小值}\left(\frac{5}{V_{MIN}}, 25\right) + \text{取小值}\left(\frac{500\mu A}{\Delta I_0}, 25\right)$$

得分公式中输入的值必须来之于计算机仿真的结果。设计者必须对所提供的支撑信息负责，必须同时提交用所设计电路带有标记的电路图以证实分数值的确定。

4.4-1 简单电流镜电路如图 P4.4-1 所示。在整个工艺中，物理参数的绝对变化如下：
宽度变化±5%　　　长度变化±5%　　　K' 变化±5%　　　V_T 变化±5 mV
假设漏极电压相同，在上面给出的整个工艺变化中测量所得最小和最大输出电流各是多少？

4.4-2 电路如图 P4.4-2 所示，图中电阻 $R = 12.9\text{k}\Omega$。试求 R_{in}，i_{out}/i_{in}，V_{MIN}(输入)和 V_{MIN}(输出)。

4.4-3 在图 P4.4-3 电路中，M1 和 M2 的电容为 $C_{gs1} = C_{gs2} = 200\text{fF}$，$C_{gd1} = C_{gd2} = 50\text{fF}$ 和 $C_{bd1} = C_{bd2} = 100\text{fF}$。试求低频电流增益 i_{out}/i_{in}，由 i_{in} 端看进去的输入电阻，由 M2 的

漏端看进去的输出电阻和-3dB 频率(单位为 Hz)。

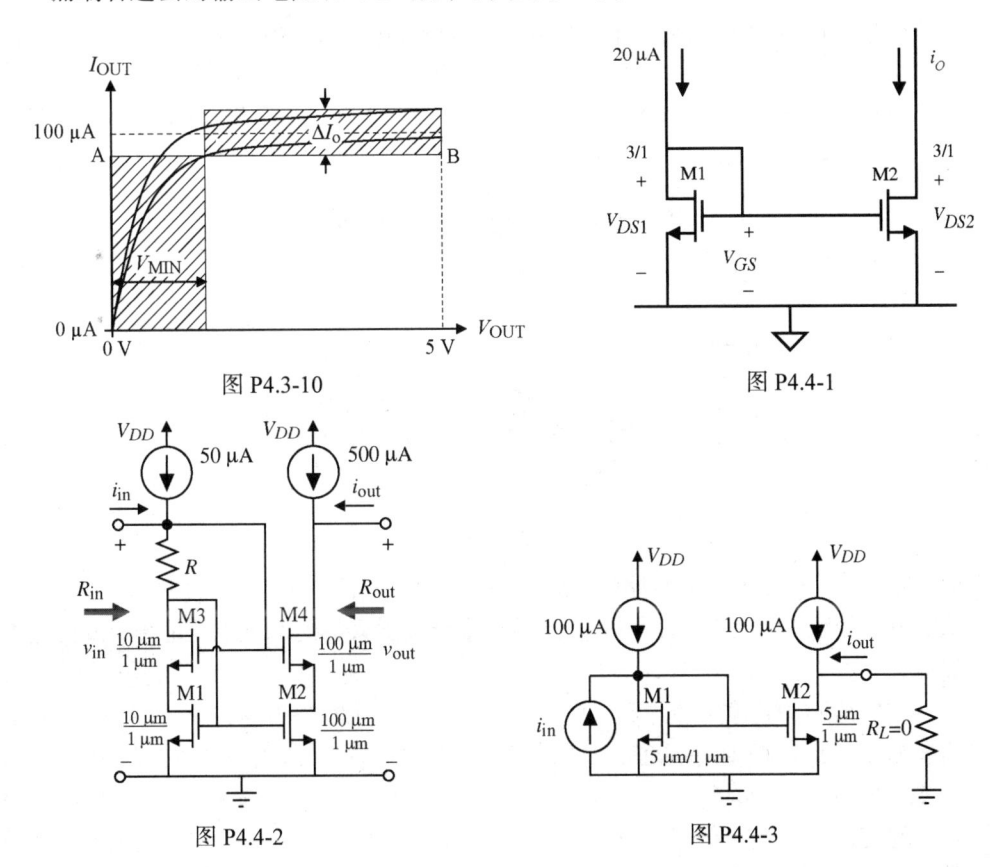

图 P4.3-10

图 P4.4-1

图 P4.4-2

图 P4.4-3

4.4-4 一个 1:1 NMOS 电流镜的版图如图 P4.4-4 所示。假设两只晶体管均工作在饱和区，$V_{DS1} = V_{DS2}$。(a) 如果 $I_{in} = 100\mu A$，I_{out} 的值应该是 $100\mu A$。根据版图实际情况，试求实际的 I_{out} 值。假设 $K' = 110\mu A/V^2$，$V_T = 0.7V$。各种方块电阻值为，n^+扩散电阻 = $35\Omega/\square$，多晶硅电阻 = $25\Omega/\square$，金属 1 到 p^+或 n^+接触孔($2\mu m \times 2\mu m$)电阻是 4Ω。在计算方块时将 0.5 归为转角方块；(b) 如何改进由版图引起的误差？

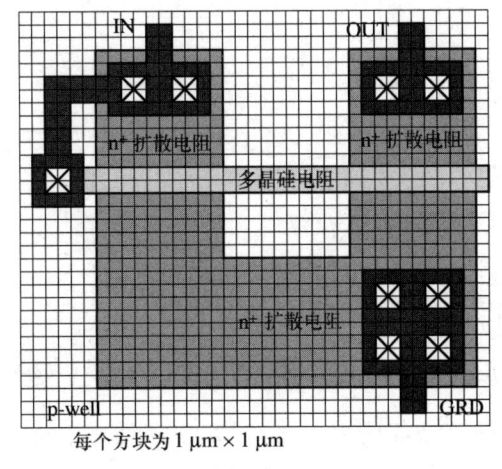

图 P4.4-4

4.4-5 一个 NMOS1:2 电流镜的四种不同版图设计思想如图 P4.4-5 所示。(a)试说明，在每张版图中应如何将 n⁺区与多晶硅相连以便形成镜像电流，标出 IN，OUT 和地节点(从这些区域引出一根线以作为标识)；(b)四张版图中哪一张有最准确的电流增益？为什么？(c)从寄生参数的角度考虑，四张版图中哪一张的电流准确性最差？为什么？

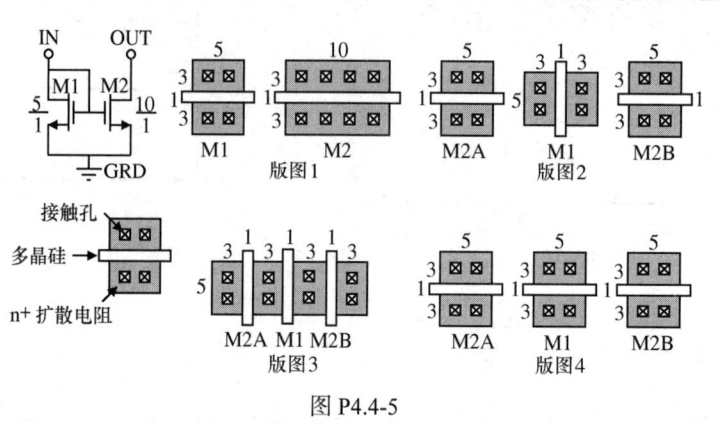

图 P4.4-5

4.5-1 证明图 4.5-2(b)所示基准电路的灵敏度是单位 1。

4.5-2 基准电路如图 P4.5-2 所示，该电路提供一个令人感兴趣的基准电压输出，试推导 V_{REF} 的表达式。

4.5-3 图 P4.5-3 所示为基准电流电路。已知 M1 和 M2 的 W/L 是 100/1，电阻采用 n 阱制成，温度为 25℃时电阻值为 500 kΩ，采用表 3.1-2 的参数。设 n 阱电阻的方块电阻系数为 1 kΩ/□±40%，温度系数为 8000 ppm/℃，阈值电压的温度系数为-2.3 mV/℃，电源电压的变化为±10%。假设温度从 0～70℃变化，计算整个变化过程中输出电流的总变化量。

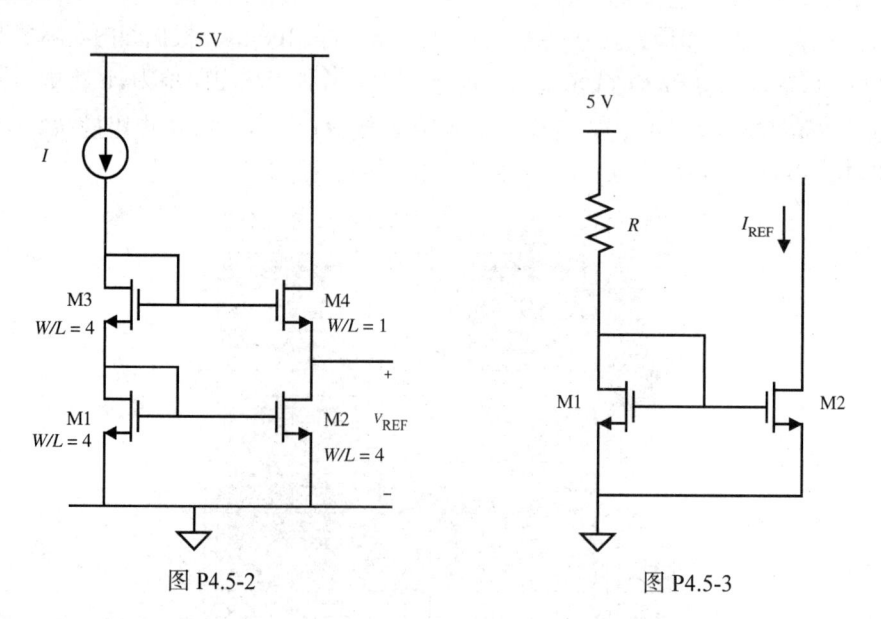

图 P4.5-2

图 P4.5-3

4.5-4 某基准电流电路如图 P4.5-4 所示，设 M3 和 M4 尺寸相同，M1 和 M2 尺寸不同。求输出电流 I_{out} 的表达式。

第 4 章 模拟 CMOS 子电路

图 P4.5-4

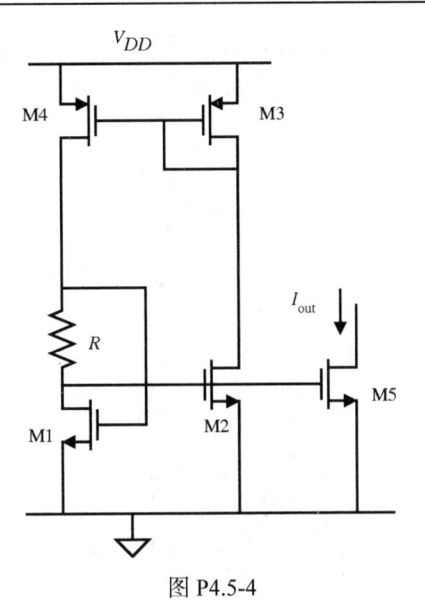

4.5-5 求图 4.5-3(b) 和图 4.5-4(b) 的小信号输出电阻。

4.5-6 利用图 4.5-3(b) 中所示的基准电路设计一个电压基准电路，当 V_{DD} = 5.0 V 时 V_{REF} = 2.5 V。设 I_s = 1 fA，β_F = 100。估算 V_{REF} 相对于 V_{DD} 的灵敏度。

4.6-1 一个改进型带隙基准发生器电路如图 P4.6-1 所示，假设放大器是理想的，M1～M5 的宽长比相同，双极型管的面积比为 10:1。设计元器件值使电路输出基准电压为 1.262 V。试分析迭层双极型管结构是否有优势，如果有，请具体说明。

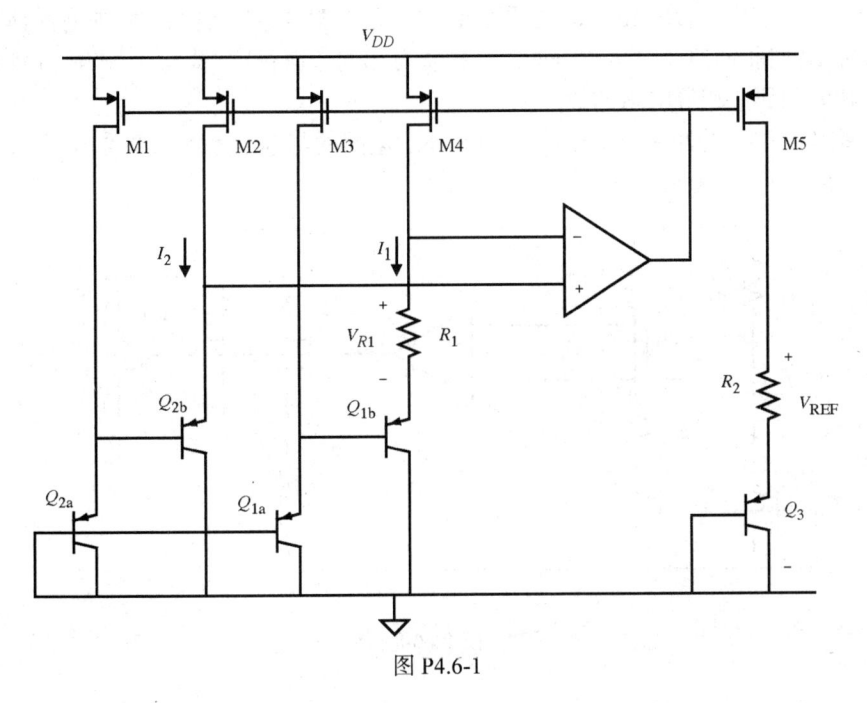

图 P4.6-1

4.6-2 为了减小图 P4.6-1 所示基准电路的噪声输出，在 M5 的栅极接一只电容，电容的另一端接哪里，为什么？

4.6-3 带隙基准电路如图 P4.6-3 所示。若设 NPN 双极型晶体管的参数为 $I_s=100\text{fA}$, $\beta \approx \infty$, $V_{th}=26\text{mV}$,M1-M2 的镜像是理想的,$W/L=10$。求室温下的 V_{REF}(精确到 mV)。

图 P4.6-3

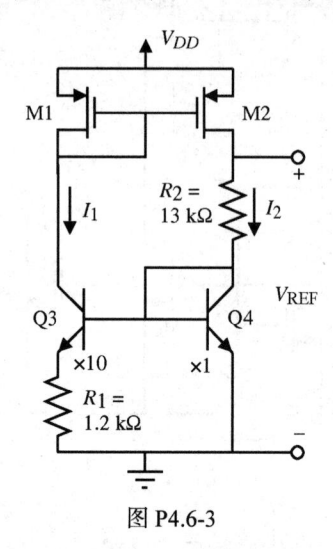

4.6-4 假设图 4.6-8(b)中所有晶体管均匹配,$n=10$,$R_1=10\text{k}\Omega$。如果 V_{DD} 足够大,所有晶体管工作在饱和区,试求室温下的 V_{REF} 和 R_2 值。

4.6-5 假设图 4.6-8(a)中双极型晶体管均为纵向双极型管(可以与衬底隔离),试比较图 4.6-8 中两个与温度无关串联型基准电路衬底中流过的电流。

4.6-6 假设 $V_{REF}=1\text{V}$,重做例 4.6-2。

4.6-7 假设所有电阻(除 R_3)相等,重做例 4.6-4。若设图 4.6-14 电路中,所有晶体管的 W/L 均为 10,除 M23、M24 和 M25(二极管有相同的面积)。试设计 M23、M24 和 M25 的 W/L 和那些相等电阻的值。

4.6-8 扩展例 4.6-3,设计一个基于图 P4.6-8 所示电路的与温度无关的基准电流。电阻 R_4 的温度系数为+1500 ppm/℃。

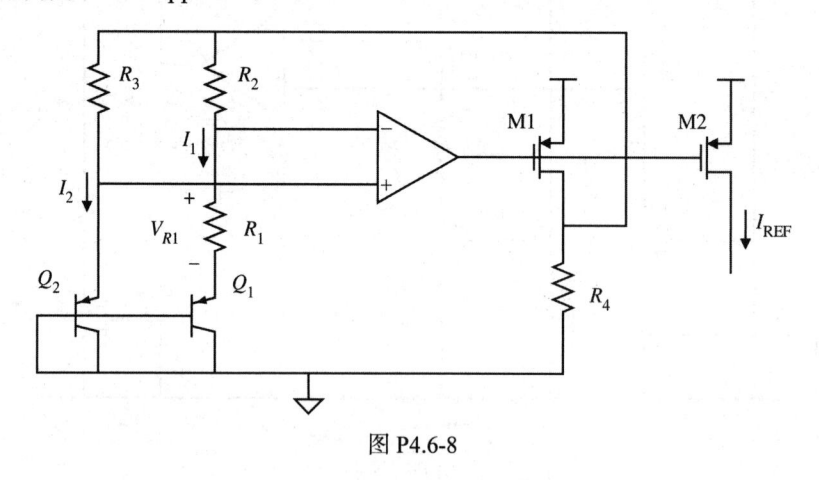

图 P4.6-8

参考文献

1. K. Martin, "Improved Circuits for the Realization of Switched-Capacitor Filters," *IEEE Trans. Circuits and Systems*, Vol. CAS-27, No. 4, pp. 237–244, Apr. 1980.
2. B. J. Sheu and Chenming Hu, "Switch-Induced Error Voltage on a Switched Capacitor," *IEEE J. Solid-State Circuits*, Vol. SC-19, No. 4, pp. 519–525, Aug. 1984.
3. T. C. Choi, R. T. Kaneshiro, R. W. Brodersen, P. R. Gray, W. B. Jett, and M. Wilcox, "High-Frequency CMOS Switched-Capacitor Filters for Communications Applications," *IEEE J. Solid-State Circuits*, Vol. SC-18, No. 6, pp. 652–664, Dec. 1983.
4. E. J. Swanson, "Compound Current Mirror," U.S. Patent #4,477,782.
5. Todd L. Brooks and Mathew A. Rybicki, "Self-Biased Cascode Current Mirror Having High Voltage Swing and Low Power Consumption," U.S. Patent #5,359,296.
6. R. B. Blackman, "Effect of Feedback on Impedance," *Bell Sys. Tech. J.*, Vol. 23, pp. 269–277, Oct. 1943.
7. P. R. Gray, P. J. Hurst, S. H. Lewis, and R. G. Meyer, *Analysis and Design of Analog Integrated Circuits*, 4th ed. New York: John Wiley & Sons, 2001, pp. 607–612.
8. G. R. Wilson, A Monolithic Junction FET-npn Operational Amplifier, *IEEE J. Solid-State Circuits*, Vol. SC-3, No. 5, pp. 341–348, Dec. 1968.
9. E. Sackinger and W. Guggenbuhl, "A Versatile Building Block: The CMOS Differential Difference Ampifier," *IEEE J. Solid-State Circuits*, Vol. SC-22, No. 2, pp. 287–294, Apr. 1987.
10. R. J. Widlar, "New Developments in IC Voltage Regulators," *IEEE J. Solid-State Circuits*, Vol. SC-6, No. 1, pp. 2–7, Feb. 1971.
11. K. E. Kujik, "A Precision Reference Voltage Source," *IEEE J. Solid-State Circuits*, Vol. SC-8, No. 3, pp. 222–226, June 1973.
12. B. S. Song and P. R. Gray, "A Precision Curvature-Corrected CMOS Bandgap Reference," *IEEE J. Solid-State Circuits*, Vol. SC-18, No. 6, pp. 634–643, Dec. 1983.
13. Y. P. Tsividis and R. W. Ulmer, "A CMOS Voltage Reference," *IEEE J. Solid-State Circuits*, Vol. SC-13, No. 6, pp. 774–778, Dec. 1982.
14. G. Tzanateas, C. A. T. Salama, and Y. P. Tsividis, "A CMOS Bandgap Voltage Reference," *IEEE J. Solid-State Circuits*, Vol. SC-14, No. 3, pp. 655–657, June 1979.
15. I. M. Gunawan, G. C. M. Meijer, J. Fonderie, and J.H. Huijsing, "A Curvature-Corrected Low-Voltage Bandgap Reference," *IEEE J. Solid-State Circuits*, Vol. SC-28, No. 6, pp. 667–670, June 1993.
16. G. A. Rincon-Mora and P. E. Allen, "A 1.1-V Current-Mode and Piecewise-Linear Curvature-Corrected Bandgap Reference," *IEEE J. Solid-State Circuits*, Vol. 33, No. 10, pp. 1551–1554, Oct. 1998.
17. B. Gilbert, "Monolithic Voltage and Current References: Themes and Variations." In: *Analog Circuit Design*, J. H. Huijsing, R. J. van de Plassche, and W. M. C. Sansen, eds. Boston, MA: Kluwer Academic Publishers, 1996, pp. 2269–2352.
18. B. S. Song and P. R. Gray, "A Precision Curvature-Corrected CMOS Bandgap Reference," *IEEE J. Solid-State Circuits*, Vol. SC-18, No. 6, pp. 634–643, Dec. 1983.
19. I. Lee et al., "Exponential Curvature-Compensated BiCMOS Bandgap References," *IEEE J. Solid-State Circuits*, Vol. SC-29, No. 11, pp. 1396–1403, Nov. 1994.
20. G. M. Meijer et al., "A New Curvature-Corrected Bandgap Reference," *IEEE J. Solid-State Circuits*, Vol. SC-17, No. 11, pp. 1139–1143, Dec. 1982.

第 5 章　CMOS 放大器

本章将采用第 4 章的基本子电路来构造各种形式的 CMOS 放大器。从分析反相器入手——这是所有放大器中最基本的电路。接下来将逐级介绍放在一起能形成一个高增益放大器的电路。电路的第一级应该是差分放大器，这是个优异的输入级。中间级是共源共栅放大器，类似于反相器，但是有更好的整体性能和对小信号的控制性能。该级作为一个有效的增益级同时也提供了一种补偿的方法。接下来是输出级。输出级的目的是在不损害高增益放大器性能的条件下驱动外界负载。本章最后一节将阐述这些电路如何组合以达到给定的高增益放大器的要求。

本章采用与第 4 章同样的分析方法，即先介绍电路的基本情况，了解它是如何工作的，然后进行大信号分析和小信号分析。在本章中根据图 4.0-1 介绍的简单电路，从基本电路开始逐渐过渡到复杂电路。在本章的最后，将讨论复杂的 CMOS 模拟电路。高增益放大器的结构部分可以直接引入比较器和运算放大器。

由于研究的电路日趋复杂，所以可能会运用一些附录 A 中详述的分析技术。与 CMOS 模拟集成电路设计课题发展相关的地方也将引入新技术。这些技术之一是用主极点近似求解具有代数系数的多项式的根。

由于放大器的共性，介绍时会采用统一的方法。首先，研究大信号条件下的输入-输出特性，提供诸如信号摆幅限制、工作区域(截止区、放大区或饱和区)和增益等信息。接下来，分析所有晶体管都处于饱和区时的小信号性能，提供输入输出阻抗和小信号增益的信息，包含寄生电容和固有电容的分析将反映放大器的频率响应。最后，考虑诸如噪声、温度特性和功耗等因素。关于本章中所讨论主题的更多信息可以在一些文献中找到[1~3]。

5.1　反相器

反相器是 CMOS 电路中的基本增益级。典型的反相器采用共源结构，负载可以是有源电阻或电流源。有源负载的多种实现方法如图 5.1-1 所示。这些反相器包括 PMOS 有源负载反相器、电流源反相器和推挽反相器。在其他条件相同的情况下，图 5.1-1 中电路的小信号增益由左至右逐渐增加。本章将逐个分析上述三种电路。

PMOS 有源负载反相器

在许多应用场合需要用到可高度预见其小信号和大信号特性的低增益反相器。满足此需求的一种结构如图 5.1-1 所示，这就是 PMOS 有源负载反相器(简称"有源负载反相器")，大信号特性如图 5.1-2 所示。此图将 M1 管的 i_D-v_{DS} 特性和由接成二极管的 p 沟道 M2 管形成的"负载线"(i_D-v_{DS})画在了同一张图上。有源电阻 M2 的"负载线"可以简单地看成 V_{DD} 减去翻转的跨导特性。显然，输出信号摆幅的负值将受到限制。v_{OUT} 随 v_{IN} 变化的输出-输入曲线可以按输出特性图上标注的 A、B、C 等点重新画出。所得曲线称为大信号电压传输特

第 5 章 CMOS 放大器

性。很明显，这种反相放大器限制了输出电压的范围且具有低增益（增益由 v_{OUT}-v_{IN} 的曲线斜率决定）。

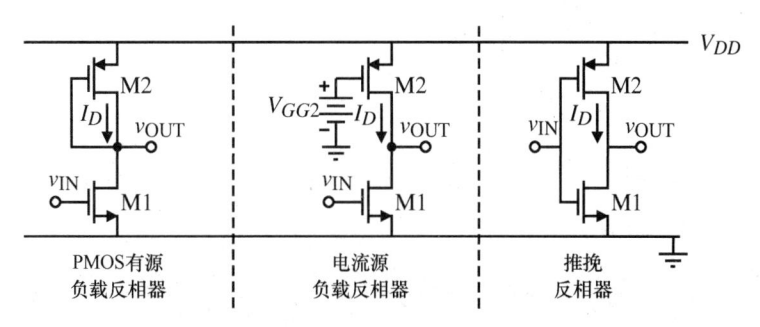

图 5.1-1 各种类型反相 CMOS 放大器

有源负载反相器的大信号摆幅受限的特性是值得研究的。由图 5.1-2 可以看到最大输出电压 v_{OUT}（最大）等于 $V_{DD}-|V_{TP}|$，因此有

$$v_{OUT}(最大) \cong V_{DD} - |V_{TP}| \tag{5.1-1}$$

该限制忽略了每个 MOS 管中的亚阈值电流。这个非常小的电流最终将允许输出电压接近 V_{DD}。

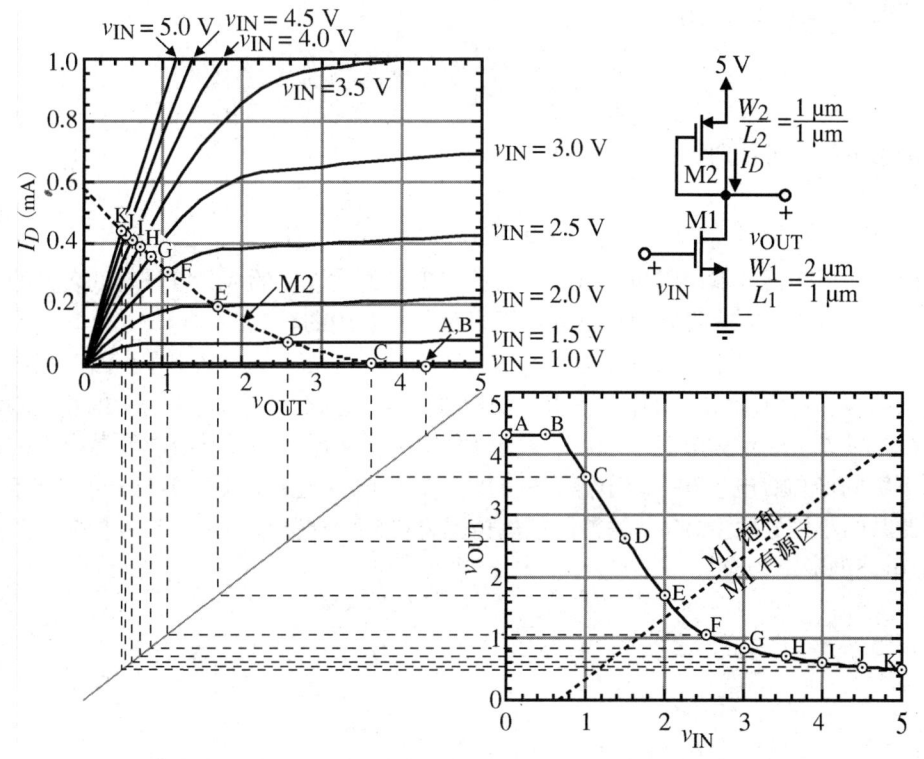

图 5.1-2 有源负载反相器电压转移函数的图解

为了求出 v_{OUT}（最小），首先假设 M1 工作在非饱和区（有源区），而且 $V_{T1}=|V_{T2}|=V_T$。根据作图已经确定 M1 工作在非饱和区，因此可得

$$v_{DS1} \geq v_{GS1} - V_{TN} \rightarrow v_{OUT} \geq v_{IN} - 0.7V \tag{5.1-2}$$

对应于 M1 的饱和压降，流过 M1 的电流为

$$i_D = \beta_1 \left((v_{GS1} - V_T)v_{DS1} - \frac{v_{DS1}^2}{2} \right) = \beta_1 \left((v_{DD} - V_T)(v_{OUT}) - \frac{(v_{OUT})^2}{2} \right) \tag{5.1-3}$$

流过 M2 的电流为

$$i_D = \frac{\beta_2}{2}(v_{SG2} - |V_T|)^2 = \frac{\beta_2}{2}(v_{DD} - v_{OUT} - |V_T|)^2 = \frac{\beta_2}{2}(v_{OUT} + |V_T| - V_{DD})^2 \tag{5.1-4}$$

令式(5.1-3)等于式(5.1-4)并解出 v_{OUT}。

$$v_{OUT}(最小) = V_{DD} - V_T - \frac{V_{DD} - V_T}{\sqrt{1 + (\beta_2/\beta_1)}} \tag{5.1-5}$$

在推导过程中假设 v_{IN} 的最大值等于 V_{DD}。了解式(5.1-5)的最小极限是如何得出的十分重要。输出电压不能趋向最小极限(地电位)的原因是 M2 上电压产生的电流必须流过 M1。任何 MOS 管只有在漏电流为零时漏源间电压才为零。因此，v_{OUT} 的最小值等于由 M2 所确定的电流在 M1 生成的漏-源压降。

有源电阻负载反相器的小信号电压增益可以由图 5.1-3 求得，对输出端电流求和可得

$$g_{m1}v_{in} + g_{ds1}v_{out} + g_{m2}v_{out} + g_{ds2}v_{out} = 0 \tag{5.1-6}$$

求解电压增益 v_{out}/v_{in}，得到

$$\frac{v_{out}}{v_{in}} = \frac{-g_{m1}}{g_{ds1} + g_{ds2} + g_{m2}} \cong -\frac{g_{m1}}{g_{m2}} = -\left(\frac{K_N' W_1 L_2}{K_P' L_1 W_2} \right)^{1/2} \tag{5.1-7}$$

小信号输出电阻也可从图 5.1-3 中得到，如

$$R_{out} = \frac{1}{g_{ds1} + g_{ds2} + g_{m2}} \cong \frac{1}{g_{m2}} \tag{5.1-8}$$

有源电阻负载反相器的输出阻抗较低，因为按二极管方式连接的 M2 管具有低阻抗的缘故。在要求反相增益级具有大带宽时，低输出阻抗是非常有用的。

接下来介绍有源电阻负载反相器的小信号频率响应。图5.1-4(a)示出了一般反相器的结构和重要的电容。对应图5.1-3 的情况，M2 的栅级(x 点)连到 V_{out}，图中 C_{gd1} 和 C_{gd2} 表示交迭电容，C_{bd1} 和 C_{bd2} 表示体电容。C_{gs2} 是交迭电容加上栅电容，C_L 是从反相器看出去的负载电容，由下级的栅(源)电容和与该节点有关的所有寄生电容组成。图 5.1-4(b)示出了假设 V_{in} 为电压源时的小信号模型(V_{in} 有高源阻抗的情况将在5.3 节解释，5.3 节将分析共源共栅放大器)。该电路的频率响应是

$$\frac{V_{out}(s)}{V_{in}(s)} = \frac{-g_m R_{out}(1 - s/z_1)}{1 - s/p_1} \tag{5.1-9}$$

式中，

$$g_m = g_{m1} \tag{5.1-10}$$

$$p_1 = \frac{-1}{R_{out}(C_{out} + C_M)} \approx \frac{-g_{m2}}{C_{out} + C_M} = \frac{-\sqrt{2K_N(W_1/L_1)I_{D2}}}{C_{out} + C_M} \tag{5.1-11}$$

$$z_1 = \frac{g_m}{G_M} \tag{5.1-12}$$

和

$$R_{out} = (g_{ds1} + g_{ds2} + g_{m2})^{-1} \cong g_{m2}^{-1} \qquad (5.1\text{-}13)$$

$$C_M = C_{gd1} \qquad (5.1\text{-}14)$$

$$C_{OUT} = C_{bd1} + C_{bd2} + C_{gs2} + C_L \qquad (5.1\text{-}15)$$

可以看到，反相放大器有一个右半平面的零点和一个左半平面的极点。一般来说，零点值大于极点值，所以放大器的-3 dB 频率等于 $1/[R_{out}(C_{out} + C_M)]$。式(5.1-11)表明，在这种情况下，有源电阻负载反相器的-3 dB 频率近似正比于漏极电流的平方根。随着漏电流增加，带宽随之增加，因为 R 将下降。

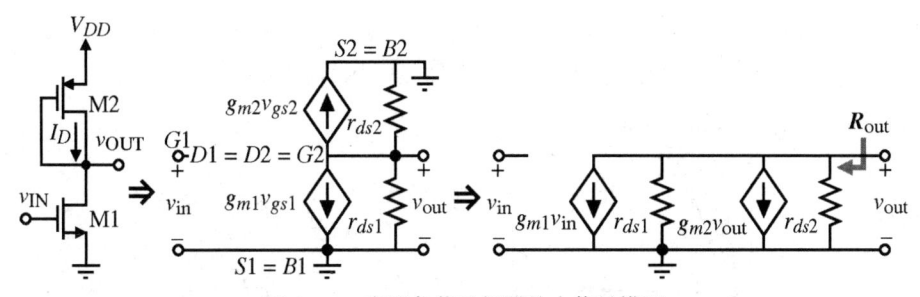

图 5.1-3 有源负载反相器的小信号模型

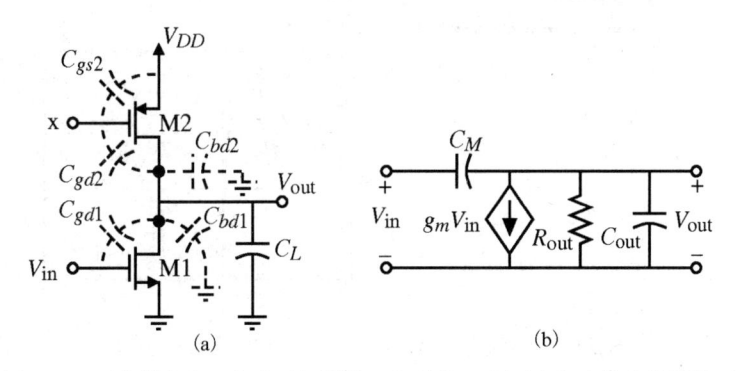

图 5.1-4 (a)带有寄生电容反相器的一般结构；(b)(a)电路的小信号模型

例 5.1-1 有源电阻负载反相器的性能

在图 5.1-3 电路中，已知，$W_1/L_1 = 2\ \mu m/1\ \mu m$ 和 $W_2/L_2 = 1\ \mu m/1\ \mu m$，$C_{gd1} = 0.5$ fF，$C_{bd1} = 10$ fF，$C_{bd2} = 10$ fF，$C_{gs2} = 2$ fF，$C_L = 1$ pF，$I_{D1} = I_{D2} = 100\ \mu A$，用表 3.1-2 中的参数计算 $V_{DD} = 5$ V 时电路的输出电压摆幅限制、小信号增益、输出电阻和-3 dB 频率。

解：由式(5.1-1)和式(5.1-5)可以求出 v_{OUT}(最大)$= 4.3$ V 和 v_{OUT}(最小)$= 0.418$ V。利用式(5.1-6)可以求出小信号电压增益是-2.098 V/V。由式(5.1-8)可求输出电阻，如果考虑 g_{ds1} 和 g_{ds2}，则结果为 9.17 kΩ；如果仅考虑 g_{m2}，则结果为 10 kΩ。最后，零点位于 3.97×10^{11} rad/s，极点位于 -106.7×10^6 rad/s。因而-3 dB 频率是 17 MHz。

电流源反相器

通常，反相放大器需要得到比有源负载反相器更大的增益。图 5.1-1 所示的第二种反相放大器结构是电流源反相器，该结构具有较高的增益。这种结构采用电流源负载代替 PMOS 二极管连接的负载。电流源是共栅结构，采用栅级加直流电压偏置 V_{GG2} 的 p 沟道管实现，这种放大器的大信号特性可以由图解说明。图 5.1-5 所示为 $i_D - v_{OUT}$ 特性。在这个电流-电压特性图上画出了 M1 的输出特性。因为 $v_{IN} = v_{GS1}$，曲线已经被标出。在这些特性曲线上添加的是具有 $v_{OUT} = V_{DD} - v_{SD2}$ 的 M2 输出特性。大信号电压传输函数曲线可用类似于图 5.1-2 描述有源电阻负载反相器的方法得到。对于给定的 V_{SG2}，由图 5.1-5 中的输出特性将 A、B、C 等点转移到图 5.1-5 的电压传输曲线，得到所示的大信号电压传输函数曲线。

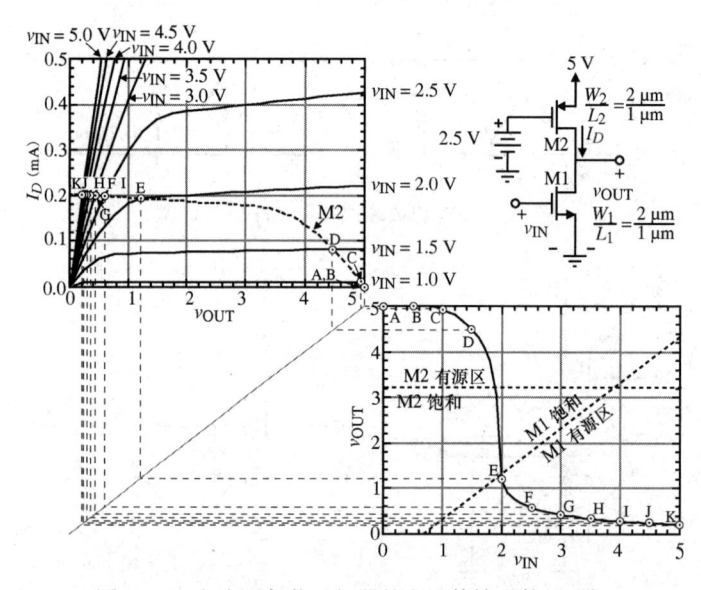

图 5.1-5 电流源负载反相器的电压传输函数的图解

由每个晶体管饱和关系的表达式可求得图 5.1-5 中晶体管的工作区。对 M1 来说，关系为

$$v_{DS1} \geq v_{GS1} - V_{TN} \rightarrow v_{OUT} \geq v_{IN} - 0.7\text{V} \tag{5.1-16}$$

这种关系被画在图 5.1-5 所示的电压传输曲线上。M2 的等同关系要特别注意符号。这个关系是

$$v_{SD2} \geq v_{SG2} - |V_{TP}| \rightarrow V_{DD} - V_{OUT} \geq V_{DD} - V_{GG2} - |V_{TP}| \rightarrow v_{OUT} \leq 3.2\text{V} \tag{5.1-17}$$

换句话说，当 v_{OUT} 小于 3.2 V 时，M2 是饱和的，这也画在图 5.1-5 中了。首先必须知道晶体管工作在哪个区才可进行下面的分析。

电流源负载反相器的大信号输出电压摆幅的限制可用与有源负载反相器类似的方法得到。v_{OUT}(最大)$= V_{DD}$，因为当 M1 截止时 M2 的电压可以到零，允许输出电压等于 V_{DD}，不需要输出直流电流，因此最大输出正电压是

$$v_{OUT}(\text{最大}) \cong V_{DD} \tag{5.1-18}$$

通过假设 M1 处于非饱和区可以得到下限。v_{OUT}(最小)可给出为

$$v_{OUT}(\text{最小}) \cong (V_{DD} - V_{T1}) \left\{ 1 - \left[1 - \left(\frac{\beta_2}{\beta_1}\right)\left(\frac{V_{SG2} - |V_{T2}|}{V_{DD} - V_{T1}}\right)^2 \right]^{1/2} \right\} \tag{5.1-19}$$

此结果是假设 v_{IN} 等于 V_{DD} 得到的。

小信号性能可由图 5.1-3 模型中用 $g_{m2}v_{out}=0$（考虑到 M2 的栅极交流接地）求得。小信号电压增益为

$$\frac{v_{out}}{v_{in}} = \frac{-g_{m1}}{g_{ds1}+g_{ds2}} = \left(\frac{2K_N'W_1}{L_1 I_D}\right)^{1/2}\left(\frac{-1}{\lambda_1+\lambda_2}\right) \propto \frac{1}{\sqrt{I_D}} \tag{5.1-20}$$

这是个有意义的结果：随着直流电流的减小，增益上升。这是因为输出电导正比于偏置电流，而跨导正比于偏置电流的平方根。当然这需要假设由式(3.3-9)表示的输出电导的简单关系成立。增益随 I_D 减小而增加可一直保持到电流接近亚阈值工作区，即弱反型层出现，此时跨导变为正比于偏置电流且小信号电压增益成为常数而与偏置电流无关。假设亚阈区发生在电流近似为 1 μA 的时候，且 $(W/L)_1=(W/L)_2=10\,\mu m/1\,\mu m$，使用表 3.1-2 中的参数值可给出图 5.1-5 所示的电流负载 CMOS 反相器的最大增益近似为-521 V/V。图 5.1-6 示出了电流源负载反相器作为直流偏置电流的函数的典型关系，假设亚阈区效应发生在近似等于 1 μA 的时候。

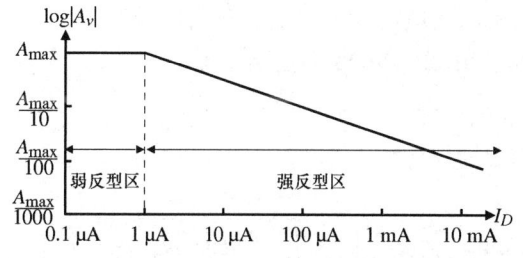

图 5.1-6 漏极电流对电流源反相放大器的小信号电压增益的影响

电流源负载 CMOS 反相器的小信号输出电阻可根据图 5.1-3 ($g_{m2}v_{out}=0$) 求得。

$$R_{out} = \frac{1}{g_{ds1}+g_{ds2}} \cong \frac{1}{I_D(\lambda_1+\lambda_2)} \tag{5.1-21}$$

假设 $I_D=200\,\mu A$，沟道长度为 1 μm，采用表 3.1-2 中的参数，电流源 CMOS 反相器的输出电阻近似为 56 kΩ，与有源负载 CMOS 反相器相比此输出电阻较高。然而，此结果导致带宽降低。

电流源 CMOS 反相器的-3 dB 频率可根据图 5.1-4 求得，假设 M2 栅级(点 x)接到电压源 V_{GG2}。在这种情况下，C_M 由式(5.1-14)给出，式(5.1-13)和式(5.1-15)的 R_{out} 和 C_{out} 则为

$$R_{out} = \frac{1}{g_{ds1}+g_{ds2}} \tag{5.1-22}$$

$$C_M = C_{gd1} \tag{5.1-23}$$

$$C_{out} = C_{gd2} + C_{bd1} + C_{bd2} + C_L \tag{5.1-24}$$

电流源反相器的零点由式(5.1-12)给出。极点为

$$p_1 = \frac{-1}{R_{out}(C_{out}+C_M)} = -\left(\frac{g_{ds1}+g_{ds2}}{C_{out}+C_M}\right) \tag{5.1-25}$$

-3 dB 频率响应可由 p_1 的幅度表示为

$$\omega_1 = \frac{g_{ds1}+g_{ds2}}{C_{gd1}+C_{gd2}+C_{bd1}+C_{bd2}+C_L} \tag{5.1-26}$$

假设零点幅度大于极点幅度。如果电流负载反相器的直流电流是 200 μA, 且电容具有例 5.1-1 给的值($C_{gd1} = C_{gd2}$), 则可求得-3 dB 频率是 1.91 MHz(假设沟道长度是 1 μm), 与例 5.1-1 中频率的差别源于较大的输出电阻。

例 5.1-2 电流漏反相器的性能

此例将分析电流漏反相器的性能。电流漏反相器如图 5.1-7 所示。假设 $W_1 = 2$ μm, $L_1 = 1$ μm, $W_2 = 1$ μm, $L_2 = 1$ μm, $V_{DD} = 5$ V, $V_{GG1} = 3$ V, 采用表 3.1-2 描述的 M1 和 M2 管的参数, 并采用例 5.1-1 中的电容值($C_{gd1} = C_{gd2}$)。计算输出摆幅的限制和小信号性能。

解: 为了得到输出信号摆幅的限制, 可将图 5.1-7 看成电流源 CMOS 反相器, 交换 PMOS 的参数和 NMOS 的参数, 利用式(5.1-18)和式(5.1-19), 将电流源 CMOS 反相器的答案转换一下即可求得图 5.1-7 所示的电流漏反相器的输出信号摆幅的极限。用撇号表示电流源负载 CMOS 反相器的输出结果, 只是交换了 PMOS 和 NMOS 的模型参数, 得到

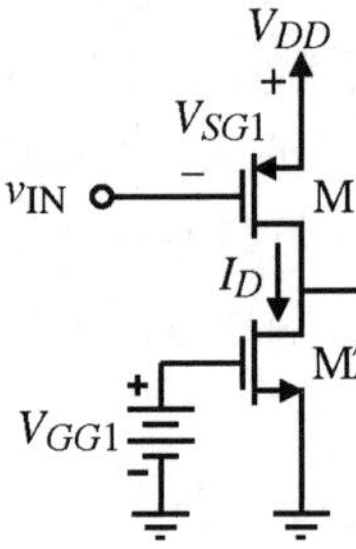

$$v'_{OUT}(最大) = 5V$$

图 5.1-7 电流漏反相器

和

$$v'_{OUT}(最小) = (5-0.7)\left[1 - \sqrt{1 - \left(\frac{110 \times 1}{50 \times 2}\right)\left(\frac{3-0.7}{5-0.7}\right)^2}\right] = 0.740V$$

在电流漏 CMOS 反相器中, 这些极限值从 5 V 减小到

$$v_{OUT}(最大) = 4.26V$$

和

$$v_{OUT}(最小) = 0V$$

为了求得小信号性能, 必须首先计算直流电流。直流电流 I_D 是

$$I_D = \frac{K'_N W_1}{2 L_1}(V_{GG1} - V_{TN})^2 = \frac{110 \times 1}{2 \times 1}(3-0.7)^2 = 291\mu A$$

小信号增益可由式(5.1-20)求得, 增益值为-9.2。输出阻抗和-3 dB 频率分别为 38.1 kΩ和 4.09 MHz。

推挽反相器

将图 5.1-5 或图 5.1-7 中 M2 的栅级接到 M1 的栅级, 即为图 5.1-8 所示的推挽反相器。推挽反相器的大信号电压传输函数曲线可以用类似于电流源反相器的方法来画出。在这种情况下, A、B、C 等点描述了推挽反相器的负载线。大信号电压传输特性可以通过将这些点映射在横轴上然后把结果画在图 5.1-8 的右下方得到。比较电流源和推挽反相器的大信号电压传输特性可以看出, 采用同样的晶体管, 推挽反相器具有更高的增益。这是由于两个晶体管都由 v_{IN} 驱动。推挽反相器的另一个优点是它的输出可以端到端地满摆幅工作(在这种情况下是指 V_{DD} 到地)。

第 5 章 CMOS 放大器

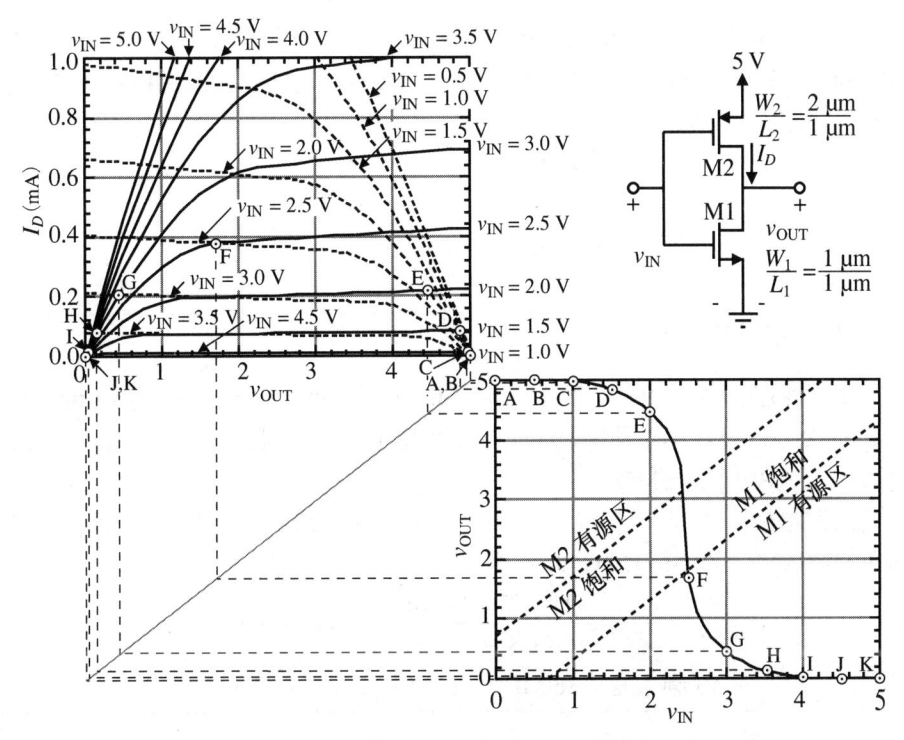

图 5.1-8 推挽反相器电压传输函数的图解

推挽反相器的工作区如图 5.1-8 的电压传输曲线所示。这些工作区由给定的 MOS 管 V_{DS}(饱和)的定义很容易求出。当

$$v_{DS1} \geq v_{GS1} - V_{T1} \to v_{OUT} \geq v_{IN} - 0.7 \text{ V} \tag{5.1-27}$$

成立时，M1 处于饱和区。当

$$v_{SD2} \geq v_{SG2} - |V_{T2}| \to V_{DD} - v_{OUT} \geq V_{DD} - v_{IN} - |V_{T2}| \to v_{OUT} \leq v_{IN} + 0.7 \text{ V} \tag{5.1-28}$$

成立时，M2 处于饱和区。如果用相同的符号画出式(5.1-27)和式(5.1-28)，则在图 5.1-8 电压传输曲线上所示的两条线恰好标出了工作区的所在。这里和先前的电压传输函数显示出一个重要的原理，即最大增益(最陡的斜率)总是出现在各管都处于饱和区的时候。

推挽反相器的小信号性能取决于它的工作区。如果假设 M1、M2 都处于饱和区，就能得到最大电压增益。可以借助图 5.1-9 来分析小信号性能。

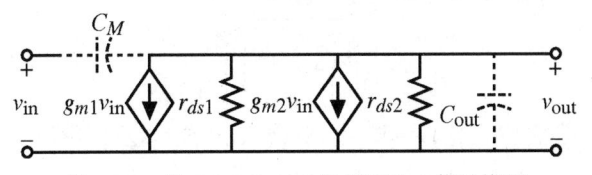

图 5.1-9 图 5.1-8 CMOS 反相器的小信号模型

小信号电压增益为

$$\frac{v_{\text{out}}}{v_{\text{in}}} = \frac{-(g_{m1} + g_{m2})}{g_{ds1} + g_{ds2}} = -\sqrt{(2/I_D)} \left[\frac{\sqrt{K'_N(W_1/L_1)} + \sqrt{K'_P(W_2/L_2)}}{\lambda_1 + \lambda_2} \right] \tag{5.1-29}$$

可以注意到与电流源/漏反相器一样，电压增益同样受直流电流的影响。假设 I_D 为 1 μA，

$W_1/L_1 = W_2/L_2 = 1$，用表 3.1-2 中的参数值，得到最大小信号电压增益值是-276。推挽反相器的输出阻抗和-3 dB 频率响应与式(5.1-22)~式(5.1-26)描述的电流源反相器一样，唯一不同的是右半平面的零点，该零点为

$$z = \frac{g_{m1} + g_{m2}}{C_M} = \frac{g_{m1} + g_{m2}}{C_{gd1} + C_{gd2}} \tag{5.1-30}$$

这个零点比极点大，所以式(5.1-26)所给的-3 dB 频率成立。

例 5.1-3 推挽反相器的性能

接下来分析推挽反相器的性能。假设 $W_1 = 1\ \mu m$, $L_1 = 1\ \mu m$, $W_2 = 2\ \mu m$, $L_2 = 1\ \mu m$, $V_{DD} = 5\ V$, $I_{D1} = I_{D2} = 300\ \mu A$，M1、M2 模型使用表 3.1-2 中的参数值。采用例 5.1-1 中的电容值($C_{gd1} = C_{gd2}$)。计算输出摆幅限制和小信号性能。

解：输出摆幅是从 0 到 5 V。为了求得小信号性能，给出一个重要的假设，即两个晶体管都工作在饱和区。因此小信号电压增益为

$$\frac{v_{out}}{v_{in}} = \frac{-257\ \mu S - 245\ \mu S}{1.2\ \mu S + 1.5\ \mu S} = -18.6\ V/V$$

输出电阻是 37 kΩ，-3 dB 频率是 2.86 MHz。右半平面零点是 399 MHz。

反相器的噪声分析

分析本节反相器的噪声性能很有意义。首先考虑图 5.1-3 中的有源负载反相器。分析将假设信号源交流接地，且将均方沟道电流噪声谱密度用均方输入电压噪声谱 e_n^2 与每个器件栅极串联表示，然后计算输出电压噪声谱密度 e_{out}^2。在这种计算中，所有的源被看成是添加的。用于计算的电路模型在图 5.1-10 中给出。

e_{out}^2 除以反相器电压增益的平方将得到等效的输入电压噪声谱密度 e_{eq}^2，把这种分析运用到图 5.1-3 可得

$$e_{out}^2 = e_{n1}^2 \left(\frac{g_{m1}}{g_{m2}}\right)^2 + e_{n2}^2 \tag{5.1-31}$$

由式(5.1-7)可以解出等效输入电压噪声谱密度为

$$e_{eq} = e_{n1}\sqrt{1 + \left(\frac{g_{m2}}{g_{m1}}\right)^2 \left(\frac{e_{n2}}{e_{n1}}\right)^2} \tag{5.1-32}$$

为求得 1/f 噪声，将式(3.2-15)和式(3.3-6)代入式(5.1-32)，得到

$$e_{eq(1/f)} = \left(\frac{B_1}{fW_1 L_1}\right)^{1/2} \left[1 + \left(\frac{K'_2 B_2}{K'_1 B_1}\right)\left(\frac{L_1}{L_2}\right)^2\right]^{1/2} (V/\sqrt{Hz}) \tag{5.1-33}$$

如果 M1 的栅长远小于 M2，输入 1/f 噪声将由 M1 起主导作用。为了减小 M1 的 1/f 噪声，必须增加 M1 的栅宽。在有些工艺中，p 沟道管的 1/f 噪声低于 n 沟道管。在这种情况下，p 沟道管应用于输入器件。这种反相器的热噪声性能为

$$e_{\text{eq}(th)} = \left\{\left(\frac{8kT(1+\eta_1)}{3[2K'_2(W/L)_1 I_1]^{1/2}}\right)\left[1+\left(\frac{W_2 L_1 K'_2}{L_2 W_1 K'_1}\right)^{1/2}\left(\frac{1+\eta_2}{1+\eta_1}\right)\right]\right\}^{1/2} \quad (\text{V}/\sqrt{\text{Hz}}) \quad (5.1\text{-}34)$$

在计算式(5.1-31)中输出电压噪声谱密度时，假设从 e_{n2}^2 到 e_{out}^2 的增益为1。这可以由图 5.1-11 证明，由图可以得到

$$\frac{e_{\text{out}}^2}{e_{n2}^2} = \left[\frac{g_{m2}(r_{ds1}\|r_{ds2})}{1+g_{m2}(r_{ds1}\|r_{ds2})}\right]^2 \approx 1 \quad (5.1\text{-}35)$$

图 5.1-5 中电流源负载反相器的噪声模型如图 5.1-12 所示，该反相器的输出电压噪声谱密度可以写成

$$e_{\text{out}}^2 = (g_{m1}R_{\text{out}})^2 e_{n1}^2 + (g_{m2}R_{\text{out}})^2 e_{n2}^2 \quad (5.1\text{-}36)$$

用式(5.1-36)除以反相器的增益平方，然后开方，结果表达式类似于式(5.1-32)。因此，尽管两个电路的小信号电压增益有很大不同，但噪声性能是等价的。

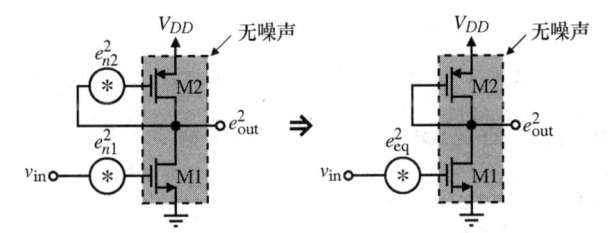

图 5.1-10　有源负载反相器的噪声计算

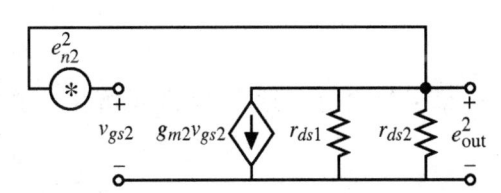

图 5.1-11　图 5.1-10 中噪声 e_{n2}^2 影响的图示

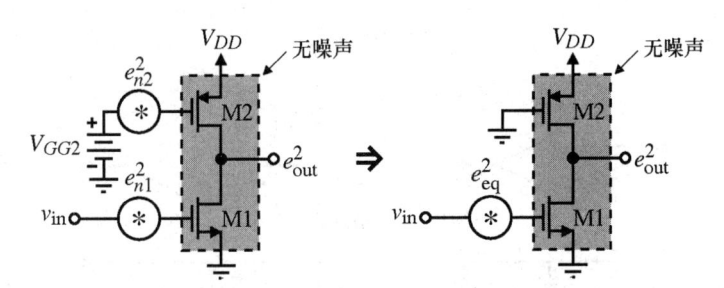

图 5.1-12　电流源负载反相器噪声的计算

推挽反相器的输出电压噪声谱密度可以由图 5.1-13 计算得到。用这个量除以增益的平方值得到推挽放大器的等效输入电压噪声谱密度为

$$e_{\text{eq}} = \sqrt{\left(\frac{g_{m1}e_{n1}}{g_{m1}+g_{m2}}\right)^2 + \left(\frac{g_{m2}e_{n2}}{g_{m1}+g_{m2}}\right)^2} \quad (5.1\text{-}37)$$

如果跨导相等($g_{m2}=g_{m1}$)，那么每个晶体管对噪声的影响减半。这样总的噪声影响只能通过减少单个晶体管的噪声来减小。晶体管尺寸和电流对热噪声和 $1/f$ 噪声影响的计算将作为习题留给读者。

反相器是模拟电路设计中的基本放大器之一。本节介绍了三种不同结构的 CMOS 反相器。如果反相器由电压源激励，则频率响应由在反相器输出端的单个主极点组成。具有电流漏/源

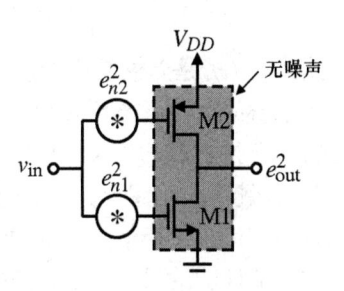

图 5.1-13　推挽反相器的噪声模型

作为负载的反相器的小信号增益与电流的平方根成反比,这可以产生高增益。然而,当尝试建立直流偏置点的时候,电流漏/源负载反相器和推挽反相器的高增益将产生一个问题,这样的高增益要求有直流负反馈以稳定工作点。换句话说,即使确定了输入直流电平,还是无法知道确定的输出电平。

5.2 差分放大器

差分放大器是模拟电路中比较通用的电路之一。它与集成电路技术是兼容的且作为多数运算放大器的输入级。图5.2-1(a)是差分放大器的电路模型(实际中此符号也被用于比较器和运算放大器)。电压 v_1、v_2 和 v_{OUT} 被称为单端电压,这意味着它们是相对于地而言的。差分放大器的差模输入电压 v_{ID} 被定义为输入信号 v_1、v_2 间的差值。这个电压定义在两个端点之间,没有端点接地。共模输入电压 v_{IC} 被定义为 v_1、v_2 的均值。这些电压为

$$v_{ID} = v_1 - v_2 \tag{5.2-1}$$

和

$$v_{IC} = \frac{v_1 + v_2}{2} \tag{5.2-2}$$

图5.2-1(b)给出了这两个电压的解释。注意,v_1、v_2 可以表示为

$$v_1 = v_{IC} + \frac{V_{ID}}{2} \tag{5.2-3}$$

和

$$v_2 = v_{IC} - \frac{V_{ID}}{2} \tag{5.2-4}$$

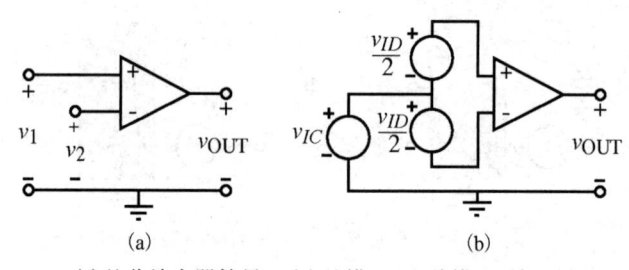

图 5.2-1 (a)差分放大器符号;(b)差模 v_{ID} 和共模 v_{IC} 输入电压的图示

差分放大器的输出电压可以用其差模和共模输入信号表示为

$$v_{OUT} = A_{VD}v_{ID} \pm A_{VC}v_{IC} = A_{VD}(v_1 - v_2) \pm A_{VC}\left(\frac{v_1 + v_2}{2}\right) \tag{5.2-5}$$

式中,A_{VD} 是差模电压增益,A_{VC} 是共模电压增益。在共模增益前加的"±"号表示这个电压增益的极性不能预先知道。差分放大器的目的只是放大两个信号之间的差值而不考虑共模值。于是,差分放大器可以用共模抑制比(CMRR)来描述。共模抑制比是差模增益与共模增益的幅度比。理想差分放大器的 A_{VC} 为零,因此 CMRR 为无穷大。另外,输入共模范围(ICMR)说明在这个共模信号范围内放大器对差分信号有响应且具有同样增益的放大作用。影响差分放大器性能的另一个因素是失调电压。在 CMOS 差分放大器中,最严重的失调是电压失调。理想情况下,当差分放大器的输入端接在一起时,输出电压应该在一个所希望的静态点上。在

实际差分放大器中,输出失调电压是在输入端相连时实际输出电压和理想输出电压之差。这个失调电压除以差分放大器的差模电压增益就称为输入失调电压(V_{os})。一般来说,CMOS 差分放大器的输入失调电压是 5~20 mV。

大信号分析

从大信号特性开始差分放大器的分析。图 5.2-2 所示为 CMOS 差分放大器,该电路采用 n 沟道 MOSFET M1 和 M2 构成差分放大器。M1 和 M2 由接在两管源极上的电流漏 I_{SS} 偏置。M1 和 M2 的这种结构通常称为源极耦合对。M3 和 M4 是实现电流漏 I_{SS} 的电路实例。

因为 M1 和 M2 的源极没有接地,引起衬底接在哪里的问题。答案是取决于工艺。如果采用 CMOS p 阱工艺,那么如图 5.2-3 所示,n 沟道管在 p 阱中形成。这里有两个明显的位置连接 M1 和 M2 的衬底:第一种是将衬底与 M1 和 M2 的源极连接,让拥有 M1 和 M2 的 p 阱悬浮;第二种是将 M1 和 M2 的衬底接地。两种选择有什么不同呢?如果 p 阱与 M1 和 M2 的源极相连,那么阈值电压不会因反偏体-源极结而增加。然而,现在源极耦合点到地的电容由整个 p 阱和 n 衬底间反偏的 pn 结形成。如果 p 阱接最低有效电位(地),那么阈值电压将会增加且随共模输入电压而变,不过源极耦合点到地的电容减小为 M1 和 M2 的源极与 p 阱间的两个反偏 pn 结。如何选择取决于应用。例如在图 5.2-4 的电路中,有两个结构相似的运放。图 5.2-4(a) 电路的增益为-1 而图 5.2-4(b)电路的增益为+1。通常运放的输入是差分放大器,也已说明过用 NMOS 管差放可作为运放的输入级。在图 5.2-4(a)中,当 1V 阶跃信号作用在输入端时源极耦合点相对于地有小的电压变化。然而在图 5.2-4(b),源极耦合点有与 1V 阶跃信号相同量的变化。在这种情况,从源极耦合点到地的大电容将会损害电路性能。但是注意:如果源极耦合对是 p 阱工艺中的 p 沟道管构成的,设计者也许就没有选择。

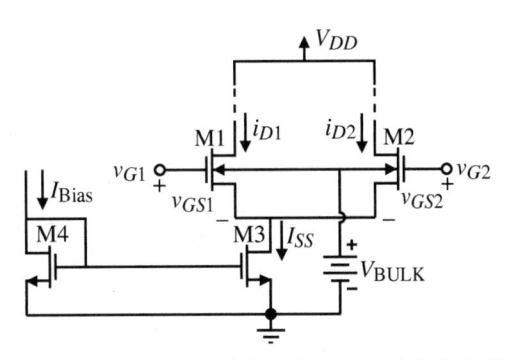

图 5.2-2 用 NMOS 管实现的 CMOS 差分放大器

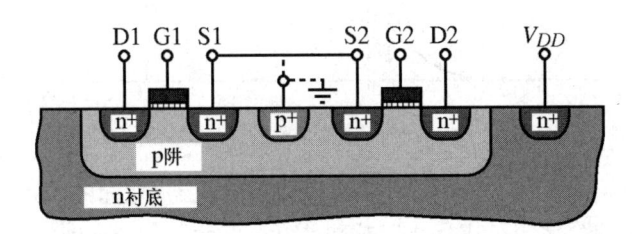

图 5.2-3 采用 p 阱 CMOS 工艺时图 5.2-2 中 M1 和 M2 的剖面图

假设 M1 和 M2 完全匹配,开始进行大信号特性的分析。只为了解差分大信号性能,就不必定义 M1 和 M2 的负载。大信号特性可以通过假设图 5.2-2 中的 M1 和 M2 总是工作在饱和区来分析,多数情况下这个条件是满足的,即使这个假设不成立也可进行分析。描述大信号性能的相关关系如下:

$$v_{ID} = v_{GS1} - v_{GS2} = \left(\frac{2i_{D1}}{\beta}\right)^{1/2} - \left(\frac{2i_{D2}}{\beta}\right)^{1/2} \tag{5.2-6}$$

$$I_{SS} = i_{D1} + i_{D2} \tag{5.2-7}$$

电容充电小

(a)

电容充电大

(b)

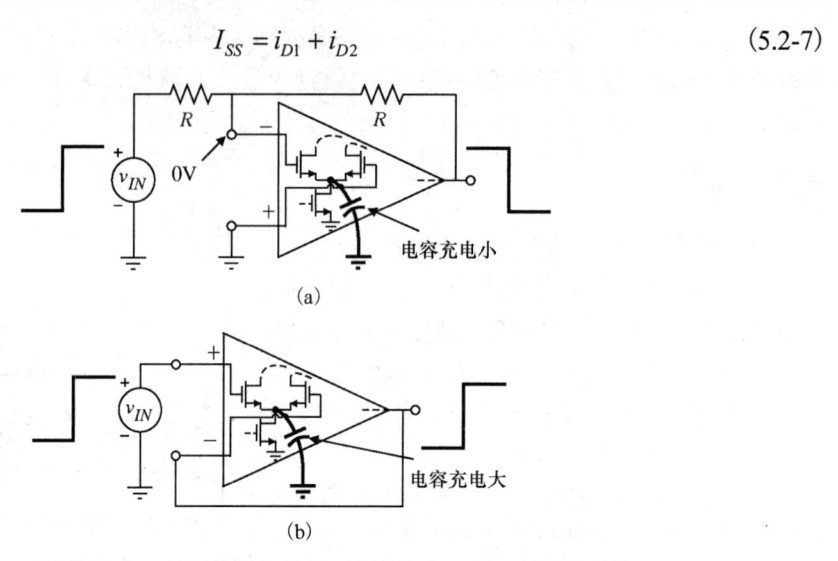

图 5.2-4 (a)增益为-1 的运放反相结构 (b)增益为+1 的运放同相结构

将式(5.2-7)代入式(5.2-6)得到一个二次方程允许的解，i_{D1} 和 i_{D2} 为

$$i_{D1} = \frac{I_{SS}}{2} + \frac{I_{SS}}{2}\left(\frac{\beta v_{ID}^2}{I_{SS}} - \frac{\beta^2 v_{ID}^4}{4I_{SS}^2}\right)^{1/2} \tag{5.2-8}$$

和

$$i_{D2} = \frac{I_{SS}}{2} + \frac{I_{SS}}{2}\left(\frac{\beta v_{ID}^2}{I_{SS}} - \frac{\beta^2 v_{ID}^4}{4I_{SS}^2}\right)^{1/2} \tag{5.2-9}$$

这些关系只在满足条件 $V_{ID} < 2(I_{SS}/\beta)^{1/2}$ 的时候才有用。图 5.2-5 示出了归一化 M1 漏极电流与归一化差模输入电压的关系。曲线的虚线部分无意义，可以忽略。

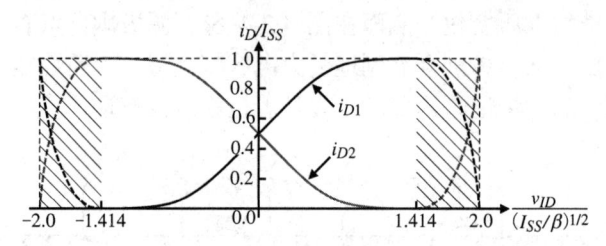

图 5.2-5 CMOS 差分放大器的大信号跨导特性

上面的分析已经给出了 i_{D1} 或 i_{D2} 与差模输入信号电压 v_{ID} 之间的关系。确定此曲线的斜率可以确定差分放大器的跨导。对式(5.2-8)相对于 v_{ID} 求导并令 $V_{ID}=0$，得到差分放大器的差分跨导为

$$g_m = \frac{\partial i_{D1}}{\partial v_{ID}}(V_{ID}=0) = (\beta I_{SS}/4)^{1/2} = \left(\frac{K_1' I_{SS} W_1}{4L_1}\right)^{1/2} \tag{5.2-10}$$

令 $I_{SS}/2 = I_D$，将式(5.2-10)的结果与式(3.3-6)比较，注意有一个 2 的差别。原因就是只有一半的 v_{ID} 作用到 M1 上。有意义的是当 I_{SS} 增加的时候跨导也在增加。再次重申，这是一个重要的性能：小信号特性可以受直流参数控制。

接下来分析 CMOS 差分放大器的电压传输特性。这需要在图 5.2-2 电路中的 M1 和 M2

的漏极与 V_{DD} 之间插入负载。有多种选择：电阻、MOS 二极管或者电流源。稍后将解释这些选择。现将选择一个广泛应用的 p 沟道电流镜作为负载。相应的电路如图5.2-6 所示。在静态条件下（不加差模信号，即 $v_{ID}=0$ V），M1 和 M2 两管中的电流相等且它们的和等于 I_{SS}，即电流漏 M5 中的电流。M1 的电流决定了 M3 的电流，理想情况下，M4 中应产生这个电流的镜像。如果 $v_{GS1}=v_{GS2}$，M1 和 M2 匹配，则 M1 和 M2 管中的电流相等。因此电流源 M4 到 M2 的电流应该等于 M2 需要的电流，使得 i_{OUT} 为 0。在上述分析中，假设所有晶体管都工作在饱和区。

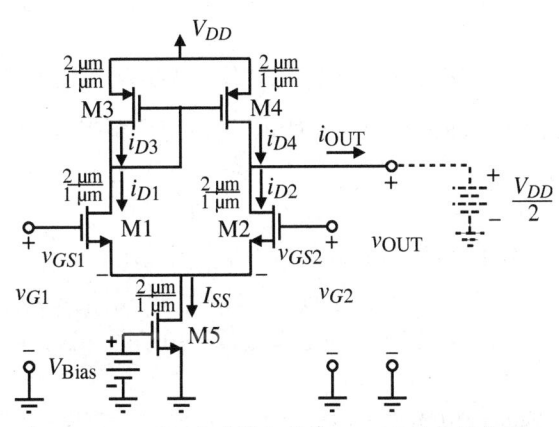

图 5.2-6　采用电流镜负载的 CMOS 差分放大器

如果电流不相等，则可做如下的分析：假设外接负载电阻无穷大，电流只在 M2 和 M4 自身的电阻（由于沟道长度调制效应）中流动。如果 $v_{GS1}>v_{GS2}$，那么相对于 i_{D2}，i_{D1} 将增大，因为 $I_{SS}=i_{D1}+i_{D2}$。i_{D1} 的增加意味着 i_{D3} 和 i_{D4} 的增加。然而，当 $v_{GS1}>v_{GS2}$ 时，i_{D2} 的电流在减小。因此，唯一能让电路建立平衡的方法是 i_{OUT} 为正且 v_{OUT} 增加。可以看到，如果 $v_{GS1}<v_{GS2}$，那么 i_{OUT} 为负而 v_{OUT} 减小。这种结构提供了一种简单的方法可使差分放大器的差模输出信号转换为单端信号，即令一个参考端是交流地电位。

如果假设电流镜的电流是相等的，那么可得图 5.2-6 中的 n 沟道差分放大器的 $i_{OUT}=i_{D1}-i_{D2}$。i_{OUT} 是一个差分输出电流，用符号 g_{md} 表示跨导，以示与式(5.2-10)的区别。差分输入和差分输出跨导是 g_m 的两倍，可以写成

$$g_{md}=\frac{\partial i_{OUT}}{\partial v_{ID}}(V_{ID}=0)=\left(\frac{K_1' I_{SS} W_1}{L_1}\right)^{1/2} \tag{5.2-11}$$

如果 $I_D=I_{SS}/2$，那么上述结果严格等于共源 MOSFET 的跨导。

在图 5.2-6 电路中去除输出端虚线电源后，此 CMOS 差分放大器的大信号电压传输函数如图5.2-7 所示。输入按图 5.2-1(b) 的定义提供。共模输入固定为 2.0 V，差模信号摆幅在 $-1\sim1$ V 之间。差分放大器既可以是同相放大器也可以是反相放大器，具体取决于输入信号怎么加。在图 5.2-6 中，如果 $v_{IN}=v_{GS1}-v_{GS2}$，那么从 v_{IN} 到 v_{OUT} 的电压增益是同相的。

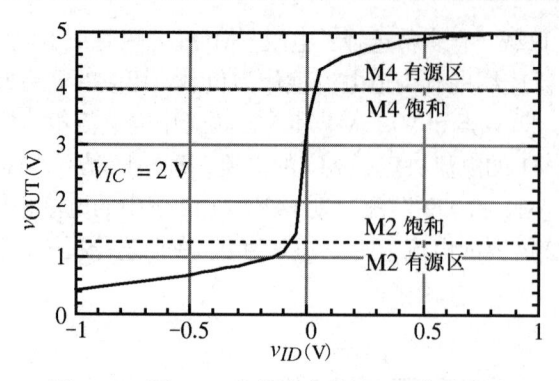

图 5.2-7 图 5.2-6 差分放大器的电压传输曲线

图 5.2-6 中晶体管的工作区域如图 5.2-7 所示。可以注意到当 M2 和 M4 工作在饱和区时，小信号增益最大。当满足

$$v_{DS2} \geq v_{GS2} - V_{TN} \rightarrow v_{OUT} - V_{S1} \geq V_{IC} - 0.5v_{ID} - V_{S1} - V_{TN} \rightarrow v_{OUT} \geq V_{IC} - V_{TN} \quad (5.2\text{-}12)$$

时，M2 饱和。这里假设 M2 的跃变区靠近 $v_{ID} = 0$ V。当满足

$$v_{SD4} \geq v_{SG4} - |V_{TP}| \rightarrow v_{DD} - v_{OUT} \geq v_{SG4} - |V_{TP}| \rightarrow v_{OUT} \leq V_{DD} - v_{SG4} + |V_{TP}| \quad (5.2\text{-}13)$$

时，M4 饱和。在图 5.2-7 中，M2 和 M4 的工作区是采用了图 5.2-6 中的宽长比值和 $I_{SS} = 100$ μA 得到的。

图 5.2-6 中差分放大器的输出摆幅可以由式 (5.2-12) 的 v_{OUT}（最小）和式 (5.2-13) 的 v_{OUT}（最大）给出。显然，当 v_{ID} 的幅度增大时，输出摆幅将超过这些值。第 6 章将更详细地解释这个问题。

图 5.2-8 示出了一个用 p 沟道 MOSFET 构成的 CMOS 差分放大器，M1 和 M2 作为差分对。电路的工作情况与图 5.2-6 所示的一样。如果采用 n 阱 CMOS 工艺，那么输入 p 沟道 MOSFET 管的衬底既可以接至 V_{DD} 也可以与它们的源极相接，假设 M1 和 M2 被做在可悬浮的 n 阱中。在源极耦合节点，对电容的考虑与前面讨论过的用 n 沟道 MOSFET 作为输入晶体管的差分放大器一样。

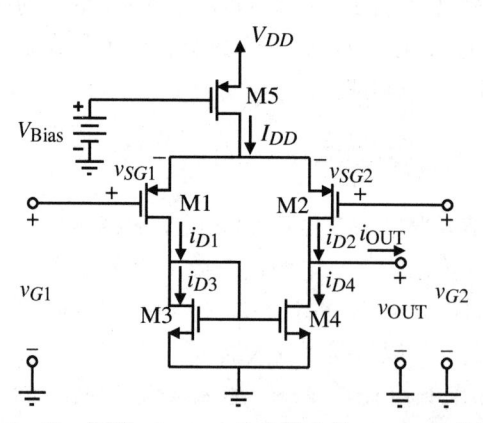

图 5.2-8 用 p 沟道 MOSFET 作为输入的 CMOS 差分放大器

差分放大器的另一个重要特性是输入共模范围 ICMR。求 ICMR 的方法是：设 $v_{ID} = 0$ V，改变 v_{IC} 直到差分放大器中有一个晶体管退出饱和区。可以考虑采用将输入端连接在一起扫描共模输入电压的方法进行分析。对图 5.2-6 中的差分放大器，最大共模输入电压 V_{IC}（最大）

可按如下方法求出。从 v_{IC} 到 V_{DD} 必须考察两条路径。第一条是从 G1 通过 M1 和 M3 到 V_{DD}。第二条是从 G2 通过 M2 和 M4 到 V_{DD}。对于第一条路径可以写出

$$V_{IC}(最大) = V_{G1}(最大) = V_{DD} - V_{SG3} - V_{DS1} + V_{GS1} \tag{5.2-14}$$

可改写为

$$V_{IC}(最大) = V_{DD} - V_{SG3} + V_{TN1} \tag{5.2-15}$$

对第二条路径可以给出

$$V_{IC}(最大)' = V_{DD} - V_{DS4}(饱和) - V_{DS2} + V_{GS2} = V_{DD} - V_{DS4}(饱和) + V_{TN2} \tag{5.2-16}$$

因为第二条路径能够允许更高的 V_{IC}(最大)，按最坏情况可选择第一条路径，图 5.2-6 电路的最大输入共模电压等于电源电压减去 M3 上的电压再加 M1 的阈值电压。如果想增加 V_{IC} 的上限，可选择一个不同于电流镜的负载电路。

M1(或 M2)栅极的最低输入电压可求得为

$$V_{IC}(最小) = V_{SS} + V_{DS5}(饱和) + V_{GS1} = V_{SS} + V_{DS5}(饱和) + V_{GS2} \tag{5.2-17}$$

假设在输入共模电压变化期间 V_{GS1} 和 V_{GS2} 相等。在设计差分放大器的时候，式(5.2-15)和式(5.2-17)是很重要的。例如，如果最大和最小输入共模电压已经给定且直流偏置电流也已知，那么可以用这些方程式去设计电路中晶体管的宽长比。W_3/L_3 的值将决定 V_{IC}(最大)，而 $W_1/L_1(W_2/L_2)$ 和 W_5/L_5 的值将决定 V_{IC}(最小)。在后面几章中将用这些等式设计差分放大器中晶体管的宽长比。

为了使差分放大器满足指定的负共模范围，设计者必须考虑最坏情况下 V_T 的扩展(由工艺决定)，并调整 I_{SS} 以及 β_3 以满足需要。在图 5.2-6 的结构中，影响正共模范围最坏情况下 V_T 扩展的是高的 p 沟道阈值幅度($|V_{T03}|$)和低的 n 沟道阈值幅度(V_{T01})。

当输入器件的衬底接地时，可以得到一些改进。这样的连接将会在输入器件的源极产生负反馈。例如，随着共源节点向正方向移动，衬底偏置增加，引起阈值电压(V_{T1} 和 V_{T2})增加。式(5.2-15)说明正的共模范围随着 V_{T1} 幅度的增加而增加。

类似的分析可以用来确定图 5.2-8 中 p 沟道输入差分放大器的共模范围(见习题 P5.2-3)。

例 5.2-1 计算 n 沟道输入差分放大器的最坏条件输入共模范围

已知 V_{DD} 的变化为 4~6 V，$V_{SS} = 0$，设 $I_{SS} = 100\ \mu A$，$W_1/L_1 = W_2/L_2 = 5$，$W_3/L_3 = W_4/L_4 = 1$，V_{DS5}(饱和) $= 0.2$ V，用表 3.1-2 中的值，在最坏条件下计算图 5.2-6 电路的输入共模范围。注意在计算中需考虑最坏条件下 K' 的变化。

解： 如果 V_{DD} 的变化为 5 ± 1 V，由式(5.2-15)得

$$V_{IC}(最大) = 4 - \left(\sqrt{\frac{2 \cdot 50\ \mu A}{45\ \mu A/V^2 \cdot 1}} + 0.85\right) + 0.55 = 4 - 2.34 + 0.55 = 2.21\ V$$

由式(5.2-17)得

$$V_{G1}(最小) = 0 + 0.2 + \left(\sqrt{\frac{2 \cdot 50\ \mu A}{90\ \mu A/V^2 \cdot 5}} + 0.85\right) = 0.2 + 1.30 = 1.50\ V$$

由此得到在正常的 5 V 供电下，最坏情况的输入共模范围大小是 0.71 V。

将电源电压减小几伏会导致最坏条件下的输入共模范围大小是 0。已经假设此例中所有的体-源电压为零。

小信号分析

图 5.2-6 差分放大器的小信号分析可以借助图 5.2-9(a)所示模型(忽略体效应)来完成。如果假设放大器的两边完全匹配[①]，则差模分析的模型可以简化如图 5.2-9(b)所示，在此条件下，M1 和 M2 两个连在一起的源极被视为交流接地。假设差分级没有负载，输出交流短接到地，差分跨导增益可以表示为

$$i'_{out} = \frac{g_{m1}g_{m3}r_{p1}}{1+g_{m3}r_{p1}}v_{gs1} - g_{m2}v_{gs2} \tag{5.2-18}$$

或

$$i'_{out} \cong g_{m1}v_{gs1} - g_{m2}v_{gs2} = g_{md}v_{id} \tag{5.2-19}$$

式中，$g_{m1} = g_{m2} = g_{md}$，$r_{p1} = r_{ds1} \| r_{ds3}$，$i'_{out}$ 表示输出短路电流。

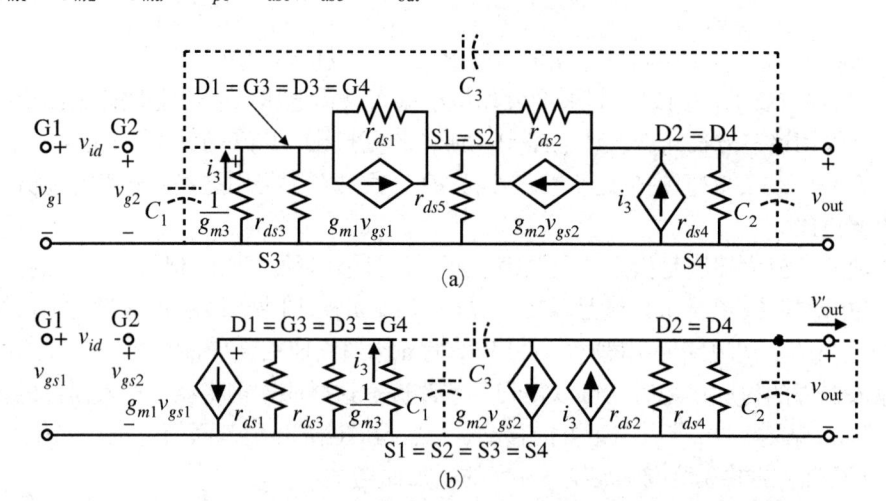

图 5.2-9 CMOS 差分放大器的小信号模型。(a)精确模型；(b)简化等效模型

无负载差模电压增益可以通过找出差分放大器的小信号输出电阻来定义。可以看到 r_{out} 为

$$r_{out} = \frac{1}{g_{ds2} + g_{ds4}} \tag{5.2-20}$$

因此，电压增益由 g_{md} 和 r_{out} 给出。

$$A_v = \frac{v_{out}}{v_{id}} = \frac{g_{md}}{g_{ds2} + g_{ds4}} \tag{5.2-21}$$

假设所有晶体管工作在饱和区，且根据它们的大信号模型等效替换 g_m 和 r_{ds} 的小信号参数，可以得到

$$A_v = \frac{v_{out}}{v_{id}} = \frac{(K'_1 I_{SS} W_1/L_1)^{1/2}}{(\lambda_2 + \lambda_4)(I_{SS}/2)} = \frac{2}{\lambda_2 + \lambda_4}\left(\frac{K'_1 W_1}{I_{SS} L_1}\right)^{1/2} \tag{5.2-22}$$

---

① 可以证明电流镜会引起这个假设无效，因为 M1 和 M2 的漏极负载不匹配，不过在这里不考虑这一点，继续采用这个假定。

与反相器类似，小信号增益反比于 $I_{SS}^{1/2}$，事实上，这个关系直到 I_{SS} 接近亚阈区值时一直成立。假设 $W_1/L_1 = 2~\mu m/1~\mu m$，$I_{SS} = 10~\mu A$，n 沟道差分放大器的小信号电压增益是 52。在同样条件下的 p 沟道差分放大器的小信号电压增益是 35。差别在于 n 沟道和 p 沟道 MOSFET 的迁移率不同。

理想情况下，图 5.2-6 所示 CMOS 差分放大器的共模增益应该是 0。这是因为电流镜负载抑制所有共模信号。事实上，由于差分放大器的失配，有可能存在共模响应。这些失配由电流镜偏离 1:1 拷贝和 M1 与 M2 之间的几何失配（见 4.4 节）构成。为了说明如何分析差分放大器的小信号共模电压增益，考虑图 5.2-10 所示的差分放大器，图中采用 MOS 二极管 M3 和 M4 作为负载。

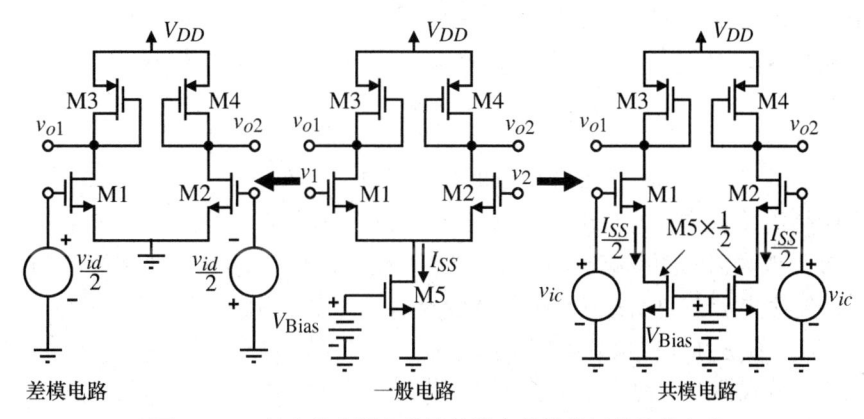

图 5.2-10　差分放大器小信号差模和共模分析的简化电路

图 5.2-10 所示的差分放大器提供了一个说明小信号差模和共模分析差别的典型实例。如果图 5.2-10 中差分放大器的输入晶体管（M1 和 M2）匹配，那么对于差模分析，公共源极点交流接地，作用于 M1 和 M2 的差模信号大小相等，方向相反，如图 5.2-10 的左边电路所示。对小信号共模分析，电流漏 I_{SS} 可以被拆开为两个并联电流，大小均为 $0.5I_{SS}$，阻抗为 $2r_{ds5}$，共模输入电压分别加到 M1 和 M2 的栅极。这个等价电路如图 5.2-10 的右边电路所示。

除了输入减为一半，图 5.2-10 中电路的小信号差模分析与图 5.1-3 中的一样。因此给出图 5.2-10 的小信号差模电压增益为

$$\frac{v_{o1}}{v_{id}} = -\frac{g_{m1}}{2g_{m3}} \tag{5.2-23}$$

或

$$\frac{v_{o2}}{v_{id}} = +\frac{g_{m2}}{2g_{m4}} \tag{5.2-24}$$

可见，图 5.2-10 中电路的小信号差模电压增益是有源负载反相器小信号增益的一半。原因是在图 5.2-10 中，输入信号被 M1、M2 各分一半。

由图 5.2-10 右边电路可得出小信号共模电压增益。因为在这之前没有分析过类似的电路，在图 5.2-11 中重画这个电路的小信号模型（忽略体效应）。注意，$2r_{ds5}$ 代表 M5×0.5 管的小信号输出电阻（如果直流电流减小一半，那么小信号输出阻抗将增加到两倍）。

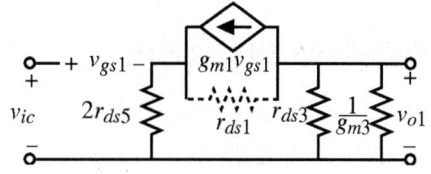

图 5.2-11　图 5.2-10 共模分析的小信号模型

假设 r_{ds1} 足够大并且可以被忽略,则图 5.2-11 的电路分析可以更简化。基于这个假设可以写出

$$v_{gs1} = v_{ic} - 2g_{m1}r_{ds5}v_{gs1} \tag{5.2-25}$$

求解 v_{gs1} 得到

$$v_{gs1} = \frac{v_{ic}}{1 + 2g_{m1}r_{ds5}} \tag{5.2-26}$$

单端输出电压 v_{o1} 作为 v_{ic} 的函数可以写为

$$\frac{v_{o1}}{v_{id}} = -\frac{g_{m1}[r_{ds3} \| (1/g_{m3})]}{1 + 2g_{m1}r_{ds5}} \approx -\frac{(g_{m1}/g_{m3})}{1 + 2g_{m1}r_{ds5}} \approx -\frac{g_{ds5}}{2g_{m3}} \tag{5.2-27}$$

理想情况下,共模增益应为零。可以看到如果 r_{ds5} 大,则共模增益会减小。

共模抑制比(CMRR)可以由式(5.2-23)和式(5.2-27)的幅度之比得到:

$$\text{CMRR} = \frac{g_{m1}/2g_{m3}}{g_{ds5}/2g_{m3}} = g_{m1}r_{ds5} \tag{5.2-28}$$

这是一个重要的结果,它同时指出应如何提高 CMRR。显然,增加图 5.2-10 电路的 CMRR 最容易的方法是用共源共栅电流漏代替 M5。CMRR 将增加 $g_m r_{ds}$ 倍,代价是减小了 ICMR。

CMOS 差分放大器的频率响应归因于电路中每个节点上的各种寄生电容。与 CMOS 差分放大器有关的寄生电容在图 5.2-9(b) 中用虚线表示。C_1 由 C_{gd1}、C_{bd1}、C_{bd3}、C_{gs3} 和 C_{gs4} 组成;C_2 由 C_{bd2}、C_{bd4}、C_{gd2} 和任何负载电容 C_L 组成。C_3 只包括 C_{gd4}。为了简化分析,假设 C_3 近似为零。在差分放大器的多数应用中,这种假设是成立的。因 C_3 近似为零时,图 5.2-9(b) 的差模分析就简单了。电压传输函数可以写为

$$V_{\text{out}}(s) \cong \frac{g_{m1}}{g_{ds2} + g_{ds4}} \left[\left(\frac{g_{m3}}{g_{m3} + sC_1} \right) V_{gs1}(s) - V_{gs2}(s) \right] \left(\frac{\omega_2}{s + \omega_2} \right) \tag{5.2-29}$$

其中 ω_2 为

$$\omega_2 = \frac{g_{ds2} + g_{ds4}}{C_2} \tag{5.2-30}$$

如果进一步假设

$$\frac{g_{m3}}{C_1} \gg \frac{g_{ds2} + g_{ds4}}{C_2} \tag{5.2-31}$$

那么差分放大器的频率响应简化为

$$\frac{V_{\text{out}}(s)}{V_{id}(s)} \cong \left(\frac{g_{m1}}{g_{ds2} + g_{ds4}} \right) \left(\frac{\omega_2}{s + \omega_2} \right) \tag{5.2-32}$$

于是,差分放大器频率响应的一阶分析由输出端的单极点 $-(g_{ds2} + g_{ds4})/C_2$ 构成。上面的分析忽略了由 C_{gd1}、C_{gd2} 和 C_{gd4} 形成的零点。在分析运算放大器的时候将会更详细地分析差分放大器的频率响应。

小信号分析的直观方法

理解和设计模拟电路要求很好地掌握小信号分析方法。小信号分析在模拟电路中用得十分频繁,因此希望找到一个更快捷的方法完成电路的性能分析。在 CMOS 模拟电路中,存在一种非常简单的小信号分析法,称为直观分析法。这个方法基于 CMOS 电路的电路图而不需要再

画出小信号模型。它将交流变化叠加在直流变量上。此技术可以将晶体管或晶体管对作为将输入电压转化为电流的器件。这些晶体管被称为跨导晶体管。跨导晶体管产生的电流流经电阻至交流地。用电流乘以这个电阻就可以得到这个节点的电压。这个方法既快，又只可用于检查用小信号模型进行的小信号分析。

用这个方法分析图 5.2-6 中的差分放大器。图 5.2-12 重画了图 5.2-6 中已确定交流电压和电流的差分放大器。注意，交流电流可以逆直流而流。这就意味着实际的电流是减小的而不是改变方向。

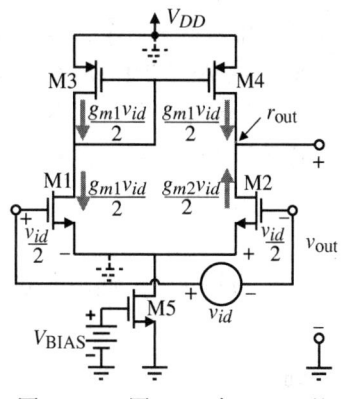

图 5.2-12 图 5.2-6 中 CMOS 差分放大器的直观分析

由图 5.2-12，作为差模工作，可以看到 M1 和 M2 的电流分别为 $0.5g_{m1}v_{id}$ 和 $-0.5g_{m2}v_{id}$。$0.5g_{m1}v_{id}$ 的电流流进 M3 和 M4 组成的电流镜并在输出端拷贝输出 $0.5g_{m1}v_{id}$ 的电流。于是，流向输出节点(M2 和 M4 的漏极)的交流电流的总和是 $g_{m1}v_{id}$ 或 $g_{m2}v_{id}$。如果回忆起这种差分放大器的输出电阻是 r_{ds2} 和 r_{ds4} 的并联，那么由观察可以写出输出电压为

$$V_{out} = (g_{m1}v_{id})(r_{out}) = \left(\frac{g_{m1}}{g_{ds2} + g_{ds4}}\right)v_{id} \tag{5.2-33}$$

如果 $g_{md} = g_{m1} = g_{m2}$，那么可得出式(5.2-21)推导的小信号差模电压增益。

如果还记得曾经学过的几个知识点，上面描述的小信号观察分析法是非常有用的。这几个知识点是：共源共栅结构的小信号输出电阻近似等于共源晶体管的 r_{ds} 乘以共栅晶体管的 $g_m r_{ds}$。这个关系可以表示为

$$r_{out}(共源共栅) \approx r_{ds}(共源) \times g_m r_{ds}(共栅) \tag{5.2-34}$$

除了这个关系，考察图 5.2-11 中的条件将十分有用。图中跨导晶体管的源极接有一个到地的电阻。在这个条件下，可以用式(5.2-26)表示有效跨导 g_m(有效)，即

$$g_m(有效) = \frac{g_m}{1 + g_m R} \tag{5.2-35}$$

式中，g_m 是晶体管的跨导，R 是从源极到地的小信号电阻。对于式(5.2-26)，$R = 2r_{ds5}$，$g_m = g_{m1}$。利用式(5.2-34)和式(5.2-35)，设计者将能够借助于直观分析法分析本书后面的几乎所有电路。不过此法对于小信号频率响应的分析不适用，只可应用一些简单的结论(典型情况下，MOSFET 电路的极点等于节点到交流地的交流电阻与连接到该节点的电容乘积的倒数)。

摆率和噪声

CMOS 差分放大器的摆率性能取决于 I_{SS} 和输出节点到交流地的电容值。摆率(SR)被定义为最大输出电压变化速率，非正即负。因为在 CMOS 差分放大器中，摆率由能够给输出/补偿电容充放电的电流量决定，求得图 5.2-6 和图 5.2-8 的 CMOS 差分放大器的摆率为

$$摆率 = I_{SS}/C \tag{5.2-36}$$

式中，C 是输出节点的总电容。例如，若 $I_{SS} = 10\ \mu A$，$C = 5\ pF$，则摆率为 2 V/μs。为了增加差分放大器的摆率，必须增大 I_{SS} 的值。

CMOS 差分放大器的噪声是由热噪声和 $1/f$ 噪声引起的。根据有用频率的范围，一个起

主导作用时，另一个可以忽略。在低频时，$1/f$ 噪声是重要的，而在高频/低电流时，热噪声是重要的。图 5.2-13(a) 给出每个晶体管的输入端接有等效噪声电压源的 p 沟道差分放大器电路图。等效噪声电压源由式 (3.2-13) 中忽略 I_{DD} 的噪声而得到。这种情况下，求出电路输出端总输出噪声电流 i_{to}^2。此时，可以假设输出对地短路来简化计算。总的输出噪声电流由对各噪声电流求和而得到：

$$i_{to}^2 = g_{m1}^2 e_{n1}^2 + g_{m2}^2 e_{n2}^2 + g_{m3}^2 e_{n3}^2 + g_{m4}^2 e_{n4}^2 \tag{5.2-37}$$

因为等效输出噪声电流是由等效输入噪声电压来表示的，可以用

$$i_{to}^2 = g_{m1}^2 e_{eq}^2 \tag{5.2-38}$$

得到

$$e_{eq}^2 = e_{n1}^2 + e_{n2}^2 + \left(\frac{g_{m3}}{g_{m1}}\right)^2 [e_{n3}^2 + e_{n4}^2] \tag{5.2-39}$$

上式中，假设 $g_{m1} = g_{m2}$ 和 $g_{m3} = g_{m4}$。噪声模型的结果如图 5.2-13(b) 所示。

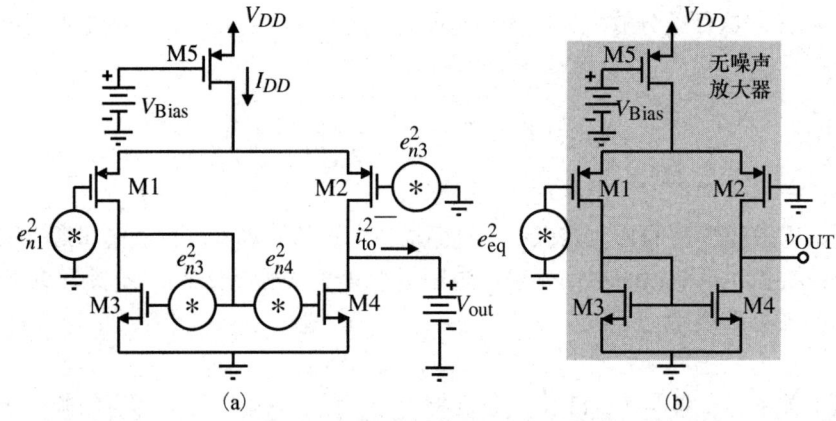

图 5.2-13 (a) 每个晶体管的输入端加等效噪声电压源的 p 沟道差分放大器噪声模型；(b) (a) 图的等效噪声模型

假设 $e_{n1} = e_{n2}$ 和 $e_{n3} = e_{n4}$，将式 (3.2-15) 代入式 (5.2-39)，得到

$$e_{eq(1/f)} = \sqrt{\frac{2B_P}{fW_1L_1}} \sqrt{1 + \left(\frac{K'_N B_N}{K'_P B_P}\right)\left(\frac{L_1}{L_3}\right)^2} \; (\mathrm{V}/\sqrt{\mathrm{Hz}}) \tag{5.2-40}$$

上式即差分放大器的等效输入 $1/f$ 噪声。将热噪声表达式代入式 (5.2-39)，等效输入热噪声为

$$e_{eq(th)} = \sqrt{\frac{16kT}{3[2K'_P I_1 (W_1/L_1)]^{1/2}}} \sqrt{1 + \sqrt{\frac{K'_N (W_3/L_3)}{K'_P (W_1/L_1)}}} \; (\mathrm{V}/\sqrt{\mathrm{Hz}}) \tag{5.2-41}$$

如果负载管的长度远大于增益管，则输入参考 $1/f$ 噪声主要由输入管决定。设计使输入管宽长比远大于负载管能确保总的热噪声主要由输入管确定。

电流源负载差分放大器

还有一种结构是用电流源作为负载的 CMOS 差分放大器，如图 5.2-14 所示。它的优点是有较大的共模输入电压范围，因为 M3 不再是二极管连接。可以证明，它的差模输入-差模输出 ($v_3 - v_4$) 的小信号电压增益与图 5.2-6 的一样。然而，如果输出电压从 v_3 或 v_4 取出，则小信号电压增益是图 5.2-6 增益的一半。

第 5 章 CMOS 放大器

图5.2-14的差分放大器有一个不是显而易见的问题。注意，I_{Bias}确定了 M3、M4 和 M5 的电流。有可能这些电流并不严格相等，这会产生什么影响呢？一般说来，如果直流电流流过 PMOS 管和 NMOS 管，电流偏大的晶体管将工作在线性区。实现电流匹配的唯一方法是使大电流减小，如图5.2-15所示。达到此目的的唯一方法就是离开饱和区。所以，如果 I_3 大于 I_1，那么 M1 工作在饱和区而 M3 工作在线性区，反之亦然。

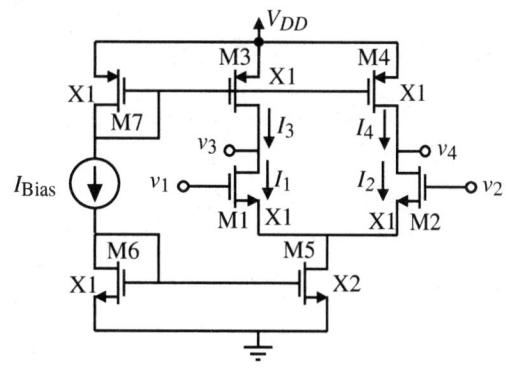

图 5.2-14 电流源负载差分放大器

那么人们将怎样用电流源作为差分放大器的负载呢？如果知道了问题的产生原因，就可以找到答案。从上面可以看出，当电流不平衡的时候差分放大器的输出将会增加或减少。解决这个问题的关键是注意两个输出是增加还是减少。因此，如果施加共模反馈，将可以稳定差分放大器的共模输出电压，而允许差模输出电压由放大器的差模输入决定。

图5.2-16说明共模反馈怎样稳定图 5.2-14 中 v_3 和 v_4 的共模输出电压。在这个电路中，v_3 和 v_4 的均值与 V_{CM} 相比较，调整 M3 和 M4 的电流直到 v_3 和 v_4 的均值与 V_{CM} 相等。因为共模反馈电路迫使均值电压等于 V_{CM}，v_3 与 v_4 之间的差可忽略。例如，v_3 与 v_4 同时增加（它们的均值同时增加），MC2 的栅极增加引起 I_{C3} 减小，则 I_3 和 I_4 降低。这就使 v_3 和 v_4 减小。一般来说，共模反馈是从差分放大器的最后输出引出，输出端应有足够的驱动能力对付因 R_{CM1} 和 R_{CM2} 引起的电阻性负载。然而，这些电阻必须足够大，以便不降低差分信道的性能。共模反馈的问题将会在 7.3 节做更详细地深入研究。

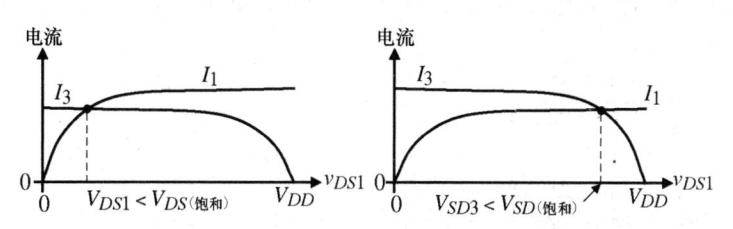

图 5.2-15 图 5.2-14 中漏极电流不相等的影响。(a) $I_1 > I_3$；(b) $I_3 > I_1$

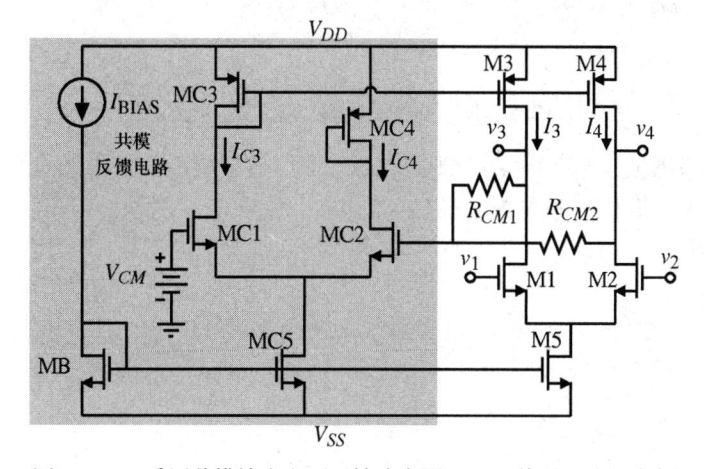

图 5.2-16 采用共模输出电压反馈稳定图 5.2-14 偏置电流的实例

差分放大器的大信号性能

在许多情况下,差分放大器的输入为大信号。假设差分放大器如图 5.2-6 所示,输出电流与输入电压的关系如图 5.2-17(a)所示。当差分放大器工作在大信号模式时,一般设计者愿意使输出电流成为差分输入电压的线性函数,如图 5.2-17(b)所示。使输出电流与差分输入电压之间关系线性化的一个方法是在两源极之间插入电阻以减小差放增益。图 5.2-18 给出两种这样的电路。可以说明图 5.2-18 差分放大器的等效跨导为

$$g_m(\text{eff}) = \frac{i_{OUT}}{v_{IN}} = \frac{g_m}{2 + g_m R_S} \tag{5.2-42}$$

当 $g_m R_S \gg 2$,有效跨导为 $1/R_S$。

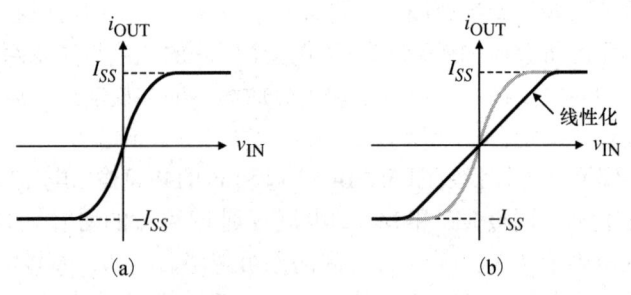

图 5.2-17 (a)图 5.2-6 的跨导特性;(b)跨导特性的线性化

虽然图 5.2-18(a)和图 5.2-18(b)的差分放大器的线性化是相同的,但两种电路有一个重要的不同点。在图 5.2-18(a)中,M1、M2 的电流流过电阻,引起一个与晶体管串联的电压降。在图 5.2-18(b)中,没有静态电流流过反馈电阻,因此,如果低电压工作,这种方法更好。

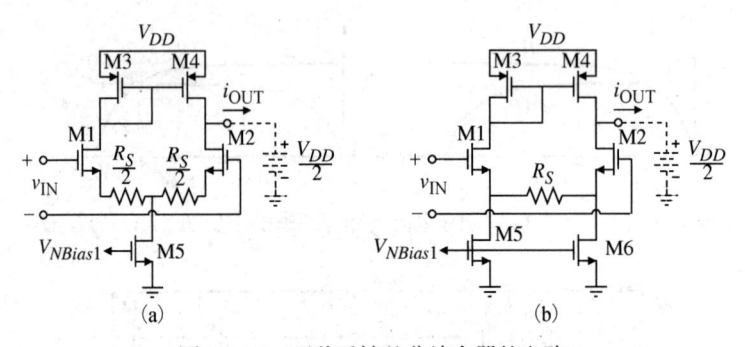

图 5.2-18 两种反馈差分放大器的电路

如果反馈电阻增大,那么用 4.2 节中 MOSFET 等效电阻取代此电阻会更好。图 5.2-19 给出两种可能的电路。取代电阻的 MOSFET 工作在非饱和区。图 5.2-19(b)的 M6 和 M7 在习题 4.2-1 中有说明。

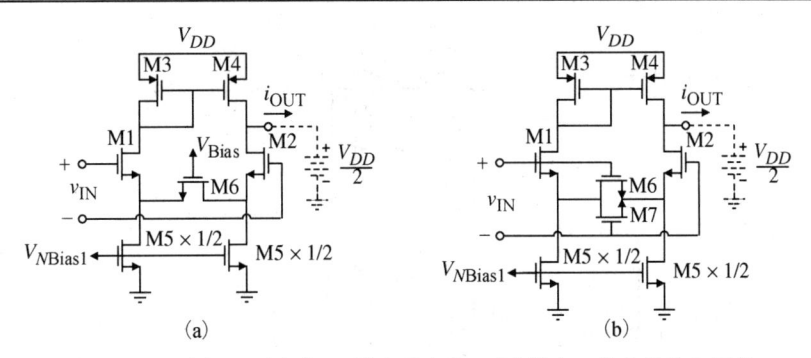

图 5.2-19 图 5.2-18(b)中 R_S 的实现方法。(a)单个工作在非饱和区的 MOSFET；(b)用两个工作在非饱和区的 MOSFET 并联实现 R_S

电流镜负载的 CMOS 差分放大器设计

分析了各种 CMOS 电路并理解了它们的工作原理之后，下一步的设计也很重要。如同其他设计一样，在 CMOS 电路的设计中，选择设计规范和调整设计参数间的关系非常重要。在多数 CMOS 电路中，设计包括提供电路结构、W/L 值和直流电流。在图 5.2-6 的差分放大器中，设计参数是 M1 到 M5 的 W/L 值和 M5 的电流 I_5（V_{Bias} 是定义 I_5 的外加电压，一般由电流镜的输入代替）。

设计开始时需要两种信息：一种是设计的约束，诸如电源电压、工艺和温度等；另一种是性能要求。图 5.2-6 所示的差分放大器的性能如下：

- 小信号增益 A_v
- 给定负载电容时的频率响应 $\omega_{-3\text{dB}}$
- 输入共模范围(ICMR)或最大和最小输入共模电压[V_{IC}(最大)和 V_{IC}(最小)]
- 给定负载电容时的摆率 SR
- 功耗 P_{diss}

设计就是运用描述性能的关系求出所有晶体管的直流电流和 W/L 值。对于图 5.2-6，相应的关系概括如下：

$$A_v = g_{m1} R_{\text{out}} \tag{5.2-43}$$

$$\omega_{-3\text{ dB}} = \frac{1}{R_{\text{out}} C_L} \tag{5.2-44}$$

$$V_{IC}(最大) = V_{DD} - V_{SG3} + V_{TN1} \tag{5.2-45}$$

$$V_{IC}(最小) = V_{DS5}(饱和) + V_{GS1} = V_{DS5}(饱和) + V_{GS2} \tag{5.2-46}$$

$$\text{SR} = I_5 / C_L \tag{5.2-47}$$

$$P_{\text{diss}} = (V_{DD} + |V_{SS}|)(I_5) = (V_{DD} + |V_{SS}|)(I_3 + I_4) \tag{5.2-48}$$

图 5.2-20 解释了用于设计电流镜负载差分放大器的各种参数的典型关系，从图中可以得到表 5.2-1 中的流程。

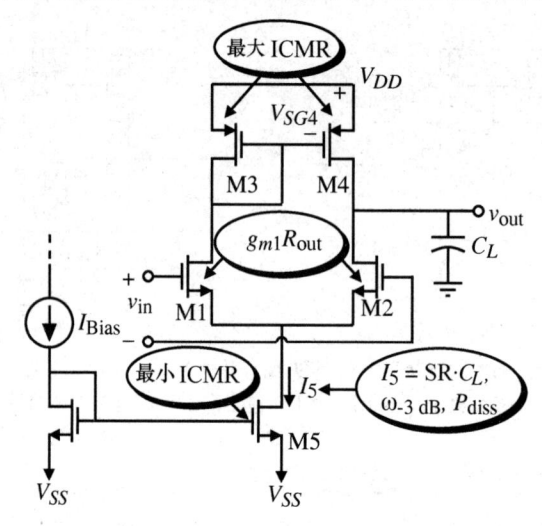

图 5.2-20　图 5.2-6 差分放大器的设计关系

表 5.2-1　电流镜负载差分放大器的设计流程

这个设计流程假设小信号差模电压增益 A_v、-3 dB 频率 $\omega_{-3\text{dB}}$、最大、最小共模输入电压 [V_{IC}(最大)、V_{IC}(最小)]、摆率 SR 和功耗 P_{diss} 为已知。

(1) 在已知 P_{diss} 或 C_L 的前提下选择 I_5 来满足摆率。
(2) 检查 R_{out} 是否满足频率响应，如不满足，改变 I_5 或是修改电路(选择不同的拓扑结构)。
(3) 设计 W_3/L_3(W_4/L_4) 来满足 ICMR 的上限。
(4) 设计 W_1/L_1(W_2/L_2) 来满足小信号差模电压增益 A_v。
(5) 设计 W_5/L_5 来满足 ICMR 的下限。
(6) 重复必要的步骤。

例 5.2-2　电流镜负载差分放大器的设计

图 5.2-6 所示电流镜负载差分放大器的电流和宽长比以满足下列指标：$V_{DD}=-V_{SS}=2.5$ V，SR $\geqslant 10$ V/μs($C_L=5$ pF)，$f_{-3\text{dB}} \geqslant 100$ kHz($C_L=5$ pF)，小信号差模电压增益为 100 V/V，-1.5 V $\leqslant$ ICMR $\leqslant 2$ V，$P_{\text{diss}} \leqslant 1$ mW。可用模型参数：$K'_N = 110$ μA/V^2，$K'_P = 50$ μA/V^2，$V_{TN} = 0.7$ V，$V_{TP} = -0.7$ V，$\lambda_N = 0.04$ V^{-1} 和 $\lambda_P = 0.05$ V^{-1}。

解：1. 为了满足摆率，$I_5 \geqslant 50$ μA。对于最大的 P_{diss}，$I_5 \leqslant 200$ μA。

2. 100 kHz 的 $f_{-3\text{dB}}$ 意味着 $R_{\text{out}} \leqslant 318$ kΩ。R_{out} 可以表示为

$$R_{\text{out}} = \frac{2}{(\lambda_N + \lambda_P)I_5} \leqslant 318 \text{ k}\Omega$$

由此得出 $I_5 \geqslant 70$ μA，因此，选择 $I_5 = 100$ μA。

3. 最大输入共模电压为

$$V_{SG3} = V_{DD} - V_{IC}(\text{最大}) + V_{TN1} = 2.5 - 2 + 0.7 = 1.2 \text{ V}$$

因此，可写出

$$V_{SG3} = 1.2 \text{ V} = \sqrt{\frac{2 \times 50 \text{ μA}}{(50 \text{ μA/V}^2)(W_3/L_3)}} + 0.7$$

解出 W_3/L_3 得

$$\frac{W_3}{L_3} = \frac{W_4}{L_4} = \frac{2}{(0.5)^2} = 8$$

4. 由小信号增益指标得出

$$100 \text{ V/V} = g_{m1}R_{out} = \frac{g_{m1}}{g_{ds2}+g_{ds4}} = \frac{\sqrt{(2\cdot 110\,\mu\text{A/V}^2)(W_1/L_1)}}{(0.04+0.05)\sqrt{50\,\mu\text{A}}} = 23.31\sqrt{W_1/L_1}$$

解出 W_1/L_1 得

$$\frac{W_1}{L_1} = \frac{W_2}{L_2} = 18.4$$

5. 由最小输入共模电压得出

$$V_{DS5}(饱和) = V_{IC}(最小) - V_{SS} - V_{GS1} = -1.5 + 2.5 - \sqrt{\frac{2\cdot 50\,\mu\text{A}}{110\,\mu\text{A/V}^2(18.4)}} - 0.7$$

$$= 0.3 - 0.222 - 0.0777 = 0.078 \text{ V}$$

从 $V_{DS5}(饱和)$ 得出 W_5/L_5 的值。

$$\frac{W_5}{L_5} = \frac{2I_5}{K'_N V^2_{DS(饱和)}} = 301$$

应该增加一点 W_1/L_1 来减小 V_{GS1}，以适应 V_{TN} 的变化。因此，选择 $W_1/L_1(W_2/L_2) = 40$，使得 $W_5/L_5 = 82$。小信号增益将增加到 147 V/V，这样问题就解决了。

本节介绍了多个 CMOS 差分放大器的有用结构。在后续几章中将介绍如何提高增益，减小噪声，增加带宽和改善一些引人关注的性能。CMOS 差分放大器被广泛用于放大器和比较器的输入级。它的良好性能依赖于匹配，这是与 IC 工艺兼容的。

5.3 共源共栅放大器

与 5.1 节中反相放大器相比，共源共栅放大器有两个显著的优点：首先，它提供更高的输出阻抗，类似于图 4.3-4 的共源共栅电流漏和图 4.4-6 的共源共栅电流镜。其次，它减小了放大器输入端的米勒(Miller)电容效应，这一点在设计运算放大器的频率性能时是很重要的。图 5.3-1 示出由晶体管 M1、M2 和 M3 构成的简单共源共栅放大器。除 M2 外，共源共栅放大器与 5.1 节中的电流漏反相器一样。M2 的主要功能是使 M1 漏极的小信号阻抗变小。从 M2 的漏极看进去的小信号电阻近似为 $r_{ds1}g_{m2}r_{ds2}$，比从 M3 的漏极看进去的小信号阻抗 r_{ds3} 大得多。共源共栅放大器的小信号增益大约是共源反相放大器的两倍，因为 R_{out} 为原来的两倍。

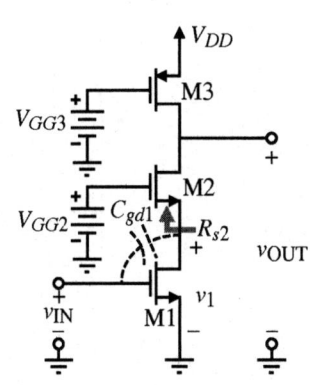

图 5.3-1 简单共源共栅放大器

大信号特性

图 5.3-1 所示共源共栅放大器的大信号电压传输特性可以采用与 5.1 节中反相放大器同样

的方法分析。在这种情况下，主要的区别是 M1-M2 合成的输出特性比图 5.1-5 中的更平滑，如图 5.3-2 所示。

M1～M3 的工作区可以用前述方法求得。M3 的工作区可以由式(5.1-17)得到，在 $V_{GG3}+|V_{TP}|$ 或 3.0 V 上是条水平线。当

$$V_{DS2} \geqslant V_{GS2} - V_{TN} \to v_{OUT} - V_{DS1} \geqslant V_{GG2} - V_{DS1} - V_{TN} \to v_{OUT} \geqslant V_{GG2} - V_{TN} \tag{5.3-1}$$

成立时，M2 饱和。图 5.3-2 中给出了 2.7 V 的水平线。最后，求出 M1 的工作区为

$$V_{GG2} - V_{GS2} \geqslant V_{GS1} - V_{TN} \to v_{IN} \leqslant \frac{V_{GG2}+V_{TN}}{2} \tag{5.3-2}$$

这里已经假设 $V_{GS1}=V_{GS2}=v_{IN}$。在图 5.3-2 中式(5.3-2)是在 $v_{IN}=2.05$ V 处的垂直线。注意，传输曲线的最陡峭区域是所有晶体管都处于饱和区的地方（v_{OUT} 在 2.7～3.0 V 之间）。

图 5.3-2 说明简单共源共栅放大器能够摆到 V_{DD}，像前述的 NMOS 输入反相放大器一样，不过摆不到地。v_{OUT} 的下限记为 v_{OUT}（最小），稍后可以求出。首先，假设 M1 和 M2 都工作在有源区（与图 5.3-2 一致）。如果以负电源电压为参考（此例中为地），可以写出流过 M1～M3 管的电流为

$$i_{D1} = \beta_1\left((V_{DD}-V_{T1})v_{DS1} - \frac{v_{DS1}^2}{2}\right) \cong \beta_1(V_{DD}-V_{T1})v_{DS1} \tag{5.3-3}$$

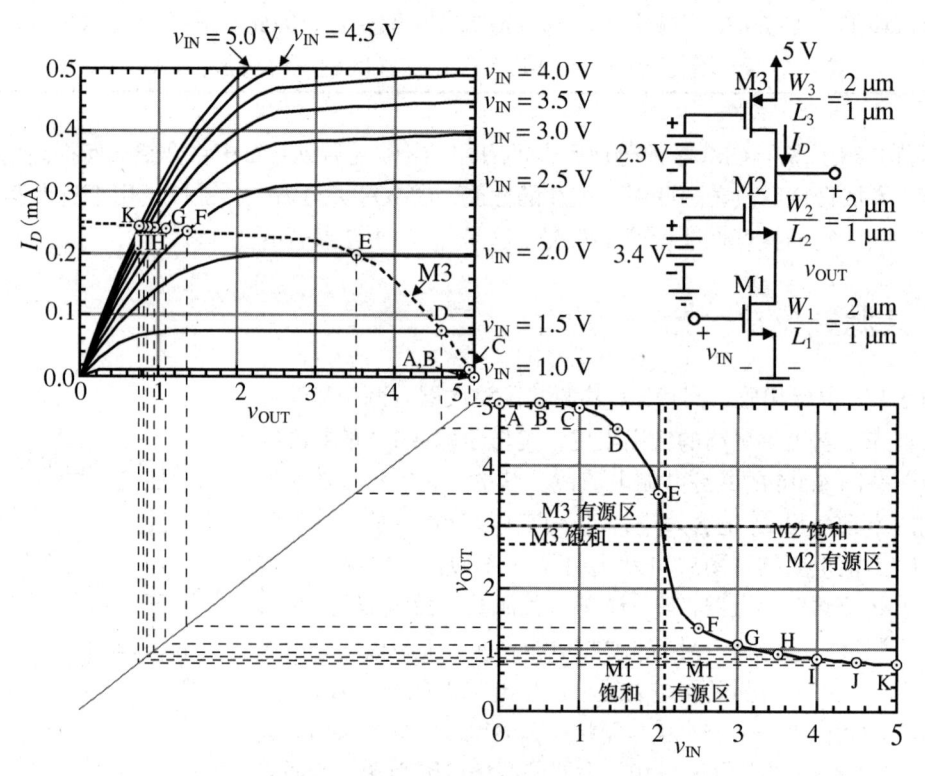

图 5.3-2　共源共栅放大器电压传输函数的图解

$$i_{D2} = \beta_2\left((V_{GG2}-v_{DS1}-V_{T2})(v_{OUT}-v_{DS1}) - \frac{(v_{OUT}-v_{DS1})^2}{2}\right)$$
$$\cong \beta_2(V_{GG2}-v_{DS1}-V_{T2})(v_{OUT}-v_{DS1}) \tag{5.3-4}$$

和

$$i_{D3} = \frac{\beta_3}{2}(V_{DD} - V_{GG3} - |V_{T3}|)^2 \tag{5.3-5}$$

这里假设 v_{DS1} 和 v_{OUT} 很小,而且 $v_{IN} = V_{DD}$。由 $i_{D1} = i_{D2} = i_{D3}$ 和 $\beta_1 = \beta_2$,可以得到

$$v_{OUT}(\text{最小}) = \frac{\beta_3}{2\beta_2}(V_{DD} - V_{GG3} - |V_{T3}|)^2 \left(\frac{1}{V_{GG2} - V_{T2}} + \frac{1}{V_{DD} - V_{T1}}\right) \tag{5.3-6}$$

例 5.3-1 计算简单共源共栅放大器的最小输出电压

假设共源共栅结构所用的值和参数如图 5.3-2 所示,试计算最小输出电压 v_{OUT}(最小)。

解:由式(5.3-6)得到 v_{OUT}(最小)为 0.50 V。注意,仿真结果是 0.75 V。如果在式(5.3-6)中考虑 M3 的沟道长度调制效应的影响,计算结果应该是 0.62 V,更接近了。差异是由于假设了 v_{DS1} 和 v_{OUT} 都很小。

上面计算的 v_{OUT}(最大)和 v_{OUT}(最小)表示输入电压在最大、最小值时相应的 v_{OUT} 值。虽然这些值很重要,但常常不是人们最感兴趣的。人们感兴趣的是所有晶体管都工作在饱和状态时的输出电压范围。在这种条件下,可以知道电压增益应该最大(斜率最大)。这些限制对晶体管设计很有用。因此,所有晶体管都工作在饱和区时共源共栅放大器的最大输出电压应该是

$$v_{OUT}(\text{最大}) = V_{DD} - V_{SD3}(\text{饱和}) \tag{5.3-7}$$

对应的最小输出电压是

$$v_{OUT}(\text{最小}) = V_{DS1}(\text{饱和}) + V_{DS2}(\text{饱和}) \tag{5.3-8}$$

对图 5.3-2 中的共源共栅放大器而言,这两个限定是 3.0 V 和 2.7 V。因此,所有晶体管都工作在饱和区的范围很小。为了使这个范围变大,必须增加宽长比以减小饱和电压。后面讨论图 5.3-1 的设计时将考虑这个问题。

小信号特性

图 5.3-1 所示简单共源共栅放大器的小信号性能可以用图 5.3-3(a)的小信号模型来分析,此模型简化后如图 5.3-3(b)所示。为简化起见,忽略了 M2 的体效应。这里的简化采用了附录 A 中的电流源拆分和置换原理。采用节点分析可以写出

$$(g_{ds1} + g_{ds2} + g_{m2})v_1 - g_{ds2}v_{out} = -g_{m1}v_{in} \tag{5.3-9}$$

$$-(g_{ds2} + g_{m2})v_1 + (g_{ds2} + g_{ds3})v_{out} = 0 \tag{5.3-10}$$

求解得出 v_{out}/v_{in} 为

$$\frac{v_{out}}{v_{in}} = \frac{-g_{m1}(g_{ds2} + g_{m2})}{g_{ds1}g_{ds2} + g_{ds1}g_{ds3} + g_{ds2}g_{ds3} + g_{ds2}g_{m2}} \cong \frac{-g_{m1}}{g_{ds3}} = -\left(\frac{2K_1'W_1}{L_1 I_D \lambda_3^2}\right)^{1/2} \tag{5.3-11}$$

可以用图 5.3-1 所示共源共栅电流漏(M1 和 M2)的小信号输出阻抗与 r_{ds3} 并联来求输出电阻。因此,共源共栅放大器的小信号输出电阻为

$$r_{out} = [r_{ds1} + r_{ds2} + g_{m2}r_{ds1}r_{ds2}] \| r_{ds3} \cong r_{ds3} \tag{5.3-12}$$

可以看到共源共栅放大器具有潜在的提高增益的优势。

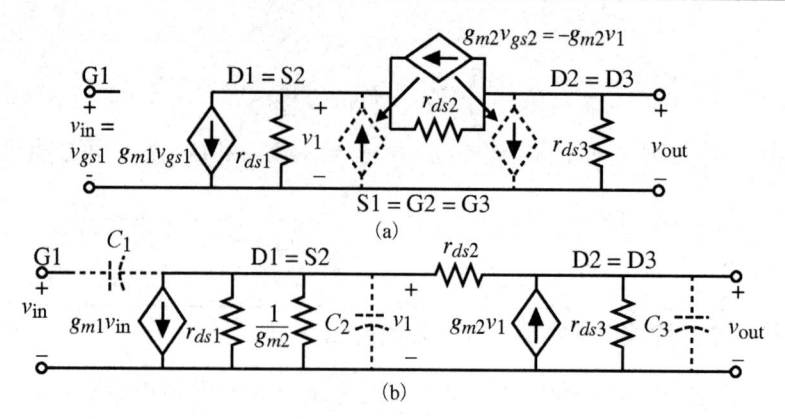

图 5.3-3 (a)忽略 M2 体效应后图 5.3-1 的小信号模型；(b)图 5.3-1 的简化等效模型

比较式(5.3-12)与式(5.1-21)。主要区别是共源共栅结构使 M2 的电阻与 r_{ds3} 相比可以忽略。进一步可注意到，小信号增益对偏置电流同样有依赖性。计算从输入 v_{in} 到 M1(v_1) 漏极的小信号电压增益，由式(5.3-9)和式(5.3-10)可得

$$\frac{v_1}{v_{in}} = \frac{-g_{m1}(g_{ds2} + g_{ds3})}{g_{ds1}g_{ds2} + g_{ds1}g_{ds3} + g_{ds2}g_{ds3} + g_{ds3}g_{m2}}$$

$$\approx \left(\frac{g_{ds2} + g_{ds3}}{g_{ds3}}\right)\left(\frac{-g_{m1}}{g_{m2}}\right) \cong \frac{-2g_{m1}}{g_{m2}} = -2\left(\frac{W_1 L_2}{L_1 W_2}\right)^{1/2} \quad (5.3\text{-}13)$$

可以看出，如果 M1 和 M2 的宽长比相同且 $g_{ds2} = g_{ds3}$，那么 v_1/v_{in} 近似为-2。

增益为-2 的原因一时不易看出。通常认为从 M2 的源极看进去的电阻是 $1/g_{m2}$。然而，这里显然不是这种情况。更进一步观察图 5.3-1 中的电阻 R_{s2}，这是一个从 M2 的源极看进去的电阻。此计算的小信号模型如图 5.3-4 所示，图中忽略了体效应($g_{mbs2} = 0$)。

为了求解图 5.3-4 中所示的 R_{s2} 值，首先写出一个电压环路

$$v_{s2} = (i_1 - g_{m2}v_{s2})r_{ds2} + i_1 r_{ds3} = i_1(r_{ds2} + r_{ds3}) - g_{m2}r_{ds2}v_{s2} \quad (5.3\text{-}14)$$

为求 v_{s2} 与 i_1 的比值，解这个等式得到

$$R_{s2} = \frac{v_{s2}}{i_1} = \frac{r_{ds2} + r_{ds3}}{1 + g_{m2}r_{ds2}} \quad (5.3\text{-}15)$$

可以看到如果 $r_{ds2} \approx r_{ds3}$，则 R_{s2} 等于 $2/g_{m2}$。因此，如果 $g_{m1} \approx g_{m2}$，则从图 5.3-1 所示共源共栅放大器的输入 M1 的漏极或 M2 的源极的电压增益近似为-2。此处注意一个重要的规则，从 MOS 管的源极看进去的小信号电阻与漏极到交流地的电阻有关。

源极电阻怎么会受漏极到交流地的电阻控制？如果考虑图 5.3-4 中流过受控电流源 $g_{m2}v_{s2}$ 的电流，答案就很简单。这个电流包含两个部分，分别记为 i_A

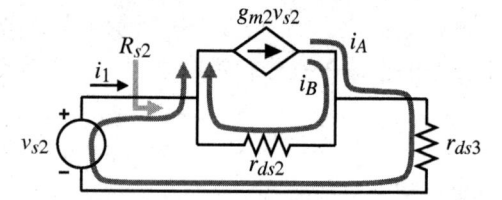

图 5.3-4 一个用于计算 R_{s2} 的小信号模型，R_{s2} 是从 M2 的源极看进去的输入电阻

和 i_B。电流 i_A 流过含有 r_{ds3} 和电压源 v_{s2} 的环路，电流 i_B 只流过 r_{ds2}。注意，因为 $i_1 = i_A$，所以 R_{s2} 的阻值由 $g_{m2}v_{s2}$ 电流的这部分决定。基本电路理论表明电流将按这条路径中看到的电阻分流。例如，若 $r_{ds3} = 0$，则 $R_{s2} = 1/g_{m2}$；然而，如果 $r_{ds3} = r_{ds2}$，即共源共栅放大器的情况，那么电流均匀分流且 i_1 减小到二分之一，而 R_{s2} 增加到两倍。注意，如果共源共栅放大器的负载

电阻是共源共栅电流源,那么电流 i_A 非常小,电阻 R_{s2} 等效为 r_{ds}。这一点在通用运算放大器结构中起着重要的作用。该运算放大器被称为折叠共源共栅结构,将在第 6 章讨论。

重推图 5.3-1 共源共栅放大器的小信号电压增益进一步说明观察法。在这个电路中,输入信号 v_{in} 作用到 M1 的栅-源极,这引起 $g_{m1}v_{in}$ 的小信号电流流进 M1 的漏极。这个电流流过 M2 在输出端得到电压,该点是 M2 和 M3 的漏极连接点,其电阻是 $r_{ds1}g_{m2}r_{ds2}$〔见式(5.2-34)〕和 r_{ds3} 的并联。因为 $r_{ds1}g_{m2}r_{ds2}$ 大于 r_{ds3},因此 $R_{out} \approx r_{ds3}$。$-g_{m1}v_{in}$ 乘 R_{out} 给出图 5.3-1 的小信号电压增益为 $-g_{m1}r_{ds3}$,与式(5.3-11)一致。

频率响应

共源共栅组合放大器的频率特性可以通过分析图 5.3-3(b) 来获得。电路中包含有标识的电容,且假设电压源 v_{in} 的电阻很小。C_1 只包含了 C_{gd1},C_2 包含了 C_{bd1}、C_{bs2} 和 C_{gs2},C_3 包含了 C_{bd2}、C_{bd3}、C_{gd2}、C_{gd3} 和负载电容 C_L。包含了这些电容,式(5.3-9)和式(5.3-10)成为(忽略体效应)

$$(g_{m2} + g_{ds1} + g_{ds2} + sC_1 + sC_2)v_1 - g_{ds2}v_{out} = -(g_{m1} - sC_1)v_{in} \quad (5.3-16)$$

和

$$-(g_{ds2} + g_{m2})v_1 + (g_{ds2} + g_{ds3} + sC_3)v_{out} = 0 \quad (5.3-17)$$

求解 $V_{out}(s)/V_{in}(s)$ 得

$$\frac{V_{out}(s)}{V_{in}(s)} = \left(\frac{1}{1 + as - bs^2}\right)\left(\frac{-(g_{m1} - sC_1)(g_{ds2} + g_{m2})}{g_{ds1}g_{ds2} + g_{ds3}(g_{m2} + g_{ds1} + g_{ds2})}\right) \quad (5.3-18)$$

其中

$$a = \frac{C_3(g_{ds1} + g_{ds2} + g_{m2}) + C_2(g_{ds2} + g_{ds3}) + C_1(g_{ds2} + g_{ds3})}{g_{ds1}g_{ds2} + g_{ds3}(g_{m2} + g_{ds1} + g_{ds2})} \quad (5.3-19)$$

和

$$b = \frac{C_3(C_1 + C_2)}{g_{ds1}g_{ds2} + g_{ds3}(g_{m2} + g_{ds1} + g_{ds2})} \quad (5.3-20)$$

直接进行代数分析的一个难点是答案问题,虽然答案正确,但对于理解而言没有意义。这就是式(5.3-18)~式(5.3-20)的情况。可以发现如果 $s = 0$,式(5.3-18)就简化成式(5.3-11)。幸运的是,可以做一些简化使得上面分析得到的结果与先前的想法相同。对此方法可以进行拓展,因为以后考虑运算放大器的补偿时是有用的。这个方法也可以被用到 5.2 节中的差分放大器上。

一个通用的二阶多项式可写为

$$p(s) = 1 + as + bs^2 = \left(1 - \frac{s}{p_1}\right)\left(1 - \frac{s}{p_2}\right)$$

$$= 1 - s\left(\frac{1}{p_1} + \frac{1}{p_2}\right) + \frac{s^2}{p_1 p_2} \quad (5.3-21)$$

现在假设 $|p_2| \gg |p_1|$,那么式(5.3-21)可简化为

$$p(s) \cong 1 - \frac{s}{p_1} + \frac{s^2}{p_1 p_2} \quad (5.3-22)$$

因此，可以把 p_1 和 p_2 写成 a 和 b 的形式

$$p_1 = \frac{-1}{a} \tag{5.3-23}$$

和

$$p_2 = \frac{-a}{b} \tag{5.3-24}$$

这个方法的关键是假设极点 p_2 的量级比极点 p_1 大得多。典型情况下，小的极点更值得注意，所以这个方法更有用。假设式(5.3-18)分母中的根都不相同，由式(5.3-22)得出

$$p_1 = \frac{-[g_{ds1}g_{ds2} + g_{ds3}(g_{m2} + g_{ds1} + g_{ds2})]}{C_3(g_{ds1} + g_{ds2} + g_{m2}) + C_2(g_{ds2} + g_{ds3}) + C_1(g_{ds2} + g_{ds3})} \tag{5.3-25a}$$

$$p_1 \cong \frac{-g_{ds3}}{C_3} \tag{5.3-25b}$$

非主极点 p_2 为

$$p_2 = \frac{-[C_3(g_{ds1} + g_{ds2} + g_{m2}) + C_2(g_{ds2} + g_{ds3}) + C_1(g_{ds2} + g_{ds3})]}{C_3(C_1 + C_2)} \tag{5.3-26a}$$

$$p_2 \cong \frac{-g_{m2}}{C_1 + C_2} \tag{5.3-26b}$$

假设 C_1、C_2 和 C_3 在同一数量级上，并且 g_{m2} 比 g_{ds3} 大得多，那么 $|p_1|$ 就要比 $|p_2|$ 小。因此，上面的近似是有效的。式(5.3-25)和式(5.3-26)表示了 CMOS 电路的典型趋势。频率响应的极点趋向于与节点到地的电容和电阻乘积的倒数有关。例如，输出节点 RC 乘积的倒数近似为 g_{ds3}/C_3，而 v_1 节点 RC 乘积的倒数近似为 $g_{m2}/(C_1 + C_2)$[①]。

在频率响应中零点为

$$z_1 = \frac{g_{m1}}{C_1} \tag{5.3-27}$$

根据观察法，这个零点是因输入到输出有两条途径而形成的。一条通过 C_1 直接耦合，另一条由受控源 $g_{m1}v_{in}$ 产生。

由观察法求根

一般含有 MOS 管的电路是高阻的，且适合由观察法确定电路的根。在上面的内容中已经介绍了这个方法。如果极点在负实轴上，下面的准则可用来求含有 MOS 管的电路的极点。

1. 典型地，电路节点上极点的值可由节点到地的小信号电阻与连接至节点的总电容乘积的倒数求得。
2. 如果电路中有多个极点(多极点)，那么从最小值的极点开始用(1)的方法求极点。也许你已经猜测出某个极点有最小值，那么计算此极点验证一下你的猜测。
3. 接下来将有最小值的节点短路到地，求次小极点值，仍用(1)的方法求第二极点。
4. 现在将前两个极点短路到地，求下一个小的极点值，同样用(1)的方法求第三极点。

[①] 在式(5.3-15)中从 M2 源极看进去的电阻近似为 $2/g_{m2}$，因而式(5.3-26b)似乎和 RC 乘积倒数的观点相矛盾。但是，假设图 5.3-3(b)中的电容 C_3 在 $|p_2|$ 处短路 r_{ds3}，而 $|p_1| < |p_2|$，矛盾就解决了。

第 5 章　CMOS 放大器　　181

5. 继续这样的方式直至求出所有的极点。
6. 在极点计算中要当心正负反馈的影响(即米勒效应)。

零点也可用观察法确定，至少有三种实轴上的零点，下面的准则给出描述。

1. 反馈路径上的极点将成为正向传输路径中的零点。
2. 如果一个电路，从输入到输出有一条以上的路径，那么两条路径中的一些复频率将相互抵消，引起零点。当电容被接在输入输出间或者放大器的输入输出间存在固有电容时会出现这种情况。
3. 零点能够在简单的 RC 网络中求得，一般不太容易由观察法看出。

可能的情况下，用电路分析的方法求根，或者至少确认一下观察法所求的结果，总是一个好的方法。在下面的分析中将继续采用这两种方法。

高阻源激励放大器：米勒效应

共源共栅放大器还有一个很重要的方面没有研究。这是因为到目前为止都假设共源共栅放大器受一个诸如电压源的低阻源激励。一般情况下，CMOS 电路中源电阻足够大以至于不能像前面那样被忽略掉。研究用高阻源激励反相放大器时会发生什么现象。图 5.3-5(a) 显示由高阻源激励的电流源负载反相器，高阻源的内阻为 R_s，通常与 r_{ds} 数量相当。

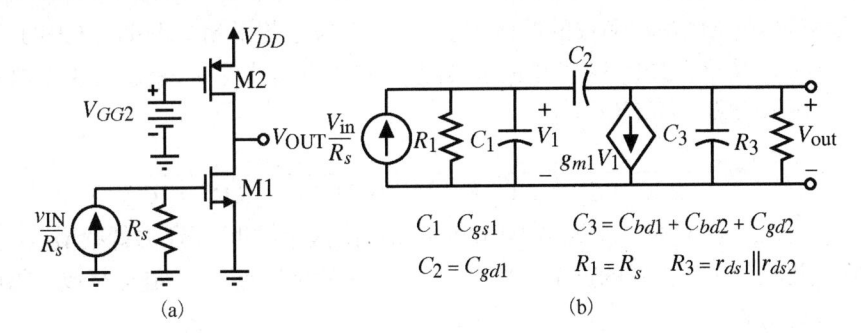

图 5.3-5　(a)高阻源激励的电流源负载反相器；(b)小信号等效模型

考虑图 5.3-5(b) 中的小信号等效模型。设输入为 I_{in}，则节点方程是

$$[G_1 + s(C_1 + C_2)]V_1 - sC_2 V_{out} = I_{in} \tag{5.3-28}$$

和

$$(g_{m1} - sC_2)V_1 + [G_3 + s(C_2 + C_3)]V_{out} = 0 \tag{5.3-29}$$

G_1 和 G_3 的值分别为 $1/R_s$ 和 $g_{ds1} + g_{ds2}$，C_1 等于 C_{gs1}，C_2 等于 C_{gd1}，C_3 等于 C_{bd1}、C_{bd2} 和 C_{gd2} 的和。求解 $V_{out}(s)/V_{in}(s)$ 得

$$\frac{V_{out}(s)}{V_{in}(s)} = \frac{(sC_2 - g_{m1})G_1}{G_1 G_3 + s[G_3(C_1 + C_2) + G_1(C_2 + C_3) + g_{m1}C_2]} \tag{5.3-30}$$
$$+ (C_1 C_2 + C_1 C_3 + C_2 C_3)]s^2$$

或者

$$\frac{V_{\text{out}}(s)}{V_{\text{in}}(s)} = \left(\frac{-g_{m1}}{G_3}\right)$$

$$\times \frac{[1-s(C_2/g_{m1})]}{1+[R_1(C_1+C_2)+R_3(C_2+C_3)+g_{m1}R_1R_3C_2]s+(C_1C_2+C_1C_3+C_2C_3)R_1R_3s^2} \quad (5.3\text{-}31)$$

假设极点可分离，使用先前的方法可得

$$p_1 = \frac{-1}{R_1(C_1+C_2)+R_3(C_2+C_3)+g_{m1}R_1R_3C_2} \cong \frac{-1}{g_{m1}R_1R_3C_2} \quad (5.3\text{-}32)$$

和

$$p_2 \cong \frac{-g_{m1}C_2}{C_1C_2+C_1C_3+C_2C_3} \quad (5.3\text{-}33)$$

显然，p_1 起主导作用，因此此法有效。式(5.3-32)说明由高阻源激励的反相器存在一个重要的缺点。米勒效应使电容 C_2 乘以从 V_1 到 V_{out} 的低频电压增益之后与 R_1 并联，产生了一个主极点(见习题 5.3-9)。在节点 1 处，由 C_2 产生的等效电容称为米勒电容。从几个方面可以看到，米勒电容对电路会产生负面影响。首先由它生成了一个主极点，其次它对驱动电路呈现一个大的电容负载。

共源共栅放大器的优点之一是可以大大减小米勒电容。这是由于 M1 的低频电压增益低，因此 C_2 就不会乘以大的系数。遗憾的是，重新分析图 5.3-3(b)时，用电流源驱动将引起三阶的分母多项式，掩盖了结果。观察发现，共源共栅电路使得上面分析的负载电阻近似等于图 5.3-1 中共源共栅器件 M2 跨导倒数的两倍(记住这个近似恶化了 M2 漏端看进去的负载阻抗，使之远大于 r_{ds2})。结果，式(5.3-32)中的 R_3 近似为共源共栅器件的 $2/g_m$。于是，如果两个跨导近似相等，则输入极点的新位置是

$$p_1 \cong \frac{-1}{R_1(C_1+C_2)+2(C_2+C_3)/g_m+2R_1C_2} \cong \frac{-1}{R_1(C_1+3C_2)} \quad (5.3\text{-}34)$$

此极点远大于式(5.3-32)的值。由式(5.3-13)也可以得出这个结果。M1 的低频增益小于 2 可减小米勒效应。共源共栅放大器的这个特性(去除输入端的主极点)在控制运算放大器的频率响应方面是非常有用的。

可以注意到，虽然由 M1 和 M2 组成的共源共栅结构有很高的输出电阻，但 M3 的低阻使输出电阻不可能高。由于这个原因，电流源负载常被共源共栅电流源所代替，如图 5.3-6(a)所示。图 5.3-6(b)是该电路的小信号模型。首先考虑电路的输出电阻是有意义的。小信号输出电阻可以用式(5.3-12)得到。

$$\begin{aligned} r_{\text{out}} &= [r_{ds1}+r_{ds2}+(g_{m2}+g_{mbs2})r_{ds1}r_{ds2}] \| [r_{ds3}+r_{ds4}+(g_{m3}+g_{mbs3})r_{ds3}r_{ds4}] \\ &\cong [g_{m2}r_{ds1}r_{ds2}] \| [g_{m3}r_{ds2}r_{ds4}] \end{aligned} \quad (5.3\text{-}35)$$

根据大信号模型参数，小信号输出电阻为

$$r_{\text{out}} \cong \frac{I_D^{-1.5}}{\left(\dfrac{\lambda_1\lambda_2}{[2K_2'(W/L)_2]^{1/2}}\right)+\left(\dfrac{\lambda_3\lambda_4}{[2K_3'(W/L)_3]^{1/2}}\right)} \quad (5.3\text{-}36)$$

第 5 章 CMOS 放大器

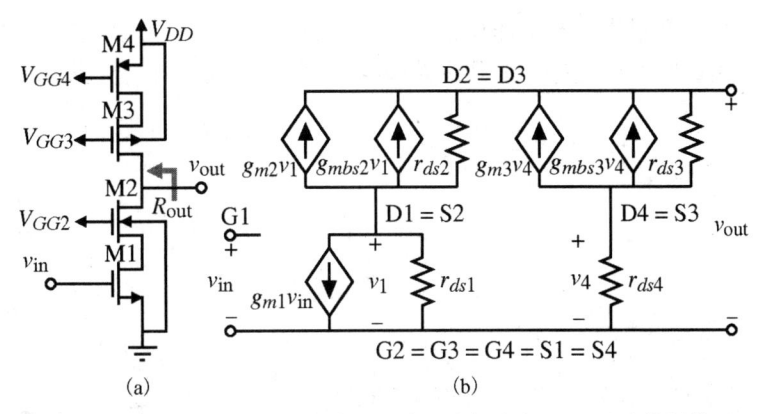

图 5.3-6 (a)高增益和高输出电阻的共源共栅放大器；(b)小信号模型

已知 r_{out}，增益简化为

$$A_v = -g_{m1}r_{out} \cong -g_{m1}\{[g_{m2}r_{ds1}r_{ds2}]\|[g_{m3}r_{ds3}r_{ds4}]\}$$

$$\cong \frac{\{[2K'_1(W/L)_1]^{1/2}\}I_D^{-1}}{\left(\dfrac{\lambda_1\lambda_2}{[2K'_2(W/L)_2]^{1/2}}\right)+\left(\dfrac{\lambda_3\lambda_4}{[2K'_3(W/L)_3]^{1/2}}\right)} \tag{5.3-37}$$

式(5.3-36)和式(5.3-37)给出的结论令人惊讶：电压增益正比于 I_D^{-1}，输出电阻的变化反比于 I_D 的 3/2 次幂。通过一个例子来说明迄今为止所讨论的共源共栅放大器的特性。

例 5.3-2 共源共栅放大器性能对比

在图 5.3-1 和图 5.3-6(a)所示的共源共栅放大器中，已知 $I_D = 200\,\mu A$，所有 W/L 均为 $2\,\mu m/1\,\mu m$，电容为 $C_{gd}=3.5\,fF$，$C_{gs}=30\,fF$，$C_{bsn}=C_{bdn}=24\,fF$，$C_{bsp}=C_{bdp}=12\,fF$，$C_L=1\,pF$。采用表 3.1-2 中的参数，试分别计算两图中电路的小信号电压增益、输出电阻、主极点和非主极点。

解： 图 5.3-1 的简单共源共栅放大器的小信号电压增益可以近似由式(5.3-11)计算得出为 37.1 V/V。输出电阻由式(5.3-12)求得为 125 kΩ。由式(5.3-25b)求得主极点为 1.22 MHz。由式(5.3-26b)求得非主极点为 579 MHz。

由式(5.3-37)可得图 5.3-6(a)的共源共栅放大器电压增益为−414。式(5.3-36)给出了输出电阻为 1.40 MΩ。主极点由 1/RC 的关系求出，其中 R 是输出电阻，C 是负载电容。这样计算得出主极点为 109 kHz。有一个与 M2 源极有关的非主极点。这个极点类似于低增益共源共栅放大器，因为从 M2 漏端看进去的负载电阻被 C_L 短路。

图 5.3-1[或图 5.3-6(a)]的小信号电压增益可以在不改变 M2 和其他 MOS 管的直流电流的情况下，通过提高 M1 的直流电流来提高。这可以简单地从 V_{DD} 把一个电流源接到 M1 的漏极(M2 的源极)来实现。可以看到，增益随 I_{D1} 与 I_{D2} 比值的平方根的增加而增加(见习题 5.3-5)。

共源共栅放大器的设计

对于图 5.3-1 的共源共栅放大器，设计参数为 W_1/L_1、W_2/L_2、W_3/L_3、直流电流和偏置电压。图 5.3-7 显示了图 5.3-1 中放大器各个参数设计的关系式。共源共栅放大器的典型指标是 V_{DD}、

小信号增益 A_v、最大和最小输出电压摆幅 v_{OUT}(最大)和 v_{OUT}(最小)以及功耗 P_{diss}。下面的例子将阐明如何利用这些关系设计一个共源共栅放大器并达到给定的指标要求。

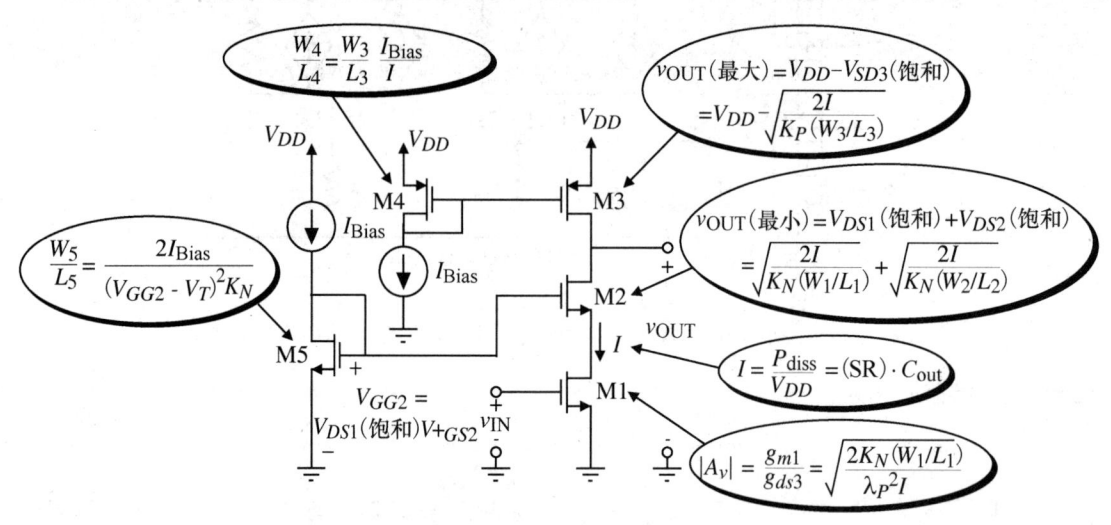

图 5.3-7 图 5.3-1 中简单共源共栅放大器的相关设计公式

例 5.3-3 共源共栅放大器的设计

共源共栅放大器的指标为 $V_{DD}=5\text{ V}$，$P_{diss}=1\text{ mW}$，$A_v=-50\text{ V/V}$，v_{OUT}(最大)$=4\text{ V}$，v_{OUT}(最小)$=1.5\text{ V}$。要求在 10 pF 负载上的摆率大于等于 10 V/μs。

解： 在设计中，不是所有的指标都重要且必须完全满足的。比如，电源电压必须是准确的 5 V，但是如因某种原因输出摆幅可以超过设计要求。从直流电流开始分析。摆率和功耗都会影响直流电流。摆率要求电流大于 100 μA，功耗要求小于 200 μA，折中取 150 μA。

首先从 M3 开始，因为唯一不知道的就是 W_3/L_3。用图 5.3-7 右上角的关系式，求得

$$\frac{W_3}{L_3}=\frac{2I}{K'_p[V_{DD}-v_{OUT}(\text{最大})]^2}=\frac{2\cdot 150}{50(1)^2}=6$$

图 5.3-7 左上角的关系式给出了 $I=I_{Bias}$ 时 $W_4/L_4=W_3/L_3$。再用图 5.3-7 右下角的关系式确定 W_1/L_1。

$$\frac{W_1}{L_1}=\frac{(A_v\lambda)^2 I}{2K'_N}=\frac{(50\cdot 0.04)^2(150)}{2\cdot 110}=2.73$$

为了设计 W_2/L_2，首先计算 V_{DS1}(饱和)并用 v_{OUT}(最小)来确定 V_{DS2}(饱和)。求解 V_{DS1}(饱和)得

$$V_{DS1}(\text{饱和})=\sqrt{\frac{2I}{K'_N(W_1/L_1)}}=\sqrt{\frac{2\cdot 150}{110\cdot 2.73}}=1\text{ V}$$

用 1.5 V 减去这个值得 V_{DS2}(饱和)$=0.5$ V。因此，W_2/L_2 为

$$\frac{W_2}{L_2}=\frac{2I}{K'_N V_{DS2}(\text{饱和})^2}=\frac{2\cdot 150}{110\cdot 0.5^2}=10.9$$

最后，用图 5.3-7 左下角的关系式得出

$$V_{GG2}=V_{DS1}(\text{饱和})+\sqrt{\frac{2I}{K'_N(W_2/L_2)}}+V_{TN}=1.0\text{ V}+0.5\text{ V}+0.7\text{ V}=2.2\text{ V}$$

$$\frac{W_5}{L_5} = \frac{2I_{\text{Bias}}}{(V_{GG2} - V_T)^2 K'_N} = \frac{2 \cdot 150}{1.5^2(110)} = 1.21$$

这个例子说明改变各管的 W/L 可以得到 2.5 V 的输出电压范围且使所有晶体管都工作在饱和区。

本节介绍了一个在模拟集成电路设计中非常有用的单元电路——共源共栅放大器，该电路给了设计者比反相放大器更多的对小信号性能的控制能力。另外，单级共源共栅电路可以在恰当地确定主极点的情况下提供非常高的电压增益。这两个性能在以后更复杂的电路中将会用到。

5.4 电流放大器

放大器的类型是根据输入输出变量是电压或者电流来定义的，而这些变量又是由输入输出电阻的量级来决定的。考虑到这一点，对于放大器来说，由于输入电阻大，所以输入变量为电压。虽然多数 MOSFET 放大器的输出电阻大，但输出变量仍选择为电压。只有当输出负载为无限大（多数 MOSFET 电路是这样）时这个选择是符合的。

本节讨论低输入电阻的放大器，采用电流作为输入变量。因为多数 MOSFET 放大器的输出电阻已经很大，只要输出负载电阻较小而不是无限大，输出变量就可以选电流。这类放大器称为电流放大器。这是非常有用的放大器，在很多地方可以使用，例如低电源电压模拟信号处理电路和离散时间电路[4,5]。

什么是电流放大器

如前所述，电流放大器是一种低输入电阻、高输出电阻以及定义输入输出电流间关系的放大器。典型情况下，电流放大器由大内阻的源激励而驱动小的负载电阻。图 5.4-1 给出了电流放大器的一般实现形式。通常 R_S 很大而 R_L 很小。图 5.4-1(a)是一个单端输入电流放大器，而图 5.4-1(b)是差分输入电流放大器。虽然图 5.4-1 中电流放大器均为单端输出，很容易将它们改成差分输出。

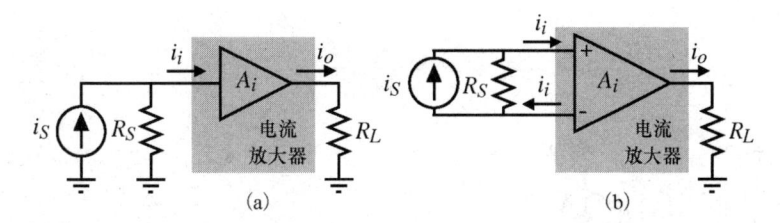

图 5.4-1 (a)单端输入电流放大器；(b)差分输入电流放大器

相对于电压放大器而言，电流放大器有几个重要的优点：第一个是电流不受限于电源电压，所以在低电源电压下可能具有更宽的信号动态范围。只有最终需要将电流转换为电压时，这个优点才会受限；第二个是采用负反馈时，电流放大器的-3 dB 带宽与闭环增益无关。这将在图 5.4-2 中用差分输入电流放大器的分析来说明。假设从图 5.4-2 中电流差分放大器的+和-端看进去的小信号输入电阻比 R_1 或者 R_2 小，那么可以将 i_o 表示为

$$i_o = A_i(i_1 - i_2) = A_i\left(\frac{v_{in}}{R_1} - i_o\right) \tag{5.4-1}$$

求解 i_o 得到

$$i_o = \left(\frac{A_i}{1+A_i}\right)\frac{v_{in}}{R_1} \tag{5.4-2}$$

然而，输出电压 v_{out} 可以用 i_o 表示成

$$v_{out} = R_2 i_o = \frac{R_2}{R_1}\left(\frac{A_i}{1+A_i}\right)v_{in} \tag{5.4-3}$$

式(5.4-3)是非常重要的结果。如果 A_i 与频率有关，并且用单极点模型表示，

$$A_i(s) = \frac{A_o}{(s/\omega_A)+1} \tag{5.4-4}$$

那么可以证明闭环-3 dB 频率为

$$\omega_{-3dB} = \omega_A(1+A_o) \tag{5.4-5}$$

式中，ω_A 是 $A_i(s)$ 的单极点频率值，A_o 是电流放大器的直流电流增益。注意，这是一个与闭环增益 R_2/R_1 无关的特性。利用这个特性，在图 5.4-2 的输出加接一个高频缓冲放大器就可以构造高频电压放大器。

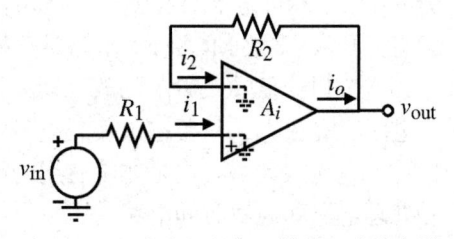

图 5.4-2 具有电阻性负反馈的电流放大器

单端输入电流放大器

图 5.4-3(a)中的简单电流镜是一种相当好的电流放大器的实现形式。从前面的讨论中看到小信号输入电阻是

$$R_{in} = \frac{1}{g_{m1}} \tag{5.4-6}$$

小信号输出电阻是

$$R_{out} = \frac{1}{\lambda_1 I_2} \tag{5.4-7}$$

理想的电流增益为

$$A_i = \frac{W_2/L_2}{W_1/L_1} \tag{5.4-8}$$

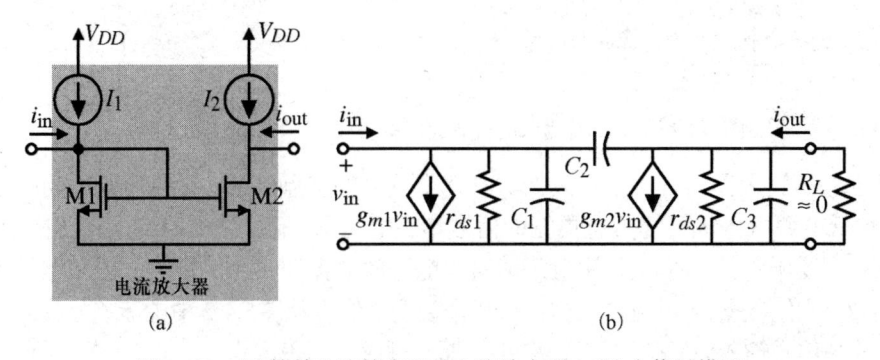

图 5.4-3 (a)简单电流镜实现的电流放大器；(b)小信号模型

简单电流镜的频率响应可以从图5.4-3(b)的小信号模型求得。电容 C_1 由 C_{bd1}、C_{gs1}、C_{gs2} 和连接到输入端的其他电容构成。电容 C_2 就是 C_{gd2}。最后,电容 C_3 由 C_{bd2} 和连接到输出端的其他电容构成。这与前面所给的高阻源激励的反相器(见图 5.3-5)的分析相同。假设 R_L 近似为零,可使这个分析简化。这样,C_3 输出短路,C_2 和 C_1 并联。一个单极点为

$$P_1 = \frac{-(g_{m1} + g_{ds1})}{C_1 + C_2} = \frac{-(g_{m1} + g_{ds1})}{C_{bd1} + C_{gs1} + C_{gs2} + C_{gd2}} \approx \frac{-g_{m1}}{C_{bd1} + C_{gs1} + C_{gs2} + C_{gd2}} \quad (5.4-9)$$

例 5.4-1 作为电流放大器的简单电流镜的性能

在图 5.4-3(a) 的电流放大器中,已知 $10I_1 = I_2 = 100\ \mu A$,$W_2/L_2 = 10\ W_1/L_1 = 10\ \mu m/1\ \mu m$,设 $C_{bd1} = 25$ fF,$C_{gs1} = C_{gs2} = 16$ fF,$C_{gd2} = 3$ fF。试求该电流放大器的小信号电流增益 A_i、输入电阻 R_{in}、输出电阻 R_{out} 和 −3 dB 频率(单位 Hz)。

解:忽略沟道调制和不匹配因素,小信号电流增益 A_i 由 W/L 值的比决定,为 +10 A/A。小信号输入电阻 R_{in} 近似为 $1/g_{m1}$,即

$$R_{in} \approx \frac{1}{\sqrt{2K_N(1/1)10\ \mu A}} = \frac{1}{46.9\ \mu A} = 21.3\ k\Omega$$

小信号输出电阻 R_{out} 等于 $1/\lambda_N I_2$,即 250 kΩ。−3 dB 频率由式(5.4-9)给出为

$$\omega_{-3\,dB} = \frac{46.9\ \mu A}{60\ fF} = 781.7 \times 10^6\ rad/s \rightarrow f_{-3\,dB} = 124\ MHz$$

4.4节中讨论的自偏置共源共栅电流漏可用于使电流放大器得到更好的性能。自偏置共源共栅电流镜实现的电流放大器的电路如图 5.4-4(a)所示。因为共源共栅输出,这个电流镜输出电阻高于简单电流镜。然而,小信号输入电阻是多少不是很清楚。图 5.4-4(b)可以回答这个问题。写出环路方程得到

$$v_{in} = R\,i_{in} + r_{ds2}(i_{in} - g_{m3}v_{gs3}) + r_{ds1}(i_{in} - g_{m1}v_{gs1}) \quad (5.4-10)$$

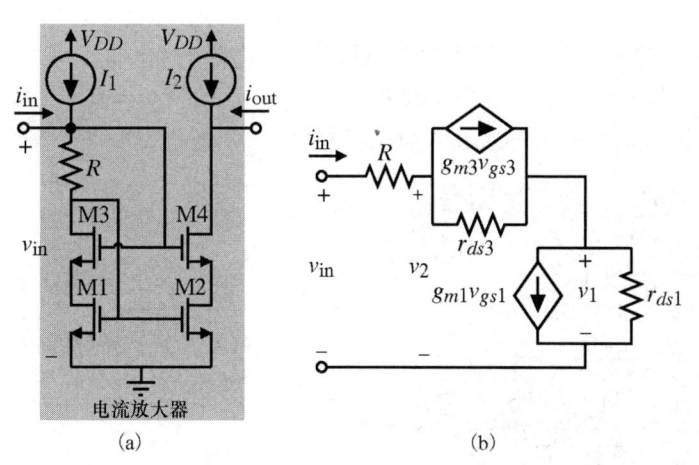

图 5.4-4 (a)自偏置共源共栅电流镜实现的电流放大器;(b)计算 R_{in} 的小信号模型

v_{gs1} 和 v_{gs3} 可以用 i_{in} 和 v_{in} 表示为

$$v_{gs1} = v_2 = v_{in} - i_{in}R \tag{5.4-11}$$

和

$$v_{gs3} = v_{in} - v_1 = v_{in} - (i_{in} - g_{m1}v_{gs1})r_{ds1} = v_{in}(1 + g_{m1}r_{ds1}) - i_{in}r_{ds1}(1 + g_{m1}R) \tag{5.4-12}$$

将式(5.4-11)和式(5.4-12)代入式(5.4-10)得

$$R_{in} = \frac{v_{in}}{i_{in}} = \frac{R + r_{ds1} + r_{ds3} + r_{ds1}g_{m3}r_{ds3}(1 + g_{m1}R) + g_{m1}r_{ds1}R}{1 + g_{m3}r_{ds3}(1 + g_{m1}r_{ds1}) + g_{m1}r_{ds1}} \approx R + \frac{1}{g_{m1}} \tag{5.4-13}$$

式(5.4-13)是一个有意思的结果:由于负反馈,等效输入电阻近似为$R+1/g_{m1}$。R由V_{ON}/I_1决定,这可以得到一个小的R_{in}。可以轻松得到小于1 kΩ的值。4.4节中讨论的改进型高摆幅共源共栅电流漏电路可用来将图5.4-4(a)中电流放大器的输入电阻减小到$1/g_{m1}$。

例5.4-2 用自偏置共源共栅电流镜实现电流放大器

已知图5.4-4(a)中的I_1和I_2为100 μA。R被设计为给出0.1 V的V_{ON},于是,$R=1$ kΩ。设所有晶体管的W/L为182 μm/1 μm,试求R_{in}、R_{out}和A_i。

解: 由式(5.4-13)可以看到$R_{in} \approx 1.5$ kΩ。根据已有的共源共栅结构的知识,得出小信号输出电阻R_{out}近似为$g_{m4}r_{ds4}r_{ds2}$。由$g_{m4}=2001$ μS和$r_{ds2}=r_{ds4}=250$ kΩ,得$R_{out} \approx 125$ MΩ。因为$V_{DS1}=V_{DS2}$,所以小信号电流增益是1。用SPICE LEVEL 1模型对这个例子进行仿真的结果是$R_{in}=1.497$ kΩ,$R_{out}=164.7$ MΩ,$A_i=1.000$。

如果希望减小输入电阻,使之低于自偏置共源共栅电流放大器所能达到的低输入电阻,就必须使用负反馈。图5.4-5(a)说明了应该怎样实现。这个电路用并联负反馈将小信号输入电阻减小到$1/g_m$以下。为保持v_{IN}的直流值最小,V_{GG3}应该等于V_{ON},这使得V_{in}(最小)为$V_T + 2V_{ON}$。

小信号输入电阻可以用图5.4-5(b)的模型来计算,结果为(见习题5.4-4)

$$R_{in} = \frac{v_{in}}{i_{in}} = \frac{1}{g_{m1} + g_{m1}g_{m3}r_{ds3} + g_{ds1}} \approx \frac{1}{g_{m1}g_{m3}r_{ds3}} \tag{5.4-14}$$

可以看到图5.4-5(a)的输入电阻近似为简单电流镜输入电阻的$g_{m3}r_{ds3}$分之一。不过为达到准确的电流增益,进一步的优化是必需的,因为$V_{DS1} \neq V_{DS2}$。如果$I_1 = 2I_3 = 100$ μA,所有的W/L为10 μm/1 μm,则小信号输入电阻近似为33.7 Ω。

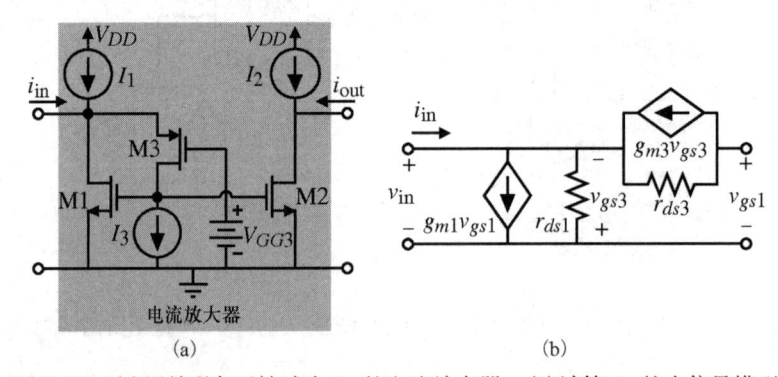

图5.4-5 (a)用并联负反馈减小R_{in}的电流放大器;(b)计算R_{in}的小信号模型

用负反馈达到低输入电阻的一个缺点是:高频时环路增益减小,输入电阻将会增加。在反馈环路中必须注意某些极点在闭环响应中可能成为零点。通常这些零点会靠近其他极点,产生极-零点对,可能导致在正常的瞬态响应上叠加一个慢瞬态响应[6]。

差分输入电流放大器

差分输入电流放大器如图5.4-6所示。现在考虑如何实现这样一个放大器。类似于差分输入电压放大器的式(5.2-5),差分输入电流放大器应该有一个输出电流关系式。利用图5.4-6,这个关系式可以写成

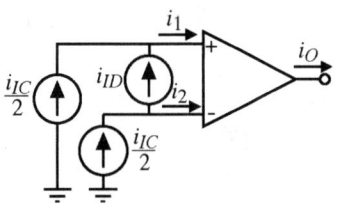

图 5.4-6 差分输入电流放大器中差模输入电流(i_{ID})和共模输入电流(i_{IC})的定义

$$i_O = A_{ID}i_{ID} \pm A_{IC}i_{IC} = A_{ID}(i_1 - i_2) \pm A_{IC}\left(\frac{i_1 + i_2}{2}\right) \quad (5.4\text{-}15)$$

式中,A_{ID}是差模电流增益,A_{IC}是共模电流增益。共模电流增益是两个输入端间非理想匹配时的结果。

图 5.4-7(a)是差分输入电流放大器的一个直接实现电路。这是基于双极型晶体管实现的电流输入差分放大器[7]。输入端的直流电流源是必需的,且至少大于i_1和i_2最大电流值的两倍。注意,调整 M3 和 M4 的 W/L 可以得到所需的电流增益。如果需要更大的电流增益或更高的输出电阻,可改变输出。图5.4-5(a)所示的电流放大器可以代替 M1~M2 和 M3~M4 以得到更小的输入电阻。图 5.4-7(b)中的差分输入电流放大器是一个可供选择的方法。两种实现都有一个近似 $1/g_m$ 的小信号输入电阻。注意,两种差分输入电流放大器都有一个确定的直流输入电位。某些情况下,直流输入电位可以由外部输入调整[8]。

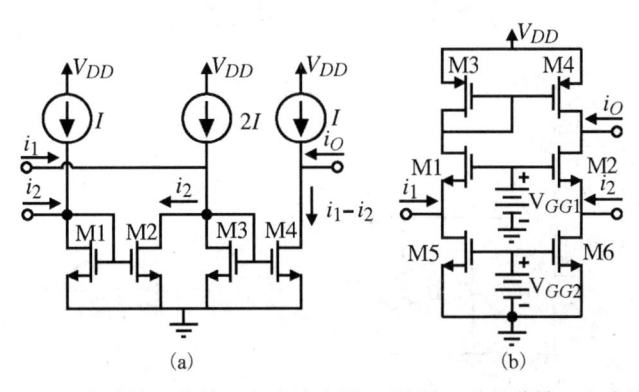

图 5.4-7 (a)电流镜差分输入电流放大器;(b)另一种差分输入电流放大器

本节介绍了电流放大器的概念,也说明了如何用 CMOS 技术实现。对电流放大器而言,主要关心的是如何减小输入电阻。若不用负反馈,则用 MOSFET 所能得到的最小小信号输入电阻为 $1/g_m$。电流放大器还有许多其他结构,其中的一种是校准共源共栅电流镜(见习题 5.4-7 和习题 5.4-8)。电流放大器将会在低电压电路和开关电流电路中得到应用。

5.5 输出放大器

输出放大器的主要目的是有效地将信号提供给输出负载。输出负载可由电阻、电容或二

者并联构成。一般来说，输出电阻较小，在 50～1000 Ω范围内，输出电容较大，在 5～1000 pF 范围内。输出放大器应该有能力给这些负载提供足够的信号(电压、电流或功率)。

驱动低负载电阻的输出放大器主要应具有一个小于等于负载电阻的小信号输出电阻。至今所讨论过的三种 CMOS 放大器中没有一个具有这种性能，虽然有源负载反相器的输出电阻可以达到 1000 Ω。驱动大电容的输出放大器的主要要求是有能力提供一个大的充放电电流。驱动大电容的放大器不需要低的输出电阻。

CMOS 输出放大器的主要目的是实现电流变换功能。多数输出放大器电流增益高而电压增益低。对输出级的特殊要求是：(1)用电流或电压的形式提供足够的输出功率；(2)避免信号失真；(3)高效率；(4)提供反常情况下的保护(短路、过热等)。第二条要求的提出是因为当信号摆幅增大时，在小信号放大器中不会遇到的非线性将成为重要因素。第三条要求出自相对于消耗在负载上的功耗必须尽量减小驱动管自身的功耗。第四条要求一般 CMOS 输出级都会遇到，因为 MOS 器件具有自热限制的天性。

本节将讨论几种输出放大器的实现，包括甲类放大器、源极跟随器、推挽放大器以及衬底双极型晶体管的使用和负反馈的使用。每一种放大器都按以上的要求进行讨论。

甲类放大器

为了减小输出电阻，提高电流驱动能力，一个直接简单的方法是提高输出级的偏置电流。图 5.5-1(a)展示了一个电流源负载的 CMOS 反相器。这个反相器的负载由电阻 R_L 和电容 C_L 构成。有几种方法来确定输出放大器的性能。一种是确定放大器的交流输出电阻，图 5.5-1 的情况是：

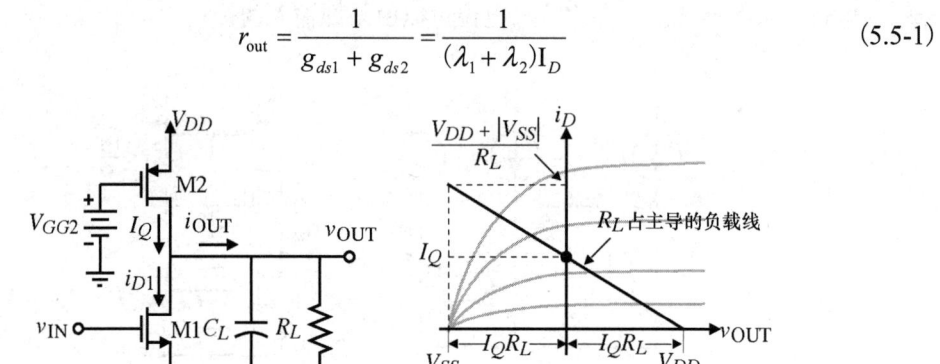

$$r_{\text{out}} = \frac{1}{g_{ds1} + g_{ds2}} = \frac{1}{(\lambda_1 + \lambda_2)I_D} \tag{5.5-1}$$

图 5.5-1 (a)甲类放大器；(b)负载线

另一种是对给定的 R_L 确定输出摆幅 V_P。在这种情况下，最大流进/流出电流等于 V_P/R_L。图 5.5-1 中简单输出级的最大流进电流为

$$I_{\text{OUT}}^- = \frac{K_1' W_1}{2L_1}(V_{DD} - V_{SS} - V_{T1})^2 - I_Q \tag{5.5-2}$$

式中，假设 v_{IN} 可以达到 V_{DD}。图 5.5-1 中简单输出级的最大流出电流为

$$I_{\text{OUT}}^+ = \frac{K_2' W_2}{2L_2}(V_{DD} - V_{GG2} - |V_{T2}|)^2 \leq I_Q \tag{5.5-3}$$

其中，I_Q 是由电流源 M2 提供的直流电流。由式(5.5-2)和式(5.5-3)可以看到最大流出电流将受输出电流的限制。通常，$I_{OUT}^- > I_{OUT}^+$，因为 v_{IN} 可以达到 V_{DD} 使得 M1 强导通，而 I_Q 通常是一个不变的电流值。

图 5.5-1 中的电容 C_L 因摆率也对输出电流提出一个要求，这个限制可以表示为

$$|I_{OUT}| \cong C_L \left(\frac{dv_{OUT}}{dt}\right) = C_L (\text{SR}) \tag{5.5-4}$$

当与 C_L 并联的负载电阻足够小，分掉了 I_{OUT} 中的大部分电流，使之不再是等于充电电流时，此近似将不成立。对于这种情况，常用的描述 C_L 上电压的指数关系对于精确计算是必需的。因此设计输出级时必须同时考虑 R_L 和 C_L 的影响。

图 5.5-1 中甲类输出放大器的小信号性能已经在 5.1 节中给出了分析。图 5.5-2 给出了图 5.5-1 的小信号模型，模型中包括了负载电阻和电容。为考虑负载电阻和电容，可对这些结果做如下的修改，小信号电压增益为

$$\frac{v_{out}}{v_{in}} = \frac{-g_{m1}}{g_{ds1} + g_{ds2} + G_L} \tag{5.5-5}$$

式(5.1-21)给出小信号输出电阻。甲类输出放大器有一个零点

$$z = \frac{g_{m1}}{C_{gd1}} \tag{5.5-6}$$

和一个极点

$$p = \frac{-(g_{ds1} + g_{ds2} + G_L)}{C_{gd1} + C_{gd2} + C_{bd1} + C_{bd2} + C_L} \tag{5.5-7}$$

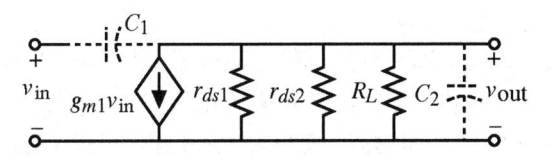

图 5.5-2 图 5.5-1 电路的小信号模型

例 5.5-1 简单甲类输出级的设计

设计简单甲类输出级电路，已知 $V_{DD} = -|V_{SS}| = 3$ V，$V_{GG2} = 0$ V，沟道长度为 2 μm，用表 3.1-2 的值设计 M1 和 M2 的 W/L，得到 ±2 V 的电压摆幅和约为 1V/μs 的摆率。设 $R_L = 20$ kΩ，$C_L = 1000$ pF，$C_{gd1} = 100$ fF。

解： 先分析 R_L 的影响。峰值输出电流必须为 ±100 μA。为了满足摆率的要求，必须向负载电容提供 ±1 mA 的充电电流。因为此电流远大于 R_L 上电压达到指标要求所需的电流值，所以可以放心地假设反相器提供了 C_L 的充电电流。用 ±1 mA 的电流，W_1/L_1 近似为 3 μm/2 μm，W_2/L_2 近似为 15 μm/2 μm。

放大器的小信号增益为 -8.21V/V。这个电压增益不高，因为低输出电阻与 R_L 并联。放大器的输出电阻是 50 kΩ。零点为 1.59 GHz，极点为 -11.14 kHz。

效率被定义为 R_L 上消耗的功率与电源提供功率之比。由图 5.5-1(b)得出效率为

$$\text{效率} = \frac{P_{RL}}{P_{\text{Supply}}} = \frac{\frac{v_{\text{OUT}}(\text{峰值})^2}{2R_L}}{(V_{DD}-V_{SS})I_Q} = \frac{\frac{v_{\text{OUT}}(\text{峰值})^2}{2R_L}}{(V_{DD}-V_{SS})\left(\frac{V_{DD}-V_{SS}}{2R_L}\right)} = \left(\frac{v_{\text{OUT}}(\text{峰值})}{V_{DD}-V_{SS}}\right)^2 \quad (5.5\text{-}8)$$

当 v_{OUT}(峰值) 为 $0.5(V_{DD}-V_{SS})$ 时，甲类输出级达到最大效率 25%。

放大器的失真可以由对正弦信号的影响表现出来。失真是由于放大器的非线性传输特性产生的。一个纯正弦波信号表示为

$$V_{\text{in}}(\omega) = V_p \sin(\omega t) \quad (5.5\text{-}9)$$

作用在输入端，带有失真的放大器输出为

$$V_{\text{out}}(\omega) = a_1 V_p \sin(\omega t) + a_2 V_p \sin(2\omega t) + \cdots + a_n V_p \sin(n\omega t) \quad (5.5\text{-}10)$$

i 次谐波的谐波失真(HD)定义为 i 次谐波的幅值与基波的幅值之比。例如，二次谐波失真为

$$HD_2 = \frac{a_2}{a_1} \quad (5.5\text{-}11)$$

总谐波失真(THD)定义为所有二次和二次以上谐波平方和的平方根与基波幅值的比。于是，根据式(5.5-10)，THD 可以表示为

$$THD = \frac{[a_2^2 + a_3^2 + \cdots + a_n^2]^{1/2}}{a_1} \quad (5.5\text{-}12)$$

图 5.5-1 中的电路在最大输出幅度时的失真不会好，因为大信号摆幅时电压传输曲线的非线性，这在 5.1 节中已有说明。

源极跟随器

第二种输出级放大器是用 MOS 管构成的共漏或者源极跟随器电路。这个结构具有大的电流增益和小的输出电阻。不过，因为源极是输出节点，MOS 器件与体效应有关。体效应引起阈值电压 V_T 随输出电压的增加而提高，使得最大输出电压远小于 V_{DD}。图5.5-3 显示了两种 CMOS 源极跟随器。可以看到使用了两个 n 沟道管，而不是一个 n 沟道一个 p 沟道管。

随后的大信号分析会看到源极跟随器的一个缺点。图5.5-3 表明 v_{OUT}(最小) 可以是 V_{SS}，因为当 v_{IN} 接近 V_{SS} 时，流过 M2 的电流接近零，允许输出电压为零。这个结果假设外部负载不要求有电流。如果源极跟随器必须有外部电流流入，那么 v_{OUT}(最小) 会大于 V_{SS}。v_{OUT} 的最大值为

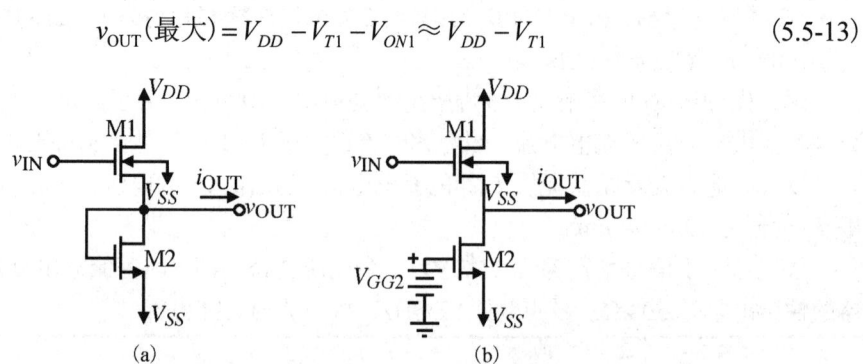

$$v_{\text{OUT}}(\text{最大}) = V_{DD} - V_{T1} - V_{ON1} \approx V_{DD} - V_{T1} \quad (5.5\text{-}13)$$

图 5.5-3 (a) MOS 二极管作为负载的源极跟随器；(b) 电流漏作为负载的源极跟随器

设 v_{IN} 可以达到 V_{DD} 且没有输出电流。但是，V_{T1} 是 v_{OUT} 的函数，所以必须将式(3.1-2)代入式(5.5-13)求解 v_{OUT}。为了简化数学运算，将式(3.1-2)近似为

$$V_{T1} \cong V_{T0} + \gamma \sqrt{v_{SB}} = V_{T01} + \gamma_1 \sqrt{v_{out}(\text{最大}) - V_{SS}} \quad (5.5\text{-}14)$$

将式(5.5-14)代入式(5.5-13)，求解 v_{OUT} 得

$$v_{OUT}(\text{最大}) \cong V_{DD} + \frac{\gamma_1^2}{2} - V_{T01} - \frac{\gamma_1}{2}\sqrt{\gamma_1^2 + 4(V_{DD} - V_{SS} - V_{T01})} \quad (5.5\text{-}15)$$

用表 3.1-2 的值并假设 $V_{DD} = -|V_{SS}| = 2.5\text{ V}$，求得 $v_{OUT}(\text{最大})$ 近似为 1.46 V。在 p 阱工艺中，将 M1 放在自己的 p 阱中且将源极连到体上将会减缓这个限制。

下面将考虑源极跟随器的最大流出和流入电流，其中最大流入电流由 M2 决定，刚好像图 5.5-1 中 M2 的最大流出电流。最大流出电流由 M1 和 v_{IN} 决定。假设 v_{IN} 可以达到 V_{DD}，那么 I_{OUT} 的最大值为

$$I_{OUT}^+ = \frac{K_1'W_1}{2L_1}[V_{DD} - v_{OUT} - V_{T1}]^2 - I_{D2} \quad (5.5\text{-}16)$$

设 W_1/L_1 为 10，v_{OUT} 为 0 V，$I_{D2} = 0.5\text{ mA}$，V_{T1} 为 1.08 V，可得 I_{OUT} 的最大值为 0.608 mA。但是当 v_{OUT} 升高到 0 V 以上时，电流将迅速减小。

最大输出的流入电流由图 5.5-3 中的 M2 决定。在图 5.5-3(a)中最大流入电流与栅漏短接的晶体管上的输出电压有关。随着 v_{OUT} 接近零，这个电流将减小。图 5.5-3(b)中最大流入电流由晶体管和 V_{GG} 的值决定，并且可以设为任何值。当然，在没有信号的时候这个电流也会流过跟随器，从而消耗功率且降低效率。

源极跟随器的效率类似于图 5.5-1 的甲类放大器(见习题 5.5-7)，但失真要比甲类放大器好，原因在于其固有的负反馈特性。

图 5.5-4 示出了图 5.5-3(a)中源极跟随器的小信号模型。设 g_{m2} 为零，这个模型也适用于图 5.5-3(b)。体效应由跨导 g_{mbs1} 体现。小信号电压增益可以表示为

$$\frac{V_{out}}{V_{in}} = \frac{g_{m1}}{G_L + g_{ds1} + g_{ds2} + g_{m1} + g_{mbs1} + g_{m2}} \cong \frac{g_{m1}}{g_{m1} + g_{mbs1} + g_{m2} + G_L} \quad (5.5\text{-}17)$$

如果设 $V_{DD} = -V_{SS} = 2.5\text{ V}$，$V_{out} = 0\text{ V}$，$W_1/L_1 = 10\text{ μm}/1\text{ μm}$，$W_2/L_2 = 1\text{ μm}/1\text{ μm}$，$G_L = 0$，$I_D = 500\text{ μA}$，然后用表 3.1-2 中的各个参数，可得图 5.5-3(a)中电路的小信号电压增益为 0.682。如果不考虑体效应，即 $g_{mbs1} = 0$，小信号电压增益会是 0.738。对于图 5.5-3(b)，设 $g_{m2} = 0$，得到小信号电压增益为 0.869，如果忽略体效应，则为 0.963。因为体效应，MOS 源极跟随器的小信号电压增益总是小于 1。

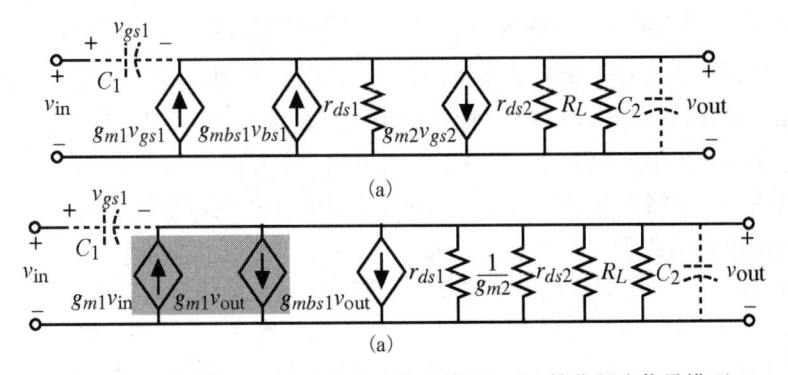

图 5.5-4 (a)图 5.5-3(a)电路的小信号模型；(b)简化的小信号模型

图 5.5-3 中源极跟随器的输出电阻可以由图 5.5-4 的小信号模型求得(设 $v_{in}=0$)，小信号输出电阻为

$$R_{out} = \frac{1}{g_{m1} + g_{mbs1} + g_{m2} + g_{ds1} + g_{ds2}} \quad (5.5\text{-}18)$$

其中，对于图 5.5-3(b)中具有电流漏负载的源极跟随器，$g_{m2}=0$。对于上面的值，图 5.5-3(a)电路的小信号输出电阻是 651 Ω，而图 5.5-3(b)是 830 Ω。这个输出电阻的数量级在一般 MOSFET 电路中已是足够小了，除非使用并联负反馈。

源极跟随器的频率响应是由图5.5-4 小信号模型中电容 C_1 和 C_2 确定的。C_1 是由连接源极跟随器输入输出端的电容组成，主要是 C_{gs1}。C_2 由源极跟随器的输出到地的电容构成。包括 C_{gd2}(或 C_{gs2})、C_{bd2}、C_{bs1} 和下一级的 C_L。小信号频率响应可以表示为

$$\frac{V_{out}(s)}{V_{in}(s)} = \frac{g_{m1} + sC_1}{g_{ds1} + g_{ds2} + g_{m1} + g_{mbs1} + g_{m2} + s(C_1 + C_2) + G_L} \quad (5.5\text{-}19)$$

在 $G_L=0$ 时，极点近似为 $-(g_{m1}+g_{m2})/(C_1+C_2)$。该值比反相器、差分放大器或者共源共栅放大器的主极点大得多。由于左半平面的零点存在，在多数情况下极点和零点有一定程度的抵消，形成了宽带响应。

考虑图 5.5-5(a)所示的推挽源极跟随器是有意义的。悬浮的电源 V_{Bias} 给 M1 和 M2 提供栅源偏置，以确定 M1 和 M2 的静态电流。图5.5-5(b)示出了这个电源的实际电路。这个电路的优点是电流可以灵活地流出或流入，缺点是输出摆幅限制在比最大电源电压低一个阈值电压、比最低电源电压高一个阈值电压之间。由于体效应，阈值电压会增加，严格地限制了输出幅度(见习题 5.5-12)。

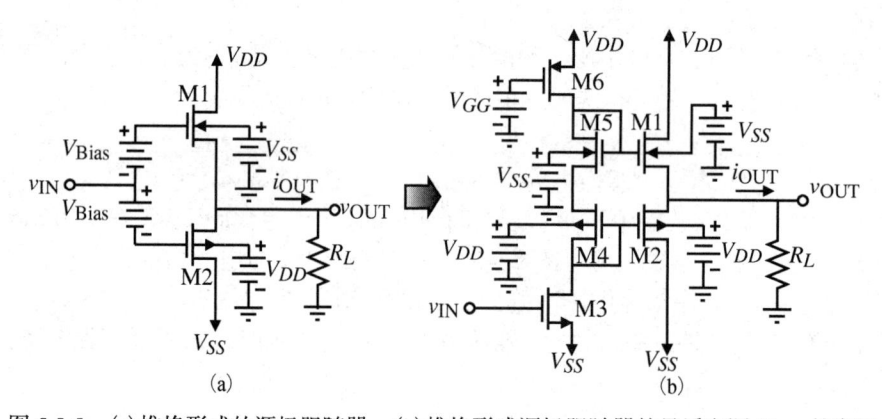

图 5.5-5 (a)推挽形式的源极跟随器；(b)推挽形式源极跟随器的悬浮电源 V_{BIAS} 的实现

推挽放大器的效率要比甲类放大器高得多。推挽放大器被称为乙类放大器或者甲乙类放大器，因为输出晶体管不是在输出正弦电压的整个周期内都有电流流动。对于乙类放大器，电流只在 360°周期的 180°内流动，而对于甲乙类放大器，晶体管电流只在大于 180°和小于 360°范围内流动。这些概念都已在图 5.5-6(a)中对于乙类推挽源极跟随器和图 5.5-6(b)中对于甲乙类推挽源极跟随器进行说明。

对于图 5.5-6(a)中的乙类推挽源极跟随器，当输出电压大于 0 时，M1 提供电流给负载电阻 R_L(1 kΩ)。当 v_{OUT} 变负时，M1 截止，负载 R_L 上电流流入 M2。两个晶体管的交叉点就是图 5.5-6(a)的原点。图 5.5-6(b)说明了推挽源极跟随器工作在甲乙类时的模式。当输入电压

大于 0.7 V 时，只有 M1 导通，向负载提供电流。当输入电压在-0.7 V 和 0.7 V 之间时，M1 和 M2 都向负载提供电流或从负载得到电流。当输入电压低于-0.7 V 时，只有 M2 导通并从负载得到电流。乙类和甲乙类之间的一个重要区别是当输出电压为零时乙类放大器没有偏置电流。这就意味着乙类放大器的效率总是比甲乙类放大器高。为了减小交叉失真，让推挽跟随器短暂地工作在甲乙类模式是有必要的。

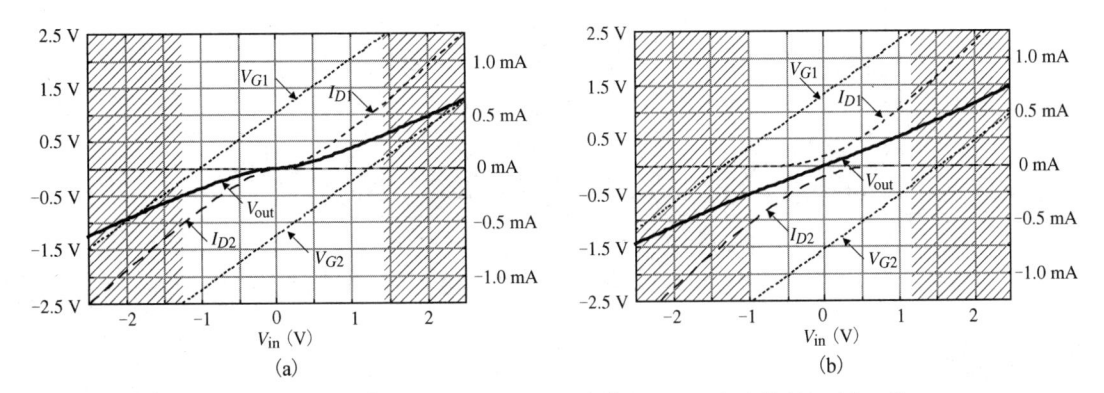

图 5.5-6　图 5.5-5(a)中推挽源极跟随器的输出电压、电流特性。(a)乙类；(b)甲乙类。图中阴影区的工作是不可能的，除非 V_{in} 超出电源电压

乙类放大器的效率可以用先前的定义计算并假设输出电压是正弦波。乙类放大器的效率可以表示为

$$\text{效率} = \frac{P_{RL}}{P_{\text{Supply}}} = \frac{\dfrac{v_{\text{OUT}}(\text{峰值})^2}{2R_L}}{(V_{DD} - V_{SS})\left(\dfrac{v_{\text{OUT}}(\text{峰值})}{\pi R_L}\right)} = \frac{\pi}{2} \frac{v_{\text{OUT}}(\text{峰值})}{V_{DD} - V_{SS}} \tag{5.5-20}$$

在式(5.5-20)中 $v_{\text{OUT}}(\text{峰值})/\pi R_L$ 表示了正弦半波整流的平均电流值。当 $v_{\text{OUT}}(\text{峰值})$ 最大，即为 $0.5(V_{DD} - V_{SS})$ 时有最高效率——78.5%。甲乙类放大器的效率在式(5.5-20)和式(5.5-8)之间，具体取决于图 5.5-5 的偏置。

图 5.5-5(a)的推挽源极跟随器的小信号性能可以由图 5.5-7 所示的小信号模型确定。小信号电压增益为

$$\frac{v_{\text{out}}}{v_{\text{in}}} = \frac{g_{m1} + g_{m2}}{g_{ds1} + g_{ds2} + g_{m1} + g_{mbs1} + g_{m2} + g_{mbs2} + G_L} \tag{5.5-21}$$

小信号输出电阻 R_{out} 为

$$R_{\text{out}} = \frac{1}{g_{ds1} + g_{ds2} + g_{m1} + g_{mbs1} + g_{m2} + g_{mbs2} + G_L} \tag{5.5-22}$$

如果 $V_{DD} = 5$ V，输出为 2.5 V，则 M1 和 M2 的偏置电流为 500 μA，W/L 的值为 20 μm/2 μm，小信号电压增益为 0.895，小信号输出电阻为 510 Ω。零点为

$$z = \frac{g_{m1} + g_{m2}}{C_1} \tag{5.5-23}$$

极点为

$$p = \frac{-1}{(C_1 + C_2)(g_{ds1} + g_{ds2} + g_{m1} + g_{mbs1} + g_{m2} + g_{mbs2} + G_L)} \tag{5.5-24}$$

这些根是高频的，因为从电容 C_1 和 C_2 看进去的电阻很小。上述分析假设两个晶体管都导通（甲乙类）。如果推挽源极跟随器工作在乙类状态，那么 g_{m1} 和 g_{mbs1} 或者 g_{m2} 和 g_{mbs2} 中必有一个为零。

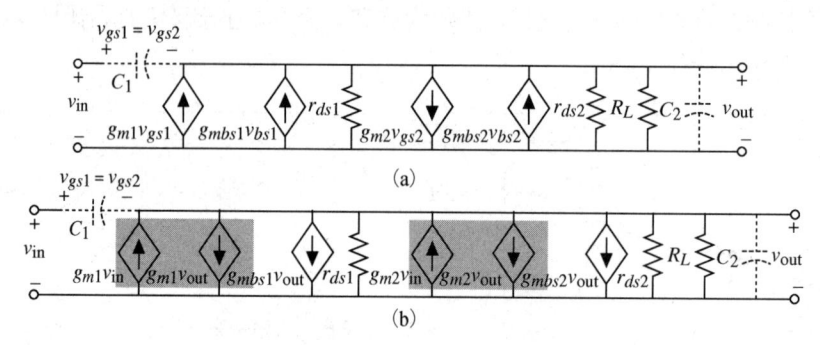

图 5.5-7　(a) 图 5.5-5(a) 电路的小信号模型；(b) 简化的小信号模型

推挽放大器

第三类设计输出放大器的方法是采用推挽放大器。推挽放大器的优点是具有更高的效率。众所周知，乙类推挽放大器具有 78.5% 的最高效率，这意味着为满足放大器输出电流的需要较少的静态电流是必需的。小的静态电流意味着小的 W/L 和小的面积需求。推挽放大器有多种，例如，在图 5.5-1 中，如果 M2 的栅极直接连到 v_{IN} 上就形成了一个推挽放大器。这种结构的缺点是当工作在高增益区时会产生大的静态电流（即 AB 类工作）。如果将电压源 V_{TR1} 和 V_{TR2} 插在栅极间（如图 5.5-8 所示），那么可以获得较高的效率。在考虑 v_{IN} 恰好等于 n 沟道管阈值电压，而 V_{TR1} 和 V_{TR2} 正好使 p 沟道管也工作在开启的边缘时，这个电路的作用可以得到充分体现。如果 v_{IN} 正方向变化，则 p 沟道管截止，所有负载电流流入 n 沟道管。同样，若 v_{IN} 负方向变化，则负载电流都由 p 沟道管提供。容易看出所有电流都是有用的，因为所有提供的电流都流入（或流出）负载。尽管失真可能略有改进，因为电压传输特性曲线相对于中点对称，但是这种结构不会减小输出电阻。

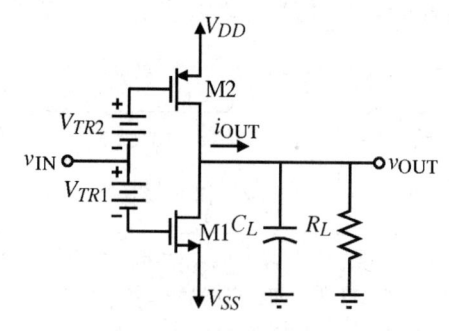

图 5.5-8　推挽反相放大器

图 5.5-9 是图 5.5-8 的电路实现之一。电路的工作状态（甲乙类或乙类）可以由 M3 和 M4 的栅极电压决定。输入为正时，M1 的电流增加，M2 的电流减小。如果工作在乙类，则 M2 截止。随着 M1 电流的增加，M8 中电流也镜像增加，提供了输出电流流进的能力。当 v_{IN} 减小时，M6 提供流出的输出电流。

第 5 章 CMOS 放大器

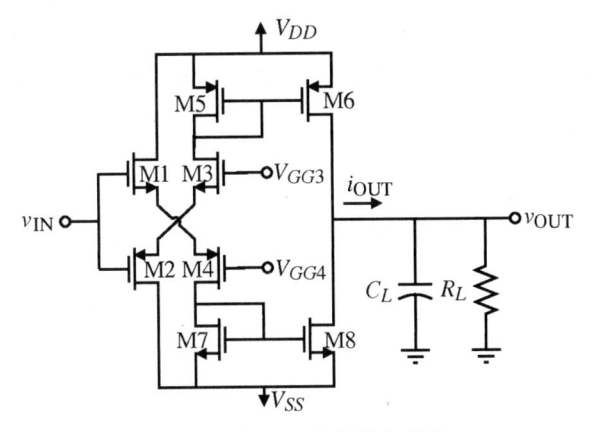

图 5.5-9 图 5.5-8 的电路实现之一

推挽反相放大器的特性可以用类似于图 5.5-6 推挽源极跟随器的特性来说明。图 5.5-10 给出了图 5.5-8 推挽反相放大器工作在乙类和甲乙类模式下的输出电压和电流特性。NMOS 管的 W/L 为 20 μm/1 μm，PMOS 管的 W/L 为 40 μm/1 μm，负载电阻为 1 kΩ。甲乙类的线性度优于乙类是显而易见的。可以证明，乙类和甲乙类推挽反相放大器的效率与乙类和甲乙类推挽源极跟随器相同。

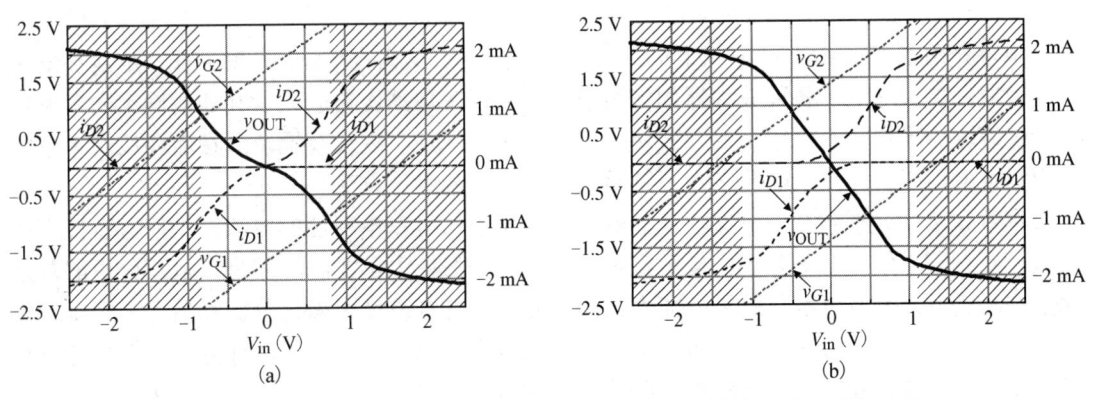

图 5.5-10 图 5.5-8 推挽共源放大器的输出电压和电流特性。(a)乙类；(b)甲乙类。图中阴影区的工作是不可能的，除非 V_{in} 超出电源电压

为了减小输出电阻和输出级的面积，可以采用标准 CMOS 工艺中可利用的衬底双极型晶体管。例如，在 p 阱工艺中，衬底 NPN 双极型晶体管是有效的（见 2.5 节）。因为集电极必须接至 V_{DD}，推挽跟随器结构适合衬底双极型晶体管。采用双极型晶体管的优点是输出电阻近似为 $1/g_m$，对双极型管来说可以小于 100 Ω，缺点是电压传输曲线的正负部分不对称，因而产生较大失真。采用双极型晶体管的另一个缺点是流出电流增加时基极电流会增加。当基极电压接近 V_{DD} 时，提供这样大的偏置电流很困难。

既可以降低 CMOS 输出级的输出电阻又可以保持其他特性不变的技术是采用电压负反馈。图 5.5-8 的推挽反相放大器除输出电阻外其他特性都是非常有吸引力的。图 5.5-11 示出了一种结构，用两个差分误差放大器对输入和输出进行采样，采用并联负反馈到共源 MOS 管的栅极。误差放大器的设计必须使 M1（或 M2）导通以避免交调失真以达到最大效率。输出电阻近似等于图 5.5-8 中的输出电阻除以环路增益。

如果推挽放大器有足够的增益，那么误差放大器可以用图 5.5-12 的电阻负反馈网络替代实现。电阻可以是多晶硅或适当偏置的 MOS 管。如果电阻相等，那么输出电阻近似等于图 5.5-8 中的输出电阻近似除以 $g_{m1}R_L/2$（见习题 5.5-15）。

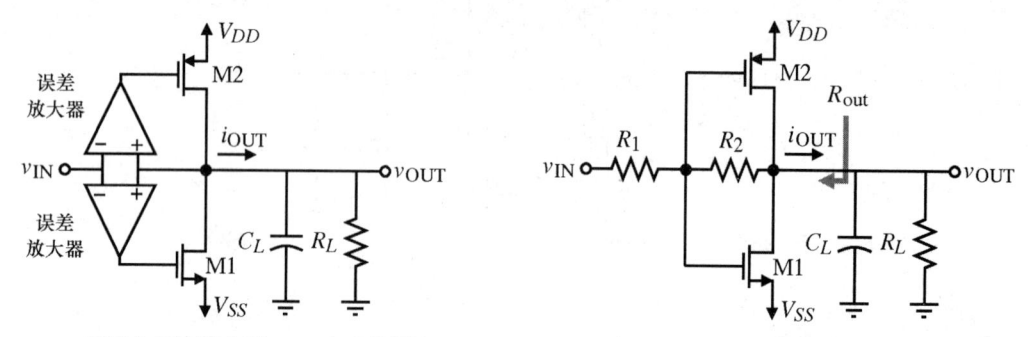

图 5.5-11　采用负反馈减小图 5.5-8 电路的输出电阻　　图 5.5-12　使用电阻负反馈减小图 5.5-8 的输出电阻

这里，还未讨论如何对输出放大器进行异常情况的保护。这个问题和其他本节未介绍的问题将留待后面讲解具体应用时介绍。至此，输出放大器的基本原理就介绍完了。

5.6　小结

本章介绍了基本 CMOS 放大器的主要内容，介绍了反相、差分、共源共栅、电流和输出等放大器，然后介绍了各种放大器如何被组合起来以实现高增益放大器和如何确定简单电路级别的模块。虽然已经介绍了主要模块，仍有许多不同的实现没有提及。在需要用简单电路实现复杂电路以及用复杂电路实现系统时会给出专门的设计方法。

本章介绍的原理包括：描述放大器的大信号和小信号基本特性的方法。小信号特性直接与直流或大信号条件有关并且应是重点掌握的原理。另一个重要的问题是，电路分析的复杂性很快超出设计者可以解释结果的能力，因此要尽可能在设计时简化分析和概念，否则，设计者可能无法采用观察法。计算机总是可以用来做更详细、更广泛的设计分析，但是计算机没有做出设计抉择和完成复杂模拟电路综合的能力。

有了这些背景知识，可以分析更复杂的模拟电路。第 6 章到第 8 章将会介绍运算放大器和比较器。

习题

5.1-1　在图 5.1-2 所示的电路中，假设用 10 kΩ 的电阻代替 M2。在图中用图解分析法求用电阻替代后电路的电压传输函数。如果输入电压为 0～5 V，则最大和最小输出电压各为多少？

5.1-2　用表 3.1-2 给出的大信号模型参数以及式(5.1-1)和式(5.1-5)计算图 5.1-2 中反相器的 v_{OUT}（最大）和 v_{OUT}（最小）。设 $W_1/L_1=2$ μm/1 μm，$W_2/L_2=1$ μm/1 μm。

5.1-3　如果 V_T 为 20%V_{DD}，β_1/β_2 为多少时能有 80%V_{DD} 的电压摆幅？此时相应的小信号电压增益为多少？

5.1-4　若 $W_1/L_1=5$ μm/1 μm，$W_2/L_2=1$ μm/1 μm，V_{in} 为多少时有源负载反相器会产生 100 μA

5.1-5 设 M1 和 M2 的漏极电流为 50 μA，重做例 5.1-1。

5.1-6 在图 P5.1-6 所示的电路中，设晶体管的宽长比为 $W_1/L_1 = 2$ μm/1 μm，$W_2/L_2 = W_3/L_3 = W_4/L_4 = 1$ μm/1 μm。若要求 M1 的直流电流为 110 μA，求 V_{in} 值。设所有晶体管均工作在饱和区，用表 3.1-2 给出的参数计算图 P5.1-6 所示电路的小信号电压增益和输出电阻。

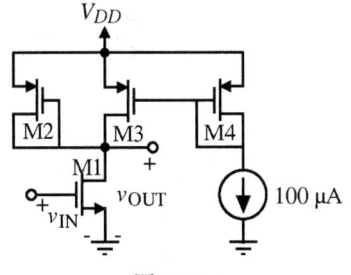

图 P5.1-6

5.1-7 若已知电路的直流电流为 10 μA，晶体管参数为 $W_1 = 2$ μm，$L_1 = 1$ μm，$W_2 = 1$ μm，$L_2 = 1$ μm 和 $C_{gd1} = 4$ fF，$C_{bd1} = 10$ fF，$C_{gd2} = 4$ fF，$C_{bd2} = 10$ fF，$C_{gs2} = 5$ fF，$C_L = 1$ pF。求有源负载反相器、电流源反相器、推挽反相器的小信号电压增益和-3 dB 的频率点(单位为 Hz)。

5.1-8 已知 $W_1 = 2$ μm，$L_1 = 1$ μm，$W_2 = L_2 = 1$ μm，器件参数如表 3.1-2 所示，求 I_D 分别为 0.1 μA，5 μA 和 100 μA 时电流漏反相器的小信号电压增益值。设 $I_D = 0.1$ μA 时晶体管工作在弱反型区，3.5 节弱反型模型中 $n_n = 1.5$，$n_p = 2.5$。注意，必须区分大信号和弱反型模型以确定相应的 g_m 和 g_{ds}。

5.1-9 CMOS 放大器如图 P5.1-9 所示，设 M1 和 M2 工作在饱和区，试求：
(a) 流过 M1 和 M2 的电流为 200 μA 时的 V_{GG} 值。
(b) v_{in} 中的直流值。
(c) 放大器的小信号电压增益 v_{out}/v_{in}。
(d) 如果 $C_{gd1} = C_{gd2} = 5$ fF，$C_{bd1} = C_{bd2} = 30$ fF，$C_L = 500$ fF，此放大器的-3 dB 的频率点(单位为 Hz)。

5.1-10 电流源负载放大器如图 P5.1-10 所示。
(a) 如果 $C_{bdn} = C_{bdp} = 10$ fF，$C_{gdn} = C_{gdp} = 5$ fF，$C_{gsn} = C_{gsp} = 10$ fF，$C_L = 1$ pF，求-3 dB 的频率点(单位为 Hz)。
(b) 波尔兹曼常数为 1.38×10^{-23} J/K，求室温下放大器的等效输入热噪声电压(忽略体效应 $g_{mbs} = 0$)。

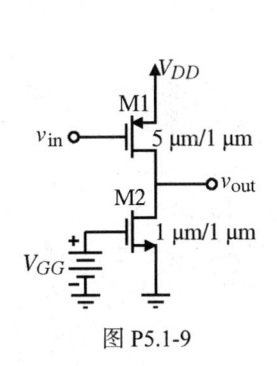

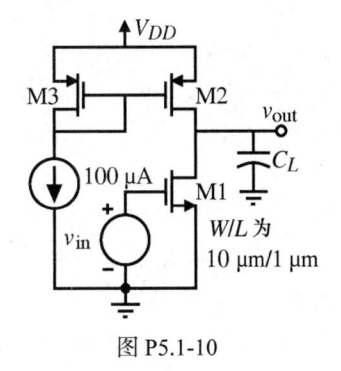

图 P5.1-9

图 P5.1-10

5.1-11 图 P5.1-11 示出了 6 个反相器电路。设 $K'_N = 2K'_P$ 且 $\lambda_N = \lambda_P$，每个反相器的直流偏置电流相等。粗略估算，定性选择哪些反相器具有(a) 最大交流小信号电压增益；(b) 最低交流小信号电压增益；(c) 最高交流输出电阻；(d) 最低交流输出电阻。设所晶体管都工作在饱和区。

图 P5.1-11

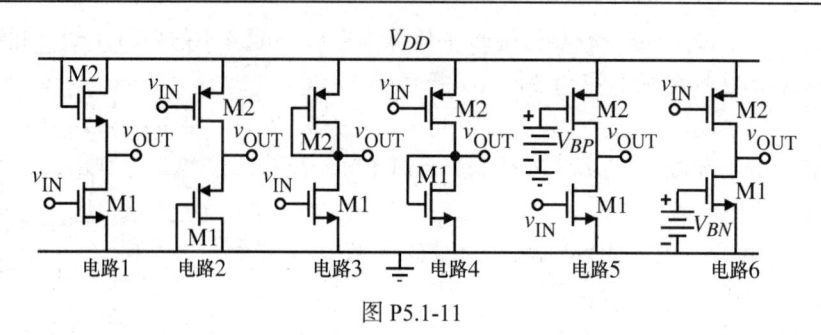

5.1-12 对图 5.1-8 所示的 CMOS 推挽反相器，推导求证式(5.1-29)所给的表达式。若设 $C_{gd1} = C_{gd2} = 5$ fF，$C_{bd1} = C_{bd2} = 50$ fF，$C_L = 10$ pF，$I_D = 100$ μA，$W_1/L_1 = W_2/L_2 = 5$，求其小信号电压增益和-3dB 的频率点。

5.1-13 在有源电阻负载反相器、电流源负载反相器和推挽反相器电路中，若已知晶体管的沟道长度为 1 μm，PMOS 晶体管 W/L 为 1，电流 $I_D = 20$ μA 时电路增益为-100 V/V。试比较三电路的有源沟道面积。

5.1-14 CMOS 推挽反相器电路如图 P5.1-14 所示，已知 $I_D = 100$ μA，$W_1/L_1 = W_2/L_2 = 5$ μm/1 μm，$C_{gd1} = C_{gd2} = 5$ fF，$C_{bd1} = C_{bd2} = 30$ fF，$C_L = 10$ pF，试求：小信号电压增益 A_v、输出电阻 R_{out} 和-3dB 的频率 f_{-3dB}。

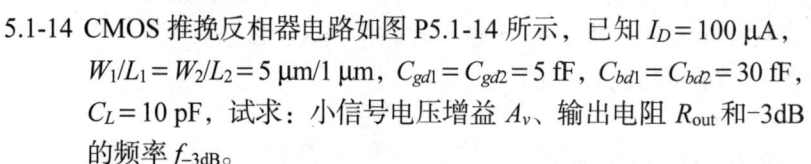

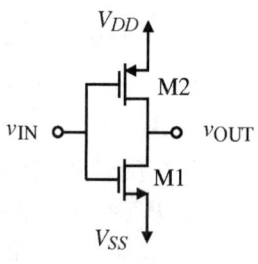

图 P5.1-14

5.2-1 用表 3.1-2 给出的参数，计算图 5.2-6 所示 n 沟道输入差分放大器的小信号差分输入差分输出时的跨导 g_{md} 和电压增益 A_v。设 $I_{SS} = 50$ μA，$W_1/L_1 = W_2/L_2 = W_3/L_3 = W_4/L_4 = 1$。设所有的沟道长度相等且为 1 μm。如果 $W_1/L_1 = W_2/L_2 = 10W_3/L_3 = 10W_4/L_4 = 1$，重复上述计算。

5.2-2 对 p 沟道输入差分放大器重复习题 5.2-1 的问题。

5.2-3 对图 5.2-8 所示的 p 沟道输入差分放大器推导 V_{IC}(最大) 和 V_{IC}(最小) 的表达式。

5.2-4 对图 5.2-6 所示的 n 沟道输入差分放大器，求最大输入共模电压 v_{IC}(最大) 和最小输入共模电压 v_{IC}(最小)。设所有晶体管都工作在饱和区，W/L 均为 10 μm/1 μm，$I_{SS} = 20$ μA。试求该放大器的输入共模电压范围。

5.2-5 在习题 5.2-4 中，若 $v_{in} = v_1 - v_2$，求电路的小信号电压增益 v_o/v_i。如果 10 pF 的电容连接在输出端和地之间，那么 $V_{out}(j\omega)/V_{IN}(j\omega)$ 的-3 dB 频率点(单位为 Hz)为多少？(忽略器件电容。)

5.2-6 在图 5.2-6 所示的 CMOS 差分放大器中，设 $I_{SS} = 10$ μA，$v_{in} = v_{gs1} - v_{gs2}$，求小信号电压增益 v_{out}/v_{in}，输出电阻 R_{out}。若 M1 和 M2 的栅极连接在一起，求最大和最小共模输入电压，设所有晶体管都必须工作在饱和区(不计体效应)且 $V_{DD} = 2$V。

5.2-7 在图 5.2-8 所示的 p 沟道输入差分放大器中，用表 3.1-2 的晶体管参数分别计算 $I_{SS} = 10$ μA 和 $I_{SS} = 1$ μA 时不计负载的差模跨导增益 g_{md} 和差模电压增益 A_v。

5.2-8 若在习题 5.2-7 所示电路的输出端接有 10 pF 的电容，求差分放大器的摆率。

5.2-9 假设在图 5.2-6 所示电流镜中，输出电流比输入电流大 5%。已知 I_{SS} 为 100 μA，M1、M2 和 M5 的 W/L 是 2 μm/1 μm，M3 和 M4 是 1 μm/1 μm。试求小信号共模电压增益。

5.2-10 在图 5.2-10 电路中，设 $I_{SS}=50\ \mu A$，$W_1/L_1=W_2/L_2=10W_3/L_3=10W_4/L_4$。用表 3.1-2 的参数，计算电路差分输入单端输出时的电压增益。

5.2-11 如果不忽略 r_{ds1}，再对图 5.2-11 的电路进行小信号分析。将结果与式(5.2-27)比较。

5.2-12 对图 5.2-10 所示的具有增强型负载的 n 沟道差分放大器，求最大和最小输入电压 v_{G1}(最大) 和 v_{G1}(最小) 的表达式。

5.2-13 在图 5.2-10 所示的差分放大器中，若所有晶体管都工作在饱和区。求最坏情况下输入失调电压 V_{OS}。如果 $|V_{Ti}|=1\pm0.01\ V$，$\beta_i=10^{-5}\pm5\times10^{-7}\ A/V^2$。设

$$\beta_1=\beta_2=10\beta_3=10\beta_4$$

和

$$\frac{\Delta\beta_1}{\beta_1}=\frac{\Delta\beta_2}{\beta_2}=\frac{\Delta\beta_3}{\beta_3}=\frac{\Delta\beta_4}{\beta_4}$$

仔细陈述在解此题中的所有假设情况。

5.2-14 对 p 沟道输入差分放大器重复例 5.2-1。

5.2-15 图 P5.2-15 示出了 5 个不同的 CMOS 差分放大器。用观察法给出由小信号输入 v_{in} 形成的小信号电流，写出由放大器输出端看进去的小信号输出电阻 R_{out} 和小信号差模电压增益 v_{out}/v_{in} 的近似值。答案应该用 g_{mi} 和 g_{dsi} 表示，$i=1\sim8$（如果必须用小信号模型分析，则求解此题将花费太多的时间）。

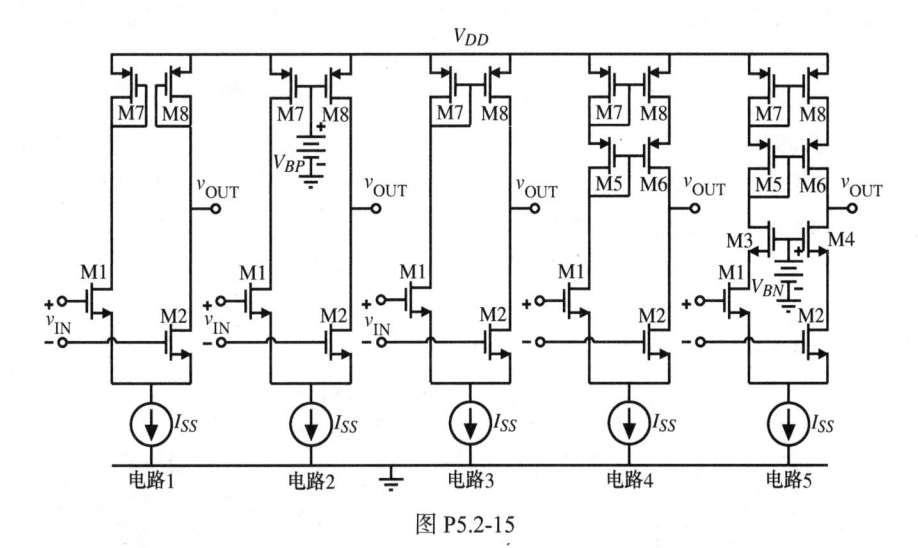

图 P5.2-15

5.2-16 在图 5.2-6 所示的差分放大器中，每个晶体管的等效输入噪声电压为 $10\ nV/Hz^{1/2}$，求放大器的等效输入噪声电压，若设 $W_1/L_1=W_2/L_2=2\ \mu m/1\ \mu m$，$W_3/L_3=W_4/L_4=1\ \mu m/1\ \mu m$，$I_{SS}=50\ \mu A$。在此条件下等效输出噪声电流是多少？

5.2-17 用图 5.2-9(a) 所示的电流镜负载差分放大器的小信号模型，求解输入端加有差模信号 v_{id} 时 M1 和 M2 的源极交流电压，试问什么原因使这个电压不为 0？

5.2-18 图 P5.2-18 所示的电路称之为折叠电流镜差分放大器，可用于低电压供电情况。设每个晶体管的 W/L 是 $10\ \mu m/1\ \mu m$。试求：

(a) 所有晶体管工作在饱和区时，最大输入共模电压 v_{IC}(最大) 和最小输入共模电压

v_{IC}(最小);

(b) 输入共模电压范围 ICMR;

(c) 若 $v_{in} = v_1 - v_2$,给出小信号电压增益 v_{out}/v_{in};

(d) 如果输出端到地的电容为 10 pF,$V_{out}(j\omega)/V_{in}(j\omega)$ 的 -3 dB 频率点(单位 Hz)为多少?(忽略所有器件电容。)

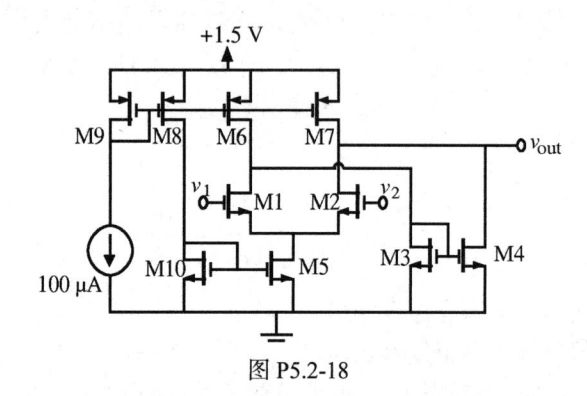

图 P5.2-18

5.2-19 用小信号模型参数和每个晶体管的等效输入噪声电压 v_{ni}^2 (i 由 1 到 7) 写出图 P5.2-18 的等效输入噪声电压表达式 v_{eq}^2。设 M1 和 M2、M3 和 M4、M6 和 M7 匹配。

5.2-20 求图 P5.2-20 所示电路的小信号传输函数 $V_3(s)/V_{in}(s)$,其中,$V_{in} = V_1 - V_2$。求解时要考虑图中用数值形式给出的电容(用小信号模型参数和电容)。估算低频增益和所有的零点和极点,设 $I = 200$ μA,$C_1 = C_2 = C_3 = C_4 = 2$ pF,$W/L = 10$。

5.2-21 在图 5.2-14 所示的差分输入差分输出放大器中,设所有的 W/L 值相等且每只晶体管流过的电流近似相同,所有晶体管都工作在饱和区,试分别写出电压增益 v_{out}/v_{in} 和差模输出电阻 R_{out} 的数学表达式,其中 $v_{out} = v_3 - v_4$ 而 $v_{in} = v_1 - v_2$。R_{out} 为双输出端的电阻。

5.2-22 在图 5.2-16 所示的电路中,设所有晶体管都工作在饱和区,求出最大和最小输入共模电压。试问可以使在 0 到 V_{DD} 之内输入共模范围为 0 时的最小供电电压 V_{DD} 为多少?

5.2-23 求图 P5.2-23 所示差分放大器的 SR,输出为差模(忽略共模稳定性问题)。如果两个电流源 ($0.5I_{SS}$) 用电阻 R_L 代替,重新求 SR。

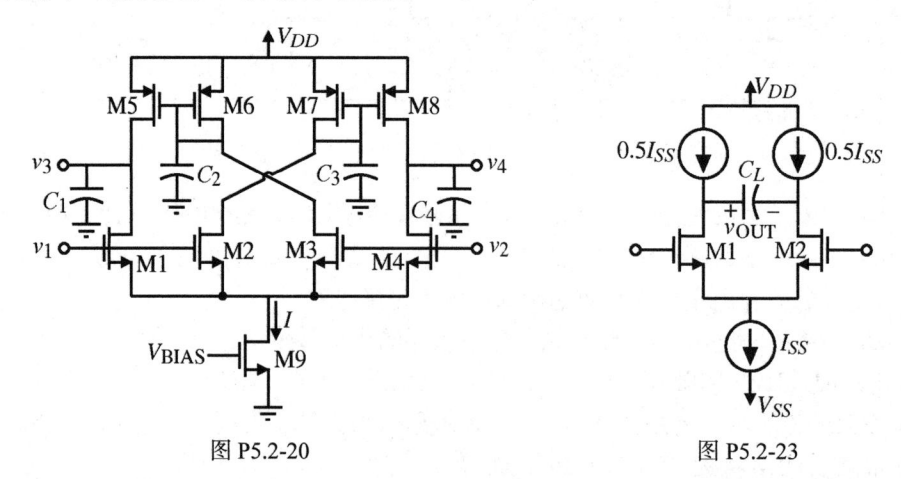

图 P5.2-20

图 P5.2-23

5.2-24 在图 5.2-6 所示的差分放大器中,若所有器件都工作在饱和区,用表 3.1-2 的参数求最坏情况下输入失调电压 V_{OS}。假设 $10(W_4/L_4) = 10(W_3/L_3) = W_2/L_2 = W_1/L_1 = 10\ \mu m/1\ \mu m$。描述并证明求解过程中所做的任何假设。

5.2-25 （设计问题——自评分）

设计一个单端输出的 CMOS 差分增益模块，电源电压±5V，仅采用 MOS 管将使下面的评分公式最佳，温度范围，0℃到55℃，W/L 值在 1 和 100 之间取值。

$$得分 = 最小(\text{ICMR}, 10) + \frac{10}{|10 - 电压增益| + 1} + 最小\left(\frac{f_{-3\text{dB}}}{1\ \text{MHz}}, 10\right) + \frac{10}{最大(功耗, 1\ \text{mW})} \leq 40$$

用下表所示参数分别在 0℃和 55℃时对设计进行仿真。另外必须在每个节点与地之间接一只 1pF 的电容（在仿真中设置，让 SPICE 不加 MOS 管的自身电容）。

T = 27℃	$K'(\mu A/V^2)$	V_T (V)	λ (V^{-1})	γ ($\sqrt{V}$)	ϕ (V)
NMOS	25	0.75	0.01	0.8	0.6
PMOS	10	−0.75	0.02	0.4	0.6

根据仿真结果填写下表（请附上输入文件和输出信息）。

温 度	V_{IC}(最大)	V_{IC}(最小)	ICMR(最小)	电压增益	最大增益偏差	最小 $f_{3\text{dB}}$ 频率(Hz)	功 耗
0℃							
55℃							

最小输入共模范围，ICMR(最小)，由最低 V_{IC}(最大) 和最高 V_{IC}(最小) 之间的差值决定。最大增益偏差以增益 10 为基准，由偏离的最大值决定。最小 $f_{-3\text{dB}}$ 指两种温度情况下的最低值。功耗是指两种温度情况下最高的总功耗。

上面得分公式中输入的数值必须来自计算机仿真结果。设计者必须对所提供的支撑信息负责，必须同时提交用所设计电路带有标记的电路图以证实分数值的确定。

5.3-1 计算图 5.3-2 所示共源-共栅放大器的小信号电压增益。假设 v_{IN} 直流设置使所有晶体管工作在饱和区，用这个值与图中电压传输函数的斜率进行比较。

5.3-2 说明如何从式(5.3-3)~式(5.3-5)推出式(5.3-6)。提示：设 $V_{GG2} - V_{T2}$ 远大于 v_{DS1} 且表达式(5.3-4)化简为 $i_{D2} \approx \beta_2(V_{GG2} - V_{T2})v_{DS2}$，$v_{OUT}$ 用 $v_{DS1} + v_{DS2}$ 表示。

5.3-3 在相关处计及沟道调制效应，重新推导式(5.3-6)。

5.3-4 在图 5.3-1 所示的共源-共栅放大器中，设简单电流源 M3 用共源-共栅电流源代替，证明从 M2 源极看进去的小信号输入电阻等于 r_{ds}。

5.3-5 在图 5.3-1 所示的电路中，在 V_{DD} 和 M1 的漏极间加一个直流电流源，证明这样可以提高小信号电压增益。导出与式(5.3-11)类似用 I_{D1} 和 I_{D4} 表示的式子，其中 I_{D4} 是外加直流电流源的电流。若设 $I_{D2} = 10\mu A$，为使电压增益提高到 5 倍，求 I_{D4} 值。试问 I_{D4} 的加入对输出电阻有何影响？

5.3-6 在图 P5.3-6 所示的电路中，设每只晶体管的直流电流均为 100 μA。所有晶体管工作在饱和区，W/L 均为 10 μm/1 μm，试求小信号电压增益 v_{out}/v_{in}，小信号输出

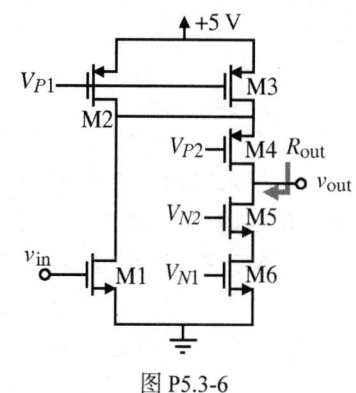

图 P5.3-6

5.3-7 图 P5.3-7 示出了 6 种共源-共栅放大器。设 $K'_N = 2K'_P$，$\lambda_P = 2\lambda_N$，所有晶体管的 W/L 相等，偏置电流相等，确定哪一个或哪一些电路具有下列特性：(a) 最高的小信号电压增益；(b) 最低的小信号电压增益；(c) 最高输出电阻；(d) 最低输出电阻；(e) 最低功耗；(f) 最高 v_o(最大)；(g) 最低 v_o(最大)；(h) 最高 v_o(最小)；(i) 最低 v_o(最小) 和 (j) 最高 −3 dB 频率。

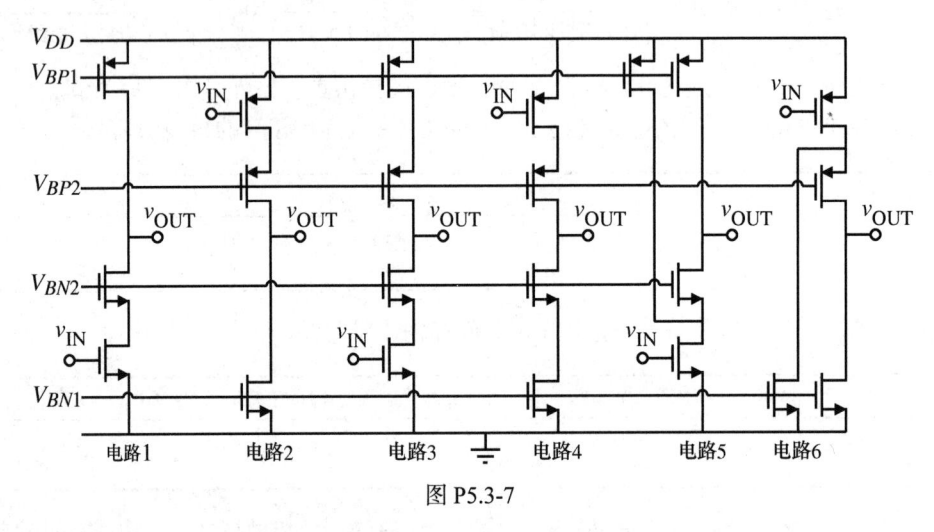

图 P5.3-7

5.3-8 在图 P5.3-8 所示的放大器中，所有晶体管的 W/L 均为 5 μm/1 μm。试求小信号电压增益 v_{out}/v_{in} 和输出电阻 R_{out} 的值。

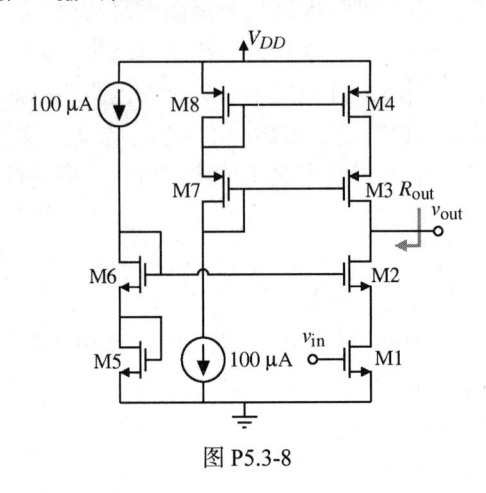

图 P5.3-8

5.3-9 对图 5.3-5(b) 的电容 C_2 采用附录 A 中的密勒简化方法进行单向化近似，设在工作频率范围内 C_2 的阻抗值远大于 R_3。试导出极点 p_1 的表达式并与式 (5.3-32) 进行比较。

5.3-10 考虑图 5.1-5 的电流源负载反相器和图 5.3-1 的简单共源共栅放大器。假设图 5.1-5 中 M2 的 W/L 是 1 μm/1 μm，M1 是 3 μm/1 μm，图 5.3-1 中 $W_3/L_3 = 1$ μm/1 μm，$W_2/L_2 = W_1/L_1 = 3$ μm/1 μm，当 $V_{DD} = -V_{SS} = 5$ V 时，$V_{GG2} = 0$ V，$V_{GG3} = 2.5$ V，试比较两种放大器的输出电压摆幅 v_{OUT}(最小)。

5.3-11 在图 5.3-6(b) 所示的共源-共栅放大器中，运用节点分析法得出 v_{out}/v_{in}，用式 (5.3-37)

5.3-12 在图 P5.3-12 所示的电路中，设所有晶体管都工作在饱和区，M7 的直流压降可保证 M1 饱和，用表 3.1-2 的参数，试求小信号电压增益 v_{out}/v_{in} 的值。

5.3-13 共源-共栅差分放大器如图 P5.3-13 所示。

(a) 设所有晶体管都工作在饱和区，求小信号电压增益 v_{out}/v_{in} 的数学表达式。

(b) 给出实现 V_{Bias} 的草图（用最少的晶体管）。

(c) 设 $I_7 + I_8 \neq I_9$。这会对电路产生什么影响以及如何解决这个问题？给出解决方案的草图。注意，应该保持大致相同的增益和输出电阻。

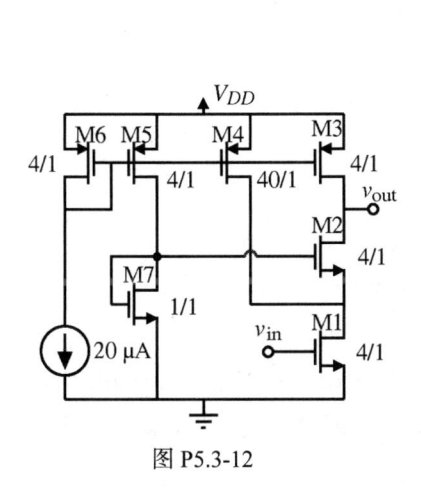

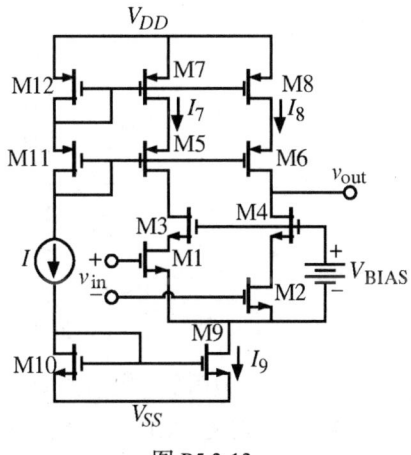

图 P5.3-12

图 P5.3-13

5.3-14 用图 5.3-7 设计共源共栅 CMOS 放大器，达到下列要求：$V_{DD} = 5$ V，$P_{diss} \leq 0.5$ mW，$|A_v| \geq 100$V/V，v_{OUT}（最大）= 3.5 V，v_{OUT}（最小）= 1.5 V，在 5 pF 电容负载上摆率大于 5 V/μs。用仿真验证得出的结论。

5.4-1 在图 P5.4-1 所示的电流放大器中，设 $i_o = A_i(i_p - i_n)$。求 v_{out}/v_{in} 并与式(5.4-3)比较。

5.4-2 用图 5.4-3 所示的简单电流镜作为电流放大器。若 M1 的 W/L 是 1 μm/1 μm，设计 M2 的 W/L 使小信号增益为 10。如果 $I_1 = 50$ μA，电流源 I_1 和 I_2 是理想的，求输入和输出电阻。如果输入电流为 25μA，实际电流增益为多少？

5.4-3 在图 P5.4-3 所示的电路中，M1 和 M2 的电容是 $C_{gs1} = C_{gs2} = 20$ fF，$C_{gd1} = C_{gd2} = 5$ fF，$C_{bd1} = C_{bd2} = 10$ fF，试求低频电流增益 i_{out}/i_{in}，由 i_{in} 看进去的输入电阻，由 M2 的漏极看进去的输出电阻和-3 dB 频点（单位为 Hz）。

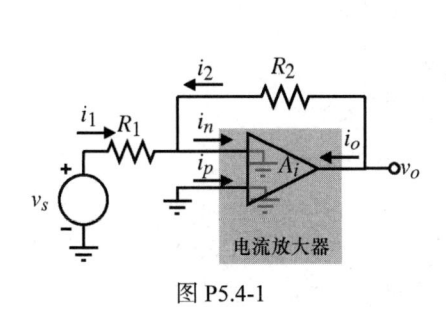

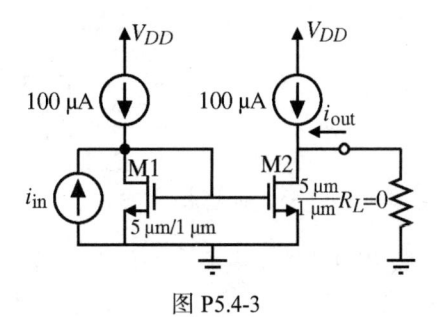

图 P5.4-1

图 P5.4-3

5.4-4 推导图 5.4-5(a)电流放大器的小信号输入电阻表达式。推导中设电流漏 I_3 的小信号电阻为 r_{ds4}。

5.4-5 电流放大器的实现电路如图 P5.4-5 所示。设 $g_{mN}=2g_{mP}$ 和 $r_{dsP}=2r_{dsN}$，用观察分析法确定电路的输入电阻、输出电阻和电流增益的表达式。

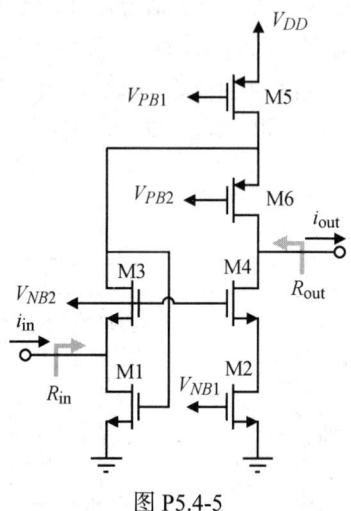

图 P5.4-5

5.4-6 说明如何用 4.4 节中改进型高摆幅共源共栅电流镜实现图 5.4-7(a)的电路。设计该电流放大器使输入电阻为 1 kΩ，流进输入端的直流偏置电流是 200 μA（当没有电流信号输入时），输入端直流电压为 1.0 V。

5.4-7 说明如何用 4.4 节校准共源-共栅电流镜以实现单端输入电流放大器。写出电流放大器的小信号输入和输出电阻的数学表达式。

5.4-8 在图 P5.4-8 所示的电路中，设所有晶体管有相同的 W/L，工作在饱和区，忽略体效应，求输出端短路时电路的小信号输入电阻的准确表达式。设 $g_m=100g_{ds}$，所有晶体管都相同，简化该表达式。画出 i_{out} 为 i_{in} 函数的图。

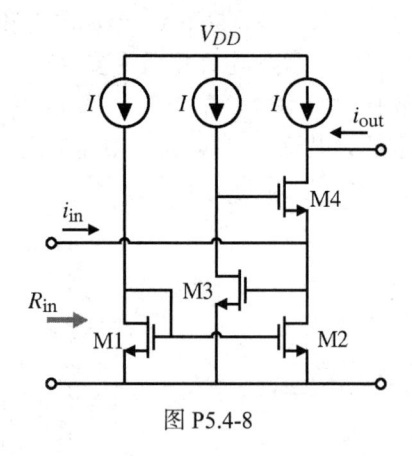

图 P5.4-8

5.4-9 在图 P5.4-9 所示电路中，设 M1 和 M2 管相同，V_{DC} 使 M1 和 M2 的电流相同，忽略 M5 的小信号 r_{ds}（考虑 r_{ds1} 和 r_{ds2}），试求 R_{in} 的准确小信号表达式。

5.4-10 CMOS 电流放大器如图 P5.4-10 所示。求小信号电流增益 $A_i=i_{out}/i_{in}$、输入电阻 R_{in} 和输

出电阻 R_{out}。求 R_{out} 时，设 g_{ds2}/g_{m6} 等于 g_{ds1}/g_{m5}。采用表 3.1-3 的参数。

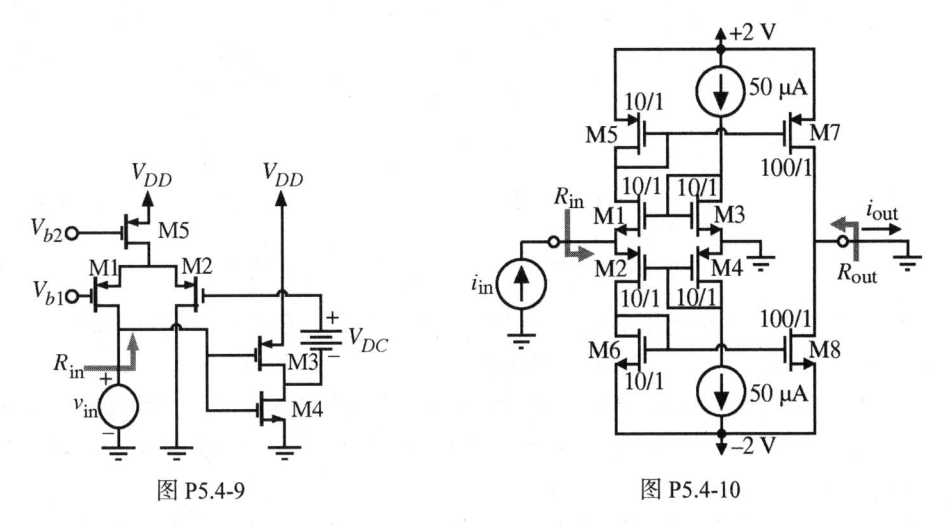

图 P5.4-9

图 P5.4-10

5.4-11 试写出图 P5.4-11 所示放大器下列特性的准确数学表达式（忽略体效应）。用 g_m 和 r_{ds} 表示并以两个多项式之比的形式给出答案。
(a) 小信号电压增益 $A_v = v_{out}/v_{in}$ 和电流增益 $A_i = i_{out}/i_{in}$。
(b) 小信号输入电阻 R_{in}。
(c) 小信号输出电阻 R_{out}。

5.5-1 用表 3.1-2 的值，设计图 5.5-1 中 M1 和 M2 的 W/L，使电压摆幅为 ±3 V，摆率为 5 V/μs。设 $R_L = 1$ kΩ，$C_L = 1$ nF，$V_{DD} = -V_{SS} = 5$ V，$V_{GG2} = 2$ V。

5.5-2 求图 5.5-3(a) 中源极跟随器 M1 的 W/L 值，设 $V_{DD} = -V_{SS} = 5$ V，$V_{OUT} = 1$ V，$W_2/L_2 = 1$，输出电流为 1 mA，用表 3.1-2 的参数。

图 P5.4-11

5.5-3 试求图 5.5-3(b) 中源极跟随器的小信号电压增益和输出电阻。设 $V_{DD} = -V_{SS} = 5$ V，$V_{OUT} = 1$ V，$I_D = 100$ μA，M1 和 M2 的 W/L 均为 2 μm/1 μm，在需要的地方用表 3.1-2 的参数。

5.5-4 输出放大器如图 P5.5-4 所示。假设 v_{IN} 的变化范围为 −2.5V~+2.5V，忽略体效应。用表 3.1-2 的参数。试求：
(a) 输出电压最大值 v_{OUT}（最大）。
(b) 输出电压最小值 v_{OUT}（最小）。
(c) 在 $v_{OUT} = 0$ V 时的正摆率 SR^+，单位为 V/μs。
(d) 在 $v_{OUT} = 0$ V 时的负摆率 SR^-，单位为 V/μs。
(e) 在 $v_{OUT} = 0$ V 时的小信号输出电阻。

5.5-5 假设输入晶体管为 W/L 是 100 μm/1 μm 的 NMOS 管（即用电流漏和 NMOS 管替换电流源和 PMOS 管），重做习题 5.5-4。

5.5-6 对图 P5.5-6 所给的器件值，求电路的小信号电压增益 v_{out}/v_{in} 和小信号输出电阻 R_{out}。设 v_{OUT} 的直流值为 0 V，M1 和 M2 的直流电流为 100 μA。

图 P5.5-4

图 P5.5-6

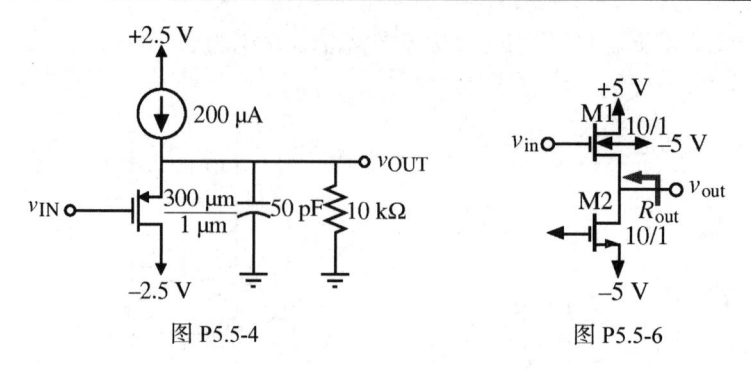

5.5-7 用最大对称峰值输出电压摆幅给出图5.5-3(b)中源极跟随器效率的表达式，忽略体-源极电压的影响。最大可能的效率为多少？

5.5-8 试求图 5.5-3(a) 和图 5.5-3(b) 中源极跟随器的极点和零点位置。已知 $C_{gs1} = C_{gd2} = 5$ fF，$C_{bs1} = C_{bd2} = 30$ fF，$C_L = 1$ pF，采用表 3.1-2 中的器件参数。设 $I_D = 100$ μA，$W_1/L_1 = W_2/L_2 = 10$ μm/1 μm，$V_{SB} = 5$ V。

5.5-9 图 P5.5-9 为 6 种源极跟随器。设 $K'_N = 2K'_P$，$\lambda_P = 2\lambda_N$，所有晶体管的 W/L 相等，偏置电流也相等，忽略体效应，确定哪一个或哪些电路具有下列特性：(a)最高的小信号电压增益；(b)最低的小信号电压增益；(c)最高的输出电阻；(d)最低的输出电阻；(e)最高的 v_o(最大)；(f)最低的 v_o(最大)。

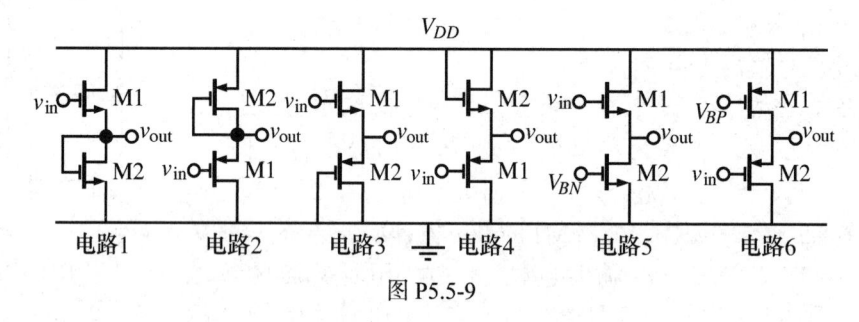

图 P5.5-9

5.5-10 证明乙类推挽放大器在正弦信号时最高效率可达 78.5%。

5.5-11 设图 5.5-5(a)电路中的晶体管采用表 3.1-2 的参数。写出可以使 M1 和 M2 工作在乙类状态 V_{BIAS} 的表达式，乙类状态亦即当 M2 截止时 M1 导通。

5.5-12 写出图 5.5-5(a)电路中输出电压摆幅的最大和最小值的表达式。

5.5-13 对图 5.5-8，重复习题 5.5-12 的问题。

5.5-14 给定推挽反相放大器如图 P5.5-14 所示。说明如何在这个放大器中加进短路保护。注意：如果需要，R_1 可以用有源负载替换。

5.5-15 在图 5.5-12 所示的电路中，如果 $R_1 = R_2$，写出小信号输出电阻 R_{out} 的表达式。考虑 R_L 对输出电阻的影响，重写输出电阻表达式。

5.5-16 绘制一张表格，列出放大器的小信号电压增益、输出电阻及主极点关于漏极直流电流的函数关系。这些放大器包括：图 5.2-1 的差分放大器、图 5.3-1 的共源-共栅组合放大器、图 5.3-6 的高输出电阻共源-共栅组合放大器、图 5.5-1 的反相器和图 5.5-3(b)的源极跟随器。

以下的问题使用 5.1 节～5.5 节的适当电路以实现 5.6 节的放大器结构。不要进行任何直流或交流计算。画出设计草图即可。

5.5-17 由两级级联 CMOS 反相器构成的简单放大器如图 P5.5-17 所示。如果可以采用一只晶体管(NMOS 或者 PMOS)、理想电流源和电池，说明如何将输出电阻减到尽可能的小。若设电路中所有晶体管(原放大器中的以及添加进去的)有相同的 g_m 和 r_{ds}，CMOS 反相器工作在甲乙类，估算设计电路的输出电阻。

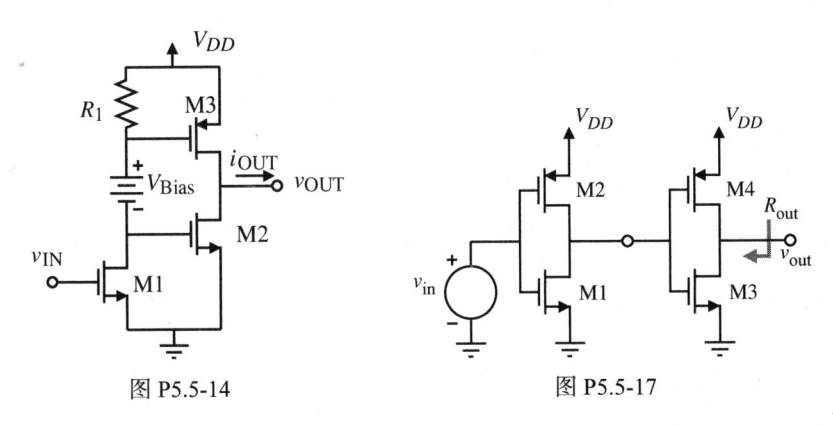

图 P5.5-14

图 P5.5-17

5.5-18 负载为 500 Ω 的推挽跟随器电路如图 P5.5-18 所示。若设 MOS 管的参数为 $K'_N = 110\,\mu\text{A/V}^2$，$V_{TN} = 0.5\text{ V}$ 和 $K'_P = 50\,\mu\text{A/V}^2$，$V_{TP} = -0.5\text{ V}$，$\lambda = 0$，忽略体效应。(a)如果 M1 和 M2 的直流电流为 200μA，试求小信号电压增益和输出电阻(不包括 R_L)；(b)当 $V_{IN} = 0.5\text{ V}$ 时求输出电压值。

5.5-19 源极跟随器电路如图 P5.5-19 所示，用小信号模型参数 g_m 和 R_L(忽略 r_{ds})，给出电路的电压增益 v_{out}/v_{in} 和输出电阻 R_{out} 的数学表达式。若设偏置电流为 1mA，晶体管参数为 $K'_N = 110\,\mu\text{A/V}^2$，$V_{TN} = 0.7\text{ V}$ 和 $K'_P = 50\,\mu\text{A/V}^2$，$V_{TP} = -0.7\text{ V}$，求电压增益和输出电阻的值。

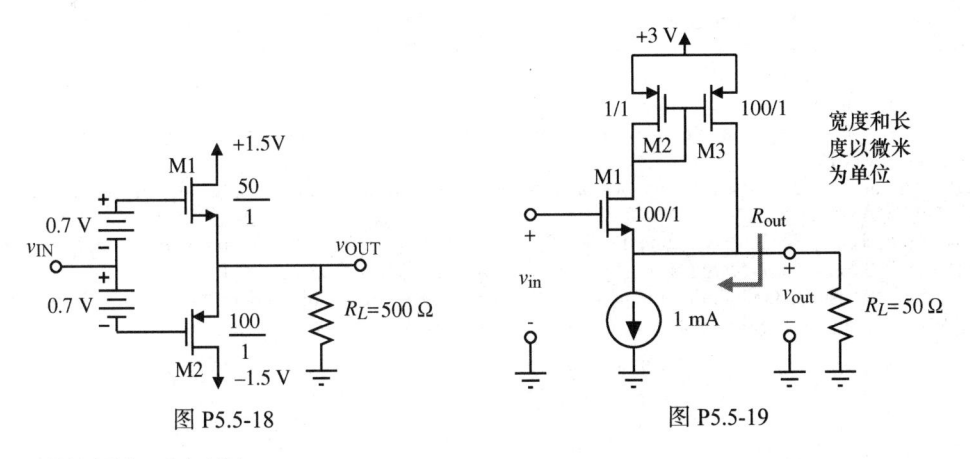

图 P5.5-18

图 P5.5-19

5.5-20 (设计题：自评分)

设计一个 CMOS 输出放大器，要求放大器为单端输入和单端输出，电压增益为+1，电源电压±2V，设计中所有晶体管的 W/L 在 1 和 100 之间。可以只用 MOS 管或者衬底或纵向双极型晶体管(只有一种类型，NPN)，设计不包括负载电容(C_L)和负载电阻(R_L)。设计采用下面的 SPICE 模型参数。对双极型管用 $\beta_F = 100$ 和 $I_s = 10\text{fA}$。

	$K'(\mu A/V^2)$	$V_T(V)$	$\gamma(\sqrt{V})$	$2\phi_F(V)$	$\lambda\ (V^{-1})$
NMOS	110	0.7	0.4	0.7	0.04 ($L = 1\ \mu m$)
					0.01 ($L = 2\ \mu m$)
PMOS	50	−0.7	0.57	0.8	0.05 ($L = 1\ \mu m$)
					0.01 ($L = 2\ \mu m$)

设计中性能参数的定义如下：

1. 摆率(SR)，当输出电压在±1V 之间，1nF 负载电容上最小±输出电压的变化率。
2. 峰值输出电压(V_P)，当输入为正弦信号，输出接有 100 Ω 负载电阻时，偏离静态输出电压的±最小偏离量。
3. 效率(η)以百分比表示，定义为

$$\eta = \left(\frac{100\ \Omega\ 负载电阻上的功率}{电源提供的功率}\right) \times 100$$

4. 电压增益(A_v)，当输出接有 100 Ω 负载电阻时，输出电压(峰-峰值)比输入电压(峰-峰值)。

该题得分由下式确定。

$$得分 = 1.0 \times 10^6 \times 最小[SR, 10V/\mu s] + 10 \times 最小[V_P, 1] + 0.4 \times 最小[\eta, 25] + \frac{10}{|A_v - 1| + 1}$$

最大得分 = 50 分

参考文献

1. P. R. Gray, "Basic MOS Operational Amplifier Design—An Overview." In: *Analog MOS Integrated Circuits*, A. B. Grebene, ed. New York: IEEE Press, 1980, pp. 28–49.
2. P. R. Gray and R. G. Meyer, *Analysis and Design of Analog Integrated Circuits*, 3rd ed. New York: Wiley, 1993.
3. Y. P. Tsividis, "Design Considerations in Single-Channel MOS Analog Integrated Circuits—A Tutorial," *IEEE Solid-State Circuits*, Vol. SC-13, No. 3, pp. 383–391, June 1978.
4. C. Toumazou, J. B. Hughes, and N. C. Battersby, *Switched-Currents—An Analogue Technique for Digital Technology*. London: Peter Peregrinus Ltd., 1993.
5. C. Toumazou, F. J. Lidgey, and D. G. Haigh, *Analogue IC Design: The Current-Mode Approach*. London: Peter Peregrinus Ltd., 1990.
6. P. R. Gray and R. G. Meyer, "Advances in Monolithic Operational Amplifier Design," *IEEE Trans. Circuits Syst.*, Vol. CAS-21, pp. 317–327, May 1974.
7. T. M. Frederiksen, W. F. Davis, and D. W. Zobel, "A New Current-Differencing Single-Supply Operational Amplifier," *IEEE J. Solid-State Circuits*, Vol. SC-6, No. 6, pp. 340–347, Dec. 1991.
8. B. Wilson, "Constant Bandwidth Voltage Amplification using Current Conveyors," *Inter. J. on Electronics*, Vol. 65, No. 5, pp. 983–988, Nov. 1988.

第6章　CMOS 运算放大器

本章介绍的运算放大器已经成为模拟电路设计中用途最广、最重要的部件。表1.1-2 中的运算放大器属于复杂电路。本章讨论的无缓冲运算放大器也许称为运算跨导放大器更好，因为这类放大器的输出电阻非常大(因此称为"无缓冲")。因为人们已接受此类电路被冠以"运算放大器"之名，所以本教材直接沿用这个名字。术语"无缓冲"和"缓冲"用以区分高输出电阻放大器(运算跨导放大器或 OTA)和低输出电阻放大器(电压运算放大器)。第 7 章将介绍低输出电阻的运算放大器(缓冲运算放大器)。

运算放大器是具有足够正向增益的放大器(受控源)，当加负反馈时，闭环传输函数与运算放大器的增益几乎无关。利用这个原理可以设计很多有用的模拟电路和系统。对运算放大器最主要的要求是有一个足够大的开环增益以符合负反馈的概念。第 5 章提到的放大器大多没有足够大的增益。因此，多数运算放大器采用两级或多级增益。最常用的运算放大器之一是两级运算放大器。之所以将仔细讨论此类运算放大器主要有几个原因：首先是简单实用，其次是其他各种运算放大器均在此基础上发展演变而成。

两级运算放大器将引进"补偿"的重要概念。补偿的目的是在运算放大器加负反馈时保持整个电路工作的稳定性。理解了补偿以及前面提到的那些概念后，就可以理解两级运算放大器的设计方法所必需的设计关系。除了两级运算放大器，本章还讨论了折叠共源共栅运算放大器。这种放大器是为了改进两级运算放大器的电源抑制比。折叠共源共栅运算放大器也是自补偿运算放大器的一个例子。

运算放大器性能的仿真和测量是本章最后介绍的内容。仿真对于验证和优化设计是必需的。实验测量对于用原设计要求验证运算放大器的性能也是必需的。典型情况下，仿真可用的技术也适用于实验测量。

6.1　CMOS 运算放大器设计

图6.1-1 描述了常用的两级运算放大器框图。CMOS 运算放大器在结构上非常类似于双极型运算放大器。5.2 节介绍的差分跨导级构成了运算放大器的输入级，有时会提供一个差分到单端的转换。通常，差分输入级可提供相当的增益，也可以改善噪声和失调性能。第二级通常是反相器，类似于 5.1 节介绍的电路。如果差分输入级没有完成差分至单端的转换，那么这个工作应该由第二级的反相器完成。如果运算放大器必须驱动一个低电阻负载，那么第二级后必须增加一个缓冲级，用于降低输出电阻，维持大的信号摆幅。偏置电路用于为每只晶体管建立适当的静态工作点。正如前面介绍中提到的，应采用补偿电路以达到稳定的闭环特性。6.2 节将着手解决这个重要问题。

理想运算放大器

理想情况下，运算放大器具有无限大的差模电压增益、无限大的输入电阻和零输出电阻。

实际上,运算放大器的性能只能接近这些值。多数无缓冲运算放大器的应用中,大于等于2000的开环增益已经足够。运算放大器的电路符号如图 6.1-2 所示。图中,在非理想状态下,输出电压 v_{OUT} 的表达式为

$$v_{OUT} = A_v(v_1 - v_2) \tag{6.1-1}$$

其中,A_v 表示开环差模电压增益。v_1 和 v_2 分别是作用在同相端和反相端的输入电压。图 6.1-2 中标出了 V_{DD} 和 V_{SS} 的电源连接。一般这些连接是不标的,但是必须记住,它们是运算放大器的一个必要的组成部分。

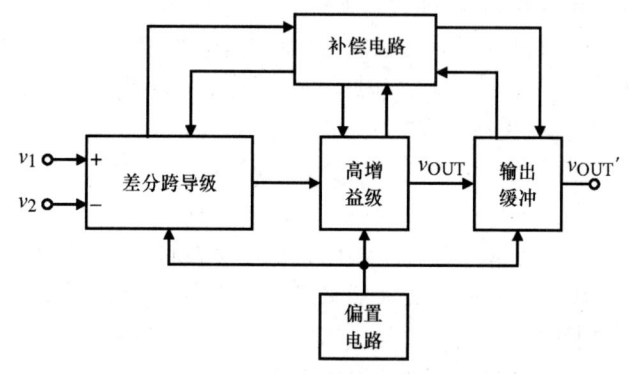

图 6.1-1 常用的两级运算放大器框图

如果运算放大器的增益足够大,在负反馈时运算放大器的输入端口就成为一个零子端口。零子端口对网络而言是这样的端口:当端口上的电压为零时,流入或流出这个端口的电流也是零[1]。在图 6.1-2 中,如果定义

$$v_i = v_1 - v_2 \tag{6.1-2}$$

和

$$i_i = i_1 = -i_2 \tag{6.1-3}$$

那么

$$v_i = i_i = 0 \tag{6.1-4}$$

这个概念可以使带负反馈的运算放大器的分析非常简单。下面对此做出说明。

图 6.1-3 示出了一个用运算放大器构成的电压放大器。输出通过 R_2 接至反相输入端,提供负反馈通路。输入既可以加在同相输入端也可以加在反相输入端。如果仅提供 v_{inp} 信号 ($v_{inn}=0$),则电压放大器称为同相放大器。如果仅提供 v_{inn} 信号 ($v_{inp}=0$),则电压放大器称为反相放大器。

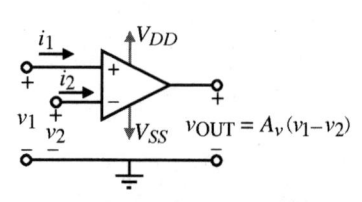

图 6.1-2 运算放大器的电路符号

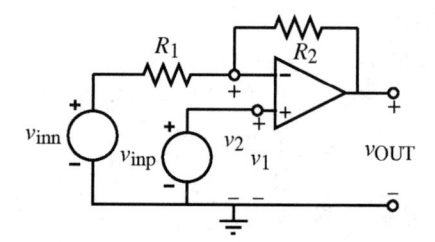

图 6.1-3 用运算放大器构成的电压放大器

例 6.1-1 运算放大器电路的简单分析

图 6.1-4 所示的电路是一个用运算放大器构成的反相电压放大器。求电压传输函数 v_{out}/v_{in}。

解：如果差分电压增益 A_v 足够大，通过 R_2 的负反馈将使图 6.1-4 所示电路的电压 v_i 和电流 i_i 为零。注意，如果运算放大器的一个输入端接地，则零子端口成为虚地。可以写出

$$i_1 = \frac{v_{in}}{R_1}$$

和

$$i_2 = \frac{v_{out}}{R_2}$$

因为 $i_i = 0$，所以 $i_1 + i_2 = 0$，所求结果为

$$\frac{v_{out}}{v_{in}} = -\frac{R_2}{R_1}$$

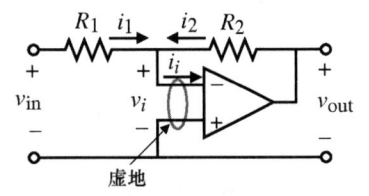

图 6.1-4 用运算放大器构成的反相电压放大器

运算放大器特性

实际上，运算放大器只是接近理想无限大增益的电压放大器。其非理想特性如图 6.1-5 所示。有限差模输入阻抗等效为 R_{id} 和 C_{id}。输出电阻等效为 R_{out}。共模输入电阻等效为 R_{icm}，接在每个输入和地之间。V_{OS} 是输入失调电压，当运算放大器的两个输入端接地时，这个电压必须使输出电压为零。I_{os}（未画出）是输入失调电流，当运算放大器由两个相同的电流源激励时，这个电流必须使输出电压为零。因此，I_{os} 被定义为偏置输入电流 I_{B1} 和 I_{B2} 之差。因为 CMOS 运算放大器的偏置电流近似为零，所以失调电流也为零。共模抑制比(CMRR)用电压控制电压源 v_1/CMRR 表示。这个源近似模拟运算放大器共模输入信号的影响。运算放大器的噪声用两个源 e_n^2 和 i_n^2 等效。这些是均方电压和电流噪声源，单位分别是均方伏特和均方安培。这些噪声源没有极性，并假设总是相加的。

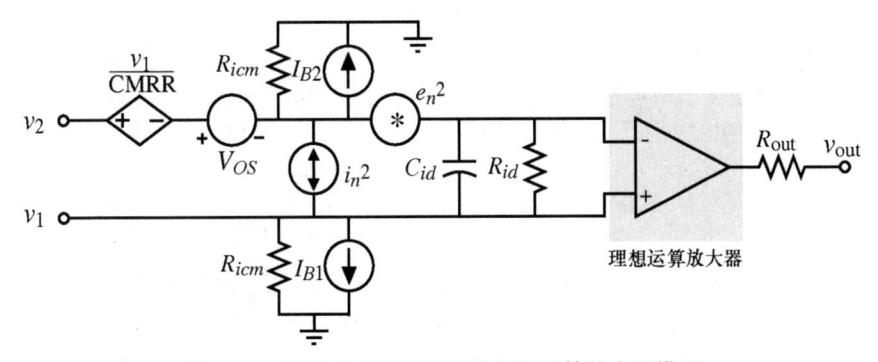

图 6.1-5 显示非理想特性的非理想运算放大器模型

图 6.1-5 并未显示出运算放大器的所有非理想特性。现在定义运算放大器的其他相关特性。图 6.1-2 的输出电压定义为

$$V_{\text{out}}(s) = A_v(s)[V_1(s) - V_2(s)] \pm A_c(s)\left(\frac{V_1(s) + V_2(s)}{2}\right) \tag{6.1-5}$$

式中,右边第一项是 $V_{\text{out}}(s)$ 的差模部分,第二项是 $V_{\text{out}}(s)$ 的共模部分。差模频率响应为 $A_v(s)$,共模频率响应为 $A_c(s)$。运算放大器的典型差模频率响应可以表示为

$$A_v(s) = \frac{A_{v0}}{\left(\dfrac{s}{p_1}-1\right)\left(\dfrac{s}{p_2}-1\right)\left(\dfrac{s}{p_3}-1\right)\cdots} \tag{6.1-6}$$

式中,$p_1, p_2, \cdots$ 是运算放大器开环传输函数的极点。一般来说,极点记为 p_i,可以表示为

$$p_i = -\omega_i \tag{6.1-7}$$

其中,ω_i 是时间常数的倒数或者极点 p_i 的转折点频率。虽然运算放大器有零点,但这里忽略了。A_{v0} 或 $A_v(0)$ 是频率接近零时运算放大器的增益。图 6.1-6 显示了典型的 $A_v(s)$ 的幅频响应。在这种情况下可以看到,ω_1 远比所有其他的转折频率低得多,因此 ω_1 在频率响应中起主要作用。这是一个-6 dB/每倍程频率点,从主极点延伸与 0 dB 轴相交的点被定义为运算放大器的单位增益带宽,缩写为 GB。即使下一个更高阶的极点比 GB 小,仍然可用上面的这个方法定义单位增益带宽。

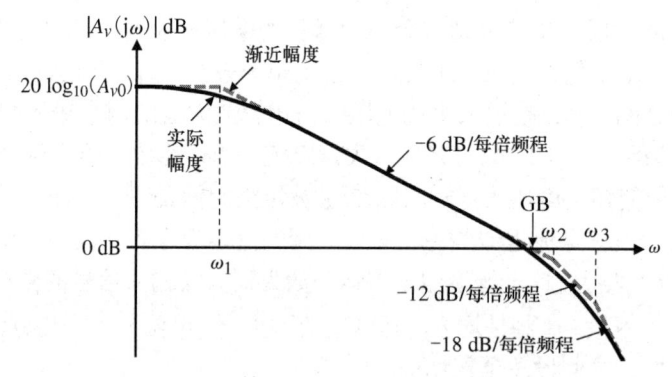

图 6.1-6 运算放大器 $A_v(j\omega)$ 的典型幅频响应

在图 6.1-5 中未定义的运算放大器的另一个非理想特性是电源电压抑制比(PSRR)。PSRR 被定义为电源电压变化与由电源电压变化引起的运算放大器输出电压变化之比再与运算放大器开环增益的乘积。于是有

$$\text{PSRR} = \frac{\Delta V_{DD}}{\Delta V_{\text{OUT}}} A_v(s) = \frac{V_o/V_{\text{in}}(V_{dd}=0)}{V_o/V_{dd}(V_{\text{in}}=0)} \tag{6.1-8}$$

理想的运算放大器应该有无限大的 PSRR。读者应该注意文献中既会出现这种 PSRR 的定义,也可能出现与之相反的定义方式。输入共模范围是共模输入信号可以变化的电压范围。这个范围一般比 V_{DD} 低 1~2 V,比 V_{SS} 高 1~2 V。

运算放大器的输出有几个重要的限制。其中之一是最大输出电流的流出和流入能力。运算放大器仍维持高增益特性时,输出电压摆幅的限制范围。输出还有一个电压变化速率的限制,称为摆率。摆率一般由电容的最大充放电电流确定。一般来说,摆率不受输出级限制,而是由第一级的流出/流入电流量决定。在模拟数据采样电路应用中,最后一个重要特性是建

立时间。这是运算放大器受到小信号激励时输出达到稳定值(在预定的容差范围内)所需的时间。不要把这个值与摆率混淆,后者是一个大信号概念。许多情况下,运算放大器的输出响应是大信号特性与小信号特性的混合。小信号建立时间可以完全由小信号等效电路的极点和零点的位置得出,而摆率由电路的大信号条件决定。

建立时间在模拟数据采样电路中的重要性如图6.1-7所示。处理模拟信号时,为了避免在精确性方面出现错误,有必要等待,直到运算放大器输出达到终值的百分之几十处。较长的建立时间意味着模拟信号处理速率将降低。

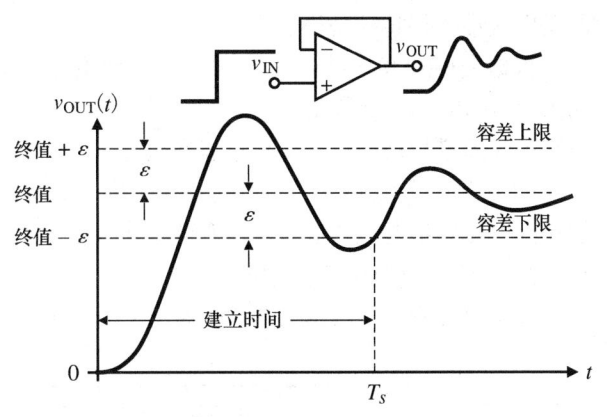

图6.1-7 具有负反馈的运算放大器显示建立时间 T_S 的瞬态响应,ε 定义为建立时间对终值的容差

幸运的是,CMOS 运算放大器不受上面讨论的全部非理想特性的影响。因为 MOS 器件具有相当高的输入电阻,R_{id} 和 I_{OS}(或 I_{B1} 和 I_{B2})影响较小。R_{id} 的典型值在 $10^{14}\,\Omega$ 左右,R_{icm} 相当大,可以忽略。如果运算放大器用在图 6.1-3 的结构中,同相端交流接地,那么所有的共模性能就不重要了。

CMOS 运算放大器分类

为了便于理解 CMOS 运算放大器的设计,有必要讨论运算放大器的分类。幸运的是,目前所有不熟悉的运算放大器都可以由前文所介绍的模块组成。表 6.1-1 给出了 CMOS 运算放大器的层次结构,几乎可以应用于所有本章和后面章节提到的 COMS 运算放大器。可以看到差分放大器作为输入级的结构几乎随处可见。在后面的章节中将研究几种采用 5.2 节提到的改进差分放大器结构的运算放大器。但是大体上,多数运算放大器选择差分放大器作为输入级。

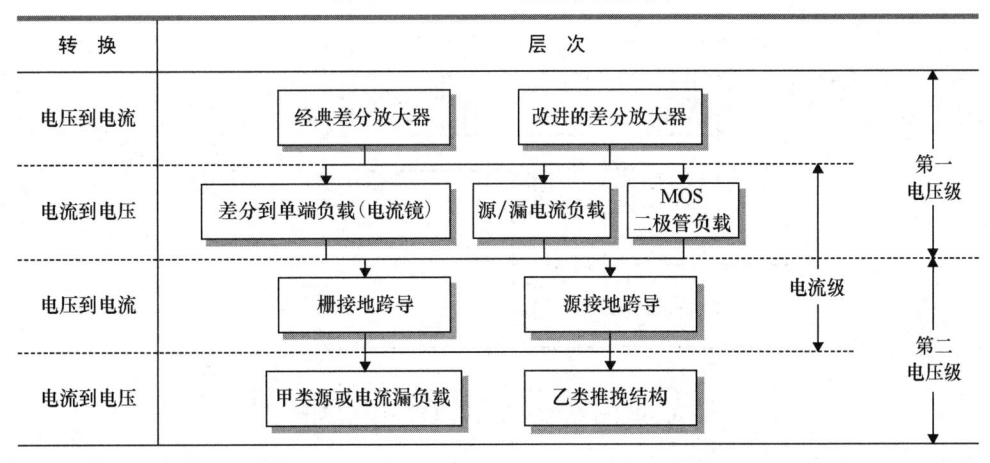

表 6.1-1 CMOS 运算放大器分类

转 换	层 次	
电压到电流	经典差分放大器	改进的差分放大器
电流到电压	差分到单端负载(电流镜)	源/漏电流负载 / MOS 二极管负载
电压到电流	栅接地跨导	源接地跨导
电流到电压	甲类源或电流漏负载	乙类推挽结构

(第一电压级 / 电流级 / 第二电压级)

正如前面说明的,放大器一般由电压-电流($V{\rightarrow}I$)或电流-电压($I{\rightarrow}V$)转换级级联构成。电压-电流级称为跨导级,电流-电压级称为负载级。有时,电流-电流级考虑起来比较简单,

但是电流最终仍将被转换成电压。

根据表6.1-1 的分类，本章要研究两个主要的运算放大器结构。首先是两级运算放大器，它由 $V{\rightarrow}I$ 和 $I{\rightarrow}V$ 级联组成，如图6.1-8 所示。第一级由一个差分放大器组成，将差模输入电压转换为差模电流。这对差模电流作用在电流镜负载上恢复成差模电压。当然，这与图5.2-5 或图5.2-7 的差分电压放大器没有什么不同。第二级由共源 MOSFET 放大器构成，将第二级的输入电压转换为电流。此晶体管用电流漏作为负载，在输出端将电流转换为电压。第二级与图5.1-7 所示电流漏反相器也无不同。这种两级运算放大器运用十分广泛，因此称之为经典两级运算放大器，它有 MOSFET 和 BJT 两种形式。

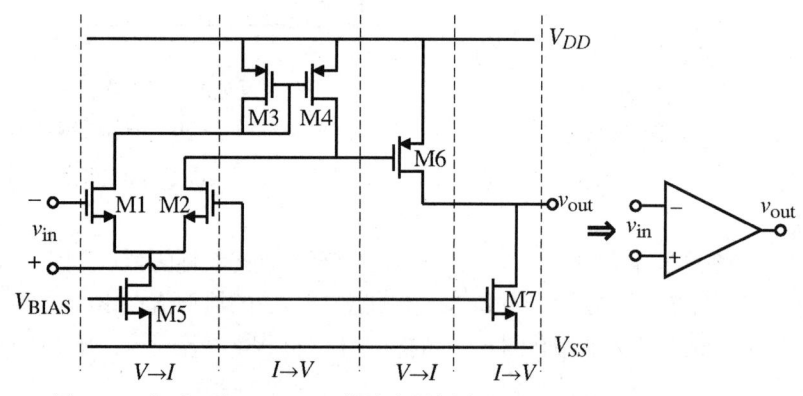

图 6.1-8　标准两级 CMOS 运算放大器拆成电压-电流级和电流-电压级

第二种结构如图6.1-9 所示。这个结构一般被称为折叠共源共栅运算放大器。这种结构改进了两级运算放大器的输入共模范围和电源电压抑制特性。在这种独特的运算放大器中，将它视为差分跨导级与电流级级联再紧跟一个共源共栅电流镜负载的结构更方便。折叠共源共栅运算放大器的优点之一是它有一个推挽输出，可以灵活地从负载得到电流或向负载提供电流。前述两级运算放大器的输出级是甲类放大器，意味着其流入或流出电流能力是固定的。

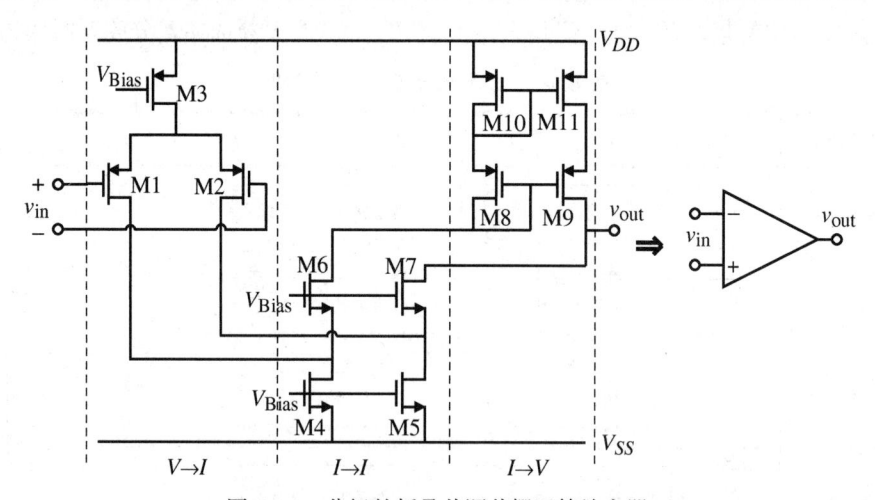

图 6.1-9　分级的折叠共源共栅运算放大器

对图 6.1-8 和图 6.1-9 的两个运算放大器略做修改即可得到许多其他可能的形式（见习题 6.1-5 和习题 6.1-6）。为了节省篇幅，这里只讨论这两种 CMOS 运算放大器。

运算放大器设计

运算放大器设计可以分成两个明显与设计相关的步骤，它们在很大程度上相互独立。第一步是选择或构造运算放大器的基本结构，生成所有晶体管互联的框架图。多数情况下，这个结构在整个设计中不会改变，但有时，某些选定的设计特性必须通过改变结构进行修改。

一旦结构确定，设计者必须选择直流电流，并且开始设置晶体管尺寸，设计补偿电路。多数完成设计的工作都与这个步骤有关。为满足运算放大器的交流和直流要求，所有晶体管都应有合适的尺寸。在手工计算基础上，计算机电路仿真被大量应用，以辅助设计者完成此阶段的工作。

开始着手实际设计之前，所有对设计给出导向的要求和边界条件都必须明确。下面列出必须考虑的问题。

边界条件：
1. 工艺规范（V_T，K'，C_{ox}，等等）
2. 电源电压范围
3. 电源电流范围
4. 工作温度范围

要求：
1. 增益
2. 增益带宽
3. 建立时间
4. 摆率
5. 输入共模范围（ICMR）
6. 共模抑制比（CMRR）
7. 电源电压抑制比（PSRR）
8. 输出电压摆幅
9. 输出电阻
10. 失调
11. 噪声
12. 版图面积

表 6.1-2 列出了典型的无缓冲 CMOS 运算放大器特性。

图 6.1-1 的框图对于指导 CMOS 运算放大器设计的工作非常有用。补偿方法对每个模块的设计都有很大影响。图 6.1-1 中接入补偿模块的两条反向并行路径提出了补偿的两种基本方法——反馈和前馈，这两种方法将在下面讨论。补偿的方法很大程度上取决于级数（是差分级，还是第二级或缓冲级）。

表 6.1-2 典型的无缓冲 CMOS 运算放大器特性

边界条件	要 求
工艺规范	见表 3.1-1、表 3.1-2 和表 3.2-1
电源电压	±2.5 V ± 10%
电源电流	100 μA
工作温度范围	0～70℃
特 性	
增益	≥ 70 dB
增益带宽	≥ 5 MHz
建立时间	≤ 1 μs
摆率	≥ 5 V/μs
ICMR	≥ ±1.5 V
CMRR	≥ 60 dB
PSRR	≥ 60 dB
输出摆幅	≥ ±1.5 V
输出电阻	无，仅用于容性负载
失调	≤ ±10 mV
噪声	≤ 100 nV/$\sqrt{Hz}$ (1 kHz 时)
版图面积	≤ 5000 × (最小沟道长度)^2

在设计运算放大器的时候，可以从很多地方入手。设计过程必须反复修正，逐步实现，因为不可能同时满足所有指标。在一般的 CMOS 运算放大器设计中，可以采用下面的步骤。

1. 确定合适的结构

仔细研究过技术指标后，确定所需要的结构类型。比如，如果要求噪声和失调非常小，那么这个结构必须在输入级提供高增益。如果需要低功耗，那么甲乙类输出级也许是必要的。这又决定了必须使用的输入级类型。很多情况下，必须构造一定的结构以满足特定的应用。

2. 确定满足指标所需要的补偿类型

有许多方法可以对运算放大器做出补偿。某些独特的方式适用于某些结构或指标。例如，一个必须驱动非常大的容性负载的运算放大器应该在输出端进行补偿。这种情况下，就要求确定所需输入和输出级的类型。正如此例所示，在设计过程的第 1 步和第 2 步之间，反复是必然的。

3. 设计晶体管尺寸以满足直流、交流和瞬态性能

根据近似公式从手工计算开始，补偿元器件的尺寸也在这一过程中确定。每个器件的尺寸手工计算后，用仿真工具进行电路优化设计。

在设计过程中可能会发现，用选定的结构达到某些指标是很困难的，甚至是不可能的。此时设计者必须改进结构或查找资料以寻求能够达到要求的方法。查找资料替代了重新建立一个新的结构。对非常关键的设计，手工计算可以在整个任务的 20%的时间内完成大约 80%的工作。剩下的 20%的工作需要 80%的时间完成。有时手工计算会因近似计算而受误导。尽管如此，这个步骤却是必需的。它可以使设计者对设计参数变化的灵敏性有一个感性认识。除此之外，没有其他方法可以使设计者了解各种设计参数是如何影响性能的。计算机仿真的

迭代给设计者的感觉并不明显，一般来说，利用计算机资源并不是明智的选择[①]。

总体来说，设计过程有两个主要步骤。第一是设计的概念，第二是设计的优化。设计的概念由提出满足给定指标要求的结构来完成。通常，这一步用手工计算完成，这是为维持观察法的需求所必须做的选择。第二步是完成初步设计、验证并优化。一般通过计算机仿真进行，还可以包含其他诸如环境或工艺变化的影响。

6.2 运算放大器的补偿

运算放大器一般用在负反馈结构中。此时，相对较高但不精确的正向增益可以与反馈一起得到一个非常精确的传输函数，此函数仅与反馈元件有关。图6.2-1是一个一般的负反馈结构。$A(s)$是放大器增益，一般来说是运算放大器的开环差模电压增益。$F(s)$是从运算放大器输出到输入的外部反馈的传输函数。这个系统的环路增益可以定义为

$$环路增益 = L(s) = -A(s)F(s) \tag{6.2-1}$$

考虑 V_{in} 到 V_{out} 的正向增益为 1。容易看出，如果开环直流增益 $A(0)$ 是在 1000~2000 之间，F 等于 1，则正向增益的变化在 0.999~0.9995 之间。对于非常高的环路增益(主要由于具有高的放大器增益)，正向传输函数 V_{out}/V_{in} 受到负反馈网络的精确控制。这就是使用运算放大器的原理。

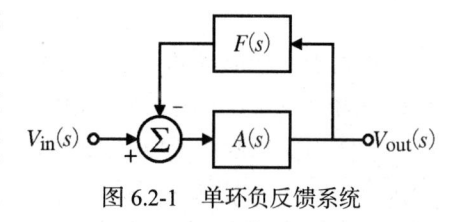

图 6.2-1 单环负反馈系统

两级运算放大器的小信号动态分析

反馈到运算放大器输入端的信号幅度和相位不应使该信号在环路中产生振荡。如果发生这种情况,放大器的输出就会被箝位在某一个电源电压(在直流处再生)或振荡(在某些频率点再生)。为了避免这种情况，条件可以简洁地表述为

$$|A(j\omega_{0°})F(j\omega_{0°})| = |L(j\omega_{0°})| < 1 \tag{6.2-2}$$

其中 $\omega_{0°}$ 被定义为

$$\text{Arg}[-A(j\omega_{0°})F(j\omega_{0°})] = \text{Arg}[L(j\omega_{0°})] = 0° \tag{6.2-3}$$

另一个表示此条件的便利方法是

$$\text{Arg}[-A(j\omega_{0\,dB})F(j\omega_{0\,dB})] = \text{Arg}[L(j\omega_{0\,dB})] > 0° \tag{6.2-4}$$

其中 $\omega_{0\,dB}$ 被定义为

$$|A(j\omega_{0\,dB})F(j\omega_{0\,dB})| = |L(j\omega_{0\,dB})| = 1 \tag{6.2-5}$$

如果满足这些条件，则称反馈系统是稳定的(即不可能发生持续振荡)。

式(6.2-4)给出的第二个关系可用波特图做出更好的说明。图6.2-2显示了 $|A(j\omega)F(j\omega)|$ 和 $\text{Arg}[-A(j\omega)F(j\omega)]$ 作为频率函数的响应。稳定的条件是 $|A(j\omega)F(j\omega)|$ 曲线通过0dB点应先于 $\text{Arg}[-A(j\omega)F(j\omega)]$ 到达 0°点。当 $|A(j\omega)F(j\omega)|$ 等于1(即 0 dB)时的相位值给出了稳定性的度量。这种度量称为相位裕量，关系式如下：

[①] 模拟设计的有效规则是：(模拟器的使用)×常识＝(常数)。

$$\text{相位裕量} = \phi_M = \text{Arg}[-A(j\omega_{0\text{dB}})F(j\omega_{0\text{dB}})] = \text{Arg}[L(j\omega_{0\text{dB}})] \tag{6.2-6}$$

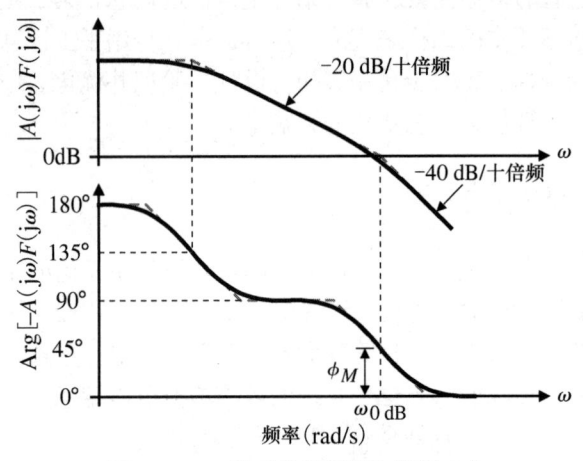

图 6.2-2 二阶系统的幅频和相频响应

以适当的相位裕量获得"好的稳定度"的重要性可以通过研究时域闭环系统响应得到最好的理解。图6.2-3示出了不同相位裕量时二阶闭环系统的时域响应。可以看到相位裕量越大，引起的输出信号振铃越小。人们并不希望看到过多的振铃，所以有足够的相位裕量保证振铃在可以接受的范围内是很重要的。相位裕量至少要45°，最好是60°。附录D分析了二阶系统中相位裕量和时域响应的关系。

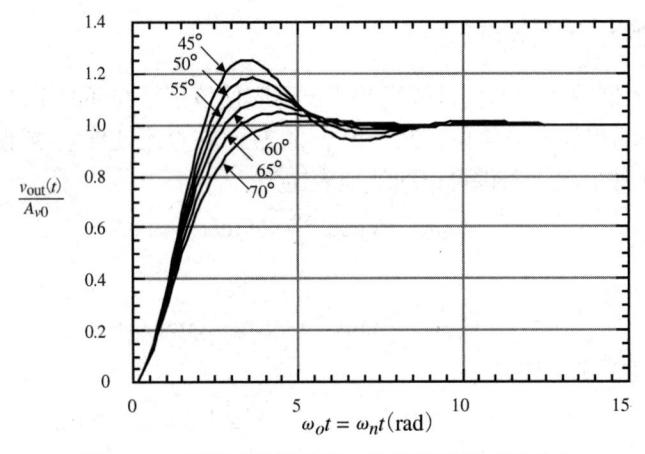

图 6.2-3 不同相位裕量的二阶闭环系统时域响应

现在考虑图6.2-4所示未加补偿的运算放大器的二阶小信号模型。为了归纳结论，与第一级有关的元件下标为 I，与第二级有关的下标为 II。两个极点的位置表示为

$$p'_1 = \frac{-1}{R_I C_I} \tag{6.2-7}$$

和

$$p'_2 = \frac{-1}{R_{II} C_{II}} \tag{6.2-8}$$

式中，$R_I(R_{II})$ 和 $C_I(C_{II})$ 分别是从第一(二)级输出端看进去的对地电阻和电容。典型情况下，

这些极点远离复频面的原点，相互靠得较近。用图 6.2-4 所示运算放大器模型的负反馈环路的开环频率响应如图 6.2-5 所示，反馈因子 $F(s) = 1$。注意，$F(s) = 1$ 是稳定性最糟的情况。在图 6.2-5 中，注意相位裕量明显小于 $45°$，这意味着运算放大器必须补偿才能用于闭环结构。

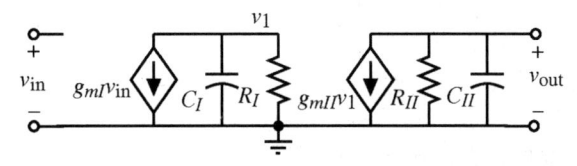

图 6.2-4 两级运算放大器的二阶小信号等效电路

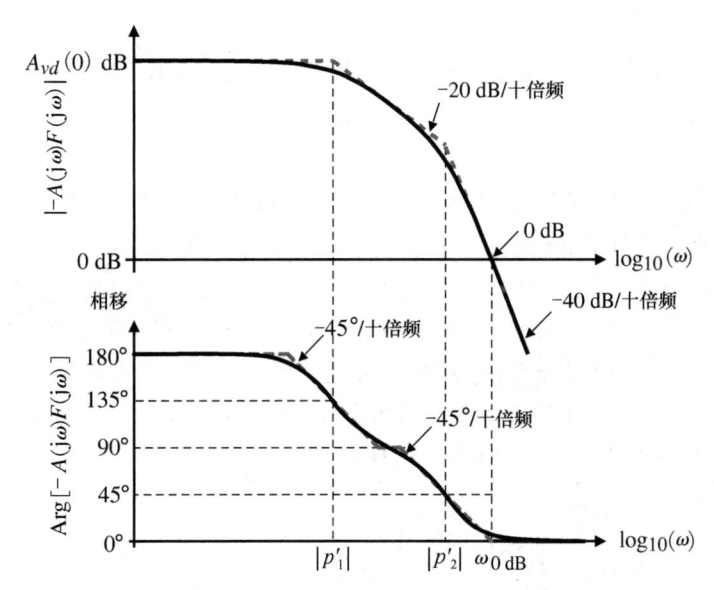

图 6.2-5 采用无补偿运算放大器且反馈系数 $F(s) = 1$ 的负反馈环路的开环频率响应

米勒补偿

这里首先讨论的补偿法是米勒补偿[2]。这是由在输出和第二级跨导级 g_{mII} 的输入之间跨接一个电容实现的，其小信号模型如图 6.2-6 所示。加了补偿电容 C_c 将产生两个结果：第一，与 R_I 并联的有效电容大约增加到 $g_{mII}(R_{II})(C_c)$。结果使 p_1（新位置为 p'_1）明显地（假设第二级的增益较大）移向复频面的原点；第二，由于负反馈降低了第二级的输出电阻，p_2（新位置为 p'_2）向远离复频面原点的地方移动。

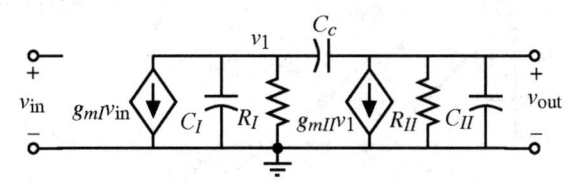

图 6.2-6 用于两级运算放大器的米勒电容

下面将严格推导这个结果。加上 C_c 以后总传输函数为

$$\frac{V_O(s)}{V_{in}(s)} = \frac{(g_{mI})(g_{mII})(R_I)(R_{II})(1 - sC_c/g_{mII})}{1 + s[R_I(C_I + C_c) + R_{II}(C_{II} + C_c) + g_{mII}R_IR_{II}C_c] + s^2 R_I R_{II}[C_I C_{II} + C_c C_I + C_c + C_{II}]} \quad (6.2\text{-}9)$$

对于两个相距较远的极点使用 5.3 节介绍的方法给出了如下的补偿极点：

$$p_1 \cong \frac{-1}{g_{mII}R_I R_{II} C_c} \tag{6.2-10}$$

和

$$p_2 \cong \frac{-g_{mII} C_c}{C_I C_{II} + C_{II} C_c + C_I C_c} \tag{6.2-11}$$

如果 C_{II} 远大于 C_I，C_c 远大于 C_I，式(6.2-11)可近似等于

$$p_2 \cong \frac{-g_{mII}}{C_{II}} \tag{6.2-12}$$

注意，有一个零点位于复频面的正实轴上，这是通过 C_c 的前馈路径得到的。右半平面零点位于

$$z_1 = \frac{g_{mII}}{C_c} \tag{6.2-13}$$

图 6.2-7(a) 标明了极点在复频面上从补偿前的位置移向补偿后的位置。图 6.2-7(b) 由渐近幅频特性和相频特性曲线说明了补偿的结果。注意，第二个极点在 $|A(j\omega)F(j\omega)|$ 小于 1 前对幅频特性没有影响。右半平面(RHP)零点增加了相移[作用与左半平面(LHP)极点相同]，但是幅度是增加的[作用与左半平面(LHP)零点相同]。因此，RHP 零点可能会在稳定度方面引起两件糟糕事。如果零点(z_1)或者极点(p_2)移向复频面的原点，相位裕量就会减小。为闭环使用，放大器补偿的目的是移动除主极点(p_1)外的所有极点和零点，使它们远离复频面的原点(超出单位增益带宽)，相频特性类似于图 6.2-7(b)所示。

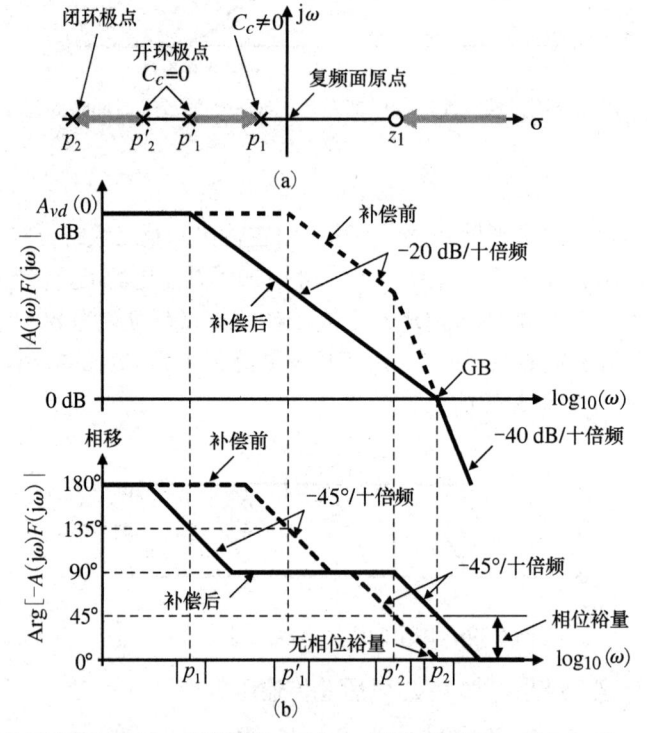

图 6.2-7 (a) 采用米勒补偿法，环路增益 $[F(s)=1]$ 的根轨迹图，其中 C_c 从 0 变化到某一值（使根成为非主极点）；(b) 补偿前后环路增益 $[F(s)=1]$ 的渐近幅频特性和相频特性

第 6 章 CMOS 运算放大器

至此只考虑了二阶(两个极点)系统。实际上，CMOS 运算放大器传输函数的极点多于两个。接下来的工作将把重点放在两个最主要(较小)的极点和 RHP 零点上。图 6.2-8 示出了典型的 CMOS 运算放大器电路，图中给出了各种寄生电容和电路电容。由这些电容计算出的极点和零点大致位置如下：

$$p_1 \cong \frac{-C_I C_{II}}{g_{mII} C_c} = \frac{-(g_{ds2} + g_{ds4})(g_{ds6} + g_{ds7})}{g_{m6} C_c} \tag{6.2-14}$$

$$p_2 \cong \frac{-g_{mII}}{C_{II}} = \frac{-g_{m6}}{C_2} \tag{6.2-15}$$

和

$$z_1 \cong \frac{g_{mII}}{C_c} = \frac{g_{m6}}{C_c} \tag{6.2-16}$$

6.1 节中定义的单位增益带宽很容易得出(见习题 6.2-3)，近似为

$$\text{GB} \cong \frac{g_{mI}}{C_c} = \frac{g_{m2}}{C_c} \tag{6.2-17}$$

上面的三个根对两级运算放大器的动态性能非常重要。左半平面的主极点 p_1 称为米勒极点，已经完成了需要的补偿。直觉上来看，它是由 C_c 的米勒效应产生的，如图 6.2-9 所示，图中 M6 假设为 NMOS 晶体管。电容 C_c 乘第二级的近似增益 $g_{II}R_{II}$，得到一个与 R_I 并联的电容 $g_{II}R_{II}C_c$，这个电容与 R_I 乘积的倒数即为式(6.2-14)。

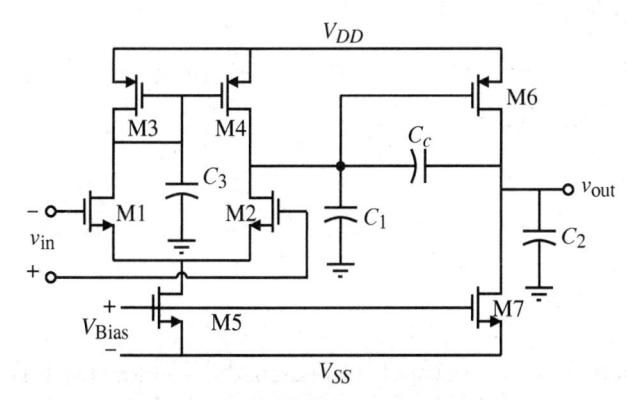

图 6.2-8 标出各种寄生电容和电路电容的两级运算放大器

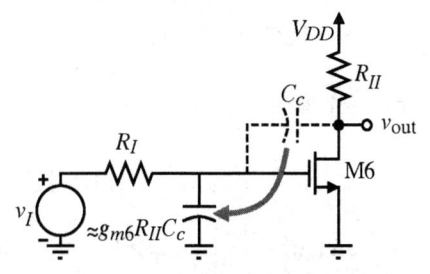

图 6.2-9 由 C_c 的米勒效应对主极点的影响，图中 M6 被换成 NMOS

第二个重要的根是 p_2。这个根的模量必须至少等于 GB，它与运算放大器输出电容有关，称为输出极点。一般 C_{II} 等于负载电容 C_L，输出极点主要取决于负载电容。图 6.2-10 说明了这个根的生成。因为 $|p_2|$ 接近或大于 GB，C_c 的电抗近似为 $1/(\text{GB} \cdot C_c)$ 且非常小。在实际中，M6 的漏极与栅极相连，形成一个 MOS 二极管。MOS 二极管的小信号电阻是 $1/g_m$。$1/g_{mII}$ 与 C_{II}(或 C_L)相乘的倒数即为式(6.2-15)。

第三个根是 RHP 零点。这是一个极不希望出现的根，因为它在增大幅度的同时使环路相移更负，结果使运算放大器稳定性变差。在 BJT 运算放大器中，RHP 零点的影响并不严重，因为跨导值非常大。但是在 CMOS 运算放大器中，RHP 零点不能忽略。在图 6.2-11 中可见，零点由输入到输出的两条路径产生。一条是在 M6 的栅极，通过补偿电容 C_c 到输出(V'' 到

V_{out})。另一条是通过 M6 到输出(V' 到 V_{out})。在某一复频率上,通过这两条路径的信号如果大小相等、方向相反就会抵消,产生零点。RHP 零点用这两条路径的信号叠加可得

$$V_{out}(s) = \left(\frac{-g_{m6}R_{II}(1/sC_c)}{R_{II}+1/sC_c}\right)V' + \left(\frac{R_{II}}{R_{II}+1/sC_c}\right)V'' = \frac{-R_{II}(g_{m6}/sC_c - 1)}{R_{II}+1/sC_c}V \quad (6.2\text{-}18)$$

其中,$V = V' = V''$。

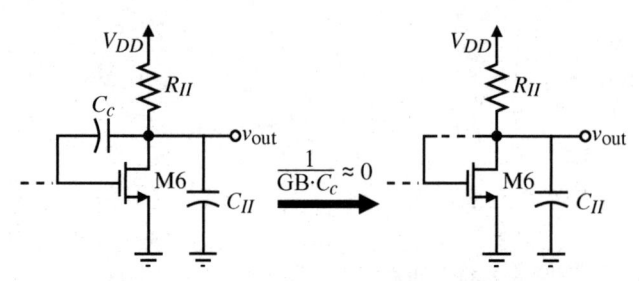

图 6.2-10 两级运算放大器的输出极点生成示意图。图中 M6 被换成 NMOS

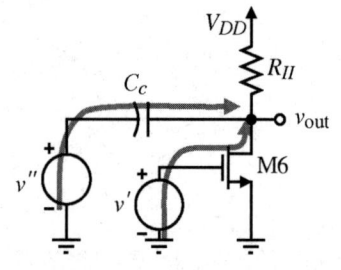

图 6.2-11 RHP 零点生成示意图。图中 M6 被换成 NMOS

如前所述,补偿的目的是使相位裕量大于 45°。可以证明(见习题 6.2-4),如果零点至少在 10GB 以外,为达到 45°相位裕量,那么第二极点(p_2)必须至少在 1.22 GB 以外。为了得到 60°的相位裕量,p_2 必须高于 GB 的 2.2 倍,如例 6.2-1 所示。

例 6.2-1 相位裕量为 60°的输出极点位置

已知一个运算放大器模型有两个极点和一个 RHP 零点,设零点大于 10GB,证明:为了使相位裕量大于 60°,第二极点至少高于 2.2 GB。

证明: 根据 60°的相位裕量给出

$$\phi_M = \pm 180° - \text{Arg}[A(j\omega)F(j\omega)] = \pm 180° - \arctan\left(\frac{\omega}{|p_1|}\right) - \arctan\left(\frac{\omega}{|p_2|}\right) - \arctan\left(\frac{\omega}{z_1}\right) = 60°$$

假设单位增益频率为 GB,用 GB 代替 ω 得到

$$120° = \arctan\left(\frac{GB}{|p_1|}\right) + \arctan\left(\frac{GB}{|p_2|}\right) + \arctan\left(\frac{GB}{z_1}\right) = \arctan[A_v(0)] + \arctan\left(\frac{GB}{|p_2|}\right) + \arctan(0,1)$$

假设 $A_v(0)$ 很大,上式可以化简为

$$24.3° \approx \arctan\left(\frac{GB}{|p_2|}\right)$$

可得 $|p_2| \geq 2.2\,\text{GB}$。

假设要求 60°的相位裕量,有

$$\frac{g_{m6}}{C_c} > 10\left(\frac{g_{m2}}{C_c}\right) \quad (6.2\text{-}19)$$

因此,可得

第6章 CMOS运算放大器

$$g_{m6} > 10 g_{m2} \tag{6.2-20}$$

且

$$\left(\frac{g_{m6}}{C_2}\right) > 2.2 \left(\frac{g_{m2}}{C_c}\right) \tag{6.2-21}$$

合并等式(6.2-20)和式(6.2-21)得到

$$C_c > \frac{2.2 \, C_2}{10} = 0.22 \, C_2 \tag{6.2-22}$$

上述分析忽略了电容 C_3 的影响，在图 6.2-8 中，C_3 是与输入级电流镜负载有关的电容。图 6.2-8 中包含 C_3 的输入级小信号模型如图 6.2-12(a)所示。第一级的输入到输出 $V_{o1}(s)$ 的电压传输函数可以写为

$$\begin{aligned}\frac{V_{o1}(s)}{V_{in}(s)} &= \frac{-g_{m1}}{2(g_{ds2}+g_{ds4})}\left[\frac{g_{m3}+g_{ds1}+g_{ds3}}{g_{m3}+g_{ds1}+g_{ds3}+sC_3}+1\right] \\ &\approx \frac{-g_{m1}}{2(g_{ds2}+g_{ds4})}\left[\frac{sC_3+2g_{m3}}{sC_3+g_{m3}}\right]\end{aligned} \tag{6.2-23}$$

可以看到这里有一个极点和一个零点：

$$p_3 = -\frac{g_{m3}}{C_3} \quad \text{和} \quad z_3 = -\frac{2g_{m3}}{C_3} \tag{6.2-24}$$

幸运的是，零点的存在趋向于抵消极点的作用。一般情况下，由于 C_3 远大于 GB，极点和零点对于两级运算放大器的稳定性影响很小。图 6.2-12(b)示出了根小于 GB 的情况，尽管这样它们对稳定度的影响还是很小。实际上，由于 GB 的减小，它们略微增大了相位裕量。

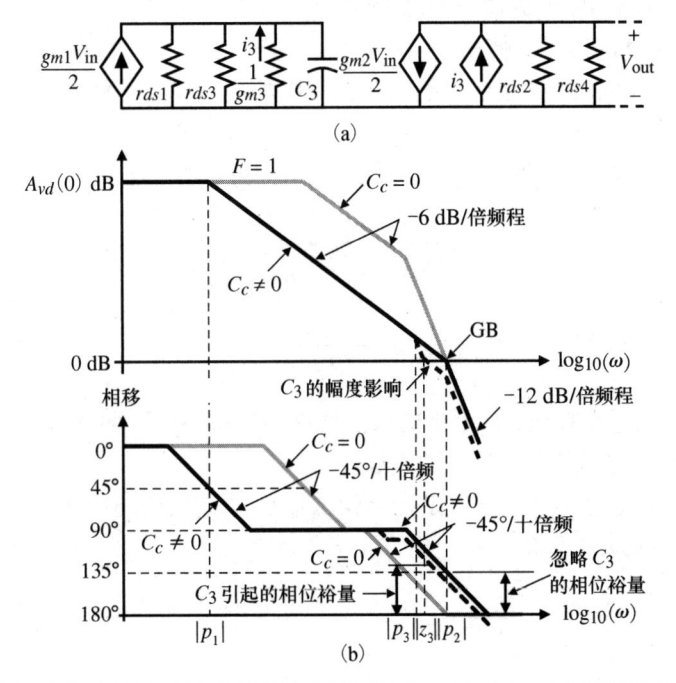

图 6.2-12 (a)两级运算放大器米勒补偿中电流镜极点 p_3 的影响；(b)开环根和闭环根的位置

控制 RHP 零点

由前馈路径通过补偿电容形成的 RHP 零点有限制 GB 的倾向,也即如果这个零点不存在,GB 就不是这个值。有几种方法可以消除这个零点的影响。一是抵消前馈路径,在补偿电容的反馈通路中放一个单位增益缓冲器[3],如图 6.2-13 所示。设单位增益缓冲器的输出电阻很小($R_o \to 0$),传输函数如下:

$$\frac{V_o(s)}{V_{in}(s)} = \frac{(g_{mI})(g_{mII})(R_I)(R_{II})}{1+s[R_I C_I + R_{II} C_{II} + R_I C_c + g_{mII} R_I R_{II} C_c] + s^2 [R_I R_{II} C_{II}(C_I + C_c)]} \quad (6.2\text{-}25)$$

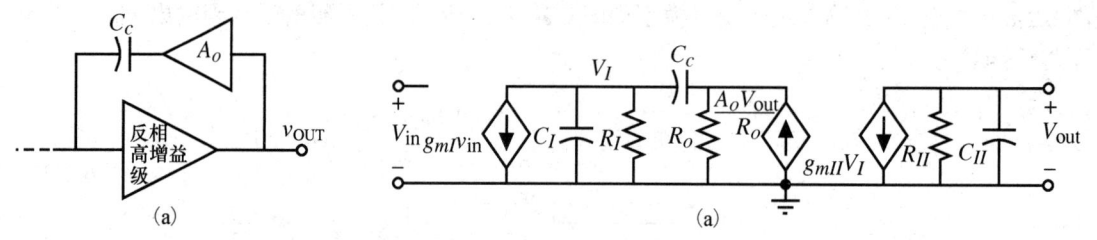

图 6.2-13 (a) 使用电压放大器抵消前馈路径;(b) 相应两级运算放大器的小信号模型

采用前面所说的近似技术得到 p_1 和 p_2 如下:

$$p_1 \cong \frac{-1}{R_I C_I + R_{II} C_{II} + R_I C_c + g_{mII} R_I R_{II} C_c} \cong \frac{-1}{g_{mII} R_I R_{II} C_c} \quad (6.2\text{-}26)$$

$$p_2 \cong \frac{-g_{mII} C_c}{C_{II}(C_I + C_c)} \quad (6.2\text{-}27)$$

注意,图 6.2-13 中电路的极点近似与前面相同,但是零点位置移动了。零点移动后,极点 p_2 可以被移到比 GB 更高的地方,使得相位裕量可以达到 45°。为了得到 60°的相位裕量,p_2 必须大于 1.73GB。用图 6.2-13 所示的补偿结构,可以与抵消零点一样得到更大的带宽。

以上分析忽略了缓冲放大器的输出电阻 R_o,而 R_o 有可能是重要的。如果考虑输出电阻,设它小于 R_I 或 R_{II},结果增加的极点 p_4 和 LHP 零点 z_2 的表达式分别为

$$p_4 \cong \frac{-1}{R_o [C_I C_c/(C_I + C_c)]} \quad (6.2\text{-}28)$$

$$z_2 \cong \frac{-1}{R_o C_c} \quad (6.2\text{-}29)$$

虽然 LHP 零点可以被用于补偿,但附加的极点使这种方法不如下面的方法更合适。这个结果最重要的是自然地引出控制 RHP 零点的方法。

另一种抵消 RHP 零点影响的方法是在补偿电容 C_c 的前馈通路中插进与 C_c 串联的调零电阻[4],如图 6.2-14 所示。电路的节点电压方程如下:

$$g_{mI} V_{in} + \frac{V_I}{R_I} + sC_I V_I + \left(\frac{sC_c}{1+sC_c R_z}\right)(V_I - V_{out}) = 0 \quad (6.2\text{-}30)$$

$$g_{mII}V_I + \frac{V_o}{R_{II}} + sC_{II}V_{out} + \left(\frac{sC_c}{1+sC_cR_z}\right)(V_{out} - V_I) = 0 \tag{6.2-31}$$

由上述等式可以解出

$$\frac{V_{out}(s)}{V_{in}(s)} = \frac{a\{1 - s[(C_c/g_{mII}) - R_zC_c]\}}{1 + bs + cs^2 + ds^3} \tag{6.2-32}$$

其中，

$$a = g_{mI}g_{mII}R_IR_{II} \tag{6.2-33}$$

$$b = (C_{II} + C_c)R_{II} + (C_I + C_c)R_I + g_{mII}R_IR_{II}C_c + R_zC_c \tag{6.2-34}$$

$$c = [R_IR_{II}(C_IC_{II} + C_cC_I + C_cC_{II}) + R_zC_c(R_IC_I + R_{II}C_{II})] \tag{6.2-35}$$

$$d = R_IR_{II}R_zC_IC_{II}C_c \tag{6.2-36}$$

假设 R_z 小于 R_I 或 R_{II}，极点相隔较远，式(6.2-32)的根近似为

$$p_1 \cong \frac{-1}{(1 + g_{mII}R_{II})R_IC_c} \cong \frac{-1}{g_{mII}R_{II}R_IC_c} \tag{6.2-37}$$

$$p_2 \cong \frac{-g_{mII}C_c}{C_IC_{II} + C_cC_I + C_cC_{II}} \cong \frac{-g_{mII}}{C_{II}} \tag{6.2-38}$$

$$p_4 = \frac{-1}{R_zC_I} \tag{6.2-39}$$

和

$$z_1 = \frac{1}{C_c(1/g_{mII} - R_z)} \tag{6.2-40}$$

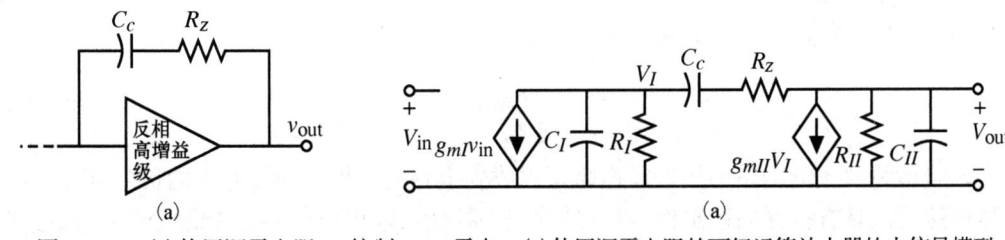

图 6.2-14 (a)使用调零电阻 R_z 控制 RHP 零点；(b)使用调零电阻的两级运算放大器的小信号模型

容易看出调零电阻是如何控制 RHP 零点的。图 6.2-15 示出了将输出级拆分为两个部分类似于图 6.2-11 的情形。输出电压 V_{out} 可以写为

$$V_{out} = \frac{-g_{m6}R_{II}\left(R_z + \frac{1}{sC_c}\right)}{R_{II} + R_z + \frac{1}{sC_c}}V' + \frac{R_{II}}{R_{II} + R_z + \frac{1}{sC_c}}V'' = \frac{-R_{II}\left(g_{m6}R_z + \frac{g_{m6}}{sC_c} - 1\right)}{R_{II} + R_z + \frac{1}{sC_c}} \tag{6.2-41}$$

令分子为 0，$g_{m6} = g_{mII}$，给出式(6.2-40)。

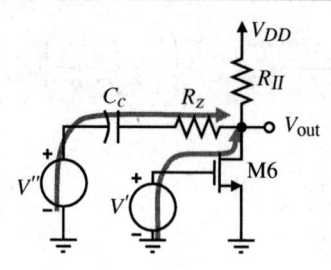

图6.2-15 用调零电阻控制RHP零点的示意图

电阻R_z可以独立控制零点。为了去除RHP零点，R_z必须等于$1/g_{mII}$。另一个方法是将零点从RHP移到LHP，并且处于极点p_2的位置。这样，与输出负载电容有关的极点就被抵消了。为了得到这个结果，必须满足条件

$$z_1 = p_2 \tag{6.2-42}$$

使得

$$\frac{1}{C_c(1/g_{mII} - R_z)} = \frac{-g_{mII}}{C_{II}} \tag{6.2-43}$$

可以得到R_z的值为

$$R_z = \left(\frac{C_c + C_{II}}{C_c}\right)\left(\frac{1}{g_{mII}}\right) \tag{6.2-44}$$

由于p_2的抵消，剩下的极点为p_1和p_3。考虑到单位增益稳定性，要求p_3和p_4的值远大于GB。因此

$$|p_3| > A_v(0)|p_1| = \frac{A_v(0)}{g_{mII} R_{II} R_I C_c} = \text{GB} \tag{6.2-45}$$

$$|p_4| = (1/R_z C_I) > (g_{mI}/C_c) \tag{6.2-46}$$

将式(6.2-44)代入式(6.2-46)，设$C_{II} \gg C_c$，结果为

$$C_c > \sqrt{\frac{g_{mI}}{g_{mII}} C_I C_{II}} \tag{6.2-47}$$

在两级运算放大器电路中用调零电阻可以收到很好的效果。即使有大的负载电容，运算放大器仍然可以具有很好的稳定性。唯一的缺点是补偿后输出极点p_2不会改变(只有改变C_L，才可以改变p_2)。

在米勒电容反馈路径引入M8增益级，可以增加输出极点p_2的模值，如图6.2-16(a)所示[5]。其小信号模型如图6.2-16(b)所示。电阻R_1和R_2被定义为

$$R_1 = \frac{1}{g_{ds2} + g_{ds4} + g_{ds9}} \tag{6.2-48}$$

和

$$R_2 = \frac{1}{g_{ds6} + g_{ds7}} \tag{6.2-49}$$

其中，晶体管 M2 和 M4 是第一级的输出晶体管。为了简化分析，重新调整了受控源 $g_{m8}V_{s8}$，忽略了 r_{ds8}。图 6.2-16(a) 的简化小信号模型如图 6.2-16(c) 所示。电路的节点方程为

$$I_{in} = G_1V_1 - g_{m8}V_{s8} = G_1V_1 - \left(\frac{g_{m8}sC_c}{g_{m8} + sC_c}\right)V_{out} \tag{6.2-50}$$

和

$$0 = g_{m6}V_1 + \left(G_2 + sC_2 + \frac{g_{m8}sC_c}{g_{m8} + sC_c}\right)V_{out} \tag{6.2-51}$$

解得传输函数 V_{out}/I_{in} 为

$$\frac{V_{out}}{I_{in}} = \left(\frac{-g_{m6}}{G_1G_2}\right)\left[\frac{\left(1 + \frac{sC_c}{g_{m8}}\right)}{1 + s\left(\frac{C_c}{g_{m8}} + \frac{C_2}{G_2} + \frac{C_c}{G_2} + \frac{g_{m6}C_c}{G_1G_2}\right) + s^2\left(\frac{C_cC_2}{g_{m8}G_2}\right)}\right] \tag{6.2-52}$$

用前述求解分母根的近似方法得到

$$p_1 = \frac{-1}{\frac{C_c}{g_{m8}} + \frac{C_c}{G_2} + \frac{C_2}{G_2} + \frac{g_{m6}C_c}{G_1G_2}} \approx \frac{-6}{g_{m6}r_{ds}^2 C_c} \tag{6.2-53}$$

和

$$p_2 \approx \frac{\frac{g_{m6}r_{ds}^2 C_c}{6}}{\frac{C_cC_2}{g_{m8}G_2}} = \frac{g_{m8}r_{ds}^2 C_c}{6}\left(\frac{g_{m6}}{C_2}\right) = \left(\frac{g_{m8}r_{ds}}{3}\right)|p'_2| \tag{6.2-54}$$

式中，所有沟道电阻假设为 r_{ds}，p'_2 是一般米勒补偿的输出极点。图 6.2-16(a) 的结果是保持主极点近似不变，输出极点乘单级增益 $(g_m r_{ds})$ 的近似值。除了这些极点，还有一个 LHP 零点——g_{m8}/sC_c，它可以被用来增加补偿。注意，进行补偿后，在图 6.2-16(d) 中仍有一个 RHP 零点，因为通过 C_{gd6} 的前馈路径如图 6.2-16(b) 和图 6.2-16(c) 虚路径所示。

图 6.2-17 说明如何用观察法看出在 M6 的负反馈路径上增加 M8 会增大输出极点。在 GB 附近，C_c 的电抗可以认为比较小。在这种假设下，在反馈路径中 M6 可以近似视为一个 MOS 二极管，增益为 $g_{m8}r_{ds8}$，这使从 C_2 (C_{II}) 处看进去的输出电阻近似为

$$R_{out} = R_{II} \parallel \left(\frac{1}{g_{m6}g_{m8}r_{ds8}}\right) \approx \frac{1}{g_{m6}g_{m8}r_{ds8}} \tag{6.2-55}$$

这个电阻乘以 C_2，然后取倒数得到式(6.2-54)，忽略其他晶体管的沟道电阻，得到了分母中的 3。

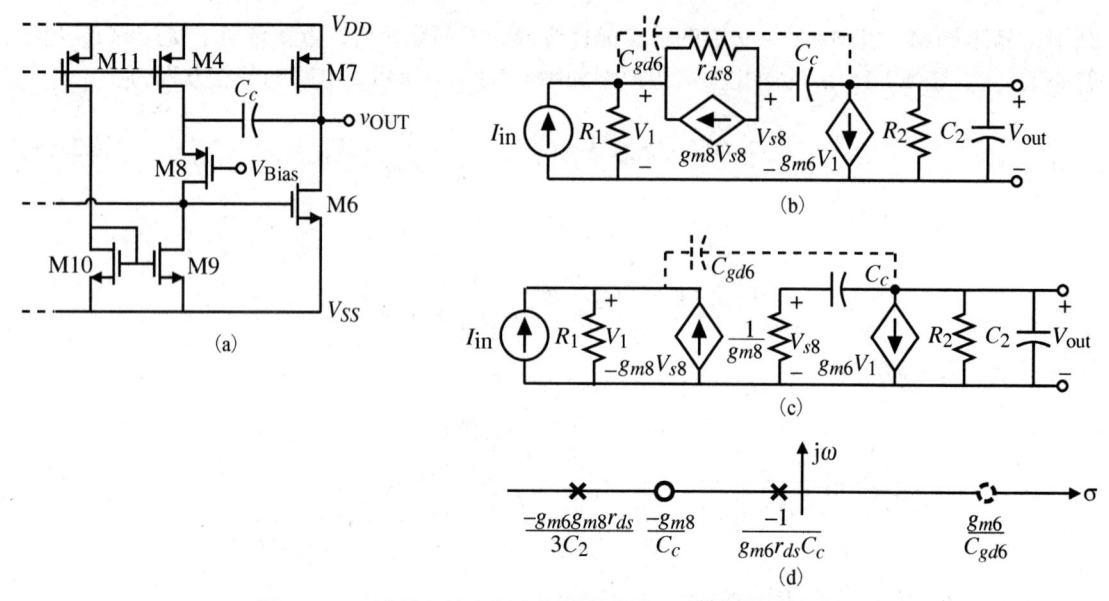

图 6.2-16 (a)增加输出极点幅值的电路；(b)图(a)的小信号
模型；(c)图(b)的简化模型；(d)图(a)的极、零点

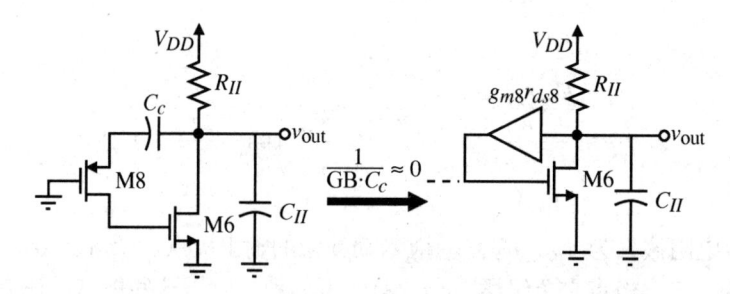

图 6.2-17 图 6.2-16(a)电路怎样使输出极点增加的示意图

前馈补偿

CMOS 运算放大器中使用的另一个补偿技术是图 6.2-18(a)所示的前馈结构。在这个电路里，缓冲器被用来破坏通过补偿电容的双向路径。但这个电路在右半平面增加了一个零点。如果缓冲器或高增益放大器的极性反相，零点将出现在左半平面。图 6.2-18(b)示出了前馈补偿技术。因为缓冲的增益是反相的，所以有一个零点出现在左半平面。图 6.2-18(c)是这个电路的模型。电压传输系数 $V_{\text{out}}(s)/V_{\text{in}}(s)$ 为

$$\frac{V_{\text{out}}(s)}{V_{\text{in}}(s)} = \frac{-AC_c}{C_c + C_{II}}\left(\frac{s + g_{mII}/AC_c}{s + 1/[R_{II}(C_c + C_{II})]}\right) \tag{6.2-56}$$

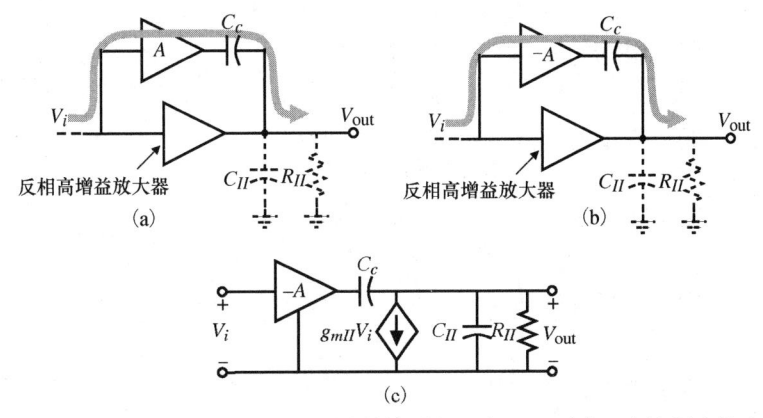

图 6.2-18 (a)前馈引起一个 RHP 零点；(b)前馈引起一个 LHP 零点；(c)图(b)的小信号模型

为了用图 6.2-18(b)的电路进行补偿，需要将位于 g_{mII}/AC_c 的零点移到高于 GB 值的位置，使幅度的增加不抵消所希望的由零点引起的正相位改变的影响。因为相位影响的频率范围远大于幅度的影响范围，所以这个方法可以贡献出反馈补偿技术提供的附加相位裕量。在运算放大器的传输函数里产生几个零点是很可能的。这些零点都高于 GB，应该很好地加以控制以避免距离很近的极点和零点在瞬态响应中引起过长的建立时间[6]。

另外一种前馈补偿的形式是为同相放大器提供一个前馈路径，如图 6.2-19 所示。这种补偿通常用在源极跟随器中，将电容从栅极接至源极跟随器的源极。在高频时这个电容将提供一条绕过晶体管的旁路。

图 6.2-19 同相放大器的前馈补偿

6.3 两级运算放大器设计

前面两节讨论了运算放大器设计和补偿的一般方法。本节将介绍图 6.3-1 中两级 CMOS 运算放大器的初步设计过程。为了简化符号，用符号 S_i 表示第 i 个晶体管的 W 和 L 的比，即 $S_i = W_i/L_i = (W/L)_i$。

两级 CMOS 运算放大器的设计过程

开始介绍之前，先总结一下 6.2 节中描述运算放大器性能的重要关系。在图 6.3-1 所示电路中，假设 $g_{m1} = g_{m2} = g_{mI}$，$g_{m6} = g_{mII}$，$g_{ds2}+g_{ds4} = G_I$，$g_{ds6}+g_{ds7} = G_{II}$。

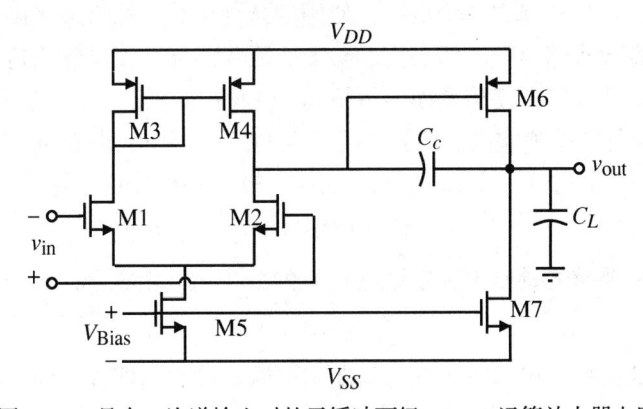

图 6.3-1 具有 n 沟道输入对的无缓冲两级 CMOS 运算放大器电路

$$\text{摆率 SR} = \frac{I_5}{C_c} \tag{6.3-1}$$

$$\text{第一级增益 } A_{v1} = \frac{-g_{m1}}{g_{ds2} + g_{ds4}} = \frac{-2g_{m1}}{I_5(\lambda_2 + \lambda_4)} \tag{6.3-2}$$

$$\text{第二级增益 } A_{v2} = \frac{-g_{m6}}{g_{ds6} + g_{ds7}} = \frac{-g_{m6}}{I_6(\lambda_6 + \lambda_7)} \tag{6.3-3}$$

$$\text{增益带宽 GB} = \frac{g_{m1}}{C_c} \tag{6.3-4}$$

$$\text{输出极点 } p_2 = \frac{-g_{m6}}{C_L} \tag{6.3-5}$$

$$\text{RHP 零点 } z_1 = \frac{g_{m6}}{C_c} \tag{6.3-6}$$

$$\text{正 CMR } V_{in}(\text{最大}) = V_{DD} - \sqrt{\frac{I_5}{\beta_3}} - |V_{T03}|(\text{最大}) + V_{T1}(\text{最小}) \tag{6.3-7}$$

$$\text{负 CMR } V_{in}(\text{最小}) = V_{SS} - \sqrt{\frac{I_5}{\beta_1}} + V_{T1}(\text{最大}) + V_{DS5}(\text{饱和}) \tag{6.3-8}$$

$$\text{饱和电压 } V_{DS}(\text{饱和}) = \sqrt{\frac{2I_{DS}}{\beta}} \tag{6.3-9}$$

在上面的关系中,假设所有晶体管都工作在饱和区。

在下面的设计过程中,假定下列参数的详细说明已给出:

1. 直流增益 $A_v(0)$
2. 增益带宽 GB
3. 输入共模范围 ICMR
4. 负载电容 C_L
5. 摆率 SR
6. 输出电压摆幅
7. 功耗 P_{diss}

现在开始设计,首先选择在整个电路中使用的器件栅长。这个值将确定沟道长度调制参数 λ 的值,这是计算放大器增益时所必需的参数。因为晶体管模型随沟道长度变化很大,设计中所用器件的栅长选择可以使仿真模型更精确。栅长选好后,可以确定补偿电容 C_c 的最小值。在 6.2 节中已经看到设置输出节点 p_2 高于 2.2 GB 可以获得 60° 的相位裕量(假设 RHP 零点 z_1 高于 10 GB 以上)。在式 (6.2-22) 中表明这样的极、零点位置导致对 C_c 有如下要求:

$$C_c > (2.2/10)C_L \tag{6.3-10}$$

下面在满足摆率要求的基础上确定尾电流 I_5 的最小值。由式 (6.3-1),I_5 的值确定为

$$I_5 = \text{SR}(C_c) \tag{6.3-11}$$

如果没有给出摆率的指标,可以按建立时间要求选值。设输出摆幅大约是电源电压的一半,此值可近似按 10 倍建立时间确定。由此计算确定的 I_5 在后面设计中如果需要可以改变。现在

可以确定 M3 的宽长比，根据正的输入共模范围要求来确定。下面给出由式(6.3-7)推出的 S_3 的设计公式：

$$S_3 = (W/L)_3 = \frac{I_5}{(K'_3)\,[V_{DD} - V_{in}(最大) - |V_{T03}|(最大) + V_{T1}(最小)]^2} \quad (6.3\text{-}12)$$

如果所确定的 S_3 值小于 1，则应该增加此值，使 W 和 L 的乘积达到最小值。这个最小的栅面积可以减小栅电容。栅电容会产生镜极点，而镜极点会减小相位裕量。

输入管的跨导可以由已知的 C_c 和 GB 来确定。跨导 g_{m1} 可以用如下公式计算：

$$g_{m1} = \mathrm{GB}(C_c) \quad (6.3\text{-}13)$$

宽长比 S_1 直接由 g_{m1} 得出

$$S_1 = (W/L)_1 = \frac{g_{m1}^2}{(K'_1)\,(I_5)} \quad (6.3\text{-}14)$$

现在有足够的信息来计算 M5 的饱和电压。用负 ICMR 公式计算 V_{DS5}，由式(6.3-8)可推导出

$$V_{DS5} = V_{in}(最小) - V_{SS} - \left(\frac{I_5}{\beta_1}\right)^{1/2} - V_{T1}(最大) \quad (6.3\text{-}15)$$

如果 V_{DS5} 的值小于 100 mV，则可能要求相当大的 S_5。这也许不合适。如果 V_{DS5} 的值小于 0，则 ICMR 的要求可能太苛刻了。为了解决这个问题，可以减小 I_5 或增大 S_1。这些改变的影响在前面的设计步骤中必须涉及。设计中必须反复修改直到满足指标要求。确定了 V_{DS5} 后，S_5 可以用式(6.3-9)按下面的方法得到：

$$S_5 = (W/L)_5 = \frac{2(I_5)}{K'_5 (V_{DS5})^2} \quad (6.3\text{-}16)$$

到这里，运算放大器的第一级设计完成了。接下来将考虑输出级。

为了有 60° 的相位裕量，假定将输出极点设置在 2.2 GB 处。基于这个假设和式(6.3-5)中 $|p_2|$ 的关系，跨导 g_{m6} 可以用下面的关系确定：

$$g_{m6} = 2.2(g_{m2})\,(C_L/C_c) \quad (6.3\text{-}17)$$

通常，为了得到合理的相位裕量，g_{m6} 的值近似是输入级跨导 g_{m1} 的 10 倍。此时，有两种可能的方法来完成 M6 的设计（即 S_6 和 I_6）。首先为得到图 6.3-1 中第一级电流镜负载(M3 和 M4)的正确镜像，就要求 $V_{SG4} = V_{SG6}$。用 g_m 的公式 $K'S(V_{GS} - V_T)$，如果 $V_{SG4} = V_{SG6}$，可以写出

$$S_6 = S_4 \frac{g_{m6}}{g_{m4}} \quad (6.3\text{-}18)$$

知道了 g_{m6} 和 S_6，就可以用下面的公式来定义直流电流 I_6：

$$I_6 = \frac{g_{m6}^2}{(2)\,(K'_6)\,(W/L)_6} = \frac{g_{m6}^2}{2K'_6 S_6} \quad (6.3\text{-}19)$$

现在必须检查最大输出电压指标是否得到满足。如果不满足，那么电流或宽长比可以增加达到一个更小的 V_{DS}(饱和)。如果这些改变满足了最大输出电压的要求，则 M3 和 M4 的正确镜像将不再得到保证。

第二种设计输出级的方法是用 g_{m6} 的值和 M6 所要求的 V_{DS}(饱和)来确定电流。考虑 g_m

和 V_{DS}(饱和)的定义式,得出一个与 S,V_{DS}(饱和),g_m 和工艺参数有关的公式。用此关系,由输出范围指标得到 V_{DS}(饱和)要求,可确定 S_6 如下:

$$S_6 = (W/L)_6 = \frac{g_{m6}}{K'_6 V_{DS6}(饱和)} \tag{6.3-20}$$

为确定 I_6 的值,先用式(6.3-19)。在确定 I_6 时,应该检查功耗需求,因为 I_6 是功耗的主要部分。

M7 的尺寸可以由下面给出的平衡方程式决定:

$$S_7 = (W/L)_7 = (W/L)_5 \left(\frac{I_6}{I_5}\right) = S_5 \left(\frac{I_6}{I_5}\right) \tag{6.3-21}$$

至此完成了所有宽长比的初步设计。图 6.3-2 说明了上述设计过程,显示了各种设计关系以及用于两级 CMOS 运算放大器中的位置。

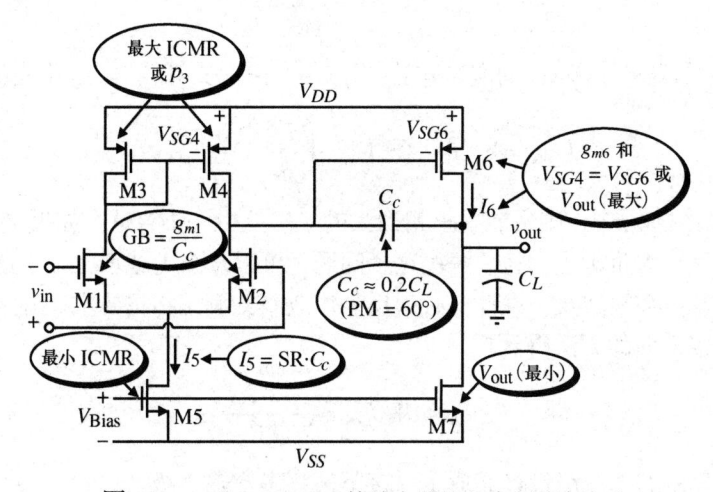

图6.3-2 两级 CMOS 运算放大器的电路和设计关系

在设计程序中,此时应该检查总的放大增益是否满足要求

$$A_v = \frac{(2)(g_{m2})(g_{m6})}{I_5(\lambda_2 + \lambda_4)I_6(\lambda_6 + \lambda_7)} \tag{6.3-22}$$

如果增益太低,可以调整多个参数。最好的方法参考表 6.3-1,它说明了各种器件尺寸和电流在一般情况下对不同参数的影响。每一步调整也许要求这个设计过程中的其他参数也要调整,以确保所有的指标都得到满足。表 6.3-2 总结了以上设计过程。

表 6.3-1 图 6.3-1 中直流电流、W/L 和补偿电容与性能的关系

	漏极电流		M1 和 M2		M3 和 M4		反相器	反相器负载		补偿电容
	I_5	I_7	W/L	L	W	L	W_6/L_6	W_7	L_7	C_c
增大直流增益	$(\downarrow)^{1/2}$		$(\downarrow)^{1/2}$	$\uparrow$		$(\uparrow)^{1/2}$		$\uparrow$		
增大 GB	$(\uparrow)^{1/2}$	$(\uparrow)^{1/2}$	$(\uparrow)^{1/2}$	$\uparrow$						$\downarrow$
增大 RHP 零点		$(\uparrow)^{1/2}$					$(\uparrow)^{1/2}$			$\downarrow$
增大摆率	$\uparrow$									$\downarrow$
增大 C_L										$\uparrow$

表 6.3-2　无缓冲运算放大器设计过程

设计过程假设已经给出了直流增益(A_v)、单位增益带宽(GB)、输入共模范围[V_{in}(最小)和 V_{in}(最大)]、负载电容(C_L)、摆率(SR)、建立时间(T_s)、输出电压摆幅[V_{out}(最小)和 V_{out}(最大)]以及功耗(P_{diss})。

1. 选择器件的最小栅长,为保持沟道调制参数恒定和电流镜的匹配。
2. 由所希望的相位裕量,选择 C_c 的最小值。也就是说,为了得到 60° 的相位裕量,可以运用下面的关系式(假设 $z \geq 10$GB):

$$C_c > 0.22 C_L$$

3. 由两个值中的最大值确定"尾电流"(I_5)的最小值:

$$I_5 = \text{SR} \cdot C_c$$

4. 按照最大输入电压指标设计 S_3:

$$S_3 = \frac{2I_3}{K'_3[V_{DD}-V_{in}(最大)-|V_{T03}|(最大)+|V_{T01}|(最小)]^2} \geq 1$$

5. 验证由 C_{gs3} 和 C_{gs4} 引起的极、零点($=0.67W_3L_3C_{ox}$)不是主极、零点,设 p_3 大于 10GB。注意,在 $2p_3$ 处有一个零点,会减小运放中 p_3 的影响:

$$\frac{g_{m3}}{2C_{gs3}} > 10 \text{ GB}$$

6. 设计 $S_1(S_2)$ 达到期望的 GB 值:

$$g_{m1} = \text{GB} \cdot C_c \Rightarrow S_1 = S_2 = \frac{g_{m2}}{K'_2 I_5}$$

7. 由最小输入电压设计 S_5。首先计算 V_{DS5}(饱和),然后确定 S_5:

$$V_{DS5}(饱和) = V_{in}(最小) - V_{SS} - \sqrt{\frac{I_5}{\beta_1}} - V_{T1}(最大) \geq 100 \text{ mV}$$

$$S_5 = \frac{2I_5}{K'_5[V_{DS5}(饱和)]^2}$$

8. 让第二极点(p_2)等于 2.2GB 以确定 S_6 和 I_6,

$$g_{m6} = 2.2 g_{m2}(C_L/C_c)$$

让 $V_{SG4} = V_{SG6}$,得到

$$S_6 = S_4 \frac{g_{m6}}{g_{m4}}$$

已知 g_{m6} 和 S_6 就可以解出 I_6 为

$$I_6 = \frac{g_{m6}^2}{2K'_6 S_6}$$

9. 另外,I_6 的计算也可以采用下式先解出 S_6:

$$S_6 = \frac{g_{m6}}{K'_6 V_{DS6}(饱和)}$$

然后再用前面的关系式确定。当然,M3 和 M4 之间的正确镜像关系不再得到保证。

10. 选择 S_7 达到 I_5 和 I_6 之间所希望的电流比,

$$S_7 = (I_6/I_5)S_5$$

11. 核对增益和功耗指标:

$$A_v = \frac{2g_{m2}g_{m6}}{I_5(\lambda_2+\lambda_3)(\lambda_6+\lambda_7)}$$

$$P_{diss} = (I_5+I_6)(V_{DD}+|V_{SS}|)$$

12. 如果不满足增益指标,可以减小电流 I_5 和 I_6 或者增加 M2 或 M6 的 W/L。前面的计算必须重新检查以确保它们都得到满足。如果功耗太高,只能减小电流 I_5 和 I_6。电流的减小将很可能需要增大一些宽长比以满足输入和输出摆幅。
13. 仿真整个电路看是否所有指标都能满足。

上述设计过程中没有考虑噪声或 PSRR。现在初步设计已经完成,因此可以考虑这两个指标了。输入等效噪声电压主要由第一级输入管和负载引起,有热噪声和 $1/f$ 噪声。$1/f$ 噪声可以通过增加晶体管面积(即增加 WL)来降低。热噪声可以通过增大自身 g_m 来减小,这可以由增大 W/L、增大电流,或者同时增大两者来实现。由负载管引起的有效输入噪声电压可以通过减小 $g_{m3}/g_{m1}(g_{m4}/g_{m2})$ 的比来减小。必须注意,这些改进噪声性能的调整不要反过来影响运算放大器的其他重要性能。

电源抑制比在很大程度上是由所采用的结构决定的。在负 PSRR 中的一些改进通过增大 M5 的输出电阻来实现。这通常是在不影响其他性能的情况下成比例地增大 W_5 和 L_5 来完成的。晶体管 M7 应当按照适当的匹配来调整。两级运算放大器更详细的 PSRR 分析将在 6.4 节中介绍。

下面的例子说明了在设计所描述的运算放大器时需要进行的步骤。

例 6.3-1　设计一个两级运算放大器

用表 3.1-1 和表 3.1-2 所给的资料和器件参数设计一个与图 6.3-1 类似的放大器,在 60° 的相位裕量情况下,满足下面的指标要求。设沟道长度为 1 μm。

$A_v > 5000$ V/V　　　$V_{DD} = 2.5$ V　　　$V_{SS} = -2.5$ V

GB $= 5$ MHz　　　$C_L = 10$ pF　　　SR > 10 V/μs

$V_{out} = \pm 2$ V　　　ICMR $= -1 \sim 2$ V　　　$P_{diss} \leqslant 2$ mW

解: 首先算出补偿电容 C_c 的范围为

$$C_c > (2.2/10)(10 \text{ pF}) = 2.2 \text{ pF}$$

选定 C_c 为 3 pF。用摆率指标和 C_c 算出 I_5:

$$I_5 = (3 \times 10^{-12})(10 \times 10^6) = 30 \text{ μA}$$

下面用 ICMR 的要求计算 $(W/L)_3$。用式 (6.3-12) 可得到

$$(W/L)_3 = \frac{(30 \times 10^{-6})}{(50 \times 10^{-6})[2.5 - 2 - 0.85 + 0.55]^2} = 15$$

因此

$$(W/L)_3 = (W/L)_4 = 15$$

现在可以检查镜极点 p_3 的值,确保大于 10GB。设 $C_{ox} = 2.47$ fF/μm²。求得镜极点为

$$p_3 \approx \frac{-g_{m3}}{2C_{gs3}} = \frac{-\sqrt{2K'_p S_3 I_3}}{2(0.667)W_3 L_3 C_{ox}} = 2.81 \times 10^9 \text{ rad/s}$$

或者 448 MHz。p_3 和 z_3 在这个设计中没有影响,因为 $p_3 \gg$ 10GB。

下一步是用式 (6.3-13) 计算 g_{m1},

$$g_{m1} = (5 \times 10^6)(2\pi)(3 \times 10^{-12}) = 94.25 \text{ μS}$$

于是,$(W/L)_1$ 为

$$(W/L)_1 = (W/L)_2 = \frac{g_{m1}^2}{2K'_N I_1} = \frac{(94.25)^2}{2 \times 110 \times 15} = 2.69 \approx 3.0$$

然后用式(6.3-15)计算 V_{DS5},

$$V_{DS5} = (-1) - (-2.5) - \sqrt{\frac{30 \times 10^{-6}}{110 \times 10^{-6} \times 3}} - 0.85 = 0.35 \text{ V}$$

由式(6.3-16)用 V_{DS5} 来计算 $(W/L)_5$,

$$(W/L)_5 = \frac{2(30 \times 10^{-6})}{(110 \times 10^{-6}) \times (0.35)^2} = 4.49 \approx 4.5$$

由式(6.2-20)可知

$$g_{m6} \geq 10 g_{m1} \geq 942.5 \text{ μS}$$

设 $g_{m6} = 942.5$ μS 并计算出 $g_{m4} = 150$ μS,从式(6.3-18)得到

$$S_6 = S_4 \frac{g_{m6}}{g_{m4}} = 15 \times \frac{942.5}{150} = 94.25 \approx 94$$

用式(6.3-19)计算 I_6,

$$I_6 = \frac{(942.5 \times 10^{-6})^2}{(2) \times (50 \times 10^{-6})^2 \times (94)} \approx 94.5 \text{ μA} \approx 95 \text{ μA}$$

由式(6.3-20)设计 S_6 得 $S_6 \approx 15$。因为由上面得到的 94 的宽长比较大,因此最大输出电压指标会得到满足。

最后由式(6.3-21)计算 $(W/L)_7$

$$(W/L)_7 = 4.5 \times \left(\frac{95 \times 10^{-6}}{30 \times 10^{-6}}\right) = 14.25 \approx 14$$

现在检查 V_{out}(最小)的指标(虽然 M7 的 W/L 已经足够大,以至这一步可能不需要)。V_{out}(最小)的值是

$$V_{out}(最小) = V_{DS7}(饱和) = \sqrt{\frac{2 \times 95}{110 \times 14}} = 0.351 \text{ V}$$

这比期望的值小。至此,初步设计就完成了。

功耗计算为

$$P_{diss} = 5 \text{ V} \times (30 \text{ μA} + 95 \text{ μA}) = 0.625 \text{ mW}$$

现在通过检查可得

$$A_v = \frac{(2) \times (92.45 \times 10^{-6}) \times (942.5 \times 10^{-6})}{30 \times 10^{-6} \times (0.04 + 0.5) \times 95 \times 10^{-6} \times (0.04 + 0.05)} = 7696 \text{ V/V}$$

增益指标得到满足。如果想得到更高的增益,一种简单的办法是将 W 和 L 的值增大两倍,此时 λ 的减小将使增益增大 20 倍。图 6.3-3 示出初步设计的结果。下一步将进行仿真。

[图 6.3-3 初步设计的结果 — 电路图，包含 M1-M8，$V_{DD}=2.5\text{ V}$，$V_{SS}=-2.5\text{ V}$，$C_c=3\text{ pF}$，$C_L=10\text{ pF}$，30 μA，95 μA 等标注]

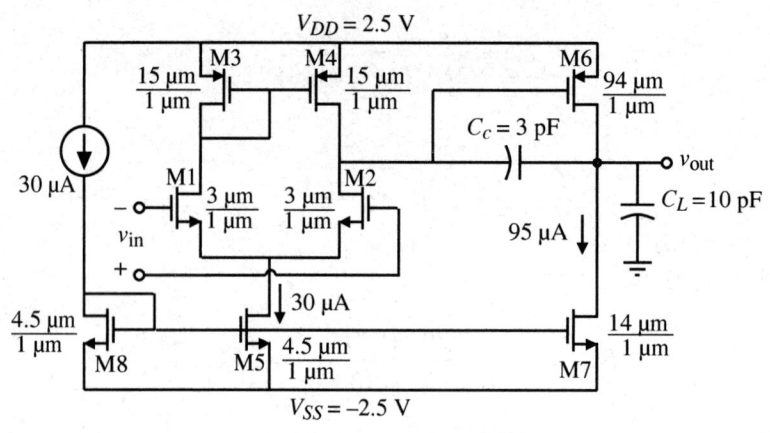

图 6.3-3 初步设计的结果

调零电阻与米勒补偿

在上面的设计过程中可能会出现不希望且不能忽略的 RHP 零点。如果要求的 GB 大或者输出级跨导(g_{m6})不大就可能发生这种情况。此时，必须采用调零电阻补偿的方法。可以用 6.2 节的结果来说明如何应用这种方法。

6.2 节描述了 RHP 零点为何可以移到左半平面并置于最高的非主极、零点的技术。为达到这一目的，可用电阻与补偿电容串联。图 6.3-4 中用 M8 管作为电阻进行补偿，此管由控制电压 V_c 控制，调整电阻使得在工艺发生变化时维持适当值[6]。

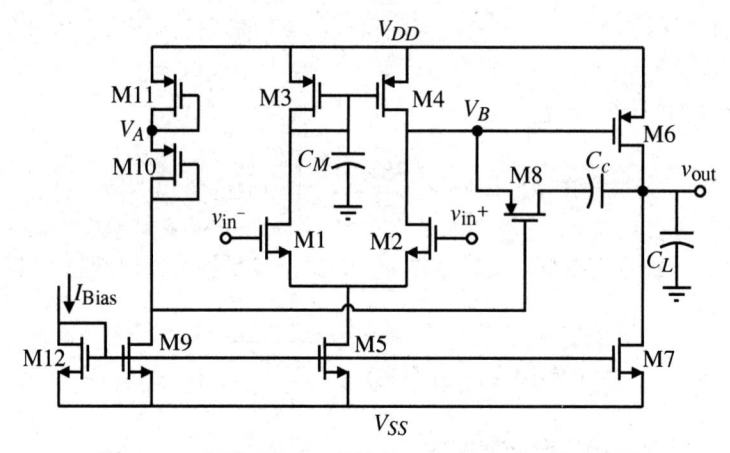

图 6.3-4 采用调零电阻补偿的两级 CMOS 运算放大器

在补偿中加入电阻，产生的极、零点为[见式(6.2-37)~式(6.2-40)]

$$p_1 = -\frac{g_{m2}}{A_v C_c} = -\frac{g_{m1}}{A_v C_c} \tag{6.3-23}$$

$$p_2 = -\frac{g_{m6}}{C_L} \tag{6.3-24}$$

$$p_4 = -\frac{1}{R_z C_I} \tag{6.3-25}$$

$$z_1 = \frac{-1}{R_z C_c - C_c/g_{m6}} \tag{6.3-26}$$

式中，$A_v = g_{m1}g_{m6}R_I R_{II}$。为了让第二个极点$(p_2)$与零点抵消，必须保证下面的关系成立：

$$R_z = \frac{1}{g_{m6}}\left(\frac{C_L + C_c}{C_c}\right) = \left(\frac{C_c + C_L}{C_c}\right)\frac{1}{\sqrt{2K'_P S_6 I_6}} \tag{6.3-27}$$

电阻R_z由M8实现，因为通过它的直流电流为零，它工作在非饱和区。因此，R_z可以写为

$$R_z = \frac{\partial v_{DS8}}{\partial i_{D8}}\bigg|_{V_{DS8}=0} = \frac{1}{K'_P S_8(V_{DS8} - |V_{TP}|)} \tag{6.3-28}$$

设置偏置电流以使电压V_A等于V_B，结果有

$$|V_{GS10}| - |V_T| = |V_{GS8}| - |V_T| \tag{6.3-29}$$

在饱和区，

$$|V_{GS10}| - |V_T| = \sqrt{\frac{2(I_{10})}{K'_P(W_{10}/L_{10})}} = |V_{GS8}| - |V_T| \tag{6.3-30}$$

代入式(6.3-28)得

$$R_z = \frac{1}{K'_P S_8}\sqrt{\frac{K'_P S_{10}}{2I_{10}}} = \frac{1}{S_8}\sqrt{\frac{S_{10}}{2K'_P I_{10}}} \tag{6.3-31}$$

令式(6.3-27)与式(6.3-31)相等得

$$\left(\frac{W_8}{L_8}\right) = \left(\frac{C_c}{C_L + C_c}\right)\sqrt{\frac{S_{10} S_6 I_6}{I_{10}}} \tag{6.3-32}$$

必须满足这个关系才能保证式(6.3-27)成立。为了完成这个补偿电路的设计，必须设计 M11 满足式(6.3-29)所设立的标准。为此，V_{SG11}必须等于V_{SG6}。因此，

$$\left(\frac{W_{11}}{L_{11}}\right) = \left(\frac{I_{10}}{I_6}\right)\left(\frac{W_6}{L_6}\right) \tag{6.3-33}$$

下面的例子阐述了这个补偿电路的设计。

例 6.3-2 RHP(右半平面)零点补偿

用例 6.3-1 的结果和器件数据设计补偿电路，使 RHP 零点移到 LHP(左半平面)且等于输出极点(p_2)。

解： 现在要做的是设计 M8~M11 以及偏置电流I_{10}。设计的第一步是设立偏置结构。为使V_A等于V_B，V_{SG10}必须等于V_{SG6}。因此有

$$S_{11} = (I_{11}/I_6) S_6$$

选$I_{11} = I_{10} = I_9 = 15\ \mu\text{A}$，得到$S_{11} = (15\ \mu\text{A}/95\ \mu\text{A}) \times 94 = 14.8 \approx 15$。

M10 的宽长比是一个自由参数，姑且设为 1。必须有足够的电压供应来支持V_{SG11}，V_{SG10}和V_{DS9}。I_{10}/I_5的比确定了 M9 的宽长比，为

$$(W/L)_9 = (I_{10}/I_5)(W/L)_5 = (15/30) \times (4.5) = 2.25 \approx 2$$

现在用式(6.3-32)确定 $(W/L)_8$ 为

$$(W/L)_8 = \left(\frac{3\text{ pF}}{3\text{ pF}+10\text{ pF}}\right)\sqrt{\frac{1.94 \cdot 95\ \mu A}{15\ \mu A}} = 5.63 \approx 6$$

现在需要检查 RHP 零点是否被移动到与 p_2 相等。为此，首先计算 R_z 的值。先确定 V_{SG8}，它等于 V_{SG10}，V_{SG10} 为

$$V_{SG10} = \sqrt{\frac{2I_{10}}{K'_P S_{10}}} + |V_P| = \sqrt{\frac{2 \times 15}{50 \times 1}} + 0.7 = 1.474\text{ V}$$

接下来确定 R_z。

$$R_z = \frac{1}{K'_P S_8(V_{SG10}-|V_{TP}|)} = \frac{10^6}{50 \times 5.63 \times (1.474-0.7)} = 4.590\text{ k}\Omega$$

用式(6.3-26)可以计算出 z_1 的值为

$$z_1 = \frac{-1}{(4.590 \times 10^3) \times (3 \times 10^{-12}) - \dfrac{3 \times 10^{-12}}{942.5 \times 10^{-6}}} = -94.46 \times 10^6\text{ rad/s}$$

由式(6.3-24)可得输出极点 p_2 为

$$p_2 = \frac{942.5 \times 10^{-6}}{10 \times 10^{-12}} = -94.25 \times 10^6\text{ rad/s}$$

于是可以看到，输出极点被由 RHP 移到 LHP 的零点抵消了。

这个设计的结果总结如下：

$$W_8 = 6\ \mu m$$
$$W_9 = 2\ \mu m$$
$$W_{10} = 1\ \mu m$$
$$W_{11} = 15\ \mu m$$

因为试图用零点抵消极点，先检查调零电阻技术与温度和工艺变化的关系。式(6.3-26)给出了关键的关系式，式中 R_z 抵消了 $1/g_{m6}$。如果考虑让 g_{m6} 抵消 $1/R_z$，答案就很明显了。小信号跨导的一种形式为

$$g_{m6} = K'_P (W_6/L_6)(V_{SG6}-|V_{TP}|) \tag{6.3-34}$$

从式(6.3-28)看到 $1/R_z$ 刚好有同样的形式。只要保持 M6，M8 和 M10 管类型相同，温度和工艺跟踪应该是不错的。用 MOS 二极管代替电阻同样也会实现很好的温度和工艺跟踪(见习题6.3-13)。

电路设计的仿真

用上面的过程进行设计后，下一步就是用更精确的晶体管模型来仿真电路。多数情况下，BSIM2[7]或 BSIM3[8]模型就足够了。设计者应该确保手工设计在计算机上得到合理的仿真。计算机仿真会考虑到许多被忽略的细节，如体效应。虽然设计者可以在设计中做一些小的修改，

但必须抵制用计算机进行重大设计调整(如结构调整)的诱惑。仿真的作用是验证及探究一些因素的影响，如匹配、工艺变化、温度变化以及电源的变化。如果没有工艺参数变化的信息，可以用在高、低温的情况下检查电路来代替。这些仿真可以给出电路与工艺参数变化关系的思想。同样，模拟器可以用蒙特卡罗方法研究元件值统计变化的影响。

虽然电路还没有进行物理层设计，考虑由物理层版图引起的寄生效应是一个很好的习惯。这将减小版图设计前后仿真性能的差别。此时，设计者只知道 W/L 的值和直流电流，源、漏面积和形状还未确定。因此，由于反偏体-源区和体-漏区产生的寄生电容在源、漏的面积和周边长度确定前是无法模拟的。

下面介绍一种能让设计者考虑体-源区和体-漏区的寄生电容的方法。图 6.3-5 中简单的矩形 MOSFET 版图中，最小可能的源或漏区面积应该是长度 L1，L2 和 L3 之和与 W 的乘积。L1，L2 和 L3 的长度与给定工艺的设计规则有关，表示如下：

L1 = S/D 区接触孔与多晶硅之间的最小间距
L2 = 接触孔的最小尺寸
L3 = S/D 区的接触孔与 S/D 边缘之间的最小间距

这些规则可以很容易地在技术资料中找到。可得漏、源区的最小面积为 $(L1 + L2 + L3) \times W$，相应的周边长度为 $2(L1 + L2 + L3) + 2W$。保守的方法是令这个面积加倍来考虑由源极(漏极)与各自目标点间连接产生的寄生参数。

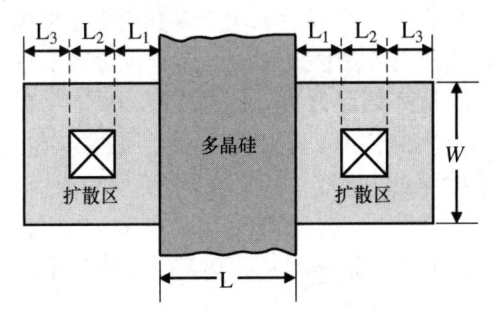

图 6.3-5 估计源、漏区面积以及周边长度的方法

例 6.3-3　体-源区和体-漏区的寄生电容的估算

已知某管的宽和长分别为 10 μm 和 1 μm，用上面的方法来估算晶体管的面积和周边长度，设 L1 = L2 = L3 = 2 μm。

解：源、漏的面积为 6 μm×10 μm，等于 60 μm²。周边长度是 2×10 μm+ 2×6 μm，即 32 μm。将这个信息输进模拟器(见 3.6 节)，可以计算出与反偏电压值相应的耗尽电容的值。

模拟电路的物理层设计

在设计过程中达到满意的仿真结果后就可进行物理层设计了。在 CMOS 模拟 IC 设计中，一个明显的趋势是物理层设计对电性能有很大的影响。没有仔细考虑物理层设计而认定设计完成是不可能的。一个好的电设计可能毁于不好的物理层或版图设计。

物理层设计的目的远不是简单地减小需要的面积，而主要是提高电性能。因为 IC 设计取决于匹配，因此匹配良好的物理层设计是相当重要的。好的匹配取决于两部分相配的程度。

单位匹配原理对于达到很好的匹配是非常有用的。复制原理以匹配器件(晶体管、电阻、电容等)的单位值开始。接下来，这个单位值在相同的方向不断复制。必须设计单位值以便两个器件的连接影响相同。图 6.3-6 显示了两个 5:1 电流镜的版图。在图 6.3-6(a)中，两条虚线之间的单个晶体管被复制了 5 次，为节省面积，扩散区被连在一起。在图 6.3-6(b)中，左边虚线之间的晶体管被复制了 5 次，形成右边的晶体管。虽然图 6.3-6(a)的版图面积最小，但是图 6.3-6(b)的版图有更好的匹配，因为漏/源区面积相同。在图 6.3-6(a)中，内部晶体管的漏区和源区是共用的，这使得体-漏区和体-源区结耗尽电容与左边单个晶体管的不同。不但电容不同，而且由漏区和源区的电阻系数决定的体电阻也不同。

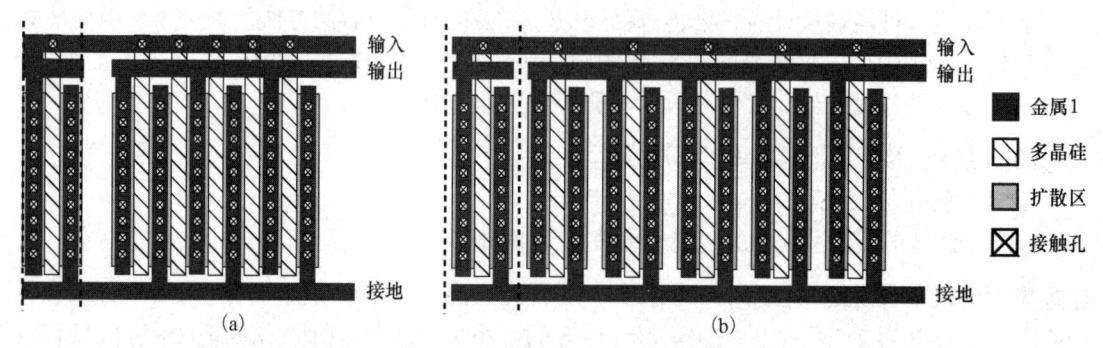

图 6.3-6　5:1 电流镜版图。(a)牺牲匹配的最小化版图；(b)最优化匹配的版图

如果要得到非整数比，可以用一个以上的单位来获得更小的值。例如，3 比 2 可得 1.5 的比。这样，可以用同质心的几何方法使设计对晶体管位置的依赖更小。图6.3-7示出了一个用 5 个单独的晶体管得到 1.5 比率的好方法。标着"2"和"1"的晶体管是间隔放置的。若每个晶体管的三个端口都是有用的，则必须用第二层金属提供外部连接。

也可以用几何图形改善电路的电性能，见图 6.3-8 所示的范例。图中，晶体管被布成一个方形的"环"，目的是牺牲 C_{gs} 而减小 C_{gd} 的值。因为电容 C_{gd} 经常在米勒效应下倍增，因此保持其值较小是很重要的。环形晶体管结构具有真正的面积利用率优点。近似的 W 值是多晶硅的虚中心线的长度，受拐角影响改变。

图 6.3-7　晶体管 1.5:1 匹配的版图

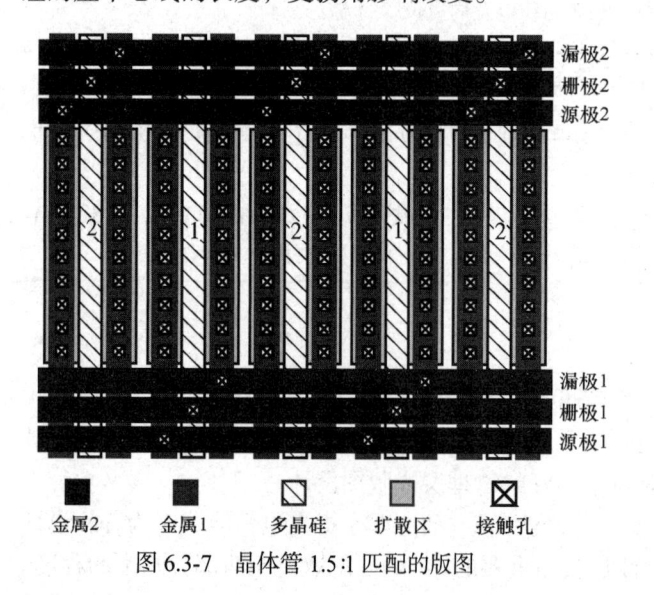

图 6.3-8　用环形晶体管减小 C_{gs}

除了元件之间的匹配，设计者必须避免不必要的电压降。非硅化多晶硅绝不能用于连线，因为它的电阻率高于金属。即使多晶硅被用来连接栅极并且没有直流电流通过，也需关注对寄生电容充放电的瞬态电流。当流过的电流很大时，即使是金属的低电阻率(50 mΩ/□)也可能引起问题。例如，一个长 1000 μm，宽 2 μm 的铝导体。这个导体两端间有 500 个方块电阻，所以电阻为 500□乘以 0.05 Ω/□，即 25 Ω。如果 1 mA 的电流流过这个导体，则电压降低 25 mV。在敏感电路中，两端间 25 mV 的压降足以引起严重的问题。例如，假设一个模拟信号转换成一个 8 bit 的数字信号，基准电压 1 V。这意味着最低有效位(LSB)的值为 1 V/256 或 4 mV。此时导体上 25 mV 的压降会严重影响模数转换器的性能。供电总线的电阻影响可通过将偏置电压转换为电流，在芯片上传送电流，在需要的地方再生成所需的偏置电压来避免。图 6.3-9 示出这个概念的一种实现。带隙电压 V_{BG} 被生成后通过 M13 和 M14 传送到由标注带 "A" 的晶体管组成的从偏置电路，从偏置电路在芯片上远离基准电压的地方产生所需的偏置电压。

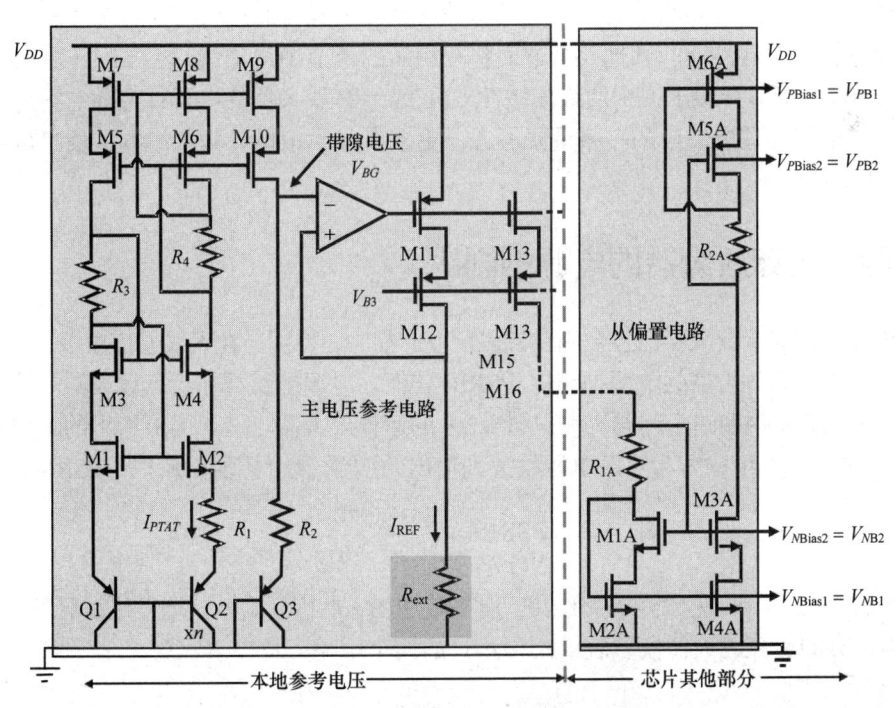

图 6.3-9 芯片上传送电流到从偏置电路的基准电压产生电路

除了由导体产生的压降，还有电阻产生的热噪声。尤其在用多晶硅连接 MOSFET 栅极到信号源的地方，这一点尤为重要。即使没有直流电流流过，电阻也将增大噪声。多数现代工艺允许多晶硅硅化以减小电阻率，使之远低于普通多晶硅。

随着越来越多的电路被放在单个集成电路芯片上，版图对电性能的影响变得越来越大。在衬底和表面连线上的噪声不再被忽略[9, 10]。无论从电设计还是从物理层设计的角度考虑，这都是一个必须研究的问题。在电学上，设计者可以使用差分电路，并设计具有大的电源和共模抑制比的电路。从物理层设计考虑，设计者必须试着尽可能减小电源和地线的噪声。可以通过分离数字和模拟电源，使所有电路中的电源都返回到一个公共点来实现。数字和模拟电路不能使用同一条电源总线。

噪声电路与敏感电路的物理分隔对在采用重掺杂衬底上进行轻掺杂外延层的工艺来说没有给出任何有意义的改进。最好的方法是用多条(并联)键合线引出片外以减小从片外电源到片上诸如衬底或阱等地线的引线电感。在使用保护环时，如果它们有自己的片外键合线，并且不与其他有相同直流电位的区域共享片外键合线，那么保护环是最有效的。当频率增大且一块单片上有更多电路的时候，干扰的问题将更严重。在混合信号应用的单片集成中，这个因素似乎已成为最大的障碍。

一旦运算放大器(或其他电路)进入版图设计，有两个重要的步骤是必需的。首先确信版图设计与电设计是对应的，这可以用一种称为版图与电路图对照检查(LVS)的 CAD 工具来做。这个工具的检查可以确保电路图与版图的一致性，可以避免版图设计中的错误连接或遗漏。第二个重要步骤是已经知道了物理层设计后提取电路的寄生参数。一旦提取出寄生参数(典型的是电容和电阻)，将再次进行仿真，仿真性能满足指标要求时就可以准备制造电路了。这里总结了模拟设计的前两个步骤，也就是电设计和物理层设计。第三个重要步骤将在本章后面讨论，是有关测试和调试的。一个成功的产品必须成功通过所有这三个步骤。

两级运算放大器性能的其他几个方面将在稍后的章节中讨论，包括 PSRR(见 6.4 节)和噪声(见 7.5 节)。本节介绍了一个两级无缓冲 CMOS 运算放大器的电设计过程。另外，还提出了模拟集成电路物理层设计的一些重要考虑。更多有关模拟设计版图影响的信息可以在参考文献[11]中找到。

6.4 两级运算放大器的电源抑制比

两级无缓冲运算放大器已经被用在许多商业产品中，特别是在无线通信领域。最初的成功之后，发现该运算放大器的电源抑制比(PSRR)较低。电源的纹波在运算放大器的输出中引入很大的噪声。为了说明这个问题，考虑图 6.2-8 的运算放大器。式(6.1-8)给出的 PSRR 定义表示差模增益 A_v 与差模输入为零时电源纹波到输出的增益(A_{dd})比值。所以，PSRR 可以写成

$$\text{PSRR} = \frac{A_v(V_{dd}=0)}{A_{dd}(V_{in}=0)} \tag{6.4-1}$$

虽然可以计算出 A_v 和 A_{dd} 以及最终结果，但是使用图 6.4-1(a)的单位增益结构计算会更容易。用图 6.4-1(b)的运算放大器模型表示式(6.4-1)的两个增益，可以表示为

$$V_{\text{out}} = \frac{A_{dd}}{1+A_v}V_{dd} \cong \frac{A_{dd}}{A_v}V_{dd} = \frac{1}{\text{PSRR}^+}V_{dd} \tag{6.4-2}$$

式中，V_{dd} 是 V_{DD} 的电源纹波，PSRR$^+$是 V_{DD} 的 PSRR。因此，如果将运算放大器连接成单位增益模式，输入一个与电源 V_{DD} 串联的交流信号 V_{dd}，V_o/V_{dd} 将是 PSRR$^+$的倒数。这个方法可以用来计算两级运算放大器的 PSRR。

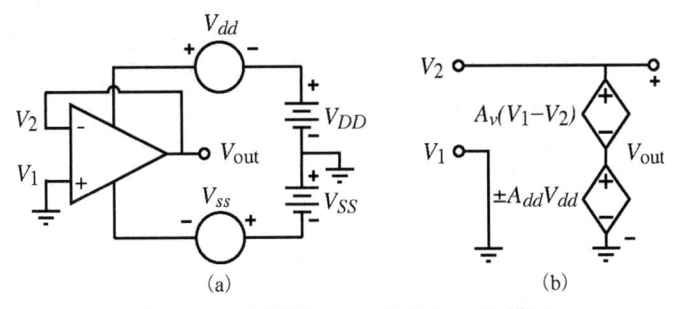

图 6.4-1 (a) 计算 PSRR 的方法；(b) 模型

正的 PSRR

图 6.2-8 所示的两级运算放大器接成单位增益模式如图 6.4-2(a) 所示，图中正电源串接了一个交流纹波 V_{dd}。在稍后计算负的电源抑制比时，V_{Bias} 负端的两种可能接法将变得十分重要。如前所述，C_I，C_{II} 分别为第一级和第二级的输出端和地之间的寄生电容。计算 $PSRR^+$ 的小信号模型如图 6.4-2(b) 所示，设 V_5 为 0，简化模型如图 6.4-2(c) 所示，流过 $1/g_{m3}$ 的电流 I_3 用

$$I_3 = g_{m1}V_{out} + g_{ds1}\left(V_{dd} - \frac{I_3}{g_{m3}}\right) \cong g_{m1}V_{out} + g_{ds1}V_{dd} \tag{6.4-3}$$

代替。式 (6.4-3) 中假设 $g_{m3}r_{ds1}>1$。虚线表示图 6.4-2(b) 与 V_{dd} 并联的部分，对于模型来说是不重要的。

图 6.4-2(c) 的电压 V_1 和 V_{out} 的节点方程可以写成下面的形式。对于节点 V_1 有

$$(g_{ds1} + g_{ds4})V_{dd} = (g_{ds2} + g_{ds4} + sC_c + sC_I)V_1 - (g_{m1} + sC_c)V_{out} \tag{6.4-4}$$

而对于输出节点有

$$(g_{m6} + g_{ds6})V_{dd} = (g_{m6} - sC_c)V_1 + (g_{ds6} + g_{ds7} + sC_c + sC_{II})V_{out} \tag{6.4-5}$$

利用两级运算放大器的一般符号，可将式 (6.4-4) 和式 (6.4-5) 重新写成

$$G_I V_{dd} = (G_I + sC_c + sC_I)V_1 - (g_{mI} + sC_c)V_{out} \tag{6.4-6}$$

和

$$(g_{mII} + g_{ds6})V_{dd} = (g_{mII} - sC_c)V_1 + (G_{II} + sC_c + sC_{II})V_{out} \tag{6.4-7}$$

式中，

$$G_I = g_{ds1} + g_{ds4} = g_{ds2} + g_{ds4} \tag{6.4-8}$$

$$G_{II} = g_{ds6} + g_{ds7} \tag{6.4-9}$$

$$g_{mI} = g_{m1} = g_{m2} \tag{6.4-10}$$

$$g_{mII} = g_{m6} \tag{6.4-11}$$

求传输函数 V_{out}/V_{dd}，取其倒数得到

$$\frac{V_{dd}}{V_{out}} = \frac{s^2[C_cC_I + C_IC_{II} + C_{II}C_c] + s[G_I(C_c+C_{II}) + G_{II}(C_c+C_I) + C_c(g_{mII}-g_{mI})] + G_IG_{II} + g_{mI}g_{mII}}{s[C_c(g_{mII}+G_I+g_{ds6}) + G_I(g_{mII}+g_{ds6})] + G_Ig_{ds6}} \tag{6.4-12}$$

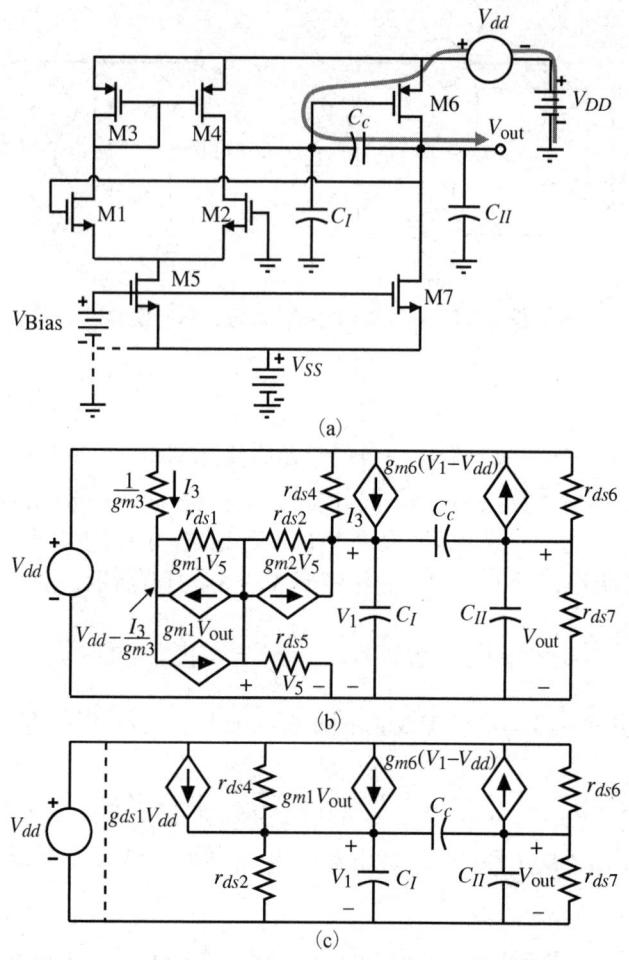

图 6.4-2 (a) 计算两级运算放大器 PSRR$^+$ 的方法; (b) 图(a)的小信号模型; (c) 图(b)的简化模型

用 6.3 节描述的方法,可以解得式(6.4-12)的近似根为

$$\text{PSRR}^+ = \frac{V_{dd}}{V_{out}} \cong \left(\frac{g_{mI}g_{mII}}{G_I g_{ds6}}\right) \left[\frac{\left(\dfrac{sC_c}{g_{mI}}+1\right)\left(\dfrac{s(C_c C_I + C_I C_{II} + C_c C_{II})}{g_{mII} C_c}+1\right)}{\left(\dfrac{sg_{mII}C_c}{G_I g_{ds6}}+1\right)}\right] \quad (6.4\text{-}13)$$

式中,假设 g_{mII} 大于 g_{mI},所有跨导大于沟道电导,式(6.4-13)简化为

$$\text{PSRR}^+ = \frac{V_{dd}}{V_{out}} = \left(\frac{g_{mI}g_{mII}}{G_I g_{ds6}}\right)\left[\frac{\left(\dfrac{sC_c}{g_{mI}}+1\right)\left(\dfrac{sC_{II}}{g_{mII}}+1\right)}{\dfrac{sg_{mII}C_c}{G_I g_{ds6}}+1}\right] = \left(\frac{G_{II}A_v(0)}{g_{ds6}}\right)\frac{\left(\dfrac{s}{\text{GB}}+1\right)\left(\dfrac{s}{|p_2|}+1\right)}{\dfrac{sG_{II}A_v(0)}{g_{ds6}\text{GB}}+1} \quad (6.4\text{-}14)$$

图 6.4-3 示出了分析结果。可以看出在 $\text{GB}/A_v(0)$ 频率处 PSRR$^+$ 开始以-20 dB/十倍频的斜率下降。因此,PSRR$^+$ 在高频处退化,这是两级无缓冲运算放大器的缺点。

上面的计算可能是本书遇到的最困难的情况。虽然结果很清楚,但是低 PSRR$^+$ 的原因却不清楚。因为 M6 的偏置是由 M7 的电流源提供的,所以 M6 的栅源电压必须保持不变。这就迫使 M6 的栅极随 V_{DD} 而变化,这个变化通过 C_c 传送到放大器的输出端。从电源纹波电压 V_{dd} 到输出端的路径如图 6.4-2(a) 中黑色箭头所示。随着频率增加,补偿电容 C_c 的阻抗变低,M6 的漏极开始随着栅极变化,从 V_{dd} 到 V_{out} 的增益近似等于 1。于是,PSRR$^+$ 有一个与 $A_v(s)$ 的频响相近的频率响应,直到两个零点 -GB 和 -p_2 影响频率响应。对例 6.3-1 的值,PSRR$^+$ 的直流值为 68.8 dB,根为 $z_1 = -5$ MHz,$z_2 = -15$ MHz,$p_1 = -906.6$ Hz。图 6.6-18(a) 和图 6.6-18(b) 是例 6.3-1 中 PSRR$^+$ 的模拟响应,与这些结果比较非常接近。

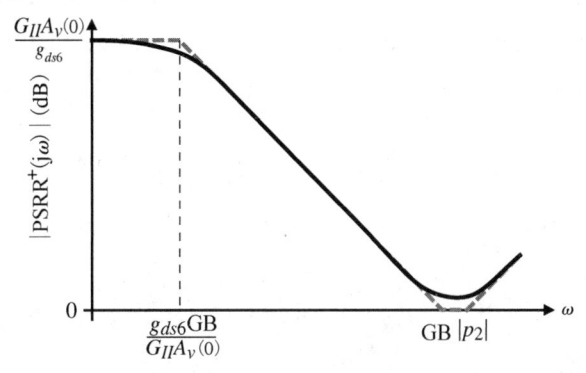

图 6.4-3 两级运算放大器的 PSRR$^+$ 的幅频特性

负的 PSRR

图 6.4-4(a) 是计算两级运算放大器负的 PSRR(PSRR$^-$)的电路。PSRR$^-$ 的分析与电压 V_{Bias} 连在哪里有关。一般来说,V_{Bias} 是由从 V_{DD} 流进 MOS 二极管的电流驱动产生的电压。如果是这样而且电流与 V_{ss} 无关,则 M5 和 M7 的栅源电压应该维持恒定。为此,用 4.5 节提到的电流源(或图 6.3-9)是一个不错的选择。这个电流源与电源电压无关,提供的偏置电流不受电源变化的影响。如果由于某种原因,V_{Bias} 接地,那么随着电源改变,V_{ss} 将会引起 M5 和 M7 栅源电压的变化,而这个变化将引起漏极电流的变化。第一级的共模抑制会减小 M5 漏极的交流电流。M7 中的交流电流将乘以 R_{II} 出现在输出端,并反映出 V_{ss} 的变化。这种情况的小信号模型如图 6.4-4(b) 所示。相应的节点方程为

$$0 = (G_I + sC_c + sC_I)V_1 - (g_{mI} + sC_c)V_o \tag{6.4-15}$$

和

$$g_{m7}V_{ss} = (g_{mII} - sC_c)V_1 + (G_{II} + sC_c + sC_{II})V_o \tag{6.4-16}$$

求 V_{out}/V_{ss} 并取倒数得

$$\frac{V_{ss}}{V_{out}} = \frac{s^2(C_cC_I + C_IC_{II} + C_{II}C_c) + s[G_I(C_c + C_{II}) + G_{II}(C_c + C_I) + C_c(g_{mII} - g_{mI})] + G_IG_{II} + g_{mI}g_{mII}}{[s(C_c + C_I) + G_I]g_{m7}} \tag{6.4-17}$$

再用 6.3 节中的方法,可得式(6.4-17)的近似根为

$$\text{PSRR}^- = \frac{V_{ss}}{V_{out}} \cong \left(\frac{g_{mI}g_{mII}}{G_Ig_{m7}}\right) \left[\frac{\left(\dfrac{sC_c}{g_{mI}} + 1\right)\left(\dfrac{s(C_cC_I + C_IC_{II} + C_cC_{II})}{g_{mII}C_c} + 1\right)}{\left(\dfrac{s(C_c + C_I)}{G_I} + 1\right)} \right] \tag{6.4-18}$$

式(6.4-18)可以近似重写为

$$\text{PSRR}^- = \frac{V_{ss}}{V_{\text{out}}} \cong \left(\frac{g_{mI}g_{mII}}{G_I g_{m7}}\right)\left[\frac{\left(\frac{sC_c}{g_{mI}}+1\right)\left(\frac{sC_{II}}{g_{mII}}+1\right)}{\left(\frac{sC_c}{G_I}+1\right)}\right] = \left(\frac{G_{II}A_v(0)}{g_{m7}}\right)\left[\frac{\left(\frac{s}{\text{GB}}+1\right)\left(\frac{s}{|p_2|}+1\right)}{\left(\frac{s}{\text{GB}}\frac{g_{mI}}{G_I}+1\right)}\right] \quad (6.4\text{-}19)$$

用这个结果与 PSRR$^+$ 比较，零点是相同的，但是直流增益减小，几乎减少了第二级的增益，极点降低了第一级增益的量。依照例 6.3-1 的值，给出 23.7 dB 的增益和 -147 kHz 的极点值。这种情况下 PSRR$^-$ 的直流值非常小；然而，这种情况可以通过正确地使用 V_{Bias} 来避免，接下来讨论这个问题。

如果 V_{Bias} 的值与 V_{ss} 无关，则有图 6.4-4(c) 的模型，此时节点方程为

$$0 = (G_I + sC_c + sC_I)V_1 - (g_{mI} + sC_c)V_{\text{out}} \quad (6.4\text{-}20)$$

和

$$(g_{ds7} + sC_{gd7})V_{ss} = (g_{mII} - sC_c)V_1 + (G_{II} + sC_c + sC_{II} + sC_{gd7})V_{\text{out}} \quad (6.4\text{-}21)$$

求解 V_{out}/V_{ss} 并取倒数得

$$\frac{V_{ss}}{V_{\text{out}}} = \frac{s^2[C_cC_I + C_IC_{II} + C_{II}C_c + C_IC_{gd7} + C_cC_{gd7}] + s[G_I(C_c + C_{II} + C_{gd7}) + G_{II}(C_c + C_I) + C_c(g_{mII} - g_{mI})] + G_IG_{II} + g_{mI}g_{mII}}{(sC_{gd7} + G_{gd7})(s(C_c + C_I) + G_I)} \quad (6.4\text{-}22)$$

求分子和分母的近似根得

$$\text{PSRR}^- = \frac{V_{ss}}{V_{\text{out}}} \cong \left(\frac{g_{mI}g_{mII}}{G_I g_{ds7}}\right)\left[\frac{\left(\frac{sC_c}{g_{mI}}+1\right)\left(\frac{s(C_cC_I + C_IC_{II} + C_cC_{II})}{g_{mII}C_c}+1\right)}{\left(\frac{sC_{gd7}}{g_{ds7}}+1\right)\left(\frac{s(C_I + C_c)}{G_I}+1\right)}\right] \quad (6.4\text{-}23)$$

式(6.4-23)可以重写成

$$\text{PSRR}^- = \frac{V_{ss}}{V_{\text{out}}} \cong \left(\frac{G_{II}A_v(0)}{g_{ds7}}\right)\left[\frac{\left(\frac{s}{\text{GB}}+1\right)\left(\frac{s}{|p_2|}+1\right)}{\left(\frac{sC_{gd7}}{g_{ds7}}+1\right)\left(\frac{sC_c}{G_I}+1\right)}\right] \quad (6.4\text{-}24)$$

此时直流增益被增加到 G_{II}/g_{ds7} 倍，极点由一个变成两个。然而，极点 $-g_{ds7}/C_{gd7}$ 非常大，从而可以忽略。PSRR$^-$ 的频率响应如图 6.4-5 所示。再依照例 6.3-1 的值，求得直流增益为 76.7 dB。为求极点必须假设 C_{gd7} 的值。设 C_{gd7} 为 10 fF，算出极点为 -71.2 kHz 和 -149 kHz。较高的极点可以在频率增大时使 PSRR$^-$ 比 PSRR$^+$ 更大。结果是 n 沟道输入，两级运算放大器的 PSRR$^-$ 总是比 PSRR$^+$ 大。如果是 p 沟道输入运算放大器，那么结果正相反。计算 PSRR 的其他方法可以在参考文献[5, 12]中找到。

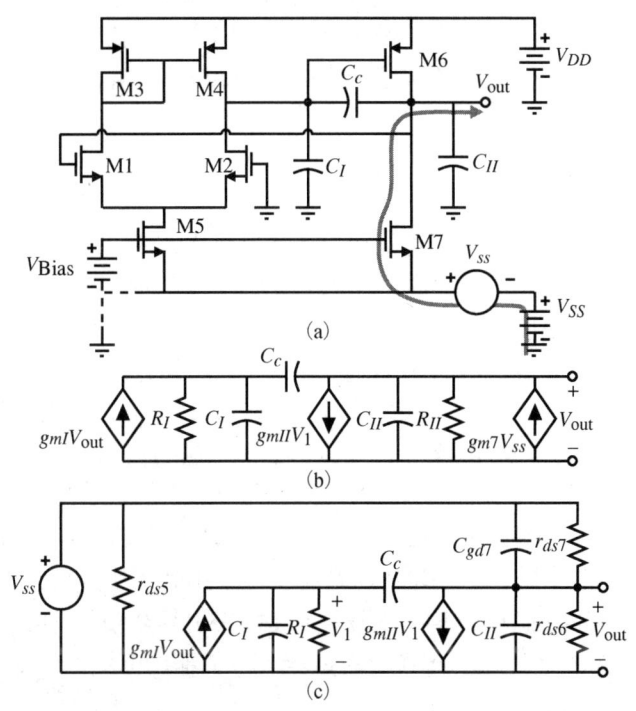

图 6.4-4 (a)计算两级运算放大器 PSRR⁻的电路；(b) V_{Bias} 接地时的模型；(c) V_{Bias} 与 V_{SS} 无关时的模型

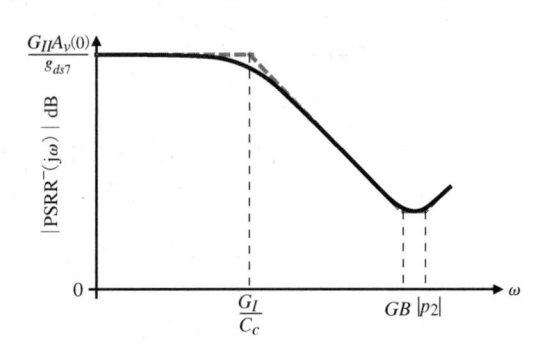

图 6.4-5 两级运算放大器 PSRR⁻的幅频特性

可见两级运算放大器的电源抑制比较差，这是因为电源纹波通过补偿电容到输出端的路径。接下来，考虑用共源共栅放大器来改善两级运算放大器的性能。共源共栅放大器也允许达到更大的电源抑制比。

6.5 共源共栅运算放大器

前面介绍了两级运算放大器的设计。这种运算放大器可能是目前最广泛应用的 CMOS 放大器之一。实验结果接近设计结果。然而，许多无缓冲应用是两级运算放大器性能所不能满足的。两级运算放大器的性能限制包括增益不够大，由于无力控制运算放大器的高阶极点而引起的有限稳定带宽，以及较差的电源抑制比等。

本节介绍几种共源共栅运算放大器，它们在上面三个方面提供了性能改进。下面将讨论三种共源共栅运算放大器拓扑。三种拓扑的主要区别是在图 6.1-1 所示的一般运算放大器框图中将共源共栅级放在那个位置。第一种是在第一级采用共源共栅,接着在第二级用。最后,将介绍一种非常有用的称为折叠共源共栅的运算放大器电路。介绍中将阐明如何用反馈增加共源共栅运放的增益。

在第一级采用共源共栅

用共源共栅结构提高增益的作用可以通过考察如何增大两级运算放大器的增益看出。有三种方法提高增益:(1)加入另外的增益级;(2)增大第一级或第二级的跨导;(3)增大从第一级或第二级看进去的输出电阻。第一种方法有可能不稳定。后面两种方法中第三种更好,因为输出电阻增加正比于偏置电流的减小,而跨导的增大与偏置电流增大是平方根的关系。因此,增大 r_{out} 比增大 g_m 更有效。r_{out} 的显著增大可以通过专门的电路技术实现,如 4.3 节和 5.3 节介绍的共源共栅结构以及 4.4 节介绍的校准共源共栅结构。

首先考虑两级运放中只有第一级采用共源共栅的情况。图 6.5-1(a) 给出了图 5.2-6 中 M1~M4 管用共源共栅结构替换的情况。注意共栅管 MC1 和 MC2 的偏置是以公共源极节点做参照的,如果不是这样,输入共模范围将严重受限。用观察法分析,求此电路的增益,可以看到 v_{in} 在 M1 中引起 $0.5g_{m1}v_{in}$ 的向下电流,在 M2 中引起 $0.5g_{m2}v_{in}$ 的向上电流。这两个电流流向放大器的输出端,产生 $g_m R_{out} v_{in}$(这里 $g_{m1} = g_{m2}$)的输出电压,于是增益为

$$A_v = \frac{V_{out}}{V_{in}} = g_{m1} R_{out} \approx g_{m1}(g_{mC2} r_{dsC2} r_{ds2}) \| (g_{mC4} r_{dsC4} r_{ds4}) \qquad (6.5\text{-}1)$$

如果 $g_{mN} = g_{mP}$,$r_{dsN} = 2r_{dsP}$,那么开环电压增益 A_v 是

$$A_v \approx 0.2 g_{mN}^2 r_{dsN}^2 \qquad (6.5\text{-}2)$$

近似等于两级运放的增益。图 6.5-1(a) 的主极点由输出电阻和电容给出。如果输出端电容为 C_L,那么主极点为

$$|p_1| \approx \frac{1}{R_{out} C_L} \qquad (6.5\text{-}3)$$

如果高阶极点大于增益带宽积 GB,那么增益带宽积可写为

$$\text{GB} = A_v |p_1| = \frac{g_{m1}}{C_L} \qquad (6.5\text{-}4)$$

可见,图 6.5-1(a) 为自补偿结构,只要输出端接电容,就应该具有良好的稳定性能。若输出端是非常小的电容,非主极点也许会引起 90°相位裕量的减小。因为放大器是自补偿,所以没有米勒电容的 PSRR 受到影响。因此,图 6.5-1 应该有优于与采用米勒补偿的两级运放相比的 PSRR。

悬浮电池 V_{Bias} 用来提供 MC1 和 MC2 的偏置,设置 M1 和 M2 漏源电压的直流值。典型情况下,这些电压逼近 V_{ds}(饱和)。事实上,如果希望差分输出电流作为差分输入电压的线性函数,M1 和 M2 可以工作在线性或有源区,此时 MOS 管的跨导特性是线性的。悬浮电池由图 6.5-1(b) 阴影部分的 MB1~MB5 管构成。来自 MB1 和 MB2 漏极的共模电压作用在 p 沟道电流镜的输入端 MB3,MB4 为 MOS 二极管 MB5 提供偏置电流,完成悬浮电池的作用。流过 MB1 和 MB2 的直流电流由 M1、M2 和 MB1、MB2 的 W/L 决定。$I_{MB1} + I_{MB2}$ 将流过 MB5,产生 V_{Bias}。M5 的漏极电流应增加以适应 I_{MB1} 和 I_{MB2}。

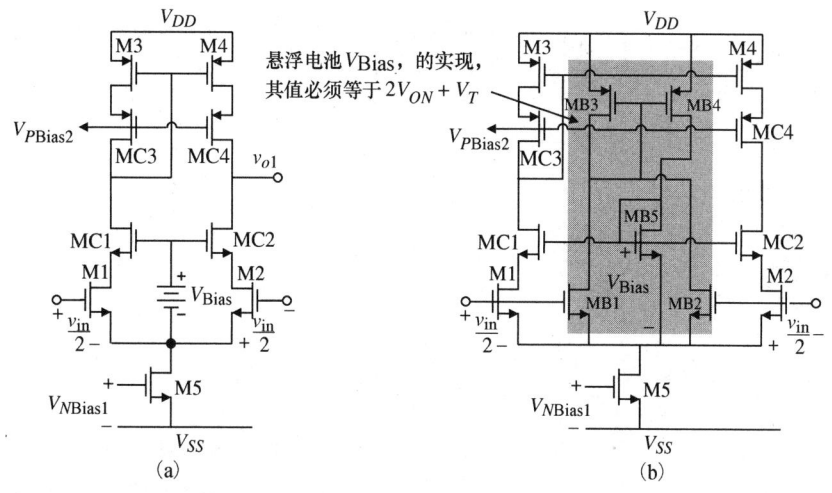

图 6.5-1 (a) 两级运算放大器的第一级采用共源共栅结构；(b) 悬浮电压 V_{Bias} 的实现

例 6.5-1 单级共源共栅运算放大器性能

在图 6.5-1(a) 所示电路中，设所有晶体管的 W/L 均为 10 μm/1 μm，$I_{DS1} = I_{DS2} = 50$ μA，要求 GB = 10 MHz，试用表 3.1-2 的模型参数求运算放大器的电压增益和 C_I 值。

解：器件的跨导为 $g_{m1} = g_{m2} = g_{mI} = 331.7$ μS，$g_{mC2} = 331.7$ μS，$g_{mC4} = 223.6$ μS。NMOS 管和 PMOS 管的输出电阻分别为 0.5 MΩ 和 0.4 MΩ，可得输出电阻 $R_{out} = 25$ MΩ。所以电压增益为 8290 V/V。由于单位增益带宽为 10 MHz，C_I 的值为 5.28 pF。

如果要求更高的增益或更低的输出电阻，则图 6.5-1 需要加接第二级。然而，可以注意到，图 6.5-1 电路的输出直流电压与两级运算放大器相比，有更低的低于 V_{DD} 的值。这级驱动共源 PMOS 输出管将引起一个大的 V_{DS}(饱和)，这将降低输出摆幅性能。为了优化第二级的输出摆幅，最好的办法是在驱动输出 PMOS 管栅极之前进行电平位移。这可以很容易地用图 6.5-2 实现。MT1 和 MT2 提供了第一级和第二级之间的电平位移功能。MT2 是一个电流源，给源极跟随器 MT1 提供偏置。图 6.5-2 中的电流-电压关系图说明，如果没有电平位移，M6 的 W/L 将减小，降低输出跨导同时增加饱和电压。从差分级输出到电平位移电路输出的小信号增益接近 1，有小的相移。图 6.5-2 的补偿可以在第二级中用 6.2 节中的米勒补偿技术完成。必须注意的是，电平位移电路(MT1 和 MT2)不会因为在 M6 的栅极引入一个极点后产生问题。一般来说，这个极点的值足够高因而不会引起问题。这个运算放大器的典型电压增益很容易达到 100 000 V/V。

增加图 6.5-1 电压增益的另一种方法是采用增益增强技术。图 6.5-3(a) 给出在图 6.5-1 中采用增益为 $-A$ 的反相放大器的增益增强技术。在图 6.5-3(b) 中增益放大器是简单的反相器。图 6.5-1 中要实现的 V_{Bias} 电压这里已不再需要。通过负反馈 M13、M14 和 M16 的电流必须分别流过 M11、M12 和 M15。这就设置了 M1 和 M2 的漏源电压以及 M8 的源漏电压。这些电压没有优化最大输出摆幅，虽然采用其他反相器是可以做到的，后面会有说明。

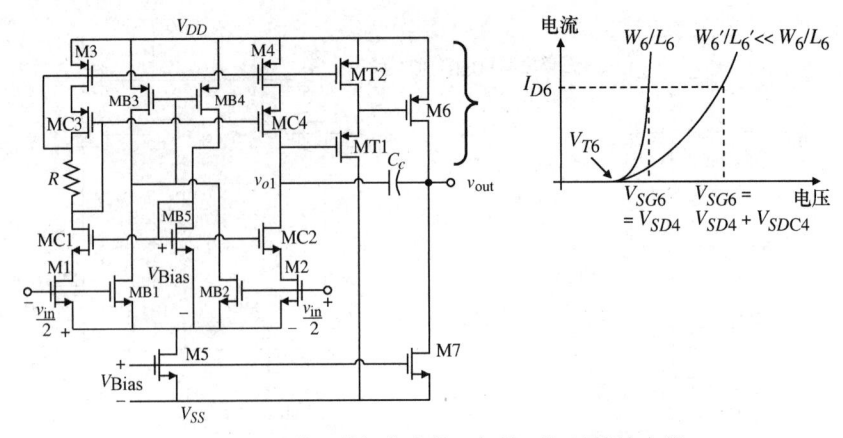

图 6.5-2 用共源共栅作为第一级的两级运算放大器

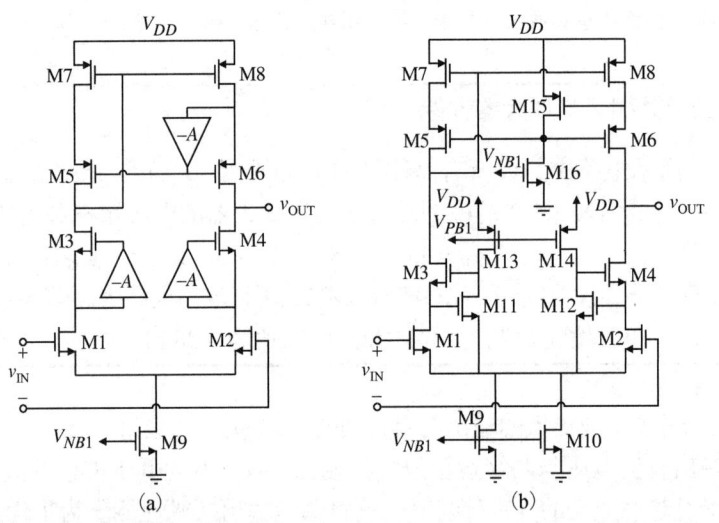

图 6.5-3 (a) 采用增益增强放大器增加图 6.5-1 电路增益；(b) (a)图中增益增强放大器的实现

图 6.5-3(a) 的增益可以由观察法写出。输入电压 v_{in} 在 M1 中引起 $0.5g_{m1}v_{in}$ 的向下电流，在 M2 中引起 $0.5g_{m2}v_{in}$ 的向上电流。与图 6.5-1 相比，输出电阻增大了增益增强放大器的放大倍数，图 6.5-3 输出电阻的近似表示为

$$R_{out} \approx (Ar_{ds6}g_{m6}r_{ds8}) \| (Ar_{ds2}g_{m4}r_{ds4}) \tag{6.5-5}$$

如果 $A \approx 0.5g_m r_{ds}$，$g_{mN} = g_{mP}$ 和 $r_{dsN} = 2r_{dsP}$，则输出电阻近似为

$$R_{out} \approx 0.5g_m r_{ds}(0.2g_m r_{ds}^2) = 0.1g_m^2 r_{ds}^3 \tag{6.5-6}$$

因此，图 6.5-3 的开环增益预估为

$$A_v = \frac{v_{out}}{v_{in}} = g_{m1}R_{out} \approx 0.1g_m^3 r_m^3 \tag{6.5-7}$$

如果 $g_m r_{ds} \approx 100$，则电压增益为 100 000 V/V。主极点由式(6.5-3)给出，但是对于图 6.5-3，输出电阻增大，因而主极点减小。图 6.5-4 给出图 6.5-1 和图 6.5-3 频率响应之间的关系。相对于图 6.5-1，图 6.5-3 具有良好的 PSRR 特性。

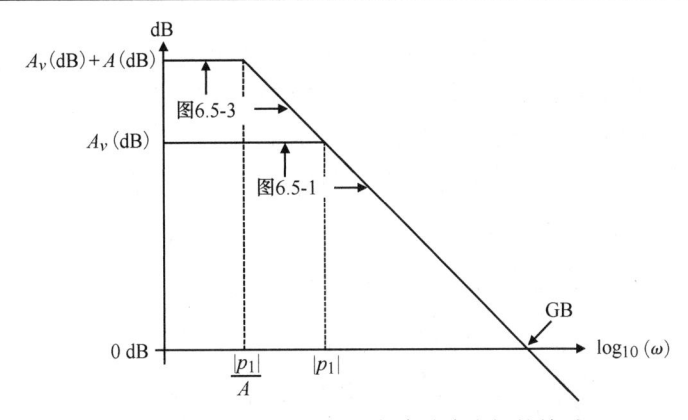

图 6.5-4　6.5-1 和图 6.5-3 频率响应之间的关系

在第二级运用共源共栅组合

图 6.5-5 给出第二级采用共源共栅的两级运算放大器电路。采用增强米勒补偿，第二级增益会增加。差分电压增益近似为 $x(g_m r_{ds})^3$，其中 x 为 0～1 之间的一个常数，取决于 p 沟道和 n 沟道跨导和电导的相对值，典型情况下 x 逼近 0.5。增益的增加是由于第二级输出电阻的增加。如果 C_c 相同，那么此运放的输出极点、RHP 零点和 GB 值均与两级运放相同，最后，由于米勒补偿，PSRR 性能不佳。图 6.5-5 相对两级运放的频响关系也在图 6.5-4 中给出，其中 A 是因共源共栅第二级增加的增益。

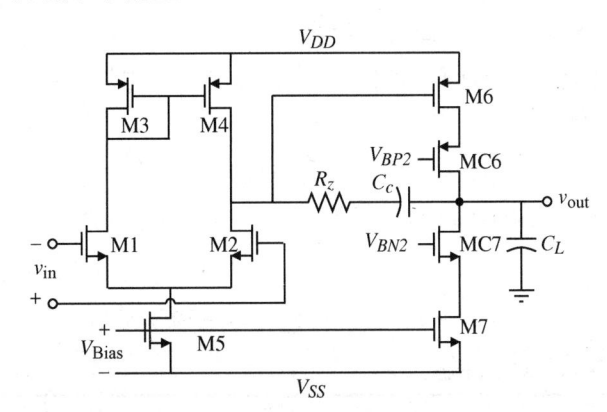

图 6.5-5　第二级为共源共栅电路的两级运算放大器

第二级采用共源共栅的平衡两级运放电路如图 6.5-6 所示。在此运放中，第一级用 MOS 二极管负载差分放大器替代。第一级，相同的负载形成平衡放大器（从 M1 和 M2 的漏极看出去的电阻相等）。M3 和 M4 的电流分别镜像至 M8 和 M6，然后在输出端组合得到电压增益。小信号差模电压增益可由观察法写出。输入差模电压，v_{in} 在 M1 中引起 $0.5 g_{mN} v_{in}$ 的向下电流，在 M2 中引起 $0.5 g_{mN} v_{in}$ 的向上电流。假设电流镜增益为 k（$k = g_{m8}/g_{m3} = g_{m6}/g_{m4}$），根据流进输出电阻 R_{out} 的两电流之和与 R_{out} 可以求得输出电压。因此由观察法得到电压增益为

$$A_v = \frac{V_{out}}{V_{in}} = g_{mN} k R_{out} \tag{6.5-8}$$

其中

$$R_{\text{out}} \approx (g_{mN} r_{dsN^2}) \| (g_{mP} r_{dsP^2}) \tag{6.5-9}$$

电压增益的实际值取决于 k 值和 p 沟道与 n 沟道管的跨导和电导的相对值。

此运放是自补偿结构,因为第一级的低电阻负载,使运放的极点更大。该电路的噪声性能欠佳,除非第一级能够有一定的增益。这就意味着在第一级中需满足 $g_{mN} > g_{mP}$。GB 值大于一般运放,因为要乘以电流镜增益 k。

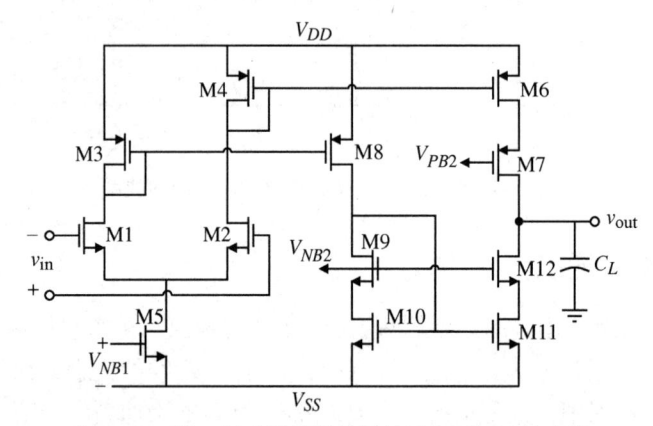

图 6.5-6 第二级采用共源共栅的平衡两级运放电路

例 6.5-2 平衡的两级运放性能

假设图 6.5-6 中所有 n 沟道管的小信号参数均为 g_{mN} 和 r_{dsN},且 $g_{mN} r_{dsN} = 100$ V/V,$g_{mP} = 0.5 g_{mN}$,$r_{dsP} = 0.5 r_{dsN}$,$k = 10$。试求运放的小信号差模电压增益和第一级增益。

解: 由式(6.5-9)可见

$$R_{\text{out}} \approx (g_{mN} r_{dsN^2}) \| (0.125 g_{mN} r_{dsN^2}) = 0.11 g_{mN} r_{dsN^2}$$

由式(6.5-8)可得小信号差模电压增益是 $1.1 g_{mN^2} r_{dsN^2}$ 或者 11 000 V/V。

如果 $k = 10$,M3 和 M4 的跨导和电导是 $0.1 g_{mP} = 0.05 g_{mN}$,则第一级的增益是

$$A_{v1} = -0.5 (g_{mN} / 0.05 g_{mN}) = -10 \text{ V/V}$$

此增益足以维持图 6.5-6 的噪声性能。

如果采用双多晶硅工艺,那么采用级联运放的寄生电容可以得到改善[13]。因为共源共栅对的源极和漏极不是外部连接,所以用双栅 MOS 管形成共源共栅对是可能的。这可由图 6.5-7(a)所示共源共栅对说明。如果采用双多晶硅工艺,那么与公共漏/源有关的寄生电容实际上可以被消除,如图 6.5-7(b)所示。显然,为了减小共源共栅对的输入电容,希望最小化多晶硅层的交叠。如果工艺只有单多晶硅,那么版图设计应试着最小化共源共栅管多晶硅间的有源区面积,如图 6.5-7(c)所示。

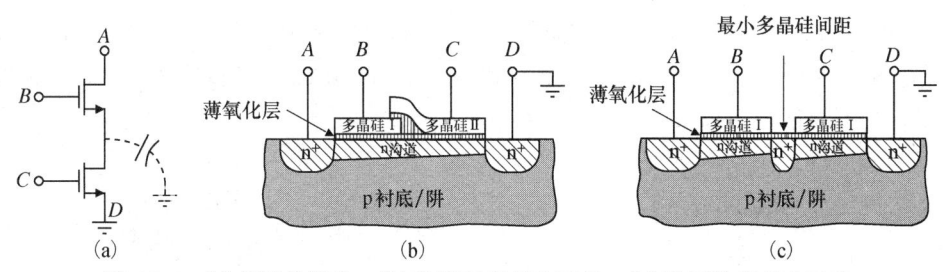

图 6.5-7 (a)共源共栅对；(b)采用双多晶硅工艺；(c)采用单多晶硅工艺

折叠共源共栅运算放大器

图6.1-9所示为分级的折叠共源共栅运算放大器。这个运算放大器用共源共栅输出级与一个不寻常的差分放大器级联，达到一个大的输入共模范围，于是折叠共源共栅运算放大器提供自补偿、良好的输入共模范围以及两级运算放大器的增益。下面将更详细地介绍这个运算放大器以及其设计过程。

为了理解折叠共源共栅运算放大器是如何优化输入共模范围的，可以考虑图6.5-8所示的电路。此图显示了带电流镜负载和电流源负载的n沟道差分放大器的输入共模范围。由此图以及5.2节中的讨论可知，图6.5-8(b)有一个高的正输入共模电压。事实上，如果V_{SD3}小于V_{TN}，则图6.5-8(b)中的正输入共模电压可以超过V_{DD}。图5.2-14就是图6.5-8(b)一种可能的实现。

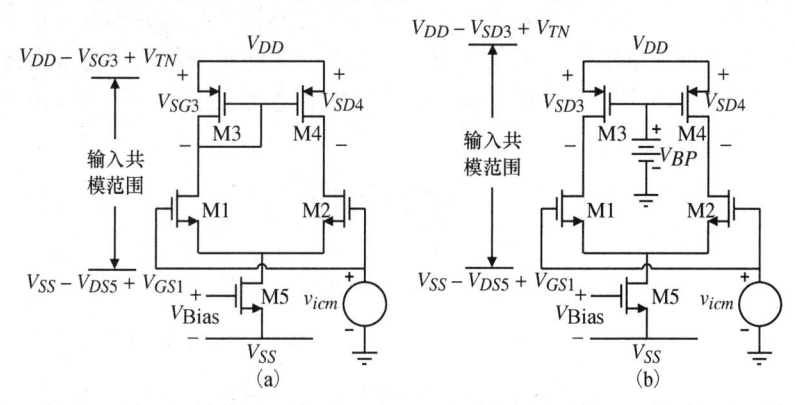

图 6.5-8 n沟道差分放大器的输入共模范围。(a)电流镜负载；(b)电流源负载

图 6.5-8(b)中的差分放大器的问题是，在不损失一半增益的情况下难以得到单端输出电压。人们可以用图 6.5-8(a)所示的差分放大器与图 6.5-8(b)级联达到预期的要求。然而，这会使补偿变得更复杂。一种较好的方法是用折叠拓扑结构。电路中信号电流被驱使向与直流极性相反的方向流动。习题 5.2-18 是用简单电流镜实现这种结构的例子。不过，这种结构的增益刚好是单级的增益。一种较好的方法是用共源共栅电流镜，这样电路可以达到两级运算放大器的增益且可以自补偿。一个n沟道输入，折叠共源共栅运算放大器的基本电路形式如图 6.5-9 所示[12]。

注意，折叠共源共栅电路在差分放大器中不要求准确的电流平衡，因为额外的直流可以流进或流出电流镜。由于 M1 和 M2 的漏极连接到 M4 和 M5 的漏极，因此可以获得图 6.5-8(b)扩展的正输入共模电压。应该设置折叠共源共栅运算放大器的偏置电流 I_3，I_4 和 I_5，不至于使共源共栅电流镜的直流电流为零。如果电流为零，就会使重新导通有个时延，因为寄生电容必须充电。例如，设 v_{in} 足够大，从而使 M1 导通，M2 截止，那么，所有的 I_3 电流流过 M1 不流过 M2，结果 $I_1 = I_3$，$I_2 = 0$。如果 I_4 和 I_5 小于 I_3，那么 I_6 将会是零。为了避免这种情况，I_4 和 I_5 的值通常设在 I_3 和 $2I_3$ 之间。

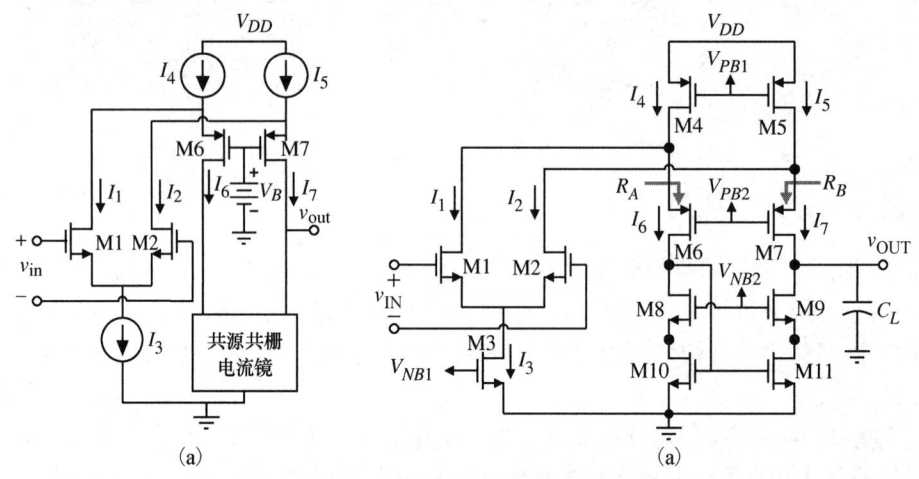

图 6.5-9 (a)n 沟道输入折叠共源共栅运算放大器的简化电路；(b)(a)的实际电路

下面，先用观察法求小信号电压增益，然后用小信号等效电路进行分析。图 6.5-10 给出作用在差分输入端的小信号电压 ΔV 是如何在图 6.5-9(b)折叠共源共栅放大器中产生小信号电流的。注意，已经假设 M2 的电流向上流，在 M5 的漏端看到的电阻与 M7 源端相同。这是因为共源共栅电路(M9 和 M11)接在 M7 的漏极与地之间。在 5.3 节已经知道从共栅管 M6 和 M7 的源极看进去的电阻为

$$R_A(M6) \approx 1/g_{m6} \tag{6.5-10}$$

和

$$R_B(M7) \approx r_{ds} \tag{6.5-11}$$

可见流进输出电阻 R_{out} 的电流为 $0.5(g_{m1} + 0.5g_{m2})v_{in}$。输出电阻近似值为

$$R_{out} \approx (g_{m9}r_{ds9}r_{ds11}) \| [g_{m7}r_{ds7}(r_{ds2} \| r_{ds5})] \approx x(g_{mN}r_{dsN}^2) \tag{6.5-12}$$

式中 x 是一个 0 和 1 之间的常数，取决于 n 和 p 管跨导和电导的相对值，如果 $g_{mP} = 0.5g_{mN}$，$r_{dsP} = 0.5r_{dsN}$，那么 $x = 0.0796$。注意输出电阻表达式中的 $r_{ds2} \| r_{ds5}$，这是因为与 M7 构成共源共栅结构的是 M2 和 M5 的并联组合，最后，小信号差模电压增益可以写为

$$A_v = \frac{v_{out}}{v_{in}} = 0.5(g_{mN} + 0.5g_{mN})R_{out} \approx \frac{3}{4}g_{mN}R_{out} \approx \frac{3}{4}x(g_{mN}r_{dsN})^2 \tag{6.5-13}$$

如果 $x = 0.0796$，假设 $g_{mN}r_{dsN} = 100$，则差模增益是 769 V/V。可见折叠共源共栅放大器增益类似于两级运算放大器。

M2 中向上的电流在 M5 和 M7 中的准确分配情况尚不清楚，为进一步解释，可用小信号电路分析方法求图 6.5-9 的准确电压增益，式(6.5-13)只是近似表示。图 6.5-11 给出可以进行准确的小信号分析的等效电路。标注为 R_A 和 R_B 的电阻是分别从 M6 和 M7 源极看进去的电阻。R_A 和 R_B 可以用式(5.3-15)求得为

$$R_A = \frac{r_{ds6} + 1/g_{m10}}{1 + g_{m6}r_{ds6}} \approx \frac{1}{g_{m6}} \tag{6.5-14}$$

和

$$R_B = \frac{r_{ds7} + R_9}{1 + g_{m7}r_{ds7}} \approx \frac{R_9}{g_{m7}r_{ds7}} \approx r_{ds} \tag{6.5-15}$$

式中,

$$R_9 \approx g_{m9}r_{ds9}r_{ds11} \tag{6.5-16}$$

图 6.5-10

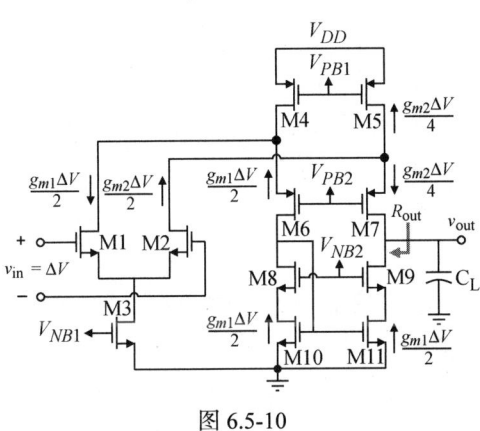

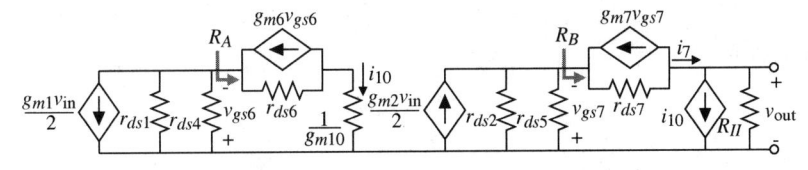

图 6.5-11 图 6.5-9(b) 的小信号等效电路

图 6.5-11 的小信号电压传输函数可通过如下方式求得。电流 i_{10} 写为

$$i_{10} = \frac{-g_{m1}(r_{ds1} \| r_{ds4})v_{in}}{2[R_A + (r_{ds1} \| r_{ds4})]} \approx \frac{-g_{m1}v_{in}}{2} \tag{6.5-17}$$

电流 i_7 可以表示为

$$i_7 = \frac{g_{m2}(r_{ds2} \| r_{ds5})v_{in}}{2\left(\dfrac{R_9}{g_{m7}r_{ds7}} + (r_{ds2} \| r_{ds5})\right)} \approx \frac{g_{m2}v_{in}}{2\left(1 + \dfrac{R_9(g_{ds2} + g_{ds5})}{g_{m7}r_{ds7}}\right)} = \frac{g_{m2}v_{in}}{2(1+k)} \tag{6.5-18}$$

式中低频不平衡因子 k 定义为

$$k = \frac{R_9(g_{ds2} + g_{ds5})}{g_{m7}r_{ds7}} \tag{6.5-19}$$

k 的典型值大于 1。输出电压 v_{out} 等于 i_7 与 i_{10} 之和流过 R_{out},因而,

$$\frac{v_{out}}{v_{in}} = \left(\frac{g_{m1}}{2} + \frac{g_{m2}}{2(1+k)}\right)R_{out} = \left(\frac{2+k}{2+2k}\right)g_{mI}R_{out} \tag{6.5-20}$$

式中输出电阻 R_{out} 由式(6.5-12)给出。比较式(6.5-20)与式(6.5-13),可见在观察法中是

令 $k=1$ 的。

在图 6.5-9(b) 中折叠共源共栅运算放大器在结点上的极点用黑点表示。可以看到有 6 个极点。主极点在输出端且表达式为

$$p_{\text{out}} = \frac{-1}{R_{\text{out}} C_{\text{out}}} \tag{6.5-21}$$

非主极点给出如下。
节点 A 的极点为

$$p_A \approx \frac{-g_{m6}}{C_{gs} + 2C_{bd}} \tag{6.5-22}$$

节点 B 的极点为

$$p_B \approx \frac{-g_{m7}}{C_{gs} + 2C_{bd}} \tag{6.5-23}$$

M6 漏极的极点为

$$p_6 \approx \frac{-g_{m10}}{2C_{gs} + 2C_{bd}} \tag{6.5-24}$$

M8 源极的极点为

$$p_8 \approx \frac{-g_{m8} r_{ds8} g_{m10}}{C_{gs} + C_{bd}} \tag{6.5-25}$$

M9 源极的极点为

$$p_9 \approx \frac{-g_{m9}}{C_{gs} + C_{bd}} \tag{6.5-26}$$

注意到，围绕 M8，M10 的并联反馈环使 M8 源极电阻非常小，致使 p_8 远大于其他 4 个非主极点。

例 6.5-3 折叠共源共栅运算放大器的性能

在图 6.5-9(b) 所示电路中，假设所有 n 沟道管的小信号参数为 $g_{mN} = 100\,\mu\text{S}$，$r_{dsN} = 2\,\text{M}\Omega$，$g_{mP} = 50\,\mu\text{S}$，$r_{dsP} = 1\,\text{M}\Omega$，$C_L = 10\,\text{pF}$。求电路小信号差模电压增益，输出电阻，主极点和折叠共源共栅运算放大器的 GB 值。

解：由式 (6.5-12) 可得

$$R_{\text{out}} \approx (g_{m9} r_{ds9} r_{ds11}) \| [g_{m7} r_{ds7} (r_{ds2} \| r_{ds5})] = 400\,\text{M}\Omega \| 33.33\,\text{M}\Omega = 30.77\,\text{M}\Omega$$

由式 (6.5-19)，k 等于

$$k = \frac{R_9 (g_{ds2} + g_{ds5})}{g_{m7} r_{ds7}} = \frac{400\,\text{M}\Omega (0.5\,\mu\text{S} + 1\,\mu\text{S})}{50} = 12$$

由式 (6.5-20) 可得

$$\frac{v_{\text{out}}}{v_{\text{in}}} = \left(\frac{2+k}{2+2k} \right) g_{mN} R_{\text{out}} = \frac{7}{13} (100\,\mu\text{S})(30.77\,\text{M}\Omega) = 1657\,\text{V/V}$$

主极点为

$$P_{\text{out}} = \frac{-1}{R_{\text{out}}C_L} = \frac{-1}{(30.77\,\text{M}\Omega)(10\,\text{pF})} = 3250\,\text{rad/s}\,(517\text{Hz})$$

因此，GB $= 1657 \times 3250 = 5.385$ Mrad/s (0.857MHz)。

图 6.5-9(b) 中折叠共源共栅运算放大器的电源抑制比已大大得到改进，优于两级运算放大器。为了考察电源抑制性能，考虑图 6.5-9(b) 的局部电路，如图 6.5-12(a) 所示。负电源纹波直接传送到 M3，M8，M9，M10 和 M11 的栅极。图 6.5-12(a) 忽略了通过输入差分放大器的耦合。可以注意到纹波也出现在 M9 的源极，阻止 V_{ss} 通过 C_{gd11} 或 r_{ds11} 的馈通。因此，V_{ss} 纹波的唯一路径是如图 6.5-12 所示的那样通过 C_{gd9}。

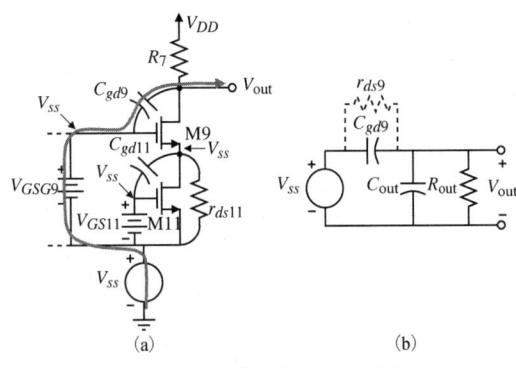

图 6.5-12 (a) 用来考察 PSRR 的图 6.5-9(b) 的局部电路；(b) 等效电路

采用稍微不同的方法来计算 PSRR。先找出从纹波到输出的传输函数，而非 PSRR。对于好的 PSRR，这个传输函数应该小。图 6.5-12(b) 给出图 6.5-12(a) 的小信号等效电路。V_{out}/V_{ss} 的传输函数为

$$\frac{V_{\text{out}}}{V_{ss}} \approx \frac{sC_{gd9}R_{\text{out}}}{sC_{\text{out}}R_{\text{out}}+1} \tag{6.5-27}$$

假设 $C_{gd9}R_{\text{out}}$ 比 $C_{\text{out}}R_{\text{out}}$ 小，可以画出式 (6.5-27) 的响应和只考虑主极点的差模增益频率响应，如图 6.5-13 所示。在低频端，假设 V_{ss} 的其他源注入是重要的，因此，与 V_{ss} 的其他注入源的大小有关，V_{out}/V_{ss} 的幅度开始平坦，然后增加直到主极点频率，又重新保持平坦。可以看到这会使负 PSRR 至少和差模电压增益的大小一样。

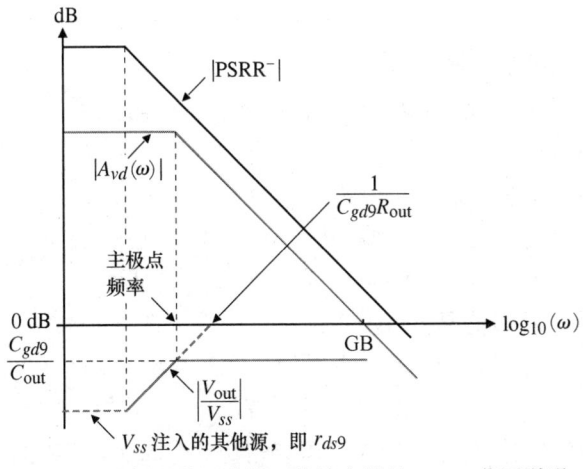

图 6.5-13 折叠共源共栅运算放大器的 PSRR 草图说明

正电源注入类似于负电源注入。纹波出现在 M4，M5，M6 和 M7 的栅极。主要注入源是通过 M7 的栅-漏电容，与负电源注入情况一样。

例 6.5-4 折叠共源共栅运算放大器的设计

根据表 6.5-1 的步骤设计图 6.5-9(b) 的折叠共源共栅放大器，已知电源电压为 ±2.5 V，负载电容为 10 pF，要求摆率达到 10 V/μs，最大和最小电压分别为 2V 和 0.5 V，GB = 10 MHz，最小输入共模电压+1 V，最大输入共模电压 2.5 V，差模电压增益大于 3000 V/V，功耗小于 5 mW。令 $L = 0.5\ \mu m$，晶体管参数采用 $K'_N = 120\ \mu A/V^2$，$K'_P = 25\ \mu A/V^2$，$V_{TN} = |V_{TP}| = 0.5\ V$，$\lambda_N = 0.06\ V^{-1}$ 和 $\lambda_P = 0.08\ V^{-1}$。

表 6.5-1 折叠共源共栅运算放大器的设计方法

步骤	关系/要求	设计公式/约束条件	注 释
1	摆率	$I_3 = SR \cdot C_L$	
2	输出共源共栅的偏置电流	$I_4 = I_5 = 1.2 I_3 \sim 1.5 I_3$	避免共源共栅的零电流
3	最大输出电压 v_{out}(最大)	$S_5 = \dfrac{2I_5}{K'_P V_{SD5}^2}$，$S_7 = \dfrac{2I_7}{K'_P V_{SD7}^2}$ （$S_4 = S_5$ 和 $S_6 = S_7$）	V_{SD5}(饱和)$= V_{SD7}$(饱和)$= \dfrac{V_{DD} - v_{out}(\text{最大})}{2}$
4	最小输出电压 v_{out}(最小)	$S_{11} = \dfrac{2I_{11}}{K'_N V_{DS11}^2}$，$S_9 = \dfrac{2I_9}{K'_N V_{DS9}^2}$ （$S_{10} = S_{11}$ 及 $S_8 = S_9$）	V_{DS9}(饱和)$= V_{DS11}$(饱和)$= \dfrac{v_{out}(\text{最小}) - |V_{SS}|}{2}$
5	$GB = g_{m1}/C_L$	$S_1 = S_2 = \dfrac{g_{m1}^2}{K'_N I_3} = \dfrac{GB^2 C_L^2}{K'_N I_3}$	
6	最小输入 CM	$S_3 = \dfrac{2I_3}{K'_N \left[V_{in}(\text{最小}) - V_{SS} - \sqrt{\dfrac{I_3}{K'_N S_1}} - V_{T1}\right]^2}$	
7	最大输入 CM	$S_4 = S_5 = \dfrac{2I_4}{K'_P(V_{DD} - V_{in}(\text{最小}) + V_{T1})^2}$	S_4 和 S_5 必须满足或超过步骤 3 的要求
8	差模电压增益	$\dfrac{v_{out}}{v_{in}} = \left(\dfrac{g_{m1}}{2} + \dfrac{g_{m2}}{2(1+k)}\right)R_{out} = \left(\dfrac{2+k}{2+2k}\right)g_{m1}R_{out}$	$k = \dfrac{R_{II}(g_{ds2} + g_{ds4})}{g_{m7} r_{ds7}}$
9	功耗	$P_{diss} = (V_{DD} - V_{SS})(I_3 + I_{10} + I_{11})$	

解：根据表 6.5-1 概括的方法，可以得到下面的结果：

$$I_3 = SR \cdot C_L = 10 \times 10^6 \times 10^{-11} = 100\ \mu A$$

选择 $I_4 = I_5 = 125\ \mu A$。

下一步，看到 $0.5[V_{DD} - V_{out}(\text{最小})]$ 的值是 (0.5 V)/2 或 0.25 V，于是有

$$S_4 = S_5 = \frac{2 \times 125\ \mu A}{25\ \mu A/V^2 (0.25\ V)^2} = \frac{2 \times 125 \times 16}{225} = 160$$

假设 M6 和 M7 电流处于最坏情况，得出

$$S_6 = S_7 = \frac{2 \times 125\ \mu A}{25\ \mu A/V^2 (0.25\ V)^2} = \frac{2 \times 125 \times 16}{225} = 160$$

$0.5[V_{out}(\text{最小}) - |V_{ss}|]$ 的值也是 0.25 V，可以得出 S_8, S_9, S_{10} 和 S_{11} 的值为

$$S_8 = S_9 = S_{10} = S_{11} = \frac{2I_8}{K'_N V_{DS8}^2} = \frac{2 \times 125}{120(0.25)^2} = 20$$

在步骤 5 中，由 GB 的值得出 S_1 和 S_2 为

$$S_1 = S_2 = \frac{\text{GB}^2 C_L^2}{K'_N I_3} = \frac{(20\pi \times 10^6)^2 (10^{-11})^2}{120 \times 10^{-6} \times 100 \times 10^{-6}} = 32.9 \approx 33$$

最小输入共模电压定义 S_3 为

$$S_3 = \frac{2I_3}{K'_N \left(V_{\text{in}}(\text{最小}) - V_{SS} - \sqrt{\dfrac{I_3}{K'_N S_1}} - V_{T1} \right)^2}$$

$$= \frac{200 \times 10^{-6}}{110 \times 10^{-6} \left(-1.5 + 2.5 - \sqrt{\dfrac{100}{120 \times 35.9}} - 0.75 \right)^2} = 14.3 \approx 15$$

必须检查 S_4 和 S_5 是否足够大以满足最大输入共模电压。2.5 V 的最大输入共模电压要求

$$S_4 = S_5 \geqslant \frac{2I_4}{K'_P (V_{DD} - V_{\text{in}}(\text{最大}) + V_{T1})^2} = \frac{2 \cdot 125\ \mu\text{A}}{25 \times 10^{-6}\ \mu\text{A}/\text{V}^2 [0.5\text{V}]^2} = 40$$

此值远小于 160。实际上，当 $S_4 = S_5 = 160$ 时，最大输入共模电压是 2.75 V。

功耗是

$$P_{\text{diss}} = 2.5\ \text{V}(125\ \mu\text{A} + 125\ \mu\text{A} + 125\ \mu\text{A}) = 0.9375 \approx 0.94\ \text{mW}$$

小信号电压增益需要用以下的值来估算。

S_4, S_5：$g_m = \sqrt{2 \times 125 \times 25 \times 160} = 1000\ \mu\text{S}$ 和 $g_{ds} = 125 \times 10^{-6} \times 0.08 = 10\ \mu\text{S}$

S_6, S_7：$g_m = \sqrt{2 \times 75 \times 25 \times 160} = 774.6\ \mu\text{S}$ 和 $g_{ds} = 75 \times 10^{-6} \times 0.08 = 6\ \mu\text{S}$

S_8, S_{10}, S_{11}：$g_m = \sqrt{2 \times 75 \times 120 \times 20} = 600\ \mu\text{S}$ 和 $g_{ds} = 75 \times 10^{-6} \times 0.06 = 4.5\ \mu\text{S}$

S_1, S_2：$g_{mI} = \sqrt{2 \times 50 \times 120 \times 33} = 629\ \mu\text{S}$ 和 $g_{ds} = 50 \times 10^{-6} \times 0.06 = 3\ \mu\text{S}$

于是得出

$$R_9 \approx g_{m9} r_{ds9} r_{ds11} = (600\ \mu\text{S}) \left(\frac{1}{4.5\ \mu\text{S}} \right) \left(\frac{1}{4.5\ \mu\text{S}} \right) = 29.63\ \text{M}\Omega$$

$$R_{\text{out}} \approx (29.63\ \text{M}\Omega) \| (774.6\ \mu\text{S}) \left(\frac{1}{6\ \mu\text{S}} \right) \left(\frac{1}{10\ \mu\text{S} + 3\ \mu\text{S}} \right) = 7.44\ \text{M}\Omega$$

$$k = \frac{R_9 (g_{ds2} + g_{ds5})}{g_{m7} r_{ds7}} = \frac{7.44\ \text{M}\Omega\, (3\ \mu\text{S} + 10\ \mu\text{S})}{774.6\ \mu\text{S}} \times (6\ \mu\text{S}) = 0.75$$

小信号、差模输入电压增益是

$$A_{vd} = \left(\frac{2+k}{2+2k} \right) g_{mI} R_{\text{out}} = \left(\frac{2+0.75}{2+1.5} \right) 0.629 \times 10^{-3} \times 7.44 \times 10^6 = (0.786) \times (4680) = 3678\ \text{V/V}$$

该增益大于指标的要求，符合题意。

如前所述，可以用增益为 -A 的反相放大器增强折叠共源共栅放大器的增益，如图 6.5-14 所示。采用 P 沟道差分输入级刚好提醒读者，输入级不是任一种类型都可以的。在图 6.5-14

的情况，较低的 ICMR 可能包括低的电源电压。折叠共源共栅放大器的输出电阻和电压增益都被增加 A 倍。

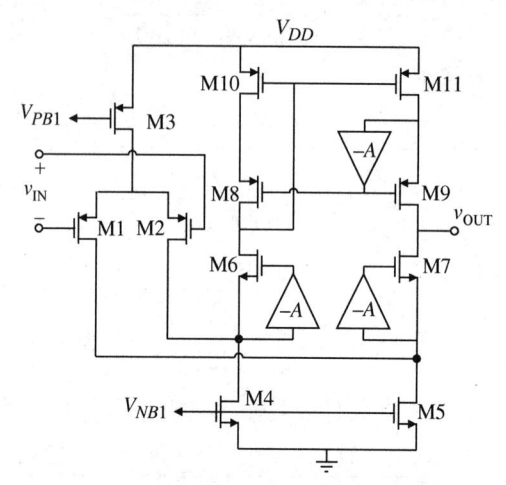

图 6.5-14 增强增益折叠共源共栅放大器

下面详细介绍增强增益的放大器，简称增强放大器。图 6.5-15 给出一种图 6.5-14 中上增强放大器和下增强放大器的实现。这些放大器可以用于任何前面介绍的运放中作为增强放大器，图 6.5-15(a) 的上增强放大器的增益为

$$A_v(上) \approx -0.5 g_{m1} r_{ds6} = -0.5 g_{mN} r_{dsN} \qquad (6.5\text{-}28)$$

图 6.5-15(b) 的下增强放大器的增益为

$$A_v(下) \approx -0.5 g_{m1} r_{ds6} = -0.5 g_{mP} r_{dsP} \qquad (6.5\text{-}29)$$

可以看到增强放大器采用非共源共栅负载的共源共栅结构。

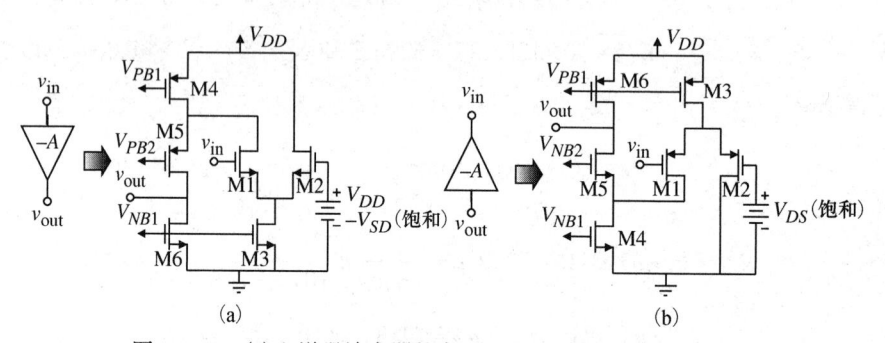

图 6.5-15 (a) 上增强放大器的实现；(b) 下增强放大器的实现

可以看到通过负反馈，增强放大器的输入电压等于连接到 M2 栅极的电压。此时增强放大器的输出是通过源极跟随器返回连接至输入端的。在典型的下增强放大器中，M2 的栅极是图 6.5-14 的 M4 和 M5 的漏-源电压 = V_{DS}(饱和)。类似地，在上增强放大器中，M2 的栅极是图 6.5-14 的 M11 的漏-源电压 = V_{SD}(饱和)。

图 6.5-14 的晶体管实现如图 6.5-16 所示，图中阴影区域为增强放大器。下面以例 6.5-5 介绍此放大器的性能。

例 6.5-5　增强增益折叠共源共栅运算放大器的性能

在图 6.5-16 所示电路中，假设所有 n 沟道管的小信号参数为 $g_{mN}=100\,\mu S$，$r_{dsN}=2\,M\Omega$，$g_{mP}=50\,\mu S$，$r_{dsP}=1\,M\Omega$，$C_L=10\,pF$。求电路小信号差模电压增益、输出电阻、主极点和折叠共源共栅运算放大器的 GB 值。

解： 图 6.5-16 的输出电阻近似为

$$R_{out} \approx [A_v(上)g_{m9}r_{ds9}r_{ds11}] \| [A_v(下)g_{m7}r_{ds7}(r_{ds2}\|r_{ds5})]$$
$$= [(g_{mN}r_{dsN})g_{mP}r_{dsP^2}] \| [(g_{mP}r_{dsP})g_{mN}r_{dsN}(r_{dsP}\|r_{dsN})] = (10G\Omega)\|(6.67G\Omega) = 4G\Omega$$

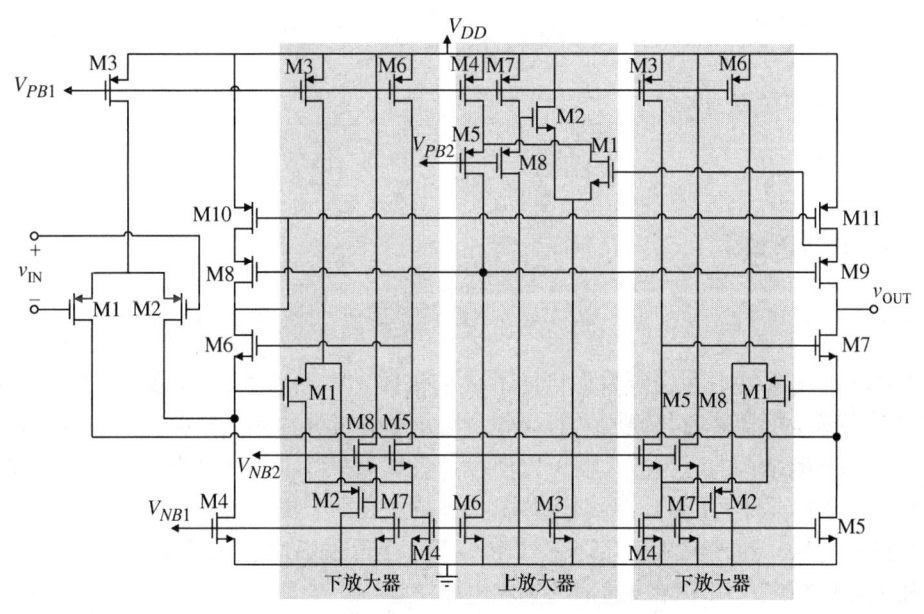

图 6.5-16　增强增益折叠共源共栅放大器的晶体管级的完整实现

如果假设流过 M1 的电流在 M5 和上路径 (M7) 中均分，输出电压可以写为

$$A_v = \frac{V_{out}}{V_{in}} = 0.5(g_{mP} + 0.5g_{mP})R_{out} = 0.75g_{mP}R_{out} = 150\,000\ \text{V/V}$$

这个放大器的主极点是

$$P_{主极点} \approx \frac{1}{R_{out}C_L} = 25\ \text{rad/s}\,(4\,\text{Hz})$$

在所有具有很大增益的反相增强放大器中存在一个主极点。由图 6.5-15 可以看到，增强放大器的极点近似为

$$p_{增强} \approx \frac{1}{r_{ds}(C_{gs}+2C_{db}+2C_{gd})} \tag{6.5-30}$$

随着频率增加，A 值将减小，这将引起输出电阻减小。然而，由于增强放大器极点值一般远大于主极点值，因此负载电容已经短路了在 R_{out} 上可能产生的变化影响。

图 6.5-16 增强增益折叠共源共栅运放的高阶极点列出如下：

1. M6 源极的极点

$$p_6 \approx \frac{-Ag_{m6}}{2C_{gs}+2C_{bd}} \tag{6.5-31}$$

2. M7 源极的极点

$$p_7 \approx \frac{-Ag_{m7}}{2C_{gs}+2C_{bd}} \tag{6.5-32}$$

3. M8 漏极的极点

$$p_8 \approx \frac{-Ag_{m10}}{2C_{gs}+2C_{bd}} \tag{6.5-33}$$

4. M9 源极的极点

$$p_9 \approx \frac{-Ag_{m9}}{2C_{gs}+2C_{bd}} \tag{6.5-34}$$

5. M10 漏极的极点

$$p_{10} \approx \frac{-g_{m8}r_{ds8}g_{m10}}{C_{gs}+C_{bd}} \tag{6.5-35}$$

虽然图 6.5-16 多数非主极点看似倍增了 A 的倍数，但是由增强放大器导致的极点增益减小将引起增强增益折叠共源共栅放大器的非主极点靠近折叠共源共栅放大器。

采用共源共栅结构的运算放大器可以使设计者优化一些二阶性能指标，这一点在传统的两级运算放大器中是不可能的。特别是共源共栅技术有助于提高增益和增加 PSRR 值，且在输出端允许自补偿。这种灵活性允许在 CMOS 工艺下开发高性能无缓冲运算放大器。目前，这样的放大器已被广泛用于无线通信的集成电路中。

6.6 运算放大器的仿真和测量

在设计 CMOS 运算放大器时，设计者从建立模块开始。模块的性能可以用手工/计算器分析方法进行一阶近似分析。这一步的优点是直观，可以给设计者提供完善电路的思考。然而，在有些地方，设计者必须更好地利用仿真的方法。对于 CMOS 运算放大器，通常采用诸如 SPICE 一类的计算机分析程序。用一阶分析的直观结果和 SPICE 的建模能力，电路设计可以得到优化，此外还有许多其他的问题（如容差、稳定度和噪声）可以被检查出来。

制造过程将按照 MOS 运算放大器的仿真和版图进行。制造完成后，MOS 运算放大器必须加以测试和评估。测试运算放大器各种性能的技术可能像运算放大器设计本身一样复杂。每项指标必须用大量的运算放大器验证，以确保工艺变化的情况下运算放大器的正常工作。

仿真和测量技术

本节的目的是提供仿真和测试 CMOS 运算放大器的背景知识，将讨论适合于 SPICE 仿真运算放大器的方法，这些概念也可应用于其他类型的计算机仿真程序。因为 CMOS 运算放大器的仿真和测量几乎相同，可以同时给出。唯一不同的是：实际测量中，在运算放大器电路中引入的寄生效应和测量仪器的带宽限制。

这里讨论的运算放大器测量和仿真包括：开环增益，开环频率响应（包括相位裕量），输入失调电压，共模增益，电源抑制比，共模输入和输出电压范围，开环输出电阻和瞬态响应（包括摆率）。这些测量的配置和技术将在本节介绍。

运算放大器的开环仿真或测量是最困难的步骤之一，这是由运算放大器的高差模增益所致。图 6.6-1 说明这一步如何进行。待测试或仿真的运算放大器用深色符号表示以示与完成测试或仿真的辅助运算放大器的区别。V_{OS} 是外部电压，调整其值保持 v_{OUT} 的直流值在电源限制之间。在测量或仿真时如果没有V_{OS}，那么运算放大器的输出不是正电源值就是负电源值。解决的办法是找出正确的 V_{OS} 值，但却常常被新手忽略。找出 V_{OS} 是必需的，即电源电压值除以低频差模增益的准确值（典型值在毫伏的范围内）。虽然在仿真中这个方法可以很好地完成，但是几乎不可能用这个方法测量运算放大器的实际特性。

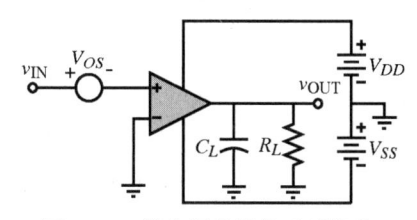

图 6.6-1 带失调补偿的开环模型

一个更适合于测量开环增益的方法如图 6.6-2 所示。在这个电路中，选择 RC 时间常数的倒数与 $A_v(0)$ 的乘积小于运算放大器预期的主极点是必需的。在这样的情况下，运算放大器有总的直流反馈，可以稳定偏置。v_{OUT} 的直流值与 v_{IN} 的直流值将会完全相同。直到频率近似为 $A_v(0)$ 乘以 $1/RC$ 时才能观察到真正的开环频率特性。在这个频率之上，v_{OUT} 与 v_{IN} 的比基本上反映了运算放大器的开环增益。这个方法既可用于仿真，也可用于测量。

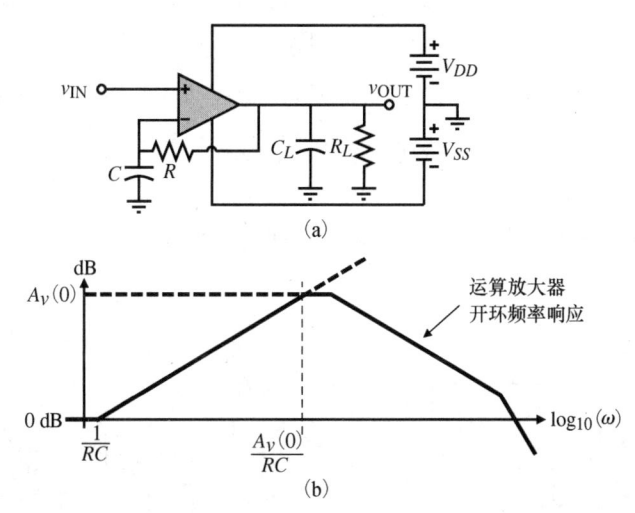

图 6.6-2 (a)具有稳定直流偏置的开环特性测量方法；(b)电压传输函数的渐近幅频特性

运算放大器开环增益的仿真或测量将反映开环传输曲线、开环输出摆幅限制、相位裕量、主极点、单位增益带宽和其他开环特性。测量中设计者应该在输出端接上预期的负载，以便得到有意义的结果。在开环增益不是很大时，开环增益可以直接在图 6.6-3 中加 v_{IN} 并测量 v_{OUT} 和 v_I 而得到。在这种情况下必须要注意的是 R 应足够大以免在运算放大器输出端引起直流负载。

用图 6.6-4 的电路可以测量直流输入失调电压。如果直流输入失调电压太小，可以在负反馈通路中用电阻分压来放大。必须注意的是，V_{OS} 将随时间和温度变化，实验的精密测量十分困难。有意思的是，V_{OS} 不能仿真得出。原因是输入失调电压不仅是由于偏置失配，就像两级运算放大器中所考虑的（系统失调）一样，也可能由元器件的失配引起。目前，多数仿器没有能力预测元器件的失配。

共模增益最容易按照图 6.6-5 进行仿真或测量。可以看到，如果 V_{OS} 不能保持运算放大器在线性区，这个结构就是失败的。这是实验测量中常常碰到的情况。设计者往往需要测量或仿真 CMRR。若需要共模增益，则可以从 CMRR 和开环增益中得到。

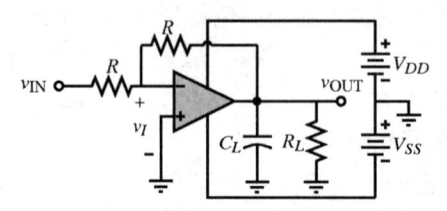

图 6.6-3 中等增益运算放大器开环频率响应的仿真或测量结构

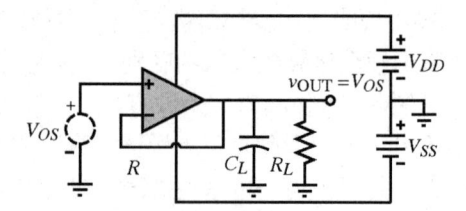

图 6.6-4 运算放大器输入失调电压测量和系统失调电压仿真的结构

图 6.6-6 给出了可以测量运算放大器 CMRR 的方法[14]，该方法更具稳定性。虽然这个方法可以用做动态特性，但只从静态观点解释其工作原理。首先假设所有 v_{SET} 电压源增加了一定量，例如 1 V。这会引起被测运算放大器的输出和电源增加 1 V。结果 v_I 将会出现在被测运算放大器的输入端。v_I 将等于 1 V 的共模输出电压除以被测运算放大器的差模电压增益。v_I 的变化可以由 v_{OS} 测出，近似为 $1000v_I$。令 v_{OS} 的这个值为 v_{OS1}。接着，所有 v_{SET} 电压源减少相同的量（为了抵消所有正、负的信号差）。令此时 V_{OS} 的测量为 v_{OS2}，CMRR 可以表示成

$$\text{CMRR} \approx \frac{2000}{|V_{OS} - V_{OS2}|} \tag{6.6-1}$$

若 v_{SET} 源用小信号电压 v_{icm} 取代，则 CMRR 可用式(6.6-2)表示(见习题 6.6-4)。

$$\text{CMRR} \approx \frac{1000 v_{icm}}{v_{os}} \tag{6.6-2}$$

用这种方法，用 v_{icm} 扫描频率可以测量 v_{os} 和 CMRR 与频率的关系。

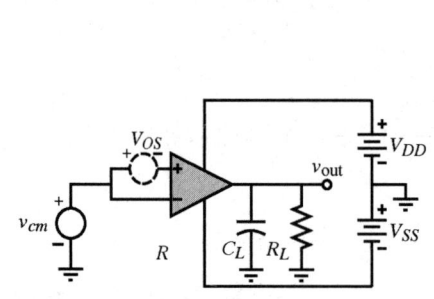

图 6.6-5 共模增益的仿真结构图

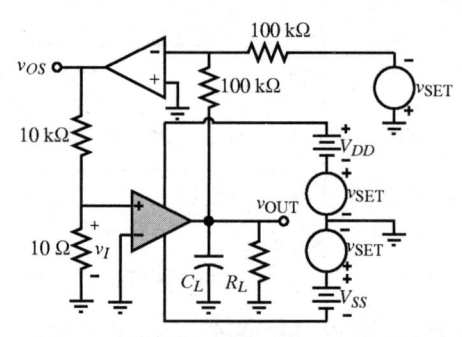

图 6.6-6 测量 CMRR 和 PSRR 的电路

测量 CMRR 的另一种方法是先测量差模电压增益，以 dB 为单位，然后将共模信号作用到输入端测量共模电压增益，同样以 dB 为单位。以 dB 为单位时，CMRR 可以用差模电压增益减去共模电压增益。如果测量系统与控制器或计算机相接，那么这种计算可以自动运行。

虽然上面的方法可以用于 CMRR 仿真，但若仅是仿真 CMRR，则可以采用更简单的方法。仿真的目的是为了得到与 CMRR 相等或与 CMRR 相关的输出。图 6.6-7(a)示出了一个可以完成这个任务的方法。两个相同的电压源标为 V_{cm}，与接成单位增益结构的运算放大器的

两输入端相接,模型如图 6.6-7(b)所示。由图可以写出

$$\frac{V_{\text{out}}}{V_{cm}} = \frac{\pm A_c}{1 + A_v - (\pm A_c/2)} \cong \frac{|A_c|}{A_v} = \frac{1}{\text{CMRR}} \tag{6.6-3}$$

图 6.6-7 (a)CMRR 的直接仿真结构;(b)模型

计算机仿真可以直接计算式(6.6-3)。如果仿真器有后处理能力,那么常常可以画出此传输函数的倒数,即可直接得到 CMRR。图 6.6-8(a)给出了例 6.3-1 中运算放大器的 CMRR 的幅频特性仿真结果,图 6.6-8(b)给出了 CMRR 的相频特性。可以看出,100 kHz 以下 CMRR 是相当大的。

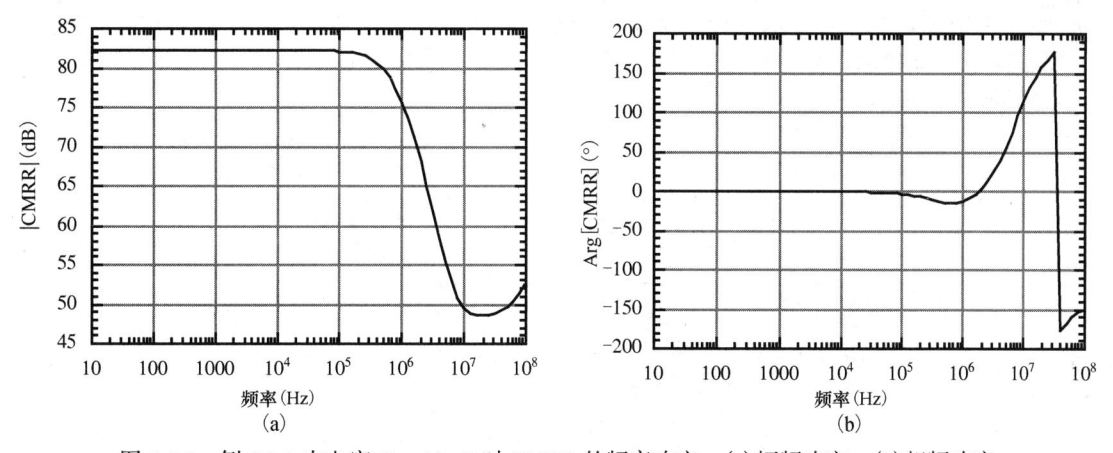

图 6.6-8 例 6.3-1 中电容 $C_c = 10$ pF 时 CMRR 的频率响应。(a)幅频响应;(b)相频响应

图 6.6-6 的结构也可以用来测量电源抑制比 PSRR。测量过程中,除了与 V_{DD} 串联的电压源,令所有的 v_{SET} 电压源为零。设该串联电压源为 +1 V,此时,v_I 是 $V_{DD} + 1$ V 的输入失调电压。在这些条件下,测量 V_{OS} 并令其为 V_{OS3}。接下来,仍用与 V_{DD} 串联的电压源 v_{SET},将 V_{DD} 设置为 $V_{DD} - 1$ V,测量 V_{OS} 并令其为 V_{OS4}。V_{DD} 源的 PSRR 为

$$V_{DD} \text{的PSRR} = \frac{2000}{|V_{OS3} - V_{OS4}|} \tag{6.6-4}$$

同样可测得 V_{SS} 的抑制比。改变 V_{SS} 且保持 V_{DD} 恒定,而 V_{OUT} 为 0 V。上式同样可以用来表示负的电源抑制比。若 v_{SET} 电压源用正弦信号来代替,则此方法也适用于测量 PSRR 与频率的关系。

图 6.6-9 示出类似于图 6.4-1 的结构,适合于测量 PSRR 与频率的关系。小信号正弦电压与 $V_{DD}(V_{SS})$ 串接后测量 PSRR$^+$(PSRR$^-$)。根据式(6.4-2)有

$$\frac{V_{\text{out}}}{V_{dd}} \cong \frac{1}{\text{PSRR}^+} \quad \text{或} \quad \frac{V_{\text{out}}}{V_{ss}} \cong \frac{1}{\text{PSRR}^-} \tag{6.6-5}$$

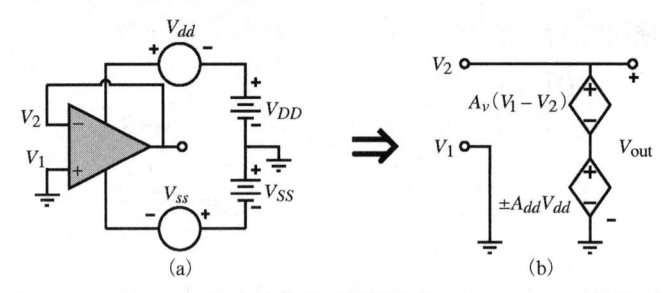

图 6.6-9 (a) PSRR 的直接仿真或测量结构；(b) $V_{SS}=0$ 时的模型

这个过程正是 6.4 节中两级运算放大器计算 PSRR 的方法。只要 CMRR 远大于 1，这个方法就很实用。

无论在运算放大器的开环模式还是闭环模式都可以定义输入和输出共模电压范围。开环模式下，只需输出 CMR。图 6.6-1 或图 6.6-3 的结构可以用来测量输出 CMR。典型情况下，开环时输出 CMR 大约是电源范围的一半。因为运算放大器通常用于闭环模式，这种情况下测量或仿真输入输出 CMR 更有意义。单位增益结构用于测量或仿真输入 CMR。图 6.6-10 示出了其结构和所期望的结果。传输曲线中，斜率是 1 的线性部分对应于输入共模电压范围。在 v_{IN} 从负值到正值的扫描过程中，初始的跳变是由于 M5 的导通。在图 6.6-10 输入 CMR 的仿真过程中，画出 M1 的电流很有用，因为在 M5 导通后 M1 导通前 v_{IN} 可能会有一个小的变化范围（例如，图 6.6-17）。

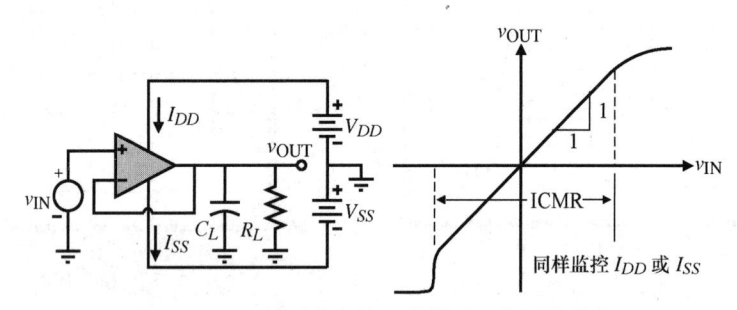

图 6.6-10 运算放大器输入共模电压范围的测量

在单位增益结构中，传输曲线的线性受到 ICMR 限制。若采用高增益结构，则传输曲线的线性部分与放大器输出电压摆幅一致。图 6.6-11 所示为反相增益为 10 的结构。流过 R_L 的电流会对输出电压摆幅产生很大的影响，应选择反映实际情况的电流。

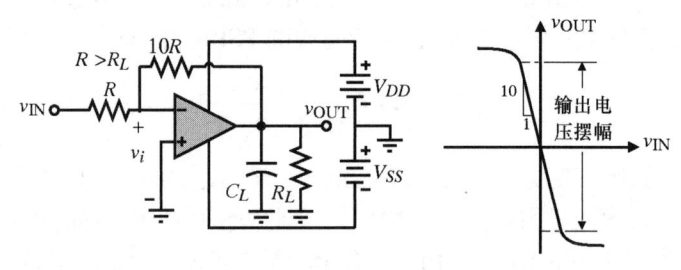

图 6.6-11 输出电压摆幅的测量

开环模式下，将一个负载电阻 R_L 连接到运算放大器输出端可以测量输出电阻。测量结构如图 6.6-12 所示。在 v_{IN} 为定值情况下，由 R_L 引起的电压降可以用于计算输出电阻。

$$R_{\text{out}} = R_L\left(\frac{V_{O1}}{V_{O2}} - 1\right) \tag{6.6-6}$$

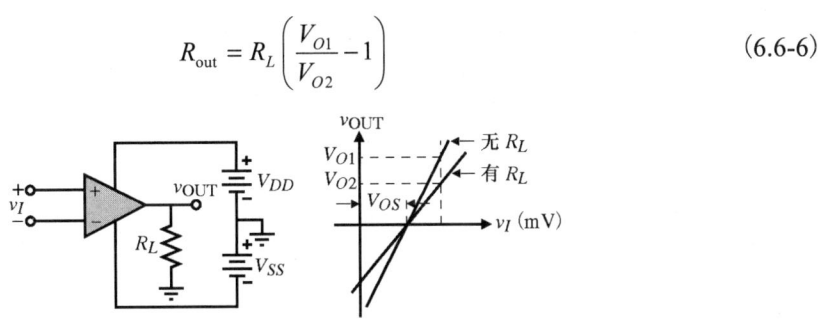

图 6.6-12　开环输出电阻的测量

另一种方法是改变 R_L 直到 $V_{O2}=V_{O1}/2$。在这种情况下，$R_{\text{out}}=R_L$。如果运算放大器必须工作在闭环模式，那么测量输出电阻时必须考虑反馈的影响。最好的方法是采用图 6.6-13，在开环增益 A_v 值已知的情况下，输出电阻是

$$R_{\text{out}} = \left(\frac{1}{R_o} + \frac{1}{100R} + \frac{A_v}{100R_o}\right)^{-1} \cong \frac{100R_o}{A_v} \tag{6.6-7}$$

假设 A_v 在 1000 以内，R 大于 R_o。测量出 R_{out} 且已知 A_v，就可以根据式 (6.6-7) 计算出运算放大器的输出电阻 R_o。其他测量运算放大器输出阻抗的方案可以在参考文献 [15,16] 中找到。

图 6.6-14 所示的结构可用来测量建立时间和摆率。该图给出了测量的细节。为得到最好的精度，建立时间和摆率可以分别测量。如果输入阶跃很小（< 0.5 V），则输出不会摆动，瞬态响应是线性响应。建立时间很容易测

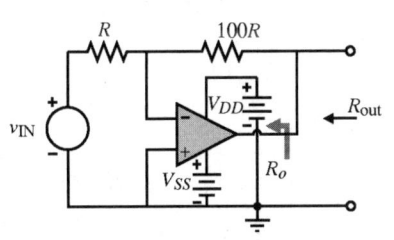

图 6.6-13　测量开环输出电阻 R_o 的另一种方法

量（附录 D 说明单位增益阶跃响应与相位裕量的关系，这种结构已成为一种快速测量相位裕量的方法）。如果输入阶跃幅度足够大，运算放大器将因没有足够的电流为补偿电容或负载电容充、放电而产生摆动。在输出的上升或下降期间，由输出波形的斜率可以确定摆率。在测量建立时间和摆率时应该考虑运算放大器的输出负载。单位增益结构着重考虑的是稳定性和摆率，因为反馈最大，导致最大的环路增益且总是用于最坏情况测量。

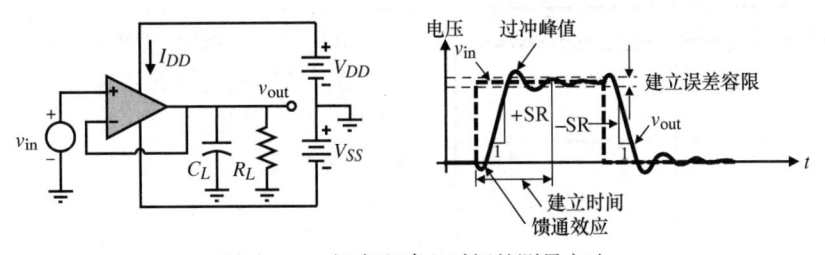

图 6.6-14　摆率和建立时间的测量方法

其他的仿真（如噪声、容差、工艺参数变化和温度等）也可以用此结构完成。此时可在试验板上进行运算放大器测试。若仿真模型精度足够，则这一步可能不是必要的。用 SPICE 仿真 CMOS 运算放大器的例子如下。

例 6.6-1 例 6.3-1 的 CMOS 运算放大器的仿真

对例 6.3-1 所设计的运算放大器(如图 6.3-3 所示)进行 SPICE 分析,确定其指标是否满足要求。采用表 3.1-2 和表 3.2-1 中所示的器件参数。除了验证例 6.3-1 的指标,此处还将仿真 PSRR$^+$ 和 PSRR$^-$。

解:为了简化重复设计,将运算放大器视为子电路。表 6.6-1 给出了图 6.3-3 电路的 SPICE 描述。如果完成了物理层版图设计,可算出 AD,AS,PD 和 PS 的值,用下面的近似值作为接近实际情况的一种估算。

$$AS = AD \cong W[L1+L2+L3]$$
$$PS = PD \cong 2W + 2[L1+L2+L3]$$

式中,L1 是多晶硅与源/漏中接触孔之间的最小间距(按表 B-1 的规则 5.3),L2 是最小尺寸方形接触孔的长度(表 B-1 的规则 5.1),L3 是源/漏接触孔到源/漏边沿的最小间距(表 B-1 的规则 5.4)。

表 6.6-1 图 6.3-3 电路的 SPICE 子电路描述

```
.SUBCKT OPAMP 1 2 6 8 9
M1 4 2 3 3 NMOS1 W = 3U L = 1U AD = 18P AS = 18P PD = 18U PS =
+ 18U
M2 5 1 3 3 NMOS1 W = 3U L = 1U AD = 18P AS = 18P PD = 18U PS =
+ 18U
M3 4 4 8 8 PMOS1 W = 15U L = 1U AD = 90P AS = 90P PD = 42U PS = 42U
M4 5 4 8 8 PMOS1 W = 15U L = 1U AD = 90P AS = 90P PD = 42U PS = 42U
M5 3 7 9 9 NMOS1 W = 4.5U L = 1U AD = 27P AS = 27P PD = 21U PS = 21U
M6 6 5 8 8 PMOS1 W = 94U L = 1U AD = 564P AS = 564P PD = 200U PS = 200U
M7 6 7 9 9 NMOS1 W = 14U L = 1U AD = 84P AS = 84P PD = 40U PS = 40U
M8 7 7 9 9 NMOS1 W = 4.5U L = 1U AD = 27P AS = 27P PD = 21U PS = 21U
CC 5 6 3.0P
.MODEL NMOS1 NMOS VTO = 0.70 KP = 110U GAMMA = 0.4 LAMBDA = 0.04 PHI =
+ 0.7 MJ = 0.5 MJSW = 0.38 CGBO = 700P CGSO = 220P CGDO = 220P CJ
+ = 770U CJSW = 380P LD = 0.016U TOX = 14N
.MODEL PMOS1 PMOS VTO = −0.7 KP = 50U GAMMA = 0.57 LAMBDA = 0.05 PHI
+ = 0.8 MJ = 0.5 MJSW = .35 CGBO = 700P CGSO = 220P CGDO = 220P CJ
+ = 560U CJSW = 350P LD = 0.014U TOX = 14N
IBIAS 8 7 30U
.ENDS
```

首先围绕图 6.6-1 中的开环结构进行分析。从 −5 V 到 +5 V 对 v_{IN} 进行粗扫描,找出在哪一点上 v_{IN} 的值可以使输出从 V_{SS} 跳变到 V_{DD}。一旦找到了跳变的范围,v_{IN} 的扫描值就只在包含跳变区的一段范围内变化。结果如图 6.6-15 所示。图 6.6-1 的 V_{OS} 的值可以由这些数据来确定。虽然 V_{OS} 不需要使 v_{OUT} 精确到零,但也应保持输出在线性范围内,以便 SPICE 计算小信号分析的偏置点时可以获得合理的结果。因为 $v_{IN} = 0$ V 时运算放大器仍处在线性区,所以不需要加偏移以获得开环性能。

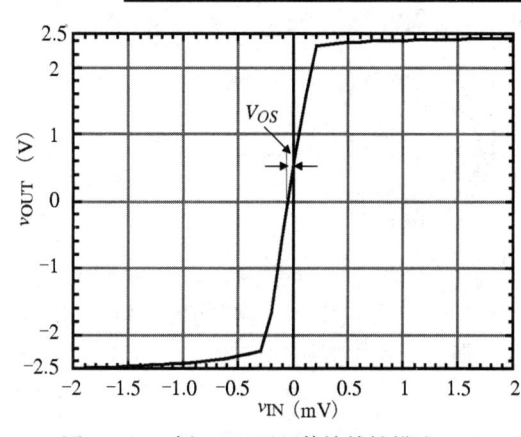

图 6.6-15 例 6.6-1 开环传输特性描述 V_{OS}

此时，设计者可以开始对运算放大器进行实际的仿真。对于开环结构的电压传输曲线、频率响应、小信号增益、输入和输出电阻都可以仿真。PC 版本的 SPICE(PSPICE)输入文件如表 6.6-2 所示。图 6.6-16 显示出仿真结果。开环电压增益为 10530 V/V(由输出文件确定)，GB 为 5 MHz，输出电阻为 122.5 kΩ(由输出文件确定)，功耗为 0.806 mW(由输出文件确定)，10 pF 负载的相位裕量是 65°，开环输出电压摆幅从+2.3 V 到-2.2 V。仿真结果优于原始指标。

表 6.6-2　开环结构的 PSPICE 输入文件

```
EXAMPLE 6.6-1 OPEN LOOP CONFIGURATION
.OPTION LIMPTS = 1000
VIN+ 1 0 DC 0 AC 1.0
VDD 4 0 DC 2.5
VSS 0 5 DC 2.5
VIN - 2 0 DC 0
CL 3 0 10P
X1 1 2 3 4 5 OPAMP
    .
    .
    .
(Subcircuit of Table 6.6-1)
    .
    .
    .
.OP
.TF V(3) VIN+
.DC VIN+ -0.005 0.005 100U
.PRINT DC V(3)
.AC DEC 10 1 10MEG
.PRINT AC VDB(3) VP(3)
.PROBE (This entry is unique to PSPICE)
.END
```

下一个结构是图 6.6-10 的单位增益结构。由这个结构可以确定 ICMR、PSRR$^+$、PSRR$^-$、摆率和建立时间。表 6.6-3 给出了相应的 SPICE 输入文件(PSRR$^+$和 PSRR$^-$的确定必须分别进行)。仿真结果在图 6.6-17 中表示出来。可以看出，ICMR 是从-1.2 V 到+2.3 V。注意，ICMR 的下限是由 M5 的电流达到静态值的时间确定的。PSRR$^+$的频率响应如图 6.6-18 所示，PSRR$^-$的频率响应如图 6.6-19 所示。

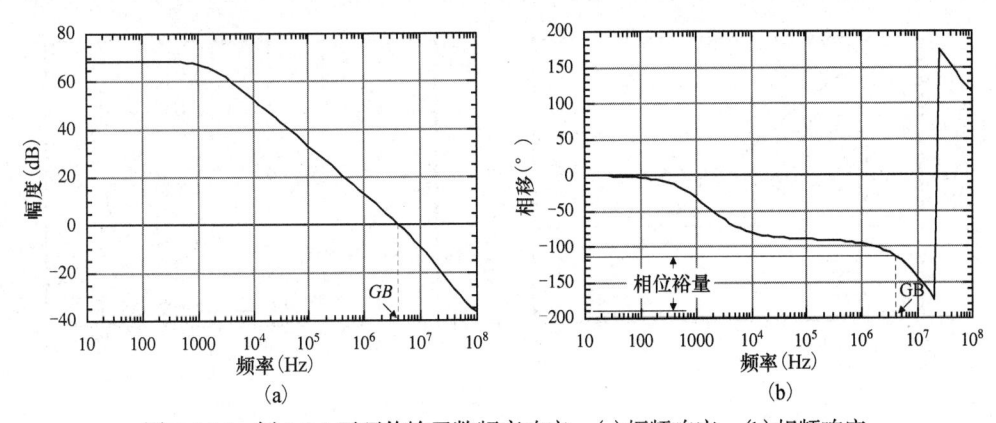

图 6.6-16　例 6.6-1 开环传输函数频率响应。(a)幅频响应；(b)相频响应

表 6.6-3 单位增益结构的输入文件

```
EXAMPLE 6.6-1 UNITY GAIN CONFIGURATION.
.OPTION LIMPTS = 501
VIN+ 1 0 PWL(0 -2 10N -2 20N 2 2U 2 2.01U -2 4U -2 4.01U
+ -.1 6U -.1 6.01U .1 8U .1 8.01U -.1 10U -.1)
VDD 4 0 DC 2.5 AC 1.0
VSS 0 5 DC 2.5
CL 3 0 20P
X1 1 3 3 4 5 OPAMP
  .
  .
  .
(Subcircuit of Table 6.6-1)
  .
  .
  .
.DC VIN+ -2.5 2.5 0.1
.PRINT DC V(3)
.TRAN 0.05U 10U 0 10N
.PRINT TRAN V(3) V(1)
.AC DEC 10 1 10MEG
.PRINT AC VDB(3) VP(3)
.PROBE (This entry is unique to PSPICE)
.END
```

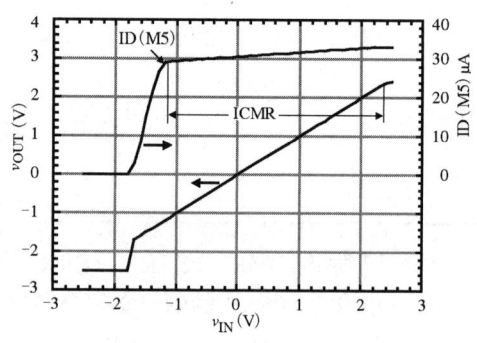

图 6.6-17 例 6.6-1 的输入共模仿真

分别将 4 V 和 0.2 V 脉冲作用到单位增益结构上得到大信号和小信号瞬态响应。结果如图 6.6-20 所示。可以看出，正摆率是 10 V/μs，而负摆率接近 -6.7 V/μs，且有一个很大的负过冲。负摆率不足的原因是其受限于向 10 pF 负载电容放电的电流。对于 -6.7 V/μs，通过补偿电容 C_c 的电流大约是 20 μA。因此，负载电容放电电流是 95 μA 减去 20 μA 或者 70 μA。负跃变的摆率是受负载电容而不是补偿电容的限制，大约是 -7 V/μs。这个问题可以很容易地通过增加输出级的偏置电流［从 95 μA 到 130 μA（其中 30 μA 为 C_c，100 μA 为 C_L）］来解决。

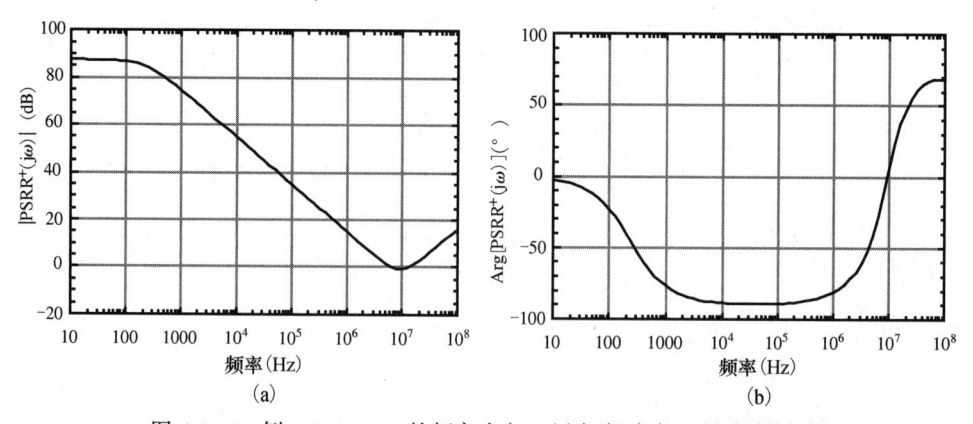

图 6.6-18 例 6.6-1 $PSRR^+$ 的频率响应。(a) 幅频响应；(b) 相频响应

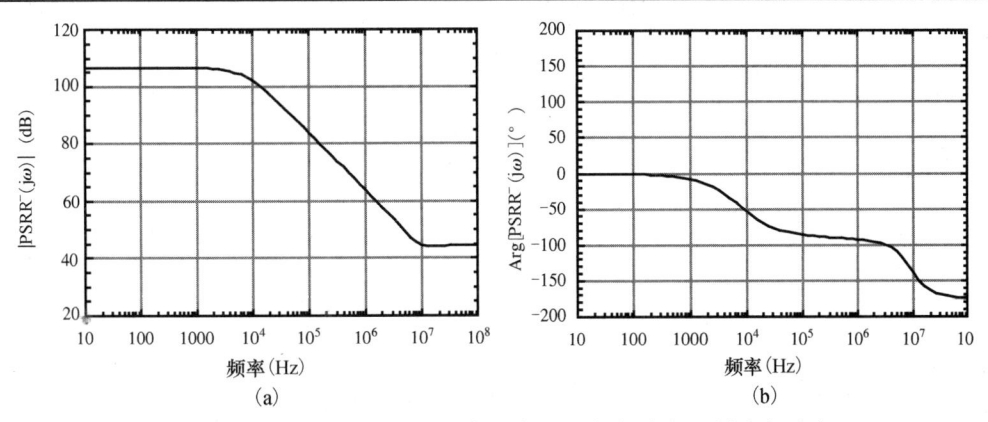

图 6.6-19 例 6.6-1 PSRR⁻ 的频率响应。(a) 幅频响应；(b) 相频响应

负摆动的大过冲是由于 M6 中没有电流，因为 M7 的所有 95 μA 电流都用于 C_c 和 C_L 的放电，所以 M6 中没有电流可流。在正摆动时，M6 可以提供足够的电流即刻对变化予以响应。然而，负摆动会持续过去的终点直到输出级能够按照单位增益反馈网络跟上响应。

可以看出过冲很小。在±5%范围内的建立时间大约是 0.5 μs，与输出文件中确定的一样。相对大的补偿电容在瞬态响应中可阻止 10 pF 负载引起的振铃。在习题 6.6-11 中将进一步研究为什么负过冲比正过冲大。这里不必关注摆率，因为运算放大器工作在线性模式。

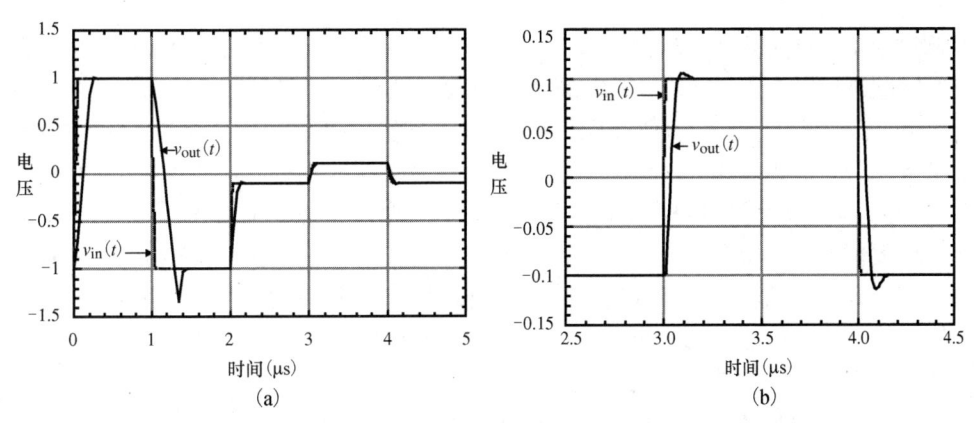

图 6.6-20 例 6.6-1 单位增益瞬态响应。(a) 大信号；(b) 小信号

仿真结果与设计指标的比较见表 6.6-4。可以看出，设计几乎是令人满意的。微小的调节可以通过改变 W/L 或直流电流使放大器工作在指定的范围。下一步仿真中应该改变模型参数值，典型的是 K'，V_T，γ 以及 λ，确保即使工艺有所改变也能满足指标。

表 6.6-4 例 6.3-1 仿真结果与指标的比较

特性 (电源电压 = ± 2.5 V)	设计 (例 6.3-1)	仿真 (例 6.6-1)
开环增益	>5000	10 000
GB (MHz)	5 MHz	5 MHz
ICMR (V)	−1～2 V	+2.4 V, −1.2 V

续表

特性 (电源电压 = ±2.5 V)	设计 (例 6.3-1)	仿真 (例 6.6-1)
SR (V/μs)	>10 (V/μs)	+10, −7 (V/μs)
P_{diss} (mW)	<2 mW	0.625 mW
V_{out} 范围 (V)	±2 V	+2.3 V, −2.2 V
PSRR$^+$(0) (dB)	—	87
PSRR$^-$(0) (dB)	—	106
相位裕度 (°)	60°	65°
输出电阻 (kΩ)	—	122.5 kΩ

只要开环增益不是很大，本节中的测量方案将会工作得很好。如果增益太大，则必须采用适用于双极型运算放大器的技术。集成运算放大器在频域中自动测量的测试电路的介绍和描述见参考文献[17]。这个方法补充了本节给出的方法。参考书、网站和技术文献是该课题研究的很好信息源。

6.7 小结

本章讨论了 CMOS 运算放大器的设计、仿真和测试等问题。通常，设计运算放大器时考虑的首要问题是建立一个对工艺不敏感的直流环境，从而产生了器件比的定义并建立器件比之间的约束。然后选择直流电流值并保持器件比以实现交流性能。为了得到满意的频率响应，再对约束条件做进一步修改。这个设计 CMOS 运算放大器的过程非常简单明了。同时，推演了两级 CMOS 运算放大器的初步设计过程，确保满足多数指标要求。

运算放大器的一个重要性能是稳定性，主要体现在相位裕量上。本章讨论了几种补偿方法，利用这些方法可以使设计者即使在大电容负载时也能得到较好的相位裕量。运算放大器的稳定性对脉冲响应的建立时间也十分重要。利用米勒补偿极点分离的方法与调零电阻一起抵消右半平面零点的影响是较好的方法。

6.3 节和 6.4 节的 CMOS 运算放大器设计给出了两级运算放大器或共源共栅运算放大器的初步设计。两级运算放大器给出了满足多数典型应用的性能要求。6.3 节的共源共栅结构可改进两级运算放大器的一些性能，例如，增益、稳定性和电源抑制比(PSRR)等。如果运算放大器中所有的内部节点都是低阻抗的，那么在输出端并联一个到地的电容就可以达到补偿的目的。这种结构对大电容负载是自补偿的。虽然共源共栅运算放大器的输出电阻较大，但如果运算放大器驱动容性负载，那就完全没有问题了。

6.3 节和 6.4 节说明了设计者如何获得运算放大器性能的近似值，但还需对运算放大器进行性能仿真和优化，检查并确保设计没有错误。优化设计意味着改变工艺参数，确保在给定工艺参数发生变化的条件下运算放大器仍可以达到指标要求。最后，完成制造后必须测试运算放大器的性能。因此，提出了适用于 CMOS 运算放大器的仿真和测试技术。

本章提出了设计适用于大输出电阻的运算放大器的原理和过程，这些信息是改进运算放大器性能的基础。运算放大器性能的提高将在第 7 章考虑。

习题

6.1-1 用虚短接概念来求图 P6.1-1 中同相电压放大器的电压传输函数。

6.1-2 假设输出通过负反馈回到输入,试说明当运算放大器电压增益达到无穷时,差分输入就成为虚短接端口。

6.1-3 试说明图 6.1-5 中定义为 v_1/CMRR 的受控源其实是一个适用于运算放大器共模行为的模型。

6.1-4 试说明如何将运算放大器的 PSRR 影响加到图 6.1-5 所示运算放大器的非理想情况中去。

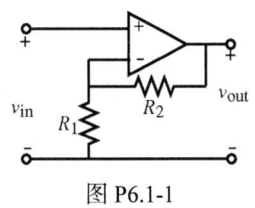

图 P6.1-1

6.1-5 用两个分立的电流镜代替图 6.1-8 中的电流镜负载,说明怎样在输出级重新组合这些电流以得到推挽输出,怎样增加该结构的增益从而达到两级运算放大器的水平。

6.1-6 用电流镜负载替换图 6.1-9 中的 I→I 级,试说明如何增加该结构的增益从而达到两级运算放大器的水平。

6.2-1 试从传输函数式 (6.2-9) 中推导出式 (6.2-10) 中的主极点及式 (6.2-11) 中的输出极点表达式。

6.2-2 图 6.2-7 示出了运算放大器加补偿前后的区别,试在实际频率响应曲线上求出相位裕量的近似值。

6.2-3 推导式 (6.2-17) 中关于增益带宽积 (GB) 的关系式。

6.2-4 对于有两个极点和一个右半平面零点的运算放大器模型,试证明如果零点大于增益带宽积 (GB) 的 10 倍,为获得 55° 的相位裕量,第二极点必须高于 1.22 倍增益带宽积 (GB)。

6.2-5 对于一个三极无零运算放大器模型,试证明如果最高极点是 10 倍的 GB,为获得 65° 的相位裕量,第二极点必须至少为 2.86 倍的 GB 值。

6.2-6 推导式 (6.2-37)~式 (6.2-40) 所给定的关系。

6.2-7 用物理概念解释图 6.2-8 所示的采用密勒补偿的运算放大器中为什么会出现右半平面零点。并解释为什么右半平面零点对 CMOS 运算放大器的影响大于 BJT 运算放大器。

6.2-8 一个两级密勒补偿 CMOS 运算放大器有一个右半平面位于 20 倍 GB 的零点、一个由于密勒补偿产生的主极点、位于 p_2 的第二极点,还有一个位于 -3GB 的极点,试求:
(a) 如果 GB 是 5 MHz,达到 45° 相位裕量时的 p_2 值;
(b) 假设 (a) 中的 $|p_2|$ = 2GB,用调零电阻抵消 p_2,GB = 1 MHz,此时的相位裕量;
(c) 用 (b) 的条件,设 C_L 增加到原来的 4 倍,此时的相位裕量。

6.2-9 推导式 (6.2-56)。

6.2-10 在图 6.2-8 所示的两级运算放大器电路中,已知 GB = 2 MHz,$|p_2|$ = 5 GB,z = 3 GB,$C_L = C_2$ = 20 pF。设 M5 中的偏置电流是 40 μA,M7 中是 320 μA,只考虑两极点的运算放大器模型,采用表 3.1-2 中的参数值,试求 W_1/L_1、W_6/L_6 和 C_c。

6.2-11 在图 6.2-14 中,假设 R_I = 150 kΩ,R_{II} = 100 kΩ,g_{mII} = 500 μS,C_I = 1 pF,C_{II} = 5 pF,C_c = 25 pF。求 R_z 的值和以下情况的极零点位置:(a) 零点被移至无穷远;(b) 零点抵消了第二极点。

6.2-12 一自补偿运放有三个高阶极点紧密围绕在 -1×10^9 rad/s 附近,为达到 $60°$ 相位裕量,试求运放的 GB 值(单位为 Hz)?如果运放的低频增益是 80dB,求主极点 p_1 的值?如果该放大器的输出电阻是 $10\,\mathrm{M\Omega}$,试求 p_1 值时的 C_L 值?(对此问题忽略输出点上的所有其他电容)。

6.3-1 CMOS 运算放大器电路如图 P6.3-1 所示。已知晶体管参数为 $K'_N = 110\,\mu\mathrm{A/V^2}$,$K'_P = 50\,\mu\mathrm{A/V^2}$,$V_{TN} = 0.7\,\mathrm{V}$,$V_{TP} = -0.7\,\mathrm{V}$,$\lambda_N = 0.04\,\mathrm{V^{-1}}$,$\lambda_P = 0.05\,\mathrm{V^{-1}}$。若设所有晶体管的沟道长度为 $1\,\mu\mathrm{m}$,设计每个晶体管的沟道宽度和 I_5、I_7 的直流电流以满足下面的要求。

摆率 = 10 V/μs;+ICMR = 0.8 V;-ICMR = 0 V;GB = 5 MHz;相位裕量 = 60°($g_{mII} = 10g_{mI}$ 和 $V_{SG4} = V_{SG6}$)

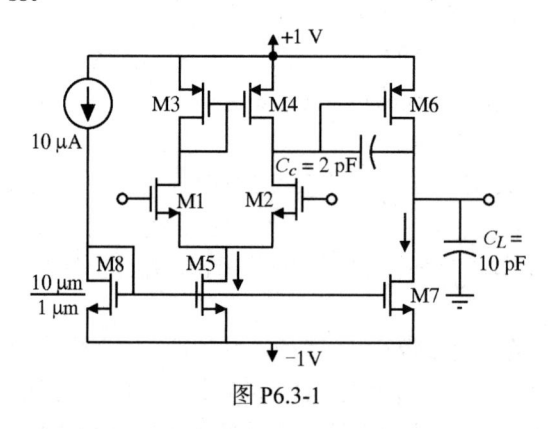

图 P6.3-1

6.3-2 推导表 6.3-2 中第 5 步给出的关系式。

6.3-3 试说明图 6.3-1 中 W/L 之间的关系,保证 $V_{SG4} = V_{SG6}$,由 $\dfrac{S_6}{S_4} = 2\dfrac{S_7}{S_5}$ 给定,其中 $S_i = \dfrac{W_i}{L_i}$。

6.3-4 画一个类似图 6.3-1 的运算放大器电路图,用 p 沟道管做输入器件。设每个电路的偏置电流都相同,列出所有这两个电路可能不同的特征,并说明其优劣程度。

6.3-5 用例 6.3-1 设计的运算放大器,假设输入晶体管 M1 和 M2 的衬底都接至 $-2.0\,\mathrm{V}$。这将对例 6.3-1 的运算放大器性能有什么影响?仍采用例 6.3-1 的 W/L 值。只要性能有改变,求出新值并与旧值比较。

6.3-6 将例 6.3-1 的电路改成 p 沟道输入的两级运算放大器。两级电流分别与例 6.3-1 相同,重复例 6.3-1 的计算。

6.3-7 p 沟道输入 CMOS 运算放大器电路如图 P6.3-7 所示,负载电容 $C_L = 10\,\mathrm{pF}$,计算开环时的低频差模增益、输出电阻、功耗、直流电源抑制比、输入共模范围、输出电压摆幅、摆率和单位增益带宽。采用表 3.1-2 的模型参数。设计 M9 和 M10 的 W/L,给出 $1/g_{m6}$ 的电阻,使用 SPICE 仿真程序求出相位裕量,并求出空载和有 10 pF 负载时 1% 的建立时间。

图 P6.3-7

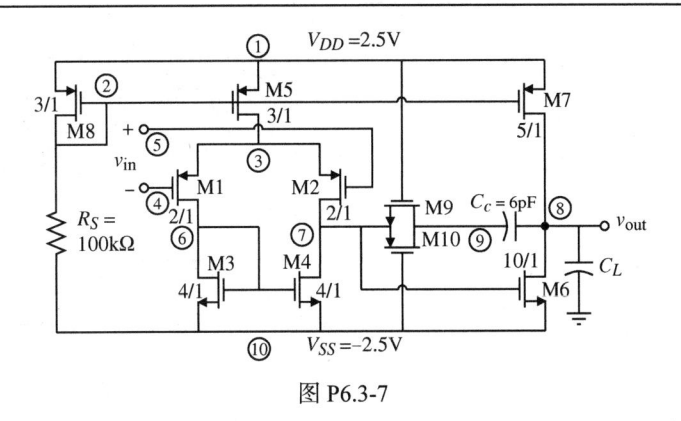

6.3-8 CMOS 运算放大器电路如图 P6.3-8 所示，设计图中每个晶体管的 W 和 L 值，以达到 4000 的差模电压增益值。设 $K'_N = 110\ \mu\text{A/V}^2$，$K'_P = 50\ \mu\text{A/V}^2$，$V_{TN} = -V_{TP} = 0.7\ \text{V}$，$\lambda_N = \lambda_P = 0.01\ \text{V}^{-1}$，最小器件尺寸为 $2\ \mu\text{m}$，选择最小可能的器件。设计 R_Z 和 C_c 值，以得到 GB = 2 MHz 和抵消右半平面零点的结果。设 $V_{DD} = -V_{SS} = 2.5\ \text{V}$，$R_B = 100\ \text{k}\Omega$，试问此运算放大器能够驱动多大的负载电容而且不减小相位裕量？运算放大器的摆率是多少？

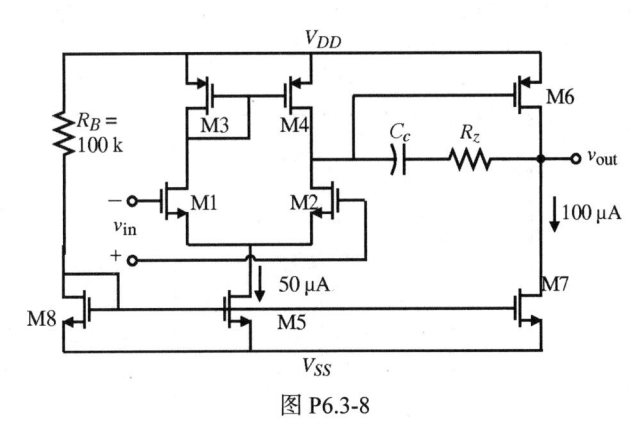

图 P6.3-8

6.3-9 用上题所给的电学模型参数设计图P6.3-8中的如下参数：W_3，L_3，W_4，L_4，W_5，L_5，C_c 和 R_Z，要求直流电流增加到原来的 2 倍，并使 $W_1 = L_1 = W_2 = L_2 = 2\ \mu\text{m}$ 获得一个 5000 的低频差模电压增益，1 MHz 的 GB 值。所有器件在正常工作条件下都应该处于饱和状态，而且 RHP 的影响可以被抵消。求这个运算放大器在不减小相位裕量的前提下，可以驱动多大的容性负载？计算运算放大器的摆率。

6.3-10 运算放大器电路如图 P6.3-10 所示，假设所有晶体管都工作在饱和区且 MOS 管的参数如表 3.1-2 所示，试求：
(a) I_5、I_7 和 I_8 的工作点电流；(b) 低频差模电压增益 $A_{vd}(0)$；(c) GB 值（单位为 Hz）；(d) 负摆率；(e) 功耗；(f) 开环单位增益是 2 MHz 时的相位裕量。

6.3-11 简单 CMOS 运算放大器电路如图 P6.3-11 所示。采用下面的模型参数。
$K'_N = 24\ \mu\text{A/V}^2$，$K'_P = 8\ \mu\text{A/V}^2$，$V_{TN} = -V_{TP} = 0.75\ \text{V}$，$\lambda_N = 0.01\ \text{V}^{-1}$，$\lambda_P = 0.02\ \text{V}^{-1}$
试求：小信号差模电压增益 v_{out}/v_{in}、输出电阻 R_{out}、主极点 p_1、单位增益带宽 GB、摆率 SR 和直流功耗值。

图 P6.3-10

图 P6.3-11

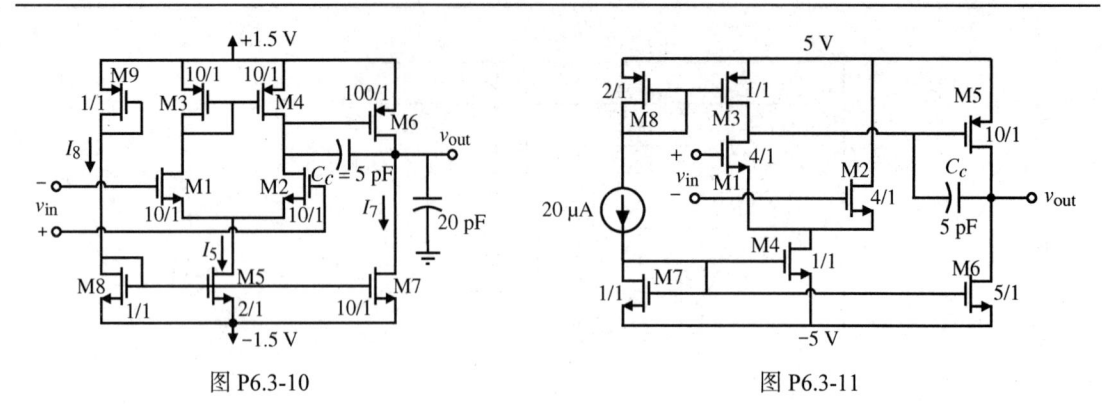

6.3-12 在对数坐标中，纵轴范围为 $10^{-3} \sim 10^{+3}$，横轴范围为 $10 \sim 1000\ \mu A$，画出标准两级 CMOS 运算放大器的低频增益 $A_v(0)$、单位增益带宽 GB、功耗 P_{diss}、摆率 SR、输出电阻 R_{out}、主极点 $|p_1|$ 的值和右半平面零点 z 的值作为 I_B 函数的变化曲线，令所有参数均规格化至 $I_B = 10\ \mu A$ 时的相应值（I_B 从 $10\ \mu A$ 变化到 $1000\ \mu A$）。假设 M5 的电流是 $k_1 I_B$，输出电流(M6)是 $k_2 I_B$。

6.3-13 推导图 P6.3-13 中 M6B 管的 W/L 表达式，形式类似于式 (6.3-32)，要求产生的 RHP 零点能抵消输出极点。根据图 P6.3-13 的电路图和例 6.3-1 中 MOS 管的参数值，重复例 6.3-2 的计算。

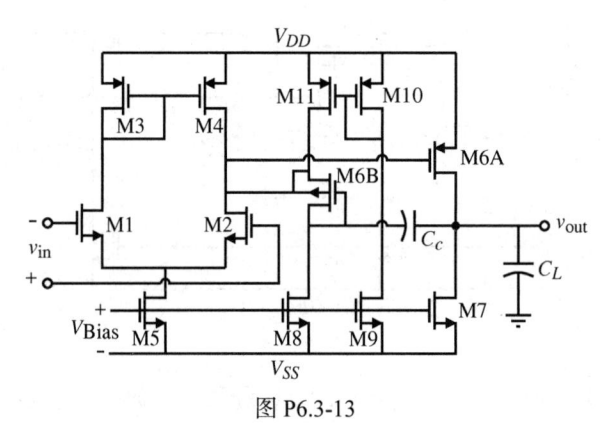

图 P6.3-13

6.3-14 用 5.2 节提到的观察法计算图 6.3-1 中两级运算放大器的小信号差模电压增益。

6.3-15 低电压 1.5 V 供电的 CMOS 运算放大器如图 P6.3-15 所示。所有器件沟道长度都是 $1\ \mu m$，工作在饱和区。设计运算放大器每个管子的 W 值以达到以下要求：

摆率 = ±10 V/μs	V_{out}(最大) = 1.25 V	V_{out}(最小) = 0.75 V
V_{ic}(最小) = 1 V	V_{ic}(最大) = 2 V	GB = 10 MHz
当输出极点 = 2 GB 和右半平面零点 = 10 GB 时，相位裕量 = 60°			
保持镜像极点 ≥ 10 GB（$C_{ox} = 0.5\ fF/\mu m^2$）			

设计必须满足甚至超过这些要求。这里忽略体效应，将设计所得 C_c(pF)、$I(\mu A)$ 和 W 结果填入下表，其中 W 精确到微米。设计中采用下面的模型参数：

$K'_N = 24\ \mu A/V^2$，$K'_P = 8\ \mu A/V^2$，$V_{TN} = -V_{TP} = 0.75\ V$，$\lambda_N = 0.01\ V^{-1}$，$\lambda_P = 0.02\ V^{-1}$

C_c	I	W1 = W2	W3 = W4	W5 = W8	W6	W7	W9 = W10	W11 = W12	P_{diss}

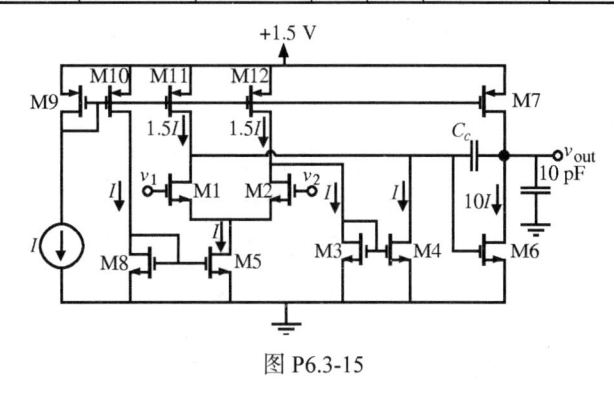

图 P6.3-15

6.3-16 图 P6.3-16 所示为已设计实现并经测试的 CMOS 运算放大器电路。测试中，除了用在单位增益结构，±1.5 V 的正弦正峰值处出现如图所示的振荡，该电路工作状况良好。试解释这是什么原因引起的？怎样才能解决这一问题？假设电参数为 $V_{TN} = -V_{TP} = 0.7$ V，$K'_N = 28$ μA/V^2，$K'_P = 8$ μA/V^2，$\lambda_N = \lambda_P = 0.01$ V^{-1}，$\gamma_N = 0.35$ V$^{1/2}$，$\gamma_N = 0.9$ V$^{1/2}$，$2|\phi_F| = 0.5$ V。

图 P6.3-16

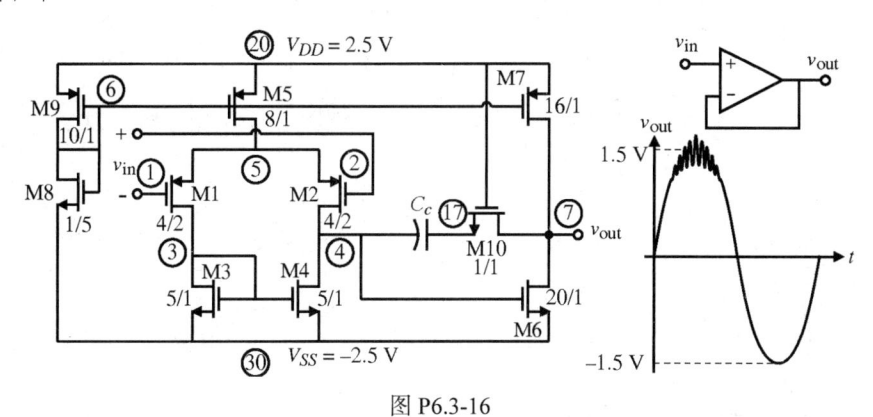

6.3-17 （设计题：自评分）

图 P6.3-17 所示运算跨导放大器(OTA)的电源电压为 ±2.5V。采用表 3.1-2 的模型参数，仅用 MOS 管设计该电路，满足如下指标要求。设计中假设所有晶体管的沟道长度均为 1 μm，W 值在 1~100 μm 范围内选取。

1. 差模电压增益：$A_{vd} \geq 80$ dB；
2. 输出电压摆幅范围：OVSR = $|V_o(\max)| + |V_o(\min)| \geq 4.5$ V；

OVSR 式中的最大和最小输出电压是指在 50 μA 电流流向负载或由负载流入时的值。

1. 摆率：负载电容 10pF 时，SR ≥ 10 V/μs；
2. 差模输入电阻：$R_{id} \geq 1$ MΩ；
3. 输入共模范围：ICMR ≥ 3 V。

注意，输入 ICMR 的测试方法是扫描输入共模电压，同时监测输出电压和输入级电流(见图 6.6-17)。

1. 共模抑制比: CMRR $\geq$ 60 dB;
2. 增益带宽积: 负载电容 10 pF 时,GB $\geq$ 25 MHz;
3. 相位裕量: 负载电容 10pF 时,ϕ(GB) $\geq$ 60°;
4. 功耗 $P_{diss} \leq$ 1mW。

首先采用手工计算方法完成达到指标要求的电路设计,然后用下面给出的模型参数进行 SPICE 仿真验证你的设计。用最简单、可接受的模型,然而必须包括所有电容。利用下面的近似,估算漏/源的面积和周边的大小。

$$AD = AS = (W \times 10 \ \mu m)$$
$$PS = PS = 2W + 20 \ \mu m$$

请将结果填入下表作为此题完成内容的一部分。

	A_{vd}	OVSR	SR	R_{id}	ICMR	CMRR	GB	ϕ(GB)	P_{diss}
手工计算									
SPICE 仿真值									

评分标准为

$$得分 = 最小\left[5, 5\left(\frac{A_{vd}}{10^4}\right)\right] + 最小\left[5, 5\left(\frac{OVRS}{4.5}\right)\right] + 最小\left[5, 5\left(\frac{SR}{10V/\mu s}\right)\right]$$
$$+ 最小\left[5, 5\left(\frac{R_{id}}{1M\Omega}\right)\right] + 最小\left[5, 5\left(\frac{ICMR}{3V}\right)\right] + 最小\left[5, 5\left(\frac{CMRR}{10^3}\right)\right]$$
$$+ 最小\left[5, 5\left(\frac{GB}{25MHz}\right)\right] + 最小\left[5, 5\left(\frac{\phi(GB)}{60°}\right)\right] + 最小\left[5, 5\left(\frac{1mW}{P_{diss}}\right)\right]$$
$$+ 最小[5, 简化系数]$$

设计者应用正确的 SPICE 仿真验证得分。为设计的得分提供足够的细节以证明分数的评定。

简化系数是基于设计者保持设计直观和简单的能力,(1 = 复杂设计,5 = 简单设计)。该题是一个学习设计的简单训练,不要花费太多不必要的时间。

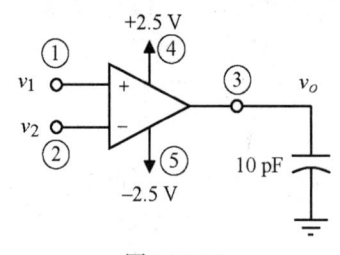

图 P6.3-17

6.4-1 试画出例 6.3-1 设计的两级运算放大器的 PSRR$^+$和 PSRR$^-$频率响应渐近波特图。
6.4-2 求图 P6.3-10 所示两级运算放大器的低频 PSRR 和正、负电源抑制比性能的所有极零点。
6.4-3 定性比较图 6.4-2(a)与图 P6.4-3 的 PSRR$^+$,哪一个性能更好? 为什么?

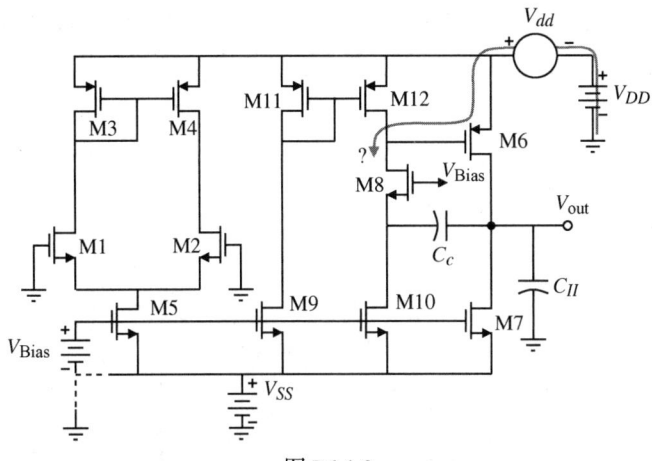

图 P6.4-3

6.4-4 在图 P6.4-4 所示的电路中，求 v_{out}/v_{ground}，确定低频增益和极零点。这表明交流地的扰动会影响两级运算放大器的噪声性能。

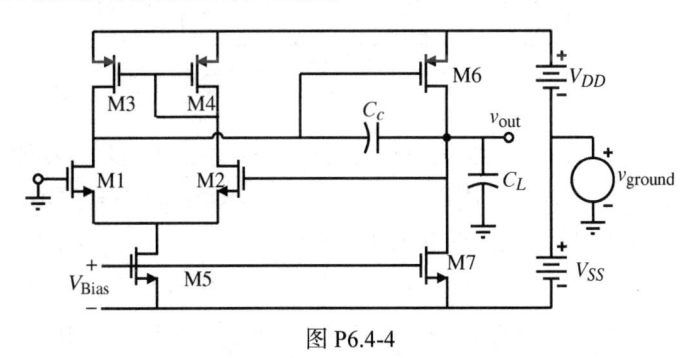

图 P6.4-4

6.5-1 在图 6.5-1(a)电路中，设 M1 和 M2 中的电流是 50 μA，NMOS 管的 W/L 值是 10，PMOS 管的是 5。求 V_{Bias} 的值，使 M1 和 M2 的漏-源电压等于 V_{ds}(饱和)。设计 R 的值保持 M3 和 M4 的源-漏电压等于 V_{ds}(饱和)。试求图 6.5-1(a) 中电路的小信号电压增益 v_{o1}/v_{in} 的表达式。

6.5-2 在图 6.5-1(b)所示的电路中，如果 M1、M2、MC1 和 MC2 的 W/L 值是 10，M1 和 M2 中的电流是 100μA，求 MB1～MB5 的 W/L 值，使 M1 和 M2 的漏-源电压等于 V_{ds}(饱和)。设 MB3 = MB4，MB5 的电流是 5 μA。求 M5 的电流。

6.5-3 用观察法求图 6.4-1(a)电路中 MC1 和 MC2 源极看进去的电阻，假设(a)输出开路和(b)输出短路。

6.5-4 对例 6.5-1，再次计算增益达 5000 时的 W_1 和 W_2 值。

6.5-5 求图 6.5-1(a)电路的差模电压增益，假设输出取自 MC2 和 MC4 的漏极，令 $W_1/L_1 = W_2/L_2 = 10$ μm/1 μm，$W_{C1}/L_{C1} = W_{C2}/L_{C2} = W_{C3}/L_{C3} = W_{C4}/L_{C4} = 1$ μm/1 μm，$W_3/L_3 = W_4/L_4 = $ 1μm/1μm，$I_5 = 50$ μA。使用表 3.1-2 中的模型参数，忽略体效应。

6.5-6 讨论图 6.5-2 电路中 M6 栅极处极点对运算放大器密勒补偿的影响。绘制 C_c 由 0 变化到补偿值时的近似根轨迹图。

6.5-7 假设 $g_{mN} = 2g_{mP}$，$r_{dsN} = 2r_{dsP}$ 和 $A = 0.5g_m r_{ds}$。用观察法求图 6.5-3 中电路的电阻和小信

号差模电压增益的表达式。假设 $g_{mN}r_{dsN} = 150 \text{ V/V}$，试估算电压增益值。

6.5-8 假设 $g_{mN} = g_{mP}$，$r_{dsN} = 2r_{dsP}$，重做例 6.5-2 的计算。

6.5-9 内部补偿的共源-共栅运算放大器电路如图 P6.5-9 所示。(a)试推导输入共模范围的表达式；(b)当 $I_{Bias} = 80 \text{ μA}$，ICMR 为 $-3.5 \sim 3.5$ V 时，求 W_1/L_1、W_2/L_2、W_3/L_3 和 W_4/L_4 的值。令 $K'_N = 25 \text{ μA/V}^2$，$K'_P = 11 \text{ μA/V}^2$，$|V_T| = 0.8 \text{-} 1.0$ V。

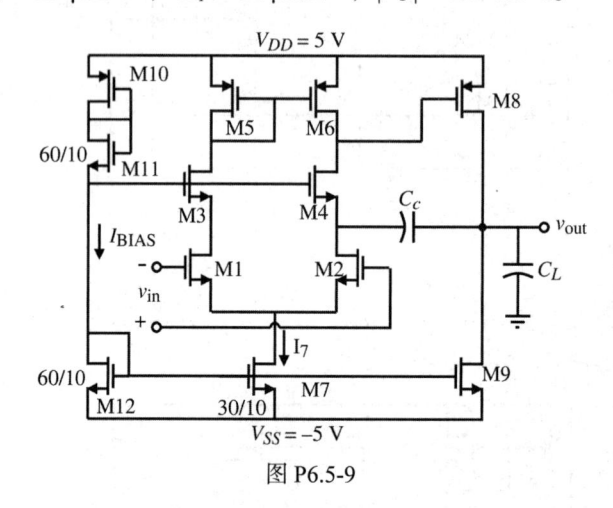

图 P6.5-9

6.5-10 电路如图 P6.5-9 所示，求共源-共栅电路的小信号差模电压增益和输出电阻表达式。

6.5-11 设 $g_{mN} = g_{mP}$，$r_{dsN} = 2r_{dsP}$，用观察法求图 6.5-6 电路的小信号差模电压增益和电阻。如果 $g_{mN}r_{dsP} = 100 \text{V/V}$，试估算电压增益值。

6.5-12 折叠共源-共栅电路如图 6.5-9(b)所示。已知 $g_{mN} = 100 \text{ μS}$，$g_{mP} = 50 \text{ μS}$，$r_{dsN} = 2\text{MΩ}$，$r_{dsN} = 1\text{MΩ}$，所有晶体管的 $C_{gs} = 100 \text{ fF}$，$C_{db} = 5 \text{ fF}$ 和 $C_L = 10 \text{ pF}$，试求电路的所有极点。

6.5-13 图 P6.5-13 所示电路为 5 V 电源供电的 CMOS 运算放大器。已知所有晶体管的沟道长度均为 1 μm，工作在饱和区。试设计每个晶体管的 W 值，达到以下指标要求：

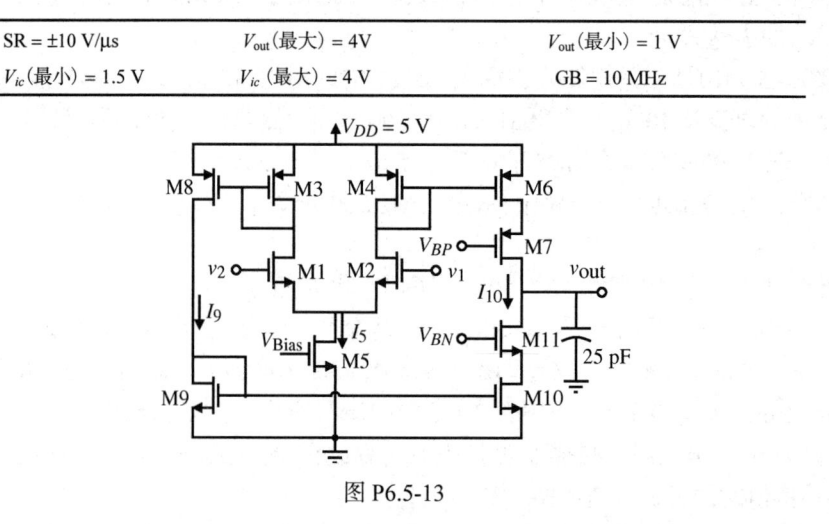

SR = ±10 V/μs	V_{out}(最大) = 4V	V_{out}(最小) = 1 V
V_{ic}(最小) = 1.5 V	V_{ic}(最大) = 4 V	GB = 10 MHz

图 P6.5-13

设计应该达到或超过这些指标。忽略体效应，并将结果填入下表，包括精确到微

米的 W 值、偏置电流 $I_5(\mu A)$、功耗、差模电压增益 A_{vd}、V_{BP} 和 V_{BN}。

W1 = W2	W3 = W4 = W6 = W7 = W8	W9 = W10 = W11	W5	$I_5(\mu A)$	A_{vd}	V_{BP}	V_{BN}	P_{diss}

6.5-14 如果差分输入对管是 PMOS 管（即所有的 NMOS 管都换成 PMOS 管，而 PMOS 管换成 NMOS 管，同时电源电压也反过来），重复例 6.5-3 的计算。

6.5-15 运算放大器电路如图 P6.5-15 所示。已知所有器件的沟道长度都是 1 μm，要求摆率是 ±10 V/μs，GB 是 10 MHz，最大输出电压是+2 V，最小输出电压是-2 V，输入共模范围是-1～+2 V。设计所有晶体管的 W 值。设计必须满足或超过这些指标。当计算最大或最小输出电压时，串联晶体管上的电压应等分。忽略体效应。完成设计后，再求小信号差模电压增益 $A_{vd}=v_{out}/v_{id}$（其中 $v_{id}=v_1-v_2$）和小信号输出电阻 R_{out}。

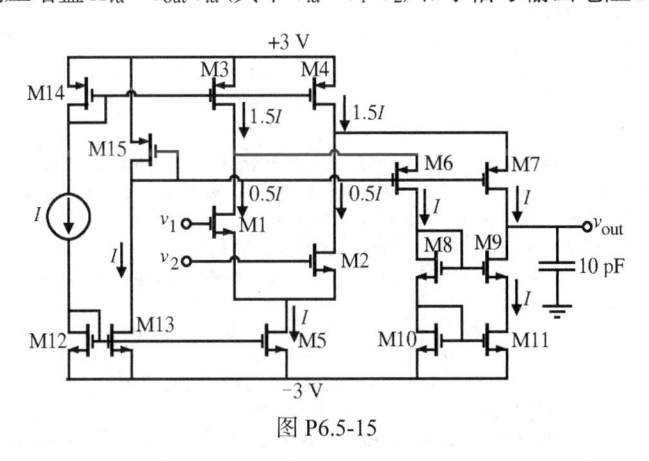

图 P6.5-15

6.5-16 在图 P6.5-15 所示的电路中，基于第 5 章中的共源-共栅放大器的原理，可知从 M6 和 M7 的源极看进去的小信号阻抗不同。假设节点（M6 和 M7 的源极）电容都相同，试判断这些极点对小信号差模频率响应的影响。

6.5-17 如果 $g_{mN}=100\ \mu S$，$g_{mP}=25\ \mu S$，$r_{dsN}=2\ M\Omega$，$r_{dsP}=0.5\ M\Omega$，重做例 6.5-5 的计算。

6.5-18 用小信号分析方法核查式 (6.5-28) 和式 (6.5-29) 的有效性。

6.6-1 在图 6.6-1 中，如果开环增益为 5000 V/V，电源电压是±2.5 V。试求，采用这种测量开环响应的方法适用的失调电压值？

6.6-2 推导图 6.6-2(a) 中的闭环频率响应，验证图 6.6-2(b) 中的幅率响应渐近波特图。已知低频增益是 4000 V/V，GB = 1 MHz，$R=10\ M\Omega$，$C=10\ \mu F$，画出图 6.6-2(a) 的闭环幅频响应波特图。

6.6-3 为测试运算放大器的开环频率响应，说明应如何修改图 6.6-6 并说明测试过程。

6.6-4 证明式 (6.6-1) 和式 (6.6-2) 所给的关系式。

6.6-5 画出适合仿真以下运算放大器特性的电路结构图：(a) 摆率；(b) 瞬态响应；(c) ICMR；(d) 输出电压摆幅。重复上述运算放大器特性的测量。会有什么变化？为什么？

6.6-6 用两个同样的运算放大器，说明如何使用 SPICE 来得到一个电压，该电压正比于 CMRR，而不是 6.6 节中的反比关系。

6.6-7 对 PSRR 重复习题 6.6-6。

6.6-8 说明怎样用图 6.6-6 测量运算放大器的开环增益。分析此电路并证明在测试情况下，用此方法测量运放的开环增益是有效的。

6.6-9 用 SPICE 仿真例 6.5-4 的运算放大器，在 20 pF 的负载电容下，用表 3.1-2 中的模型仿真以下特性：差模频率响应、功耗、相位裕量、输入共模范围、输出电压范围、摆率和建立时间。

6.6-10 图 P6.6-10 所示为一种仿真运算放大器 CMRR 的可行方案。求 v_{out}/V_{cm} 的值，并证明其近似等于 1/CMRR。在这个电路的实现中，可能会出现什么问题？

6.6-11 试解释图 6.6-20(b) 中运算放大器仿真的正阶跃响应过冲为什么小于负阶跃响应过冲。采用例 6.3-1 中的值和表 6.6-1 及表 6.6-3 的信息。

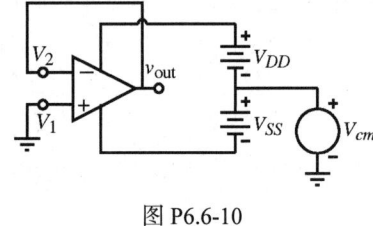

图 P6.6-10

参考文献

1. H. J. Carlin, "Singular Network Elements," *IEEE Trans. Circuit Theory,* Vol. CT-11, pp. 66–72, Mar. 1964.
2. A. S. Sedra and K. C. Smith, *Microelectronic Circuits,* 3rd ed. New York: Oxford University Press, 1991.
3. Y. P. Tsividis and P. R. Gray, "An Integrated NMOS Operational Amplifier with Internal Compensation," *IEEE J. Solid-State Circuits,* Vol. SC-11, No. 6, pp. 748–753, Dec. 1976.
4. W. J. Parrish, "An Ion Implanted CMOS Amplifier for High Performance Active Fitters," Ph.D. Dissertation, University of California, Santa Barbara, 1976.
5. B. K. Ahuja, "An Improved Frequency Compensation Technique for CMOS Operational Amplifiers," *IEEE J. Solid-State Circuits,* Vol. SC-18, No. 6, pp. 629–633, Dec. 1983.
6. W. C. Black, D. J. Allstot, and R. A. Reed, "A High Performance Low Power CMOS Channel Filter," *IEEE J. Solid-State Circuits,* Vol. SC-15, No. 6, pp. 929–938, Dec. 1980.
7. M. C. Jeng, "Design and Modeling of Deep-Submicrometer MOSFETs," ERL Memorandum ERL M90/90, University of California, Berkeley, 1990.
8. Y. Cheng and C. Hu, *MOSFET Modeling & BSIM3 User's Guide.* Norwell, MA: Kluwer Academic Publishers, 1999.
9. D. K. Su, M. J. Loinaz, S. Masui, and B. A. Wooley, "Experimental Results and Modeling Techniques for Substrate Noise in Mixed-Signal IC's," *J. Solid-State Circuits,* Vol. 28, No. 4, pp. 420–430, Apr. 1993.
10. K. M. Fukuda, T. Anbo, T. Tsukada, T. Matsuura, and M. Hotta, "Voltage-Comparator-Based Measurement of Equivalently Sampled Substrate Noise Waveforms in Mixed-Signal ICs," *J. Solid-State Circuits,* Vol. 31, No. 5, pp. 726–731, May 1996.
11. Alan Hastings, *The Art of Analog Layout.* Upper Saddle River, NJ: Prentice-Hall, Inc., 2001.
12. D. B. Ribner and M. A. Copeland, "Design Techniques for Cascode CMOS Op Amps with Improved PSRR and Common-Mode Input Range," *IEEE J. Solid-State Circuits,* Vol. SC-19, No. 6, pp. 919–925, Dec. 1984.
13. S. Masuda, Y. Kitamura, S. Ohya, and M. Kikuchi, "CMOS Sampled Differential, Push–Pull Cascode Operational Amplifier," Proceedings of the 1984 International Conference on Circuits and Systems, Montreal, Canada, May 1984, pp. 1211–1214.
14. G. G. Miller, "Test Procedures for Operational Amplifiers," Application Note 508, *Harris Linear & Data Acquisition Products,* 1977. Harris Semiconductor Corporation, Box 883, Melbourne, FL 32901.
15. W. G. Jung, *IC Op Amp Cookbook.* Indianapolis, IN: Howard W. Sams, 1974.
16. J. G. Graeme, G. E. Tobey, and L. P. Huelsman, *Operational Amplifiers—Design and Applications.* New York: McGraw-Hill, 1974.
17. W. M. C. Sansen, M. Steyaert, and P. J. V. Vandeloo, "Measurement of Operational Amplifier Characteristics in the Frequency Domain," *IEEE Trans. Instrum. Meas.,* Vol. IM-34, No. 1, pp. 59–64, Mar. 1985.

第7章 高性能 CMOS 运算放大器

第 6 章研究了与 CMOS 运算放大器设计有关的原理，介绍了通用无缓冲 CMOS 运算放大器的分析与设计。但是在许多应用中，无缓冲 CMOS 运算放大器的性能不能满足需要。本章将讨论性能经过改进的 CMOS 运算放大器。这些运算放大器将满足大多数设计的性能要求。

改进的性能一般包括较小的输出电阻、较大的输出信号摆幅、较高的转换速率、较大的增益带宽、较小的噪声、较低的功耗以及较小的输入失调电压。当然，这些特性不可能同时被满足。在很多情况下，只采用图 7.1-1 所示的缓冲器就可以达到要求的性能。本章将讨论提高无缓冲 CMOS 运算放大器性能的一些缓冲器。

本章的第一个主题是减小运算放大器的输出电阻，以便驱动电阻性负载。这样的运算放大器被称为缓冲运算放大器。第一种方法是在源极跟随器中使用 MOS 管来获得较低的输出电阻。众所周知，在不采用负反馈的情况下，最低的输出电阻为 $1/g_m$。第二种方法是采用负反馈以获得 10 Ω 左右的输出电阻。但此方法存在两个问题，一是增加了第三级并意味着需要补偿，二是输出级偏置电流的控制。第三种方法是使用 BJT 作为源极跟随器来实现缓冲运算放大器。这将产生 50 Ω 左右的输出电阻，但是存在不对称的缺点，这是由于 NPN 和 PNP 双极型晶体管不可能同时得到。

本章的第二个主题是扩展运算放大器的频率特性。首先介绍两级运算放大器的基本频率极限，这个极限是输入电压转化为电流的跨导与决定主极点的电容的比值，说明如何优化不同类型运算放大器的频率特性。第二种方法是使用开关运算放大器。这种方法用充电电容取代偏置电路，从而降低了寄生效应，提高了运算放大器的频率特性，但仍受到基本频率极限的限制。由于电流反馈将不会受到基本极限 g_m/C 的限制，因此第三种方法考虑电流反馈运算放大器，并给出一个 GB 超过 500 MHz 的运算放大器设计。第四种方法是采用并行通路的运算放大器，将一个高增益、低频通路和一个低增益、高频通路组合在一起以获得大的带宽。

本章的第三个主题是差分输出运算放大器，并提醒读者注意差分信号处理在实现运算放大器时的重要性。阐述了如何实现差模输出和如何解决补偿和共模输出电压的稳定性问题。后续部分讨论微功耗运算放大器。在微功耗运算放大器中，晶体管通常工作在亚阈值区，其功耗非常小，若不采用特殊技术，则输出电流也非常小。还给出了提高输出电流的一些方法，采用环路增益小于 1 的正反馈，并且对任何需要大输出电流的运算放大器都适用。

本章的第四个主题是低噪声运算放大器。由于 $1/f$ 噪声的原因，低噪声在 CMOS 运算放大器中显得尤其重要。噪声最小化的原理将通过举例来进行说明。在一个低噪声 CMOS 运算放大器中应用横向 BJT 取得了与最佳离散低噪声运算放大器同样好的结果。本节还提到了使用斩波来实现低噪声和低失调电压。

本章的最后部分讨论工作在低电源电压下的运算放大器。当然，那些工作在亚阈值区的运算放大器可以工作在低电源电压下，但是由于电流小因此不会有良好的频率特性。低电源电压运算放大器的设计是在低电源电压输入级、偏置级和增益级设计方法的基础上讨论的。

这里给出了两个分别工作在 2 V 和 1 V 电源下的运算放大器实例。

本章的主题阐明了优化一个或多个性能指标的方法，这些方法通过牺牲其他性能来获得某一特定区域的高性能，说明了像运算放大器这样一个复杂电路的设计并不是唯一的，设计者除了选择不同的电路结构，还有许多自由度可以用来加强特定应用电路的性能。

7.1 缓冲运算放大器

第 6 章中提到的运算放大器具有较高的输出阻抗，被称为无缓冲运算放大器。这些放大器能够驱动一个中等的负载电容，但是却不能驱动低电阻负载。本节将研究同时改进驱动大负载电容和低负载电阻能力的方法，目标是在不显著增加运算放大器功耗的情况下实现上述目标。本节讨论的运算放大器能驱动高容性和低阻性输出负载。

使用 MOS 管的缓冲运算放大器

在没有负反馈的情况下，使用 MOS 管的最低输出电阻大约是 $1/g_m$。实现低输出电阻、用于电流漏和电流源的 CMOS 运算放大器如图 7.1-1 所示。该运算放大器使用了一个推挽源极跟随器输出级，从而实现了低输出电阻。该运算放大器具有高频和高摆率的性能[1]。输出缓冲器由晶体管 M17~M22 组成。无缓冲运算放大器主要由差分跨导输入级和电流放大器级联构成。电压增益通过漏极节点 M10 和 M15 的高阻实现。由于 M10 和 M15 以外的其他节点都是低阻抗，因此无缓冲放大器的频率响应特性很好。通过 C_c 引入一个主极点从而起到了补偿放大器的作用。输出级被用来缓冲负载并提供较低的输出电阻。如果输出采用甲乙类偏置，则小信号输出电阻为

$$r_{out} \approx \frac{1}{g_{m21} + g_{m22}} \tag{7.1-1}$$

根据输出器件的尺寸和偏置电流，输出电阻可以小于 1000 Ω。

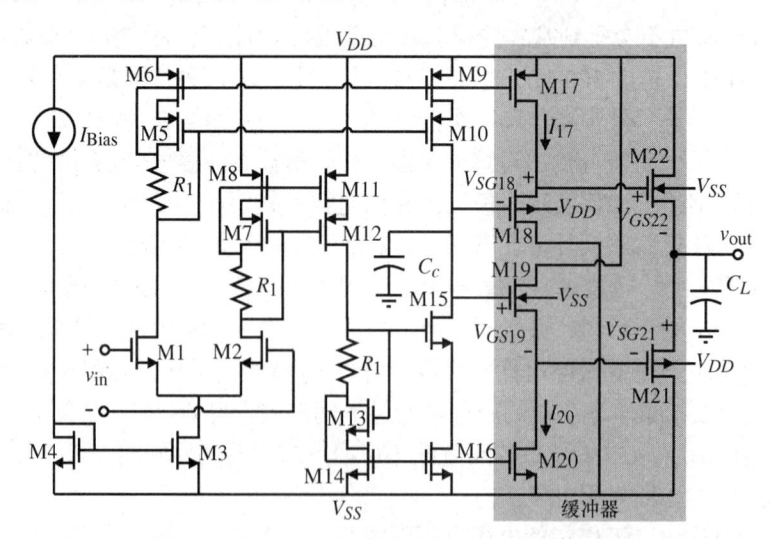

图 7.1-1 低输出电阻 CMOS 运算放大器，适合驱动阻性和容性负载

晶体管 M17 和 M20 为晶体管 M18 和 M19 提供有源偏置，M22 和 M21 分别与 M18 和

M19 互补。理想情况下，M18 和 M22、M19 和 M21 的栅极电压相互补偿，因此在输入电压为 0 时，输出电压也为 0。M21 和 M22 的偏置电流可通过 M18、M22、M21 和 M19 组成的栅-源环进行控制。当 $I_{Bias} = 50\ \mu A$ 时，测得的空载低频增益大约为 65 dB。当 C_L 为 1 pF 时，测得的单位增益带宽大约是 60 MHz。尽管没有测量带有负载电容的摆率，但它应该比较大，因为输出器件能连续开启以提供足够的电流使得源级"跟随"栅极。体-源极电压对 M21 和 M22 的影响将使输出电压无法接近 V_{DD} 或者 V_{SS}，且仍然提供很大的输出电流。一个大电容负载将在输出级引入极点，最终破坏闭环结构的稳定性。

另一种能为小负载电阻提供很大功率的方法如图 7.1-2 所示，此运算放大器可以给 100Ω 的负载提供 160 mW 的功率，而静态功耗仅为 7 mW[2]。该放大器由三级组成：第一级是一个如图 5.2-5 所示的差分放大器。输出驱动器包括一个交叉级和一个输出级。交叉级由 M1、M3 和 M2、M4 组成的两个反相器构成，其目的是提供增益、补偿和驱动两个输出晶体管 M5 和 M6，输出级是一个在特定负载电阻上具有单位增益的跨导放大器。

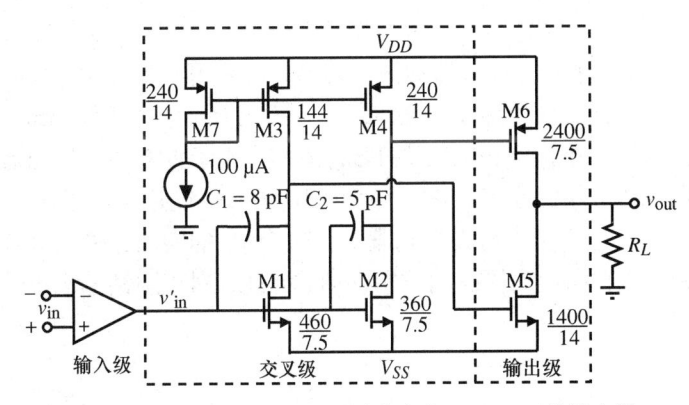

图 7.1-2 一个具有低阻抗驱动能力的 CMOS 运算放大器

图 7.1-3 定性地给出了交叉反相器的直流传输函数。其中的两条曲线反映了 M1-M3 和 M2-M4 反相器的电压传输特性，并且分别是输出器件 M5 和 M6 的驱动电压。交叉电压定义为

$$V_C = V_B - V_A \tag{7.1-2}$$

这里的 V_B 和 V_A 分别是反相器的 M5 和 M6 截止的输入电压。为了达到较低的静态功耗，V_C 必须接近于零，但又不能太小，以防止产生过大的交叉失真。必须仔细地设计 V_C，以防止在摆动过程中输出波形中出现"小干扰"。一种既满足交叉失真又保证 $V_C \geq 0$ 的方法是采用成比例的反相器，达到与输出级的驱动相匹配。因此，可由 M1 和 M3，M2 和 M4 的适当比值实现 V_C 尽量小的正值。在最坏情况下，正常工艺变化所产生的 V_C 最大值在 0 mV 和 110 mV 之间。

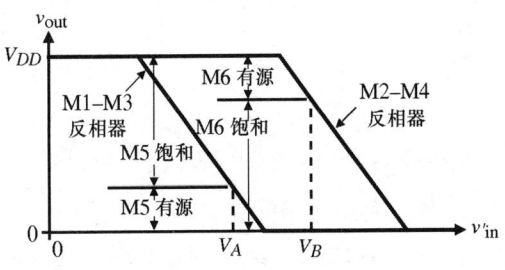

图 7.1-3 交叉反相器的直流传输函数

使用输出缓冲器可使无缓冲运算放大器驱动大电容或小电阻,但需要重新考虑补偿。图 7.1-4 给出缓冲运算放大器的常用结构。没有补偿的无缓冲运算放大器通常有两个极点 p_1' 和 p_2'。缓冲器将引入另一个极点 p_3'。在没有补偿的情况下,运算放大器的开环电压增益可表示为

$$\frac{V_{out}(s)}{V_{in}(s)} = \frac{-A_{vo}}{\left(\frac{s}{p_1'}-1\right)\left(\frac{s}{p_2'}-1\right)\left(\frac{s}{p_3'}-1\right)} \tag{7.1-3}$$

其中,这里的 p_1' 和 p_2' 是未补偿的无缓冲运算放大器的两个极点,p_3' 是输出级引入的极点。可以假设 $|p_1'|<|p_2'|<|p_3'|$。需要指出的是,$|p_3'|$ 将随着 C_L、R_L 的增加而减小。如果米勒补偿应用在第二级和第三级,将产生如图 7.1-5(a)中方块所示的新极点。这种方法的潜在问题是 p_2' 和 p_3' 的根轨迹在 C_c 增加时弯向 $j\omega$ 轴,会产生较小的相位裕量。

如果米勒补偿应用在第二级附近,那么将产生如图 7.1-5(b)所示的闭环根。然而与图 7.1-5(a)所示情况不同,输出极点 p_3' 没有向负实轴的左侧移动。选择哪种方法取决于所接的负载和相位裕量。和两级运算放大器的做法相同,可采用调零技术来控制零点。

图 7.1-2 所示的放大器使用的补偿方法如图 7.1-5(b)所示。由于输出级工作在乙类,因此需要两个补偿电容,一个用于 M1-M3 反相器,另一个用于 M2-M4 反相器。这种结构的好处是输出负载将不会使 p_2 移回原点。当然,为了使这种补偿能正确地工作,p_3 必须落在 p_2 的上面。对于较小的 R_L,这个要求可以得到满足。随着 R_L 的增加,输出级的单位增益频率变得更大,p_3 将沿着负实轴向远离原点的方向移动。因此,对于阻性输出负载,放大器是有条件稳定的。

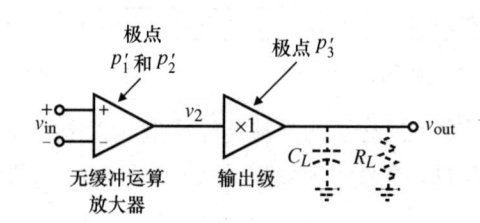

图 7.1-4 缓冲运算放大器的常用结构

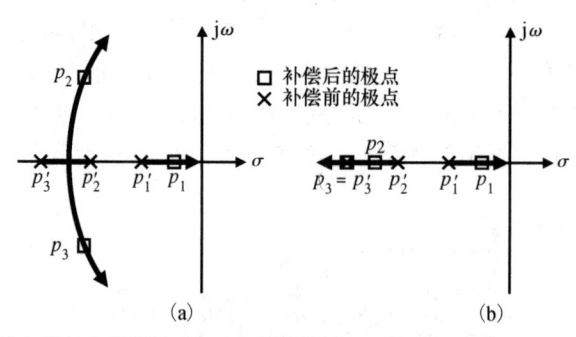

图 7.1-5 米勒补偿运算放大器极点的根轨迹。(a)米勒补偿用于第二级和第三级;(b)米勒补偿仅用于第二级

图 7.1-2 所示的 CMOS 运算放大器采用标准 CMOS 工艺制造,其中 NMOS 和 PMOS 的最小栅长分别为 5.5 μm 和 7.5 μm,其性能见表 7.1-1。静态功耗仅消耗 7 mW,峰值输出功率可达 160 mW。

表 7.1-1　图 7.1-2 所示 CMOS 运算放大器的性能

技术参数	值
供电电压	±6 V
静态功耗	7 mW
输出摆动(负载为 100 Ω)	8.1 Vpp
开环增益(负载为 100 Ω)	78.1 dB
单位增益带宽	260 kHz
1 kHz 电压噪声谱密度	1.7 μV/√Hz
1 kHz PSRR	55 dB
1 kHz CMRR	42 dB
输入失调电压(典型值)	10 mV

为了得到比图 7.1-1 更低的输出电阻，必须采用并联负反馈。所用的概念已示于图 5.5-11 中。使用一个 MOS 输出级的并联负反馈缓冲运算放大器的简化原理图如图 7.1-6 所示[3]。这个例子由一个无缓冲运算放大器和一个负反馈输出级组合而成。如果 M8 被短路，M8A 到 M13 被忽略，则输出级本质上就是图 5.5-11 所示的电路。无缓冲运算放大器的输出驱动反相器(M16 和 M17)，反相器驱动误差放大器的反相端，接下来驱动输出器件 M6 和 M6A。在大多数情况下，无缓冲运算放大器是一个简单的跨导差分放大器。M16 和 M17 组成第二级反相器，电容 C_c 作为运算放大器前两级的米勒补偿。A1 和 M6 组成单位增益放大器用于输出电压摆幅的正半周。同样，A2 和 M6A 组成单位增益放大器用于输出电压摆幅的负半周。由于输出放大器工作在甲乙类方式，负半周电路的操作是正半周电路的反镜像。在每个电路中，实现类似功能的元件用表示其为输出摆幅负半周的 A 来标记。

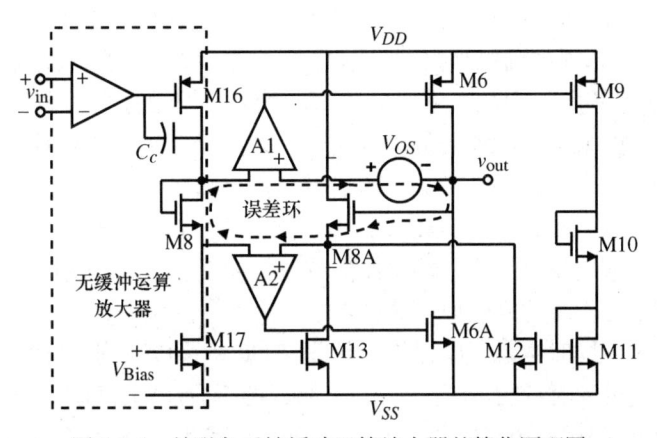

图 7.1-6　并联负反馈缓冲运算放大器的简化原理图

图 7.1-7 给出了 A1 的电路。可以看出这是一个简单的两级运算放大器，其中第二级反相器的电流漏型负载由 A2 的输出级提供。输出驱动 M6 中的电流主要由电流镜来控制。电流镜是由正单位增益放大器中的差分放大器形成，M6 的电流与负单位增益放大器设置在负输出驱动器件 M6A 中的电流相匹配。但是，如果在 A1 和 A2 之间发生失调(图 7.1-6 中的 V_{OS})，输出驱动 M6 和 M6A 之间的电流平衡将不再存在，流过这些器件的电流将不再受控。由 M8，M9，M10，M11，M12 和 M8A 构成的反馈环在 A1 和 A2 之间产生失调电压 V_{OS} 时起着稳定 M6 和 M6A 中电流的作用。反馈环的工作方式如下：假设存在着与图 7.1-6 中相同失调电压，

失调电压的增加引起 A1 输出的增加，使 M6 和 M9 中的电流减小。M9 电流的减小将通过镜像的作用使 M8A 的电流减小，进而使得 M8A 的栅源电压减小，这将抵消由 M8，V_{OS} 和 M8A 组成的误差环内的失调电压的增加。这样，M6 和 M6A 中的电流就达到了平衡。

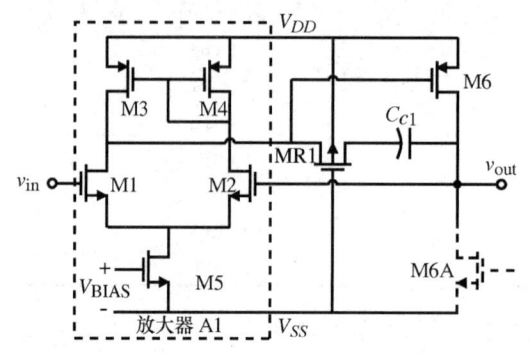

图 7.1-7　正输出级，单位增益放大器

由于输出级电流反馈不是单位增益，因此 M6 和 M6A 中的电流将会发生变化。A1 和 A2 间的失调可以使直流电流随着温度和工艺变化产生 2:1 的变化。假设 v_{OUT} 接地，A1 和 A2 间的任一失调可以折算为 A1 输入之间的差值，输出电流的变化量 ΔI_O 可以被估算出来，结果如下。

$$\Delta I_O = -g_{m6A} A_2 \left(V_{OS} - \left(\frac{2\beta_9 \beta_{12}}{\beta_{8A} \beta_6 \beta_{11}} \right)^{1/2} \left\{ \left[I_{B1} \left(\frac{\beta_6 \beta_{11}}{\beta_9 \beta_{12}} + \frac{\beta_5 \beta_6}{2\beta_7 \beta_3} \right) + \Delta I_O \right]^{1/2} - \left[I_{B1} \left(\frac{\beta_6 \beta_{11}}{\beta_9 \beta_{12}} + \frac{\beta_5 \beta_6}{2\beta_7 \beta_3} \right) \right]^{1/2} \right\} \right) \quad (7.1\text{-}4)$$

其中，$I_{B1} = I_{17}$，并且 β 等于 $K'(W/L)$ 或 $\mu_o C_{ox}(W/L)$。

由于 M6 能提供很大的电流，因此必须保证该管在输出电压摆幅负半周期间处于截止状态。对于大的负摆幅，M5 的漏极被拉到 V_{SS}，使误差放大器 A1 的电流源被关断。由于偏置被断开，M6 的栅极悬浮并趋向 V_{SS}，使 M6 导通。图 7.1-8 给出了并联负反馈缓冲运算放大器的完整原理图。此电路采用了一种在负电压摆幅大的情况下使 M6 保持截止的方法。当 M5 截止时，M3H 和 M4H 分别将 M3 和 M4 的漏极上拉，结果使 M6 截止，消除了差分放大器中任何可能浮动的节点。M3HA 和 M4HA 为负半周电路提供了正摆幅保护。其工作过程和上面描述的负摆幅保护电路相似。这种摆幅保护电路将使功率放大器的阶跃响应特性变差，因为单位增益放大器不工作时是完全截止的。

在设计放大器时应同时考虑短路保护。从图 7.1-8 中可以看到，MP3 能感应到 M6 的输出电流，当输出电流过大时，由 MP3 和 MN3 组成的偏置反相器断开，从而使 MP5 导通。一旦 MP5 导通，M6 的栅极电压被拉向正电源 V_{DD}。因此，M6 中的电流被限制在 60 mA 左右。同样，MN3A，MP3A，MP4A，MN4A 和 MN5A 提供电流漏的短路保护。

图 7.1-8 所示运算放大器是采用第 6 章中的方法进行补偿的。每个放大器（A1 或 A2）都是通过包含调零电阻（MR1 和 MR2）的米勒方法（C_{c1} 和 C_{c2}）进行补偿的。如 6.2 节所述，C_c 用于第二级的补偿。

第 7 章 高性能 CMOS 运算放大器

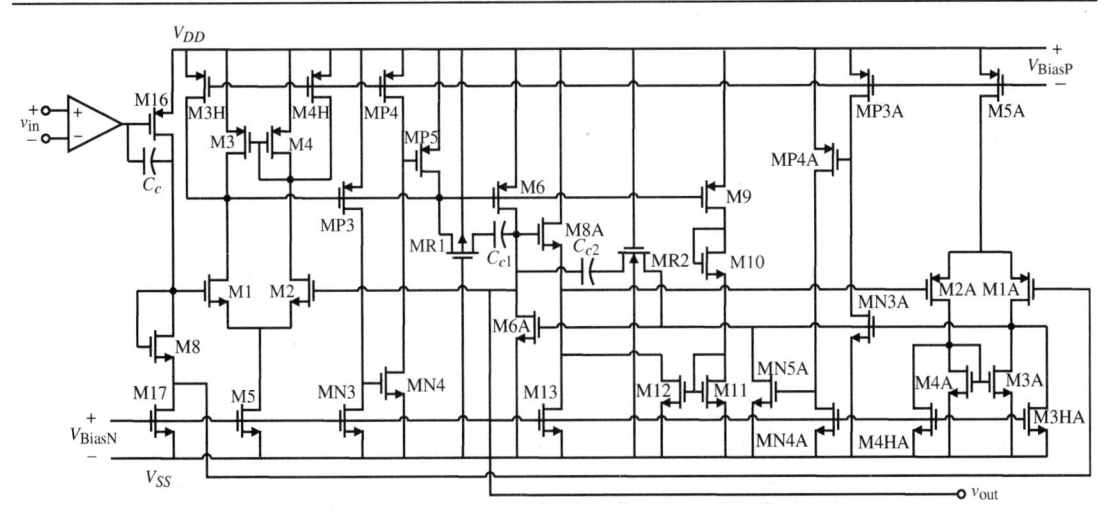

图 7.1-8 并联负反馈缓冲运算放大器的完整原理图

整个放大器可以驱动 300 Ω 和 1000 pF 的接地负载。单位增益带宽约为 0.5 MHz，并受到 1000 pF 负载电容的限制。输出级大约有 1 MHz 的带宽。这个放大器的性能归纳在表 7.1-2 中。图 7.1-8 所示运算放大器的器件尺寸在表 7.1-3 中给出。

表 7.1-2 图 7.1-8 所示运算放大器的性能

技术参数	仿真结果	测量结果
功耗	7.0 mW	5.0 mW
开环增益	82 dB	83 dB
单位增益带宽	500 kHz	420 kHz
输入失调电压	0.4 mV	1 mV
$PSRR^+(0)/PSRR^-(0)$	85 dB/104 dB	86 dB/106 dB
$PSRR^+(1\,kHz)/PSRR^-(1\,kHz)$	81 dB/98 dB	80 dB/98 dB
THD ($V_{in} = 3.3 V_{PP}$)		
$R_L = 300\,\Omega$	0.03%	0.13% (1 kHz)
$C_L = 1000\,pF$	0.08%	0.32% (4 kHz)
THD ($V_{in} = 4.0 V_{PP}$)		
$R_L = 15\,k\Omega$	0.05%	0.13% (1 kHz)
$C_L = 200\,pF$	0.16%	0.20% (4 kHz)
建立时间 (0.1%)	3 μs	<5 μs
摆率	0.8 V/μs	0.6 V/μs
1 kHz 时的 1/f 噪声	—	130 nV/$\sqrt{Hz}$
宽带噪声	—	49 nV/$\sqrt{Hz}$

表 7.1-3 图 7.1-8 所示运算放大器的器件尺寸

晶体管/电容	μm/μm 或 pF	晶体管/电容	μm/μm 或 pF
M16	184/9	M8A	481/6
M17	66/12	M13	66/12
M8	184/6	M9	27/6
M1, M2	36/10	M10	6/22
M3, M4	194/6	M11	14/6

续表

晶体管/电容	μm/μm 或 pF	晶体管/电容	μm/μm 或 pF
M3H, M4H	16/12	M12	140/6
M5	145/12	MP3	8/6
M6	2647/6	MN3	244/6
MRC	48/10	MP4	43/12
C_C	11.0	MN4	12/6
M1A, M2A	88/12	MP5	6/6
M3A, M4A	196/6	MN3A	6/6
M3HA, M4HA	10/12	MP3A	337/6
M5A	229/12	MN4A	24/12
M6A	2420/6	MP4A	20/12
C_F	10.0	MN5A	6/6

图 7.1-9 所示的简单并联反馈缓冲器给出了应用上述并联负反馈概念来实现低输出电阻的更简单的方法。图 7.1-9 所示的电路仅仅是具有单级放大器开环增益的单位增益缓冲器。Blackman 的阻抗关系式[4]可用来表示该放大器的输出电阻。

$$R_{\text{out}} = \frac{R_o}{1 + \text{LG}} \tag{7.1-5}$$

其中，R_o 表示反馈环开路时的输出电阻，LG 是反馈环的环路增益。

$$R_o = \frac{1}{g_{ds6} + g_{ds7}} \tag{7.1-6}$$

经观察，环路增益可以写成

$$|\text{LG}| = \frac{1}{2}\frac{g_{m2}}{g_{m4}}(g_{m6} + g_{m8})R_o \tag{7.1-7}$$

因此，图 7.1-9 的输出电阻为

$$R_{\text{out}} = \frac{1}{1 + (g_{ds6} + g_{ds7})\left[1 + \left(\frac{g_{m2}}{g_{m4}}\right) + (g_{m6} + g_{m8})R_o\right]} \tag{7.1-8}$$

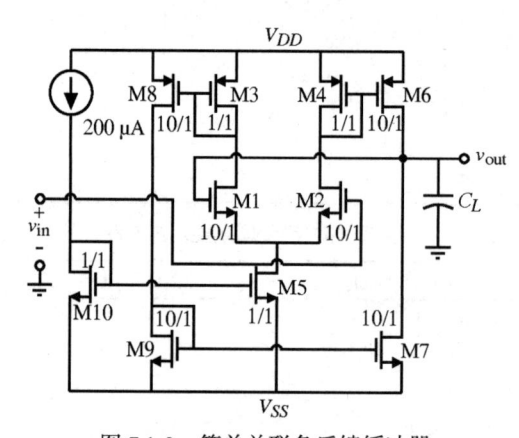

图 7.1-9 简单并联负反馈缓冲器

例 7.1-1 使用图 7.1-9 所示简单并联负反馈缓冲器的低输出电阻

根据表 3.1-2 中的模型参数求图 7.1-9 电路的输出电阻。

解：输出晶体管 M6 和 M7 的电流是 1 mA，于是 R_o 为

$$R_o = \frac{1}{(\lambda_N + \lambda_P)1\text{mA}} = \frac{1000}{0.09} = 11.11\text{ k}\Omega$$

为了计算环路增益，计算

$$g_{m2} = \sqrt{2K'_N \cdot 10 \cdot 100\,\mu\text{A}} = 469\,\mu\text{S}$$

$$g_{m4} = \sqrt{2K'_N \cdot 1 \cdot 100\,\mu\text{A}} = 100\,\mu\text{S}$$

$$g_{m6} = \sqrt{2K'_P \cdot 10 \cdot 1000\,\mu\text{A}} = 1\,\mu\text{S}$$

因此，由式(7.1-7)得到环路增益为

$$|\text{LG}| = \frac{1}{2}\frac{469}{100} 2 \cdot 11.11 = 52.1$$

由式(7.1-8)求解输出电阻 R_{out}，得

$$R_{\text{out}} = \frac{11.11\text{ k}\Omega}{1 + 52.1} = 209\,\Omega$$

上述计算中假设了负载电阻很大，不会影响环路增益。

使用 BJT 的缓冲运算放大器

在标准的 CMOS 工艺中，衬底双极型晶体管是可利用的。当采用射极跟随结构时，可以用来降低运算放大器的输出电阻。由于 BJT 的跨导比中等宽长比的 MOS 管大很多，因此输出电阻将更低。一个采用 p 阱 CMOS 工艺形成的 NPN 衬底 BJT 管如图 7.1-10 所示。

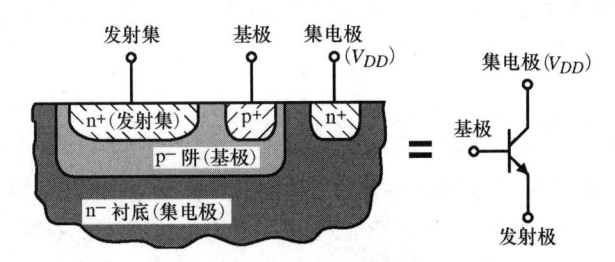

图 7.1-10 采用 p 阱 CMOS 工艺形成的 NPN 衬底 BJT 管

图 7.1-11 给出了一个采用 NPN 衬底 BJT 输出级的两级运算放大器。输出级如虚线框中所示。它由一个 MOS 跟随器和一个 BJT 跟随器级联组成。MOS 跟随器(M8、M9)是必要的，第一个原因是输出电阻包含 BJT 基极到交流地的所有电阻除以 $1+\beta_F$。这个电阻大于仅由 BJT 产生的输出电阻。对于图 7.1-11，小信号输出电阻可以写成

$$R_{\text{out}} \approx \frac{1}{g_{m10}} + \frac{1}{g_{m9}(1+\beta_F)} \tag{7.1-9}$$

其中，β_F 是 BJT 基极到集电极的电流增益。如果 Q10、M11 的电流为 500 μA，M8、M9 为 100 μA，$W_9/L_9 = 100$，β_F 为 100，则图 7.1-11 的输出电阻为 58.3 Ω。其中，式(7.1-9)的第一

项为 51.6 Ω，第二项为 6.7 Ω。没有 MOS 跟随器时，输出电阻将超过 1000 Ω。使用 MOS 跟随器的第二个原因是，如果 BJT 直接耦合到 M6 和 M7 的漏级，则第二级负载为 $r_\pi+(1+\beta_F)R_L$，这将使整个运算放大器的增益减小。

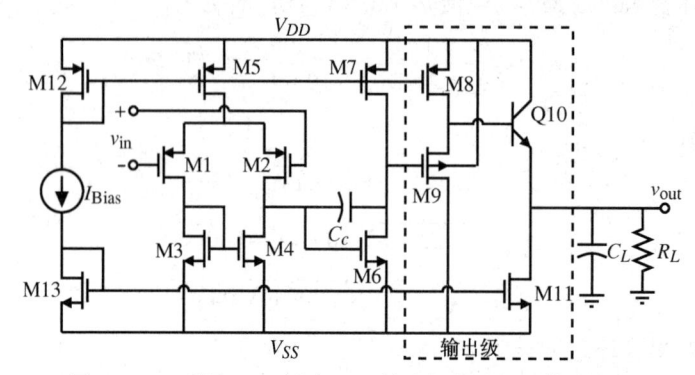

图 7.1-11 采用 NPN 衬底 BJT 输出级的两级运算放大器

可以看出 BJT 跟随器不能将输出电压拉向 V_{DD}。若 R_L 很大，则图 7.1-11 的最大输出电压为

$$v_{\text{OUT}}(\text{最大}) = V_{DD} - V_{SD8}(\text{饱和}) - v_{BE10} = V_{DD} - \sqrt{\frac{2K'_P}{I_8(W_8/L_8)}} - V_t \ln\left(\frac{I_{c10}}{I_{s10}}\right) \quad (7.1\text{-}10)$$

若 R_L 很小，则 I_{c10} 将很大，使得 v_{OUT}(最大)减小。如果输出电流太大，那么 M8 将无法提供足够的基极电流。电流的限制引起最大电压的限制。假设这个电流漏被设计为当 Q10 截止时吸进必需的电流，则最小输出电压等于 V_{DS11}(饱和)。

图 7.1-11 中的 BJT 缓冲运算放大器的摆率受到从 C_c 和 C_L 流入或流入 C_c 和 C_L 的电流大小的限制。受 C_c 限制的摆率等于 I_5/C_c，受 C_L 限制的摆率等于 I_{11}/C_L。对于很大的摆率，这两个电流都必须取得很大，这就增加了功耗。而且，甲类输出缓冲将引起非对称摆率。提供给 C_L 的电流远大于可以吸进的电流(I_{11})。

使用 MOS 跟随器 M8-M9 之后，这个放大器的增益等于两级运算放大器乘以 MOS 跟随器增益和输出 BJT 跟随器增益。这个增益可表示为

$$\frac{v_{\text{out}}}{v_{\text{in}}} \approx \left(\frac{g_{m1}}{g_{ds2}+g_{ds4}}\right)\left(\frac{g_{m6}}{g_{ds6}+g_{ds7}}\right)\left(\frac{g_{m9}}{g_{m9}+g_{mbs9}+g_{ds8}+g_{\pi10}}\right)\left(\frac{g_{m10}R_L}{1+g_{m10}R_L}\right) \quad (7.1\text{-}11)$$

其中，假设负载由 Q_{10} 发射极等效到 Q_{10} 基极的阻抗相对于 $r_{\pi10}$ 而言可以忽略。可以看出，增益由四级级联组成。这里产生了一个补偿的难题，因为每级输出都有一个极点。图 7.1-11 选择的补偿方法是仅对前两个极点进行补偿，并忽略两级跟随器的极点。这可能引起稳定性问题，尤其在 C_L 变得很大或者增益带宽设计得较大的情况下。

例 7.1-2 设计图 7.1-11 中的甲类缓冲运算放大器

使用表 3.1-2 中的参数及 BJT 的参数 $I_s=10^{-14}$A 和 $\beta_F=100$，设计满足以下技术指标的甲类缓冲运算放大器。假设沟道长度为 1 μm。

$V_{DD} = 2.5$ V $V_{SS} = -2.5$ V $A_{vd}(0) \geqslant 5000$ V/V

摆率 $\geqslant 10$ V/μs   GB = 5 MHz   ICMR = $-1 \sim 2$ V

$R_{out} \leqslant 100$ Ω $C_L = 100$ pF $R_L = 500$ Ω

解： 由于上述设计指标和例6.3-1两级运算放大器设计指标类似，因此可以将例6.3-1中的结论用于前两级的设计，但必须将其转换为PMOS输入级。转换的结果为 $W_1/L_1 = W_2/L_2 = 6$ μm/1 μm，$W_3/L_3 = W_4/L_4 = 7$ μm/1 μm，$W_5/L_5 = 11$ μm/1 μm，$W_6/L_6 = 43$ μm/1 μm 和 $W_7/L_7 = 34$ μm/1μm（见题 6.3-6）。I_{BIAS} 取 30 μA，W_{12} 和 W_{13} 取 44 μm。

两个跟随器设计如下：先设计满足摆率指标的 BJT 跟随器。对于 100 pF 的电容，需要的电流为 1 mA。I_{11} 应为 1 mA，意味着 W_{11} 必须等于 44 μm×(1000 μA/30 μA) = 1467 μm。1 mA 的偏置电流通过 BJT 意味着输出电阻将为 0.0258 V/1 mA 或 25.8 Ω，该值小于 100 Ω。1000 μA 流入 BJT 需要 MOS 跟随器级提供 10 μA 的电流。因此，此处将 M8 的偏置电流选为 100 μA。如果 $W_{12} = 44$ μm，则 $W_8 = 44$ μm×(100 μA/30 μA) = 146 μm。如果 $1/g_{m10}$ 是 25.8 Ω，则可以使用式(7.1-9)设计 g_{m9} 为

$$g_{m9} = \frac{1}{\left(R_{out} - \dfrac{1}{g_{m10}}\right)(1 + \beta_F)} = \frac{1}{(100 - 25.8)(101)} = 133.4 \text{ μS}$$

对于确定的 g_{m9}，求解 M9 管 W/L 得 0.809。选 M9 管的 W/L 为 10 以确保 M9 管对输出电阻的影响足够小，且使增益更接近 1。这将有利于使式(7.1-9)忽略体对这一电阻的影响[见式(5.5-18)]。这给出了 M9 管跨导为 300 μS。

为了计算 MOS 跟随器的电压增益，需要求出 g_{mbs9}。

$$g_{mbs9} = \frac{g_{m9}\gamma_N}{2\sqrt{2\phi_F + V_{BS9}}} = \frac{300 \cdot 0.4}{2\sqrt{0.7 + 2}} = 36.5 \text{ μS}$$

其中，假设了 V_{BS9} 的值近似为 -2 V，因此有

$$A_{MOS} = \frac{300 \text{ μS}}{300 \text{ μS} + 36.5 \text{ μS} + 4 \text{ μS} + 5 \text{ μS}} = 0.8683 \text{ V/V}$$

BJT 跟随器的电压增益为

$$A_{BJT} = \frac{500}{25.8 + 500} = 0.951 \text{ V/V}$$

因此，运算放大器增益为

$$A_{vd}(0) = (7777)(0.8683)(0.951) = 6422 \text{ V/V}$$

这就满足了设计指标。这个放大器的功耗为

$$P_{diss} = 5 \text{ V}(30 \text{ μA} + 30 \text{ μA} + 95 \text{ μA} + 100 \text{ μA} + 1000 \text{ μA}) = 6.27 \text{ mW}$$

减小甲类缓冲运算放大器功耗的方法之一是使用甲乙类模式，用有源驱动晶体管取代电流漏 M11。这将允许在电流漏和电流源的容量之间更容易达到平衡。为了达到这个目的，可以通过连接图 7.1-11 中 M11 和 M6 的栅极得到图 7.1-12，其中 M11 被标记为 M9。此外还取消了 MOS 跟随器，这使得该运算放大器不太适合驱动小阻值的 R_L。如果需要，可以重新加上 MOS 跟随器。因而，除 Q8 和 M9 外，图 7.1-12 是一个两级运算放大器。

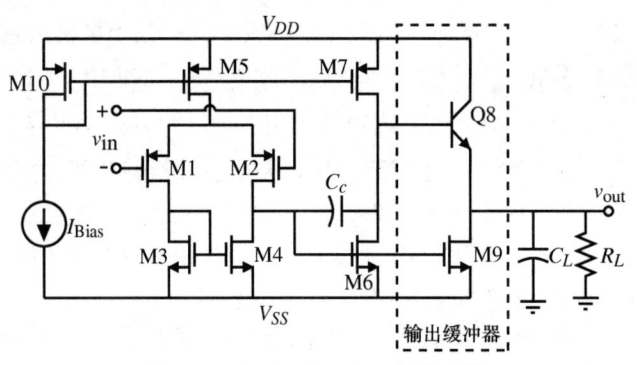

图 7.1-12 甲乙类两级运算放大器

除摆率以外,这个电路的大信号性能和图 7.1-11 类似。在分析摆率时,假设输出电压为中等大小,这是最好的情况。显然,当电源相互接近时,由于电流驱动能力的减弱,摆率将变差。图 7.1-12 的正摆率可表示为

$$\text{SR}^+ = \frac{I_{\text{OUT}}^+}{C_L} = \frac{(1+\beta_F)I_7}{C_L} \tag{7.1-12}$$

其中,假设摆率由 C_L 而不是运算放大器的内部电容决定。设 $\beta_F = 100$,$C_L = 1000$ pF,M7 的偏置为 95 μA,则正摆率为 8.6 V/μs。通过假设 M9 栅极电压可以取到 $V_{DD}-1$ V 来确定负摆率。因此,负摆率为

$$\text{SR}^- = \frac{\beta_9(V_{DD}-1+|V_{SS}|-V_{T0})^2}{2C_L} \tag{7.1-13}$$

假设 $(W/L)_9 = 60$,$K_N' = 110$ μA/V^2,采用±2.5 V 电源和 1000 pF 的负载电容,则 SR$^-$ = 负摆率为 35.9 V/μs。负向输出摆率更大的原因是电流没有受到限制,而正向输出时电流会受到 I_7 的限制。M9 的 W/L 为 60 意味着 Q8 和 M9 的静态电流为 95 μA×(60/43) = 133 μA。

图 7.1-12 电路的小信号特性用图 7.1-13 所示的交流模型来推导。用附录 A 给出的技术对表示 BJT 增益的受控源进行化简,结果是 BJT 变成包含米勒补偿电容 C_c 和输入电容 C_π 的三节点电路。描述这一模型的近似节点方程给出如下:

$$g_{mI}V_{\text{in}} = (G_I + sC_C)V_1 - sC_C V_2 + 0V_{\text{out}} \tag{7.1-14}$$

$$0 = (g_{mII} - sC_c)V_1 + (G_{II} + g_\pi + sC_c + sC_\pi)V_2 - (g_\pi + sC_\pi)V_{\text{out}} \tag{7.1-15}$$

$$0 \cong g_{m9}V_1 - (g_{m8} + sC_\pi)V_2 + (g_{m8} + sC_\pi)V_{\text{out}} \tag{7.1-16}$$

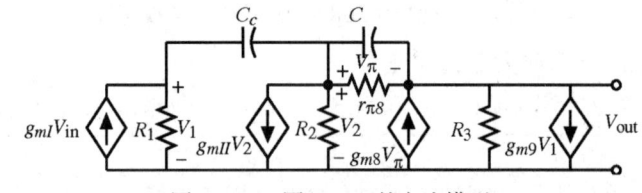

图 7.1-13 图 7.1-12 的交流模型

式(7.1-16)最后一个方程中,假设 g_{m8} 大于 g_π 和 G_3。采用 5.3 节和 6.2 节所描述的方法,电压传输函数可近似表示为

$$\frac{V_9(s)}{V_{in}(s)} = A_{v0} \frac{\left(\frac{s}{z_1}-1\right)\left(\frac{s}{z_2}-1\right)}{\left(\frac{s}{p_1}-1\right)\left(\frac{s}{p_2}-1\right)} \tag{7.1-17}$$

其中，

$$A_{v0} = \frac{-g_{mI}g_{mII}}{G_I G_{II}} \tag{7.1-18}$$

$$z_1 = \frac{1}{\dfrac{C_c}{g_{mII}} - \dfrac{C_\pi}{g_{m8}}\left[1+\dfrac{g_{m9}}{g_{mII}}\right]} \tag{7.1-19}$$

$$z_2 = -\frac{g_{m8}}{C_\pi} + \frac{g_{mII}}{C_c}\left[1+\frac{g_{m9}}{g_{mII}}\right] \tag{7.1-20}$$

$$p_1 = \frac{-G_I G_{II}}{g_{mII}C_c}\left[\frac{1}{1+\dfrac{g_{m9}}{\beta_F g_{mII}}+\dfrac{C_\pi}{C_C}\left(\dfrac{G_I G_{II}}{g_{m8}g_{mII}}\right)}\right] \tag{7.1-21}$$

$$p_2 \cong \frac{-g_{m8}g_{mII}}{(g_{mII}+g_{m9})C_\pi} \tag{7.1-22}$$

从上述的结果中可以看出 BJT 输出级的影响。低频的差模增益没有改变。BJT 的出现使得 RHP 零点更远离原点，这将有助于系统稳定。第二个零点通常是一个 LHP 零点，同样可以用来提高稳定性。如果式(7.1-21)圆括号中的值接近 1，主极点 p_1 本质上就是简单的两级无缓冲运算放大器的主极点，这种情况经常是成立的。第二个极点将大于单位增益带宽。由于在上述分析中，忽略了 Q8 的基极和集电极的并联电容，因此可以认为在更完整的分析中 p_2 将被修正。

在输出级中使用 BJT 的主要目的是为了减小小信号输出电阻。这个电阻在 V_{in} 设为 0 后可由图 7.1-13 计算出来。结果是

$$r_{out} = \frac{r_{\pi 8}+R_2}{1+\beta_F} \tag{7.1-23}$$

输出级 BJT 带来的好的结果依赖于较小的 R_2，这就需要图 7.1-11 所示的 MOS 跟随器。如果 M7 和 M6 的电流是 95 μA，那么 R_2 的值大约是 117 kΩ，如果 β_F 是 100，那么输出电阻大约是 1.275 kΩ。当驱动例如 100 Ω 的小电阻负载时，这个值并不像希望的那样小。

设计者必须考虑的另一个问题是基极直流电流的影响。如果集电极电流是 133 μA，那么 M7 漏极电流需要达到 1.3 μA，使得 M6 的漏极电流减小 1.3 μA。在静态条件下，这个结果并不显著，但这将成为由 Q8 到负载的输出电流限制。

图 7.1-12 的最大输出电压可以用两种方法确定。第一种是在 M9 关断时向负载 R_L 提供的最大电流，结果如下：

$$V_{OUT}(最大) \approx (1+\beta_F)I_7 R_L \tag{7.1-24}$$

如果 I_7 和 R_L 足够大，输出将由式(7.1-10)决定。另一种情况是最大的输出正电压将会比接近

于 V_{ss} 的最大输出负电压更受限制。这是由于 M9 流入的电流比 BJT 可以提供的电流更大。

图 7.1-12 所示缓冲运算放大器的设计，除 M9 和 Q8 外的所有元件都可以采用两级运算放大器的设计方法来设计。M9 应设计成能吸进的电流满足式(7.1-13)给出的最大负摆率的要求。唯一可以设计的 BJT 参数是发射极面积，这对晶体管的性能只有很小的影响。因此，通常选择的尺寸应足够大，便于散热，但又不能太大以免产生较大的器件电容。

图 7.1-12 所示的运算放大器中 R_L 对输出电压的影响如图 7.1-14 所示。图 7.1-14 给出了以负载电阻为参变量的第一级输出(M6 的栅极)到放大器输出的电压传输函数。仿真结果给出缓冲器中 Q8 和 M9 的电流为 133 μA，M7 的电流为 95 μA，M6 的电流为 94 μA。Q8 的基极电流为 1.5 μA。这些电流对应着零输出电压。从第一级输出到运算放大器输出的小信号电压增益为-55.8 V/V(R_L = 1000 Ω)和-4.8 V/V(R_L = 50 Ω)。有趣的是，BJT 很难将输出电压拉到电源值上限，而 MOS 管几乎能把输出电压拉到电源值下限上。这里出现的一个问题是，当负载电流变大时需要增加来自 M7 的基极电流。当基极电流受到限制时，输出电流也受到限制，从而限制了输出电压。另一个问题是输出严重失真，原因是正向和负向摆幅的输出电阻不同。

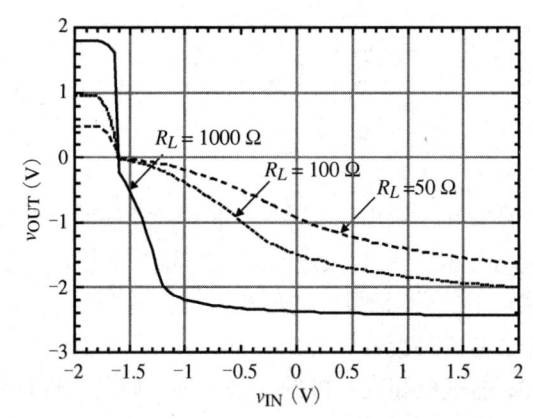

图 7.1-14 图 7.1-12 中 R_L 对输出电压的影响

例 7.1-3 图 7.1-12 输出缓冲器的性能

使用上面给出的图 7.1-12 所示输出级(两级运算放大器输出级和缓冲级)的晶体管电流，求出当 R_L = 50 Ω时的小信号输出电阻和最大输出电压。使用例 7.1-2 中的 W/L 的值并假设 NPN 型 BJT 的参数为 β_F = 100，I_S = 10 fA。

解： 小信号输出电阻由式(7.1-23)给出，值为

$$r_{out} = \frac{r_{\pi 8} + r_{ds6} \| r_{ds7}}{1+\beta_F} = \frac{19.668 \text{ k}\Omega + 116.96 \text{ k}\Omega}{101} = 1353 \text{ }\Omega$$

显然，图 7.1-11 的 MOS 缓冲器将会减小这个值。

式(7.1-10)给出的最大输出电压仅在负载电流很小时才有效。否则，更好的方法是假设 M7 中的所有电流都变成 Q8 的基极电流，然后使用式(7.1-24)。运用式(7.1-24)，计算出 v_{OUT}(最大)为 101·95 μA·50 Ω即 0.48 V，这非常接近图 7.1-14 给出的使用表 3.1-2 中参数的仿真结果。

第 7 章 高性能 CMOS 运算放大器

本节阐明了如何减小运算放大器的输出电阻以驱动低电阻负载。若仅用 MOS 管实现低输出电阻，则必须使用并联负反馈。如果用 BJT 作为输出跟随器，应使从 BJT 基极到交流地的电阻越小越好。这是非常重要的，因为这样才会使式(7.1-23)中的 R_2 小于 $r_{\pi 8}$。当输出级加到两级运算放大器上后，补偿将变得更加复杂。成功补偿的关键是确保缓冲级的根要高于两级运算放大器的 GB。

7.2 高速/高频 COMS 运算放大器

运算放大器是模拟电路中的一个模块，就像数字电路中的门一样，有各种不同的应用。为了实现其通用性，可采用反馈使传输函数仅由反馈元件而不是由运算放大器来确定。然而，随着频率的增加，运算放大器的增益不断减小最终使得传输函数仍然与运算放大器有关。这种情况在图 7.2-1 中已经出现，其中增益为-10。可以看到该放大器-3 dB 的带宽大约是 GB/10。因此，如果传输函数的频带很大，那么这个运算放大器的增益带宽将同样很大。本节的目标就是研究具有大增益带宽的运算放大器。

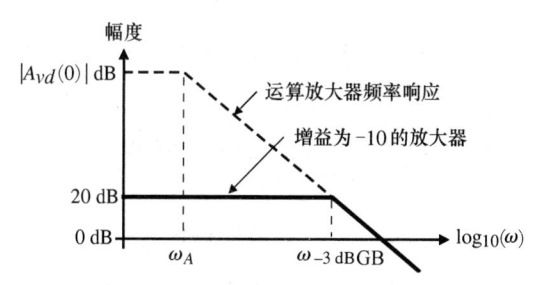

图 7.2-1 GB 对采用运算放大器的放大器频率响应的影响示意图

扩展传统运算放大器的增益带宽

理解究竟是什么决定了 GB 的值是非常重要的。式(6.2-17)说明了两级运算放大器的单位增益带宽 GB 等于低频增益和主极点 ω_A 的幅度的乘积。更通用的 GB 表达式是输入级跨导除以所有决定主极点的电容的比，表达式为

$$\mathrm{GB} = \frac{g_{mI}}{C_A} \tag{7.2-1}$$

对于两级运算放大器，C_A 就是跨接在第二级两端的电容 C_c。在折叠共源共栅型的运算放大器中，C_A 是从输出到地的电容。因此，对于一个高频运算放大器，必须使输入级跨导增大，使产生主极点的电容减小。

为了达到上述效果，所有其他高阶极点的幅度必须大于GB。如果不满足这个条件，则运算放大器的稳定性会变差，并且-3 dB 频率会像图 7.2-2 所示的那样减小。事实上，

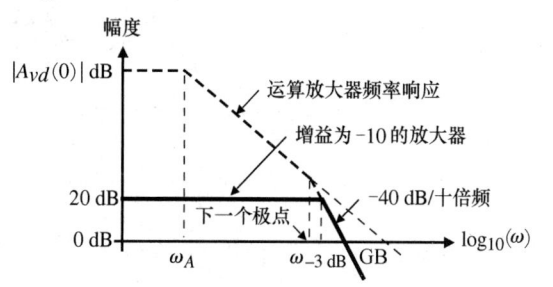

图 7.2-2 下一个高阶极点对使用运算放大器的放大器频率响应的影响示意图

-3 dB 频率将会比图7.2-2 中两条粗线的交点略微偏左。同样，一种实用的判断运算放大器稳

定性的经验方法是闭环响应和运算放大器响应在相交处的斜率差值等于 20 dB/十倍频。如果这个斜率差是图7.2-2 所示的 40 dB/十倍频，则运算放大器的稳定性将很差。当设计的 GB 值较高时，高阶极点就会产生相应的限制。这意味着为了实现更高的频率响应必须增大高阶极点。

如果高阶极点不限制 GB 的增加，则 MOS 管运算放大器的实际值将由 g_{m1} 的最大值和决定主极点的最小电容来确定。1 mA/V 的输入跨导和 1 pF 的电容将给出 159 MHz 的单位增益带宽。在这种情况下，双极型工艺的优点十分明显：可以很容易实现 20 mA/V 的跨导，从而使 BJT 运算放大器的 GB 在 1 pF 时达到 3.18 GHz。无论采用哪种工艺，实现这些值的关键在于高阶极点大于 GB 的程度。

用于高频的两级运算放大器的设计可以采用调零电阻补偿法来消除主极点高端的最近一个极点。下面列出 6.2 节中采用调零电阻补偿的两级运算放大器的极点和零点。接下来，忽略和 p_3 有关的 LHP 零点。

$$p_1 = \frac{-g_{m1}}{A_v C_c} \text{（主极点）} \tag{7.2-2}$$

$$p_2 = \frac{-g_{m6}}{C_L} \text{（输出极点）} \tag{7.2-3}$$

$$p_3 = \frac{-g_{m3}}{C_{gs3}+C_{gs4}} \text{（镜像极点）} \tag{7.2-4}$$

$$p_4 = \frac{-1}{R_z C_I} \text{（调零极点）} \tag{7.2-5}$$

$$z_1 = \frac{-1}{R_z C_c - C_c/g_{m6}} \text{（调零零点）} \tag{7.2-6}$$

该方法将重点处理输出极点、调零极点和镜像极点。最小极点被调零零点抵消（见例 6.3-2）。下一个最小极点等于 GB/2.2（以给出 60°的相位裕量），从而定义了 GB。最后，主极点将被设计成该 GB 值。图 7.2-3 在 $|p_2|<|p_4|<|p_3|$ 的假设下给出了设计过程。图中示出了无调零（用虚线画出）和为抵消 p_2 而加有调零的运算放大器。下面的例子将说明增加两级运算放大器带宽的方法。

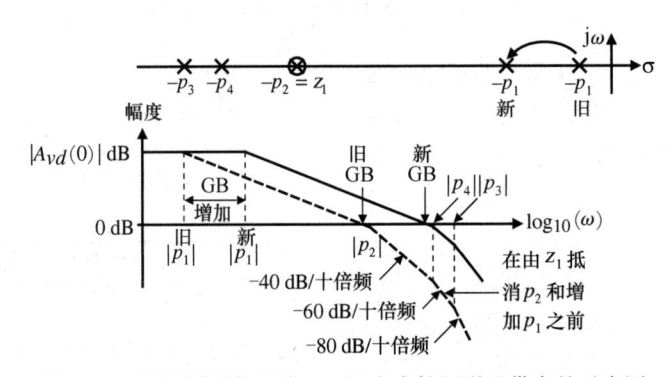

图 7.2-3 用调零零点抵消 $-p_2$ 极点来扩展增益带宽的示意图

第 7 章 高性能 CMOS 运算放大器

例 7.2-1 增加例 6.3-1 中设计的两级运算放大器的增益带宽

使用例 6.3-1 中设计的两级运算放大器，并应用上述方法来尽可能地增加增益带宽。

解：必须首先找到 p_2、p_3 和 p_4 的值。由例 6.3-2，可得 $p_2 = -94.25 \times 10^6$ rad/s。在例 6.3-1 求出 $p_3 = -2.81 \times 10^9$ rad/s。为求 p_4，必须求出 C_I，C_I 为运算放大器第一级的输出电容。C_I 表示如下：

$$C_I = C_{bd2} + C_{bd4} + C_{gs6} + C_{gd2} + C_{gd4}$$

使用 6.3 节中描述的方法来估算源/漏面积，其中 L1+L2+L3 = 3 μm。因而，对于两个体-漏极电容（M2 和 M4），得到 M2 源/漏面积为 9 μm²，M4 为 45 μm² 及 M2 的源/漏周长为 12 μm，M4 为 36 μm。由表 3-2，可以写出

$$C_{bd2} = (9\ \mu m^2)(770 \times 10^{-6}\ F/m^2) + (12\ \mu m)(380 \times 10^{-12}\ F/m)$$
$$= 6.93\ fF + 4.56\ fF = 11.5\ fF$$

$$C_{bd4} = (45\ \mu m^2)(560 \times 10^{-6}\ F/m^2) + (36\ \mu m)(350 \times 10^{-12}\ F/m)$$
$$= 25.2\ fF + 12.6\ fF = 37.8\ fF$$

$$C_{gs6} = CGDO \times 2\ \mu m + 0.67(C_{ox} \cdot W_6 \cdot L_6)$$
$$= (220 \times 10^{-12})(94 \times 10^{-6}) + (0.67)(24.7 \times 10^{-4})(94 \times 10^{-12})$$
$$= 20.7\ fF + 154.8\ fF = 175.5\ fF$$

$$C_{gd2} = (220 \times 10^{-2})(3 \times 10^{-6}) = 0.66\ fF$$

$$C_{gd4} = (220 \times 10^{-12})(15 \times 10^{-6}) = 3.3\ fF$$

因此，

$$C_I = 11.5\ fF + 37.8\ fF + 175.5\ fF + 0.66\ fF + 3.3\ fF = 228.8\ fF$$

尽管使用反向偏置可以减小 C_{bd2} 和 C_{bd4}，还是利用原值来提供裕量。事实上，应该使整个电容扩大一倍来确保其中包括了版图的寄生效应。因此，取 C_I 为 300 fF。在例 6.3-2 中，R_z 为 4.591 kΩ，得到 $p_4 = -0.726 \times 10^9$ rad/s。

使用调零零点 z_1 抵消 p_2，使 p_4 成为下一个最小极点。若下一个最小极点大于新 GB 的 10 倍，GB 的值可以由 $|p_4|$ 除以 2.2 得到。尽管 p_3 大概比 p_4 大 4 倍，还是选择 GB 为 p_4 除以 2.2，得到新 GB = 0.330×10^9 rad/s，即 52.5 MHz。这样选择是合理的，因为在 $-p_3$ 的两倍频率处存在左半平面零点。根据关系式 GB = g_{m1}/C_c 设计补偿电容或者 $g_{m1}(g_{m2})$ 以得到 GB 值。如果选择 g_{m1} 来重新设计，那么 GB 将变大从而使得 C_{bd2} 变大。在本例中，C_{bd2} 并不重要，但是若 M2 变大，则影响 p_4 的位置，从而引起重复求解。于是，新的 C_c 值由 $g_{m1}/$GB = 286 fF 给出。要记住，C_{gd6} 的值是 20.7 fF。当 C_c 开始接近 C_{gd6} 时，这个方法将不起作用。

本例中，把例 6.3-1 中的增益带宽由 5 MHz 扩展到了 52.5 MHz。这个方法成功的前提是知道所需电容的值，并且没有其他小于 10GB 的根。还需要假设没有复数根。

上述过程同样可以应用到图 6.5-7 所示的共源共栅放大器，因为所有的极点都远大于主极点。式(6.5-21)～式(6.5-26)给出了主极点和其他高阶极点的近似值。可以看出有 6 个极点的幅值大于主极点(p_{out})。在这种情况下，无法用调零零点来抵消下一个最小极点。为了得到最大的 GB 值，必须找出 6 个极点中幅值最小的极点，并当下一个更大的极点大于新 GB 的 10 倍时，GB 被设为这个极点的幅值除以 2.2。因而，输入级跨导和输出电容可以根据需要的

GB 进行设计。接下来的例子说明如何扩展例 6.5-3 中折叠共源共栅运算放大器的增益带宽。

例 7.2-2 提高例 6.5-1 中折叠共源共栅运算放大器的增益带宽

使用例 6.5-4 中设计的折叠共源共栅运算放大器，运用上述方法尽可能提高增益带宽。假设漏/源面积等于 2 μm 乘以晶体管的宽度，并且所有与电压有关的电容上的电压为零。

解：折叠共源共栅运算放大器的非主极点由式 (6.5-22)～式 (6.5-26) 给出。为了方便起见，在这里列出

$$p_A \approx \frac{-1}{R_A C_A} \approx \frac{-g_{m6}}{C_A} \quad \text{（图 6.5-9(b) 中 M6 源极的极点）}$$

$$p_B \approx \frac{-1}{R_B C_B} \approx \frac{-g_{m7}}{C_B} \quad \text{（图 6.5-9(b) 中 M7 源极的极点）}$$

$$p_6 \approx \frac{-g_{m10}}{C_6} \quad \text{（图 6.5-9(b) 中 M6 漏极的极点）}$$

$$p_8 \approx \frac{-g_{m8} r_{ds8} g_{m10}}{C_8} \quad \text{（图 6.5-9(b) 中 M8 源极的极点）}$$

$$p_9 \approx \frac{-g_{m9}}{C_9} \quad \text{（图 6.5-9(b) 中 M9 源极的极点）}$$

依次求出这些极点的值。对于 p_A，电阻 R_A 约等于 g_{m6}，C_A 表示为

$$C_A = C_{gs6} + C_{bd1} + C_{gd1} + C_{bd4} + C_{bs6} + C_{gd4}$$

由例 6.5-4，得 $g_{m6} = 774\ \mu S$，组成 C_A 的电容可以根据表 3.2-1 的参数求出。

$$C_{gs6} = (220 \times 10^{-12} \times 160 \times 10^{-6}) + (0.67)(160 \times 10^{-6} \times 10^{-6} \times 24.7 \times 10^{-4}) = 355\ \text{fF}$$

$$C_{bd1} = (770 \times 10^{-6})(33 \times 10^{-6} \times 2 \times 10^{-6}) + (380 \times 10^{-12})(2 \times 70 \times 10^{-6}) = 77.4\ \text{fF}$$

$$C_{gd1} = (220 \times 10^{-12} \times 33 \times 10^{-6}) = 7.3\ \text{fF}$$

$$C_{bd4} = C_{bs6} = (560 \times 10^{-6})(160 \times 10^{-6} \times 2 \times 10^{-6}) + (350 \times 10^{-12})(2 \times 162 \times 10^{-6}) = 293\ \text{fF}$$

$$C_{gd4} = (220 \times 10^{-12})(160 \times 10^{-6}) = 35.2\ \text{fF}$$

因而，

$$C_A = 355\ \text{fF} + 77.4\ \text{fF} + 7.3\ \text{fF} + 293\ \text{fF} + 35.2\ \text{fF} + 293\ \text{fF} = 1.061\ \text{pF}$$

因此，

$$p_A = \frac{-774 \times 10^{-6}}{1.061 \times 10^{-12}} = -0.702 \times 10^{-6}\ \text{rad/s}$$

对于极点 p_B，与该节点相关联的电容为

$$C_B = C_{gs7} + C_{bd2} + C_{gd2} + C_{bd5} + C_{bs7} + C_{gd5}$$

C_B 的值和 C_A 相同，假设 g_{m6} 和 g_{m7} 相同，使得 $p_B = p_A = -0.702 \times 10^6$ rad/s。

对于极点 p_6，与该节点相关联的电容为

$$C_6 = C_{bd6} + C_{gd6} + C_{gs10} + C_{gs11} + C_{bd8} + C_{gd8}$$

上述多个电容计算如下：

$$C_{bd6} = (560 \times 10^{-6})(160 \times 10^{-6} \times 2 \times 10^{-6}) + (350 \times 10^{-12})(2 \times 162 \times 10^{-6}) = 293\,\text{fF}$$

$$C_{gs10} = C_{gs11} = (220 \times 10^{-12} \times 20 \times 10^{-6}) + (0.67)(20\,\mu\text{m} \cdot 0.5\,\mu\text{m} \cdot 6\,\text{fF}/\mu\text{m}^2) = 44.4\,\text{fF}$$

$$C_{bd8} = (770 \times 10^{-6})(20 \times 10^{-6} \times 2 \times 10^{-6}) + (380 \times 10^{-12})(2.22 \times 10^{-6}) = 47.5\,\text{fF}$$

$$C_{gd8} = (220 \times 10^{-6})(20 \times 10^{-6}) = 4.4\,\text{fF} \text{ 和 } C_{gd6} = C_{gd5} = 35.2\,\text{fF}$$

因此，

$$C_6 = 293\,\text{fF} + 35.2\,\text{fF} + 44.4\,\text{fF} + 44.4\,\text{fF} + 47.5\,\text{fF} + 4.4\,\text{fF} = 0.469\,\text{pF}$$

对于例 6.5-4，$g_{m6} = 744.6 \times 10^{-6}$。因此，$p_6$ 可以表示为

$$-p_6 = \frac{774.6 \times 10^{-6}}{0.469 \times 10^{-12}} = 1.652 \times 10^9\,\text{rad/s}$$

接下来考虑极点 p_8。与该极点相关联的电容为

$$C_8 = C_{bd10} + C_{gd10} + C_{gs8} + C_{bs8}$$

这些电容为

$$C_{bs8} = C_{bd10} = (770 \times 10^{-6})(20 \times 10^{-6} \times 2 \times 10^{-6}) + (380 \times 10^{-12})(2 \times 22 \times 10^{-6}) = 47.5\,\text{fF}$$

$$C_{gs8} = (220 \times 10^{-12} \times 20 \times 10^{-6}) + (0.67)(20 \times 10^{-6} \times 10^{-6} \times 24.7 \times 10^{-4}) = 44.4\,\text{fF}$$

以及

$$C_{gd10} = (220 \times 10^{-12})(20 \times 10^{-6}) = 4.4\,\text{fF}$$

电容 C_8 为

$$C_8 = 47.5\,\text{fF} + 4.4\,\text{fF} + 44.4\,\text{fF} + 47.5\,\text{fF} = 144\,\text{pF}$$

使用习题 6.5-4 中的 g_{m8} 值 774.6 μS 可求出极点 p_8，即 $-p_8 = (g_{m8}r_{ds8}g_{m10})/C_8 = (600\,\mu\text{S} \times 600\,\mu\text{S})/(4.5\,\mu\text{S} \times 144\,\text{fF}) = -555 \times 10^9\,\text{rad/s}$。

极点 p_9 的电容和 C_8 相同。由于 g_{m9} 也是 600 μS，因此，极点 p_9 等于 p_8，且 $-p_9 = 4.167 \times 10^9$ rad/s。

这些极点概括如下：

$$p_A = -0.702 \times 10^9\,\text{rad/s} \quad p_B = -0.702 \times 10^9\,\text{rad/s} \quad p_6 = -1.652 \times 10^9\,\text{rad/s}$$

$$p_8 = -555 \times 10^9\,\text{rad/s} \quad p_9 = -4.176 \times 10^9\,\text{rad/s}$$

这些极点中最小的是 p_A 或 p_B。由于 p_6 没有比 p_A 和 p_B 大很多，因此用 p_A 或 p_B 除以 4（而不是 2.2）作为新的 GB，从而得到 176×10^6 rad/s。新的 GB 值是 $176 \times 10^6/2\pi$，即 28 MHz。下面给出相位裕度为

$$\text{PM} = 90° - 2\tan^{-1}(0.176/0.702) - \tan^{-1}(0.176/1.652) = 56°$$

可以看到这个假设是合理的。该主极点的幅值为

$$p_{\text{dominant}} = \text{GB}/A_{vd}(0) = 176 \times 10^6/3678 = 47\,600\,\text{rad/s}$$

产生这个极点的负载电容为

$$C_L = (p_{\text{dominant}} \cdot R_{\text{out}})^{-1} = (47.6 \times 10^3 \cdot 7.44 \, \text{M}\Omega)^{-1} = 2.81 \, \text{pF}$$

因此，例 6.5-4 中折叠共源共栅运算放大器的负载电容可以在不牺牲相位裕量的情况下降低到 2.81 pF。相对于旧的单位增益带宽 10 MHz，新的单位增益带宽达到 28 MHz。这个例子未能实现较大的带宽拓展，只是给出了大晶体管(M5, M6, M7 和 M8)的影响及其产生的寄生极点。

开关运算放大器

从上面的讨论中可以发现，为了使式(7.2-1)有效，运算放大器的所有高阶根必须比要求的 GB 值大。这就给出了一个难以克服的频响限制。为了减少高阶根的数量，必须使电路尽量简单。

一种简化电路的实现是开关运算放大器。开关运算放大器使用动态偏置来简化偏置电路，因此减少了高阶根的数量。图 7.2-4 展示了采用开关和电容实现偏置的简单动态偏置反相放大器的示意图。这样的电路仅在有限的时间周期内工作，并且需要"刷新"。这种类型的放大器仅限于诸如开关电容电路的数据采样的应用。

在相位 ϕ_1 期间，动态偏置反相放大器建立偏置条件。M1 和 M2 作为两个 MOS 二极管串联。M2 的源-栅电位由偏置电容 C_B 建立。同时，放大器的偏置电压加在接地电容 C_{OS} 上。在第二个相位 ϕ_2 期间，输入与 C_{OS} 串联连接。因此，作用于 M1 栅极上的电压是所需的直流偏置与输入信号的叠加。C_B 使 M2 成为 M1 的电流源负载。

开关运算放大器代表着动态偏置的概念，但是因为太简单而不能有效地减小连续时间放大器的寄生效应。图 7.2-5 所示的动态偏置共源共栅放大器是一个采用开关放大器减小寄生效应的范例[5]。NMOS 晶体管 M1，M2 和 PMOS 晶体管 M3，M4 组成了推挽共源共栅输出级；6 个开关与电容 C_1 和 C_2 组成运算放大器的差分输入级；NMOS 晶体管 M5，M6 和 PMOS 晶体管 M7，M8 产生运算放大器的偏置电压。M1，M2，M3 和 M4 的沟道长度分别与 M5，M6，M7 和 M8 相等。因此，当 V_{B1} 和 V_{B2} 分别加在 M1 和 M4 的栅极上时，推挽共源共栅输出级将得到适当偏置。

图 7.2-4 动态偏置反相放大器的示意图

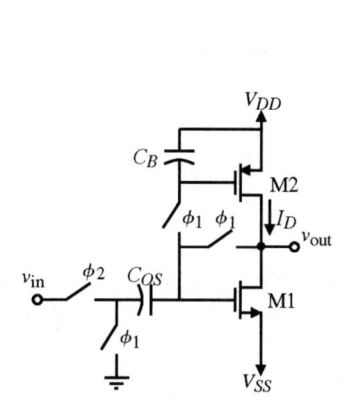

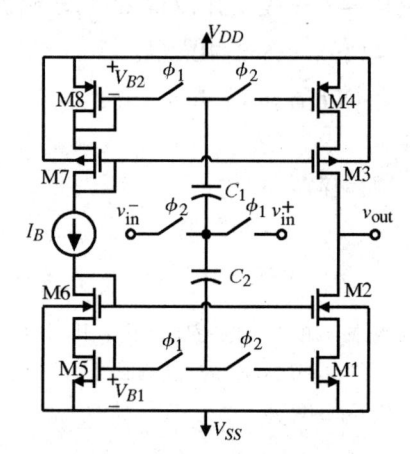

图 7.2-5 动态偏置共源共栅运算放大器原理图

动态运算放大器的基本工作原理解释如下。如图 7.2-6(a) 所示，在相位 ϕ_1 处，C_1 和 C_2 以 v_{IN}^+ 为参考由偏置电压充电。然后如图 7.2-6(b) 所示，电容以 v_{IN}^- 为参考，施加到 M1 和 M4 的栅极。注意，加在这些栅极上的电压包括必要的直流偏置电压和差分输入电压。

图 7.2-5 的优点是，采用一种甲乙类的推挽工作方式，实现了低功耗条件下的快速建立时间。推挽共源共栅级的输入电压摆幅受到电源电压的限制，因为对于体 CMOS 开关，大电压摆幅将引起开关端扩散结变为正向偏置。最大的输入电压摆幅大约等于偏置电压 V_{B1} 和 V_{B2}。如果动态运算放大器必须工作在两个时钟相位上，则电路规模简单加倍，变形电路如图 7.2-7 所示。

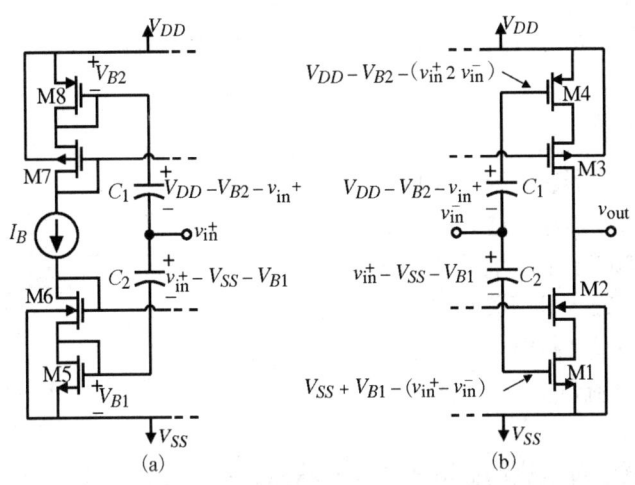

图 7.2-6 (a) 时钟相位为 ϕ_1 时的等效电路；(b) 时钟相位为 ϕ_2 时的等效电路

当图 7.2-7 中的运算放大器采用 1.5 μm、n 阱、双层多晶硅和双层金属 CMOS 工艺制造时，在 2.2 pF 负载电容下得到的增益带宽为 127 MHz。低频增益为 51 dB。对于 5 V 电源，共模输出范围是 1.5~3.5 V。在 5 pF 负载电容下的建立时间为 10 ns。对于正负电源，在 100 kHz 时 PSRR 都是 33 dB。对于 1 kHz 的 Δf，100 kHz 时等效输入噪声为 $0.1\mu V/\sqrt{Hz}$。功耗为 1.6 mW。这个电路达到高性能的关键是采用了动态电路技术来简化电路并使用了高速工艺。图 7.2-8 揭示了如何通过把 M1 和 M2 (M3 和 M4) 之间的漏-源面积减小到 0 使寄生电容达到最小，这里利用了双层多晶硅工艺形成一个双栅 MOS 管。如果没有双层多晶硅工艺，那么共源共栅的公共漏/源面积可以通过仔细地设计版图来达到最小化。

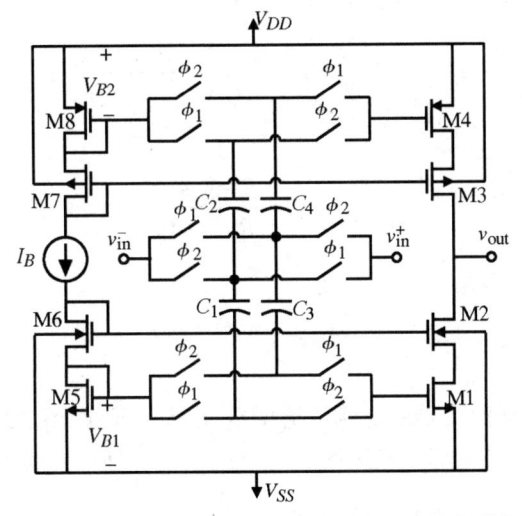

图 7.2-7 可在双时钟相位上操作的图 7.2-5 的变形电路

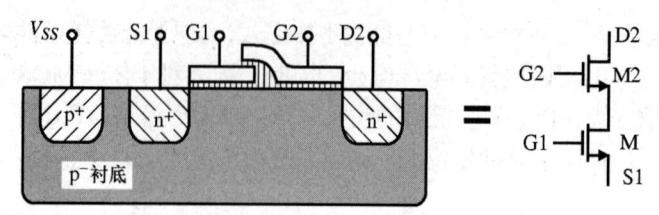

图 7.2-8 采用双多晶硅工艺最小化 M1 和 M2 间漏源到体的电容

电流反馈运算放大器

电流反馈运算放大器有一个重要特性,就是当作为电压放大器时可增加带宽。这一特点来源于闭环电压增益函数的 3 dB 频率点保持常数,因而成为具有高单位增益带宽的电压放大器。虽然式(5.4-5)验证了这一特性,但这里采用差分结构来重新推导。考虑如图 7.2-9 所示的采用电流负反馈电流放大器的反相电压放大器。

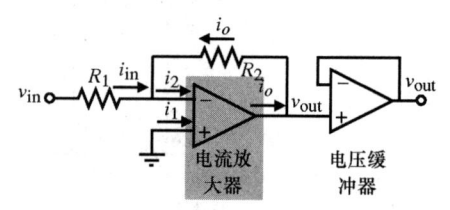

图 7.2-9 采用电流负反馈电流放大器的反相电压放大器

假设电流放大器差分电流增益由式(5.4-4)给出,具有低频电流增益 A_o 和主极点 $-\omega_A$。电流放大器输出电流 i_o 可写为

$$i_o = A_i(s)(i_1 - i_2) = -A_i(s)(i_{in} + i_o) \tag{7.2-7}$$

闭环电流增益 i_o/i_{in} 可表示为

$$\frac{i_o}{i_{in}} = \frac{-A_i(s)}{1 + A_i(s)} \tag{7.2-8}$$

然而,$v_{out} = i_o R_2$ 且 $v_{in} = i_{in} R_1$。解得电压增益为

$$\frac{v_{out}}{v_{in}} = \frac{i_o R_2}{i_{in} R_1} = \left(\frac{-R_2}{R_1}\right)\left(\frac{-A_i(s)}{1 + A_i(s)}\right) \tag{7.2-9}$$

注意,式(7.2-9)是式(5.4-3)的反相形式。将式(5.4-4)代入式(7.2-9)得

$$\frac{v_{out}}{v_{in}} = \left(\frac{-R_2}{R_1}\right)\left(\frac{A_o}{1 + A_o}\right)\left(\frac{\omega_A(1 + A_o)}{s + \omega_A(1 + A_o)}\right) \tag{7.2-10}$$

可得电压增益为

$$A_v(0) = \frac{-R_2 A_o}{R_1(1 + A_o)} \tag{7.2-11}$$

-3 dB 频率点为

$$\omega_{-3dB} = \omega_A(1 + A_o) \tag{7.2-12}$$

这与 5.4 节的结果一致。

可以注意到,如果电流放大器的低频电流增益 A_o 远大于 1,图 7.2-9 的电压增益是 $-R_2/R_1$。换句话说,如果 A_o 不大于 1,那么电压增益会减小,但不是频率的函数。通常,所用的电流放大器的增益为 1($A_o = 1$),这时只需将增益乘以 $\frac{1}{2}$。

电流反馈的优点在于-3 dB 频率不是 R_2 或 R_1 的函数。这一优点可以从图(7.2-10)看出,其中-3 dB 频率是恒定的,与 R_2/R_1 的值无关。因此放大器的单位增益带宽是式(7.2-11)和式(7.2-12)的乘积

$$\text{GB} = |A_v(0)|\omega_{-3\text{dB}} = \frac{R_2 A_o \omega_A}{R_1} = \frac{R_2}{R_1}\text{GB}_i \tag{7.2-13}$$

其中,GB_i 是电流放大器的单位增益带宽。如果 GB_i 恒定,增加 R_2/R_1(电压增益)可增加电压放大器单位增益带宽。这恰恰是实际中用到的,且只受电流放大器高阶极点或 R_2/R_1 比的限制[6]。特别要注意的是,电流放大器有非零的输入电阻 R_i,当 R_1 的值接近这个值时,上面的关系就不再有效了。

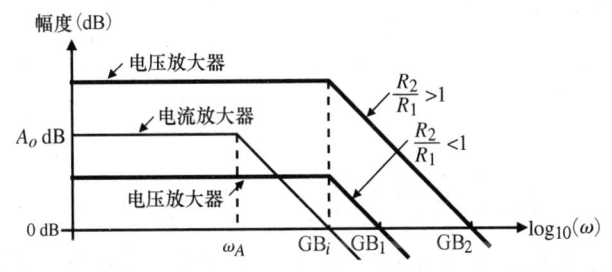

图 7.2-10 电压放大器单位增益带宽(GB_1 和 GB_2)大于电流放大器单位增益带宽(GB_i)的示意图

起先人们以为,通过电流反馈获得的好处将会在输出端的电压缓冲器中失去。然而,电压缓冲器的-3 dB 频率等于运算放大器的 GB,此值必须大于电压放大器的 GB(图 7.2-10 中的 GB_1 和 GB_2),否则会出现第二个极点,且电压放大器的斜率将增加,实际的 GB 值将小于式(7.2-13)预测的值。

图 7.2-9 概念的一个简单 MOS 管应用如图 7.2-11 所示。电流放大器增益为 1,电阻 R_2/R_1 比为 20,产生电压增益-10 V/V。主极点 ω_A 为 R_2 与电流放大器输出端到地之间的电容 C_o 乘积的倒数。若 R_2 维持恒定,R_1 变化,那么 R_2/R_1 变化,而 ω_A 保持恒定。若假设电流放大器的输入电阻($1/g_{m1}$)小于 R_1,则电压放大器的单位增益带宽为

$$\text{GB} = \frac{R_2(1)}{R_1}\left(\frac{1}{R_2 C_o}\right) = \frac{1}{R_1 C_o} \tag{7.2-14}$$

如果 $R_1 = 10\ \text{k}\Omega$,$C_o = 500\ \text{fF}$,则单位增益带宽为 31.83 MHz。

遗憾的是,有一个问题限制了图 7.2-11 电路的有效性:R_1 必须大于电流放大器的输入电阻($1/g_{m1}$),而 R_2 必须小于电流放大器的输出电阻 $1/(g_{ds2}+g_{ds6})$。使 g_{m1} 增大,必然会增大 $g_{ds2}+g_{ds6}$,这会限制 R_2/R_1 的比值或闭环增益。电流放大器的输入和输出电阻可以分开,以获得低的电压增益,但结果是需要大的宽长比,这会导致 GB 减小(见习题 7.2-5)。图 7.2-11 的另一种电路可避免此问题,如图 7.2-12 所示。

图 7.2-12 有更好的适应性,可以满足高 GB 的要求。第一个要求是 R_3 远小于 R_1。这一要求的原因可以从式(7.2-14)看出。为获得高 GB,R_1 应当小,但是 R_3 限制了 R_1 的最小值。因此,选择 $R_1 = 10 R_3$。第二个要求是保持连接 M4 和 M6 的漏极(以及 M12 的栅极)电容 C_o 尽可能地小。为了满足此要求,M4、M6 和 M12 的尺寸一定要小。除此之外,还要假设电流放大器的输出电阻(与 C_o 相同的节点)远大于 R_2,这在图 7.2-12 中很容易得到满足。下面的

例子中用图 7.2-12 获得一个增益为-10 V/V、-3 dB 频率为 50 MHz 的电压放大器。

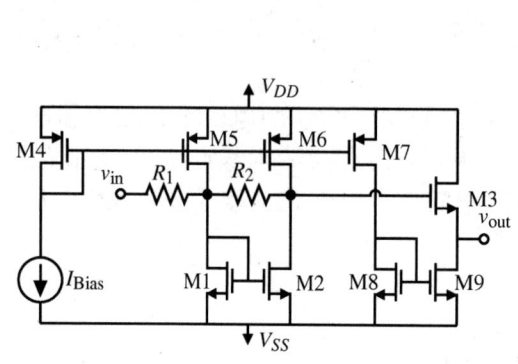

图 7.2-11 图 7.2-9 的一个简单的 MOS 管应用

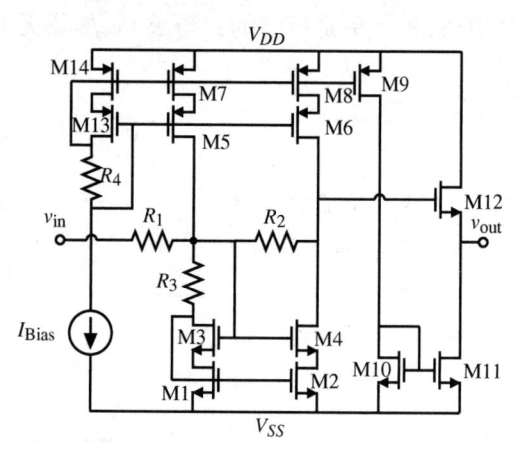

图 7.2-12 图 7.2-11 的另一种电路

例 7.2-3 设计使用电流反馈的高 GB 电压放大器

设计如图 7.2-12 的电压放大器以获得-10 V/V 的增益和 500 MHz 的 GB，对应 50 MHz 的频率-3 dB。

解： 由于知道了增益的大小，假设 C_o 为 100 fF。为了获得 500 MHz 的 GB，R_1 应为 3.2 kΩ 且 R_2 为 32 kΩ，因此 R_3 必须小于 300 Ω。R_3 由 $\Delta V/I$ 决定，ΔV 是 M1～M4 的饱和电压，因此，可以写出

$$R_3 = \frac{\Delta V}{I} = \left(\frac{2}{IK'(W/L)}\right)^{1/2} = 300 \text{ Ω} \rightarrow 22.2 \times 10^{-6} = K'I\frac{W}{L}$$

或者 I 和 W/L 的乘积应当为 0.202。这里有一个问题，如果为了最小化 C_o，需使 W/L 很小，电流就要很大。如果选择 $W/L = 200$ μm/1 μm，将得到 1 mA 的电流。可是，M4 和 M6 用此 W/L 会产生大于 100 fF 的 C_o。这个问题的解决方案是选择 M1、M3、M5 和 M7 的 W/L 为 200，而 M2、M4、M6 和 M8 的 W/L 小于 200。选择 M2、M4、M6 和 M8 的 $W/L = 20$ μm/1 μm，这时这些晶体管的电流为 100 μA。然而，根据式(7.2-10)应将 R_2/R_1 的比值乘 1/11。因此选择 R_2 为 R_1 的 110 倍，即 352 kΩ。

现在选择 M12 的 W/L 为 20 μm/1 μm，由此可以计算 C_o。假设所有受电压影响的电容都是零偏置。接下来，假设扩散区为 2 μm 乘 W，C_o 可以写为

$$C_o = C_{gd4} + C_{bd4} + C_{gd6} + C_{bd6} + C_{gs12}$$

计算这些电容需要的信息见表 3.2-1。各电容为

$$C_{gd4} = C_{gd6} = \text{CGDO} \times 10 \text{ μm} = (220 \times 10^{-12})(20 \times 10^{-6}) = 4.4 \text{ fF}$$

$$C_{bd4} = \text{CJ} \times \text{AD}_4 + \text{CJSW} \times \text{PD}_4$$
$$= (770 \times 10^{-6})(20 \times 10^{-12}) + (380 \times 10^{-12})(44 \times 10^{-6}) = 15.4 \text{ fF} + 16.7 \text{ fF} = 32.1 \text{ fF}$$

$$C_{bd6} = (560 \times 10^{-6})(20 \times 10^{-12}) + (350 \times 10^{-12})(44 \times 10^{-6}) = 26.6 \text{ fF}$$

$$C_{gs12} = (220 \times 10^{-12})(20 \times 10^{-6}) + (0.67)(20 \times 10^{-6} \cdot 10^{-6} \cdot 24.7 \times 10^{-4}) = 37.3 \text{ fF}$$

因此，

$$C_o = 4.4\text{ fF} + 32.1\text{ fF} + 4.4\text{ fF} + 26.6\text{ fF} + 37.3\text{ fF} = 105\text{ fF}$$

如果不减小 M2、M4、M6 和 M8 的 W/L，那么 C_o 很容易超过 100 fF。由于 105 fF 很接近期望的 100 fF，因此保留 R_1 和 R_2 的值。若这个值与期望值差别很大，则可以调整 R_1 和 R_2 的值使 GB 为 500 MHz。此外还必须检查以确保输入极点大于 500 MHz（见习题 7.2-6）。

通过假设 I_{Bias} = 100 μA 和流过 M9～M12 的电流为 100 μA，可以完成设计。即 W_{13}/L_{13} = W_{14}/L_{14} = 20 μm/1 μm 且 $W_9/L_9 \sim W_{12}/L_{12}$ 也是 20 μm/1 μm。图 7.2-13 给出了这一电路的幅频响应仿真。-3 dB 频率接近 38 MHz 且 GB 大概是 300 MHz。-2 dB 的增益损失是由源极跟随器损失造成的。实际上由于 R_3 的存在，R_1 要大于 3.2 kΩ。第二个极点略大于 1 GHz。为了得到这样的结果，必须使用±3 V 电源将输入直流偏置在-1.7 V。期望的-3 dB 频率和仿真结果的差异就是因为 R_1 大于 3.2 kΩ且实际电容略大于本例计算得到的值。

图 7.2-13 还给出了 R_1 减小到 1 kΩ时的幅频响应。增益是以前的两倍多（26.4 dB），新的-3 dB 频率为 32 MHz。新的单位增益带宽为 630 MHz，这反映了电流反馈在增加闭环增益的同时可以增加 GB 值的能力。

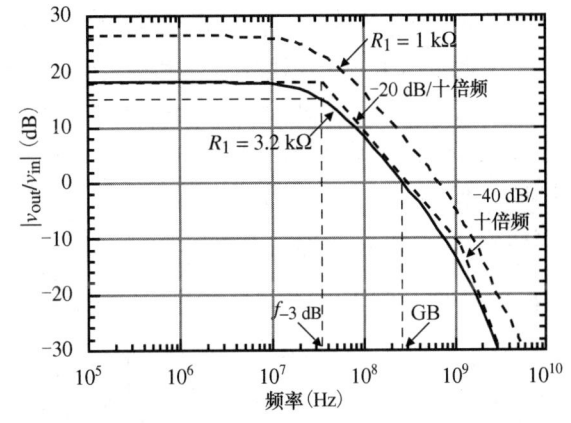

图 7.2-13　例 7.2-3 中图 7.2-12 电路的幅频响应仿真

采用如图 5.4-5(a)所示具有很低的输入电阻即 $1/(g_m^2 r_{ds})$ 的电流放大器/电流镜似乎是很合理的。这样输入电阻很容易达到 10 Ω。问题是如果采用并联负反馈环来产生低电阻，在高频时环路增益减小，就会产生比图 7.2-12 更糟的结果，那里并没有使用反馈。

使用电流反馈是一种产生大 GB 电压放大器的有效方法。式(7.2-14)是获得大 GB 的关键公式。R_1 和 C_o 在高频时应尽可能小。电压相加放大器可以通过增加电阻来实现，例如连接在另一个输入电压和电流放大器输入端之间的 R_1。此外，如果要考虑稳定性的话，通过使用其他外部负反馈路径，高 GB 电压放大器可以用来实现高频缓冲放大器。

并行路径运算放大器

另一种获得高 GB 运算放大器的方法是将一个高增益、低频运算放大器和一个低增益、高频运算放大器并联，以获得一个高 GB 的运算放大器。这个概念如图 7.2-14 所示[7]。思路是用低频运算放大器实现低频时的高增益。但是，这个运算放大器具有高阶极点，这将使得放大器为有条件稳定。一个运算放大器的有条件稳定是指在某些反馈值时反馈放大器不稳定。这经常发生在闭环增益较小时。低增益放大器用来扩展高增益运算放大器第二极点(p_2)上方的斜率为-20 dB/十倍频。结果产生一个主极点在 p_1、GB 为 $|p_1|$ 和 $|A_{vd1}(0) \cdot A_{vd2}(0)|$ 的乘积的运算放大器。

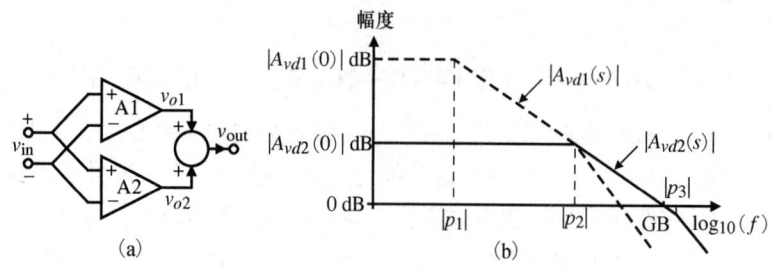

图 7.2-14　(a)用并联放大器方法实现高 GB；(b)(a)所对应的幅频响应

为了正确使用这种技术，两个放大器增益的符号应当是相同的，即同时为正或同时为负。如果不同，就会在右半平面出现零点，并影响稳定性。图 7.2-15 为多路嵌套米勒补偿放大器，更详细地给出了如何使用三级放大器实现这个想法[7]。通过两路相加产生左平面零点来抵消高增益路径的第二个高阶极点，使-20 dB/十倍频斜率延伸到低增益路径的第二个高阶极点。需要注意的是，米勒补偿产生的右半平面零点得以抵消，且零极点对不会产生慢的时间常数问题。对于感兴趣的读者，用于图 7.2-15 的分析公式和其他结构在参考文献[7]中有详细论述。

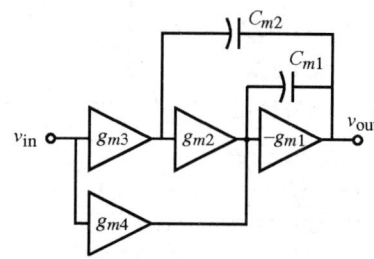

图 7.2-15　多路嵌套米勒补偿放大器

本节给出了一些扩展运算放大器频率响应的方法。在所有的放大器中，频率响应都受到单位增益带宽的限制。在绝大多数的 MOS 管运算放大器中，单位增益带宽是用输入跨导和产生主极点的电容的比值给出的。采用 CMOS 技术来获得超过 100 MHz 的单位增益带宽是很困难的。在许多应用中，运算放大器用负反馈来实现低增益放大器。如果采用电流反馈，可以看到 GB 的限制实际上是可以突破的。任何扩展带宽的方法是否成功，取决于高阶极点的位置和它们对方法的影响。

7.3　差分输出运算放大器

在绝大多数集成电路运算放大器的应用中都希望有差分信号。差分信号可以抵消不需要的共模信号或噪声，并且与单端信号相比信号摆幅增加一倍。差分工作是减小时钟馈通影响的好方法。为了处理差分信号，运算放大器要有差分输入和差分输出。在以前的研究中，仅仅考虑了差分输入、单端输出的运算放大器。本节讨论具有差分输入和差分输出的运算放大器的实现。

差分信号处理的考虑

差分信号处理的优点之一是共模信号抑制特性。这在 5.2 节中已用共模抑制比的概念进行了证明。可以看到差分输入运算放大器的共模输入信号的抑制得益于差模输入信号。这种抑制受到每边差分信号处理电路匹配的影响。同样重要的是差分信号的偶次谐波也会得到抑制。因为差分信号具有奇对称性，偶次谐波在奇对称匹配程度内被抵消。

差分操作的另一个优点是相对于单端信号而言信号幅度增加了一倍，差分信号幅度如图 7.3-1 所示，这在电源很低并要求很大的动态范围时变得更加重要。v_1 和 v_2 是单端信号，而 $v_1 - v_2$ 是差分信号。

除了差模信号，还要考虑共模信号。如果共模信号不为零，那么差模信号就会受到限制。为了使用差模，必须提供一些共模稳定方法。对于运算放大器输入端信号，不存在这样的问题，因为输入信号定义了共模信号。但是在运算放大器输出端，共模因受失配和负载的影响可能是任何值。图 7.3-2 给出了当共模信号不为零时，差模信号具有峰-峰值 $V_{DD} + |V_{SS}|$ 所发生的情况。因此提供共模稳定结构十分必要。在介绍完各种类型的差分输入、差分输出运算放大器之后研究稳定性实现方法。

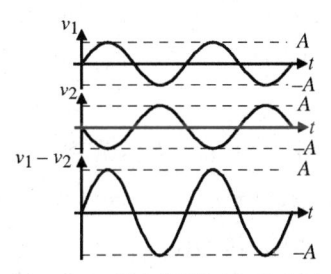

图 7.3-1 差分信号幅度示意图

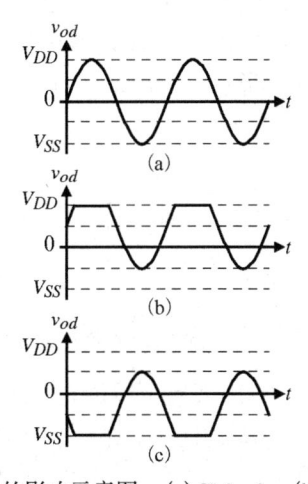

图 7.3-2 共模信号对差模信号的影响示意图。(a) CM = 0；(b) CM = $0.5V_{DD}$；(c) CM = $0.5V_{SS}$

差分输入差分输出运算放大器

差分输出运算放大器很容易通过单端输出运算放大器实现。例如，考虑图 6.3-1 中的两级 CMOS 运算放大器，为区别于其他类型的运算放大器也被称为两级米勒运算放大器。在图 6.3-1 所示的运算放大器中，可以注意到从差分信号到单端信号的转换点出现在第一级的电流镜处。由于不想将差分信号转换为单端信号，因此将电流镜用两个电流源负载代替。除非沟道电导很大，否则可采用图 5.2-15 所示的电路来解决差分输入级的直流电流冲突。要完成设计，只需简单地将第二级复制两次，如图 7.3-3 所示。注意，每一个第二级都是用其米勒电容 C_c 和调零电阻 R_z 进行补偿。

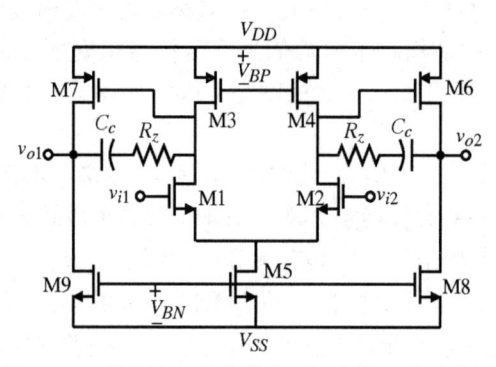

图 7.3-3 差分输入差分输出两级米勒运算放大器

差分输入输出电压增益和单端输出时完全相等。输入输出电压的下标这样来选择，v_{i1} 加正电压，v_{o1} 输出正电压，v_{o2} 输出负电压，同样 v_{i2} 加正电压，v_{o1} 输出负电压，v_{o2} 输出正电压。输出共模范围 OCMR 为

$$\text{OCMR} = V_{DD} + |V_{SS}| - V_{SDP}(\text{饱和}) - V_{DSN}(\text{饱和}) \tag{7.3-1}$$

其中，V_{SDP}(饱和)是 M6 和 M7 的饱和电压，V_{DSN}(饱和)是 M8 和 M9 的饱和电压。最大的输出电压峰-峰值不会大于运算放大器的 OCMR。

如图 7.3-3 所示的差分输入差分输出两级米勒运算放大器采用与单端两级米勒运算放大器相同的补偿技术。在差分应用中，负载电容被差分地连接在图 7.3-3 所示的两个输出端之间。如果将这个负载电容 C_L 分解为两个相等的串联电容 $2C_L$ 且中点接地，那么就得到了单端等效电路。这个步骤如图 7.3-4 所示。使用单端负载电容 $2C_L$ 允许使用前面阐述的单端输出两级米勒运算放大器的补偿方法。

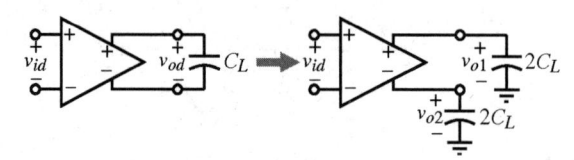

图 7.3-4 双端输出到单端输出的转换

图 6.5-9 所示的折叠共源共栅运算放大器可以用与两级米勒运算放大器相同的方法转换为差分输出，结果如图 7.3-6 所示。差分输出运算放大器的优点之一是它们是平衡的，即从源级耦合输入对的漏极看过去的负载相同。同样，差分电压增益也与单端输出相同。

输出共模范围为

$$\text{OCMR} = V_{DD} + |V_{SS}| - 2V_{SDP}(\text{饱和}) - 2V_{DSN}(\text{饱和}) \tag{7.3-2}$$

其中，V_{SDP}(饱和)是 M4 到 M7 的饱和电压，V_{DSN}(饱和)是 M8 到 M11 的饱和电压。通过负载电容实现补偿，负载电容通常为差分连接。图 7.3-4 可用于确定差分输出每边的主极点。当负载电容很小和输入跨导很大时，运算放大器的单位增益带宽可以很大。

由于使用电流源负载(见图 7.3-3 中的 M3 和 M4)，因此差分输出运算放大器输入共模范围一般大于单端输出运算放大器。然而输入共模范围上限受图 7.3-3 的 M6 和 M7 限制。例

如，图 7.3-3 的共模输入范围的上限为 $V_{DD}+V_{SD}$(饱和)，而对于图 7.3-6 所示的差分输出折叠共源共栅甲类运算放大器，共模输入范围的上限为 $V_{DD}-V_{SD}$(饱和)$+V_T$。

如果用第一级合适的输出来驱动电流漏或电流源，图7.3-3 所示两级米勒运算放大器输出可以是推挽的。图 7.3-5 给出了这种带有推挽输出级的差分输入和差分输出两级米勒运算放大器[8]。这种运算放大器有着和图 7.3-3 同样的输出共模范围。主要差别是在静态条件下输出级电流很小（且不好确定）。在输入信号有大的变动时，输出能够有效地从负载吸收电路或向负载注入电流。补偿略微不同于图 7.3-3，这时第二级增益增加了 1 倍（如果输出晶体管满足 $K_N W/L = K_P L/W$）。这使米勒补偿可以用 C_c 的一半实现。

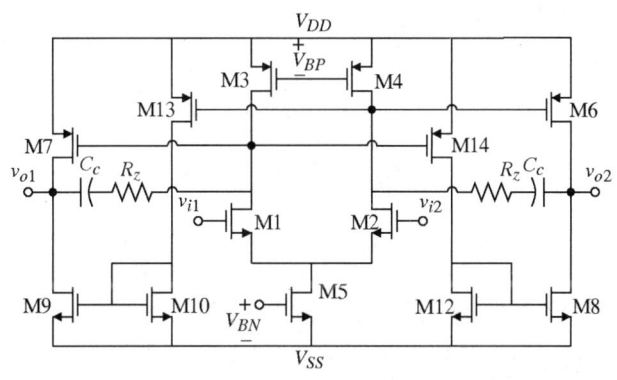

图7.3-5 带有推挽输出级的差分输入和差分输出两级米勒运算放大器

一个差分输出折叠共源共栅甲类运算放大器如图 7.3-6 所示[9,10]。这种折叠共源共栅运算放大器不再有 6.5 节所讲的低频不平衡性。下层共源共栅晶体管 M8~M11 形成了一个共源共栅电流漏，因此工作在甲类工作状态。负载电容 C_L 中的漏电流或者源电流为 I_3。如果折叠共源共栅放大器的单端输出电阻由式(6.5-12)给出，那么差分输出差分输入的电压增益为

$$A_{vd} = \frac{v_{\text{out}}}{v_{\text{in}}} = x(g_{mN}r_{dsN})^2 \tag{7.3-3}$$

式中，x 表示与 n 型晶体管和 p 型晶体管的跨导和电导值相关的 0 至 1 之间的一个常数，输出点为主极点。

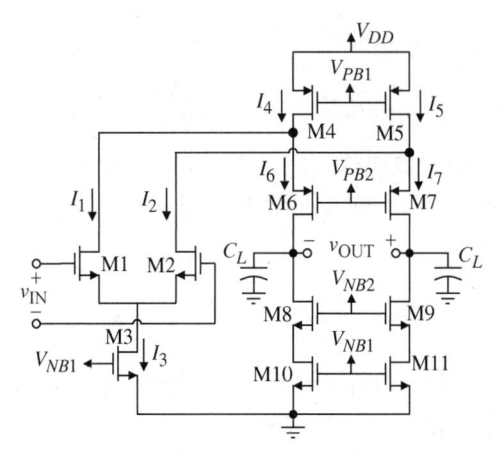

图 7.3-6 差分输出折叠共源共栅甲类运算放大器

$$|p_{\text{dominant}}| = \frac{1}{(2R_{\text{out}})(0.5C_L)} = \frac{1}{R_{\text{out}}C_L} \tag{7.3-4}$$

其中 R_{out} 和 C_L 分别是单端电阻和电容(从每个差分输出端到地)。

如 6.5 节所示,可以使用增强型放大器提高图 7.3-6 中运算放大器的增益。这种情况下可以使用上下两个差分输入差分输出的增强型放大器,如图 7.3-7(a)所示。增益增强型、折叠共源共栅运放的差分电压增益应当提高到增强型放大器的有效增益量级,同时主极点的大小应该减小相同的量级。上方的增强型放大器具体实现如图 7.3-7(b)所示。通过负反馈,V_{Bias} 给增强型放大器的输入端提供直流偏置。由差分输入电压 v_{in} 引起的 M1 至 M4 管中的小信号电流分别为 $0.25g_{m1}v_{\text{in}}$,$-0.25g_{m2}v_{\text{in}}$,$0.25g_{m3}v_{\text{in}}$ 和 $-0.25g_{m4}v_{\text{in}}$。假设 $g_{m1} = g_{m2} = g_{m3} = g_{m4} = g_{mN}$,单端输出电压可以写成

$$v_{\text{out}}^+ \approx 0.5g_{mN}r_{dsN}v_{\text{in}} \tag{7.3-5a}$$

$$v_{\text{out}}^- \approx -0.5g_{mN}r_{dsN}v_{\text{in}} \tag{7.3-5b}$$

差分输出电压为

$$v_{\text{out}} = v_{\text{out}}^+ - v_{\text{out}}^- \approx g_{mN}r_{dsN}v_{\text{in}} \tag{7.3-6}$$

可得,上方的增强型放大器差分输出差分输入的电压增益为 $g_{mN}r_{dsN}$。对应地,下方的增强型放大器的差分输出差分输入的电压增益为 $g_{mP}r_{dsP}$(见 7.3 节习题)。

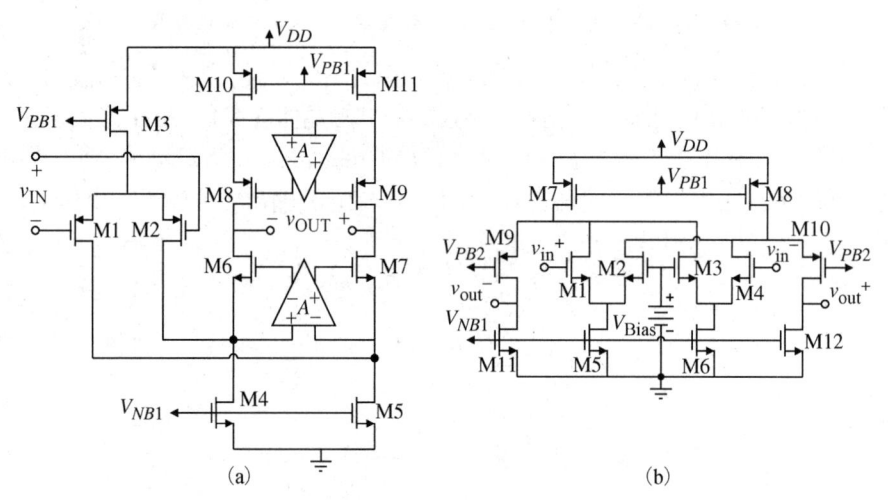

图 7.3-7 使用增强型放大器提高运算放大器的增益

图 7.3-8 为乙类差分输出折叠共源共栅运算放大器。这种电路实现是众多可实现方式之一。这种放大器增益的直观分析已经标注在图 7.3-8 上。如果单端输出电阻由式(6.5-12)给出,那么差分输出电压增益为

$$A_{vd} = \frac{v_{\text{out}}}{v_{\text{in}}} = x(1+k)(g_{mN}r_{dsN})^2 \tag{7.3-7}$$

其中 k 为从 M2(M4)管流入 M8(M9)管的小信号电流值,x 表示与 n 型晶体管和 p 型晶体管的跨导和电导值相关的 0 至 1 之间的一个常数。

图 7.3-8 的增益可以用之前提到的方法提高,改进后的电路如图 7.3-9 所示。增强型放大

器与图 7.3-7 中所用的相同，乙类、差分输出、折叠共源共栅运放的有效增益会被提高 $xg_{mN}r_{dsN}$ 倍，上方的增强型放大器中 x 为 1，下方的增强型放大器中 x 为 0 到 1 之间的一个常数。x 的值与 n 型和 p 型晶体管跨导和电导值有关。差分增益可以很容易地达到 $(g_{mN}r_{dsN})^3$。

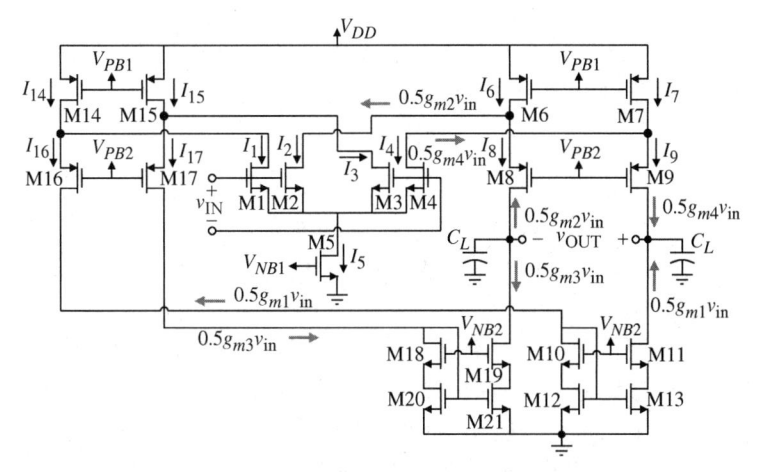

图 7.3-8 乙类差分输出折叠共源共栅运算放大器

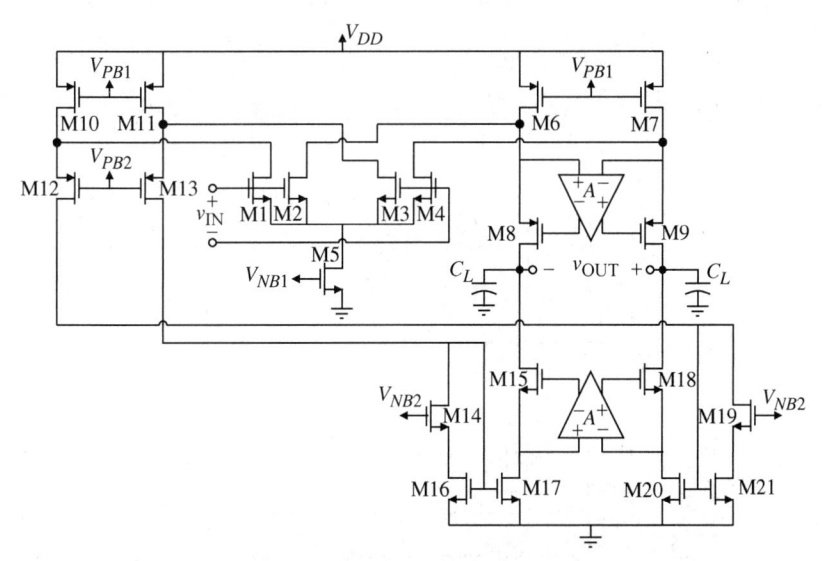

图 7.3-9 增强增益乙类差分输出折叠共源共栅运算放大器

需要考虑的最后一个差分输入差分输出运算放大器使用一种不常用的差分放大器结构[11]。事实上，所有的运算放大器输入级都使用了源极耦合对，这使得这类放大器在电压输入放大器中独树一帜。这种差分输入电路被称为交叉耦合差分输入级，如图 7.3-10 所示。

交叉耦合差分输入级的工作原理可以通过写出差分输入 v_{i1} 和 v_{i2} 之间的电压回路来理解。这里有两个回路，表示为

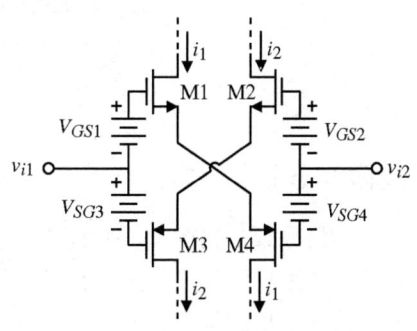

图 7.3-10 交叉耦合差分输入级

$$v_{i1} - v_{i2} = -V_{GS1} + v_{GS1} + v_{SG4} - V_{SG4} = V_{SG3} - v_{SG3} - V_{GS2} + V_{GS2} \tag{7.3-8}$$

然而，总的栅源电压包括直流分量 V_{GS} 和交流分量 v_{gs}。采用这样的符号，式(7.3-3)可表示为

$$v_{i1} - v_{i2} = v_{id} = (v_{gs1} + v_{sg4}) = -(v_{sg3} + v_{gs2}) \tag{7.3-9}$$

所以，差分输入信号交叉地施加在 M1、M4 和 M2、M3 的栅源上。如果所有晶体管的 $K'W/L$ 相等，那么差分输入电压可以平均分配到两个栅源上。正的 v_{id} 会增加 i_1，减小 i_2。这些小信号电流可表示为

$$i_1 = \frac{g_{m1}v_{id}}{2} = \frac{g_{m4}v_{id}}{2} \tag{7.3-10}$$

$$i_2 = -\frac{g_{m2}v_{id}}{2} = -\frac{g_{m3}v_{id}}{2} \tag{7.3-11}$$

图 7.3-10 的小信号性能和源极耦合差分输入对相同。事实上，交叉耦合差分输入级就是两个交叉连接的源极耦合差分对，其中一个晶体管是 NMOS，另一个是 PMOS。完整的采用交叉耦合差分输入级的甲乙类差分输出运算放大器如图 7.3-11 所示。可以看到交叉耦合差分输入级产生的电流流向推挽共源共栅负载产生出与两级运算放大器相同增益。

图 7.3-11 的输入共模范围远小于前面介绍的其他放大器。负的输入共模电压是

$$V_{icm}(最小) = V_{SS} + V_{GS6} + V_{DS4}(饱和) + V_{GS1} = V_{SS} + 2V_T + 3V_{ON} \tag{7.3-12}$$

其中，$V_{GS} = V_T + V_{ON}$，$2V_T + 3V_{ON}$ 可达 2 V。增益和两级运算放大器相同，补偿由每个输出端的接地电容完成。

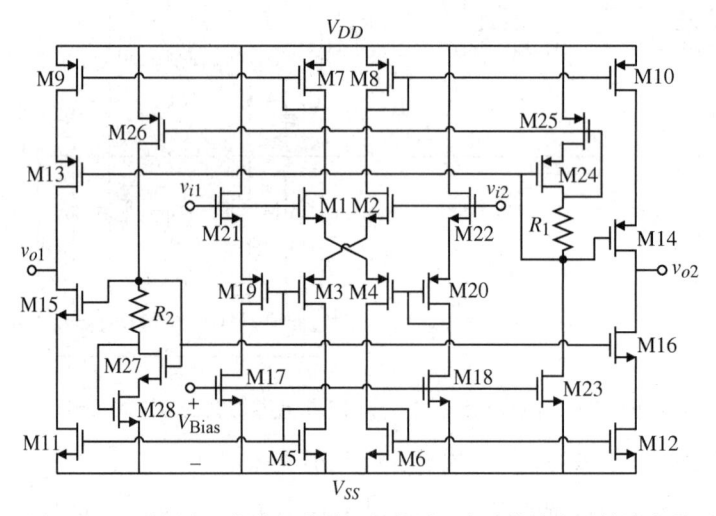

图 7.3-11 采用交叉耦合差分输入级的甲乙类差分输出运算放大器

共模输出电压稳定

共模稳定的目的是将共模电压保持在信号摆幅之间（通常为电源电压），可以通过内部和外部的共模反馈实现。内部共模反馈方法如图 7.3-12 所示。图 7.3-12(a)是甲类差分输出运算放大器的输出端模型，图 7.3-12(b)是乙类（或甲乙类）差分输出运算放大器的输出端模型。输出共模电压的基本问题在于上端源电流必须与下端漏电流相匹配，以此稳定共模输出电压。

然而，这种匹配很难实现，尤其是当输出电阻很大时，如共源共栅和增益增强型共源共栅运放。

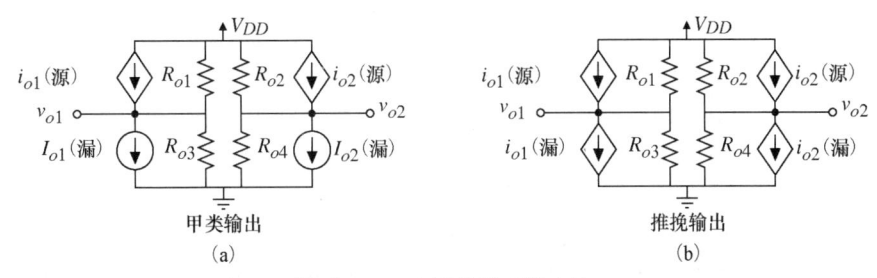

图 7.3-12　内部共模反馈方法

输出共模反馈结构图如图 7.3-13 所示。如果共模输出电压增加，共模反馈电路会减小上端源电流或者增加下端漏电流直到共模电压等于 V_{CMREF}。如果共模输出电压减小，共模反馈电路会增大上端源电流或者减小下端漏电流直到共模电压等于 V_{CMREF}。正确地选择校正电路，共模稳定能以共模输出电压的期望值为参考（见习题 7.3-10）。由于共模稳定技术是负反馈的一种形式，因此必须小心以确保高增益环路的稳定。如果差分输出运算放大器的输出采用共源共栅结构，共模环路增益可以等效为两级运算放大器。

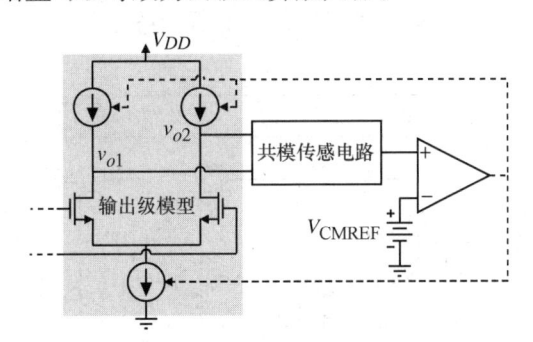

图 7.3-13　输出共模反馈结构图

图 7.3-14 为两级米勒补偿运算放大器的一种简单无参考电压的共模反馈电路。晶体管 M10 和 M11 工作在线性区，起到共模反馈的作用。如果共模输出电压增加，M10 和 M11 的栅源电压以及流过这些晶体管的电流就会减小。这意味着流进 M6 和 M7 的电流也会减小。当这些电流减小到 M8 和 M9 的期望值以下时，共模输出电压就会减小，与之前假设的电压增加相反。如果共模输出电压减小，图 7.3-14 中的共模反馈电路会抵消这种变化。这种共模反馈称为无参考电压型，因为共模输出电压的实际值没有明确规定。这种反馈会驱使共模输出电压远离电源电压，具体的共模输出电压值依赖于其他参数。图 5.2-16 和图 7.3-13 是自参考共模反馈电路的例子。这些反馈电路会驱使输出共模电压稳定到一个特定的参考电压值。

用以上的这些原则，可以完成本节中每一个差分输出运算放大器的输出共模反馈电路的设计。现在考虑输出共模反馈环路的频率特性。图 7.3-15 为一个甲类差分输出折叠共源共栅运算放大器的输出共模反馈电路。用于检测输出共模反馈的电阻是为了简化讨论，在实际应用中可能不会使用电阻，这是因为电阻必须非常大，否则它会降低差分电压增益。

首先估算图 7.3-15 的反馈环路增益。反馈环路从 M13 的栅极开始，产生一个 $xg_{mN}r_{dsN}$ 的电压增益，再将电压加到 M10 和 M11 的栅极，其中 x 表示与 n 型和 p 型晶体管跨导和电导值相关的 0 至 1 之间的一个常数。M10 和 M11 的栅极电压在共源共栅管的输出端产生电流，从而产生一个共模环路增益为

$$A_{cm} = x(g_{mN}r_{dsN})^3 \tag{7.3-13}$$

其中，x 的定义不变，但具体的值会有所不同。共模反馈环路有两个极点：一个极点在 M14 和 M16 的漏极（也就是 M10 和 M11 的栅极），第二个极点是差分输出运算放大器的主极点。需要做一些补偿来实现环路的稳定。图 7.3-15 中的虚线电容 C_c 用的是米勒补偿，这是一种补偿的方法。

图 7.3-15 中的反馈环路增益很大（如式 7.3-13 所示），这使反馈环路可以改进成自补偿型。将图 7.3-15 中的反馈环路改成图 7.3-16 所示会改善反馈环路的频率效应。M15 漏极和栅极相连形成的低阻性，使 M14 漏极处的极点变得不再重要。由于共模反馈电流直接与差分输出运算放大器的单端输出相连，因此反馈电路中唯一重要的极点是差分输出运算放大器的主极点。图 7.3-16 中的共模反馈电路增益为

$$A_{cm} = x(g_{mN}r_{dsN})^2 \tag{7.3-14}$$

对于输出共模电压的稳定性来说这个增益足够大了。图 7.3-15 和图 7.3-16 中的反馈电路都是自参考电压型。需要重视的一个问题是，额外增加的连接在差分输出共源共栅管上的晶体管(M16，M17，M18 和 M19)会稍微降低差分电压增益。

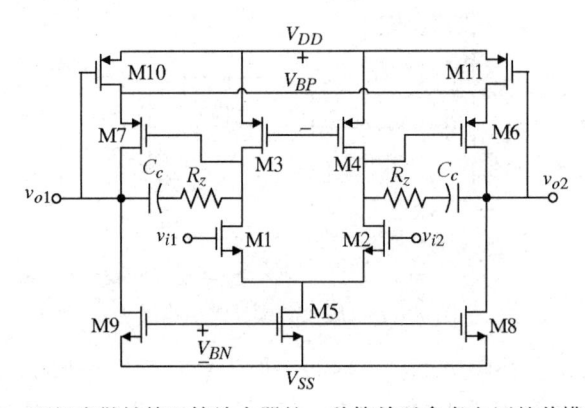

图 7.3-14　两级米勒补偿运算放大器的一种简单无参考电压的共模反馈电器

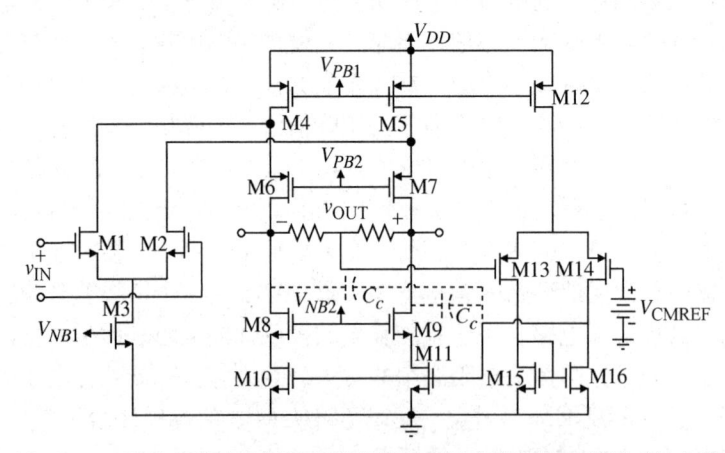

图 7.3-15　甲类差分输出折叠共源共栅运算放大器的输出共模反馈电路

第 7 章 高性能 CMOS 运算放大器

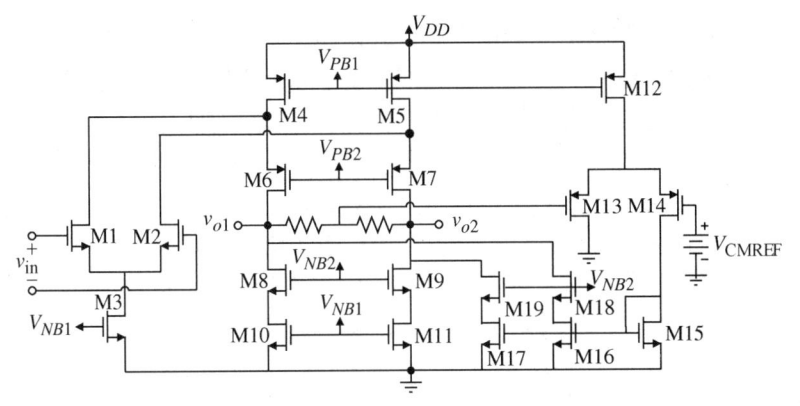

图 7.3-16 改善反馈环路的频率响应

上述共模输出电压稳定方法应用在运算放大器的内部。在很多应用中可使用外电路来稳定共模输出电压。这对于开关电容电路很有吸引力。图 7.3-17 为差分输出运算放大器通过外部方法实现稳定[12]。

在这种类型的电路中，运算放大器只在 ϕ_2 相位内使用。记为 CMbias 的运算放大器端口为输入端口，用来确定共模输出电压。在 ϕ_1 相位内，两个电容 C_{cm} 被充电至期望的输出共模电压 V_{ocm}。注意，在这个相位内 V_{ocm} 和 CMbias 是连接在一起的。在 ϕ_2 相位内，已被充电至 V_{ocm} 的电容 C_{cm} 被连接在差分输出端和 CMbias 节点之间。即使可能存在差分输出电压，加到 CMbias 节点上的平均电压仍是 V_{ocm}。这里假设相位周期足够小，以至于 C_{cm} 上的电压不变。

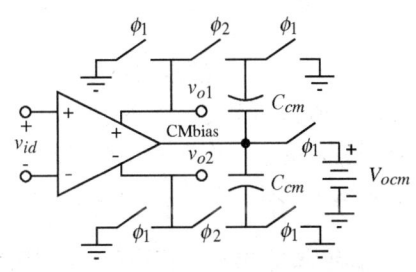

图 7.3-17 差分输出运算放大器通过外部方法实现稳定

图 7.3-18 给出了图 7-3-17 的外部输出共模电压稳定方法的，此实例应用于差分输出折叠共源共栅运算放大器。这个电路有两个工作相位。第一个工作相位被称为共模调整相位，第二个工作相位为放大相位。在共模调整相位内，开关 S1、S2 和 S3 是闭合的。电容 C_1 和 C_2 被充电至需要的值，这个值可以使 I_{12} 和 I_{13} 保持共模输出电压为 V_{CM}。在放大相位内，开关 S4 和 S5 是闭合的。如果共模输出电压值不是 V_{CM}，电流 I_{12} 和 I_{13} 就会充电，强制共模输出电压值回到 V_{CM}。

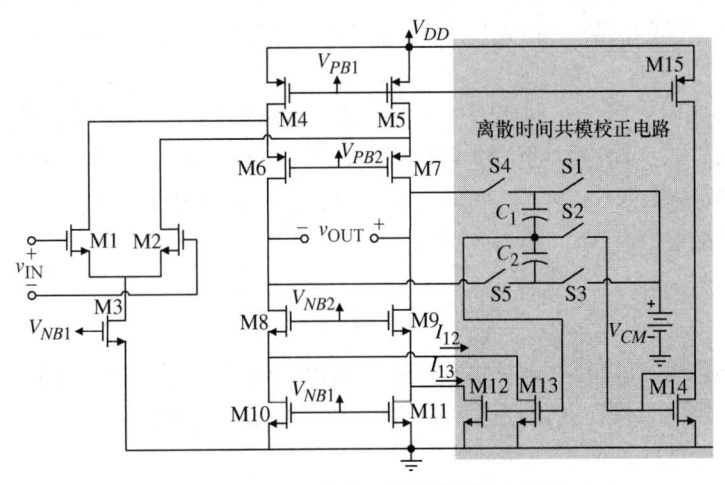

图 7.3-18 图 7.3-17 的外部输出共模电压稳定方法

在很多情况下，由于低电压差分输出运算放大器的电压范围十分有限，因此精确产生输出共模电压以获得最大的信号摆幅就变得非常重要。如果使用离散时间共模稳定技术，那么有必要考虑到开关操作过程中发生的电荷转移。通过仿真，这些错误可以预测，并通过在错误信号上叠加校正信号来改正，这样就可以产生期望的(目标)共模输出电压。

还有许多其他共模输出电压稳定技术，但是基本原理和上述相同。绝大多数使用运算放大器的集成电路的实现采用差分输出运算放大器来增加信号摆幅和消除奇次谐波。此外，来自开关电荷注入的公共噪声也大大减小。虽然下面将继续研究各种类型的采用单端输出的运算放大器，但读者必须记住这样做的目的是为了简化，而并非一定是实现某一特殊运算放大器的实际形式。

7.4 微功耗运算放大器

本节主要讨论微功耗运算放大器。这种类型的运算放大器基本上工作在弱反型区。工作在弱反型区的运算放大器很有用[13~17]，因为它们工作时电源电流和电源电压较低。本节的首要任务是推导工作在弱反型区晶体管的小信号方程，这有助于理解一些采用微功耗技术工作的基本运算放大器结构。本节介绍的产生高过驱动电流的技术同样可用于强反型电路中。

工作在弱反型区的两级米勒运算放大器

首先考虑模拟在极低电流密度下工作的晶体管大信号特性的方程。假设工作在饱和区，亚阈值漏极电流已由式(3.5-5)给出，即

$$i_D = \frac{W}{L} I_{DO} \exp\left(\frac{qv_{GS}}{nkT}\right) \tag{7.4-1}$$

由这个方程可推出跨导为

$$g_m = \frac{I_D}{nkT/q} \tag{7.4-2}$$

上述结果表示了跨导和漏极电流之间的线性关系式，且说明了跨导与器件尺寸无关。这两个特点可以区分亚阈区和强反型区。在强反型区，跨导 g_m 和漏极电流 I_D 之间呈平方律关系，并且是器件尺寸的函数。事实上，工作在弱反型区的 MOS 器件的跨导与双极型晶体管很相似。

式(7.4-1)表明漏极电流与漏源电压无关。如果是这种情况，则器件的输出阻抗应为无穷大(这显然不正确)。i_D 和 v_{DS} 的依赖关系可以用和强反型区模型相同的方法近似，其中漏极电流用 $1+\lambda v_{DS}$ 项来修正。注意，提取出的弱反型区 λ 并不一定同强反型区的值相同。在弱反型区中输出电阻的表达式为

$$r_o \cong \frac{1}{\lambda I_D} \tag{7.4-3}$$

像跨导一样，输出电阻与器件的宽长比 W/L (恒定电流)无关。由于 λ 是沟道长度的函数，因此它是设计者控制工作在弱反型区单级增益($g_m r_o$)的唯一参数。在此基础上，考虑图 7.4-1 所示的工作在弱反型区的两极米勒运算放大器，其直流增益是

$$A_{vo} = g_{m2}g_{m6}\left(\frac{r_{o2}r_{o4}}{r_{o2}+r_{o4}}\right)\left(\frac{r_{o6}r_{o7}}{r_{o6}+r_{o7}}\right) \quad (7.4\text{-}4)$$

用器件参数可表示为

$$A_{vo} = \frac{1}{n_2 n_6 (kT/q)^2 (\lambda_2 + \lambda_4)(\lambda_6 + \lambda_7)} \quad (7.4\text{-}5)$$

增益带宽为

$$GB = \frac{I_{D1}}{(n_1 kT/q)C_c} \quad (7.4\text{-}6)$$

值得注意的是，运算放大器的直流增益与 I_D 无关，而 GB 却不是。这成为限制工作在弱反型的运算放大器动态性能的主要因素。因为直流电流小，所以 GB 也小。放大器的摆率为

$$SR = \frac{I_{D5}}{C_c} = 2\frac{I_{D1}}{C_c} = 2GB\left(n_1\frac{kT}{q}\right) = 2GB_{n1}V_t \quad (7.4\text{-}7)$$

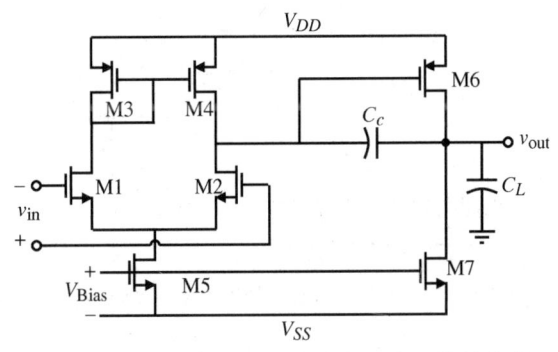

图 7.4-1 工作在弱反型区的两级米勒运算放大器

例 7.4-1 亚阈运算放大器增益和 GB 的计算

计算如图 7.4-1 所示运算放大器的增益、GB 和 SR。电流 I_{D5} 为 200 nA，器件长度为 1 μm，p 沟道和 n 沟道晶体管的 n 值分别为 1.5 和 2.5，补偿电容为 5 pF，采用表 3.1-2 的数据。假设温度为 27℃。

解： 根据公式（7.4-5），增益为

$$A_v = \frac{1}{(1.5)(2.5)(0.026)^2(0.04+0.05)(0.04+0.05)} = 48701 \text{ V/V}$$

增益带宽为

$$GB = \frac{100 \times 10^{-9}}{2.5(0.026)(5 \times 10^{-12})} = 307\,690 \text{ rps} \cong 49.0 \text{ kHz}$$

$$SR = (2)(307\,960)(2.5)(0.026) = 0.04 \text{ V/μs}$$

其他工作在弱反型区的运算放大器

图 7.4-2 为工作在弱反型区的推挽输出运算放大器，是上面所讨论的两级运算放大器的

另一种结构。第一级的差分增益是

$$A_{vo} = \frac{g_{m2}}{g_{m4}} \tag{7.4-8}$$

用器件参数可表示为

$$A_{vo} = \frac{I_{D2}n_4 V_t}{I_{D4}n_2 V_t} = \frac{I_{D2}n_4}{I_{D4}n_2} \cong 1 \tag{7.4-9}$$

虽然第一级产生的增益很小，但是第二级可以提供一定量的增益。电路的总增益可以在假设 M3—M8、M4—M6 和 M9—M7 为电流镜的情况下计算。因此有

$$A_{vo} = \frac{g_{m1}(S_6/S_4)}{g_{ds6} + g_{ds7}} = \frac{(S_6/S_4)}{(\lambda_6 + \lambda_7)n_1 V_t} \tag{7.4-10}$$

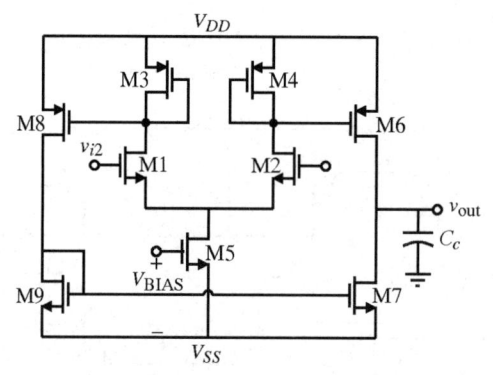

图 7.4-2　工作在弱反型区的推挽输出运算放大器

在室温（$V_t = 0.0259$ V）和典型器件长度下，可以得到 60 dB 左右的增益。增益带宽可表示为

$$GB = \frac{g_{m1}}{C}\left(\frac{S_6}{S_4}\right) = \frac{g_{m1}b}{C} \tag{7.4-11}$$

其中，系数 b 是 W_6/L_6 和 W_4/L_4（W_8/L_8 和 W_3/L_3）的比值。要用这个基本电路得到更高的增益，有两种方法。第一是将器件 M3 和 M4 上的电流降低一些，使它们的跨导低于输入器件，这样就给出第一级大于 1 的增益。这种方法得到的改进较小。另一种提高增益的方法是用共源共栅放大器代替输出级，如图 7.4-3 所示。这个放大器的增益是

$$A_{vo} = \left(\frac{I_5}{2I_7}\right)\frac{b/n_n}{V_t^2(\lambda_p^2 n_p + \lambda_n^2 n_n)} \tag{7.4-12}$$

简单的计算表明这个共源共栅放大器的增益大于 80 dB，而且所有的增益都是在输出级得到的。

增加弱反型工作的输出电流

迄今为止，所介绍的放大器的缺点是无法在静态条件下保持微功耗的同时提供大的输出电流。对于这个问题，文献[13]中介绍了一个有趣的解决办法。方法的基本思想是在差分输入电压处增加一个尾电流（在输出端通过镜像得到），如图 7.4-4 所示的动态偏置差分放大器输出级，电路由图 7.4-3 所示虚线内的电路和在输入差分信号时为增加尾电流 I_5 所需的电路组成。

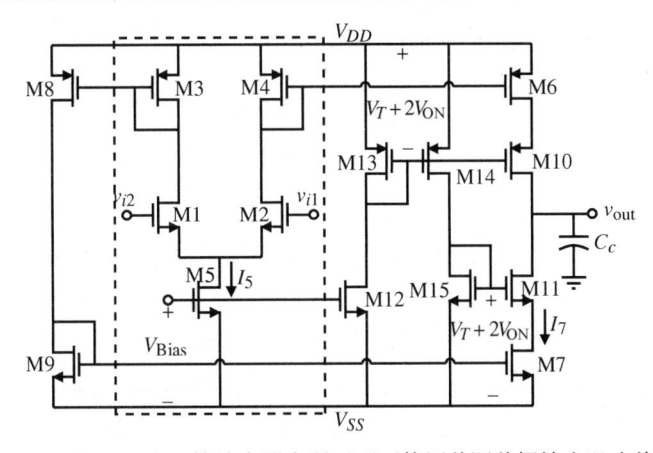

图 7.4-3 图 7.4-2 中运算放大器在弱反型下使用共源共栅输出以改善增益

假设晶体管 M18 至 M21 与 M3 和 M4 相同，M22，M23，M24，M25，M26 和 M27 全部相同。进一步假设 M28 和 M29 通过下面的式子相关联：

$$\frac{W_{28}}{L_{28}} = A\left(\frac{W_{26}}{L_{26}}\right) \tag{7.4-13}$$

$$\frac{W_{29}}{L_{29}} = A\left(\frac{W_{27}}{L_{27}}\right) \tag{7.4-14}$$

在静态条件下，电流 i_1 和 i_2 相等，因此 M24 中的电流和 M19 提供的电流相等。所以 M26 和 M28 中都没有电流。同样，M29 中也没有电流。因此，没有附加电流提供给差分级。但是，如果 $v_{i1} > v_{i2}$，则 $i_2 > i_1$，并且提供给差分级的尾电流增加 $A(i_2 - i_1)$。如果 $v_{i2} > v_{i1}$，则 $i_1 > i_2$，尾电流增加 $A(i_1 - i_2)$。

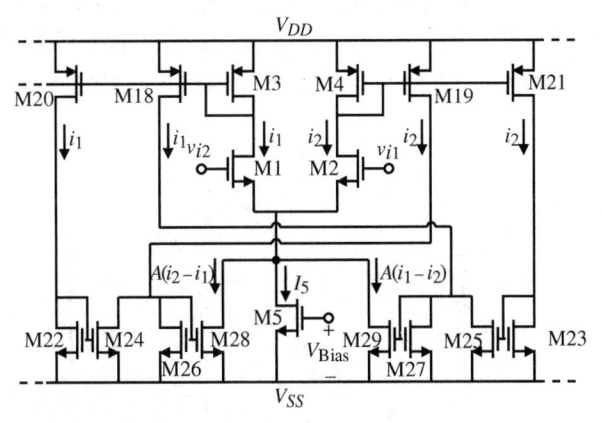

图 7.4-4 动态偏置差分放大器输入级

可以通过假设 v_{IN} 解出输出电流的值，v_{IN} 等于 $v_{i1} - v_{i2}$，是一个正值，因此 $i_2 > i_1$，可以写出

$$i_1 + i_2 = I_5 + A(i_2 - i_1) \tag{7.4-15}$$

由弱反型漏极电流关系式和 v_{IN} 的定义，i_2/i_1 可表示为

$$\frac{i_2}{i_1} = \exp\left(\frac{v_{IN}}{nV_t}\right) \tag{7.4-16}$$

如果定义输出电流为 b 的 $i_2 - i_1$ 倍,则可以把输出电流 i_{OUT} 写为

$$i_{OUT} = \frac{bI_5\left(\exp\left(\dfrac{v_{IN}}{nV_t}\right) - 1\right)}{(1+A) - (A-1)\exp\left(\dfrac{v_{IN}}{nV_t}\right)} \tag{7.4-17}$$

在图 7.4-3 中,b 是 M6 与 M4 的比值(也是 M7 等于 M9 时 M8 与 M3 的比值)。图 7.4-5 给出了对应于不同参数 A 的归一化输出电流和输入电压的曲线。这个结构在需要非常低的静态电流和需要较大瞬时电流以驱动采样数据滤波应用中的电容时是非常有用的。

图 7.4-4 的性能增强是负反馈和正反馈的结果。通过跟踪信号路径可以看出,从 M28 的栅极通过 M2 到 M19 的栅极,然后返回到 M28 的栅极是正反馈路径。负反馈路径从 M28 的栅极开始,通过 M1 到 M20 的栅极,然后通过 M24 返回到 M28 的栅极。为了使这个系统在线性工作过程中保持稳定,负反馈路径的影响必须远大于正反馈路径的影响。可以很容易地看到正反馈环路的增益为

$$\text{正反馈环路增益} = \left(\frac{g_{m28}}{g_{m4}}\right)\left(\frac{g_{m19}}{g_{m26}}\right) = A\frac{g_{m19}}{g_{m4}} = A \tag{7.4-18}$$

负反馈环路的增益为

$$\text{负反馈环路增益} = \left(\frac{g_{m28}}{g_{m3}}\right)\left(\frac{g_{m20}}{g_{m22}}\right)\left(\frac{g_{m24}}{g_{m26}}\right) = A \tag{7.4-19}$$

当在输入端施加一个电压差时,两条路径中的电流会发生变化,正反馈路径增益增加而负反馈路径增益减小,这将导致过驱动,不同 A 值下归一化输出电流与输入电压的关系曲线如图 7.4-5 所示。如果 A 变得过大,那么系统会变得很不稳定,并且电流将趋向于无穷大。但是,电流不可能达到无穷大,且输入晶体管会偏离弱反型区,且式(7.4-17)不再有效。从大信号观点已看出这个系统是稳定的[13]。最大可能的输出电流由 K' 与 W/L 的乘积和电源电压确定。以上分析假设电流镜为理想匹配。若没有采用良好的电流镜,则必须考虑失配时的情况。

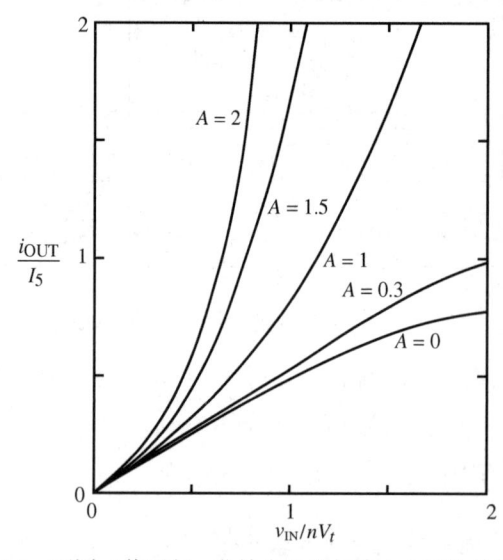

图 7.4-5 不同 A 值下归一化输出电流与输入电压的关系曲线

晶体管工作在亚阈区的另一个优点是：提供的适合于电路工作的栅源电压可以很容易地比阈值电压低 100 mV 或更多。因此，v_{DS} 饱和电压低于 100 mV。这些很小的电压降产生的结果是：在信号摆幅很小的情况下，工作在弱反型区的运算放大器可以很容易地工作在 1.5 V 电源下。由于在低电压下运行，因此工作在弱反型区的电路非常适合于电池尺寸和容量受到限制的可植入式生物医学应用。

增加强反型工作的输出电流

上述增加输出电流的技术也可以用于工作在强反型区的放大器。在这种情况下，由于除电源外没有其他部分来限制电流的增长，所以 A 必须小于 1。还有其他允许提高输出电流大于静态值的技术，其中之一如图7.4-6所示。这是一个使输出晶体管工作在有源区的简单电流镜。如果这个电流镜这样来设计，当 M2 工作在有源区时，M1 和 M2 有相等的电流，因而如果 M2 从有源区被移到饱和区，这个电流镜会提供一个电流增益。下面用一个例子来说明这个原理。

例 7.4-2 M2 工作在有源区的电流镜

假设 M2 漏源极之间有一个 $0.1V_{ds}$(饱和)的电压。如果 $W_1/L_1 = 10$，设计 W_2/L_2 的比值，使 $I_1 = I_2 = 100\ \mu A$。如果 M2 是饱和的，试确定 I_2 的值。

解：采用表 3.1-2 的参数，求出 M2 的饱和电压为

$$V_{ds1}(\text{饱和}) = \sqrt{\frac{2I_1}{K'_N(W_1/L_1)}} = \sqrt{\frac{200}{110\times 10}} = 0.4264\ \text{V}$$

现在，应用 M2 的有源式，设 $I_2 = 100\ \mu A$ 并求解 W_2/L_2。

$$100\ \mu A = K'_N(W_2/L_2)[V_{ds1}(\text{饱和})\cdot V_{ds2} - 0.5V_{ds2}^2]$$
$$= 110\ \mu A/V^2 (W_2/L_2)[0.426\times 0.0426 - 0.5\times 0.0426^2]V^2 = 1.883\times 10^{-6}(W_2/L_2)$$

那么，

$$100 = 1.883(W_2/L_2) \rightarrow \frac{W_2}{L_2} = 53.12$$

现在，如果 M2 变为饱和，那么输入为 $100\ \mu A$ 的电流镜的输出电流值应该是 $531\ \mu A$ 或者 I_1 的 5.31 倍。

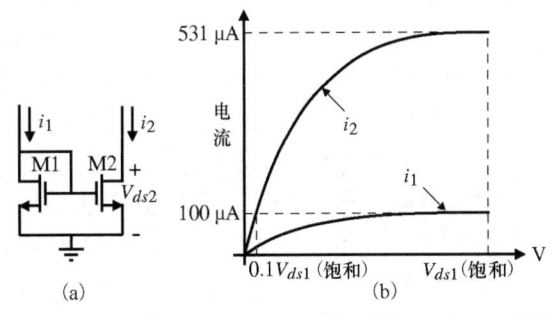

图 7.4-6 (a) M2 工作在有源区的电流镜；(b) M1 和 M2 的漏极电流

上面的例子说明了该原理，图 7.4-7 给出了实现电流推进原理的方法，可用 7.3-10 所示的差分输出运算放大器来实现。改进的电流镜由 M7 和 M9，M8 和 M10，M5 和 M11 以及 M6 和 M12 组成。这里，M13 和 M21，M14 和 M22，M15 和 M23 以及 M16 和 M24 上的栅源电压降这样来设计：当静态电流值为 i_1 或 i_2 时，M9，M10，M11 和 M12 工作在有源区。当输入一个差分信号时，i_1 增长而 i_2 会减小。流过 M21 和 M24 的 i_1 增加值将使 M9 和 M12 返回饱和区，同时允许电流镜 M7 和 M9 及 M6 和 M12 得到一个电流增益 k，其中 k 是电流镜的倍增因数(在例 7.4-2 中 $k = 5.31$)。在 i_2 路径上的电流镜增益小于 1，这同样会增加差分输出端的电流。然而，当 M21，M22，M23 和 M24 的栅源电压增大时，M9，M10，M11 和 M12 移向饱和区，使得 M13，M14，M15 和 M16 的栅源电压也增加，从而抑制 M9，M10，M11 和 M12 进入饱和。将电流镜推进原理用于受控共源共栅电流镜可以避免这个问题，并具有更好的性能。

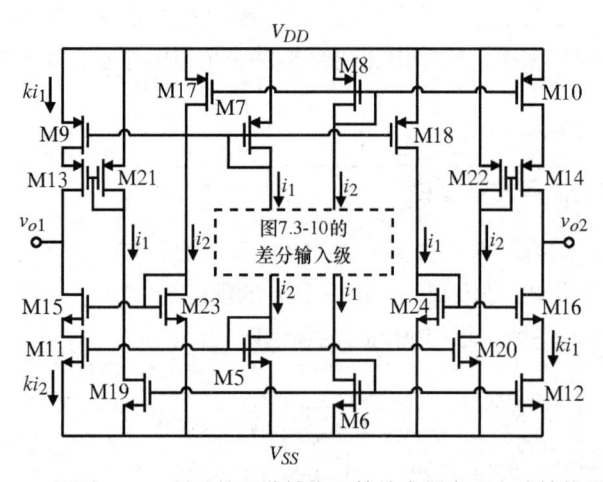

图 7.4-7 用图 7.3-11 所示的差分输出运算放大器实现电流镜推进原理

低功率高输出电流运算放大器的一个范例是一款商用 CMOS 运算放大器[18]。图 7.4-8 示出了这种运算放大器的详细电路。增益级含在运算放大器符号中，画出的晶体管用于提供大的吸入/输出电流。这种设计的关键是浮动电池(通过 MOS 管实现)，它被设计用来在 M2 和 M3 的栅源极之间加上一个高出阈值电压 0.1 V 的电压。换句话说，电池的电压值是

$$V_{Bat} = |V_{TP}| + 0.1\text{ V} + V_{TN} + 0.1\text{V} = |V_{TP}| + V_{TN} + 0.2\text{ V} \tag{7.4-20}$$

同样，增益级输出的静态电压 $V_1(Q)$ 被假设为

$$V_1(Q) = V_{DD} - |V_{TP}| - 0.1\text{ V} \tag{7.4-21}$$

注意，M3 的栅源电压($V_{TN} + 0.1$ V)通过 M4-M5-M6 的路径转移到 M1 的栅源极。同时还应注意，M4-M5-M6-M7 路径是正反馈，但是 V_{Bat} 的存在使其增益接近于 0(要的是 V_{Bat} 实现的阻抗)。

假设增益级的输出电压 v_1 增加 Δv。此时，M1 的栅源电压是 $V_{TN} + 0.1\text{V} + \Delta v$，M2 的栅源电压是 $|V_{TP}| + 0.1\text{V} - \Delta v$。因此，M1 导通，M2 断开。若 v_1 减小 Δv，则 M1 断开，

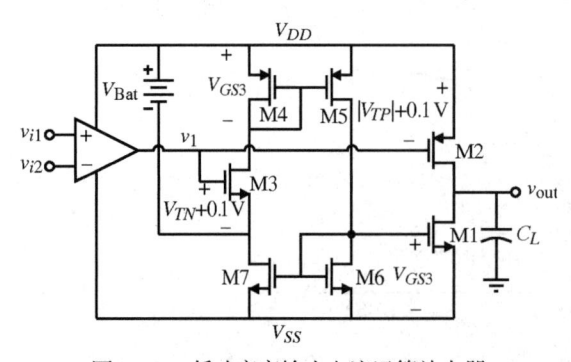

图 7.4-8 低功率高输出电流运算放大器

M2 导通。这个特别的运算放大器应有 1.2 μA 的静态电流。当电源电压在 2.5~10 V 的范围内变化时,典型吸入/输出电流为 300 μA/600 μA。下面的例子可说明该运算放大器提供过驱动电流的能力。

例 7.4-3 图 7.4-8 中的过驱动电流

假设 v_1 在 $V_1(Q) \pm 0.3$ V 的范围内变化,M1 和 M2 的 W/L 值分别为 50 和 150。计算吸入/输出电流。

解: 如果 $v_1 = \pm 0.1$ V,则 ±0.2 V 的静态栅源电压加到了 M1 和 M2 上。因为 $v_1 > 0$,当 M1 导通,M2 断开时,就会吸入电流。当 $v_1 = V_1(Q) + 0.3$ V 时,M1 的电流是

$$i_{D1} = \frac{K'_N \cdot W_1}{2L_1}(0.4\text{V})^2 = \frac{110 \times 50}{2}(0.16)\mu\text{A} = 440\ \mu\text{A}$$

当 $v_1 = V_1(Q) - 0.3$ V 时,M2 的电流是

$$i_{D2} = \frac{K'_P \cdot W_2}{2L_2}(0.4\text{V})^2 = \frac{50 \times 150}{2}(0.16)\mu\text{A} = 600\mu\text{A}$$

当围绕着 $V_1(Q)$ 的变化增大时,输出的吸入/输出电流也会增大。在这种特殊的运算放大器中,输出的吸入/输出电流可以达到 2 mA。

本节分析了微功耗运算放大器。在大多数微功耗放大器中,晶体管都工作在亚阈区或弱反型区。这也使得电源电压很小,对于采用电池供电的电路来说,这是一个有利条件。弱反型工作的缺点是低电流意味着低带宽。在动态条件下,采用增加输出吸入/输出电流能力的技术可以获得大的输出电流。

7.5 低噪声运算放大器

在需要大动态范围的应用中,低噪声运算放大器显得十分重要。动态范围可以用信噪比 (SNR) 来表示。当根据数字位的信号精度考虑所需要的动态范围时,可以认识到动态范围的重要性。每位的精度要求 6 dB 的动态范围。因此,一个运算放大器在处理一个将被转化成 14 位数字的信号时,需要高于 84 dB 或 16 400 的动态范围。随着 CMOS 技术的不断进步,电源电压进一步减小,最大信号电平为 1 V 的情况不再少见。峰-峰值为 1 V 的正弦信号的均方根值为 0.354 Vrms。将这个值除以 16 400,可得这个运算放大器必须有一个小于 21.6 μVrms 的背景噪声。

除了作为下限的噪声,必须考虑运算放大器的线性度。如果运算放大器是非线性的,那么纯正弦信号将产生谐波。如果这些谐波的总谐波失真 (THD) 超过了噪声,则非线性度变为限制因素。有时候,用信噪加失真的符号 SNDR 来包括动态范围内的噪声和失真。另外,还要考虑不希望的信号的影响,例如 (由开关引起的) 电源注入或电荷注入。为了得到更低的动态范围下限,低噪声运算放大器必须具有足够高的 PSRR。本节将做一个重要的假设,即运算放大器是线性的,并且具有很高的 PSRR,此处仅关注噪声。

在 3.2 节中,已经描述了 MOS 管的噪声性能。MOS 管的噪声用式 (3.2-12) 给出的均方电

流源来模拟，为了方便起见，在这里重写为

$$i_N^2 = \left[\frac{8kTg_m(1+\eta)}{3} + \frac{(\text{KF})I_D}{fC_{ox}L^2}\right]\Delta f \qquad (\text{A}^2) \qquad (7.5\text{-}1)$$

习惯上把这个噪声转换为与栅极串联的均方电压源。具体方法是用 g_m^2 除以式(7.5-1)从而得到式(3.2-13)。同样为了方便起见，重写为

$$e_{eq}^2 = \left[\frac{8kT(1+\eta)}{3g_m} + \frac{\text{KF}}{2fC_{ox}WLK'}\right]\Delta f \qquad (\text{V}^2) \qquad (7.5\text{-}2)$$

重要的是要记住，式(7.5-2)只有在 MOS 管的源极交流接地的情况下才有效。例如，当晶体管为共源共栅结构时，式(7.5-2)不再有效。在此情况下，可以使用有效跨导[见式(5.2-35)]或者仅使用式(7.5-1)。

如式(7.5-1)和式(7.5-2)所示，MOS 管的噪声包含两部分：第一部分是热噪声，第二部分称之为 $1/f$ 噪声。从许多方面来看，MOS 管器件的热噪声等效于双极型晶体管的热噪声。然而，MOS 管的 $1/f$ 噪声远大于双极型晶体管的 $1/f$ 噪声。有人可能觉得，$1/f$ 噪声只有在低频下才是重要的，因为它与频率成反比。事实上 $1/f$ 噪声会在时钟频率附近产生扰动，因此即使处于较高的频率也变得很重要。例如，当 MOS 管被用来实现高频 VCO 时，正弦信号的频谱纯度在许多方面受到 $1/f$ 噪声的限制[19]。

最直接的方法就是将运算放大器的热噪声抑制到最小。从式(7.5-2)的第一项可以看出，如果小信号跨导 g_m 足够大，就能把等效输入均方噪声电压降到很小。这可以通过增大直流电流或增大 W/L 来实现。至少有三种方法可以减小 CMOS 运算放大器的 $1/f$ 噪声。第一种方法是通过选择电路结构和晶体管(NMOS 或 PMOS)、直流电流和 W/L 来使 MOS 管的噪声成分最小化。第二种方法是用双极型晶体管代替 MOS 管来减小 $1/f$ 噪声。第三种方法是采用外部手段(如斩波稳定)来最小化 $1/f$ 噪声。$1/f$ 噪声通常比较严重，在这一节的后续部分集中讨论如何降低这个噪声。

MOS 管低噪声运算放大器

将 $1/f$ 噪声最小化的第一种方法是选择电路结构和晶体管。晶体管的选择很简单。根据经验，PMOS 晶体管的 $1/f$ 噪声比 NMOS 晶体管低 2~5 倍[①]。因此，在需要减小 $1/f$ 噪声的情况下应该使用 PMOS 晶体管。电路结构也很简单。最小化噪声的一个重要原则是使第一级的增益尽可能大。这就是说，如果输入端是一个差分放大器，那么源极耦合晶体管必须是 PMOS 管，而且差分放大器的增益必须尽可能大。这一点的正确性在5.2节介绍差分放大器时已经予以证明。同时也可以看出，为了使 $1/f$ 噪声最小化，负载晶体管的栅长应该比输入晶体管的栅长更大。

图 7.5-1 所示的低噪声 CMOS 运算放大器可通过仔细选择 W/L 实现低噪声[20]。这个运算放大器与 6.3 节中的两级运算放大器相似，不同之处是M8和M9的共源共栅器件。这些器件用来改进在 6.4 节讨论过的 PSRR。另外，补偿电容返回到 M9 的源极，允许增大输出极点[见图 6.2-16(a)]。由于 PMOS 管具有较低的 $1/f$ 噪声，因此被选择作为差分级的输入。图 7.5-2

---

① 0.6 μm TSMC CMOS 工艺的 KF 值为：n 沟道，KF = 1×10^{-23} F·A；p 沟道，KF = 5×10^{-24} F·A。

给出了图 7.5-1 的噪声模型,其中忽略了直流电流源的噪声成分。忽略这个电流源是合理的,因为它们的栅极通常连接到低阻抗。

图 7.5-1 的噪声模型如图 7.5-2 所示。这个模型忽略了 M5 的噪声成分。总的输出电压噪声的谱密度 e_{to}^2 在式(7.5-3)中给出。其中,假设用于计算这些晶体管对输出噪声贡献的 M8 和 M9 的有效跨导近似为 $1/r_{ds1}$,即 $g_{m8}/(1+g_{m8}r_{ds1}) \approx 1/r_{ds1}$。

$$e_{to}^2 = g_{m2}^2 R_{II}^2 \left[e_{n6}^2 + e_{n7}^2 + R_I^2 \left(g_{m1}^2 e_{n1}^2 + g_{m2}^2 e_{n2}^2 + g_{m3}^2 e_{n3}^2 + g_{m4}^2 e_{n4}^2 + \frac{e_{n8}^2}{r_{ds1}^2} + \frac{e_{n9}^2}{r_{ds2}^2} \right) \right] \quad (7.5\text{-}3)$$

用运算放大器的差分增益 $g_{m1}R_I g_{m6}R_{II}$ 除以式(7.5-3),可求出等效输入电压噪声谱密度为

$$e_{\text{eq}}^2 = \frac{e_{to}^2}{(g_{m1}g_{m6}R_I R_{II})^2} = \frac{2e_{n6}^2}{g_{m1}^2 R_I^2} + 2e_{n1}^2 \left[1 + \left(\frac{g_{m3}}{g_{m1}}\right)^2 \left(\frac{e_{n3}^2}{e_{n1}^2}\right)^2 + \frac{e_{n8}^2}{g_{m1}^2 r_{ds1}^2 e_{n1}^2} \right] \quad (7.5\text{-}4)$$

其中,$e_{n6}^2 = e_{n7}^2$,$e_{n3}^2 = e_{n4}^2$,$e_{n1}^2 = e_{n2}^2$,$e_{n8}^2 = e_{n9}^2$。从式(7.5-4)中看出,第二级的噪声分量与第一级的增益相除,由此可以忽略。同样,共源共栅晶体管 M8 和 M9 的噪声被 $(g_{m1}r_{ds1})^2$ 除,这意味着它们的分量也可以忽略。最终,等效输入电压噪声谱密度可近似地表示为

$$e_{\text{eq}}^2 \approx 2e_{n1}^2 \left[1 + \left(\frac{g_{m3}}{g_{m1}}\right)^2 \left(\frac{e_{n3}^2}{e_{n1}^2}\right) \right] \quad (7.5\text{-}5)$$

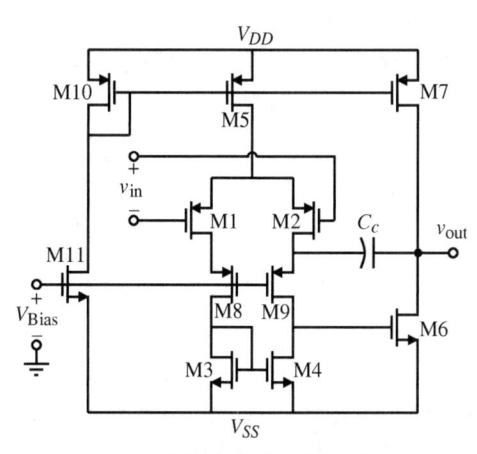

图 7.5-1 低噪声 CMOS 运算放大器

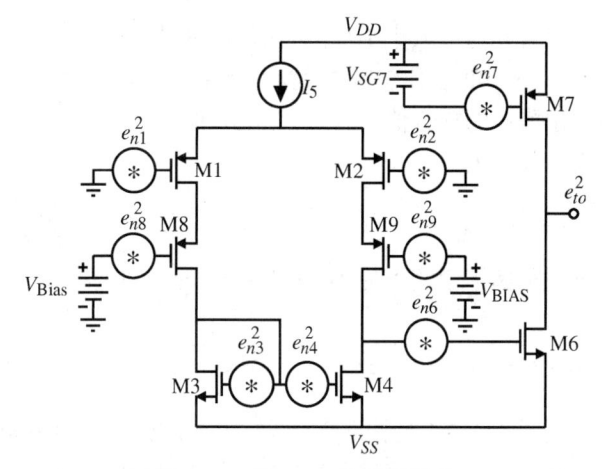

图 7.5-2 图 7.5-1 的噪声模型

现在,必须选择插入图 7.5-2 中的谱密度噪声源的模型。由于关注的是 $1/f$ 噪声,若噪声源是电压,则将它们替换为

$$e_{ni}^2 = \frac{B}{fW_i L_i} (\text{V}^2/\text{Hz}) \quad (7.5\text{-}6)$$

若噪声源是电流,则可替换为

$$i_{ni}^2 = \frac{2BK'I_i}{fL_i^2} (\text{A}^2/\text{Hz}) \quad (7.5\text{-}7)$$

式(7.5-6)和式(3.2-15)是相同的。选择合适的谱密度噪声源代入式(7.5-5),得出

$$e_{\text{eq}}^2 = 2e_{n1}^2 \left[1 + \left(\frac{K'_N B_N}{K'_P B_P}\right)\left(\frac{L_1}{L_3}\right)^2\right] \quad (\text{V}^2/\text{Hz}) \tag{7.5-8}$$

要最小化图 7.5-1 的噪声，必须将式(7.5-8)最小化。因为选择了 PMOS 器件作为输入（M1 和 M2），如果选择的 W_1 和 L_1（W_2 和 L_2）乘积足够大，则 e_{n1}^2 的值被最小化。接下来，希望减小式(7.5-8)中平方项括号内的值。为此，唯一可调整的变量是 L_1 和 L_3 的比值。选择这些比值小于 1，给出等效输入噪声谱密度为 $2e_{n1}^2$。

更全面地说，如果考虑热噪声的话，应求等效输入噪声谱密度。如果噪声源是电压源，式(7.5-6)变成

$$e_{ni}^2 \approx \frac{8kT}{3g_m} \quad (\text{V}^2/\text{Hz}) \tag{7.5-9}$$

如果噪声源是电流源，且忽略体效应（$\eta = 0$），则式(7.5-7)变成

$$i_{ni}^2 \approx \frac{8kTg_m}{3} \quad (\text{A}^2/\text{Hz}) \tag{7.5-10}$$

选择合适的谱密度噪声源代入式(7.5-5)，得出

$$e_{\text{eq}}^2 = 2e_{n1}^2\left[1 + \frac{g_{m3}}{g_{m1}}\left(\frac{e_{n3}^2}{e_{n1}^2}\right)\right] = 2e_{n1}^2\left[1 + \sqrt{\frac{K_N W_3 L_1}{K_P W_1 L_3}}\right] \quad (\text{V}^2/\text{Hz}) \tag{7.5-11}$$

可以看到为了减小 $1/f$ 噪声而做出的选择同时减小了热噪声。

一旦知道了等效输入噪声谱密度，就可以通过对输入噪声谱密度在带宽范围内进行积分求出噪声的均方值。令式(7.5-6)和式(7.5-9)相等，可求出单个晶体管热噪声等于 $1/f$ 噪声的噪声拐点为

$$f_c \approx \frac{3g_m B}{8kTWL} \tag{7.5-12}$$

下面的例子说明了使 $1/f$ 噪声最小化的 CMOS 运算放大器的设计。

例 7.5-1 图 7.5-1 的低 $1/f$ 噪声性能设计

采用表 3.1-2 中的参数，结合 NMOS 管的 KF = 4×10^{-28} F·A，PMOS 管的 KF = 0.5×10^{-28} F·A，设计图 7.5-1 所示的运算放大器使 $1/f$ 噪声最小化。计算相应的热噪声并求出噪声拐点频率，并由此估计 1 Hz~100 kHz 频率范围内的噪声均方值。如果最大信号是峰-峰值为 1 V 的正弦信号，这个运算放大器的动态范围是多少？

解： 首先，必须计算需要的各种参数值。$1/f$ 噪声常数 B_N 和 B_P 计算如下：

$$B_N = \frac{\text{KF}}{2C_{\text{ox}}K'_N} = \frac{4\times10^{-28}\,\text{F}\cdot\text{A}}{2\times24.7\times10^{-4}\,\text{F/m}^2\cdot110\times10^{-6}\,\text{A}^2/\text{V}} = 7.36\times10^{-22}(V\cdot m)^2$$

$$B_P = \frac{\text{KF}}{2C_{\text{ox}}K'_P} = \frac{0.5\times10^{-28}\,\text{F}\cdot\text{A}}{2\times24.7\times10^{-4}\,\text{F/m}^2\cdot50\times10^{-6}\,\text{A}^2/\text{V}} = 2.02\times10^{-22}(V\cdot m)^2$$

现在选择影响噪声性能的晶体管的几何尺寸。为了使 e_{n1}^2 保持在较小的值，取 W_1 = 100 μm 和 L_1 = 1 μm。选择 W_3 = 100 μm 和 L_3 = 20 μm，由于 M8 对噪声的影响较小，让它的 W 和 L 与 M1 相同。当然，M1 和 M2 匹配，M3 和 M4 匹配，M8 和 M9 匹配。为了检查这些选择产

生的影响，计算式(7.5-8)。

首先，用式(7.5-6)计算 e_{n1}^2，有

$$e_{n1}^2 = \frac{B_p}{fW_1L_1} = \frac{2.02\times10^{-22}}{f\cdot100\,\mu m\cdot1\,\mu m} = \frac{2.02\times10^{-12}}{f}\,V^2/Hz$$

计算式(7.5-8)，得出

$$e_{eq}^2 = 2\times\frac{2.02\times10^{-12}}{f}\left[1+\left(\frac{110\times7.36}{50\times2.02}\right)\left(\frac{1}{100}\right)^2\right] = \frac{4.04\times10^{-12}}{f}1.0008$$

$$= \frac{4.043\times10^{-12}}{f}\,V^2/Hz$$

为了帮助说明这个结果，在 100 Hz 时，1 Hz 带宽的噪声电压大约是 $4\times10^{-14}(V_{rms})^2$ 或者 $0.202\,\mu(V_{rms})$。

热噪声用式(7.5-9)和式(7.5-11)来计算。在式(7.5-9)中，假设 $I_1 = 50\,\mu A$。因此，在室温下，可以得到

$$e_{n1}^2 = \frac{8kT}{3g_m} = \frac{8\times1.38\times10^{-23}\cdot300}{3\times707\times10^{-6}} = 1.562\times10^{-17}\,V^2/Hz$$

把这个值代入式(7.5-11)，得到

$$e_{eq}^2 = 2\cdot1.562\times10^{-17}\left[1+\sqrt{\frac{110\times100\times1}{50\times100\times20}}\right] = 3.124\times10^{-17}\times1.33 = 4.164\times10^{-17}\,V^2/Hz$$

通过使两个 e_{eq}^2 的表达式相等，可求出噪声拐点频率为

$$f_c = \frac{4.043\times10^{-12}}{4.164\times10^{-17}} = 97.1\,kHz$$

这个噪声拐点意味着热噪声远小于 $1/f$ 噪声。

为了估计 1 Hz~100 kHz 带宽内的噪声均方值，忽略热噪声，只考虑 $1/f$ 噪声。进行积分得到

$$V_{eq}^2(rms) = \int_1^{100\,000}\frac{4.066\times10^{-12}}{f}df = 4.066\times10^{-12}\left[\ln(100\,000)-\ln(1)\right]$$

$$= 0.468\times10^{-10}(V_{rms})^2 = 6.84\,\mu V_{rms}$$

最大信号的均方值是 0.353 V。用 6.84 μV 来除这个值得到 51 594 或 94.25 dB，大约等价于 16 位的精度。

运算放大器的其他参数设计对噪声的影响较小，因此不包括在本例中。

降低噪声的限制是热噪声。在上面的例子中，$1/f$ 噪声在运算放大器的绝大部分有效带宽内占主导地位，所以未能达到噪声极限。在这个例子中，为了减小 $1/f$ 噪声，必须减小 e_{n1}^2 的值。设计者唯一可以改变的参数是 W 和 L 的乘积。为了使噪声降低 10 倍，乘积 WL 必须增加 10 倍(见习题 7.5-2)。一个低噪声运算放大器的热噪声必须低于 $10\,nV/\sqrt{Hz}$。可以注意到，例 7.5-1 中运算放大器的热噪声是 $\sqrt{2.548\times10^{-17}}\,V/\sqrt{Hz}$ 即 $5.05\,nV/\sqrt{Hz}$。然而，$1/f$ 噪声阻碍

了低热噪声的实现。

采用 MOS 管和横向双极型晶体管的低噪声运算放大器

由于双极型晶体管的 $1/f$ 噪声低于 MOS 管的 $1/f$ 噪声导致双极型晶体管的拐点频率（$1/f$ 噪声和热噪声的交叉点）更低，因此，如果低频噪声（低于 1 kHz）很重要，人们更愿意选用双极型晶体管器件而不是 MOS 器件。例如，典型双极型晶体管的拐点频率大约为 10 Hz，而典型 MOS 的拐点频率大约为 1000 Hz。虽然第 2 章中介绍的 CMOS 技术看上去不允许制造性能可行的双极型晶体管，但是，目前已经有双极型晶体管可以实现与任何体 CMOS 技术相兼容[21]。这种双极型晶体管就是图 7.5-3(a)中所示的横向双极型晶体管。可以看到，横向双极型晶体管需要一个可以反向偏置的阱使其与衬底实现电隔离。这个阱就成为双极型晶体管的基极，而源/漏扩散区就成为发射极和集电极。从发射极注入的载流子有两个可能的集电极。一个集电极是扩散的集电极，它通常围绕着发射极以获得更高的效率。另一个集电极是衬底。衬底集电极必须连接到最高或最低的直流电位上，这取决于衬底的类型。图 7.5-3(b)给出了图 7.5-3(a)的符号。横向电流将流向希望的集电极，而纵向电流将流向衬底。通常希望从发射极电流中流到横向集电极电流的部分越大越好。对于绝大多数工艺，这个比例一般是 60%～70%。

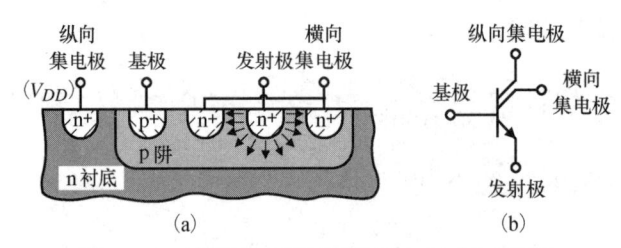

图 7.5-3　(a)横向双极型晶体管；(b)(a)的符号

大多数由 CMOS 工艺制造的横向双极型晶体管用多晶硅栅来确定发射极和集电极的隔离，并迫使载流子从表层下面流过。这可以通过一个栅电压来实现，使栅下面的表面反型无法形成。横向双极型晶体管的另一个重要特性是它扮演着一个高效率的光电探测器的角色。反向偏置集电结中的空穴-电子对可以由入射光产生。这样的器件可以用来构成光敏阵列的光电探测器。图 7.5-4(a)给出场辅助横向双极型晶体管的截面图。图 7.5-4(b)给出其符号。

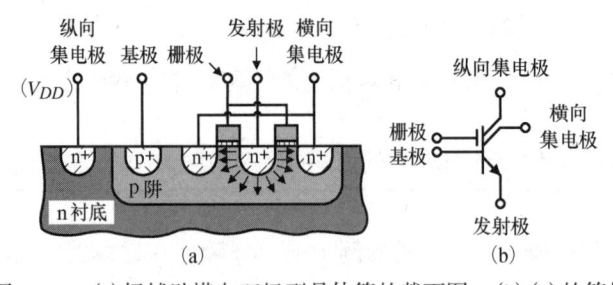

图 7.5-4　(a)场辅助横向双极型晶体管的截面图；(b)(a)的符号

图 7.5-5 是采用 p 阱 CMOS 工艺的场辅助横向双极型晶体管的顶视图。通常，将所示结构做得尽可能小，然后再将同样的结构并联在一起以构成单个横向双极型晶体管。一个采用 1.2 μm CMOS 工艺制造的使用 40 个最小尺寸并联结构的横向 PNP 晶体管的性能汇总在

第 7 章 高性能 CMOS 运算放大器

表 7.5-1 中[22]。

可以注意到，从噪声的角度来看，横向双极型晶体管是一个很好的解决方案。$1/f$ 噪声的拐点频率为 3.2 Hz，比普通的 CMOS 运算放大器小一个数量级。横向器件唯一的缺点是面积大，f_T 低。幸好只有差分输入放大器的源极耦合晶体管需要用到双极型晶体管，因此面积不是太大问题。85 MHz 的 f_T 足以构成具有很好的增益带宽积的运算放大器。由于双极型晶体管有电流流入基极，因此等效输入电流噪声也可以显示。

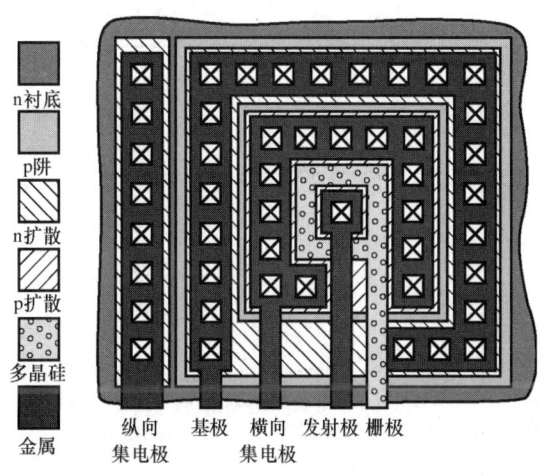

图 7.5-5 场辅助横向双极型晶体管的顶视图

表 7.5-1 实验横向 PNP 晶体管的性能

参数	值
晶体管面积	0.006 mm^2
横向 β	90
横向效率	70%
基极电阻	150 Ω
5 Hz 处 e_n	2.46 nV/$\sqrt{\text{Hz}}$
e_n（频带中心）	1.92 nV/$\sqrt{\text{Hz}}$
$f_c(e_n)$	3.2 Hz
5 Hz 处 i_n	3.53 pA/$\sqrt{\text{Hz}}$
i_n（频带中心）	0.61 pA/$\sqrt{\text{Hz}}$
$f_c(i_n)$	162 Hz
f_T	85 MHz
厄尔利电压	16 V

用横向双极型晶体管作为输入的低噪声运算放大器如图 7.5-6 所示[22]，该运算放大器是一个有推挽式输出的两级米勒运算放大器。其实验噪声性能如图 7.5-7 所示。它的噪声性能与用 JFET 输入来实现低噪声性能的低噪声运算放大器相等。表 7.5-2 总结了图 7.5-6 的性能。

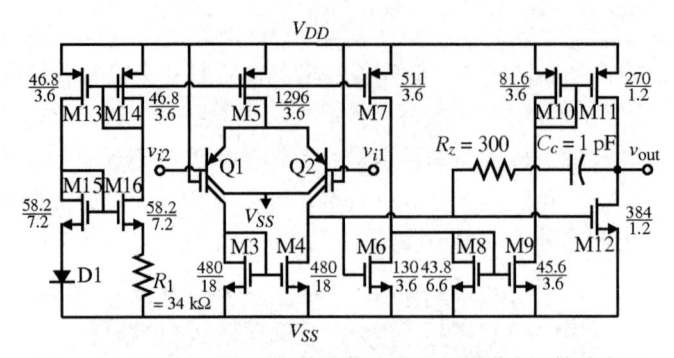

图 7.5-6 用横向双极型晶体管作为输入的低噪声运算放大器

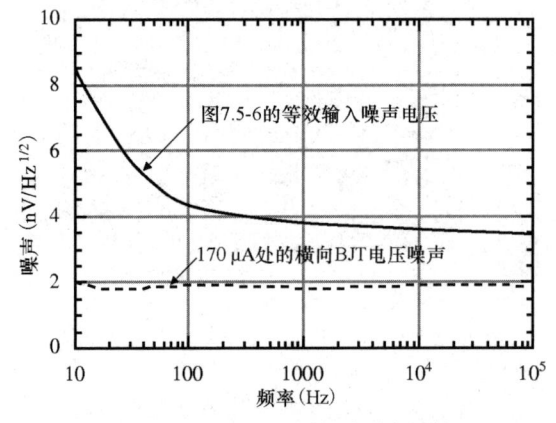

图 7.5-7 图 7.5-6 的实验噪声性能

表 7.5-2 图 7.5-6 性能总结

性能参数	值
电路面积(1.2 μm)	0.211 mm^2
电源电压	±2.5 V
静态电流	2.1 mA
−3 dB 频率(增益为 20.8 dB)	11.1 MHz
1 Hz 处 e_n	23.8 nV/$\sqrt{\text{Hz}}$
e_n(频带中心)	3.2 nV/$\sqrt{\text{Hz}}$
$f_c(e_n)$	55 Hz
1 Hz 处 i_n	5.2 pA/$\sqrt{\text{Hz}}$
i_n(频带中心)	0.73 pA/$\sqrt{\text{Hz}}$
$f_c(i_n)$	50 Hz
输入偏置电流	1.68 μA
输入失调电流	14.0 nA
输入失调电压	1.0 mV
CMRR(dc)	99.6 dB
PSRR$^+$(dc)	67.6 dB
PSRR$^-$(dc)	73.9 dB
正摆率(60 pF 和 10 kΩ 负载)	39.0 V/μs
负摆率(60 pF 和 10 kΩ 负载)	42.5 V/μs

斩波稳定运算放大器

运算放大器的许多不理想特性属于低频或直流噪声的范畴。这些不理想特性包括 $1/f$ 噪声和输入失调电压。用电路来减小或消除这些不理想特性是可能的。其中一种方法是用斩波稳定[23]。

斩波稳定的概念已经在精密直流放大器设计中使用了很多年。图7.5-8说明了斩波稳定的原理。这里示出了一个两级放大器和一个输入信号频谱。在第一级的输入和输出之间插入了两个乘法器,它们被幅度为 +1 和 -1 的斩波方波所控制。在第一个乘法器之后,V_A 信号被调制搬移到斩波方波的奇次谐波频率上。在 V_B 处,不希望出现的、反映噪声源或失真的信号 V_u 被加在频谱上,如图 7.5-8 所示。在第二个乘法器之后,V_C 信号被解调为原来的信号,而不需要的信号如图 7.5-8 所示已被调制。这个斩波操作导致无用信号的等效输入频谱如图 7.5-9 所示。这里可以看到,无用信号的频谱已经被搬移到斩波方波的奇次谐波频率上。注意 v_u 的频谱,$V_u(f)$ 被折叠到斩波频率周围。如果斩波频率远大于信号带宽,那么信号通带内无用信号将大大减小。因为无用信号包含了放大器的 $1/f$ 噪声和直流漂移,它们的影响被混频至希望的工作频率范围以外。

图 7.5-8 斩波稳定的原理

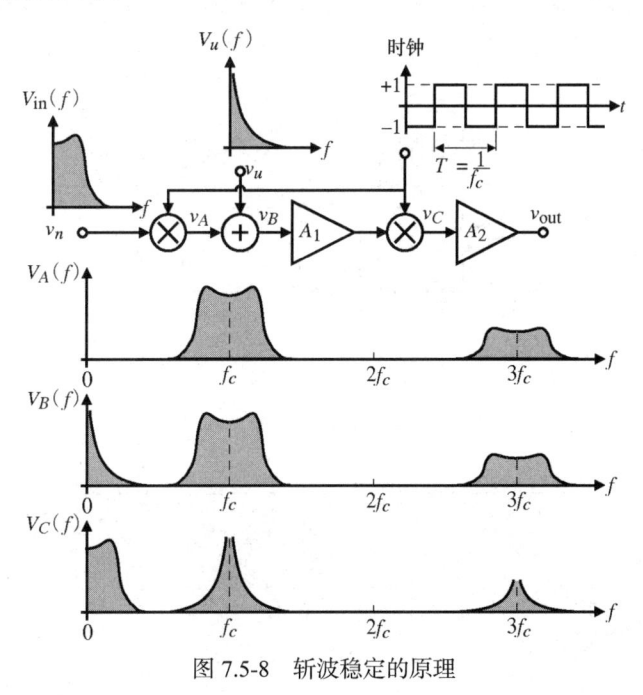

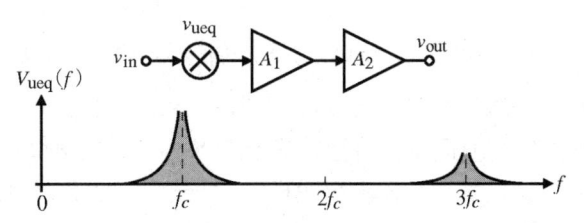

图 7.5-9 图 7.5-8 中无用信号的等效输入电压频谱

图 7.5-10(a)为斩波稳定电路的实现,说明了其原理是如何应用到 CMOS 运算放大器的。乘法器用两个交叉耦合开关实现,分别受两个不重叠的时钟控制。图 7.5-10(b)给出了 ϕ_1 相位期间的等效电路。当 ϕ_1 导通且 ϕ_2 断开时,无用等效输入信号等于第一级和第二级无用输入信号之和除以第一级增益。因此,在这个相位期间,输入等效噪声是

$$v_{\text{ueq}}(\phi_1) = v_{u1} + \frac{v_{u2}}{A_1} \tag{7.5-13}$$

在图 7.5-10(c)中,ϕ_1 断开且 ϕ_2 导通,假设前一个相位期间无用信号没有变化,无用等效输入信号等于前一个值的负数。ϕ_2 相位期间的输入等效噪声是

$$v_{\text{ueq}}(\phi_2) = -v_{u1} + \frac{v_{u2}}{A_1} \tag{7.5-14}$$

在整个周期内的等效输入噪声的平均值可以表示为

$$v_{\text{ueq}}(\text{平均}) = \frac{v_{\text{ueq}}(\phi_1) + v_{\text{ueq}}(\phi_2)}{2} = \frac{v_{u2}}{A_1} \tag{7.5-15}$$

通过斩波作用,消除了不需要的等效输入信号。如果第一级的电压增益足够大,那么第二级多余信号的作用可以被忽略。此时,斩波稳定运算放大器的等效输入噪声(尤其是 $1/f$ 噪声)可以被大大减小。

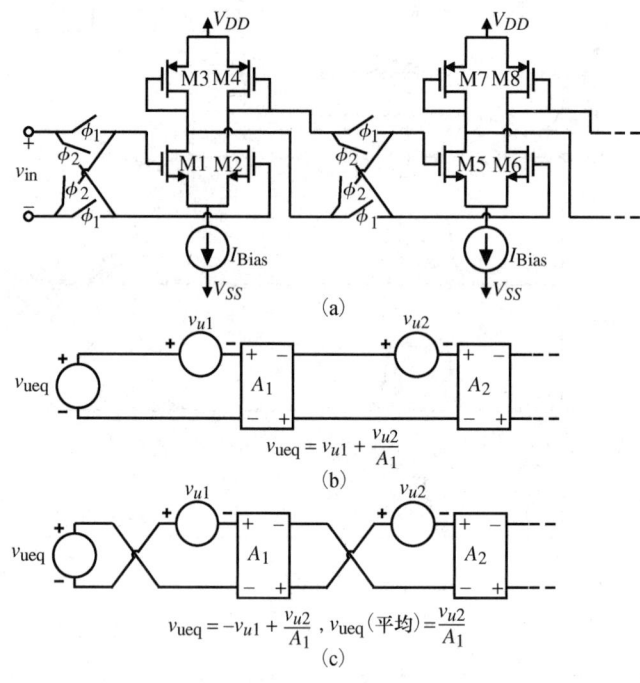

图 7.5-10 (a)斩波稳定电路的实现;(b) ϕ_1 相位期间的等效电路;(c) ϕ_2 相位期间的等效电路

图 7.5-11(a)比较了不同斩波频率下运算放大器的等效输入噪声。结果表明,使用斩波技术可以实现较低的噪声和失调电压。可以看到,斩波频率越高,噪声也就越低。图 7.5-11(b)给出了有斩波稳定和无斩波稳定的滤波器输出噪声,并与理论预测总噪声比较。在 1000 Hz 处噪声相差大约 10 dB,这与同一张图上的总输出频谱的预测很接近。在无斩波稳定的滤波器中,$1/f$ 噪声起主要作用,而使用斩波稳定时,运算放大器的热噪声起主要作用。尽管在 1000 Hz

处运算放大器的噪声降低了40 dB，而滤波器的噪声仅仅改进了10 dB。出现这种情况是因为当斩波器工作时，运算放大器的混合热噪声变成了主要噪声。

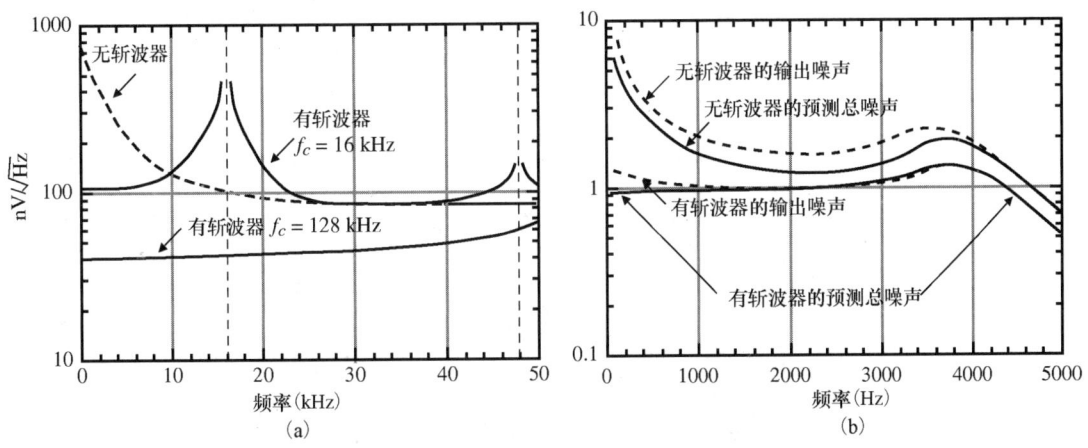

图 7.5-11　(a)不同斩波频率下运算放大器的等效输入噪声；(b)有斩波稳定和无斩波稳定的滤波器输出噪声，并与理论预测总噪声比较

当斩波稳定被用来进一步降低前面讨论的运算放大器的噪声时，必须注意由开关引起的噪声 kT/C 不破坏斩波稳定的性能。随着更多开关的使用，热噪声电平将增加。因此，斩波稳定允许在 $1/f$ 噪声和热噪声之间进行权衡。但从结果来看，斩波稳定可能不会使已具有低 $1/f$ 噪声的运算放大器的噪声性能得到改进，例如图 7.5-6 所示。

本节介绍了降低运算放大器噪声的技术和方法。可以看到 MOS 管运算放大器的噪声包括 $1/f$ 噪声和热噪声。在低频时，$1/f$ 噪声起主要作用。使用 p 沟道 MOS 管作为输入晶体管或在运算放大器的输入端获得尽可能大的增益能够降低这一噪声。除此之外，还可以采用具有更小 $1/f$ 噪声的双极型晶体管代替输入端的晶体管。最后，使用斩波稳定原理的运算放大器能将 $1/f$ 噪声推向更高的频率。这个原理还可以降低 CMOS 运算放大器的直流输入失调电压。

当运算放大器的噪声被降低以后，必须小心不要让其他失真源更明显，包括由失真和电源注入引起的谐波。低噪声运算放大器必须是线性的，并且要有很大的电源抑制比。

7.6　低电压运算放大器

随着 CMOS 技术在器件尺寸上的不断缩小，产生了一些严重的问题。图 7.6-1 给出了典型的电源电压 V_{DD}、阈值电压 V_T、最小沟道长度 L_{min}(μm) 的历史和预测值[24]。2008～2010 年的数据是根据参考文献推算的。不断减小沟道长度的动机是为了增加 MOS 管的 f_T 并在同样的物理面积上集成更多的电路，这使得电路由超大规模集成电路(VLSI)向甚大规模集成电路(ULSI)迈进。电压减小的原因是尺寸的减小导致了器件的击穿电压的减小。此外，数字电路的功耗正比于电源的平方。为了减小 ULSI 的功耗，必须对芯片降温或降低电源，或者同时使用两种措施。

但是，从模拟电路设计者的观点来看，图7.6-1中的趋势变成了一个问题。随着电源电压的减小，模拟信号的动态范围减小。如果阈值电压随着电源电压等比例减小，动态范围就不会受到严重的影响。由于数字逻辑，阈值电压不会大幅度减小。MOS 管即使在栅压低于阈值电压时仍存在电流，即弱反型区。如果阈值电压很接近零，那么即使当 MOS 管逻辑器件关闭的时候，其中仍会有可观的电流流过。如果这个小电流流经数千个器件，则功耗会变得相当可观。

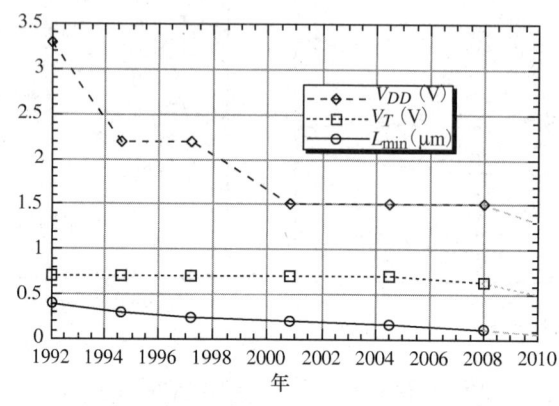

图 7.6-1　CMOS 技术预测

CMOS 技术可以改为低阈值电压和无漏电流的情况，但这不会成为 CMOS 技术的标准，因为数字设计者并不需要这样。对于具有最高噪声裕量的逻辑电路来说，最好的阈值电压大约为电源的一半。如果使用 1.5 V 的电源，则 0.75 V 的阈值电压能给出最大的噪声裕量。因此，模拟设计者不得不面对在几乎恒定的阈值电压下减小电源的问题。本节将讨论这个问题的解决方案，这里假设晶体管工作在强反型区。如果使用弱反型，那么 7.4 节讨论的放大器可以适用于低压电源。

低电压、强反型工作问题

图 7.6-2 为 CMOS 技术供电电压的发展趋势，给出了几个略微不同的电压随时间减小的预测。图 7.6-2[25]是根据网络信息得到的趋势图，它表明了半导体工业的发展趋势。在这个随时间变化的电源电压趋势图中，桌面供电和电池供电的电源电压是有区别的。

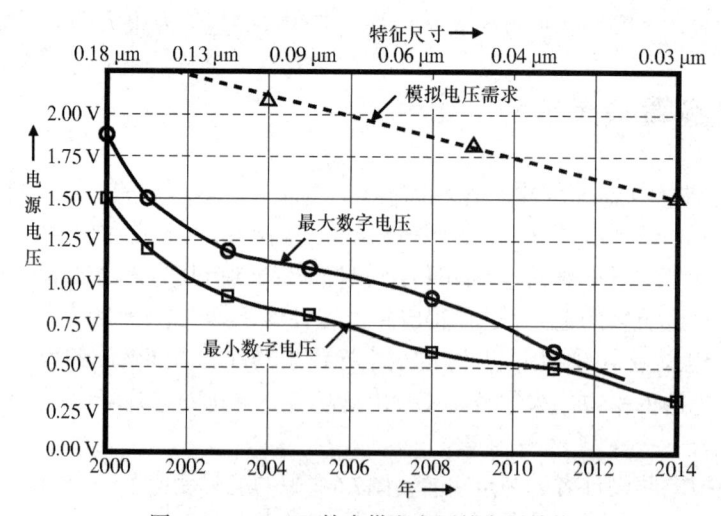

图 7.6-2　CMOS 技术供电电压的发展趋势

第 7 章 高性能 CMOS 运算放大器

电源电压的减小对于模拟电路意味着动态范围的减小、输入共模范围(ICMR)的减小、电容的增加以及不能打开或关闭浮动开关。下面将详细讨论其中的每一个问题。

随着电源电压的减小，动态范围将减小。采用差分操作可以增大信号摆幅。动态范围的下限也将受到关注。为了让动态范围随着电源的下降成比例地减小，噪声和非线性特性必须保持恒定。然而，随着电源的减小，电路的非线性一般会增强。通常，为了让 V_{DS}(饱和)变小，MOS 管的 W/L 很大，这样噪声趋于保持恒定或减小。

随着电源的减小，最关注的问题之一可能就是 ICMR。ICMR 是差分输入工作正常时的输入共模电压。即使足够大，ICMR 也必须居于电源范围的中部。ICMR 很重要，因为它决定了某一级的输出是否能够连接到另一个不同或相同级的输入。

MOS 管的 pn 结电容随着电源的减小而增大，原因是加到 pn 结的反向偏置电压减小了。为了理解这一点，可以回忆随着反向偏置电压幅度的增加耗尽层电容减小的结论。同样，低电源对固有电容也产生消极影响。这一影响是由于为了降低 V_{DS}(饱和)需要大的 W/L，而更大的尺寸导致了更大的电容。

最后，低压电源使开关的使用变得很困难。如果开关的一端接到电源的高端或低端上，就可以正常工作。如果开关浮动就很困难了。使用这些开关的唯一方法是用电荷泵来增加栅极驱动器的幅度。这一技术已在 4.1 节中介绍过。

低电压输入级

低电压电源最严重的影响体现在运算放大器的输入级。图 7.6-3 给出了差分输入级的输入共模范围，它是一个使用电流源负载的简单差分放大器。可使用的最小电源电压为

$$V_{DD}(最小) = V_{SD3}(饱和) - V_{T1} + V_{GS1} + V_{DS5}(饱和) \tag{7.6-1}$$
$$= V_{SD3}(饱和) + V_{DS1}(饱和) + V_{DS5}(饱和)$$

这个最小电源电压要求输入共模范围 ICMR 为 0。假设饱和电压相等，均为 0.3 V，阈值电压相等，均为 0.7 V，则电源为 0.9 V。如果电源大于 V_{DD}(最小)，ICMR 会有一个上限和下限。上限为

$$V_{icm}(上限) = V_{DD} - V_{SD3}(饱和) + V_{T1} \tag{7.6-2}$$

下限为

$$V_{icm}(下限) = V_{DS5}(饱和) + V_{GS1} \tag{7.6-3}$$

如果电源为 1.5 V，则 ICMR 为 0.6 V。这个 ICMR 从 V_{cm}(下限)1.3 V 到 V_{cm}(上限)1.9 V，超过 V_{DD} 之上 0.4 V。最好的结果是让 ICMR 在电源范围的中心处，上面的情况显然不是。

这一问题的解决方法之一是将 n 沟道差分输入级和 p 沟道差分输入级并联使用，如图 7.6-4 所示。V_{DD} 的最小值与单个差分输入级相同，但是 ICMR 可以超出或低于电源的限制。这似乎是一个理想方案。然而，如果仔细地检查图 7.6-4 在输入共模范围内的工作，可以发现有三个工作区。例如，当 V_{icm} 小于 V_{DSN5}(饱和) + V_{GSN1} 时，

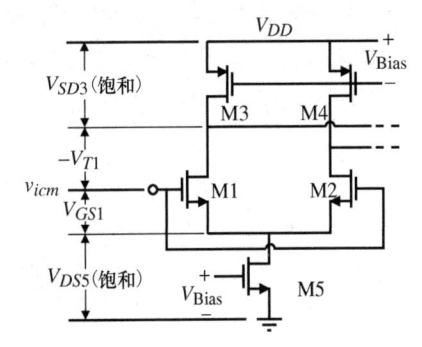

图 7.6-3 差分输入级的输入共模范围

不是所有的 n 沟道输入晶体管都工作在饱和区。事实上，由于电流源 MN3 和 MN4 的存在，MN1 和 MN2 中仍然有电流流过，因此，V_{GSN1} 保持恒定，并且 n 沟道差分放大器的电流漏 MN5 进入非饱和区。这时，MN1 和 MN2 的电流减小，使得 MN1 和 MN2（MN3 和 MN4）的漏极靠近 V_{DD}，从而关断了 n 沟道级。电压 V_{DSN5}(饱和)$+V_{GSN1}$ 被称为 n 沟道差分输入级的开启电压。表示为

$$V_{onn} = V_{DSN5}(饱和) + V_{GSN1} \tag{7.6-4}$$

当 V_{icm} 大于 $V_{DD}-V_{SDP5}$(饱和)$-V_{SGP1}$ 时，对于 p 沟道输入差分放大器也会发生相似的情况。这个电压被称为 p 沟道差分输入级的开启电压，表示为

$$V_{onp} = V_{DD} - V_{SDP5}(饱和) + V_{SGP1} \tag{7.6-5}$$

注意，V_{onp} 和 V_{onn} 的和等于可能的最小电源电压。

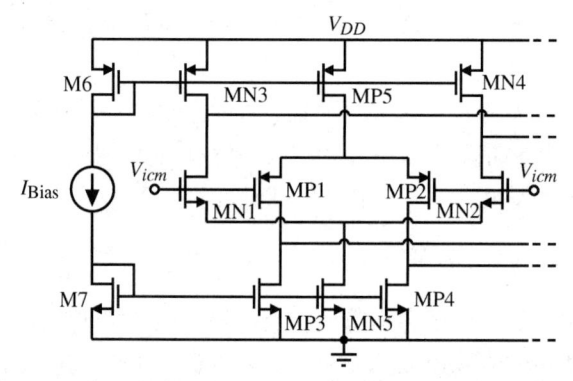

图 7.6-4 将 n 沟道差分输入级和 p 沟道差分输入级并联使用

在这两个电压之间，两种差分输入的所有晶体管都处在饱和区。这个结果的缺点是小信号输入跨导随着共模输入电压 V_{icm} 而变化。可以看到，输入差分放大器一旦离开其共模范围就会关闭。因此，有三个工作范围，每一种都有自己的输入跨导。这三个工作区为

$$V_{DD} > V_{icm} > V_{onp} \quad (\text{n沟道导通，p沟道关断}) \quad g_m(\text{等效}) = g_{mN} \tag{7.6-6}$$

$$V_{onp} \geqslant V_{icm} \geqslant V_{onn} \quad (\text{n沟道导通，p沟道导通}) \quad g_m(\text{等效}) = g_{mN} + g_{mp} \tag{7.6-7}$$

$$V_{onn} > V_{icm} > 0 \quad (\text{n沟道关断，p沟道导通}) \quad g_m(\text{等效}) = g_{mP} \tag{7.6-8}$$

其中，g_m(等效)为图 7.6-4 的等效输入跨导，g_{mN} 为 n 沟道输入端的输入跨导，g_{mP} 为 p 沟道输入端的输入跨导。"导通"表示所有的晶体管工作在饱和区。图 7.6-5 表示图 7.6-4 的小信号有效输入跨导作为共模输入电压函数的情况。这样的特性会引入非线性，并且会给与共模输入电压有关的补偿造成困难。两者都是不希望出现的。

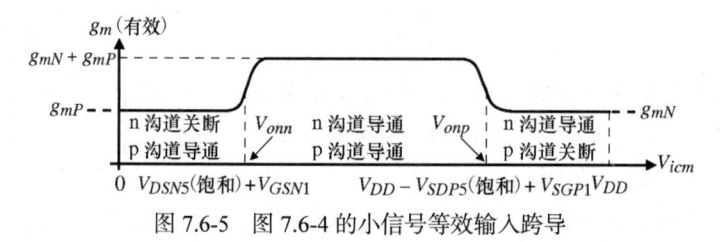

图 7.6-5 图 7.6-4 的小信号等效输入跨导

有许多方法试图在共模输入电压变化时保持有效输入跨导不变[26, 27]。一种保持 g_m(有效) 不变的方法是当 V_{icm} 变化时输入级的直流电流也随之改变。在饱和区，小信号的差分跨导正比于直流电流的平方根。当一级关断时，另外一对中的直流电流增加 4 倍。例如，当 p 沟道级关断时，式(7.6-6)中的 g_{mN} 增加两倍。如果 $g_{mN} = g_{mP}$，则有效输入跨导保持不变。同样的技术可用于式(7.6-8)中的 g_{mP}。图 7.6-6 给出了使用电流补偿技术保持 g_m(有效)恒定的示意图。

当 n 沟道和 p 沟道同时工作时，电流 I_{pp} 和 I_{nn} 为 0，n 沟道(I_n) 和 p 沟道(I_p)级的偏置电流为 I_b。在这一范围内的有效输入跨导为

$$g_m(\text{有效}) = g_{mN} + g_{mP} = \sqrt{\frac{2K'_N W_N I_b}{L_N}} + \sqrt{\frac{2K'_P W_P I_b}{L_P}} \tag{7.6-9}$$

如果 $K'_N W_N/L_N$ 等于 $K'_P W_P/L_P$，则式(7.6-9)变为

$$g_m(\text{有效}) = \frac{K'_N W_L}{L_N}(\sqrt{I_b} + \sqrt{I_b}) = \frac{K'_N W_L}{L_N}(2\sqrt{I_b}) \tag{7.6-10}$$

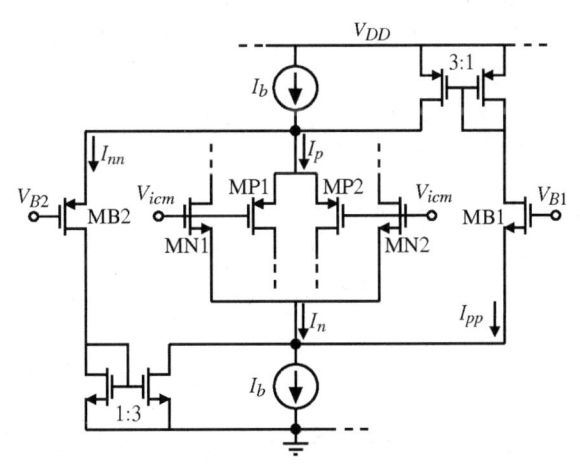

图 7.6-6　使用电流补偿技术保持 g_m(有效)恒定的示意图

现在假设 V_{icm} 朝着 V_{DD} 方向增加。如果 V_{B2} 被设为 V_{onp}，当 V_{icm} 增加到超出 V_{onp} 时，MP1 和 MP2 关断。p 沟道偏置电流 I_b 等于 I_{nn} 且流入左下方的 1∶3 电流镜。n 沟道级的偏置电流将变为 $4I_b$，这使得大于 V_{onp} 的有效输入跨导为

$$g_m(\text{有效}) = \frac{K'_N W_L}{L_N}(2\sqrt{I_b}) \tag{7.6-11}$$

这与式(7.6-10)相同。如果 V_{B1} 设置为 V_{onn}，且 V_{icm} 降低到 V_{onn} 以下，则 MN1 和 MN2 关断，同样 p 沟道的偏置电流变为 $4I_b$，使得有效输入跨导保持恒定。事实上，晶体管在某一 V_{icm} 值处并不是从关断瞬间到导通，而是一个逐渐变化的过程。图 7.6-7 给出了保持 g_m(有效)恒定的典型结果。并行输入级方法对电源电压在 2～3 V 之间很有效。小于这些电压时，由于需要外部电路，因此并行输入级方法很难实现。

若电源小于或等于 1.5 V，则通常采用以牺牲 ICMR 为代价的单个差分输入级。采用体驱动模式下的 MOS 管在电源电压降到 1V 时仍可获得较好的 ICMR[28]。图 7.6-8 给出了 n 沟道体驱动的 MOS 管截面图。电流控制的机理是在阱和沟道之间形成耗尽区。由于耗尽区变宽，将沟道夹断。由此可得到的 n 沟道MOS 管类似于夹断电压为 -2～-4 V 结型场效应管(JFET)。

像一般的 JFET，体-源极不应当被正向偏置。所以，体驱动的 MOS 管和结型场效应管一样，是一个耗尽器件。耗尽特性使得 n 沟道输入的 ICMR 可以延伸至负电源以下。

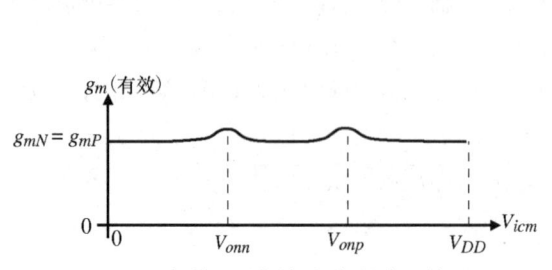

图 7.6-7　保持 g_m(有效)恒定的典型结果

图 7.6-8　n 沟道体驱动的 MOS 管截面图

体驱动工作需要形成沟道，这通过在 MOS 管的栅极加固定偏置完成。当体相对于源极为负电位时，沟道-体的耗尽区反偏且变宽。如果负的体电压足够大，那么沟道会被夹断。图 7.6-9 给出了同一个 n 沟道 MOS 管当体-源极电压和栅极-源极电压变化时的漏极电流变化情况。体驱动 MOS 管的大信号公式为

$$i_D = \frac{K'_N W}{2L} \left[V_{GS} - V_{T0} - \gamma\sqrt{2|\phi_F| - V_{BS}} + \gamma\sqrt{2|\phi_F|} \right]^2 \tag{7.6-12}$$

小信号跨导由式(3.3-8)给出，这里重新写出

$$g_{mbs} = \frac{\gamma\sqrt{(2K'_N W/L)I_D}}{2\sqrt{2|\phi_F| - V_{BS}}} \tag{7.6-13}$$

对于体驱动的情况，小信号沟道电导不变。通常，v_{BS} 是负值，但有时使体驱动 MOS 管的体-源极结轻微地正偏是有益的。优点之一是式(7.6-13)的跨导会增加且会大于顶部栅极的跨导。应小心使流入体-源极结的电流不要太大，因为它会被图 7.6-8 中寄生双极型晶体管的电流增益放大。

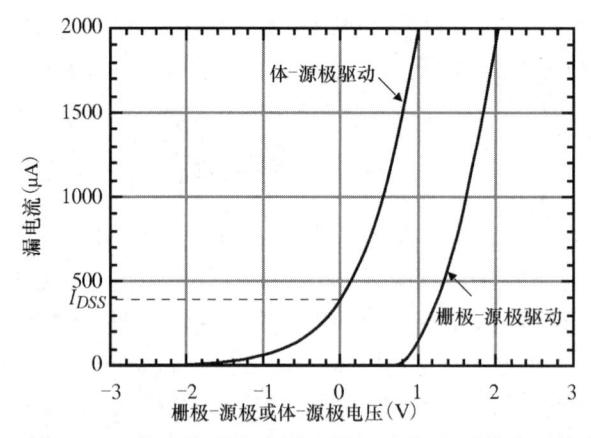

图 7.6-9　同一 MOS 管在体-源极驱动和栅极-源极驱动模式下的跨导特性

使用体-源极驱动输入晶体管的低电压差分输入如图 7.6-10 所示。对于 n 沟道输入，体-源极驱动晶体管的耗尽特性可使 ICMR 降至负电源以下。当图 7.6-10 中共模输入电压增加时，

小信号跨导也增加。可以这样来看：首先，若 M5 的存在使流过 M1 和 M2 的电流恒定，则 V_{BS} 必须恒定。由此，如果 V_{icm} 增加，则 M1 和 M2 的源极电位增加。然而，若 M1 和 M2 的源极电位增加，V_{GS} 会减小，电流也就不会保持恒定。为了保持 M1 和 M2 的电流恒定，体-源极结的反偏减小，使得有效的阈值电压减小。如果 V_{icm} 继续增加，那么 M1 和 M2 的体-源极结正偏增大，开始产生输入电流。V_{BS} 上这些变化的结果使式(7.6-13)的跨导增加，这是由于 V_{BS} 由负变正。输入共模范围会增加 1 倍，这使运算放大器的补偿变得很困难。实际中共模输入电压的最大值大约比 V_{DD} 小 0.3~0.4 V。

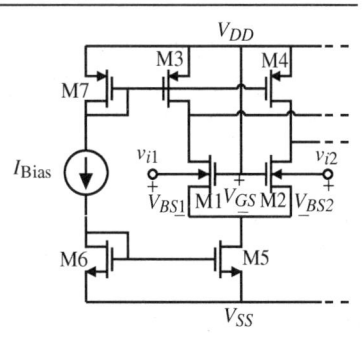

图 7.6-10 使用体-源极驱动输入晶体管的低电压差分输入

低电压偏置和负载电路

除了运算放大器的输入级，偏置和负载电路也会限制电源的减小。本节将考虑工作在 1 V 以下的电流镜和低电压带隙基准。简单的电流镜在输入端需要一定的栅源电压降以保证正常工作。这一电压可以达到 1 V 或更大，这取决于 W/L 和电流。最小的电源应当是这个电压加上一个电流源或电流漏的饱和电压。结果，最小电源应当为

$$V_{DD}(最小) = V_T + 2V_{DS}(饱和) \qquad (7.6\text{-}14)$$

当然，如果使用共源共栅电流镜，情况会更糟。对于自偏置共源共栅电流镜，最小输入电压和式(7.6-14)相同。有两种方法可以减小电流镜输入端所需的电压，一种是使用体驱动器件，另一种是通过电平移动使漏极电压低于栅极电压。

可以注意到上面的体驱动 MOS 管通常工作在耗尽区，但是将体-源结轻微地正向偏置是可行的。在这种条件下，体驱动 MOS 管可以实现低电压电流镜[29]。一个简单的体驱动电流镜如图 7.6-11(a) 所示，使用了体驱动 MOS 管。为了在 M1 和 M2 中形成沟道，栅极接到 V_{DD}。如果 i_{IN} 大于 I_{DSS}，那么 V_{BS} 大于 0，这个电流镜像普通的电流镜那样工作。V_{BS} 略大于 0 时，在输入端加至电流源上的电压 V_{MIN} 可以减小。实验结果表明，电流达到 500 μA 时的 V_{BS} 小于 0.4 V。小信号输入电阻为 $1/g_{mbs}$，小信号输出电阻为 r_{ds}，这与栅极驱动电流镜相同。

图 7.6-11(b) 给出了共源共栅体驱动电流镜，使用体驱动 MOS 管。电流镜的最小输入电压等于 M1 和 M3 的体-源极电压之和。同样，i_{IN} 的值必须大于晶体管的 I_{DSS}。对于电流小于 100 μA 的情况，最小的输入电压小于 0.5 V。共源共栅电流镜的优点在于良好的匹配特性和高的输出电阻。图 7.6-12 给出了采用 2 μm、p 阱 CMOS 工艺实验得出的输出电流。

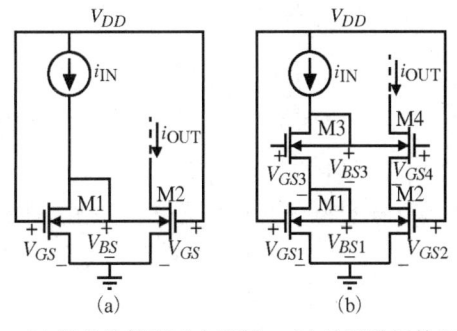

图 7.6-11 (a)简单的体驱动电流镜；(b)共源共栅体驱动电流镜

另一种低电压电流镜的实现方法是通过电平位移使漏极电压低于栅极。这种方法如图 7.6-13 所示。其中双极型晶体管的基极发射极电压用来实现电平位移。漏极电位可以比栅极低 V_T 且仍然工作于饱和区。因此，只要双极型晶体管的基极发射极电压小于 V_T，这个方法就允许简单电流镜输入电压接近 V_{DS1}（饱和）。然而，这种方法只适用于 n 沟道或 p 沟道电流镜中的一种，而不能同时适用于两种沟道。因为双极型晶体管需要一个悬浮的阱，而绝大多数工艺只提供一种类型的阱。注意，双极型晶体管可以是横向的或纵向的。

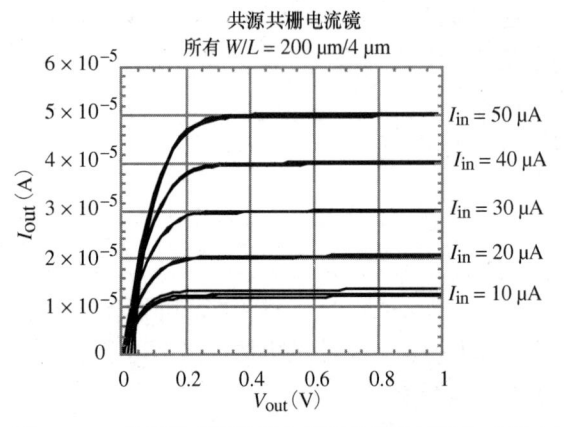

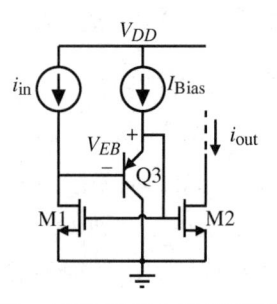

图 7.6-12 体驱动共源共栅电流镜的实验结果（4 个样本）　　图 7.6-13 对 M1 漏极进行电平位移的简单电流镜

4.6 节中讨论的经典带隙电压发生器使用一个正比于绝对温度（PTAT）的电压和一个基于 pn 结温度系数的电压的和。当这些电压串联时，带隙结构称为电压模式。该工作模式如图 7.6-14(a) 所示。然而，它至少需要硅的带隙电压（27℃时为 1.205 V）加上一个 MOS 管的饱和电压。这意味着最小电源电压应在 1.5 V 左右。如果在带隙电压发生器中使用更好的电流镜，如图 6.3-9 所示，最小电源电压应为带隙电压加上一个二极管压降再加 5 个 MOS 管的饱和电压，其最小值很容易达到 2.5 V。因此，图 7.6-14(b) 和图 7.6-14(c) 所示的工作模式中电流模式更适于低电源电压工作（图中的 I_{NL} 是用来修正带隙弯曲问题的非线性电流）。

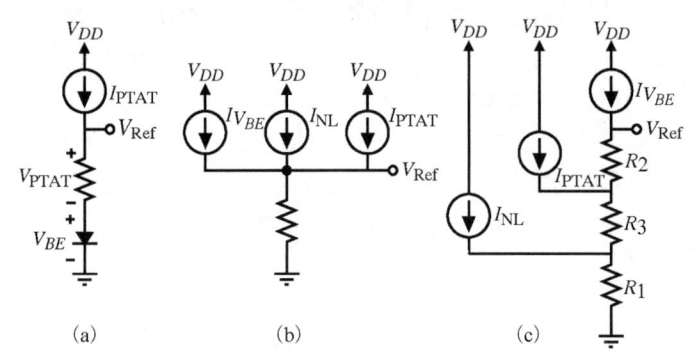

图 7.6-14 (a) 电压模式；(b) 电流模式；(c) 电压电流模式

在 4.5 节中介绍了如何产生一个 PTAT 的电压。把这个电压加到一个电阻上，产生的电流就是 PTAT。即使电阻的温度系数使得产生的电流不同于 PTAT 电流，当这个电流被复制到另一个具有同样温度系数的电阻上时，此电阻上的电压也是 PTAT。产生具有 V_{BE} 和 V_{PTAT} 温度系数的电流的方法示于图 7.6-15 中，并已在 4.6 节中讨论。

第7章 高性能CMOS运算放大器

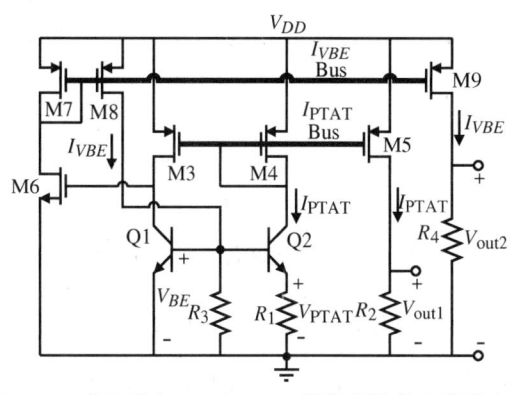

图7.6-15 产生具有 V_{BE} 和 V_{PTAT} 温度系数的电流的方法

PTAT 电流是由加在 R_1 上的 Q1 和 Q2 的发射结的压差产生的。这个电流流过接成二极管的 M4。任何源极和栅极接到 M4 的 p 沟道晶体管都会产生 PTAT 电流。例如，电压 V_{out1} 可以表示为

$$V_{out1} = I_{PTAT}R_2 = \left(\frac{V_{PTAT}}{R_1}\right)R_2 = V_{PTAT}\frac{R_2}{R_1} \tag{7.6-15}$$

若 R_1 和 R_2 的温度系数相同，则 V_{out1} 是 PTAT。具有发射结温度系数的电流 I_{VBE} 可以通过跨接在 Q1 发射结上的 R_3 产生。注意，PTAT 电流流经 Q1。I_{VBE} 是由 Q1、M6、M7、M8 和 R_3 组成的负反馈环产生的。这一反馈环使 Q1 中的电流为 PTAT，M8 的电流为 I_{VBE}。任何源极和栅极与 M8 的源极和栅极相连的 p 沟道晶体管都会产生具有发射结温度系数的电流。这个电流可用来产生具有 V_{BE} 温度系数的电压。

$$V_{out2} = I_{VBE}R_4 = \left(\frac{V_{BE}}{R_3}\right)R_4 = V_{BE}\frac{R_4}{R_3} \tag{7.6-16}$$

得出。同样，若 R_3 和 R_4 具有相同的温度系数，则 V_{out2} 具有发射结温度系数。

然而，由于发射结电压的温度相关性不是线性的，因此不能抵消两个发射结电压差的 PTAT 线性温度相关性，这就需要对带隙参考温度系数的曲度进行修正。在高电压条件下的实现方法前面已经介绍。这里将给出适用于工作在 1.2～10 V 之间的带隙参考曲度的修正方法[30]。该方法基于图 7.6-16(a) 所示的产生非线性修正项 I_{NL} 的电路。

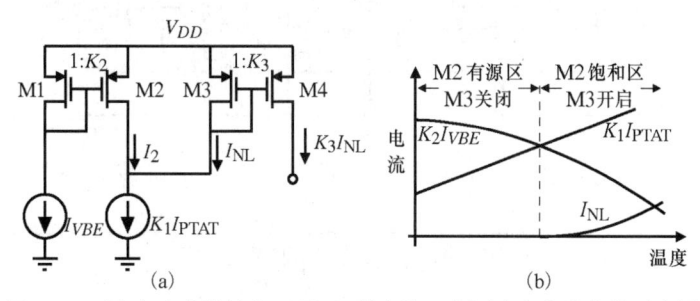

图7.6-16 (a)产生非线性修正项 I_{NL} 的电路；(b) (a)中电流变化示意图

晶体管 M2 是一个非理想电流源，其电流正比于发射结电压。对于温度范围的下半部分，PTAT 电流 K_1I_{PTAT} 小于电流 K_2I_{VBE}。在这种条件下，M2 处于非饱和区而 M3 处于饱和区且关闭。在电流 I_2 大于或等于 K_1I_{PTAT} 这一点上，M2 变为饱和，M3 仍为饱和，但是电流 I_{NL} 开始

流动。电流 I_{NL} 等于 $K_1 I_{PTAT}$ 和 $I_2 = K_2 I_{VBE}$ 的差。流过 M4 的镜像电流可用来修正带隙曲度。I_{NL} 值可表示为

$$I_{NL} = \begin{cases} 0, & K_2 I_{VBE} \geq K_1 I_{PTAT} \\ K_1 I_{PTAT} - K_2 I_{VBE}, & K_2 I_{VBE} < K_1 I_{PTAT} \end{cases} \tag{7.6-17}$$

常数 K_1、K_2 和 K_3 可用来调整特性使带隙参考受温度的影响最小化。图 7.6-14(c) 的电压电流模式与图 7.6-15 和图 7.6-16(a) 一起用于实现曲度修正的带隙参考 0.596 V，其温度系数在 $-15 \sim 90\,^\circ\!C$ 范围内小于 20 ppm/℃。使 R_1、R_2 和 R_3 与产生 I_{PTAT} 的电阻具有相同的温度系数十分重要。当 V_{DD} 从 1.2 V 变到 10 V 时，该电路给出的线路调整率为 408 ppm/V，当 V_{DD} 满足 $1.1\,V \leq V_{DD} \leq 10\,V$ 时，线路调整率为 2000 ppm/V。静态电流为 14 μA。

低电压运算放大器

在绝大多数的运算放大器中，设计难点发生在电源低于 $2V_T$ 时。对低电源电压运算放大器的限制与期望的共模输入范围有关。因此，电源降到 $V_{DD} = 2V_T$ 时，使用一般运算放大器的设计方法需要特别当心。例如，考虑图 7.6-17 所示的运算放大器，这是为电压范围降到 $2V_T$ 而设计的。如图 7.6-3 所示，输入级是带有电流源负载的简单的 n 沟道差分放大器。它给出不采用图 7.6-4 并行输入级的增强型 MOS 管可能的最大共模输入范围。源极接到差分放大器输出端的 p 沟道晶体管的偏置使电流源负载的源漏电压为 V_{SD} (饱和)(V_{ON})，这给出了最大共模输入电压并使得电源的改变不受正的输入共模电压的限制。差分输出的信号电流折叠后通过这些晶体管(M6 和 M7)再通过 n 沟道电流镜(M8 和 M9)被转换为单端信号。最后，一个使用米勒补偿的简单的甲类输出级被用于第二级增益。这个运算放大器和经典两级运算放大器有同样的性能，但可用于更低的电源电压。它优于经典的两级运算放大器之处在于输入差分级的负载是平衡的。

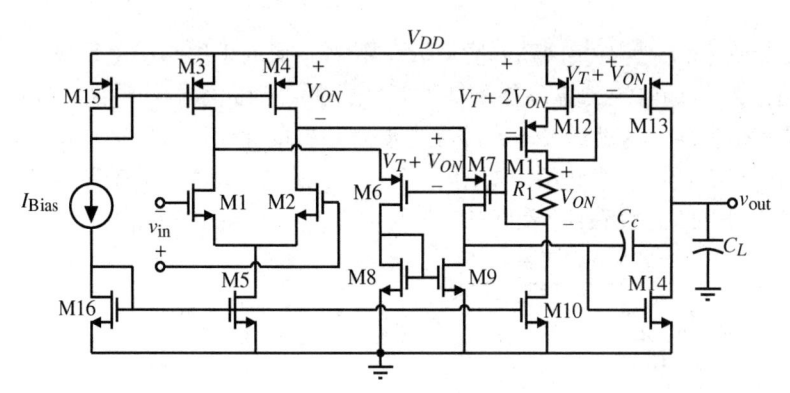

图 7.6-17 具有 $V_{DD} \geq V_T$ 的低电压两级运算放大器

例 7.6-1 采用图 7.6-17 结构的低电压运算放大器的设计

采用表 3.1-2 的参数，设计图 7.6-17 所示的运算放大器，要求满足下列指标。

$V_{DD} = 2\,V$ $\qquad V_{icm}(最大) = 2.5\,V \qquad V_{icm}(最小) = 1\,V$

$V_{out}(最大) = 1.75\,V \qquad V_{out}(最小) = 0.5\,V \qquad GB = 10\,MHz$

摆率 $SR = \pm 10\,V/\mu s$，$C_L = 10\,pF$ 时的相位裕量为 60°

解：由两级运算放大器获得 60°相位裕量及 RHP 零点至少在 10 GB 处所必需的条件得出

$$C_c = 0.2 C_L = 2 \text{ pF}$$

摆率直接与 M5 中的电流有关，并且有

$$I_5 = C_c \cdot \text{SR} = 2 \times 10^{-11} \times 10^7 = 20 \text{ μA}$$

从 GB 和 C_c 可求出输入跨导为

$$g_{m1} = g_{m2} = \text{GB} \cdot C_c = 20\pi \times 10^6 \cdot 2 \times 10^{-12} = 125.67 \text{ μS}$$

知道了流经 M1 和 M2 的电流，可以求出宽长比为

$$\frac{W_1}{L_1} = \frac{W_2}{L_2} = \frac{g_{m1}^2}{2K'_N(I_1/2)} = \frac{(125.67 \times 10^{-6})^2}{2 \cdot 110 \times 10^{-6} \times 10 \times 10^{-6}} = 7.18$$

接下来求满足 V_{icm}(最小)要求的 M5 的 W/L

$$V_{icm}(\text{最小}) = V_{DS5}(\text{饱和}) + V_{GS1}(10 \text{ μA}) = 1 \text{ V}$$

从而得出

$$V_{DS5}(\text{饱和}) = 1 - \sqrt{\frac{2 \times 10}{110 \times 7.18}} - 0.75 = 1 - 0.159 - 0.75 = 0.0909 \text{ V}$$

因此，

$$V_{DS5}(\text{饱和}) = 0.0909 = \sqrt{\frac{2I_5}{K'_N(W_5/L_5)}} \rightarrow \frac{W_5}{L_5} = \frac{2 \times 20}{110 \times (0.0909)^2} = 44$$

由上面的输入共模电压可完成 M3 和 M4 的设计，输入共模电压为

$$V_{icm}(\text{最大}) = V_{DD} - V_{SD3}(\text{饱和}) + V_{TN} = 2 - V_{SD3}(\text{饱和}) + 0.75 = 2.5 \text{ V}$$

解得 V_{SD3}(饱和)为 0.25 V。假设 M6 和 M7 的电流为 20 μA。这给出 M3 和 M4 的电流为 30 μA。
知道 M3(M4)的电流可求出

$$V_{SD3}(\text{饱和}) \leqslant \sqrt{\frac{2 \times 30}{50 \times (W_3/L_3)}} \rightarrow \frac{W_3}{L_3} = \frac{W_4}{L_4} \geqslant \frac{2 \times 30}{(0.25)^2 \times 50} = 19.2$$

接下来，使用 M3 和 M4 的 V_{SD}(饱和) = V_{ON}，设计 M10 到 M12。假设 $I_{10} = I_5 = 20 \text{ μA}$，可得 M10 宽长比 $W_{10}/L_{10} = 44$。$R_1 = 0.25\text{V}/20\text{μA} = 12.5\text{kΩ}$。M11 和 M12 的 W/L 可表示为

$$\frac{W_{11}}{L_{11}} = \frac{W_{12}}{L_{12}} = \frac{2 \cdot I_{11}}{K'_P \cdot V_{SD11}^2(\text{饱和})} = \frac{2 \times 20}{50 \times (0.25)^2} = 12.8$$

由于 M6 和 M7 的源栅电压和电流与 M11 和 M12 相同，W/L 相等。因而，

$$\frac{W_6}{L_6} = \frac{W_7}{L_7} = 12.8$$

M8 和 M9 应当尽可能小以减小寄生(镜像)极点。然而，M4，M6 和 M8 上的电压降必须小于电源。由此可得 M8 的栅源电压为

$$V_{GS8} = V_{DD} - 2V_{ON} = 2\text{V} - 2 \times 0.25 = 1.5 \text{ V}$$

因此，

$$\frac{W_8}{L_8} = \frac{W_9}{L_9} = \frac{2 \cdot I_8}{K'_N \cdot V_{DS8}^2(\text{饱和})} = \frac{2 \times 20}{110 \times (0.8)^2} = 0.57 \approx 1$$

这个值表明可以将 M8 和 M9 做成共源共栅电流镜,提高增益(见习题 7.6-9)。因为 M8 和 M9 很小,所以镜像极点可以忽略。接下来要考虑的极点在 M6 和 M7 的源极。

$$p_6 \approx \frac{g_{m6}}{C_{GS6}} = \frac{\sqrt{2K'_P \cdot (W_6/L_6) \cdot I_6}}{\left(\frac{2}{3}\right) \cdot W_6 \cdot L_6 \cdot C_{ox}} = \frac{\sqrt{2 \times 50 \times 12.8 \times 20 \times 10^{-6}}}{\left(\frac{2}{3}\right) \times 12.8 \times 1 \times 2.47 \times 10^{-15}} = 7.59 \times 10^9 \, \text{rad/s}$$

上面的计算中已经假设沟道长度为 $1\,\mu\text{m}$。该值比 GB 大 100 倍,因此尽管忽略了 M1 和 M3 的漏极到地的电容,上面的分析仍然有效。

最后设计第二级的 W/L。可使用 $g_{m14} = 10 g_{m1} = 1256.7\,\mu\text{S}$ 的 60°相位裕量的关系或考虑 M9 和 M14 之间的正确镜像。结合饱和区公式可得

$$\frac{W}{L} = \frac{g_m}{K'_N V_{DS}(\text{饱和})}$$

用 $1256.7\,\mu\text{S}$ 代替 g_{m1},并用 $0.5\,\text{V}$ 代替 V_{DS14},可得 $W_{14}/L_{14} = 22.85$。对应于这个 g_m 与 W/L 的电流为 $I_{14} = 314\,\mu\text{A}$。M13 的 W/L 由两个晶体管的电流比决定。

$$\frac{W_{13}}{L_{13}} = \frac{I_{13}}{I_{12}} I_{12} = \frac{314}{20} \cdot 12.8 = 201$$

对其进行检查以保证满足 V_{out}(最大)。M13 的饱和电压为

$$V_{SD13}(\text{饱和}) = \sqrt{\frac{2 \cdot I_{13}}{K'_P (W_{13}/L_{13})}} = \sqrt{\frac{2 \times 314}{50 \times 201}} = 0.25\,\text{V}$$

这恰好满足要求。为了获得合适的镜像,M9 的 W/L 应当为

$$\frac{W_9}{L_9} = \frac{I_9}{I_{14}} \frac{W_{14}}{L_{14}} = 1.42$$

对于 W_9/L_9 曾被选为 1 来说,这已足够精确。

对于低频时的增益,小信号电压增益可写为

$$\frac{v_{\text{out}}}{v_{\text{in}}} = \left(\frac{g_{m1}}{g_{ds7} + g_{ds9}}\right)\left(\frac{g_{m14}}{g_{ds13} + g_{ds14}}\right)$$

其中,$g_{ds7} = 1\,\mu\text{S}$,$g_{ds8} = 0.8\,\mu\text{S}$,$g_{ds13} = 15.7\,\mu\text{S}$ 和 $g_{ds14} = 12.56\,\mu\text{S}$。将这些值代入上式得

$$\frac{v_{\text{out}}}{v_{\text{in}}} = \left(\frac{125.6}{1.8}\right)\left(\frac{1256.7}{28.26}\right) = 69.78 \times 44.47 = 3103\,\text{V/V}$$

包括 $20\,\mu\text{A}$ 的 I_{Bias},功耗为 $708\,\mu\text{W}$。不计共模电压范围的最小电源为 $V_T + 3V_{ON}$。取 $V_T = 0.7\,\text{V}$,$V_{ON} \approx 0.25\,\text{V}$,该运算放大器可以工作在 $1.5\,\text{V}$ 的电源下。

图 7.6-17 的运算放大器是一个采用标准运算放大器设计技术的低电压运算放大器的例子。如果电压降到 $2V_T$ 以下就会出现问题。这些问题包括输入共模电压范围的减小,可以通过使用图 7.6-4 所示的并行输入级来减小这一影响。另一个主要问题是绝大多数晶体管的漏源电压接近于饱和电压,这意味着 g_{ds} 更大(或 r_{ds} 更小),使得增益显著减小。在上面的例子中,若 NMOS 的 λ 增至 0.12,PMOS 的 λ 增至 0.15,则增益减小为原来的九分之一,为 $345\,\text{V/V}$。可以用长沟道来弥补这一减小,但是代价是更大的面积和电容。也需要更多的增益

级。图 7.6-17 的运算放大器输出端可能需要增加两级或更多级。随着增益级数量的增加，补偿变得更加复杂。文献[7, 31]中详细讨论了 7.2 节介绍的多路径网格米勒补偿方法。

为了实现电源低于 1.5~2 V 的 CMOS 运算放大器，需要减小阈值电压或使用其他方法。许多 CMOS 技术有所谓的自然晶体管。这类晶体管是普通的 NMOS 晶体管，没有使用增大阈值电压的注入技术。自然 MOS 管的阈值电压约为 0.1~0.2 V。这样的晶体管可用在运算放大器中以提供必要的输入共模电压范围和增益。必须记住自然晶体管在栅源电压为零时电流不为零，这在绝大多数模拟应用中不会遇到问题。

另一种修改技术是本节前面介绍的体驱动技术。这种技术可用来实现电源电压为 $1.25V_T$ 的运算放大器。用这种技术实现的 CMOS 运算放大器的电源电压为 1 V，输入共模电压范围为 25 mV，输出摆幅为 25 mV，增益为 275[29]。采用上面介绍的增加更多的增益级的方法可以实现较大增益。

图 7.6-18 给出了采用体驱动 PMOS 器件和差分输入级的输入晶体管实现的 1 V 电压 CMOS 运算放大器。由 M3，M4 和 Q5 组成的电流镜如图 7.6-13 所示。Q6 是一个缓冲器，它保持电流镜的对称性。输出级是一个简单的甲类输出。长沟道用来保持增益。这个运算放大器的性能见表 7.6-1。可以采用多个多路径网格米勒补偿方法的甲类反相级的级联来增大增益。对 CMOS 运算放大器中的一些体-源极 pn 结采用正向偏置技术，可以得到在 1 V 电源下增益为 70 dB 的折叠共源共栅运算放大器[32]。

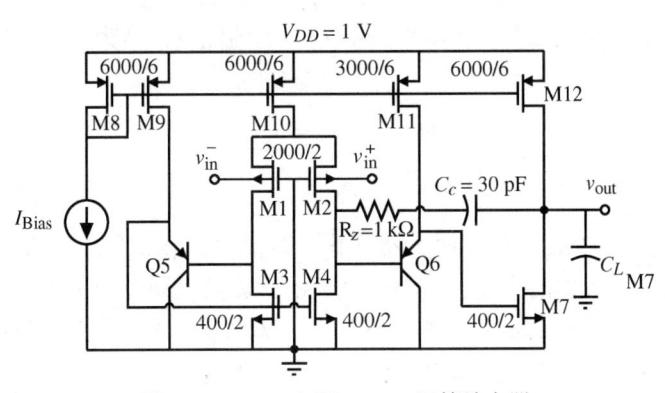

图 7.6-18 1 V 电压 CMOS 运算放大器

表 7.6-1 图 7.6-18 所示的运算放大器的性能

性能(V_{DD} = 0.5 V, V_{SS} = −0.5 V)	测量值(C_L = 22 pF)
直流开环增益	49 dB (V_{icm} 中间范围)
电源电流	300 μA
单位增益带宽(GB)	1.3 MHz (V_{icm} 中间范围)
相位裕量	57° (V_{icm} 中间范围)
输入失调电压	±3 mV
输入共模电压范围	−0.475~0.450 V
输出摆幅	−0.475~0.491 V
正摆率	+0.7 μV/s
负摆率	−1.6 μV/s

续表

性能 (V_{DD} = 0.5 V, V_{SS} = -0.5 V)	测量值 (C_L = 22 pF)
THD，闭环增益为-1 V/V	-60 dB (0.75 V_{pp}, 1 kHz 正弦波)
	-59 dB (0.75 V_{pp}, 10 kHz 正弦波)
THD，闭环增益为+1 V/V	-59 dB (0.75 V_{pp}, 1 kHz 正弦波)
	-57 dB (0.75 V_{pp}, 10 kHz 正弦波)
噪声电压频谱密度	367 nV/$\sqrt{Hz}$ @ 1 kHz
	181 nV/$\sqrt{Hz}$ @ 10 kHz
	81 nV/$\sqrt{Hz}$ @ 100 kHz
	444 nV/$\sqrt{Hz}$ @ 1 MHz
正电源抑制	10 kHz 时 61 dB
	100 kHz 时 55 dB
	1 MHz 时 22 dB
负电源抑制	10 kHz 时 45 dB
	100 kHz 时 27 dB
	1 MHz 时 5 dB

然而，随着电源电压的减小，低电压运算放大器的功耗并没有成比例地减小。这是因为增益正比于 $g_m r_{ds}$ 的乘积。由于 λ（沟道调制参数）增加，r_{ds} 减小，因此 g_m 必须增大。然而跨导的增大需要大的 W/L 和电流。而 W/L 增大会导致面积和寄生电容增大。此时，直流电流也变大并导致更大的功耗。这方面双极型晶体管有着显著的优点，因为它们在低电流时可以实现更大的跨导。

7.7 小结

本章介绍了高性能 CMOS 运算放大器，其性能超过了第 6 章介绍的无缓冲 CMOS 运算放大器。这两种运算放大器的主要区别是在高性能运算放大器上加了一级输出级。这里的输出级可以只使用 MOS 器件或同时使用 MOS 器件和双极型器件。源极跟随器或射级跟随器的输出电阻可以通过使用负反馈进一步减小。加上输出级通常在运算放大器的开环增益上引入更多的极点，这使得补偿变得更困难。带有缓冲的运算放大器主要用来驱动低电阻和大负载电容。

另一方面的改善在于频率响应。理解对运算放大器频率响应的限制可以优化单位增益带宽。电流反馈的应用可以扩展上限频率，实现超高频的运算放大器。本章引入了差分输出运算放大器，给出了将单端输出运算放大器转换为差分输出运算放大器的范例。本节之所以重要，是因为当前绝大多数模拟信号的处理都使用差分信号来抑制噪声和增加动态范围。

随着大规模混合信号集成电路模拟单元的增加，功耗的最小化变得十分重要。本章介绍了在增加驱动大电容负载的输出电流条件下实现最小功耗的运算放大器。可以看到微功耗运算放大器的实现是以牺牲频率响应和其他性能为代价的。绝大多数微功耗运算放大器工作在弱反型模式以减小功耗，和双极型运算放大器相似。

随着对降低电源电压和减小功耗的需要增长，模拟电路设计者面临众多挑战。其中，一个是保持尽可能低的噪声电平。本章结合具体实例给出了低噪声运算放大器的设计方法。此外，运算放大器的设计应在不断降低的电源电压下正常工作。当电源电压接近 $2V_T$ 时，必须采用新技术。两种解决方法包括使用具有特殊晶体管工艺(如自然 MOS 晶体管)，和在非常规方式下使用 MOS 管(如体驱动 MOS 管)。

本章的 CMOS 运算放大器设计在牺牲某一性能以换取另一性能的折中方法上给出了很好的例子。根据运算放大器的具体使用，可以利用这些折中方法来提高系统性能。本章介绍的电路和技术可以用在很多实际的 CMOS 模拟电路设计中。

习题

7.1-1 假设在图 7.1-1 中 $V_{DD}=-V_{SS}$，I_{17} 和 I_{20} 为 50 μA。设计 W_{18}/L_{18} 和 W_{19}/L_{19} 使 $V_{SG18}=V_{SG19}=1.5\,\text{V}$。设计 W_{21}/L_{21} 和 W_{22}/L_{22} 使 M21 和 M22 中的静态电流也为 50 μA。

7.1-2 计算图 7.1-2 中 V_A、V_B 和 V_C 的值。

7.1-3 假设 $K'_N=47\,\mu\text{A}/\text{V}^2$，$K'_P=17\,\mu\text{A}/\text{V}^2$，$V_{TN}=0.7\,\text{V}$，$V_{TP}=-0.9\,\text{V}$，$\gamma_N=0.85\,\text{V}^{1/2}$，$\gamma_P=0.25\,\text{V}^{1/2}$，$2|\phi_F|=0.62\,\text{V}$，$\lambda_N=0.05\,\text{V}^{-1}$，$\lambda_P=0.04\,\text{V}^{-1}$，用 SPICE 对图 7.1-2 进行仿真并令 $V_{DD}=10\,\text{V}$，$V_{SS}=-10\,\text{V}$，得到与图 7.1-3 相同的结果。

7.1-4 用 SPICE 画出图 7.1-2 输出级在 1 kHz 时总谐波失真(THD)与输出电压均方值的函数。使用习题 7.1-3 给出的 SPICE 模型参数。

7.1-5 图 P7.1-5 为一个 MOS 输出级。画出小信号模型并计算低频交流电压增益。忽略体效应。

7.1-6 如果 M1 和 M2 的宽从 10 μm 增至 100 μm，求图 7.1-9 的小信号输出电阻值。使用表 3.1-2 的模型参数。当 $C_L=5\,\text{pF}$ 时，这个缓冲器的-3 dB 频率为多少？

7.1-7 一个 CMOS 电路用于 OTA 输出缓冲器，如图 P7.1-7 所示。求小信号输出电阻 R_{out} 和当输出端接 100 pF 电容时-3 dB 的带宽。如果输出端接 1 kΩ 电阻，最大和最小输出电压为多少？此电路的静态功耗为多少？

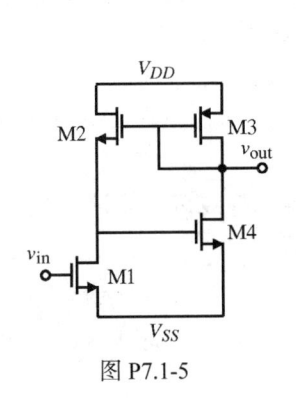

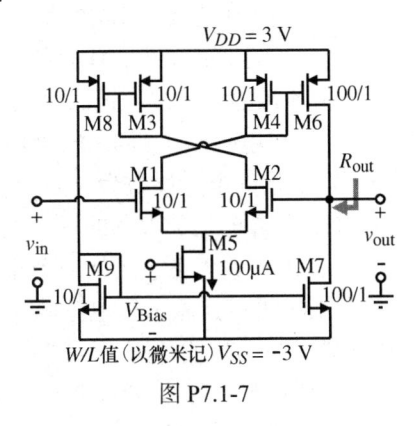

图 P7.1-5

图 P7.1-7

7.1-8 体 CMOS p 阱技术可实现什么类型的双极型晶体管？体 CMOS n 阱技术呢？讨论甲类输出采用双极型晶体管的利弊。

7.1-9 假设图 7.1-11 的 Q10 直接接到 M6 和 M7 的漏极，而 M8 和 M9 不存在。给出小信号输出电阻的表达式并与式(7.1-9)相比较。如果 Q10-M11 电流为 500 μA，M6 和 M7 中的电流为 100 μA，$\beta_F=50$，使用表 3.1-2 的参数，假设沟道长度为 1 μm，计算室温下的该电阻值。

7.1-10 求例 7.1-2 中甲类缓冲运算放大器 MOS 跟随器和 BJT 跟随器的主要根。根据表 3.1-2 的电容，在 GB = 5 MHz 的情况下比较这些根的位置。假设 $C_\pi = 10$ pF，$C_\mu = 1$ pF。

7.1-11 根据图 P7.1-11 中所示的运算放大器，求该运算放大器的静态电流和小信号电压增益，忽略任何由输出级带来的负载效应。假设 $K'_N = 25\ \mu\text{A/V}^2$，$K'_P = 10\ \mu\text{A/V}^2$，$\lambda = 0.04\ \text{V}^{-1}$，求小信号输出电阻。

7.2-1 求采用调零电阻米勒补偿的具有 60° 的相位裕量的两级运算放大器的 GB。其中第二极点为 -10×10^6 rad/s，两个更高的极点为 -100×10^6 rad/s。假设 RHP 零点用来抵消第二极点且负载电容恒定。如果输入跨导为 250 μA/V，C_c 为多少？

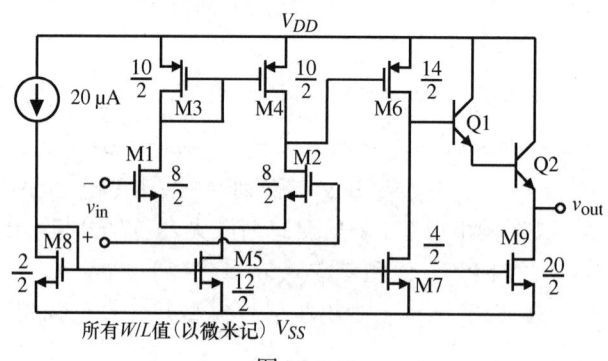

图 P7.1-11

7.2-2 如果运算放大器的第二极点小于任何更大极点的 1/10 时，则可将第二极点设在 2.2GB 以获得 60° 的相位裕量。使用在例 7.2-2 中确定的极点位置，求具有 60° 相位裕量对应的 p_6 中的 GB 系数。

7.2-3 如果 $C_L = 2$ pF，例 7.2-2 的相位裕量为多少？

7.2-4 使用例 7.2-2 中的技术在保证 60° 的相位裕量的条件下尽可能扩展例 6.5-3 共源共栅运算放大器的 GB。对应于最大 GB 时的最小 C_L 为多少？

7.2-5 对于图 7.2-11 所示的使用电流镜的电压放大器，设计 M1、M2、M5 和 M6 中的电流及 W/L 值，使输出电阻至少为 1 MΩ 且输入电阻小于 1 kΩ。(在 $R_1 = 10$ kΩ 和 $R_2 = 1$MΩ 的情况下可以实现的电压增益为 -10)。

7.2-6 在例 7.2-3 中，计算电流放大器的输入极点并与输出极点进行比较。

7.2-7 在图 7.2-12 的电压放大器上再加一个输入，方法是用另一个电阻 R_1 将此输入和电流放大器的输入相连。假设图 7.2-12 的值和例 7.2-3 中得出的结果相同，但是两个 R_1 电阻均为 1000 Ω。使用图 P7.2-7 所示的结构，计算这个电路的输入电阻、输出电阻、-3 dB 频率。

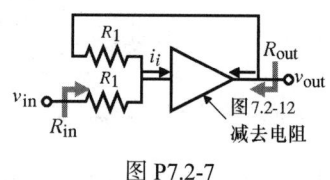

图 P7.2-7

7.2-8 用带有电流镜负载的差分放大器代替图 7.2-12 中的 R_1。设计差分放大器的跨导 g_m，使其等于 $1/R_1$。

7.3-1 比较图 7.3-3、图 7.3-5、图 7.3-6、图 7.3-8 和图 7.3-11 的噪声、PSRR、ICMR[V_{ic}(最大) 和 V_{ic}(最小)]、OCMR[V_o(最大) 和 V_o(最小)] 和 SR，假设所有输入差分电流相同。

7.3-2 计算图 7.3-4 的单端等效负载。如果 C_L 由电阻 R_L 替代，单端等效负载为多少？

7.3-3 图 P7.3-3 为两个差分输出运算放大器。(a) 对两个运算放大器进行补偿；(b) 如果所有晶体管的直流电流为 100 μA 且所有的 W/L 为 10 μm/1 μm，用表 3.1-2 给出的参数求差分输入和差分输出时的小信号电压增益。

7.3-4 如果 $g_{mN}=g_{mP}$，$r_{dsN}=2r_{dsP}$，给出图 7.3-3 中小信号差分输入、差分输出电压增益和小信号差分输出电阻的近似表达式。

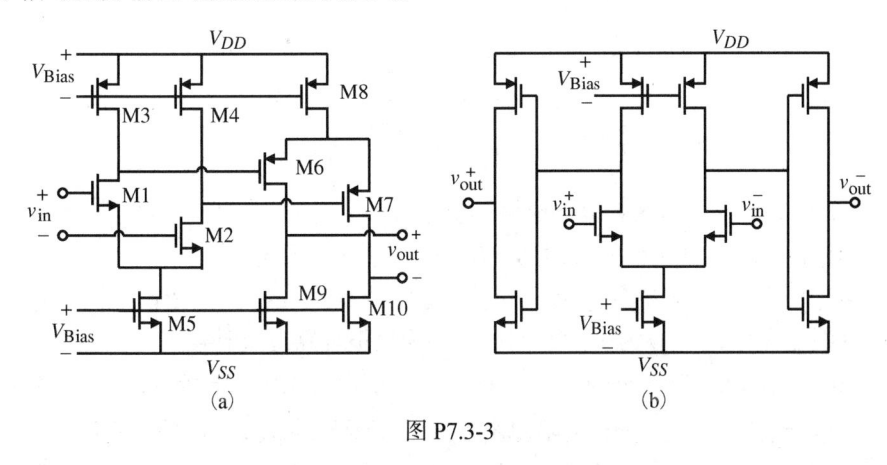

图 P7.3-3

7.3-5 如果 $g_{mN}=g_{mP}$，$r_{dsN}=2r_{dsP}$，给出图 P7.3-5 中的小信号差分输入、差分输出电压增益和小信号差分输出阻抗电阻。

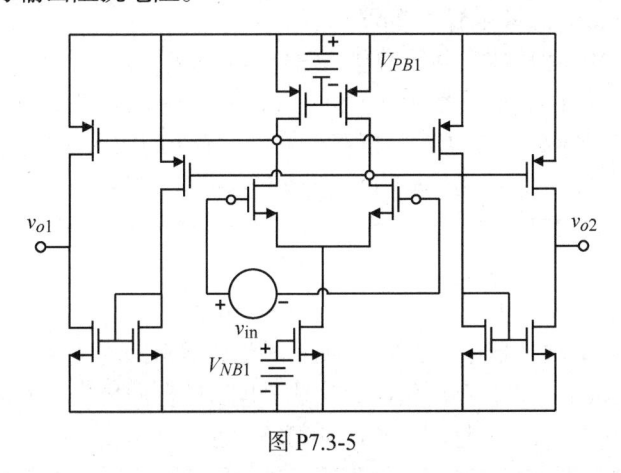

图 P7.3-5

7.3-6 如果 $g_{mN}=g_{mP}$，$r_{dsN}=r_{dsP}$，给出图 7.3-6 折叠共源共栅差分输出放大器的差分电压增益和差分输出电阻的近似表达式。

7.3-7 如果 $g_{mN}=g_{mP}$，$r_{dsN}=r_{dsP}$，给出图 7.3-7(b) 采用增益提升技术、折叠共源共栅差分输出结构的增强放大器的差分电压增益的近似表达式。

7.3-8 如果 $g_{mN}=g_{mP}$，$r_{dsN}=r_{dsP}$，给出图 7.3-8 折叠共源共栅差分输出的乙类推挽放大器的差分电压增益和差分输出电阻。

7.3-9 如果 $g_{mN}=g_{mP}$，$r_{dsN}=r_{dsP}$，给出图 7.3-11 所示的采用交叉耦合差分输入级的甲乙类差分输出放大器的差分电压增益和差分输出电阻。

7.3-10 采用图 P7.3-10 的共模输出稳定电路使图 7.3-3 差分输出运算放大器的共模输出稳定在地电位上,假设电源为正负电源($V_{DD} = |V_{SS}|$)。设计一个工作正常的修正电路。

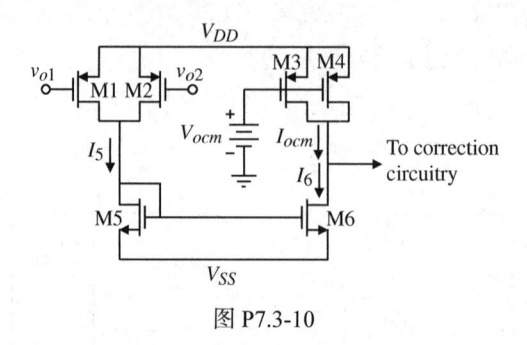

图 P7.3-10

7.3-11 (a)图 7.3-14 中所有晶体管的直流电流为 100 μA 且 W/L 为 10 μm/1 μm,求共模反馈环路的增益。(b)如果这个放大器的输出是共源共栅,则重复(a)。

7.3-12 给出如何用图 5.2-16 的共模反馈电路来稳定图 7.3-5 的共模输出电压。共模反馈环路增益(用 g_m 和 r_{ds} 表示)为多少? 如何对共模反馈环路进行补偿?

7.3-13 如果 $g_{mN} = g_{mP}$,$r_{dsN} = r_{dsP}$,给出图 7.3-15 所示的共模反馈电路的环路增益。

7.3-14 如果 $g_{mN} = g_{mP}$,$r_{dsN} = r_{dsP}$,给出图 7.3-16 所示的共模反馈电路的环路增益。

7.4-1 计算图 6.5-7(b)中折叠共源共栅运算放大器的增益、GB、SR 和 P_{diss},其中 $V_{DD} = -V_{SS} = 1.5$ V,差分放大器对中的电流为 50 nA,M4 和 M5 的源极电流为 150 nA。假设晶体管均为 10 μm/1 μm,负载电容为 2 pF。

7.4-2 计算图 7.4-3 所示运算放大器的增益、GB、SR 和 P_{diss},其中 $I_5 = 100$ nA,晶体管 M1 至 M11 的宽度和长度分别为 10 μm 和 1 μm,$V_{DD} = -V_{SS} = 1.5$ V。如果饱和电压为 0.1 V,设计 M12 至 M15 的 W/L 值以获得最大和最小的输出摆幅。假设晶体管 M12 和 M15 的电流为 50 nA。设 $I_{DO} = 2$ nA,$n_p = 1.5$,$n_n = 2.5$,$V_t = 26$ mV,$C_c = 2$ pF。

7.4-3 推导式(7.4-17)。如果 A = 2.5,当 v_{IN}/nV_t 为多少时 $i_{OUT} = 5I_5$?

7.4-4 设计图 7.4-6(a)所示电流镜在 M2 饱和的情况下实现 100 μA 输出。假设 $i_1 = 10$ μA 和 $W_1/L_1 = 10$。求 W_2/L_2 和 V_{DS2} 的值,其中 $i_2 = 10$ μA。

7.4-5 在图 7.4-7 的运算放大器中,图 7.4-6 所示的增强电流的想法遇到了问题,当增加 M15 和 M16 的栅极电压以提高电流时,这些晶体管的栅源压降会增加,因此阻碍晶体管(M11 和 M12)的 v_{DS} 进入饱和。说明如何解决这一问题。

7.5-1 对于图 P7.5-1 的晶体管放大器,热噪声产生的等效输入噪声电压为多少? 假设晶体管的漏极直流电流为 20 μA,$W/L = 150$ μm/10 μm,$K'_N = 25$ μA/V^2,且 R_D 为 200 kΩ。

7.5-2 重做例 7.5-1,取 $W_1 = W_2 = 500$ μm 和 $L_1 = L_2 = 0.5$ μm 以把噪声减小为原来的 1/10。

7.5-3 交换图 7.5-1 中的所有 n 沟道和 p 沟道晶体管,将 W/L 设为例 7.5-1 中设计的值,求 1 Hz 到 1MHz 带宽内其输入等效 $1/f$ 噪声、输入等效热噪声、噪声角频率和噪声的均方值。

7.5-4 求例 6.3-1 中设计的运算放大器在 1 Hz 到 1MHz 带宽内的输入等效噪声电压均方值。

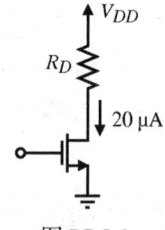

图 P7.5-1

第 7 章 高性能 CMOS 运算放大器

7.5-5 求例 6.5-2 中设计的运算放大器在 1 Hz 到 100 kHz 带宽内的输入等效噪声电压均方值。

7.6-1 如果图 7.6-3 中所有晶体管的 W 和 L 均为 100 μm 和 1 μm，若 M5 中的直流电流为 50 μA，求 ICMR 为 0 时的最小电源电压。

7.6-2 如果 M1 和 M2 是 $V_T = 0.1$ V 的自然 MOS 管，且其他 MOS 管的参数见表 3.1-2，重复习题 7.6-1。

7.6-3 如果 M1 和 M2 是 $V_T = -1$ V 的耗尽型 MOS 管，且其他 MOS 管的参数见表 3.1-2，重复习题 7.6-1。

7.6-4 如果图 7.6-4 中所有晶体管的 W 和 L 分别为 10 μm 和 1 μm，且 MN5 和 MP5 的偏置电流均为 100 μA，求 V_{onn} 和 V_{onp} 的值。

7.6-5 有两个 n 沟道源极耦合对，一个使用常规晶体管，另一个使用 $V_T = -1$ V 的耗尽型晶体管，二者共栅连接，而源极各有一个电流漏。除了耗尽型晶体管阈值电压为 -1 V，其他参数见表 3.1-2。设计组合源极耦合对在 0～2 V 的电源条件下实现全幅度输出。尽量在 ICMR 上保持等效输入跨导为常数。说明如何重新组合每个源极耦合对的漏极电流以驱动一个单端的第二级。

7.6-6 说明如何适当地修改 4.4 节中的电路以创建电流镜，使其具有很好的匹配，V_{MIN}（输入）= V_{ON}，V_{MIN}（输出）= V_{ON}。

7.6-7 说明如何通过修改图 7.6-16 将两个温度特性相交点向左移动。

7.6-8 对于例 7.6-1 的运算放大器，在尽可能增加 GB 和保持 60°相位裕量的同时，求输出和高阶极点。假设 L1 + L2 + L3 = 2 μm，计算体-源极/漏极耗尽电容（假设 0 电压偏置）。此时新的 GB 和 C_c 为多少？

7.6-9 假设图 7.3-6 所示的折叠共源共栅放大器的输入晶体管是阈值电压为 0V 的 NMOS 晶体管。给出最高和最低的输入共模范围。如果 $V_{DD} = 1.5$V，p 沟道和 n 沟道器件的值是 0.5V，漏源饱和电压的幅度是 0.2V，求 ICMR（在轨范围内）。

7.6-10 如果 M1 和 M2 是阈值电压为 -0.5V 的耗尽型器件，重复例 7.6-9。

参考文献

1. M. Milkovic, "Current Gain High-Frequency CMOS Operational Amplifiers," *IEEE J. Solid-State Circuits,* Vol. SC-20, No. 4, pp. 845–851, Aug. 1985.
2. D. G. Maeding, "A CMOS Operational Amplifier with Low Impedance Drive Capability," *IEEE J. Solid-State Circuits,* Vol. SC-18, No. 2, pp. 227–229, Apr. 1983.
3. K. E. Brehmer and J. B. Wieser, "Large Swing CMOS Power Amplifier," *IEEE J. Solid-State Circuits,* Vol. SC-18, No. 6, pp. 624–629, Dec. 1983.
4. R. B. Blackman, "Effect of Feedback on Impedance," *Bell Syst. Tech. J.,* Vol. 22, pp. 269–277, 1943.
5. S. Masuda, Y. Kitamura, S. Ohya, and M. Kikuchi, "CMOS Sampled Differential, Push Pull Cascode Operational Amplifier," Proceedings of the 1984 International Symposium on Circuits and Systems, Montreal, Canada, May 1984, pp. 1211–1214.
6. P. E. Allen, and M. B. Terry, "The Use of Current Amplifiers for High Performance Voltage Amplification," *IEEE J. Solid-State Circuits,* Vol. SC-15, No. 2, pp. 155–162, Apr. 1980.
7. R. G. H. Eschauzier and J. H. Huijsing, *Frequency Compensation Techniques for Low-Power Operational Amplifiers,* Norwell, MA: Kluwer Academic Publishers, 1995, Chap. 6.
8. S. Rabii and B. A. Wooley, "A 1.8 V Digital-Audio Sigma-Delta Modulator in 0.8 μm CMOS," *IEEE J. Solid-State Circuits,* Vol. 32, No. 6, pp. 783–796, June 1997.
9. T. C. Choi, R. T. Kaneshiro, R. W. Broderson, P. R. Gray, W. B. Jett, and M. Wilcox, "High-Frequency CMOS Switched-Capacitor Filters for Communication Applications," *IEEE J. Solid-State Circuits,* Vol. SC-18, pp.

652-664, Dec. 1983.
10. P. R. Gray, P. J. Hurst, S. H. Lewis, and R. G. Meyer, Analysis and Design of Analog Integrated Circuits, 4th ed. New York: Wiley, 2001, p. 655.
11. P. W. Li, M. J. Chin, P. R. Gray, and R. Castello, "A Ratio-Independent Algorithmic Analog-to-Digital Conversion Technique," *IEEE. J. Solid-State Circuits,* Vol. SC-19, No. 6, pp. 828–836, Dec. 1984.
12. S. Lewis and P. Gray, "A Pipelined 5-Msample/s 9-bit Analog-to-Digital Converter," *IEEE J. Solid-State Circuits,* Vol. SC-22, No. 6, pp. 954–961, Dec. 1987.
13. M. G. Degrauwe, J. Rijmenants, E. A. Vittoz, and H. J. De Man, "Adaptive Biasing CMOS Amplifiers," *IEEE J. Solid-State Circuits,* Vol. SC-17, No. 3, pp. 522–528, June 1982.
14. M. Degrauwe, E. Vittoz, and I. Verbauwhede, "A Micropower CMOS-Instrumentation Amplifier," *IEEE J. Solid-State Circuits,* Vol. SC-20, No. 3, pp. 805–807, June 1985.
15. P. Van Peteghem, I. Verbauwhede, and W. Sansen, "Micropower High-Performance SC Building Block for Integrated Low-Level Signal Processing," *IEEE J. Solid-State Circuits,* Vol. SC-2, No. 4, pp. 837–844, Aug. 1985.
16. D. C. Stone, J. E. Schroeder, R. H. Kaplan, and A. R. Smith, "Analog CMOS Building Blocks for Custom and Semicustom Applications," *IEEE J. Solid-State Circuits,* Vol. SC-19, No. 1, pp. 55–61, Feb. 1984.
17. F. Krummenacher, "Micropower Switched Capacitor Biquadratic Cell," *IEEE J. Solid-State Circuits,* Vol. SC-17, No. 3, pp. 507–512, June 1982.
18. MAX406 Data Sheet, "1.2 μA Max, Single/Dual/Quad, Single-Supply Op Amps," Maxim Integrated Products, Sunnyvale, CA, 1993.
19. B. Razavi, "A Study of Phase Noise in CMOS Oscillators," *IEEE J. Solid-State Circuits,* Vol. SC-31, No. 3, pp. 331–343, Mar. 1996.
20. R. D. Jolly and R. H. McCharles, "A Low-Noise Amplifier for Switched Capacitor Filters," *IEEE J. Solid-State Circuits,* Vol. SC-17, No. 6, pp. 1192–1194, Dec. 1982.
21. E. A. Vittoz, "MOS Transistors Operated in the Lateral Bipolar Mode and Their Application in CMOS Technology," *IEEE J. Solid-State Circuits,* Vol. SC-18, No. 3, pp. 273–279, June 1983.
22. W. T. Holman and J. A. Connelly, "A Compact Low Noise Operational Amplifier for a 1.2 μm Digital CMOS Technology," *IEEE J. Solid-State Circuits,* Vol. SC-30, No. 6, pp. 710–714, June 1995.
23. K. C. Hsieh, P. R. Gray, D. Senderowicz, and D. G. Messerschmitt, "A Low-Noise Chopper-Stabilized Switched-Capacitor Filtering Technique," *IEEE J. Solid-State Circuits,* Vol. SC-16, No. 6, pp. 708–715, Dec. 1981.
24. C. Hu, "Future CMOS Scaling and Reliability," *Proc. IEEE,* Vol. 81, No. 5, May 1993.
25. International Technology Roadmap for Semiconductors (ITRS 2000), http://public.itrs.net.
26. R. Hogervorst et al., "CMOS Low-Voltage Operational Amplifiers with Constant-*gm* Rail-to-Rail Input Stage," *Analog Integrated Circuits and Signal Processing,* Vol. 5, No. 4, pp. 135–146, Mar. 1994.
27. J. H. Botma et al., "Rail-to-Rail Constant-*Gm* Input Stage and Class AB Output Stage for Low-Voltage CMOS Op Amps," *Analog Integrated Circuits and Signal Processing,* Vol. 6, No. 2, pp. 121–133, Sept. 1994.
28. B. J. Blalock, P. E. Allen, and G. A. Rincon-Mora, "Designing 1-V Op Amps Using Standard Digital CMOS Technology," *IEEE Trans. Circuits and Syst. II,* Vol. 45, No. 7, pp. 769–780, July 1998.
29. B. J. Blalock and P. E. Allen, "A One-Volt, 120-μW, 1-MHz OTA for Standard CMOS Technology," *Proc. ISCAS,* Vol. 1, pp. 305–307, 1996.
30. G. A. Rincon-Mora and P. E. Allen, "A 1.1-V Current-Mode and Piecewise-Linear Curvature-Corrected Bandgap Reference," *IEEE J. Solid-State Circuits,* Vol. 33, No. 10, pp. 1551–1554, Oct. 1998.
31. R. G. H. Eschauzier and J. H. Huijsing, *Frequency Compensation Techniques for Low-Power Operational Amplifiers.* Norwell, MA: Kluwer Academic Publishers, 1995.
32. T. Lehmann and M. Cassia, "1V Power Supply CMOS Cascade Amplifier," *IEEE J. Solid-State Circuits,* Vol. SC-36, No. 7, pp. 1082–1086, July 2001.

第8章 比 较 器

第6章和第7章着重讨论了运算放大器及其设计。在考虑运算放大器如何被用来完成各种模拟信号处理和模-数转换之前，将先讨论比较器。比较器可以比较一个模拟信号和参考信号或另一个模拟信号，并且输出比较得出的二进制信号。这里所说的模拟信号是指在任何给定时刻幅值都连续变化的信号(参见 1.1 节)。严格意义上说，二进制信号在任一时刻只能取两个给定值中的一个，但是这种二进制信号的概念对于现实情况而言太过于理想化。现实中，两个二进制状态之间存在过渡区间，而使比较器快速通过过渡区间是非常重要的。

比较器广泛应用于模拟信号到数字信号的转换过程中。在模-数转换过程中，首先必须对输入进行采样。接着，经过采样的信号通过比较器以决定模拟信号的数字值。在最简单的情况下，比较器可以作为一个 1 位模-数转换器。本章首先考察比较器的需求和特性。比较器可以被分为开环比较器和再生比较器两种类型。开环比较器从根本上讲是非补偿运算放大器，而再生比较器使用类似于传感放大器(sense amplifier)或触发器(flip-flop)的正反馈来完成对两个信号幅度的比较。于是又存在一种比较器，综合了开环和再生两类比较器。这种综合型比较器速度极快。

8.1 比较器的特性

图8.1-1 给出了比较器的电路符号，这个符号将在全书中使用。这个符号和运算放大器的符号相同，因为比较器和运算放大器在性能上有很多相似之处。正电平从 v_P 输入将使比较器输出为正，从 v_N 输入将使比较器输出为负。比较器输出电平的最大值、最小值分别定义为 V_{OH} 和 V_{OL}。

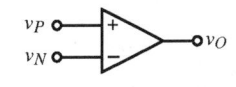

图 8.1-1 比较器电路符号

静态特性

比较器是一个可以比较两个输入模拟信号并由此产生一个二进制输出的电路。图 8.1-2 说明了这一点。当正、负输入之差为正时，比较器输出为高电平(V_{OH})；为负时，比较器输出为低电平(V_{OL})。尽管在现实情况中不可能出现这样理想的状态，但这可以作为理想的电路元件进行数学描述。图8.1-3 给出了理想的比较器模型，其中包含了一个压控电压源(VCVS)，其特性在图中用数学公式进行了描述。

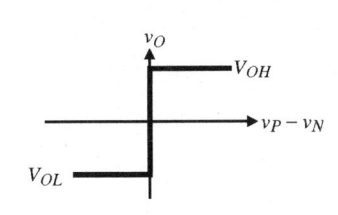

$$f_0(v_P - v_N) = \begin{cases} V_{OH}, & \text{其中}(v_P - v_N) > 0 \\ V_{OL}, & \text{其中}(v_P - v_N) < 0 \end{cases}$$

图8.1-2 比较器的理想传输曲线

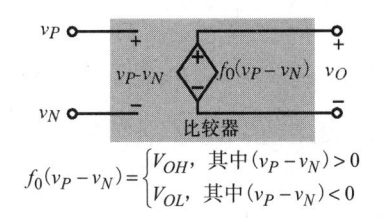

图 8.1-3 理想的比较器模型

这个模型在输出 V_{OL} 和 V_{OH} 之间的转换是理想的：输入改变 ΔV 造成输出状态改变，而 ΔV 趋于零。这意味着增益为无限大，可表示为

$$增益 = A_v = \lim_{\Delta V \to 0} \frac{V_{OH} - V_{OL}}{\Delta V} \tag{8.1-1}$$

图8.1-4 画出了一个一阶模型直流传输曲线。这是一个可实现的比较器电路的近似模型，与前面提到的模型增益不同，这一模型增益可表示为

$$A_v = \frac{V_{OH} - V_{OL}}{V_{IH} - V_{IL}} \tag{8.1-2}$$

其中，V_{IH} 和 V_{IL} 是输出分别达到上限和下限所需的输入电压差 $v_P - v_N$。这种输入变化称为比较器的精度。增益是描述比较器工作的重要特性，因为它定义了输出能够在两个二进制状态之间改变所必需的最小的输入变化量(精度)。两个输出状态通常被设定为由比较器驱动的数字电路输入所要求的状态。电平 V_{OH} 和 V_{OL} 必须能够满足后续数字电路要求的 V_{IH} 和 V_{IL}。在 CMOS 技术中，这两个值通常分别为电源电压的 70% 和 30%。

图8.1-4 的传输曲线用图8.1-5 所示电路模型表示，这个模型与图8.1-3 的模型很相似，唯一的区别是函数 f_1 和 f_0。

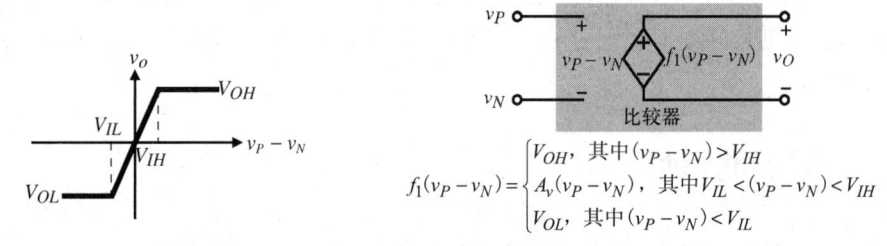

图8.1-4　一阶模型直流传输曲线

图8.1-5　有限增益比较器的模型

$$f_1(v_P - v_N) = \begin{cases} V_{OH}, & 其中(v_P - v_N) > V_{IH} \\ A_v(v_P - v_N), & 其中 V_{IL} < (v_P - v_N) < V_{IH} \\ V_{OL}, & 其中(v_P - v_N) < V_{IL} \end{cases}$$

比较器电路的第二个非理想特性体现在输入失调电压 V_{OS}。在图8.1-2 中，当输入之差过零时，输出发生变化。如果直到输入之差达到某个 $+V_{OS}$ 值时输出才有变化，那么这个差值就被定义为失调电压。若能够预测失调，则不会产生任何问题，然而在给定设计的情况下，一个电路和另一个电路的失调将随机改变[1]。图8.1-6 给出了包含输入失调电压的比较器的传输曲线，图8.1-7 给出了含有输入失调电压的比较器模型。失调电压的正负号(±)说明 V_{OS} 的极性不能确定。

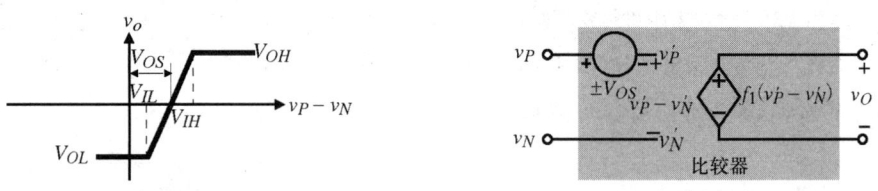

图 8.1-6　包含输入失调电压的比较器的传输曲线

图 8.1-7　含有输入失调电压的比较器模型

除了以上的特性，比较器还有一个差分输入电阻与电容和一个输出电阻。此外，还有一个共模输入电阻 R_{icm}。这些方面可以和 6.1 节中讨论的运算放大器进行同样的建模处理。因为比较器通常是差分输入，所以输入共模范围也很重要。输入共模范围(ICMR)是比较器正常工作状态下的共模输入电压的范围。这个范围一般是比较器的所有晶体管处于饱和状态的

范围。虽然比较器设计时并未要求其在两个二进制输出状态的过渡区间工作，但是噪声对比较器性能的影响仍然很重要。比较器噪声可以看成比较器被偏置在电压转移特性的过渡区。噪声将会导致图8.1-8所示的过渡区间的不确定性。这种过渡区间的不确定性将导致使用比较器的整个电路产生抖动或相位噪声。

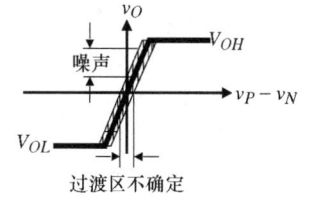

图 8.1-8　噪声对比较器的影响

动态特性

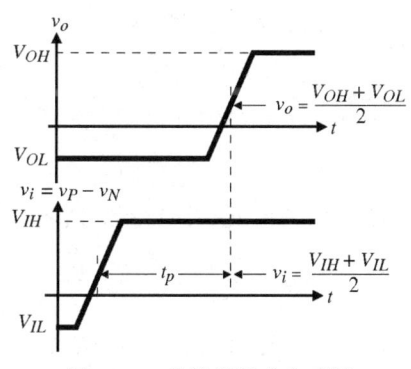

比较器的动态特性包括小信号和大信号方式。比较器对差分输入的响应时间还不清楚。输入激励和输出转换之间的时延称为比较器的响应时间。图8.1-9显示了比较器的响应时间。注意，在输入激励和输出响应之间有一个时延，这一时间差称为比较器的传输时延。这是一个非常重要的参数，因为在 ADC 中，这经常是转换率的限制因素。比较器的传输时延随输入幅度的变化而变化，较大的输入将使时延较短。输入电平会增大到一个上限，这里即使输入电平再增大也无法对时延产生影响，这时电压的变化率被称为摆率。

图 8.1-9　比较器的响应时间

小信号动态特性取决于比较器频率响应。这种特性的一个简单模型假设差分电压增益 A_v 可表示为

$$A_v(s) = \frac{A_v(0)}{\dfrac{s}{\omega_c}+1} = \frac{A_v(0)}{s\tau_c+1} \tag{8.1-3}$$

式中，$A_v(0)$ 是比较器直流增益，$\omega_c = 1/\tau_c$ 是比较器频率响应单极点(主极点)的-3 dB 频率。通常比较器的 $A_v(0)$ 比运算放大器的 $A_v(0)$ 小，但比较器的 ω_c 比运算放大器的 ω_c 大。

设比较器的最小输入电压差为比较器的精度，定义比较器的最小输入电压为

$$V_{in}(最小) = \frac{V_{OH} - V_{OL}}{A_v(0)} \tag{8.1-4}$$

对于一个阶跃输入电压，由式(8.1-3)定义的比较器输出以一阶指数响应形式从 V_{OL} 上升到 V_{OH}(或从 V_{OH} 下降到 V_{OL})，如图 8.1-10 所示。如果 V_{in} 比 V_{in}(最小)大，则输出上升或下降时间变短。当将 V_{in}(最小)加在比较器上时，可得

$$\frac{V_{OH} - V_{OL}}{2} = A_v(0)\left[1 - e^{-t_p/\tau_c}\right]V_{in}(最小) = A_v(0)\left[1 - e^{-t_p/\tau_c}\right]\left(\frac{V_{OH} - V_{OL}}{A_v(0)}\right) \tag{8.1-5}$$

因此，阶跃输入为 v_{in}(最小)时的传输时延可写为

$$t_p(\text{最大}) = \tau_c \ln(2) = 0.693\tau_c \tag{8.1-6}$$

这一传输时延对于比较器的正向或负向输出均有效。在图 8.1-10 中，如果输入是 V_{in}(最小)的 k 倍，则传输时延将为

$$t_p = \tau_c \ln\left(\frac{2k}{2k-1}\right) \tag{8.1-7}$$

式中，

$$k = \frac{V_{in}}{V_{in}(\text{最小})} \tag{8.1-8}$$

很明显，比较器的输入越大，传输时延越短。

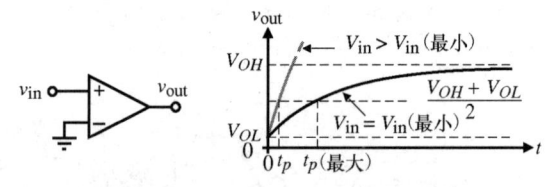

图 8.1-10　比较器的小信号瞬态响应

随着比较器输入的增大，比较器最终进入大信号模式。在大信号模式下，由于电容充放电电流的限制，将出现摆率限制。如果传输时延由比较器的摆率决定，那么传输时延可以写为

$$t_p = \Delta T = \frac{\Delta V}{\text{SR}} = \frac{V_{OH} - V_{OL}}{2 \cdot \text{SR}} \tag{8.1-9}$$

当传输时延由摆率决定时，减小传输时间的重要手段是增加比较器吸入或输出电流的能力。

例 8.1-1　比较器的传输时延

试求一个开环比较器的传输时延，其中比较器的主极点为 10^3 rad/s，直流增益为 10^4，摆率为 1 V/μs，二进制输出电压摆幅为 1 V，设输入电压为 10 mV。

解：比较器的输入精度为 1 V/10^4 或 0.1 mV，因此 10 mV 输入是 v_{in}(最小)的 100 倍，所以 k 为 100，由式 (8.1-7) 可得

$$t_p = \frac{1}{10^3} \ln\left(\frac{2 \cdot 100}{2 \cdot 100 - 1}\right) = 10^{-3} \ln\left(\frac{200}{199}\right) = 5.01\ \mu\text{s}$$

又由式 (8.1-9) 可得

$$t_p = \frac{1}{2 \cdot 1 \times 10^6} = 0.5\ \mu\text{s}$$

因此，传输时延大于等于 5.01 μs。

8.2　两级开环比较器

进一步分析前面的要求可知比较器需要差分输入和足够的增益以达到所要求的精度，因此

第8章 比较器

第6章提到的两级运算放大器可以很好地应用于比较器。比较器大都采用开环模式，这种简化使得没有必要对比较器进行补偿。事实上，对比较器最好不要进行补偿，使其具有最大的带宽和较快的响应。因此，下面将对如图 8.2-1 所示的使用非补偿运算放大器的两级比较器的性能进行讨论。

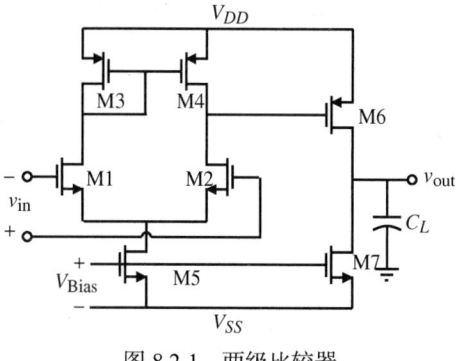

图 8.2-1 两级比较器

两级开环比较器性能

首先讨论如图 8.2-1 所示的两级比较器的 V_{OH} 和 V_{OL} 值。因为输出级是电流漏反相器，因此可以使用 5.1 节中电流漏/电流源反相器的分析方法。假设 M6 的栅极有一个最小电压 V_{G6}（最小），则最大输出电压可以写成

$$V_{OH} = V_{DD} - (V_{DD} - V_{G6}(最小) - |V_{TP}|)\left[1 - \sqrt{1 - \frac{2I_7}{\beta_6(V_{DD} - V_{G6}(最小) - |V_{TP}|)^2}}\right] \quad (8.2\text{-}1)$$

最小输出电压是

$$V_{OL} = V_{SS} \quad (8.2\text{-}2)$$

由 6.2 节改进的比较器的小信号增益为

$$A_v(0) = \left(\frac{g_{m1}}{g_{ds2} + g_{ds4}}\right)\left(\frac{g_{m6}}{g_{ds6} + g_{ds7}}\right) \quad (8.2\text{-}3)$$

利用式(8.2-1)~式(8.1-4b)可以求出比较器的精度 V_{in}（最小）。

对于图8.2-1 所示的比较器有两点值得注意：首先是第一级的输出极点 p_1，其次是第二级的输出极点 p_2。这两个极点可以表示为

$$p_1 = \frac{-(g_{ds2} + g_{ds4})}{C_I} \quad (8.2\text{-}4a)$$

$$p_2 = \frac{-(g_{ds6} + g_{ds7})}{C_{II}} \quad (8.2\text{-}4b)$$

其中，C_I 是与第一级输出相连的总电容。C_{II} 是与第二级输出相连的总电容。C_{II} 一般由 C_L 决定。综合以上结果，两级比较器的频率响应可以表示为

$$A_v(s) = \frac{A_v(0)}{\left(\dfrac{s}{p_1} - 1\right)\left(\dfrac{s}{p_2} - 1\right)} \quad (8.2\text{-}5)$$

以下的几个例子将给出两级开环比较器的实用数据。

例 8.2-1 一个两级比较器的性能

求如图 8.2-1 所示两级比较器的 V_{OH}, V_{OL}, $A_v(0)$, V_{in}（最小），p_1 及 p_2。设该比较器为例 6.3-1 的电路，并且没有补偿电容 C_c，V_{G6} 最小值为 0 V，$C_I = 0.2$ pF，$C_{II} = 5$ pF。

解：应用式(8.2-1)，可得

$$V_{OH} = 2.5 - (2.5 - 0 - 0.7)\left[1 - \sqrt{1 - \frac{2 \times 95 \times 10^{-6}}{50 \times 10^{-6} \times 14(2.5 - 0 - 0.7)^2}}\right] = 2.42\ \text{V}$$

从式(8.2-2)中得到V_{OL}的值为-2.5 V，在例6.3-1中应用式(8.2-3)已得$A_v(0) = 7696$，再由式(8.1-2)可以得到输入精度为

$$V_{in}(\text{最小}) = \frac{V_{OH} - V_{OL}}{A_v(0)} = \frac{4.92\text{V}}{7696} = 0.640\ \text{mV}$$

接下来求比较器的两个极点p_1和p_2，由例6.3-1得到

$$p_1 = -\frac{g_{ds2} + g_{ds4}}{C_I} = -\frac{15 \times 10^{-6}(0.04 + 0.05)}{0.2 \times 10^{-12}} = -6.75 \times 10^6 (1.074\ \text{MHz})$$

$$p_2 = -\frac{g_{ds6} + g_{ds7}}{C_{II}} = -\frac{95 \times 10^{-6}(0.04 + 0.05)}{5 \times 10^{-12}} = -1.71 \times 10^6 (0.670\ \text{MHz})$$

一个具有两个极点的两级开环、输入为V_{in}的比较器的响应为

$$v_{out}(t) = A_v(0)V_{in}\left[1 + \frac{p_2 e^{-tp_1}}{p_1 - p_2} - \frac{p_1 e^{-tp_2}}{p_1 - p_2}\right] \tag{8.2-6}$$

其中，$p_1 \neq p_2$，式(8.2-6)适用于比较器输出上升或下降速度未超出比较器的输出摆率的情况。输出的摆率和甲类反相器相似，负摆率为

$$\text{SR}^- = \frac{I_7}{C_{II}} \tag{8.2-7}$$

正摆率由 M6 的电流源决定，可以表示为

$$\text{SR}^+ = \frac{I_6 - I_7}{C_{II}} = \frac{\beta_6(V_{DD} - V_{G6}(\text{最小}) - |V_{TP}|)^2 - I_7}{C_{II}} \tag{8.2-8}$$

如果式(8.2-6)的上升速度或下降速度超出正摆率或负摆率，则输出响应近似为一斜线，其斜率由式(8.2-7)或式(8.2-8)决定。

假设不发生超出摆率的情况，由式(8.2-6)给出的两级比较器阶跃响应可以用归一化的幅度和时间绘出，结果为

$$v'_{out}(t_n) = \frac{v_{out}(t_n)}{A_v(0)V_{in}} = 1 - \frac{m}{m-1}e^{-t_n} + \frac{1}{m-1}e^{-mt_n} \tag{8.2-9}$$

式中，

$$m = \frac{p_2}{p_1} \neq 1 \tag{8.2-10}$$

$$t_n = -tp_1 \tag{8.2-11}$$

如果$m = 1$，式(8.2-9)就变为

$$v'_{out}(t_n) = 1 - e^{tp_1} + tp_1 e^{-tp_1} = 1 - e^{-t_n} - t_n e^{-t_n} \tag{8.2-12}$$

图8.2-2给出了式(8.2-9)和式(8.2-12)中 m 值从 0.25 到 4 的情况。

若输入阶跃大于 V_{in}(最小)，则图8.2-2中曲线的幅度被限制在 V_{OH}。可以注意到，当 $t=0$ 时斜率为零，这一点可以通过对式(8.2-9)进行微分并令 $t=0$ 得到，式(8.2-9)最大斜率发生在 t_n(最大)时。

$$t_n(最大) = \frac{\ln(m)}{m-1} \tag{8.2-13}$$

对式(8.2-9)微分两次并令其等于零，在 t_n(最大)处的斜率可以写成

$$\frac{dv'_{out}(t_n(最大))}{dt_n} = \frac{m}{m-1}\left[\exp\left(\frac{-\ln(m)}{m-1}\right) - \exp\left(-m\frac{\ln(m)}{m-1}\right)\right] \tag{8.2-14}$$

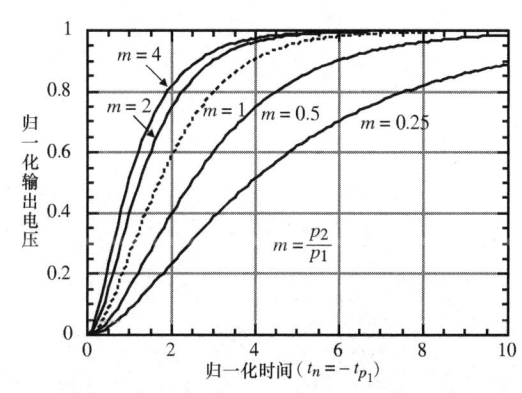

图 8.2-2　以 p_1 和 p_2 为实轴极点的比较器的线性阶跃响应

若线性响应的斜率超出了摆率，则阶跃响应会受摆率限制。若摆率接近式(8.2-14)的值，则很难建立阶跃响应的模型。在线性响应的斜率小于摆率之前，可以假设一个受摆率限制的响应，但这一点不易找到。若比较器 $V_{in} > V_{in}$(最小)，且摆率比式(8.2-14)小，则摆率可以用来预测阶跃响应。

例 8.2-2　例 8.2-1 的阶跃响应

求例 8.2-1 的最大斜率和发生时刻，其中输入阶跃幅度为 V_{in}(最小)。若图8.2-1中 M7 的直流偏移为 100 μA，则负载电容 C_L 为多大时瞬态响应受摆率限制？若输入阶跃幅度为 100 V_{in}(最小)，并且 $V_{OH}-V_{OL}=1$ V，则新的 C_L 值为多少时将受摆率限制？

解： 由例 8.2-1 给出的比较器的极点 $p_1 = -6.75 \times 10^6$ rad/s 与 $p_2 = -1.71 \times 10^6$ rad/s，得到 $m = 0.253$。由式(8.2-13)，最大斜率发生在 t_n(最大) = 1.84 s 处，除以 $|p_1|$ 得 t(最大) = 0.273 μs。这时瞬态响应的斜率由式(8.2-14)求出为

$$\frac{dv'_{out}(t_n(最大))}{dt_n} = -0.338[\exp(-1.84) - \exp(-0.253 \times 1.84)] = 0.159 \text{ V/s}$$

上式乘以 $|p_1|$ 得

$$\frac{dv'_{out}(t_n(最大))}{dt_n} = 1.072 \text{ V/μs}$$

因此，若比较器的摆率比 1.072 V/μs 小，则瞬态响应将受摆率限制。若负载电容 C_L 比

(100 μA)/(1.072 V/μs) = 93.3 pF 大，则比较器将受摆率限制。

如果比较器输入过驱动，电压为 100 V_{in}(最小)，那么必须对输出斜率按下式进行非归一化。

$$\frac{dv'_{out}(t(最大))}{dt} = \frac{v_{in}}{V_{in}(最小)} \frac{dv'_{out}(t(最大))}{dt} = 100 \cdot 1.072 \text{ V/μs} = 107.2 \text{ V/s}$$

因此，比较器将在负载电容为 0.933 pF 时达到摆率。对于较大的过驱动，比较器通常受摆率限制。

当低于摆率时，两极点比较器传输时延的预测是很有意义的。为了解决这个问题，令式(8.2-9)等于 $0.5(V_{OH}+V_{OL})$，进而求出传输时延 t_p。但是这一等式不易求解。一种变换的方法是把式(8.2-9)中的指数项用它们的级数表示代替，得到

$$v_{out}(t_n) \approx A_v(0)V_{in}\left[1 - \frac{m}{m-1}\left(1 - t_n + \frac{t_n^2}{2} + \cdots\right) + \frac{1}{m-1}\left(1 - mt_n + \frac{m^2 t_n^2}{2} + \cdots\right)\right] \quad (8.2\text{-}15)$$

式(8.2-15)可以简化为

$$v_{out}(t_n) \approx \frac{m t_n^2 A_v(0) V_{in}}{2} \quad (8.2\text{-}16)$$

设 $v_{out}(t_n)$ 等于 $0.5(V_{OH}+V_{OL})$，解出 t_n，得到归一化传输时延 t_{pn} 为

$$t_{pn} \approx \sqrt{\frac{V_{OH}+V_{OL}}{m A_v(0) V_{in}}} = \sqrt{\frac{V_{in}(最小)}{m V_{in}}} = \frac{1}{\sqrt{mk}} \quad (8.2\text{-}17)$$

式中，k 由式(8.1-8)定义，这一结果近似于图 8.2-2 中形如抛物线的响应。因为 t_n 的值比 1 小，所以这是一个合理的近似。如果考虑输入的影响，则式(8.2-17)是一个更好的近似。过驱动的影响只作用于最初的那部分响应（如 V_{OH} 被降低并趋于零）。下面的例子介绍了式(8.2-17)在两极点比较器传输时延预测方面的应用。

例 8.2-3 低于摆率时两极点比较器的传输时延

求例 8.2-1 所示的比较器的传输时延，设 V_{in} 分别为 10 mV，100 mV 和 1V。

解：由例 8.2-1 可知 V_{in}(最小) = 0.642 mV，$m = 0.253$。由 $V_{in} = 10$ mV，$k = 15.576$，得到 $t_{pn} = 0.504$。这与图 8.2-2 给出的标准化传输时延出现在幅度为 $1/(2k)$ 或 0.032 处相符。除以 $|p_1|$ 得到传输时延为 72.7 ns。同样，对于 $V_{in} = 100$ mV 和 1 V，可得传输时延分别为 23.6 ns 和 7.5 ns。

两级开环比较器的初始工作状态

为了分析达到摆率时两级开环比较器的传输时延，必须首先搞清楚第一级和第二级初始输出电压的工作状态。考察如图 8.2-3 所示的两级开环比较器。第一级和第二级的电容分别为 C_I 和 C_{II}。

选择一个直流电平作为输入，并且找出其他比这一直流电平高或低的电平作为输入时第一级和第二级的输出电压。事实上，要对每种可能性考虑两

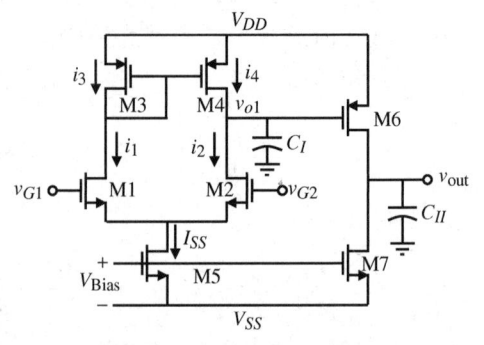

图 8.2-3 两级开环比较器

种情况。一种是 M1 和 M2 的电流不等但都不为零，另一种是一个输入晶体管的电流为 I_{SS}，另一个为零。

首先假设 v_{G2} 等于直流 V_{G2}，且当 $i_1 < I_{SS}$，$i_2 > 0$ 时，$v_{G1} > V_{G2}$。在这种情况下，M4 处在饱和区，$i_4 = i_3 = i_1$ 并且大于 i_2。由于有差分电流流入 C_I，v_{o1} 变大。随着 v_{o1} 不断增大，M4 将进入放大区，且 $i_4 < i_3$。当 M4 的源、漏电压降低到使 $i_4 = i_2$ 时，第一级的输出电压 v_{o1} 稳定。这一电压值为

$$V_{DD} - V_{SD4}(饱和) < v_{o1} < V_{DD}, \ v_{G1} > V_{G2}, \ i_1 < I_{SS} 及 i_2 > 0 \tag{8.2-18}$$

在式(8.2-18)成立的情况下，v_{SG6} 的值小于 $|V_{TP}|$，M6 将截止，此时，输出电压为

$$v_{out} = V_{SS}, \ v_{G1} > V_{G2}, \ i_1 < I_{SS} 及 i_2 > 0 \tag{8.2-19}$$

若 $v_{G1} \gg V_{G2}$，则 $i_1 = I_{SS}$，$i_2 = 0$，$v_{o1} = V_{DD}$，且 v_{out} 仍然等于 V_{SS}。

接下来，仍然假设 v_{G2} 等于 V_{G2}，但当 $i_1 > 0$，$i_2 < I_{SS}$ 时，$v_{G1} < V_{G2}$。在这种情况下，$i_4 = i_3 = i_1 < i_2$，同时 v_{o1} 减小。当 $v_{o1} \leq V_{G2} - V_{TN}$ 时，M2 处在放大区。随着 v_{o1} 持续降低到 $v_{DS2} < V_{DS2}(饱和)$，M2 的电流持续降低直到 $i_1 = i_2 = I_{SS}/2$，在这一点上 v_{o1} 稳定。此时，

$$V_{G2} - V_{GS2} < v_{o1} < V_{G2} - V_{GS2} + V_{DS2}(饱和) \tag{8.2-20}$$

或

$$V_{S2} < v_{o1} < V_{S2} + V_{DS2}(饱和), \ v_{G1} < V_{G2}, \ i_1 > 0 及 i_2 < I_{SS} \tag{8.2-21}$$

在式(8.2-21)的条件下，输出电压 v_{out} 将接近 V_{DD}，并且可以通过例 5.1-2 的方法求出结果。如果 $v_{G1} \ll V_{G2}$，刚才的结果仍然有效，直到 M1 或 M2 的源电压使 M5 离开饱和区。若出现这种情况，则 I_{SS} 降低，v_{o1} 接近 V_{SS} 且 v_{out} 可用例 5.1-2 的方法确定。

M1 栅极等于直流电压 V_{G1} 时，重复以上的过程，对第一级和第二级的初始输出状态进行考察。首先假设 $v_{G1} = V_{G1}$，$v_{G2} > V_{G1}$，$i_2 < I_{SS}$ 且 $i_1 > 0$。只要 M4 处于饱和区，由 $i_1 < i_2$ 可得 $i_4 < i_2$。因此，由于差分电流流出 C_I，v_{o1} 降低。随着 v_{o1} 降低，M2 将进入非饱和区，且 i_2 将降低到 $i_1 = i_2 = I_{SS}/2$ 处，此时 v_{o1} 稳定，值为

$$V_{G1} - V_{GS2}(I_{SS}/2) < v_{o1} < V_{G1} - V_{GS2}(I_{SS}/2) + V_{DS2}(饱和) \tag{8.2-22}$$

或

$$V_{S2}(I_{SS}/2) < v_{o1} < V_{S2}(I_{SS}/2) + V_{DS2}(饱和), \ v_{G2} > V_{G1}, \ i_1 > 0 及 i_2 < I_{SS} \tag{8.2-23}$$

在式(8.2-23)的条件下，输出电压 v_{out} 将接近 V_{DD}，且可以由例 5.1-2 的方法求解。如果 $v_{G2} \gg V_{G1}$，以上结论仍然有效，直到 M1 或 M2 的源电压使 M5 离开饱和区。若发生这种情况，则 I_{SS} 降低，v_{o1} 接近 V_{SS}，且 v_{out} 可以用例 5.1-2 的方法确定。

接下来，仍然假设 v_{G1} 等于 V_{G1}，但 $v_{G2} < V_{G1}$，$i_1 < I_{SS}$ 且 $i_2 > 0$。由 $i_1 > i_2$ 得到 $i_4 > i_2$ 并使 v_{o1} 增大。只要 M4 处于饱和区，就有 $i_4 > i_2$。当 M4 进入非饱和区，i_4 将下降直至 $i_4 = i_2$，在这一点上 v_{o1} 稳定，且

$$V_{DD} - V_{SD4}(饱和) < v_{o1} < V_{DD}, \ v_{G2} < V_{G1}, \ i_1 < I_{SS} 及 i_2 > 0 \tag{8.2-24}$$

在式(8.2-24)的条件下，v_{SG6} 的值小于 $|V_{TP}|$，且 M6 截止，输出电压为

$$v_{out} = V_{SS}, \ v_{G2} < V_{G1}, \ i_1 < I_{SS} 及 i_2 > 0 \tag{8.2-25}$$

若 $v_{G2} \ll V_{G1}$，则 $i_1 = I_{SS}$，$i_2 = 0$，$v_{o1} = V_{DD}$，v_{out} 仍然等于 V_{SS}。以上的结论在表 8.2-1 中归总列出。

表 8.2-1　图 8.2-3 所示两级开环比较器的初始状态

条件	v_{o1} 的初始状态	v_{out} 的初始状态
$v_{G1} > v_{G2}$, $i_1 < I_{SS}$ 及 $i_2 > 0$	$V_{DD} - V_{SD4}$(饱和)$< v_{o1} < V_{DD}$	V_{SS}
$v_{G1} \gg v_{G2}$, $i_1 = I_{SS}$ 及 $i_2 = 0$	V_{DD}	V_{SS}
$v_{G1} < v_{G2}$, $i_1 > 0$ 及 $i_2 < I_{SS}$	$V_{S2} < v_{o1} < V_{S2} + V_{DS2}$(饱和)	用于 PMOS 的式(5.1-19)
$v_{G1} \ll v_{G2}$, $i_1 = 0$ 及 $i_2 = I_{SS}$	V_{DD}	用于 PMOS 的式(5.1-19)
$v_{G2} > v_{G1}$, $i_1 > 0$ 及 $i_2 < I_{SS}$	$V_{S2}(I_{SS}/2) < v_{o1} < V_{S2}(I_{SS}/2) + V_{DS2}$(饱和)	用于 PMOS 的式(5.1-19)
$v_{G2} \gg v_{G1}$, $i_1 = 0$ 及 $i_2 = I_{SS}$	V_{SS}	用于 PMOS 的式(5.1-19)
$v_{G2} < v_{G1}$, $i_1 < I_{SS}$ 及 $i_2 > 0$	$V_{DD} - V_{DS4}$(饱和)$< v_{o1} < V_{DD}$	V_{SS}
$v_{G2} \ll v_{G1}$, $i_1 = I_{SS}$ 及 $i_2 = 0$	V_{DD}	V_{SS}

两级开环比较器达到摆率时的传输时延

在多数情况下，两级开环比较器会被驱动到一点，该点处的传输时延由比较器达到摆率时的性能确定。在这种情况下，传输时延由

$$i_i = C_i \frac{dv_i}{dt_i} = C_i \frac{\Delta v_i}{\Delta t_i} \tag{8.2-26}$$

进行计算。其中，C_i 是第 i 级输出的接地电容。第 i 级的传输时延通过求解式(8.2-26)中的 Δt_i 得到

$$t_i = \Delta t_i = C_i \frac{\Delta V_i}{I_i} \tag{8.2-27}$$

这一传输时延是各级时延的总和。

式(8.2-27)中的 ΔV_i 一般等于第 i 级输出摆幅的一半。在某些情况下，ΔV_i 的值由下一级的阈值点或转折点决定。放大器的转折点是一个输入值，在此输入值下输出为极值的一半。在两级开环比较器中，第二级是一个与图 8.2-4 所示类似的甲类反相放大器。转折点可以通过假设两个晶体管均处于饱和区并令电流相等进行计算。唯一未知的是输入电压，可写为

$$v_{in} = V_{TRP} = V_{DD} - |V_{TP}| - \sqrt{\frac{K_N(W_7/L_7)}{K_P(W_6/L_6)}}(V_{Bias} - V_{SS} - V_{TN}) \tag{8.2-28}$$

如果回到图 5.1-5，可以看到转折处于一个范围，转折点的值并不确定。然而，如果反相放大器在两个晶体管均饱和的区域内斜率足够大，那么转折可以被认为是一个点。

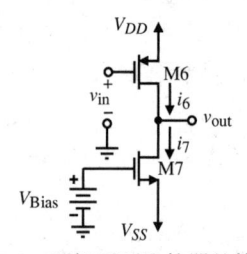

图 8.2-4　两级开环比较器的第二级

例 8.2-4　计算一个反相放大器的转折点

利用表 3.1-2 中的模型参数，计算如图 5.1-5 所示反相器的转折点。

解：重新改写式(8.2-28)，对如图 5.1-5 所示的反相器进行计算将比直接用式(8.2-28)计算简单。令图 5.1-5 中 M1 和 M2 的电流相等，得

$$V_{TRP} = V_{TN} + \sqrt{\frac{\beta_2}{\beta_1}}(V_{DD} - V_{\text{Bias}} - |V_{TP}|) = 0.7 + \sqrt{\frac{50(2)}{110(2)}}(2.5 - 0.7) = 1.913 \text{ V}$$

注意这个值与使图 5.1-5 中反相器输出电压为电源一半的输入电压非常接近。

两级开环比较器达到摆率时的传输时延可由以上方法计算。第一级时延和第二级时延相加得到总的传输时延。举一个例子来说明这一过程。

例 8.2-5   计算一个两级开环比较器的传输时延

如图 8.2-5 所示的两级比较器，设 $C_I = 0.2$ pF，$C_{II} = 5$ pF，$v_{G1} = 0$ V，比较器的输入 v_{G2} 的波形如图 8.2-6 所示。如果输入电压足够大以至于摆率起到主要作用，找出比较器输出上升及下降的传输时延，并给出比较器的传输时延。

解：总时延由第一级和第二级时延的总和决定。设第一级和第二级时延分别为 t_1 和 t_2。首先，考虑 v_{G2} 在 0.2 μs 处，变化从 −2.5 V 到 2.5 V。由表 8.2-1 最后一行得知，v_{o1} 和 v_{out} 的初始状态分别为 +2.5 V 和 −2.5 V。为求出第一级的下降时延 t_{f1}，需要 C_I、ΔV_{o1} 和 I_5。$C_I = 0.2$ pF，$I_5 = 30$ μA，且 ΔV_1 可以通过找出输出级的转折点进行计算。利用式(8.2-8)，令 M6 饱和时的电流等于 234 μA 时计算转折点比较简单，可得

$$\frac{\beta_6}{2}(V_{SG6} - |V_{TP}|)^2 = 234 \text{ μA} \rightarrow V_{SG6} = 0.7 + \sqrt{\frac{234 \cdot 2}{50 \cdot 38}} = 0.496 \text{ V}$$

用 2.5 V 减去这一电压得到第二级的转折点为

$$V_{TRP2} = 2.5 - 1.196 = 1.304 \text{ V}$$

因此，$\Delta V_1 = 2.5$ V − 1.304 V = $V_{SG6} = 1.196$ V。得到第一级的传输时延为

$$t_{fo1} = (0.2 \text{ pF})\left(\frac{1.196 \text{ V}}{30 \text{ μA}}\right) = 8 \text{ ns}$$

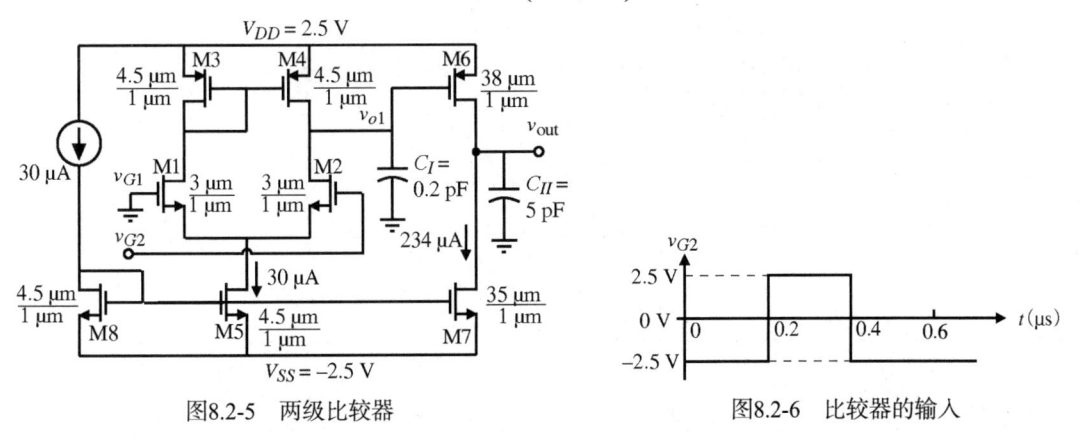

图 8.2-5   两级比较器

图 8.2-6   比较器的输入

第二级的上升传输时延需通过 C_{II}、ΔV_{out} 和 I_6 求解。C_{II} 为 5 pF，$\Delta V_{\text{out}} = 2.5$ V(设与比较器输出相连的电路转折点为 0 V)，I_6 求解如下：当 M6 的栅极电压为 1.304 V 时，M6 的电流

为 234 μA。然而，第一级的输出将继续下降，该用什么样的栅极电压值来计算 I_6 呢？V_{G6} 的最低值为

$$V_{G6} = V_{G1} - V_{GS2}(I_{SS}/2) + V_{DS2} \approx -V_{GS2}(I_{SS}/2) = -0.7 - \sqrt{\frac{2 \times 15}{110 \times 2}} = -1.00 \text{ V}$$

取 V_{G6} 的近似值为 1.304 V，再取其和 -1.00 V 的中值 0.152 V，可得 $V_{SG6} = 2.348$ V 且 I_6 的值为

$$I_6 = \frac{\beta_6}{2}(V_{SG6} - |V_{TP}|)^2 = \frac{38 \times 50}{2}(2.348 - 0.7)^2 = 2580 \text{ μA}$$

这说明处于放大区的晶体管一般比甲类反相级中的固定晶体管吸入和供出更多的电流。输出的上升传输时延可以表示为

$$t_{r,\text{out}} = (5 \text{ pF})\left(\frac{2.5 \text{ V}}{2580 \text{ μA} - 234 \text{ μA}}\right) = 5.3 \text{ ns}$$

因此，比较器的总的上升输出传输时延大约为 13.3 ns，并且时延的绝大部分是由第一级造成的。

接下来，考虑在 0.4 μs 时 v_{G2} 从 2.5 V 变化到 -2.5 V 的情况。假设 v_{G2} 处于 2.5 V 的时间足够长，表 8.2-1 列出的情况有效，因此，$v_{o1} \approx V_{SS} = -2.5$ V 且 $v_{\text{out}} \approx V_{DD}$。假设 v_{out} 近似于 V_{DD} 而不用式 (5.1-19)，第一级和第二级的传输时延计算如下：

$$t_{ro1} = (0.2 \text{ pF})\left(\frac{1.304 \text{ V} - (-1.0)}{30 \text{ μA}}\right) = 15.4 \text{ ns}$$

$$t_{f,\text{out}} = (5 \text{ pF})\left(\frac{2.5 \text{ V}}{234 \text{ μA}}\right) = 53.42 \text{ ns}$$

输出下降的总传输时延为 68.82 ns。上升和下降的传输时延的平均值为该两级开环放大器传输时延，大约为 41 ns。这些值和如图 8.2-7 的比较器的仿真结果吻合得很好。

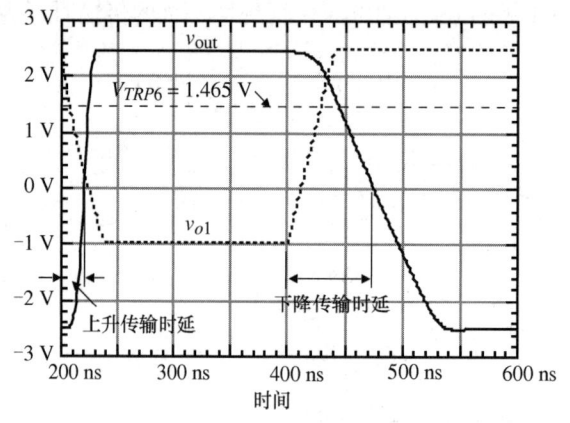

图 8.2-7 比较器的仿真结果

以上例子可以在 v_{G1} 变化、v_{G2} 保持恒定的情况下重新进行（见习题 8.2-7）。若比较器没有达到摆率，则传输时延由比较器的线性阶跃响应决定。若比较器只在部分阶跃响应下达到摆率，则传输时延的分析将变得复杂。在这种情况下仿真可以提供所需要的细节。

两级开环比较器的设计

两级开环比较器的设计在许多方面和两级运算放大器相似。两者最大的区别是比较器为非补偿的。典型的输入指标包括传输时延、输出电压摆率、精度和输入共模范围。根据比较器是否达到摆率,比较器的设计有两种方式:若比较器低于摆率,则极点的位置十分重要;若比较器达到摆率,则对电容充放电的能力变得更为重要。

对于低于摆率的比较器,加大过驱动和极点的位置能够减小传输时延。极点越大,传输时延越小。因为极点由每级输出的接地电容和电阻决定,所以保持较小的电容和电阻值非常重要。表8.2-2 给出了设计流程,这一流程可以用来完成最小传输时延的两级开环比较器的设计。设计流程试图设计与传输时延要求一致的极点位置。假设 $m=1$ 或令极点相等可以使流程简化。

表 8.2-2 图 8.2-3 所示的两级开环比较器的线性响应设计流程

说明: t_p, C_{II}, V_{in}(最小), V_{OH}, V_{OL}, V_{icm}^+, V_{icm}^- 以及过驱动　　限制: 技术, V_{DD} 及 V_{SS}

步骤	设计关系	注释
1	$\|p_I\| = \|p_{II}\| = \dfrac{1}{t_p\sqrt{mk}}$ 及 $I_7 = I_6 = \dfrac{\|p_{II}\|C_{II}}{\lambda_N + \lambda_P}$	选 $m=1$
2	$\dfrac{W_6}{L_6} = \dfrac{2 \cdot I_6}{K'_P(V_{SD6}(饱和))^2}$ 及 $\dfrac{W_7}{L_7} = \dfrac{2 \cdot I_7}{K'_N(V_{DS7}(饱和))^2}$	V_{SD6}(饱和)$=V_{DD}-V_{OH}$ V_{DS7}(饱和)$=V_{OL}-V_{SS}$
3	假设 C_I 在 $0.1 \sim 0.5$ pF 之间　$\therefore I_5 = I_7 \dfrac{2C_I}{C_{II}}$	由于选择 $m=1$,所以后面将检查
	$\dfrac{W_3}{L_3} = \dfrac{W_4}{L_4} = \dfrac{I_5}{K'_P(V_{SG3} - \|V_{TP}\|)^2}$	$V_{SG3} = V_{DD} - V_{icm}^+ + V_{TN}$
4	$g_{m1} = \dfrac{A_v(0)(g_{ds2}+g_{ds4})(g_{ds6}+g_{ds7})}{g_{m6}}$	$g_{m6} = \sqrt{\dfrac{2K'_P W_6 I_6}{L_6}}$
5	$\dfrac{W_1}{L_1} = \dfrac{W_2}{L_2} = \dfrac{g_{m1}^2}{K_N I_5}$	$A_v(0) = \dfrac{V_{OH}-V_{OL}}{V_{in}(最小)}$
6	求出 C_I 并检查前面的假定 $C_I = C_{gd2} + C_{gd4} + C_{gs6} + C_{bd2} + C_{bd4}$ 如果 C_I 大于步骤 3 中的假定,则增加 C_I 的值并重复步骤 4~6	$AD_2 = W_2(L1+L2+L3)$ $PD_2 = 2(W_2+L1+L2+L3)$ $AD_4 = W_4(L1+L2+L3)$ $PD_4 = 2(W_4+L1+L2+L3)$
7	V_{DS5}(饱和)$= V_{icm}^- - V_{GS1} - V_{SS}$ $\dfrac{W_5}{L_5} = \dfrac{2 \cdot I_5}{K'_N(V_{DS5}(饱和))^2}$	如果 V_{DS5}(饱和) 小于 100mV,则增大 W_1/L_1

例 8.2-6　图 8.2-3 所示两级开环比较器的线性响应设计

设图 8.2-3 的参数如下:

$t_p = 50$ ns　　　　　　$V_{OH} = 2$ V　　　　　　$V_{OL} = -2$ V

$V_{DD} = 2.5$ V　　　　　$V_{SS} = -2.5$ V　　　　　$C_{II} = 5$ pF

V_{in}(最小)$= 1$ mV　　　$V_{icm}^+ = 2$ V　　　　　　$V_{icm}^- = -1.25$ V

设过驱动倍数为 10。设计一个如图 8.2-3 所示的两级开环比较器,使之能达到以上的要求,设所有沟道长度为 1 μm。

解：依照表 8.2-2 所示的流程，选择 $m=1$，并得到

$$|p_I|=|p_{II}|=\frac{10^9}{50\sqrt{10}}=6.32\times 10^6\,\text{rad/s}$$

由此得到

$$I_6=I_7=\frac{6.32\times 10^6\times 5\times 10^{-12}}{0.04+0.05}351\,\mu\text{A}\quad\to\quad I_6=I_7=400\,\mu\text{A}$$

因此可得

$$\frac{W_6}{L_6}=\frac{2\times 400}{(0.5)^2\times 50}=64\quad\text{及}\quad\frac{W_7}{L_7}=\frac{2\times 400}{(0.5)^2\times 110}=29$$

接下来，设 $C_I=0.2$ pF，由此得到 $I_5=32\,\mu$A，将 I_5 增大到 40 μA 以留出安全裕量。步骤 4 给出 V_{SG3} 为 1.2 V，可得

$$\frac{W_3}{L_3}=\frac{W_4}{L_4}=\frac{40}{50(1.2-0.7)^2}=3.2\quad\to\quad\frac{W_3}{L_3}=\frac{W_4}{L_4}=4$$

要求的增益为 4000，得到输入跨导为

$$g_{m1}=\frac{4000\times 0.09\times 20}{44.44}=162\,\mu\text{S}$$

从而得出 M1 和 M2 的 W/L 为

$$\frac{W_1}{L_1}=\frac{W_2}{L_2}=\frac{(162)^2}{110\times 40}=5.96\quad\to\quad\frac{W_1}{L_1}=\frac{W_2}{L_2}=6$$

为了检验对 C_I 的假设，需要对其计算如下：

$$C_I=C_{gd2}+C_{gd4}+C_{gs6}+C_{bd2}+C_{bd4}=0.9\,\text{fF}+1.3\,\text{fF}+119.5\,\text{fF}+20.4\,\text{fF}+36.8\,\text{fF}=178.9\,\text{fF}$$

这个值比假设的值小，因此不需要改变。

最后，由 $V_{GS1}=0.946$ V 得到 M5 的 W/L 值，从而得到 V_{DS5}(饱和)$=0.304$ V，所以，

$$\frac{W_5}{L_5}=\frac{2\times 40}{(0.304)^2\times 110}=7.87\approx 8$$

很明显，M5 和 M7 的栅极与栅极以及源极与源极不能连接在一起。I_5 和 I_7 的值必须按图 8.2-8 所示分开推导。W 的值总结如下，其中设所有沟道长度为 1 μm。

$W_1=W_2=6\,\mu\text{m}$　　　　$W_3=W_4=4\,\mu\text{m}$　　　　$W_5=8\,\mu\text{m}$
$W_6=64\,\mu\text{m}$　　　　　$W_7=29\,\mu\text{m}$

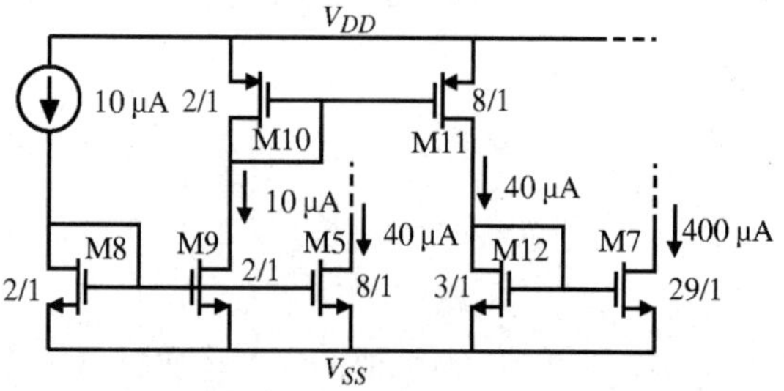

图8.2-8　例 8.2-6 比较器偏置的设置

第8章 比 较 器

达到摆率的两级开环比较器的设计与表8.2-2建议的线性响应设计有着不同的侧重点。在这种情况下假设以大信号为主。达到摆率时的典型设计流程如表8.2-3所示。

表8.2-3 图8.2-3所示的两级开环比较器的摆率响应设计流程

	说明:t_p,C_{II},V_{in}(最小),V_{OH},V_{OL},V_{icm}^+,V_{icm}^-以及过驱动	限制:技术,V_{DD}及V_{SS}
步骤	设计关系	注释
1	$I_7 = I_6 = C_{II}\dfrac{dv_{out}}{dt} = \dfrac{C_{II}(V_{OH}-V_{OL})}{t_p}$	假设输出转折点是$(V_{OH}-V_{OL})/2$
2	$\dfrac{W_6}{L_6} = \dfrac{2\cdot I_6}{K'_P(V_{SD6}(饱和))^2}$ 及 $\dfrac{W_7}{L_7} = \dfrac{2\cdot I_7}{K'_N(V_{SD7}(饱和))^2}$	$V_{SD5}(饱和)=V_{DD}-V_{OH}$ $V_{DS7}(饱和)=V_{OL}-V_{SS}$
3	假设一个C_I值并在以后查验	典型情况下,$0.1\text{pF}<C_I<0.5\text{pF}$
4	$I_5 = C_I\dfrac{dv_{o1}}{dt} \approx \dfrac{C_I(V_{OH}-V_{OL})}{t_p}$	假设v_{o1}在V_{OH}和V_{OL}之间变化
5	$\dfrac{W_3}{L_3} = \dfrac{W_4}{L_4} = \dfrac{I_5}{K'_P(V_{SG3}-|V_{TP}|)^2}$	$V_{SG3} = V_{DD} - V_{icm}^+ + V_{TN}$
6	$g_{m1} = \dfrac{A_v(0)(g_{ds2}+g_{ds4})(g_{ds6}+g_{ds7})}{g_{m6}}$	$g_{m6} = \sqrt{\dfrac{2K'_P W_6 I_6}{L_6}}$
	$\dfrac{W_1}{L_1} = \dfrac{W_2}{L_2} = \dfrac{g_{m1}^2}{K_N I_5}$	$A_v(0) = \dfrac{V_{OH}-V_{OL}}{V_{in}(最小)}$
7	求出C_I并查验所做的假定 $C_I = C_{gd2} + C_{gd4} + C_{gs6} + C_{bd2} + C_{bd4}$ 如果C_I大于步骤3中的假定,则增加C_I的值并重复步骤4~6	$AD_2 = W_2(L1+L2+L3)$ $PD_2 = 2(W_2+L1+L2+L3)$ $AD_4 = W_4(L1+L2+L3)$ $PD_4 = 2(W_4+L1+L2+L3)$
8	$V_{DS5}(饱和) = V_{icm}^- - V_{GS1} - V_{SS}$, $\dfrac{W_5}{L_5} = \dfrac{2\cdot I_5}{K'_N(V_{DS5}(饱和))^2}$	如果$V_{DS5}(饱和)$小于100mV,则增大W_1/L_1

例8.2-7 图8.2-3所示的两级开环比较器的摆率响应的设计

设图8.2-3的参数如下:

$t_p = 50$ ns $\qquad V_{OH} = 2$ V $\qquad V_{OL} = -2$ V

$V_{DD} = 2.5$ V $\qquad V_{SS} = -2.5$ V $\qquad C_{II} = 5$ pF

$V_{in}(最小) = 1$ mV $\qquad V_{icm}^+ = 2$ V $\qquad V_{icm}^- = -1.25$ V

设计一个采用图8.2-3所示电路的两级开环比较器,使之能达到以上的要求,设所有沟道长度为$1\ \mu m$。

解: 依照表8.2-3所示的流程计算I_6和I_7,得

$$I_6 = I_7 = \dfrac{5\times 10^{-12}\times 4}{50\times 10^{-9}} = 400\ \mu A$$

因此,

$$\dfrac{W_6}{L_6} = \dfrac{2\times 400}{(0.5)^2\times 50} = 64,\quad \dfrac{W_7}{L_7} = \dfrac{2\times 400}{(0.5)^2\times 110} = 29$$

接下来,假设$C_I = 0.2$ pF,可得

$$I_5 = \frac{(0.2 \text{ pF})(4 \text{ V})}{50 \text{ ns}} = 16 \text{ μA} \rightarrow I_5 = 20 \text{ μA}$$

步骤 5 给出 V_{SG3} 为 1.2 V，可得

$$\frac{W_3}{L_3} = \frac{W_4}{L_4} = \frac{20}{50(1.2-0.7)^2} = 1.6 \rightarrow \frac{W_3}{L_3} = \frac{W_4}{L_4} = 2$$

增益要求为 4000，得到输入跨导为

$$g_{m1} = \frac{4000 \times 0.09 \times 10}{44.44} = 81 \text{ μS}$$

由此可得 M1 和 M2 的 W/L 为

$$\frac{W_3}{L_3} = \frac{W_4}{L_4} = \frac{(81)^2}{110 \times 40} = 1.49 \rightarrow \frac{W_1}{L_1} = \frac{W_2}{L_2} = 2$$

为了检验对 C_I 的假设，对其计算如下。

$$C_I = C_{gd2} + C_{gd4} + C_{gs6} + C_{bd2} + C_{bd4} = 0.9 \text{ fF} + 0.4 \text{ fF} + 119.5 \text{ fF} + 20.4 \text{ fF} + 15.3 \text{ fF} = 156.5 \text{ fF}$$

这个值比设想的值小。

最后，由 $V_{GS1} = 1.00$ V，得到 V_{DS5}(饱和) $= 0.25$ V，从而得到 M5 的 W/L 值为

$$\frac{W_5}{L_5} = \frac{2 \times 20}{(0.25)^2 \times 110} = 5.8 \approx 6$$

同前面的例子一样，M5 和 M7 的栅极与栅极以及源极与源极不能连接在一起，此时可以采用类似于图 8.2-8 的方法。W 的值总结如下，其中设所有沟道长度为 1 μm。

$W_1 = W_2 = 2$ μm $W_3 = W_4 = 4$ μm $W_5 = 6$ μm
$W_6 = 64$ μm $W_7 = 29$ μm

以上的例子说明了如何设计两级开环比较器。有一点需要注意的是，线性响应和摆率响应比较器的设计有所不同。这是因为使极点变大将同样使摆率变快。例如，大的极点需要使节点到交流地之间具有低电阻和小电容。低电阻由大的偏置电流产生，因此，大的偏置电流和小的电容将使摆率得到改善。一般说来，一个高速比较器也会有较高的功耗。8.3 节将对其他形式的开环比较器进行分析，这些比较器将在速度和功耗上进行更好的折中。

8.3 其他开环比较器

除了前面一节讲到的两级比较器，还有很多其他类型的比较器。事实上，前面两章讲到的大部分运算放大器都可用作比较器。在本节将对推挽输出比较器、折叠共源共栅比较器进行讨论，这些比较器能够驱动非常大的容性负载。

推挽输出比较器

8.2 节讲到的两级比较器的传输时延是由第一级输出和第二级输出的过渡造成的。如果把第一级的电流镜负载用 MOS 二极管(栅漏相连的 MOS 管)代替，那么第一级的输出信号幅

度将减小。这种类型的比较器称为箝位比较器，如图8.3-1所示。

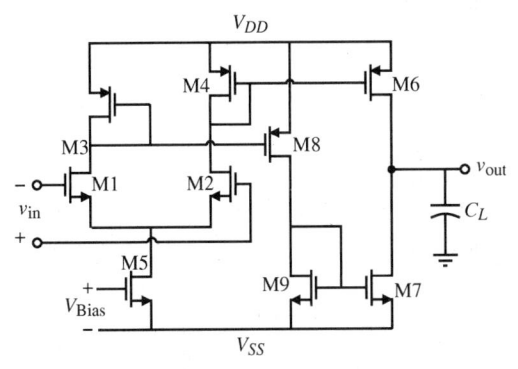

图8.3-1 箝位比较器

图 8.3-1 有几个有趣的特点：第一，由于第一级的电流镜负载被换成了 MOS 二极管，所以增益下降。第二，输出是推挽式的。在输出端，可吸入和输出的最大电流是 I_5 乘以 M3-M8(M4-M6)的电流增益。两级比较器的等效增益可以通过如图 8.3-2 所示的共源共栅输出结构来实现。这个电路就是图6.5-6 所示的运算放大器。大的输出电阻将导致单极点响应。这个极点比两级开环比较器的极点频率低，所以在同等驱动的情况下线性响应会较慢。然而，由于比较器是推挽的，它可以向输出电容 C_{II} 供出和从输出电容 C_{II} 吸入大电流。例6.5-2 给出的设计流程同样适用这个电路。

图 8.3-2 的动态特性由输出电阻 R_{II} 决定。由例 6.5-2 得到输出电阻大约为 11 MΩ。如果 C_{II} 为 5 pF，那么主极点为-18.12 krad/s。当过驱动因子为 10 时，式(8.1-7)给出的传输时延为 2.83 μs。这比例8.2-6 的两级开环比较器的时延大得多。但如果比较器达到了摆率，那么共源共栅输出的箝位比较器可以和两级开环比较器相媲美。

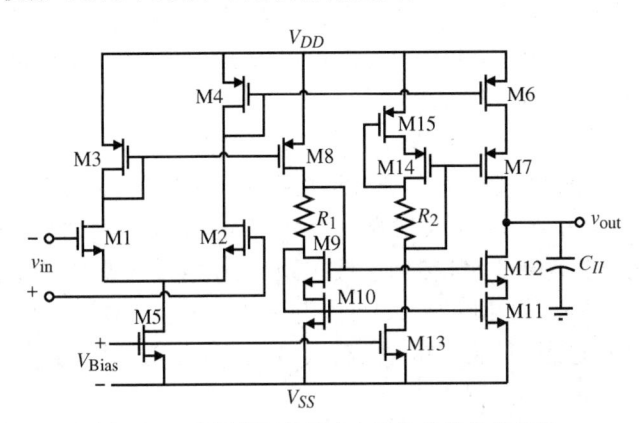

图8.3-2 采用共源共栅输出结构的箝位比较器

在第 6 章讲到的折叠共源共栅运算放大器也可以实现较好的比较器，其性能和图 8.3-2 所示的比较器类似。最主要的区别是有更好的共模输入电压范围，这是因为 MOS 二极管没有作为第一级的负载。从线性速度的观点来看，具有共源共栅输出级的比较器速度偏低。一般来说，在响应为线性的情况下不采用这几种类型的比较器。但如果比较器响应达到摆率，就会有令人满意的性能。

可以驱动大容性负载的比较器

如果比较器连接有大容性负载，那么其速度将受到摆率的限制。在此情况下，将给出几种驱动大电容 C_{II} 的方法。第一种方法是在两级开环比较器输出端增加几个级联的推挽反相器，如图 8.3-3 所示。

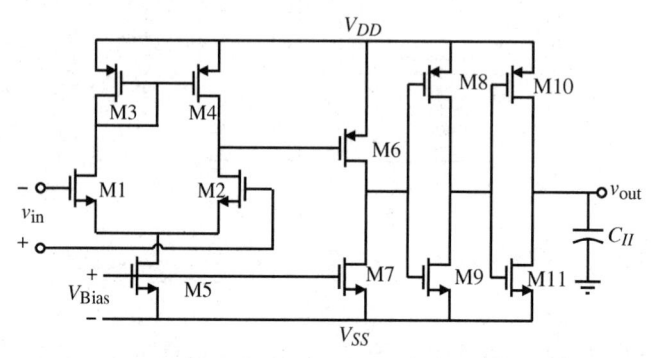

图 8.3-3 两级开环比较器输出端增加级联

推挽反相器 M8-M9 和 M10-M11 可以允许有很大的 C_{II}，且不牺牲比较器速度。这一原理在高速数字缓冲器中很容易理解。如果大电容连到 M6 和 M7 的漏极，那么由于吸入和输出的电流不大，摆率会不太理想。推挽反相器 M8-M9 要使电流驱动能力增大且不影响摆率，M8 和 M9 的 W/L 值必须足够大，以增加吸入和输出电流的能力，且不加重 M6 和 M7 的负载。同样， M10 和 M11 使吸入和输出电流的能力继续增大，且不加重 M8 和 M9 的负载。可以证明，如果 W/L 增大到原来的 2.72 倍，就可达到最小的传输时延。然而，这是最佳情况，因此通常使用像 10 这样更大的倍数以减少所要求的级数。

7.4 节中讲到的低功耗运算放大器的过驱动技术可以用于增大比较器吸入和输出电流的能力。这些方法包括提高尾电流(如图 7.4-4 所示)和使用电流镜。当需要输出电流时，电流镜的输出晶体管从有源区进入饱和区(如图 7.4-6 所示)。另一种能吸入和输出大量电流的电路被称为自偏置差分放大器[2]。这个放大器包含两个差分放大器，每一个均作为另一个的负载，如图 8.3-4(a)所示。通过把 M5 和 M6 的栅极连接到 M1 和 M3 的漏极来实现差分放大器尾电流的自适应，如图 8.3-4(b)所示。当正输入电压 v_{in}^+ 增大时，M1 和 M3 的漏极电压下降，M6 导通，电流增大，这个电流通过 M4 流向连接在 M2 和 M4 漏极的输出电容。在这种情况下，M5 的电流为零。当 v_{in}^+ 下降时，M5 导通，且大电流经过输出电容通过 M2 泄漏。因此，这个电路具有吸入和输出大电流的能力，并且没有大的静态电流。这个电路的缺点是从 v_{in}^+ 到输出的时延比从 v_{in}^- 到输出的时延长。

8.4 开环比较器性能的改进

可以通过很小的改动对开环高增益比较器两个方面的性能进行改进，这两个方面分别是输入失调电压和比较器在噪声环境下的单转换。第一个问题可以通过自动校零技术解决，第二个问题可以通过迟滞比较器解决。

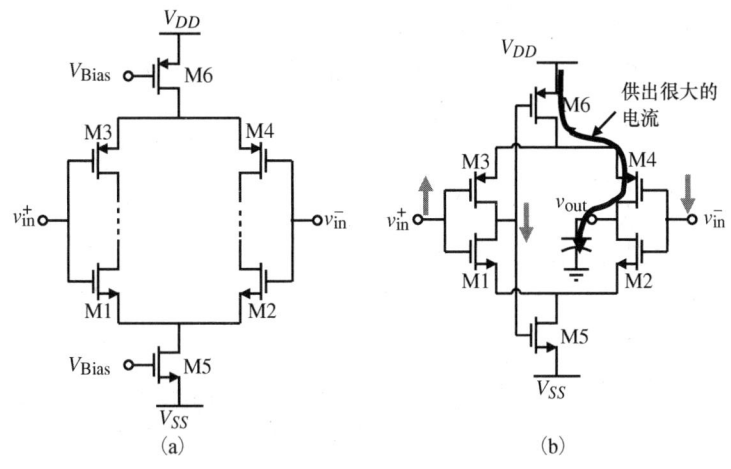

图8.3-4 (a)互为负载的两个差分放大器；(b)由(a)到自偏置差分放大器的演变

自动校零技术

输入失调电压是比较器设计中特别困难的问题。在诸如高精度 ADC 等精密应用中，较大的输入失调电压是不允许的。虽然恰当的设计可以消除系统失调(尽管仍然受工艺变化的影响)，但随机失调仍然存在且不可预测。幸运的是，MOS 技术中的失调消除技术可去除大部分输入失调的影响。因为 MOS 晶体管的输入电阻近似于无穷，所以可以运用这些技术。这一特性允许在晶体管的栅极长期储存电压。由此，失调电压可以得以测量并储存在电容中，然后与输入相加以消除失调。

图 8.4-1 给出了消除失调的方法。包含输入失调的比较器模型，如图8.4-1(a)所示。为方便起见，给失调电压加上极性。然而在现实中，失调电压的极性和数值都不能确定。图8.4-1(b)给出了单位增益结构比较器，这样，输入失调就出现在输出端。为了使电路正常工作，必须使比较器在单位增益结构下稳定。这说明只有自补偿高增益放大器适合于自动校零。可以使用两级开环比较器，但是在自动校零时要加入补偿电路。在最后的自动校零运算操作中，C_{AZ}置于比较器的输入端与 V_{OS} 串联。C_{AZ} 的电压加到 V_{OS} 上，使加在比较器同相输入的电压为零。因为没有直流通路对自动校零电容进行放电，所以其电压得以保持(在理想状况下)。事实上，存在与 C_{AZ} 并联的泄漏通路，会在一定周期内对电容放电。解决这个问题的方法是周期性地重复自动校零过程。

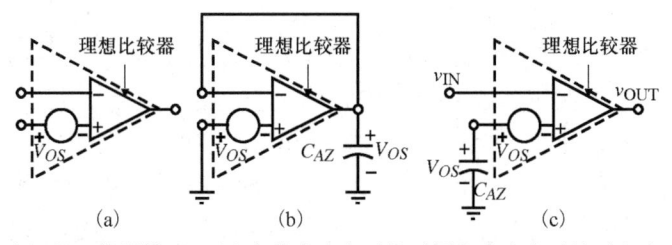

图8.4-1 (a)包含失调的比较器模型；(b)在前半个自动校零周期内在自动校零电容 C_{AZ} 上存储失调的单位增益结构比较器；(c)在后半个自动校零周期内在同向输入端抵消失调的开环结构比较器

一个实际的差分输入自动校零比较器如图 8.4-2(a)所示。如前所述，比较器模型中添加了一个失调电压源。图 8.4-2(b)给出了在ϕ_1为高电平时第一个相位期间的比较器。失调被储

存在 C_{AZ} 上。图 8.4-2(c)给出了 ϕ_2 为高电平时自动校零周期的第二个相位期间的电路状态。失调通过 V_{OS} 和 C_{AZ} 的叠加而抵消。在此期间电路作为比较器工作。

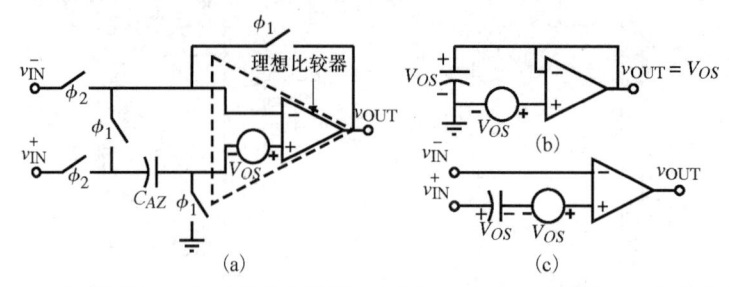

图8.4-2　(a)差分输入自动校零比较器；(b)在 ϕ_1 为高电平时第一个相位期间的
比较器；(c)在 ϕ_2 为高电平时自动校零周期的第二个相位期间的比较器

还有许多其他的方法能用来实现一个自动校零比较器。对图 8.4-2(a)的电路稍加改动即可得到图 8.4-3 的电路，这是一个同相自动校零比较器，另一种反相自动校零比较器如图 8.4-4 所示。这种反相比较器的使用更为简单，因为同相输入总是接地的。

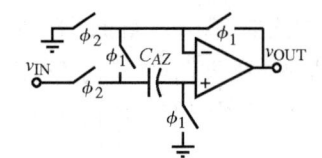

图 8.4-3　同相自动校零比较器 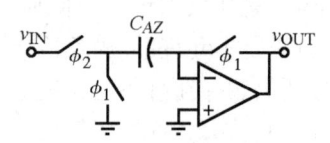　　　图 8.4-4　反相自动校零比较器

比较器内的开关可以用单沟道的 MOS 管或者互补的 MOS 管实现。使用非重叠时钟来驱动开关很重要，因为这样可以使任意给定的开关在另一个开关打开前关断。自动校零技术虽然对消除大输入失调很有效，但不能完全消除。时钟馈通引起的电荷注入(见 4.1 节)产生的失调虽然也可以消除，但却往往导致失调电压下限大于零。

迟滞比较器

通常情况下，比较器工作于噪声环境中，并且在阈值点检测信号的变化。如果比较器足够快(速度取决于最普遍出现的噪声的频率)且噪声的幅度足够大，那么比较器输出端也将存在噪声。在这种情况下，希望对比较器的传输特性进行修改。具体来说，需要在比较器中引入迟滞。

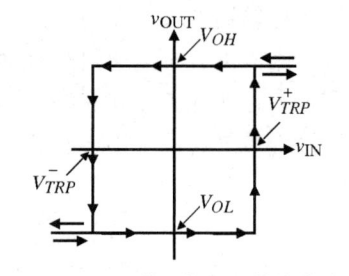

迟滞是比较器的一种性质，其输入阈值会随输入(或输出)电平的变化而变化。尤其是当输入经过阈值时，输出会改变，同时，输入阈值也会随之降低，所以在比较器的输出又一次

图 8.4-5　迟滞比较器的传输曲线

改变状态之前输入必须回到上一阈值。以上变化可清晰地在图8.4-5 中看到。注意，输入从负值开始并向正值变化时，输出不变，直至输入达到正向转折点 V_{TRP}^+ 时，比较器输出才开始改变。一旦输出变高，实际转折点被改变。当输入向负值方向减小时，输出不变，直至输入达到负向转折点 V_{TRP}^- 时，比较器输出才开始转换。

在噪声环境中，迟滞带来的优点清晰地示于图8.4-6 中。可以看到一个包含噪声的信号加在没有迟滞的比较器的输入端，电路的功能是使比较器的输出跟随输入的低频信号。然而，阈值点附近噪声的变化使比较器的输出充满着噪声。该比较器的响应可通过添加迟滞来改进，迟滞电压必须大于或等于最大噪声幅度，其响应如图 8.4-6(b) 所示。

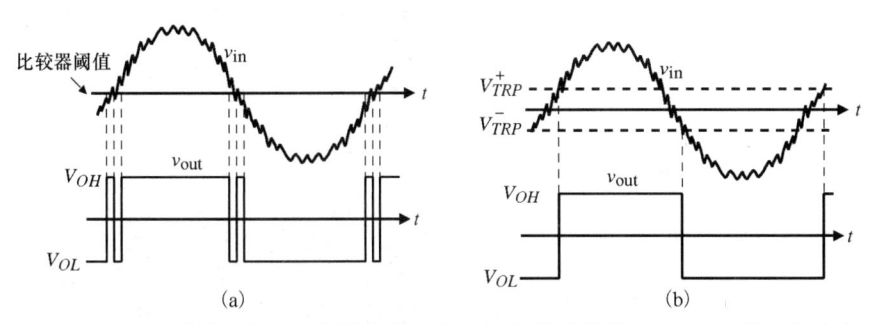

图 8.4-6　(a) 比较器对输入含有噪声的响应；(b) 迟滞比较器对输入含有噪声的响应

图 8.4-5 对应的电压传输函数被称为双稳态特性。一个双稳态电路可以是顺时针方向，也可以是逆时针方向。图 8.4-5 就是逆时针方向的一个例子。有时，逆时针方向双稳态电路被称为同相器，顺时针方向双稳态电路被称为反相器。双稳态电路的特性由其宽度和高度以及方向来定义。宽度由 V_{TRP}^+ 和 V_{TRP}^- 之间的差给出，高度通常由 V_{OH} 和 V_{OL} 之间的差决定。另外，双稳态特性可通过增加直流失调电压来实现左移与右移。

在比较器中应用迟滞的方法很多，所有这些方法都使用正反馈，且可被分为外部方法和内部方法。外部迟滞使用外部正反馈来实现迟滞，它的实现是在比较器建成以后。使用内部迟滞的比较器自身具备迟滞功能，不需要外部反馈。下面将分析这两种方法。

图 8.4-7 给出了一个使用外部正反馈的同相双稳态电路。此双稳态特征是逆时针方向的。假设比较器的最大输出电压和最小输出电压分别是 V_{OH} 和 V_{OL}。转折点定义如下，假设 v_{IN} 大大低于比较器正输入端的电压，在此情况下，输出电压将等于 V_{OL}。随着 v_{IN} 的增加，上转折点 V_{TRP}^+ 可通过令 v_{IN} 和 V_{OL} 在比较器正输入端产生的电压为零得到，即

$$0 = \left(\frac{R_1}{R_1 + R_2}\right)V_{OL} + \left(\frac{R_2}{R_1 + R_2}\right)V_{TRP}^+ \tag{8.4-1}$$

解这个方程得到

$$V_{TRP}^+ = -\frac{R_1 V_{OL}}{R_2} \tag{8.4-2}$$

通常 V_{OL} 是负的，因此上转折点为正电压。

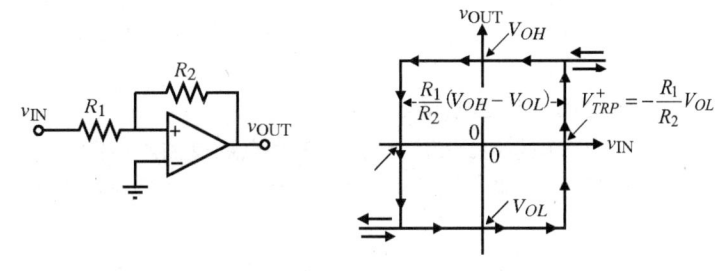

图 8.4-7　使用外部正反馈的同相双稳态电路

下转折点 V_{TRP}^- 可以这样得到：假设 v_{IN} 远高于比较器的同相输入电压，则比较器输出为 V_{OH}，随着 v_{IN} 的降低，当比较器的同相输入电压为零时可得到 V_{TRP}^-。因此有

$$0 = \left(\frac{R_1}{R_1+R_2}\right)V_{OH} + \left(\frac{R_2}{R_1+R_2}\right)V_{TRP}^- \tag{8.4-3}$$

从而得到

$$V_{TRP}^- = -\frac{R_1 V_{OH}}{R_2} \tag{8.4-4}$$

双稳态电路的宽度表示为

$$\Delta V_{in} = V_{TRP}^+ - V_{TRP}^- = \left(\frac{R_1}{R_2}\right)(V_{OH} - V_{OL}) \tag{8.4-5}$$

由此分析得到的逆时针双稳态电路如图 8.4-7 所示。

采用外部正反馈的反相双稳态电路如图8.4-8所示。假设输入大大低于比较器同相输入端电压，定义此时的输出电压为 V_{OH}。上转折点通过设置输入等于加在比较器同相输入端的电压来得到，即

$$v_{IN} = V_{TRP}^+ = \left(\frac{R_1}{R_1+R_2}\right)V_{OH} \tag{8.4-6}$$

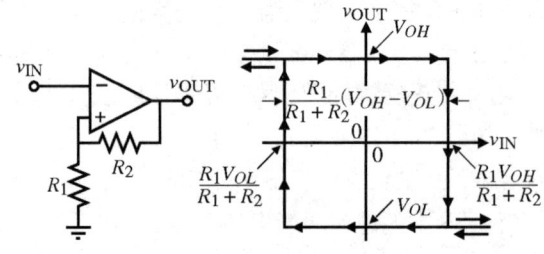

图 8.4-8 使用外部正反馈的反相双稳态电路

接下来，假设输入大大高于比较器的同相输入端电压，此时的输出电压定义为 V_{OL}。下转折点通过设置输入等于比较器同相输入端电压得到，因此，

$$v_{IN} = V_{TRP}^- = \left(\frac{R_1}{R_1+R_2}\right)V_{OL} \tag{8.4-7}$$

双稳态电路的宽度表示为

$$\Delta V_{in} = V_{TRP}^+ - V_{TRP}^- = \left(\frac{R_1}{R_1+R_2}\right)(V_{OH} - V_{OL}) \tag{8.4-8}$$

由此分析得到的顺时针方向双稳态电路如图 8.4-8 所示。

图 8.4-7 和图 8.4-8 中双稳态电路的传输特性中心点通过插入电源 V_{REF} 来改变其水平位置，见图 8.4-9 所示的同相双稳态电路。如果求解图 8.4-9 中同相双稳态电路的转折点，可以得到

$$V_{REF} = \left(\frac{R_1}{R_1+R_2}\right)V_{OL} + \left(\frac{R_2}{R_1+R_2}\right)V_{TRP}^+ \tag{8.4-9}$$

或者

$$V_{TRP}^{+} = \left(\frac{R_1 + R_2}{R_2}\right)V_{REF} - \frac{R_1}{R_2}V_{OL} \tag{8.4-10}$$

和

$$V_{REF} = \left(\frac{R_1}{R_1 + R_2}\right)V_{OH} + \left(\frac{R_2}{R_1 + R_2}\right)V_{TRP}^{-} \tag{8.4-11}$$

或者

$$V_{TRP}^{-} = \left(\frac{R_1 + R_2}{R_2}\right)V_{REF} - \frac{R_1}{R_2}V_{OH} \tag{8.4-12}$$

双稳态特性的宽度没有改变，但此时中心点已经变为 V_{REF} 的 $(R_1+R_2)/R_2$ 倍。

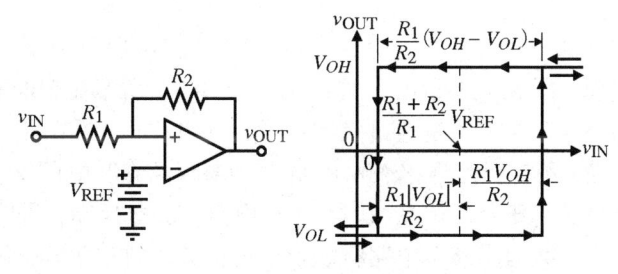

图 8.4-9　水平移动的使用外部正反馈的同相双稳态电路

图 8.4-10 说明了反相双稳态电路的传输特性如何通过插入与 R_1 相串联的电压 V_{REF} 来水平移动。设输入电压等于比较器同相输入端电压，得到上转折点如下：

$$v_{IN} = V_{TRP}^{+} = \left(\frac{R_1}{R_1 + R_2}\right)V_{OH} + \left(\frac{R_2}{R_1 + R_2}\right)V_{REF} \tag{8.4-13}$$

下转折点可通过把输入设置为等于比较器同相输入端电压得到。因此，

$$v_{IN} = V_{TRP}^{-} = \left(\frac{R_1}{R_1 + R_2}\right)V_{OL} + \left(\frac{R_1}{R_1 + R_2}\right)V_{REF} \tag{8.4-14}$$

此双稳态电路特性的宽度没有改变，但此时中心点已经变为 V_{REF} 的 $R_2/(R_1+R_2)$。

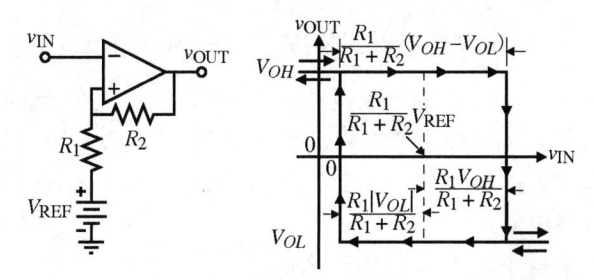

图 8.4-10　水平移动的使用外部正反馈的反相双稳态电路

例 8.4-1　反相迟滞比较器的设计

使用图 8.4-10 的电路设计一个高增益的开环比较器，当 $V_{OH}=2$ V，$V_{OL}=-2$ V 时，上转折点为 1 V，下转折点为 0 V。

解：将本例的参数值代入式(8.4-13)和式(8.4-14)，得

$$1 = \left(\frac{R_1}{R_1+R_2}\right)2 + \left(\frac{R_2}{R_1+R_2}\right)V_{REF}$$

和

$$0 = \left(\frac{R_1}{R_1+R_2}\right)(-2) + \left(\frac{R_2}{R_1+R_2}\right)V_{REF}$$

解上述两个方程式得到 $3R_1=R_2$，$V_{REF}=0.667$ V。

上述电路是使用外部正反馈实现高增益开环迟滞比较器的一个例子，迟滞同样可以通过使用内部正反馈来实现。图 8.4-11 示出了图 8.3-1 或图 8.3-2 所示比较器的差分输入级[1]。此电路中共有两条反馈路径，第一条是通过晶体管 M1 和 M2 的共源节点的串联电流反馈[3,4]，这条反馈通路是负反馈；第二条是连接 M6 和 M7 栅-漏极的并联电压反馈，这条反馈通路是正反馈。当此正反馈系数小于负反馈系数时，整个电路将为负反馈，同时失去迟滞效果；当正反馈系数大于负反馈系数时，整个电路将表现为正反馈，同时在电压传输曲线中将出现迟滞。只要 $\beta_6/\beta_3<1$，传输函数便没有迟滞；当 $\beta_6/\beta_3>1$ 时，迟滞将会出现。下面推导有迟滞时的转折点方程。

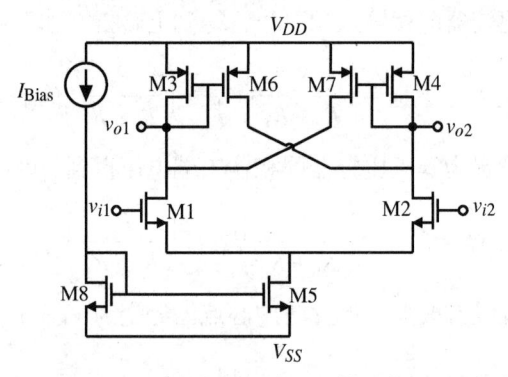

图 8.4-11　在高增益开环比较器的输入级使用内部正反馈实现迟滞

假设使用正、负电源，且 M1 的栅极接地。当 M2 的输入远低于零时，M1 导通，M2 截止，于是，M3 和 M6 将导通，M4 和 M7 将截止。i_5 全部流经 M1 和 M3，因此 v_{o2} 是高电平。这种状态下的电路如图8.4-12(a)所示。注意，尽管 M2 是截止的，它在电路中仍然被画出。此时，M6 试图提供如下电流：

$$i_6 = \frac{(W/L)_6}{(W/L)_3} i_5 \tag{8.4-15}$$

随着 v_{in} 不断地向阈值点(未知)增加，i_5 的一些电流开始流过 M2，此现象将一直持续到这样一点，即流过 M2 的电流等于 M6 中的电流。当超过这一点时比较器才改变状态。为了

估算其中的一个转折点，必须在 $i_2 = i_6$ 时对电路进行分析，计算如下：

$$i_6 = \frac{(W/L)_6}{(W/L)_3} i_3 \tag{8.4-16}$$

$$i_2 = i_6 \tag{8.4-17}$$

$$i_5 = i_2 + i_1 \quad (i_1 = i_3) \tag{8.4-18}$$

因此，

$$i_3 = \frac{i_5}{1 + [(W/L)_6 / (W/L)_3]} = i_1 \tag{8.4-19}$$

$$i_2 = i_5 - i_1 \tag{8.4-20}$$

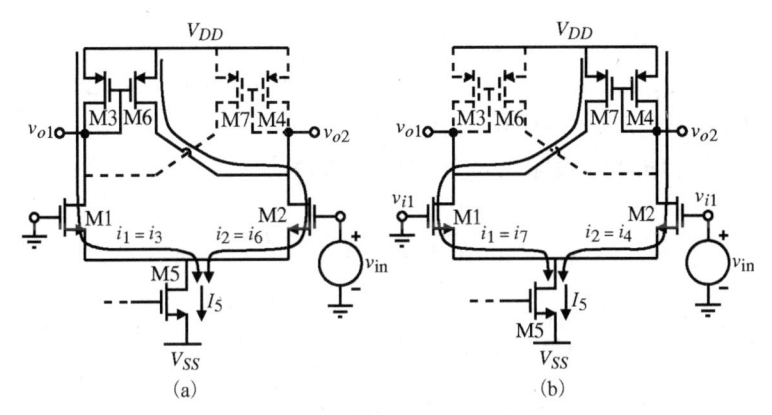

图 8.4-12 (a) 图 8.4-11 的比较器，其中 v_{in} 为负且向 V_{TRP}^+ 增加；
(b) 图 8.4-11 的比较器，其中 v_{in} 为正且向 V_{TRP}^- 减小

知道了 M1 和 M2 的电流就很容易计算出它们各自的 v_{GS}。因为 M1 的栅极接地，用 M1 和 M2 栅-源电压差值可计算出正的转折点，计算如下：

$$v_{GS1} = \left(\frac{2i_1}{\beta_1}\right)^{1/2} + V_{T1} \tag{8.4-21}$$

$$v_{GS2} = \left(\frac{2i_2}{\beta_2}\right)^{1/2} + V_{T2} \tag{8.4-22}$$

$$V_{TRP}^+ = v_{GS2} - v_{GS1} \tag{8.4-23}$$

一旦达到阈值，比较器就会改变状态，于是大部分的尾电流将流过 M2 和 M4。于是，M7 导通，M3、M6 和 M1 截止。与先前的情况一样，随着输入减小，电路到达某一点使 M1 中的电流值增加到与 M7 中的电流值相等，这一点的输入电压正是负转折点 V_{TRP}^-。这种状态下的等效电路如图 8.4-12(b) 所示。为了计算转折点，可使用下列方程：

$$i_7 = \frac{(W/L)_7}{(W/L)_4} i_4 \tag{8.4-24}$$

$$i_1 = i_7 \tag{8.4-25}$$

$$i_5 = i_2 + i_1 \tag{8.4-26}$$

因此，

$$i_4 = \frac{i_5}{1+[(W/L)_7/(W/L)_4]} = i_2 \tag{8.4-27}$$

$$i_1 = i_5 - i_2 \tag{8.4-28}$$

利用方程(8.4-21)和方程(8.4-22)计算 v_{GS}，可得转折点为

$$V_{TRP}^- = v_{GS2} - v_{GS1} \tag{8.4-29}$$

上述方程没有考虑沟道长度调制效应的影响。下面的例子将说明这些方程的作用。

例 8.4-2 计算迟滞比较器的转折点

考虑图 8.4-11 所示的电路。使用表 3.1-2 中给定的晶体管的参数计算比较器的正负阈值点，设器件栅长都是 1 μm，宽度 $W_1 = W_2 = W_6 = W_7 = 10$ μm，$W_3 = W_4 = 2$ μm。M1 栅极接地，输入加在 M2 的栅极，电流 $i_5 = 20$ μA。对结果进行仿真。

解：为了计算正转折点，设输入为负且向正方向增加。

$$i_6 = \frac{(W/L)_6}{(W/L)_3} i_3 = (5/1)(i_3)$$

$$i_3 = \frac{i_5}{1+\left[(W/L)_6/(W/L)_3\right]} = i_1 = \frac{20\,\mu\text{A}}{1+5} = 3.33\,\mu\text{A}$$

$$i_2 = i_5 - i_1 = 20 - 3.33 = 16.67\,\mu\text{A}$$

$$v_{GS1} = \left(\frac{2i_1}{\beta_1}\right)^{1/2} + V_{T1} = \left(\frac{2\times 3.33}{(5)110}\right)^{1/2} + 0.7 = 0.81\,\text{V}$$

$$v_{GS2} = \left(\frac{2i_2}{\beta_2}\right)^{1/2} + V_{T2} = \left(\frac{2\times 16.67}{(5)110}\right)^{1/2} + 0.7 = 0.946\,\text{V}$$

$$V_{TRP}^+ \cong v_{GS2} - v_{GS1} = 0.946 - 0.810 = 0.136\,\text{V}$$

采用类似分析可确定负转折点。

$$i_4 = 3.33\,\mu\text{A}$$

$$i_1 = 16.67\,\mu\text{A}$$

$$v_{GS2} = 0.81\,\text{V}$$

$$v_{GS1} = 0.946\,\text{V}$$

$$V_{TRP}^- \cong v_{GS2} - v_{GS1} = 0.81 - 0.946 = -0.136\,\text{V}$$

PSPICE 对此电路的仿真结果如图 8.4-13 所示。

图 8.4-13 仿真结果

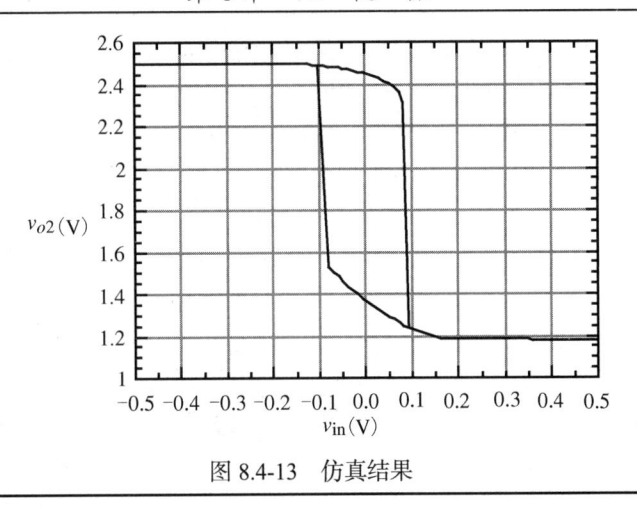

上述的差分级通常不能单独使用，因此需要一个输出级以提供合理的输出电压摆幅和输出电阻。有许多方法可以实现这样的输出级。图 8.4-14 给出了其中的一种，在输出端实现了差分到单级的转换，提供了甲乙类驱动能力。

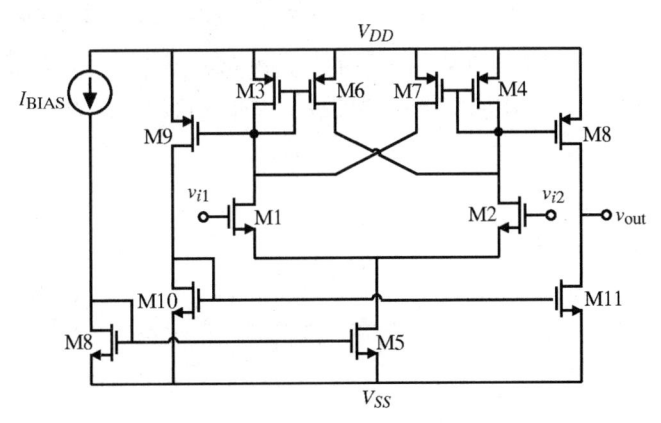

图 8.4-14 带有输出级和内部迟滞的完整比较器

8.5 离散时间比较器

在很多应用中，比较器只作用一段时间。这种电路由时钟驱动，比较器工作时，具有一部分时间和相位，不工作时，只具有相位。在这种情况下，可采用其他类型的比较器，它们具有高效率，而且传输时延较小。本节中将讨论两种这样的比较器，即开关电容比较器和可再生比较器。

开关电容比较器

开关电容比较器使用组合开关电容和开环比较器，其优点是：差分信号可用单端电路进行比较，且可对开环比较器直流失调电压自动校零。图8.5-1(a)是一个典型的开关电容比较器。加在电路上的电压通常被采样、保持，因此使用大写的变量。

当图 8.5-1(a) 的中的开关 ϕ_1 关闭时，电容 C 将对比较器的失调电压 V_{OS} 自动校零。电容 C_p 表示比较器输入到地的寄生电容。为了使电路正常工作，比较器在单位增益时必须稳定。可以看出，在 ϕ_1 相位周期结束时，C_1 和 C_p 上的电压为

$$V_C(\phi_1) = V_1 - V_{OS} \tag{8.5-1}$$

和

$$V_{C_p}(\phi_1) = V_{OS} \tag{8.5-2}$$

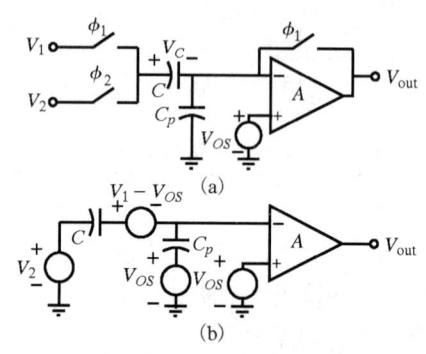

图 8.5-1 (a) 开关电容比较器；(b) ϕ_2 开关关闭时 (a) 的等效电路

开关 ϕ_2 关闭时，在 ϕ_2 相位周期初始阶段的等效电路如图 8.5-1(b) 所示。在此电路中，各个电容上的电压都被去除，并用阶跃电压源代替。因此，可以使用叠加原理方便地求出输出电压。

$$\begin{aligned}
V_{\text{out}}(\phi_2) &= -A\left[\frac{V_2 C}{C+C_p} - \frac{(V_1 - V_{OS})C}{C+C_p} + \frac{V_{OS} C_p}{C+C_p}\right] + A V_{OS} \\
&= -A\left[(V_2 - V_1)\frac{C}{C+C_p} - V_{OS}\left(\frac{C}{C+C_p} + \frac{C_p}{C+C_p}\right)\right] + A V_{OS} = -A(V_2 - V_1)\frac{C}{C+C_p}
\end{aligned} \tag{8.5-3}$$

如果 C_p 小于 C，那么式 (8.5-3) 可以简化如下：

$$V_{\text{out}}(\phi_2) \approx A(V_1 - V_2) \tag{8.5-4}$$

因此，电压 V_1 和 V_2 的差值通过比较器的增益得到放大。

开关电容比较器的增益必须足够大以满足精度的要求。在很多情况下，因为其精度是很高的（例如 100 mV），所以一个简单的单级放大器即可满足比较器的要求。比较器的速度取决于在给定周期内开关关闭后比较器用了多长时间来达到稳定状态。在 ϕ_1 相位期间，图 8.5-1(a) 电路的响应非常快。电路的时间常数取决于开关导通电阻和电容 C 的乘积及比较器在单位增益时的动态特性。所有这些时间常数都可以很小。在相位 ϕ_2 期间，比较器的开环响应将决定其速度。这一结论已经在 8.1 节的单极点近似以及 8.2 节的多极点近似中详细讨论过了。

图 8.5-2 给出一个差分开关电容比较器。在 ϕ_1 相位期间，输入被两个相同的电容 C 采样。在此期间，比较器的直流失调电压被自动校零。在 ϕ_2 相位期间，电容上的采样电压加到

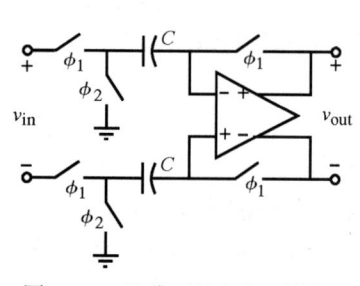

图 8.5-2 差分开关电容比较器

比较器的输入端。随着在ϕ_1相位结束时开关ϕ_1的打开，电荷注入将会减少，因为信号是差分电压而电荷注入是共模电压。

可再生比较器

可再生比较器使用正反馈来实现两个信号的比较。可再生比较器又称为锁存器或者双稳态电路[5]。图 8.5-3 是由两个交叉耦合 MOS 管组成的最简单的锁存器。图 8.5-3(a) 为 NMOS 锁存器，而图 8.5-3(b) 是一个 PMOS 管锁存器。电流源/电流漏被用来确定晶体管中的直流电流。通常情况下，锁存器有两种工作模式。第一种模式不使用正反馈而直接将输入信号加到 v_{o1} 和 v_{o2} 端。在这种模式下所加的初始电压记为 v'_{o1} 和 v'_{o2}。第二种模式使其锁存，根据 v'_{o1} 和 v'_{o2} 的相应值，这两个输出电压中的一个将变高而另一个将变低。可使用一个两相位时钟来确定工作模式。

确定锁存器工作时从初始状态到最终状态所需时间是很重要的。图 8.5-4(a) 是图 8.5-3(a) 的另一种画法。假设 v_{o1} 和 v_{o2} 初始值已经建立，下面求使锁存器工作所需要的时间。将使用图 8.5-4(b) 中的模型分析图 8.5-4(a) 中的锁存器。与电容串联的电压源表示 v_{o1} 和 v_{o2} 的初始值且为阶跃函数。

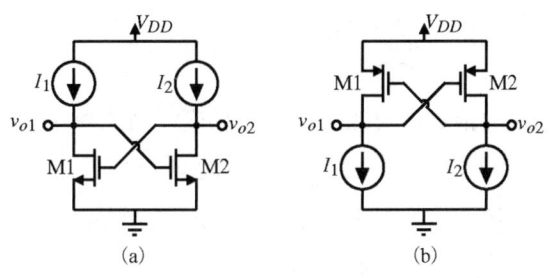

图 8.5-3 (a) NMOS 锁存器；(b) PMOS 锁存器

可以写出图 8.5-4(b) 的节点方程为

$$g_{m1}V_{o2} + G_1V_{o1} + sC_1\left(V_{o1} - \frac{V'_{o1}}{s}\right) = g_{m1}V_{o2} + G_1V_{o1} + sC_1V_{o1} - C_1V'_{o1} = 0 \qquad (8.5\text{-}5)$$

$$g_{m2}V_{o1} + G_2V_{o2} + sC_2\left(V_{o2} - \frac{V'_{o2}}{s}\right) = g_{m2}V_{o1} + G_2V_{o2} + sC_2V_{o2} - C_2V'_{o2} = 0 \qquad (8.5\text{-}6)$$

式中，G_1 和 G_2 是从 M1 和 M2 的漏极到地的电导，C_1 和 C_2 是从 M1 和 M2 的漏极到地的电容。解方程式(8.5-5)和方程式(8.5-6)得到 V_{o1} 和 V_{o2}。

$$V_{o1} = \frac{R_1C_1}{sR_1C_1+1}V'_{o1} - \frac{g_{m1}R_1}{sR_1C_1+1}V_{o2} = \frac{\tau_1}{s\tau_1+1}V'_{o1} - \frac{g_{m1}R_1}{s\tau_1+1}V_{o2} \qquad (8.5\text{-}7)$$

$$V_{o2} = \frac{R_2C_2}{sR_2C_2+1}V'_{o2} - \frac{g_{m2}R_2}{sR_2C_2+1}V_{o1} = \frac{\tau_2}{s\tau_2+1}V'_{o2} - \frac{g_{m2}R_2}{s\tau_2+1}V_{o1} \qquad (8.5\text{-}8)$$

其中，τ_i 是时间常数 R_iC_i。假设所有的晶体管相同，则有 $g_{m1}=g_{m2}=g_m$，$R_1=R_2=R$，$C=C_1=C_2$，从而 $\tau_1=\tau_2=\tau$。用 ΔV_o 定义 V_{o1} 和 V_{o2} 的差值，用 ΔV_i 定义 V'_{o1} 和 V'_{o2} 的差值。因此，

$$\Delta V_o = V_{o2} - V_{o1} = \frac{\tau}{s\tau+1}\Delta V_i + \frac{g_m R}{s\tau+1}\Delta V_o \qquad (8.5\text{-}9)$$

求 ΔV_o 得

$$\Delta V_o = \frac{\tau \Delta V_i}{s\tau - (1-g_m R)} = \frac{\dfrac{\tau \Delta V_i}{1-g_m R}}{\dfrac{s\tau}{1-g_m R}+1} = \frac{\tau' \Delta V_i}{s\tau'+1} \tag{8.5-10}$$

式中，

$$\tau' = \frac{\tau}{1-g_m R} \tag{8.5-11}$$

如果 $g_m R > 1$，求式(8.5-10)的拉普拉斯反变换得

$$\Delta v_o(t) = \Delta V_i' e^{-t/\tau'} = \Delta V_i e^{-t(1-g_m R)/\tau} \approx e^{g_m R t/\tau} \Delta V_i \tag{8.5-12}$$

式(8.5-12)给出锁存器的时间常数为

$$\tau_L = \frac{\tau}{g_m R} = \frac{C}{g_m} \tag{8.5-13}$$

如果 C 的大部分是栅-源电容，那么锁存器的时间常数可表示为

$$\tau_L = \frac{0.67 W L C_{ox}}{\sqrt{2K'(W/L)I}} = 0.67 C_{ox} \sqrt{\frac{WL^3}{2K'I}} \tag{8.5-14}$$

式(8.5-14)显示锁存器的时间常数主要取决于沟道长度。因此锁存器的响应时间可表示为

$$\Delta V_{\text{out}}(t) = e^{t/\tau_L} \Delta V_i \tag{8.5-15}$$

式(8.5-15)给出了在锁存器使能后的某个时刻 t 输出电压之间的差值 ΔV_{out}。电压 ΔV_i 是在锁存器使能前输出电压 V_{o1} 和 V_{o2} 之间的差值。

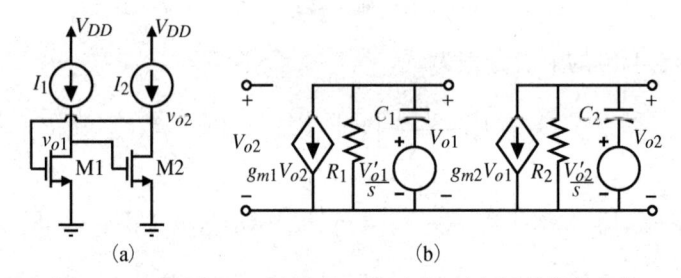

图 8.5-4 (a)图 8.5-3(a)的另一种画法；(b) (a)的等效电路

图 8.5-5 给出了不同 ΔV_i 值对应的锁存器的时域响应，这个图已经通过用式(8.5-15)除以 $V_{OH}-V_{OL}$ 进行了归一化，从而得到

$$\frac{\Delta V_{\text{out}}(t)}{V_{OH}-V_{OL}} = e^{t/\tau_L} \frac{\Delta V_i}{V_{OH}-V_{OL}} \tag{8.5-16}$$

重要的是要记住 ΔV_i 总是小于 $V_{OH}-V_{OL}$。锁存器的传输时延可以通过令式(8.5-16)等于 0.5 得到。结果为

$$t_p = \tau_L \ln\left(\frac{V_{OH}-V_{OL}}{2\Delta V_i}\right) \tag{8.5-17}$$

因为 ΔV_i 总是小于 $0.5(V_{OH}-V_{OL})$，所以其对数的自变量总大于 1。

图 8.5-5 描述了锁存器的时域响应特性。有几点需要注意：第一点是在锁存器使能之前，ΔV_{out} 达到 $V_{OH}-V_{OL}$ 所需时间随锁存器输入 ΔV_i 的增大而减小；第二点很明显，锁存器的时间常数越小，响应越快。如果锁存器在使能之前的输入 ΔV_i 较小，那么锁存器将需要较长的时间使输出电压 ΔV_{out} 达到 $V_{OH}-V_{OL}$。因此，需要加一个足够大的 ΔV_i 以利用锁存器正指数特性中快速增加的斜率。

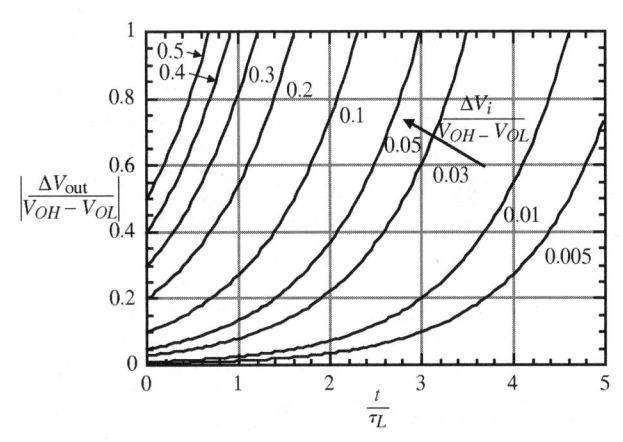

图 8.5-5 锁存器的时域响应

例 8.5-1 锁存器的时域特性

求锁存器从使能到输出电压 $\Delta V_{out}=V_{OH}-V_{OL}$ 所需时间，设锁存器的 NMOS 晶体管的 W/L 是 10 μm/1 μm，在 $\Delta V_i=0.01(V_{OH}-V_{OL})$、$\Delta V_i=0.1(V_{OH}-V_{OL})$ 两种情况下，锁存器的直流电流都是 10 μA。求在不同条件下锁存器的时延。

解：锁存器晶体管的跨导为

$$g_m = \sqrt{2 \times 110 \times 10 \times 10} = 148\,\mu S$$

输出电导在锁存器增益为 370 V/V 下是 0.4 μS。因为 $g_m R > 1$，可以使用式(8.5-14)。所以，锁存器的时间常数为

$$\tau_L = 0.67 C_{ox} \sqrt{\frac{WL^3}{2K'I}} = 0.67(24.7 \times 10^{-4}) \sqrt{\frac{(10 \times 1) \times 10^{-24}}{2 \times 110 \times 10^{-6} \times 10 \times 10^{-6}}} = 0.112\,\text{ns}$$

利用式(8.5-17)或图 8.5-5 可以得到，当 $\Delta V_i=0.01(V_{OH}-V_{OL})$ 时，$t=4.6\tau_L=0.515$ ns，且当 $\Delta V_i=0.1(V_{OH}-V_{OL})$ 时，$t=2.3\tau_L=0.258$ ns。

利用式(8.5-17)可得在 $\Delta V_i=0.01(V_{OH}-V_{OL})$ 和 $\Delta V_i=0.1(V_{OH}-V_{OL})$ 的情况下，传输时延分别为 0.438 ns 和 0.180 ns。

一个实用的使用具有内建阈值锁存器的比较器如图 8.5-6 所示[6]。M7 和 M8 是锁存器的 PMOS 晶体管。M9 和 M10 用来复位锁存器，这通过使 M7 和 M8 的源漏电压为零来实现。锁存器的输入加在 M1A 和 M1B 的栅极。M1A，M1B，M2A 和 M2B 工作于非饱和区。输入值将使 M3 和 M4 的源极到地的电阻发生变化。锁存器使能时，M3 和 M4 的漏极将连到

锁存器的输出。M3 和 M4 构成锁存器的并行正反馈通路。例如，M7 栅极的信号可以通过 M7 或者通过 M3（M5 是一个关闭的开关）。M3 和 M4 反馈路径的增益分别取决于电阻 R_1 或 R_2。若电阻很小，则增益将很大，锁存器的另一端将变高。

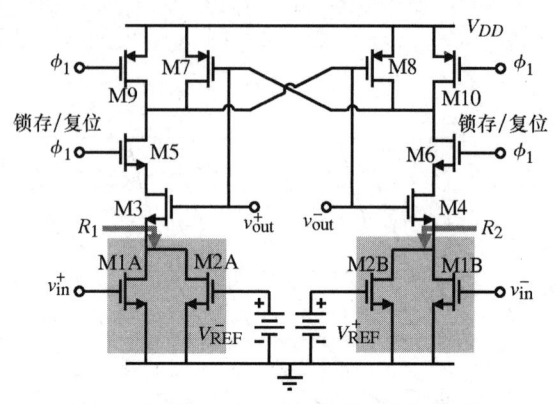

图 8.5-6 使用具有内建阈值锁存器的比较器

当锁存/复位变高，锁存器将进入再生模式。M5 和 M6 的漏极电流将使锁存器达到由电阻 R_1 和 R_2 失配决定的最终状态。这些电阻计算如下：

$$\frac{1}{R_1} = K'_N \left[\frac{W_{1A}}{L}(v_{in}^+ - V_T) + \frac{W_{2A}}{L}(V_{REF}^- - V_T) \right] \tag{8.5-18}$$

$$\frac{1}{R_2} = K'_N \left[\frac{W_{1B}}{L}(v_{in}^- - V_T) + \frac{W_{2B}}{L}(V_{REF}^+ - V_T) \right] \tag{8.5-19}$$

使 R_1 和 R_2 相等的输入电压值为

$$v_{in}(\text{阈值}) = \left(\frac{W_2}{W_1} \right) V_{REF} \tag{8.5-20}$$

此输入电压为比较器提供了内建阈值，其中 $W_{1A} = W_{1B} = W_1$，$W_{2A} = W_{2B} = W_2$。当 $W_2/W_1 = 1/4$ 时，阈值电压为 $\pm 0.25\,V_{REF}$。该比较器工作在 20 Ms/s 时，功耗为 0.2 mW。

图 8.5-6 比较器的一个更简单形式如图 8.5-7 所示[7]。在这个比较器中，输入电压 v_{in}^+ 和 v_{in}^- 决定了 M3 和 M4 的电流。电流越大，M3 和 M4 反馈回路的增益越大。这一电路在时钟频率为 2 MHz 时的功耗为 50 μW。

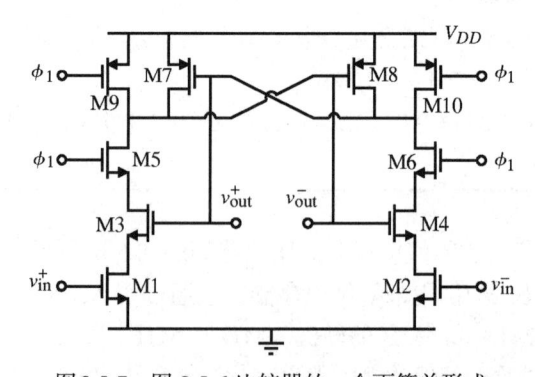

图 8.5-7 图 8.5-6 比较器的一个更简单形式

图 8.5-3 中电路的电流源/电流漏可用相反类型晶体管的锁存器来代替，相应的动态锁存器如图 8.5-8 所示[8]。当 ϕ_{Latch} 为高时，参考电压 V_{REF} 与输入电压 V_{in} 进行比较。这种锁存器具有低功耗的优点，因为在复位模式下（ϕ_{Latch} 为低时），锁存器中没有电流。其每次采样消耗的功率为 4.3 μW/Ms/s，从而使低功耗的快速采样可行。

锁存器的输入电压失调很重要，因为这将限制锁存器的精度。输入精度范围等于输出摆幅除以锁存器的增益。典型的增益为 50～100，输出摆幅（V_{OH}-V_{OL}）大约为 1 V。所以，典型的输入精度为 10～20 mV。图 8.5-8 所示动态锁存器的输入失调电压分布如图 8.5-9 所示[8]。可以看到，输入失调电压的分布大约在±10 mV 的范围。这个比较器在参考电压为 1 V 时辨别两个信号的差值的精度为 5 位。该范围可以通过增加前置放大器来减小，将在 8.6 节讨论。

图 8.5-8　动态锁存器

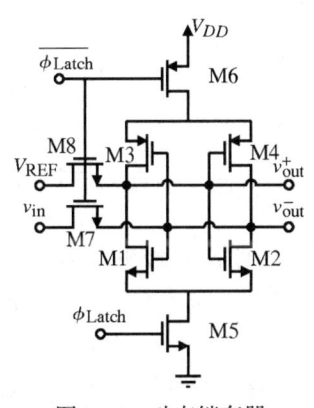

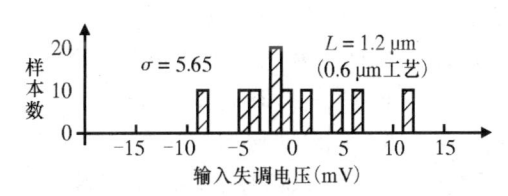

图 8.5-9　图 8.5-8 动态锁存器的输入失调电压分布

8.6　高速比较器

高速比较器应该尽可能地降低传输时延。为了达到这个目的，必须明确高速比较器的要求。将比较器分为数个级联电路最有助于理解，如图 8.6-1 所示，其中每级的增益都为 A_0，有一个 $1/\tau$ 的单极点。如果输入的变化稍稍大于 V_{in}（最小），那么每级电路的功能是在尽可能小的时延下放大输入信号。前几级信号的摆幅比较小。当信号的摆幅开始接近要求的范围时，放大器将受到摆率的限制。所以，对前几级电路而言，重要的参数是带宽，高带宽可以使放大信号的时延较小，并将放大的信号传至下一级。但是，对于后面几级电路，重要的是具有高摆率，这样才能使中间级电容和负载电容上的电压上升或下降得足够快。所以，在整个放大器的链路中，前几级电路的设计和后几级电路是不同的。

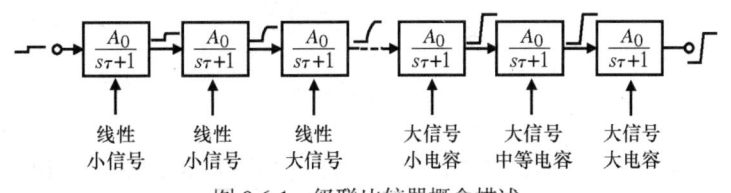

图 8.6-1　级联比较器概念描述

高速比较器设计的基本原则是采用前置放大器使输入的变化足够大并将输入加到锁存器上。这组合了两种电路的优点：一种是具有负指数响应的前置放大器电路，另一种是具有

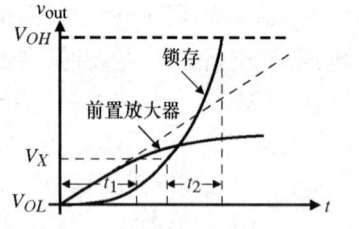

图 8.6-2 前置放大器和锁存器的阶跃响应

正指数响应的锁存器电路。它们的时域响应如图 8.6-2 所示。在此图中，前置放大器的增益与输入电压的乘积不足以达到要求的输出电压值。在时间 t_1 内，前置放大器将输入电压放大到 V_X。V_X 被加到锁存器的输入端，然后，在时间 t_2 内达到要求的输出电压值。所以，总的响应时间是 t_1+t_2。如果比较器只包含前置放大器，那么增益会更大些，从 V_{OL} 到 V_{OH} 的转换时间将大于 t_1+t_2。换句话说，如果输入较小，那么锁存器将需要比 t_1+t_2 更多的时间。在图 8.5-5 中可以看到，锁存器的输入越大，输出达到最大值的时间越短。

前置放大器的设计必须按照如下方式设计，即锁存器所需的输入电压 V_X 必须在最短的时间内达到。前置放大器工作在线性区域，这就意味着其带宽必须尽可能大。由于放大器的增益带宽积通常是个常数，因此，一个单级放大器的放大能力是有限的。如果数个低增益、高带宽的放大器级联，那么总时延 t_1 可以被最小化。事实上，最佳的级联放大器的个数是 6，而每个放大器的增益是 2.72。然而，这种最佳非常普遍，三个增益为 6 的放大器可以提供同样好的结果，且所需的芯片面积更小[9]。

一个使用三级低增益放大器级联作为前置放大器和锁存器作为输出的高速比较器如图8.6-3 所示。当 FB 和复位开关关闭时，每个放大器的电容 C_v 将自动校零。然而，每一个放大器必须各自校零。同时对所有的三个放大器校零需要更多的开关。输入被加在电容 C_1 和 C_2 上。对于高速应用，图 8.6-3 中比较器的时钟可以提高到 100 MHz，使比较器运行在 100 Msps 下。随着采样时间的提高，比较器消耗的功率也随之上升。

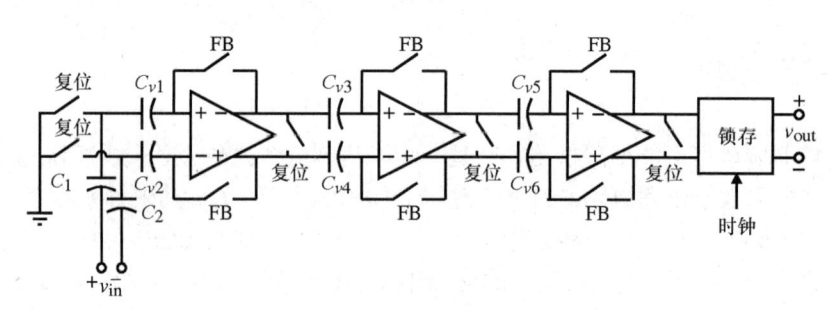

图 8.6-3 高速比较器

低增益前置放大器必须在高带宽和所需增益间进行折中。一个简单的前置放大器和锁存器如图 8.6-4 所示，其连接也示于图中。此前置放大器的增益为

$$A_v = g_{m1}/g_{m3} = g_{m2}/g_{m4} \quad (8.6\text{-}1)$$

主极点为

$$|p_{\text{dominant}}| = \frac{g_{m3}}{C} = \frac{g_{m4}}{C} \quad (8.6\text{-}2)$$

其中，C 是输出节点到地的电容。如果晶体管偏置电流是 25 μA，M1 和 M2 的 W/L 是 100，M3 和 M4 的 W/L 是 1，其增益是 3.85 V/V。若 $C = 0.5$ pF，则极点为 10^8 rad/s 或 15.9 MHz。还应保持极点尽可能地大，这一点很重要。有时，由于下一级为容性负载，需要对放大器的输出进行缓冲，但缓冲会带来 2~3 dB 的增益损耗。

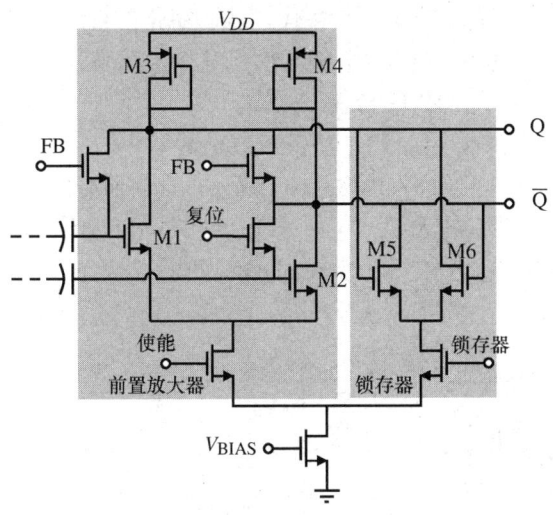

图 8.6-4 前置放大器和锁存器

图 8.6-4 中前置放大器存在一些问题：一个是对于很大的 W/L 差异，前置放大器的增益仍然很小，另一个是锁存器的输出到前置放大器的输入之间没有隔离。锁存器输出端的快速变化可以通过 M1 和 M2 的漏-栅电容进行传输，并出现在锁存器的输入端。图 8.6-5 所示的改进的前置放大器解决了上述两个问题。晶体管 M5 和 M6 被用来增加 M1 和 M2 中的电流，这样，增益将按 M1、M2 电流差除以 M3、M4 电流差的平方根增加。式(8.6-1)给出的前置放大器的增益可进一步表示为

$$A_v = -\frac{g_{m1}}{g_{m3}} = -\sqrt{\frac{K'_N(W_1/L_1)I_1}{K'_P(W_3/L_3)I_3}} = -\sqrt{\frac{K'_N(W_1/L_1)}{K'_P(W_3/L_3)}}\sqrt{1+\frac{I_5}{I_3}} \qquad (8.6\text{-}3)$$

如果 I_5 大于 I_3，那么增益以 1 加上 I_5/I_3 的平方根的规律增加。如果 $I_5 = 24I_3$，那么增益增加到以前的 5 倍。晶体管 M7 和 M8 将输入与快速变化的锁存器输出分开。

在锁存器之前使用一个前置放大器，可以通过前置放大器增益来降低锁存器输入失调电压。锁存器的输入失调电压将变成前置放大器的失调电压，此失调电压可自动校零，因而较小。

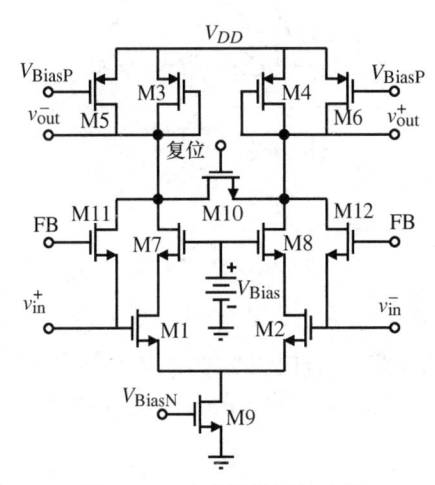

图 8.6-5 改进的前置放大器

前置放大器可以用一个电荷转移电路替代,从而简化前置放大器[8]。一个简单的电荷转移电路如图8.6-6(a)所示。其中,电容C_T大于C_O。这个电荷转移放大器分三个工作阶段:第一个阶段是复位阶段,这时开关 S1 闭合使C_T放电;第二个阶段是预充电阶段,如图 8.6-6(b) 所示,这时开关 S2 闭合。在这个阶段,电容C_T被充电至$v_{in}-V_T$,输出电容C_O被充电至预置电压V_{PR};第三个阶段是放大阶段,如图8.6-6(c)所示。这时所有的开关均打开。在这个阶段,假设输入改变了ΔV,这将产生电流流入C_T,该电流同时从C_O流出。因为C_T和C_O的电荷变化必须相等,所以C_O上的电压变化为$-(C_T/C_O)\Delta V$。如果C_T大于C_O,则输入变化量ΔV在输出端将被放大C_T/C_O倍。

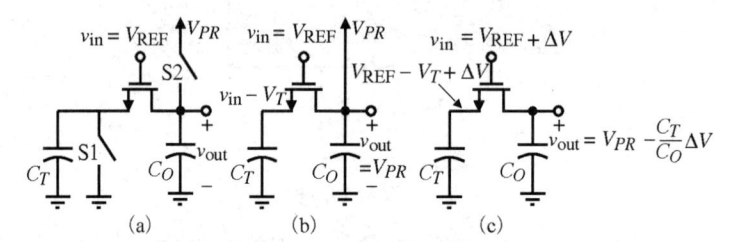

图 8.6-6 (a)电荷转移电路;(b)预充电阶段;(c)放大阶段

电荷转移电路必须解决以下几个问题:第一个是只可以放大正值电压,第二个是大的失调电压是亚阈电流的函数。图 8.6-7 所示的电荷转移前置放大器解决了这两个问题,它使用了 NMOS 管和 PMOS 管。开关S3 用来切断复位阶段的电流通路。这个电路与一个动态锁存器级联构成一个比较器,该比较器具有 8 位线性度和 20 Ms/s 的采样率,功耗低于 5 μW。这种比较器的限制之一是电荷馈通。虚拟开关用来消除电荷馈通的一些影响,这种影响发生在许多开关被打开的时候。

当一个比较器必须在极短的时间内驱动非常大的输出电容时,锁存器通常能力不够。在这种情况下,通常在锁存器后接一个能快速地产生大量电流的电路。一个遵循上述原则设计的高速比较器如图 8.6-8 所示[10]。第一级是一个驱动锁存器的低增益宽带前置放大器。锁存器的输出用来驱动一个自偏置差分放大器。这个放大器的输出驱动一个推挽输出驱动器。

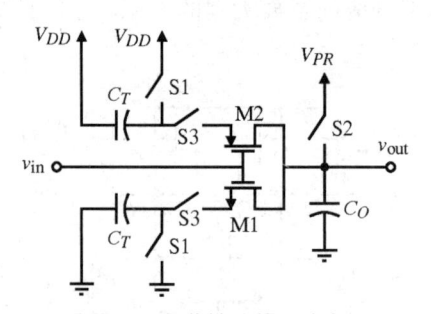

图 8.6-7 电荷转移前置放大器

图 8.6-8 中的高速比较器在 5 pF 负载电容和 10 mV 的过驱动下具有 10 ns 的传输时延。值得注意的是,这个比较器是同步的(没有使用时钟)。比较器在中度摆幅下增益大于 2000 V/V,静态电流为 100 μA。更详细的设计可以查阅 Baker 等人的文献[10]。

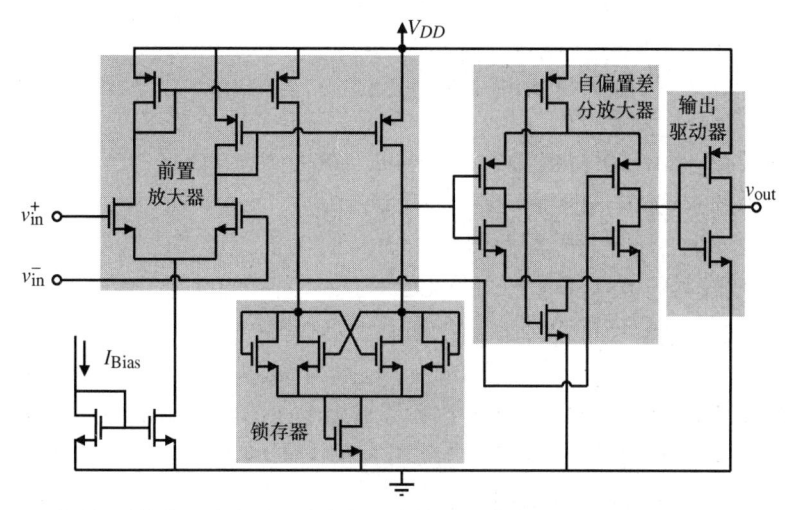

图 8.6-8 采用级联的前置放大器、锁存器、自偏置差分放大器和输出驱动器的高速比较器

8.7 小结

本章介绍了如何使用 CMOS 电路完成比较器的功能。第 4 章和第 5 章已经讨论了基本的 CMOS 电路，本章对 CMOS 比较器进行了讨论。第 6 章的运算放大器可构成开环高增益比较器，描述了二阶开环比较器特性的性能。可以看到两种响应模式能够同时在一个线性比较器中存在：一个是小信号，另外一个是大信号。两者的不同就在于是否达到摆率。当某一比较器没有达到摆率(小信号)时，带宽是降低传输时延的关键。而当比较器达到摆率时，输出和吸入电流的能力是快速工作的关键。

开环比较器的性能可以通过迟滞来改进，迟滞可消除输入信号中的噪声影响。自动校零可以减小输入失调电压。自动校零期间，比较器必须在单位增益下稳定，这对于某些类型的比较器很难实现。自偏置比较器在自动归零期间总是稳定的。虽然没有考察比较器的噪声，但是可以采用和运算放大器同样的方式进行分析。在比较器转换期间，假设线性现象的噪声是很重要的，这样可使比较器工作在线性区域。

在很多比较器的应用中，信号在时间上是离散的，即非连续的。在此情况下，可以使用可再生电路作为比较器。然而，可再生电路的瞬态响应一般用正指数函数来描述。这就意味着如果输入信号很小，所需信号要花很长的时间才能达到大斜率的指数响应区域。解决此问题的方法是级联前置放大器和锁存器。前置放大器的功能是快速建立锁存器的输入，这样可以避免指数响应中的慢速上升。这可使比较器的工作速度达到和超过 20 Ms/s。

比较器在后面的章节中扮演重要的角色，尤其是在模数转换方面。比较器是决定模拟信号处理的速度和精度的重要因素之一。

习题

8.1-1　画出图 8.1-2、图 8.1-4、图 8.1-6 和图 8.1-9 反相比较器的等效图。

8.1-2　画出具有 20 μs 传输时延的反相比较器的一阶时序响应。其输入由下列方程描述：

$v_{in} = 0$，当 $t < 5\ \mu s$ 时

$v_{in} = 5(t - 5\mu s)$，当 $5\ \mu s < t < 7\ \mu s$ 时

$v_{in} = 10$，当 $t > 7\ \mu s$ 时

8.1-3 将比较器的极点由-10^3 rad/s 改为-10^4 rad/s，重做例 8.1-1。

8.1-4 例 8.1-1 中的 V_{in} 为何值时将产生达到摆率的响应？

8.2-1 使用图 8.2-5 的二阶比较器重做例 8.2-1。

8.2-2 如果二阶比较器的极点都等于-10^6 rad/s，当输入阶跃幅度为 $10V_{in}$(最小)时，求最大斜率以及发生的时刻。SR 为何值时才能避免达到摆率？

8.2-3 设 $p_1 = -10 \times 10^6$ rad/s，$p_2 = -5 \times 10^6$ rad/s，重做例 8.2-3。

8.2-4 对于图 8.2-5，求第一级输出电压和比较器输出电压的所有表 8.2-1 中所列的初始状态。

8.2-5 计算图 8.2-4 中比较器转折点电压。使用表 3.1-2 中提供的参数。另外，$(W/L)_2 = 100$，$(W/L)_1 = 10$，$V_{Bias} = 1$ V，$V_{SS} = 0$ V，$V_{DD} = 4$ V。计算最坏情况下转折点电压的变化，设 V_T、K'、V_{DD} 和 V_{Bias} 有±10%的变化。

8.2-6 画出习题 8.2-5 中电路的输出响应，给定的输入为 4 V 到 1 V 的阶跃输入。假设有一个 10 pF 的负载电容。同时假设输入在 4 V 停留很长的一段时间。计算从阶跃输入到输出改变逻辑状态(CMOS)的时延。

8.2-7 重做例 8.2-5，设 v_{G2} 为常数，加在 v_{G1} 上的波形如图 8.2-6 所示。

8.2-8 假设没有补偿电容，使用例 6.3-1 中设计的两级运算放大器重做例 8.2-5。

8.2-9 假设传输时延 $t_p = 25$ ns，重做例 8.2-6。

8.2-10 一个开环比较器，增益为 10^4，主极点为 10^5 rad/s，摆率为 1 V/μs，输出摆幅为 1V。(a)当 $V_{in} = 1$ mV，求该比较器的传播时延(输出从一个状态转变成另一个状态的中间点的时间)；(b)当 $V_{in} = 10$ mV，重做(a)；(c)当 $V_{in} = 100$ mV，重做(a)。

8.2-11 图 P8.2-11 所示是一个比较器和其输入信号。假设脉冲宽度足够宽，输出触发点是 0V，计算该比较器的传播时延。

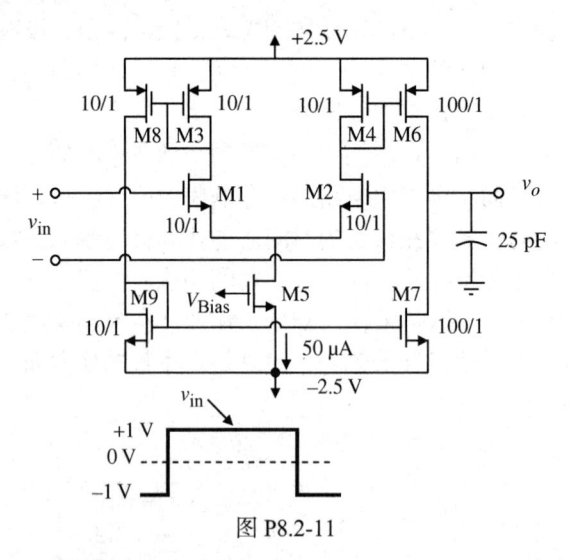

图 P8.2-11

8.2-12 设计一个比较器，参数如下：$P_{diss} < 2$ mW，$V_{DD} = 3$ V，$V_{SS} = 0$ V，$C_{load} = 3$ pF，$t_{prop} < 1$ μs，ICMR = 1.5～2.5 V，$A_{v0} > 2200$，且输出电压摆幅在 1.5 V 范围内。使用表 3.1-2 和表

3.3-1 的参数，所有晶体管采用 1 μm 沟道长度。

8.3-1 假设图 8.3-1 中 M5 的直流电流为 100 μA，设 $W_6/L_6 = 5(W_4/L_4)$，$W_8/L_8 = 5(W_3/L_3)$，且 $C_L = 10$ pF，$V_{DD} = -V_{SS} = 2$ V，比较器摆率限制的传输时延为多少？

8.3-2 若用例 6.5-3 中的折叠共源共栅运算放大器作为比较器，设 $C_L = 10$ pF，求主极点。如果输入阶跃是 10 mV，确定其响应是线性还是非线性的，并计算传输时延。

8.3-3 求图 8.3-3 所示电路的开环增益，设两级运算放大器与例 6.3-1 相同，没有补偿，$W_{10}/L_{10} = 10(W_8/L_8) = 100(W_6/L_6)$，$W_9/L_9 = (K'_P/K'_N)(W_8/L_8)$，$(W_{11}/L_{11}) = (K'_P/K'_N)(W_{10}/L_{10})$，M8 和 M9 中的静态电流为 100 μA，M10 和 M11 中的静态电流为 500 μA。如果 $C_{II} = 50$ pF，且阶跃输入足够大以达到摆率，求传输时延。

8.3-4 图 P8.3-4 为箝位比较器。使用表 3.1-2 的参数计算比较器的增益。如果负载电容为 10 pF，正负摆率分别是多少？

8.4-1 如果图 8.4-1 中比较器的主极点为 10^4 rad/s，增益为 10^3，C_{AZ} 充电到最终电压 V_{OS} 的 99% 需要多少时间？如果像图 8.4-1(b) 那样配置，电容 C_{AZ} 充电足够长时间后最终电压为多少？

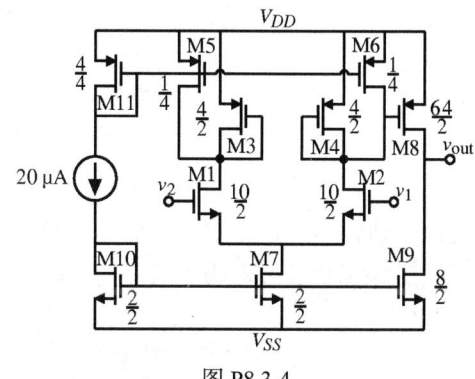

图 P8.3-4

8.4-2 设计图 8.4-9 所示的电路令其具有 $V^-_{TRP} = 0$ V 和 $V^+_{TRP} = 1$ V 的迟滞特性，假设 $V_{OH} = 2$ V，$V_{OL} = 0$ V，且 $R_1 = 200$ kΩ。

8.4-3 使用图 8.4-10 重做习题 8.4-2。

8.4-4 假设图 8.4-11 中的所有晶体管都工作在饱和模式。利用例 8.4-2 中的 W/L 值和电流值计算正反馈回路 M6-M7 的增益。

8.4-5 重做例 8.4-1 使 $V^+_{TRP} = -V^-_{TRP} = 0.5$ V。

8.4-6 设 $i_5 = 50$ μA，重做例 8.4-2。使用仿真进行验证。

8.4-7 回顾图 8.4-11 所示比较器的转折点电压的产生过程。讨论图 8.4-13 所示的仿真数据不能很好地符合例 8.4-2 给出的计算结果的原因。

8.5-1 列出图 8.5-1 所示开关电容比较器和具有相同增益和频率响应的开环比较器的优点及缺点。

8.5-2 如果图 8.5-3 中两个锁存器的电流及 W/L 的值相同，哪一个锁存器比较快？为什么？

8.5-3 设 $\Delta V_{out} = (0.75)(V_{OH} - V_{OL})$，重做 8.5-1。

8.5-4 设锁存器的直流电流为 100 μA，重做例 8.5-1。

8.5-5 重新推导图 P8.5-5 中电路的 $\Delta v_{out}/\Delta v_i$ 的表达式，其中 $\Delta v_{out} = v_{o2} - v_{o1}$，$\Delta V_i = v_{i1} - v_{i2}$。

8.5-6 比较图 8.5-8 中使用 NMOS 管的动态锁存器和图 8.5-3 中使用 PMOS 管的锁存器，两个锁存器的优缺点分别是什么？

8.5-7 使用表 3.1-2 中晶体管在最坏情况下的参数值，计算图 8.5-3(a) 中 NMOS 锁存器的失调电压。

8.5-8 考虑图 P8.5-8 所示的锁存器。假设与 M1 和 M2 漏极相连的电容(C_1 和 C_2) 初始化不带电。给出 $\Delta V_{out} = v_{o2} - v_{o1}$ 对输入电压 $\Delta V_{in} = v_{i1} - v_{i2}$ 的表达式。假设时域上 ΔV_{in} 为阶跃信

号。如果 $g_{m1} = g_{m2} = 1\,\text{mS}$，$g_{m3} = g_{m4} = 100\,\mu\text{S}$，$C_1 = C_2 = 1\,\text{pF}$，对于输入阶跃信号为 $\Delta V_{in} = 0.1(V_{OH} - V_{OL})$ 时，传播时延 ($\Delta V_{out} = |0.5(V_{OH} - V_{OL})|$) 是多少？

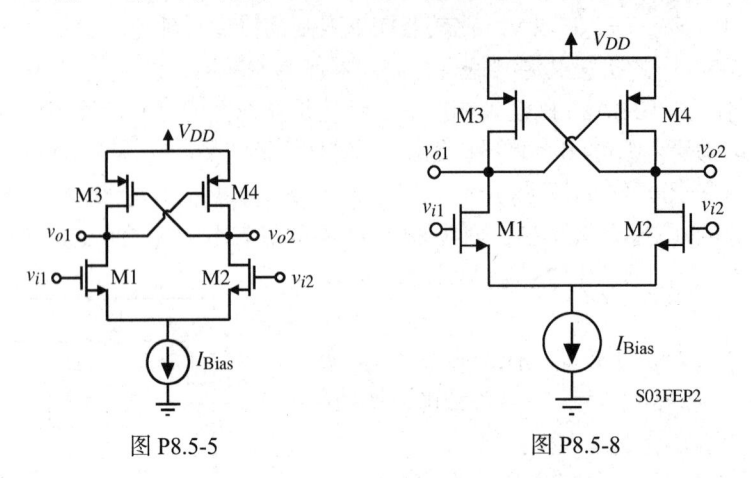

图 P8.5-5

图 P8.5-8

8.6-1 假设一个运算放大器的低频增益为 1000 V/V，主极点为 -10^5 rad/s。比较图 P8.6-1 中用该运算放大器构成的不同结构的-3dB 带宽。

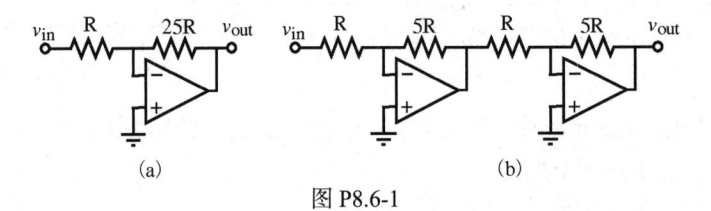

(a)

(b)

图 P8.6-1

8.6-2 假设 $C_L = 1\,\text{pF}$，计算图 P8.6-2 中电路的增益和-3 dB 的带宽。忽略 pn 结的反向偏置电压影响，并假设体-源极和体-漏极区域为 $W \times 5\,\mu\text{m}$。

8.6-3 使用图 P8.6-3 重做习题 8.6-2。M1 和 M2 的 W/L 值是 $10\,\mu\text{m}/1\,\mu\text{m}$，其他 PMOS 晶体管的 W/L 值为 $2\,\mu\text{m}/1\,\mu\text{m}$。

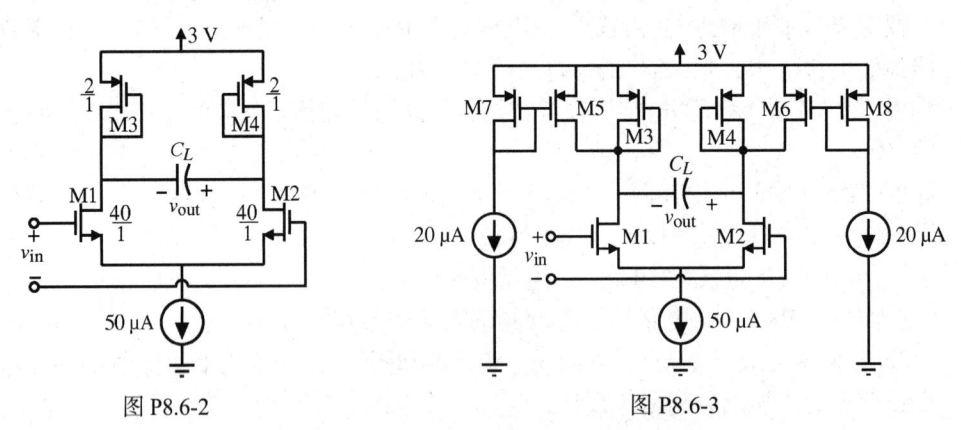

图 P8.6-2

图 P8.6-3

8.6-4 假设一个比较器由锁存器和放大器级联组成，且放大器的增益为 5 V/V，-3 dB 带宽为 $1/\tau_L$，τ_L 为锁存器的时间常数。假设输入电压为 $0.05(V_{OH} - V_{OL})$，而且加在锁存器上的电压为：(a) $\Delta V_i = 0.05(V_{OH} - V_{OL})$，(b) $\Delta V_i = 0.1(V_{OH} - V_{OL})$，(c) $\Delta V_i = 0.15(V_{OH} - V_{OL})$，

(d) $\Delta V_i = 0.2(V_{OH} - V_{OL})$，求归一化的传输时延。再从结论中找出最小传输时延所对应的 ΔV_i。

8.6-5 假设一个比较器由两个相同的放大器和一个锁存器级联组成，放大器参数由习题 8.6-4 给出。如果输入电压是 $0.05(V_{OH} - V_{OL})$，加在锁存器上的电压是 $\Delta V_i = 0.1(V_{OH} - V_{OL})$，求归一化的传输时延。

8.6-6 重做习题 8.6-5，假设有三个同样的放大器与锁存器级联。如果输入电压为 $0.05(V_{OH} - V_{OL})$ 且加在锁存器上的电压 $\Delta V_i = 0.2(V_{OH} - V_{OL})$，求归一化的传输时延。

8.6-7 一个比较器由一个放大器和一个锁存器级联组成，如图 P8.6-7 所示。此放大器的电压增益为 10 V/V，$f_{-3dB} = 100$ MHz，锁存器的时间常数为 10 ns。放大器和锁存器的最大最小电压为 V_{OH} 和 V_{OL}。放大器加上阶跃信号 $0.05(V_{OH} - V_{OL})$ 后，锁存器何时得到最小的传输时延？最小传输时延是多少？锁存器的传输时延 $t_p = \tau_L \ln\left(\dfrac{V_{OH} - V_{OL}}{2v_{il}}\right)$，其中 v_{il} 是锁存器的输入（文中表示为 ΔV_i）。

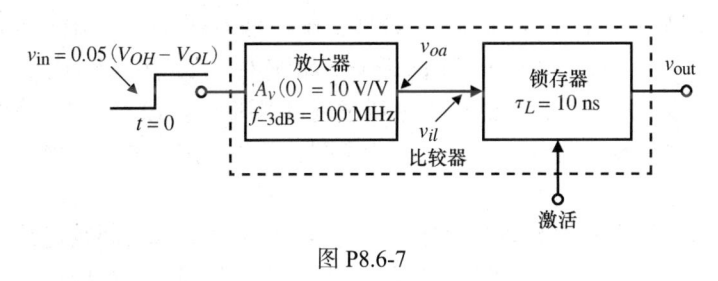

图 P8.6-7

参考文献

1. D. J. Allstot, "A Precision Variable-Supply CMOS Comparator," *IEEE J. Solid-State Circuits,* Vol. SC-17, No. 6, pp. 1080–1087, Dec. 1982.
2. M. Bazes, "Two Novel Full Complementary Self-Biased CMOS Differential Amplifiers," *IEEE J. Solid-State Circuits,* Vol. 26, No. 2, pp. 165–168, Feb. 1991.
3. J. Millman and C. C. Halkias, Integrated Electronics: Analog and Digital Circuits and Systems. New York: McGraw-Hill, 1972.
4. A. S. Sedra and K. C. Smith, *Microelectronic Circuits,* 4th ed. New York: Oxford University Press, 1998.
5. J. Millman and H. Taub, *Pulse, Digital, and Switching Waveforms.* New York: McGraw-Hill, 1965.
6. T. B. Cho and P. R. Gray, "A 10b, 20 Msamples/s, 35 mW Pipeline A/D Converter," *IEEE J. Solid-State Circuits,* Vol. 30, No. 3, pp. 166–172, Mar. 1995.
7. A. L. Coban and P. E. Allen, "A 1.5 V, 1 mW Audio ΔΣ Modulator with 98 dB Dynamic Range," *Proc. Int. Solid-State Circuit Conf.,* pp. 50–51, Feb. 1999.
8. K. Kotani, T. Shibata, and T. Ohmi, "CMOS Charge-Transfer Preamplifier for Offset-Fluctuation Cancellation in Low-Power A/D Converters," *IEEE J. Solid-State Circuits,* Vol. 33, No. 5, pp. 762–769, May 1998.
9. J. Doernberg, P. R. Gray, and D. A. Hodges, "A 10-bit 5-Msample/s CMOS Two-Step Flash ADC," *IEEE J. Solid-State Circuits,* Vol. 24, No. 2, pp. 241–249, Apr. 1989.
10. R. J. Baker, H. W. Li, and D. E. Boyce, *CMOS Circuit Design, Layout, and Simulation.* Piscataway, NJ: IEEE Press, 1998, Chap. 26.

附录 A 模拟电路设计的电路分析

附录 A 的目的在于提供一种分析模拟电路的系统方法。因为分析在电路设计中具有重要作用，所以这里介绍的方法在模拟集成电路设计的研究中非常有用。首先以综合的观点对建立器件模型做一个简略的介绍，然后引出几种在模拟电路分析中很有用的网络分析技术。这些技术包括网孔及节点分析、叠加、电源替换、网络简化和米勒简化。虽然还有其他一些技术，但以上这些是模拟电路分析中经常使用的。

无论是在模拟电路的分析中还是设计中，建模都是很重要的。建模是通过数学或图形的分析方法对电子元器件进行描述的过程。大多数电子器件至少有三个端口，并且端口间电压电流的关系是非线性的。因此，模型被分成大信号模型和小信号模型。

大信号模型表征了电子器件的非线性特性，小信号模型反映了端口电压电流的线性关系。特别是小信号模型只对幅度有限的信号有效。事实上，为了用线性关系近似非线性关系，必须减小信号的幅度。小信号模型的优点是通过端口电流与电压间固有的线性关系大大简化分析。同时，模型只是真实器件的表示，因此可能在某些给定的电压和电流范围内不能准确预测元器件的性能。

模拟电路分析中最重要的原则是使分析方法尽可能简单，当分析为电路设计服务时，这点变得尤为重要。复杂的表达式不利于发现决定器件性能的参数与性能间的关系，因此总是使用最简单的模型。当分块分析比整体分析更简单时，应当将问题分块。当需要的时候，设计者可以进行计算机仿真以得到更为详细的分析。然而，在使用计算机进行仿真的时候，设计者应当知道结果的意义，这也是学习简单手工计算的另一个原因。

A.1 分析技术

在下面的分析技术中只介绍线性电路的分析方法。也就是说，这些方法只适用于小信号模型电路。这并不表示这些分析方法具有严格的局限性，因为大部分模拟电路的性能可以用小信号分析来描述。

首先，要讨论的是列出一组描述电路方程的系统方法。在很多情况下，模拟小信号电路可通过一系列简单的推导运算进行快速分析。这种情况常常出现在输入输出端口间仅存在一条信号通路的时候。举例来说，分析图 A.1-1，要想求出 v_{out}/v_{in}，简单的方法是写出如下传输函数：

$$\frac{v_{out}}{v_{in}} = \left(\frac{v_{out}}{v_1}\right)\left(\frac{v_1}{v_{in}}\right) = (-g_m R_3)\left(\frac{R_2}{R_1+R_2}\right) = \frac{-g_m R_2 R_3}{R_1+R_2} \qquad (A.1\text{-}1)$$

在更复杂的电路中，输入和输出端口之间通常存在多条信号通路。在此情况下，必须列出描述电路的一组线性方程。两种常用的方法是使用节点方程和使用网孔方程。这两种方法建立在基尔霍夫定律的基础上。基尔霍夫定律是指流入某节点的电流等于流出该节点的电流，回路的电压降之和必须为零。下面举两个例子来说明上述两种方法。

图 A.1-1 链式分析

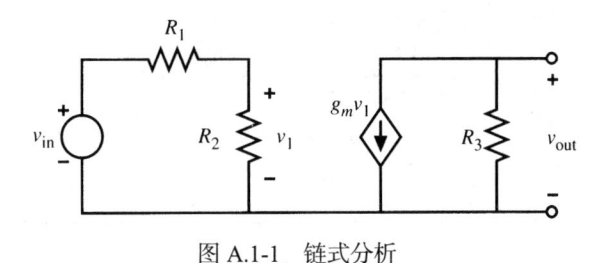

例 A.1-1　模拟电路的节点分析法

考虑图 A.1-2，计算 v_out/i_in。

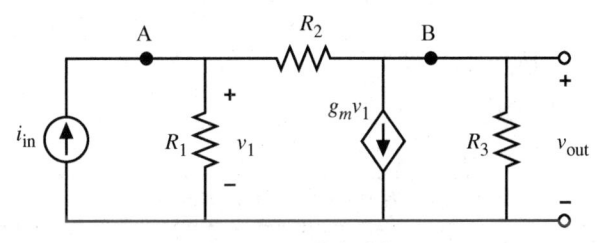

图 A.1-2　节点分析

解：采用节点分析法，可以对节点 A 和 B 的输入输出电流之和列出如下等式：

$$i_\text{in} = (G_1 + G_2)v_1 - G_2 v_\text{out} \tag{A.1-2}$$

$$0 = (g_m - G_2)v_1 + (G_2 + G_3)v_\text{out} \tag{A.1-3}$$

注意，在这里用 $G_i = 1/R_i$ 简化表达式。可以用克莱姆法则求解矩阵方程，得到

$$v_\text{out} = \frac{\begin{vmatrix} G_1 + G_2 & i_\text{in} \\ g_m - G_2 & 0 \end{vmatrix}}{\begin{vmatrix} G_1 + G_2 & -G_2 \\ g_m - G_2 & G_2 + G_3 \end{vmatrix}} = \frac{(G_2 - g_m)i_\text{in}}{G_1 G_2 + G_1 G_3 + G_2 G_3 + g_m G_2} \tag{A.1-4}$$

则传输函数表示为

$$\frac{v_\text{out}}{v_\text{in}} = \frac{G_2 - g_m}{G_1 G_2 + G_1 G_3 + G_2 G_3 + g_m G_2} \tag{A.1-5}$$

例 A.1-2　模拟电路的网孔分析法

考虑图 A.1-3 中的电路，求电路的传输函数 v_out/v_in。

解：在电路中，定义两个网孔电流 i_a 和 i_b。顺着两个电流写出两个网孔电压降之和，得出如下两个网孔方程：

$$v_\text{in} = (R_1 + R_2)i_a + R_1 i_b \tag{A.1-6}$$

$$v_\text{in} = (R_1 - r_m)i_a + (R_1 + R_3)i_b \tag{A.1-7}$$

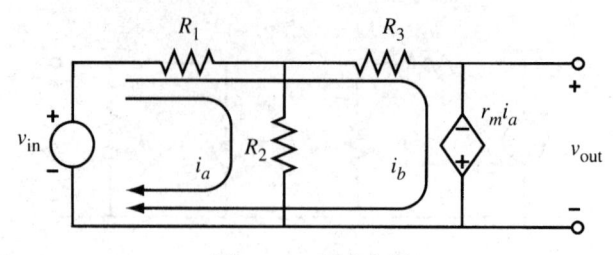

图 A.1-3 网孔分析

由克莱姆法则得出 i_a 为

$$i_a = \frac{\begin{vmatrix} v_{in} & R_1 \\ v_{in} & R_1 + R_3 \end{vmatrix}}{\begin{vmatrix} R_1 + R_2 & R_1 \\ R_1 - r_m & R_1 + R_3 \end{vmatrix}} = \frac{R_3 v_{in}}{R_1 R_2 + R_1 R_3 + R_2 R_3 + r_m R_1} \tag{A.1-8}$$

由于 $v_{out} = -r_m i_a$,可以求出

$$\frac{v_{out}}{v_{in}} = \frac{-r_m R_3}{R_1 R_2 + R_1 R_3 + R_2 R_3 + r_m R_1} \tag{A.1-9}$$

以上两个例子说明了使用节点分析法和网孔分析法分析模拟电路的方法。有时候可以采用两种方法的组合分析电路,下面将举例说明。

例 A.1-3 模拟电路的组合分析方法

电流源电路模型如图 A.1-4 所示,求此电路的小信号输出电阻 $r_{out} = v_o / i_o$。

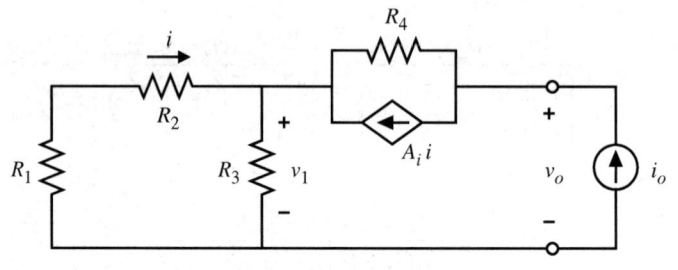

图 A.1-4 模拟电路的组合分析方法

解: 为解出 r_{out},列出以下三个方程:

$$i_o = A_i i + \frac{v_o - v_1}{R_4} \tag{A.1-10}$$

$$i = \frac{-R_3 i_o}{R_1 + R_2 + R_3} \tag{A.1-11}$$

$$v_1 = i_o \left(\frac{R_3 R_1 + R_3 R_2}{R_1 + R_2 + R_3} \right) \tag{A.1-12}$$

这样做的目的是找出 i_o 的表达式,并且方程仅由 i_o 或 v_o 表示。用式(A.1-11)和式(A.1-12)分别替换式(A.1-10)中的 i 和 v_1,得到

$$r_{\text{out}} = \frac{v_o}{i_o} = \frac{R_4(R_1+R_2+R_3) + R_3 R_4 A_i + R_3(R_1+R_2)}{R_1+R_2+R_3} \quad (A.1\text{-}13)$$

另一种电路的分析方法称为叠加法。叠加法可用在由一个或多个激励产生响应的线性电路中。叠加法的概念表明了总响应是各个激励源单独作用产生的响应之和。虽然叠加是一个简单的概念,但常常被错误地应用,尤其在运算放大器电路中。下面举例说明叠加法在运算放大器电路中的应用。

例 A.1-4 差分放大器的分析

图 A.1-5(a) 中的电路是一个使用运算放大器的差分放大器。运算放大器有一个有限电压增益 A_v、无限大输入电阻和零输出电阻。求 v_o 与 v_1,v_2 的关系式。

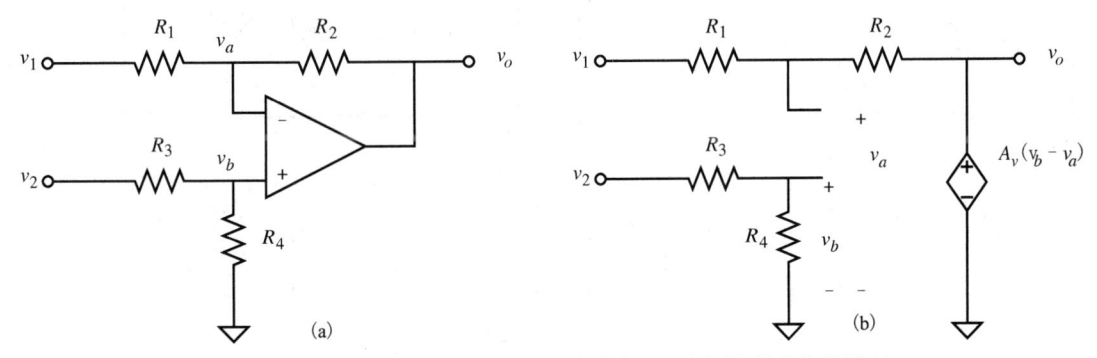

图 A.1-5 (a) 使用运算放大器的差分放大器;(b) (a) 的小信号模型

解:图 A.1-5(b) 为图 A.1-5(a) 的小信号模型。输出电压为 v_o,可以写出

$$v_o = A_v(v_b - v_a) \quad (A.1\text{-}14)$$

v_b 可以表示为

$$v_b = \frac{R_4}{R_3+R_4} v_2 \quad (A.1\text{-}15)$$

通过叠加法可以求得 v_a,它是 v_1 和 v_o 的函数。结果为

$$v_a = \left(\frac{R_2}{R_1+R_2}\right) v_1 + \left(\frac{R_1}{R_1+R_2}\right) v_o \quad (A.1\text{-}16)$$

将式 (A.1-15) 和式 (A.1-16) 代入式 (A.1-14) 并化简,得

$$v_o = \frac{A_v}{1 + \left(\dfrac{A_v R_1}{R_1+R_2}\right)} \left[\left(\frac{R_4}{R_3+R_4}\right) v_2 - \left(\frac{R_2}{R_1+R_2}\right) v_1\right] \quad (A.1\text{-}17)$$

假如 R_3/R_4 和 R_1/R_2 相等,那么放大器就是差分放大器。式 (A.1-17) 给出了有限电压增益 A_v 的影响。

线性有源电路分析的首要原则是在分析之前对模型进行处理,以简化运算。实现以上原则的两种常用方法为电源分割和电源替换。用例子说明这两个概念会比下定义更为简单。观察图 A.1-6(a)，电流源被电压 v_1 控制，并且连接在两个网络 N_1 和 N_2 之间，这两个网络本身对电源分割概念的阐述并不重要。可以对电路进行简化，注意，受控电流源的作用是从节点①将电流 $g_m v_1$ 送到节点②。电源分割使得 $g_m v_1$ 由两个电源组合而成，如图 A.1-6(b)所示。在电路中，电流 $g_m v_1$ 由节点①流入节点③，同样的电流又由节点③流入节点②。可以看出这两个电路的性能是一样的。

接着，可以注意到左边的电流源由电压控制，可以使用电源替换的概念，把左边的电流源用 $1/g_m$ 欧姆的电阻代替。最后简化的结果如图 A.1-6(c)所示。分析图 A.1-6(c)就比分析图 A.1-6(a)简单多了。

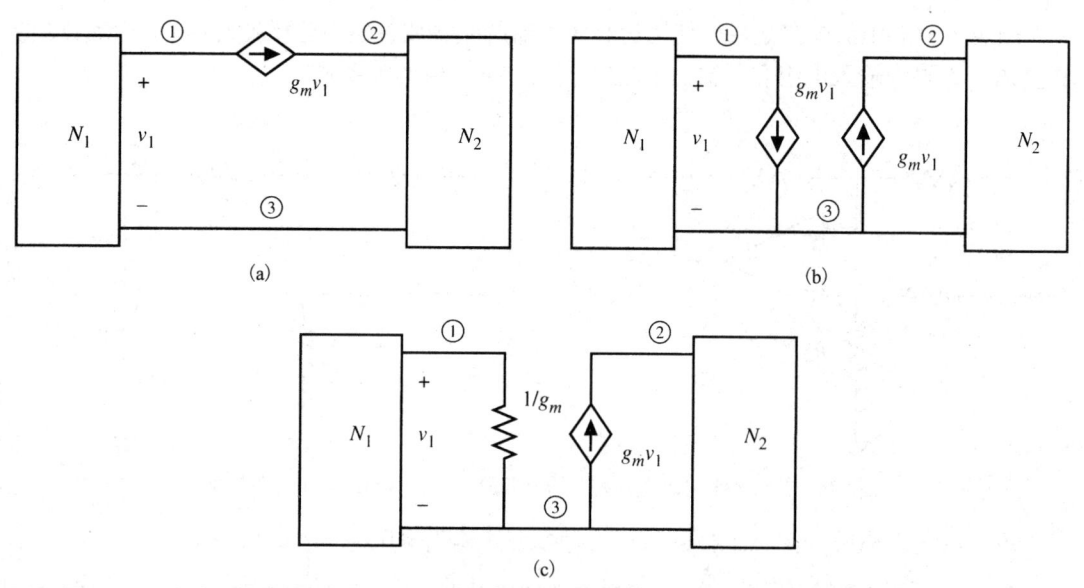

图 A.1-6 电流源的分割与替换。(a)原始电路；(b)电流源的分割；(c)电流源由电阻 $1/g_m$ 代替

图 A.1-7 为电压源的分割与替换，表示了电压源与两个网络并联的电路的简化过程，电压源受其中一个网络的电流控制。应用电源分割的概念使得电压源向两个网络移动，成为两个串联的电压源。下面，举例说明电源分割和电源替换中的一些概念。

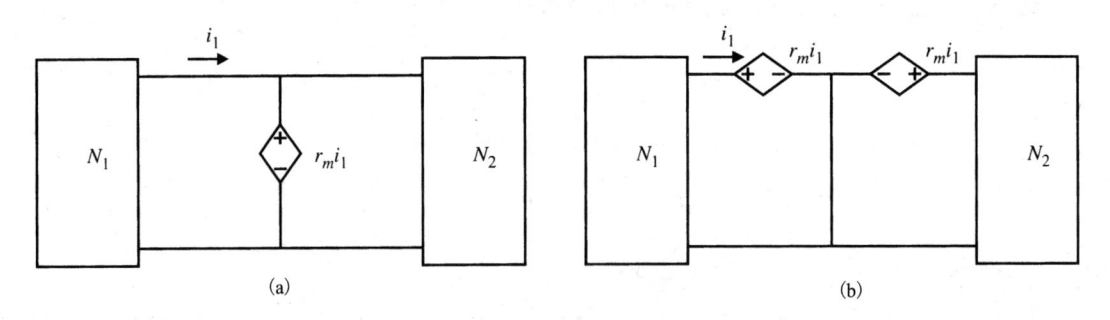

图 A.1-7 电压源的分割与替换。(a)原始电路；(b)电压源的分割；(c)电压源由电阻 r_m 代替

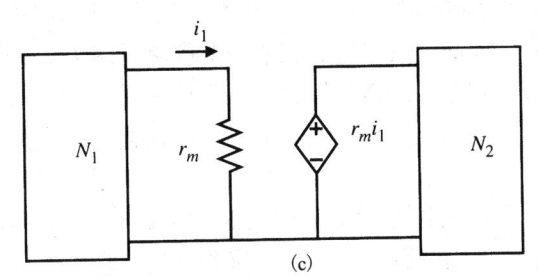

图 A.1-7(续)　电压源的分割与替换。(a)原始电路；(b)电压源的分割；(c)电压源由电阻 r_m 代替

例 A.1-5　电源分割和电源替换举例

应用电源分割和电源替换的概念，简化图 A.1-8 中的线性有源电路并进行计算。

解： 受控电流源 $g_m v_1$ 的分割如图 A.1-8(b)所示。接下来，左边的受控源 $g_m v_1$ 被电阻 $1/g_m$ 代替。至此，电路已被简化从而可以进行一系列的计算。

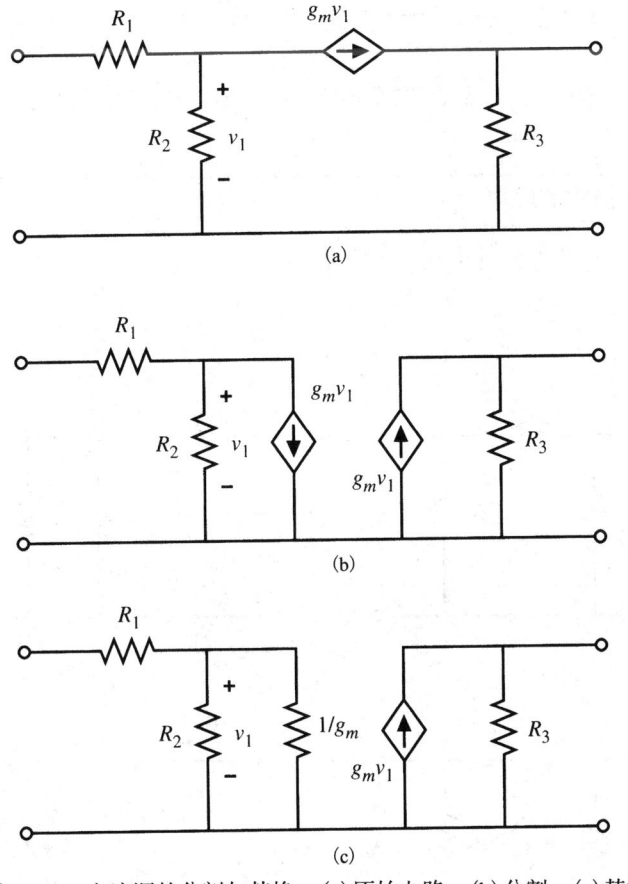

图 A.1-8　电流源的分割与替换。(a)原始电路；(b)分割；(c)替换

另一种可能的简化电路的方法称为电源简化(source reduction)。这种方法可以用于以图 A.1-9 所示的受控源连接的方式中。注意到这里的受控源为 VCVS 或 CCCS，而在电源替换

法中，受控源是 VCCS 或 CCVS。图 A.1-9(a)中电路简化技术规定如果受控源 $A_v v_1$ 被短路，且

1. N_1 中的各个电阻、电感、电容倒数、电压源都乘以因子 $1+A_v$；
2. N_2 中的各个电阻、电感、电容倒数、电压源都除以因子 $1+A_v$。

则网络 N_1 和 N_2 中的电流不会改变，图 A.1-9(b)的电路简化技术说明如果受控源 $A_i i_1$ 被开路，且

1. N_1 中的各个电导、电感倒数、电容、电流源都乘以系数 $1+A_i$；
2. N_2 中的各个电导、电感倒数、电容、电流源都除以系数 $1+A_i$。

则网络 N_1 和 N_2 中的电压不会改变。

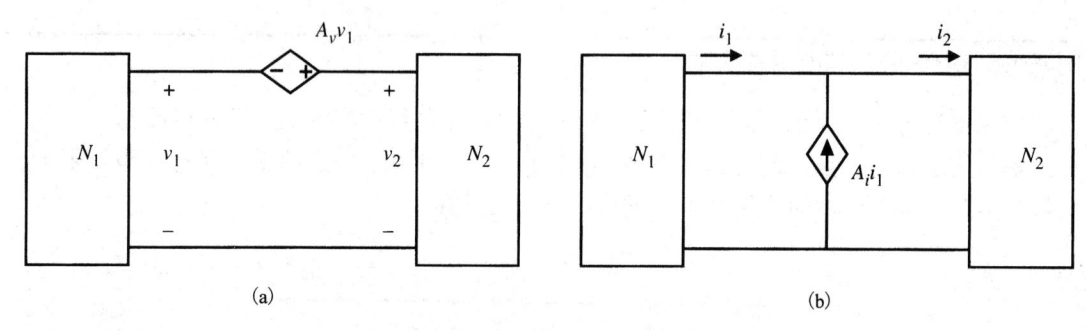

图 A.1-9　(a) VCVS 的电路简化；(b) CCCS 的电路简化

例 A.1-6　电源简化技术的应用

使用电源简化技术简化图 A.1-10(a)中的电路。

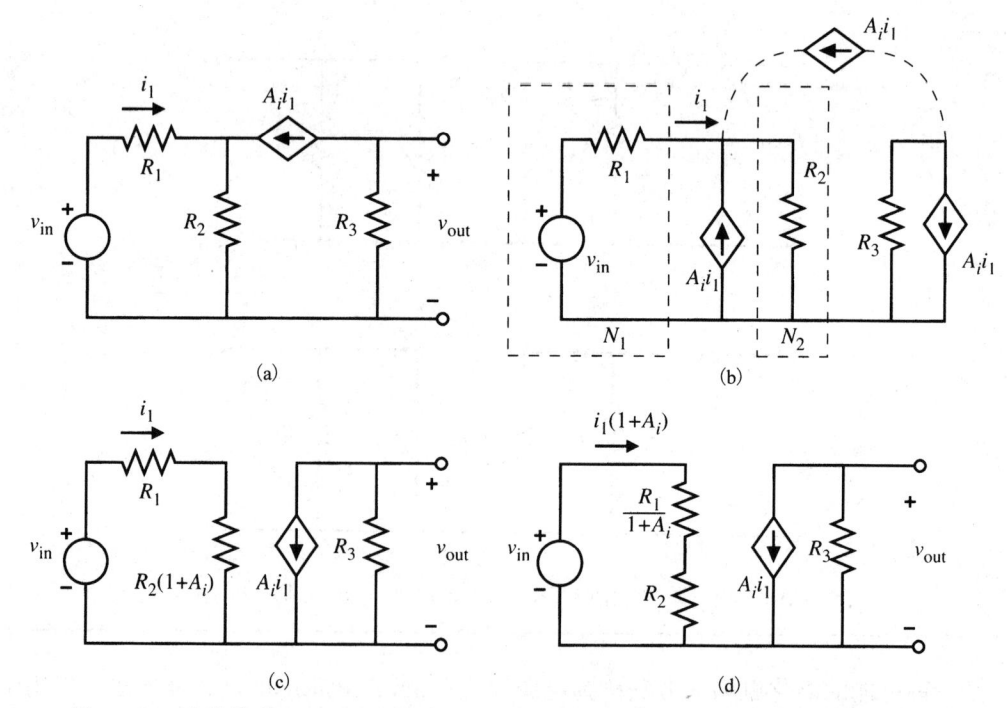

图 A.1-10　电流简化。(a) 原始电路；(b) N_1 和 N_2 的定义；(c) N_2 的修改；(d) N_1 的修改

解：为了使用简化技术，电路被重新画在图 A.1-10(b)中。注意，与电流源串联的电阻 R_3 并不会影响这种方法的使用。图 A.1-10(c)是对 N_1 的修改，图 A.1-10(d)是对 N_2 的修改。简化后的电路更适合计算。

这里要介绍的最后一个技术是米勒简化。这个技术可以很好地消除跨接在电路中的元件，并且考虑其对电路前向增益的影响。图 A.1-11(a)说明了可以应用米勒简化的情况。假设在两个网络中间有一个阻抗 Z。使用阻抗是因为米勒简化通常用于跨接元器件为电抗的时候。这里应该换用复信号符号。米勒简化的关键在于能用 V_1 表示 V_2。为了得到较好的结果，表达式应该是准确的。如果 $V_2 = KV_1$，则从 N_1 看进去的阻抗 Z_1 就可以表示为

$$Z_1 = \frac{V_1}{I_1} = \frac{V_1}{(V_1 - V_2)/Z} = \frac{ZV_1}{V_1 - KV_1} = \frac{Z}{1-K} \tag{A.1-18}$$

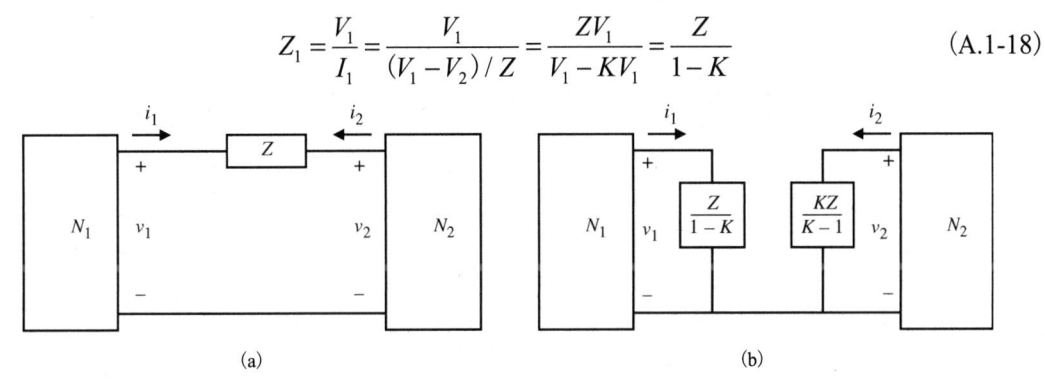

图 A.1-11 米勒简化。(a)原始电路；(b)(a)的等效电路

从 N_2 看进去的阻抗 Z_2 为

$$Z_2 = \frac{V_2}{I_2} = \frac{V_2}{(V_2 - V_1)/Z} = \frac{ZKV_1}{KV_1 - V_1} = \frac{ZK}{K-1} \tag{A.1-19}$$

通常，K 为负数且绝对值大于 1。下面的例子进一步说明了米勒简化技术的应用。

例 A.1-7 米勒简化技术的应用

考虑图 A.1-2。假设 R_2 远远大于 R_3，使用米勒简化消除 R_2。

解：如果 R_2 远远大于 R_3，那么可以假设 $g_m v_1$ 的大部分电流流过了 R_3。因此，电压 v_{out} 可以表示为

$$v_{\text{out}} = -g_m R_3 v_1 = K v_1 \tag{A.1-20}$$

因此，电路可以被简化为图 A.1-12，其中，R'_2 为

$$R'_2 = \frac{R_2}{1-K} = \frac{R_2}{1 + g_m R_3} \tag{A.1-21}$$

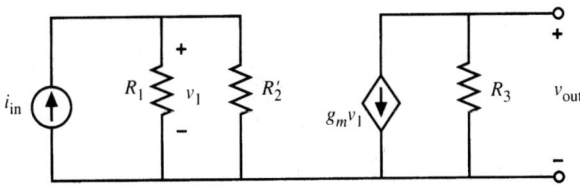

图 A.1-12 应用米勒简化得到的结果

没有放置电阻 $R_2K/(K-1)$ 与 R_3 并联的原因如下：如果 $g_mR_3 > 1$，那么 $R_2K/(K-1)$ 近似等于 R_2。但是前面已经假设 $R_2 > R_3$，所以放置电阻 R_2 与 R_3 并联并不合适。

如果图 A.1-2 的受控源是一个电压源而不是一个电流源，那么有必要使用例 A.1-7 的假设。在这种情况下，R_2 可映射到 N_1 和 N_2 中。图 A.1-3 给出了一个 R_3 可用米勒简化消除并根据式(A.1-18)和式(A.1-19)被映射到 N_1 和 N_2 中的例子。

尽管还有其他简化方法，但上述方法是分析线性有源电路时最有用的。本书的参考文献中进一步阐述了本附录中提及概念的使用。说明这些原理的习题可在第 1 章后的习题中找到。

附录 B 集成电路版图

集成电路设计的独特之处不只是需要懂得电路图。一个电路尽管在电路图层面的定义和功能都正常，但是如果物理层设计不正确，也会导致失败。在集成电路设计中，物理层设计称为版图设计。

由于设计者要完成电路设计的整个过程，因此必须考虑所有相关因素，包括物理版图的设计。设计中必须考虑元器件或寄生元器件对匹配的影响。例如，如果两只晶体管在电路中起同样作用，它们的版图就必须一样。在宽带放大器设计中，如果版图设计不仔细，没有将关键节点处的寄生电容做到最小，电路就不能正常工作。为了能够鉴赏物理层设计的精美之处，首先对集成电路版图及设计规划有一个初步了解是很重要的。

如 2.1 节所述，集成电路是由多层组成，每一层都用光刻工艺由光掩模版加以确定。光掩模版由描述几何图形的计算机数据库制定。该数据库由掩模设计者或计算机绘制的版图生成（目前，大多数模拟电路版图仍是人工绘制）。版图由涉及所有电子元器件的、最终的集成电路的拓扑描述构成。目前最常见的元器件是晶体管、电阻和电容。

B.1 匹配的概念

两个或多个元器件的匹配性能对整个电路的工作有重大的影响，因为匹配依赖于版图拓扑，所以这里先讨论匹配问题。

要让两个元器件的电性能相同，最简单的办法就是用相同的单元绘制它们，这就是单位匹配原理。说两个元器件相同不但指元器件本身也包括它们的外围部分。这个概念可以用非电学术语加以解释。

考虑图 B.1-1(a)中两个正方形部件 A 和 B。此例中，这些方块可以是沉积刻蚀后的金属片，其面积和周长相同。然而由于 C 的存在，A 和 B 的外围是不同的。由于 B 附近 C 的存在，可能引起 B 发生的某种变化不同于 A。解决的办法是使 A 和 B 的外围一致。不过这不可能完全达到。如图 B.1-1(b)所示的情形，至少使得最靠近的部分相同，一般匹配性能可以得到改善。一般情况下，为了使一组器件几何尺寸达到匹配，常在它们周围放置哑器件。这些哑器件并没有电路功能，而是为了减少不对称的周围环境所带来的影响。这个一般原理适用于不同类型的元器件。当不同尺寸的元器件进行匹配时，只有当两者几何图形都由整数单元形成且所有单元均用单位匹配原理设计时，才能获得最佳匹配效果。

当多个单元按照单元匹配原理匹配时，会出现另一个问题：假设沿某一路径存在倾斜，引起版图沿路径变小，如图 B.1-2(a)所示。按设计，由单元 A_1 和 A_2 组成的部件 A 的大小应该是 B 的两倍。但是由于有梯度，部件 A 小于两倍部件 B。若梯度是线性的，则这种情况可通过同质心版图原理来解决。在图 B.1-2(b)中，部件 B 被放在单元 A_1 和 A_2 中间（质心处）。现在，任何线性梯度引起的 A_1 和 A_2 变化按等量增加或减少，以使它们的平均值相对于 B 保持不变。这可以从以下分析中看出。

若线性梯度表示为

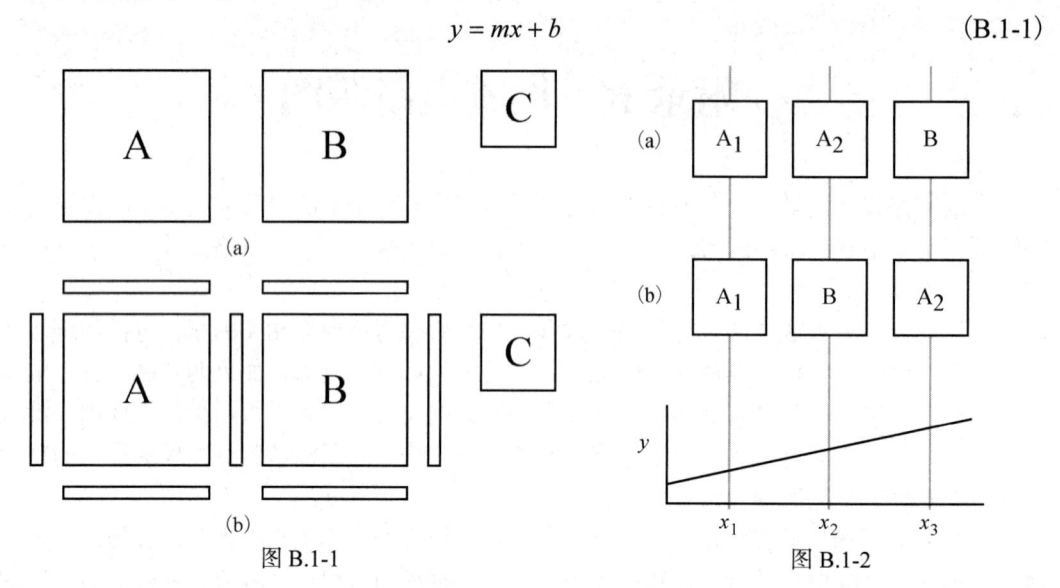

$$y = mx + b \tag{B.1-1}$$

图 B.1-1

图 B.1-2

则参照图 B.1-2(a)，得

$$A_1 = mx_1 + b \tag{B.1-2}$$

$$A_2 = mx_2 + b \tag{B.1-3}$$

$$B = mx_3 + b \tag{B.1-4}$$

$$\frac{A_1 + A_2}{B} = \frac{m(x_1 + x_2) + 2b}{mx_3 + b} \tag{B.1-5}$$

比值不可能等于 2，因为

$$x_3 \neq \frac{x_1 + x_2}{2} \tag{B.1-6}$$

但是对于图 B.1-2(b)的情况，如果 x_1-x_2 和 x_2-x_3 相等，很容易得到

$$x_2 = \frac{x_1 + x_3}{2} \tag{B.1-7}$$

事实上，不能指望这种线性梯度持续一段很长的距离。因此，为了获得这种方法带来的好处，器件之间的距离(例如 x_1-x_2)要尽量小。

上述匹配原理可用于匹配电容的设计。另外，涉及电容设计，还有其他一些规则。进行电容布图时，电容值应仅由一个极板确定以减少变量。考虑图 B.1-3 所示的双平板电容。图中画出电力线，表示平板间由于均匀电场以及边缘电场引起的电容。在图 B.1-3(a)中，若由 A 和 A' 表示的上平板边缘移动或由 B 和 B' 表示的下平板边缘移动，则两个平板间的总电容都将改变。而在图 B.1-3(b)中电容值只受上平板边缘变化的影响。甚至，上平板有少许左右偏移，电容值也几乎没有变化。图 B.1-3(a)的电容受两个平板移动的影响，因此由工艺带来的可变性要大于图 B.1-3(b)中的电容。

图 B.1-3 的电力线有助于了解两个平板间由于平面部分(典型的平板电容)以及周边部分(边缘电容)引起的总电容。了解这些后，考虑需要两个电容 C_1 和 C_2 成精确比的情况(比如 2:1)。

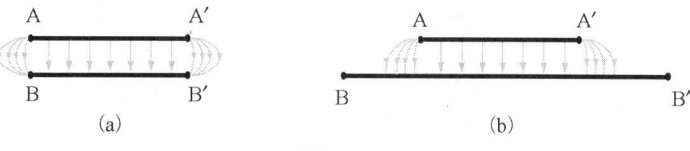

图 B.1-3

C_1 定义为

$$C_1 = C_{1A} + C_{1P} \tag{B.1-8}$$

且 C_2 定义为

$$C_2 = C_{2A} + C_{2P} \tag{B.1-9}$$

其中，C_{XA} 是平板电容，C_{XP} 是周边电容(边缘电容)。C_2 与 C_1 之比为

$$\frac{C_2}{C_1} = \frac{C_{2A} + C_{2P}}{C_{1A} + C_{1P}} = \frac{C_{2A}}{C_{1A}} \left[\frac{1 + \dfrac{C_{2P}}{C_{2A}}}{1 + \dfrac{C_{1P}}{C_{1A}}} \right] \tag{B.1-10}$$

如果 C_{1P}/C_{1A} 等于 C_{2P}/C_{2A}，那么 C_2/C_1 只由平板电容之比决定。由此可见，保持周长与面积之比为一个常数就能消除边缘引起的匹配灵敏度。若采用单位匹配原理，则周长与面积之比为常数也就不奇怪了。此时就有必要探讨什么几何图形才能使周长与面积之比保持常数：正方形、矩形、圆形还是其他。由式(B.1-10)还可以看到使周长与面积之比最小化是有益处的。当给定面积时，圆的周长最小，于是成为最小化周长的最佳选择，这是不争的事实。然而，圆周围的一致性使得它刻蚀均匀，而长方形的边和角的刻蚀程度却不一样。从与技术无关的许多因素来看，圆是不可取的。四方形和圆的理想折中是图 B.1-4 中的多边形(八边行)。

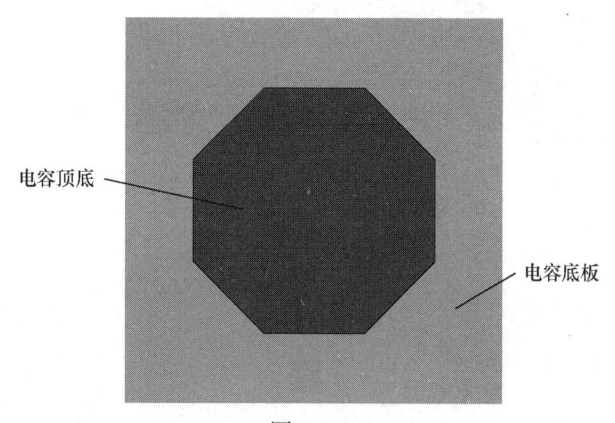

图 B.1-4

另一种有效的电容版图技术采用 Yiannoulos path。此方案采用蜿蜒的结构可以获得固定的周长与面积之比。这种技术的优点在于采用单位匹配原理时可以不局限于整数比。图 B.1-5 给出这种版图技术的一个例子。容易看出这种结构具有固定的周长与面积之比。

刻蚀补偿

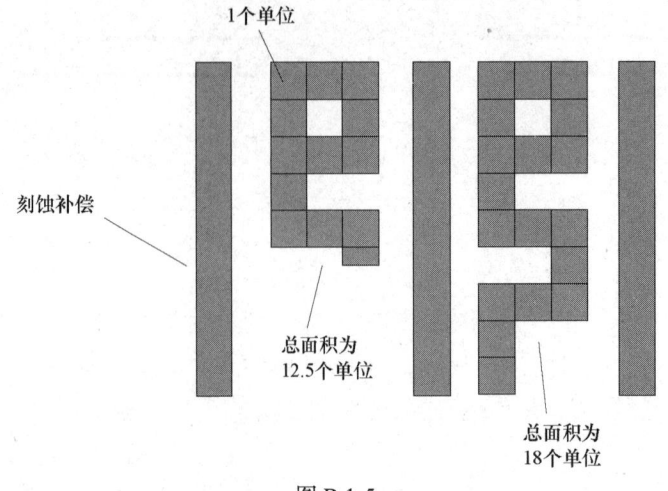

1个单位

总面积为 12.5个单位

总面积为 18个单位

图 B.1-5

B.2 MOS 管的版图

图 B.2-1 示出单个 MOS 管的版图及其剖面图。用于模拟应用的晶体管栅极应画成直线形而不是弯的或者角状的。晶体管的宽、长与漏、源的面积和周边长度一样都是晶体管的重要尺寸。调整晶体管导通的主要尺寸参数是 W/L，漏、源面积和周边长度决定着器件的电容值。

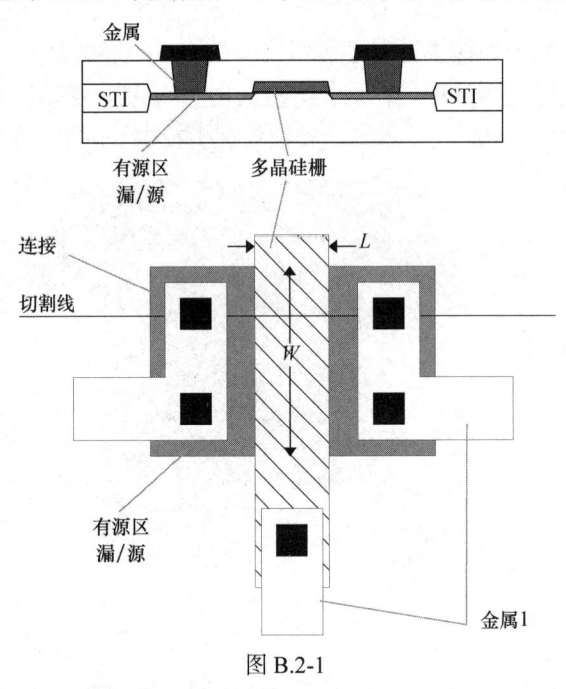

金属
STI
有源区 漏/源
多晶硅栅
连接
切割线
L
W
有源区 漏/源
金属1

图 B.2-1

考虑图 B.2-2 所示的差分对电路。M1 和 M2 要尽量匹配。当希望晶体管匹配时，可采用单位匹配原理和同质心方法。采用了这些方法后，晶体管漏、源区的方向是镜像对称还是同一方向成为一个问题。图 B.2-3 中晶体管版图采用单位匹配原理画出。图 B.2-3(a) 中晶体管表现出镜像对称，而图 B.2-3(b) 中表现出同一方向，即光刻不变性(PLI)。通常漏/源区注入是以一定角度进行的。由于多晶硅的高度(厚度)，它会在一边或另一边遮蔽注入，使栅源间电容不等于栅漏间电容。通过应用 PLI 版图方法，注入角度相匹配。因此两个栅源间电容 C_{GS} 是匹配的，且两个栅漏间电容 C_{GD} 也是匹配的。假设为了达到想要的电路性能，差分对中的每个晶体管都是由多个单元组成的。为了同时实现同质心和 PLI 版图，每个晶体管被分为 4 个单元，并按图 B.2-4(a) 画出版图。如图 B.2-4(b) 所示，通过重排和共享漏/源极，使得图 B.2-4(a) 的版图变得更紧凑。为了实现 PLI，每个希望的晶体管尺寸必须被拆分为 2 个单元。实现同质心版图也是如此。然而，要同时实现同质心和 PLI 版图，每个希望的晶体管尺寸就必须被拆分为 4 个单元。

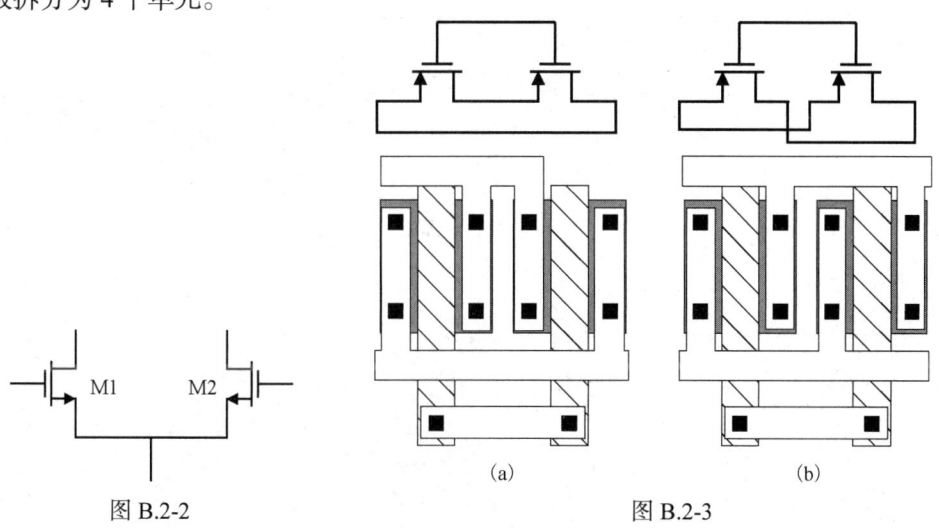

图 B.2-2

图 B.2-3

在模拟电路设计中确定晶体管尺寸时，版图概念须常放在心上。考虑一个尽可能最优匹配的 2∶1 电流镜。假设最小的器件尺寸为 5 μm。简单的方法是让一个晶体管为 10 μm 而另一个为 5 μm。然而，同时采用同质心和 PLI 可以达到最优匹配。因此，每个晶体管必须至少被拆分为 4 个单元。镜像晶体管中较小的一个决定了版图。当选择 5 μm 为最小宽度时，其中一个晶体管(较小)必须是 4 个 5 μm 单元而另一个必须是 8 个 5 μm 单元。图 B.2-5 举例说明了一个 1∶2 电流镜的同质心 PLI 版图。

(a)

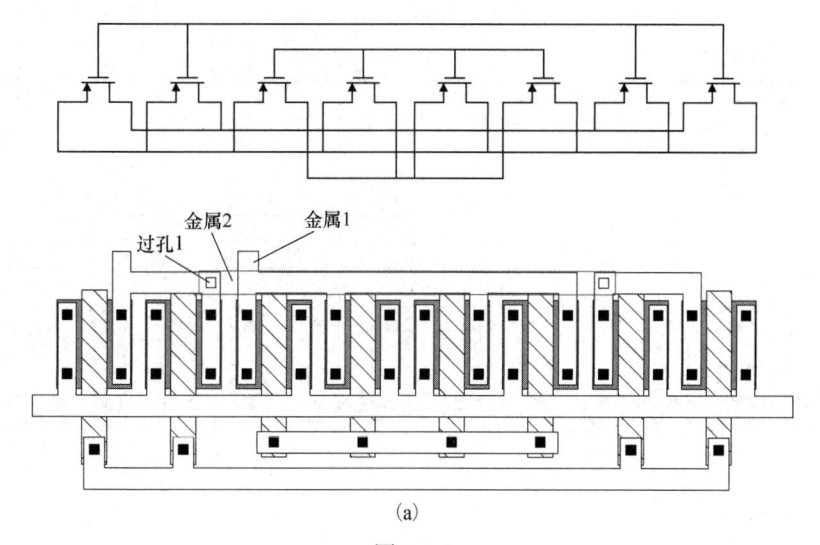

图 B.2-4

金属2
过孔1
金属1

(b)

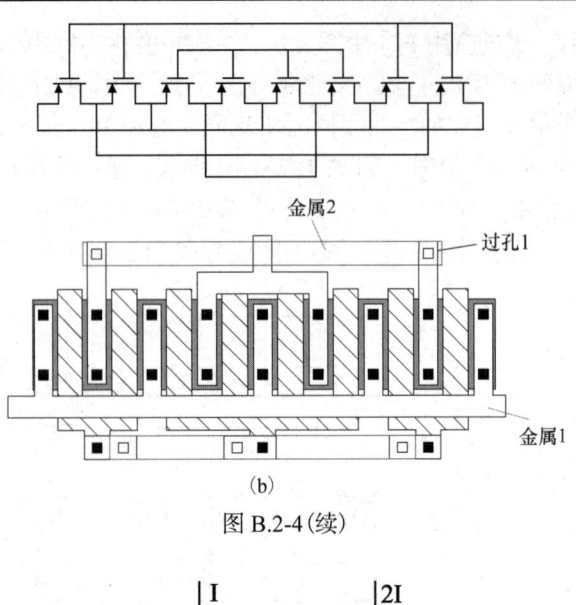

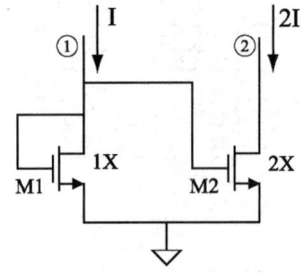

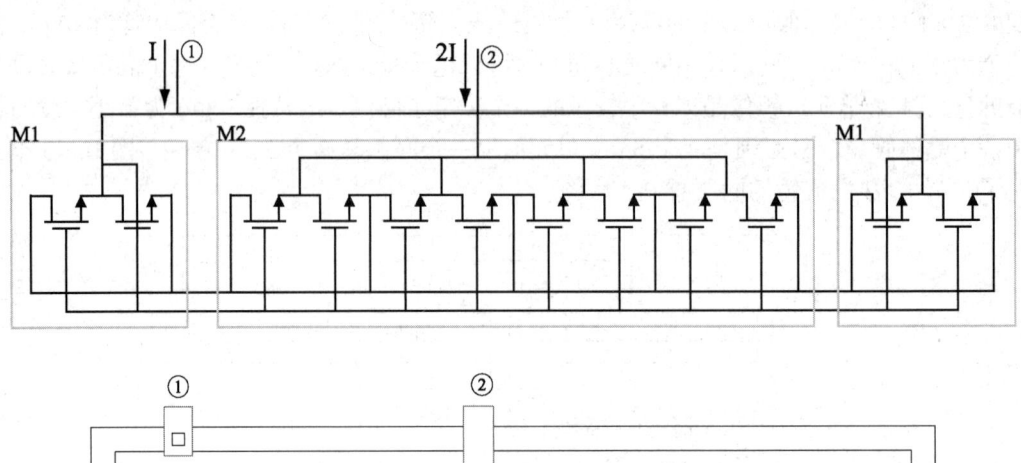

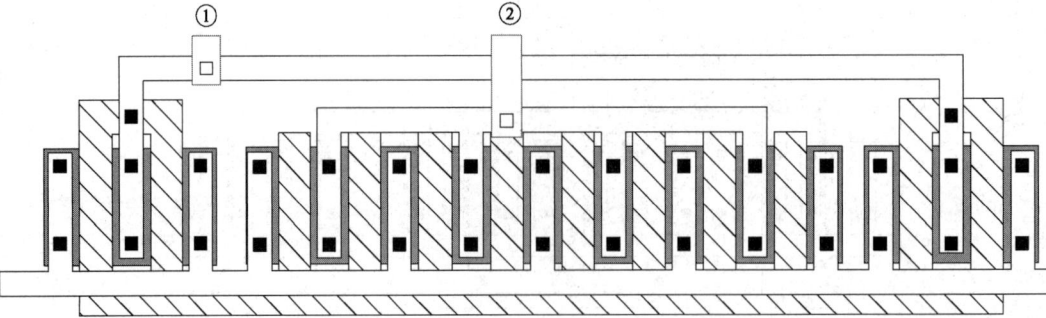

图 B.2-4(续)

图 B.2-5

许多模拟电路包含共源共栅结构。当要求达到最优匹配时，就应该采用 PLI 和同质心技术。图 B.2-6 给出了共源共栅结构电流镜的一部分。在此结构中，使用镜像晶体管可以实现 PLI（图中垂直地摆放），而达到同质心要在中心单元器件周围放置 2X 的单元器件。实际上，2X 器件必须出现在原理图中，这样才可以存在版图里。一个单元对的共源共栅节点（源极和漏极连接的公共点）与另一个单元对的共源共栅节点并没有进行电学连接。有很多方法可以避免画额外的晶体管，不过这些都是针对 CAD（计算机辅助设计）软件所选择的方法。

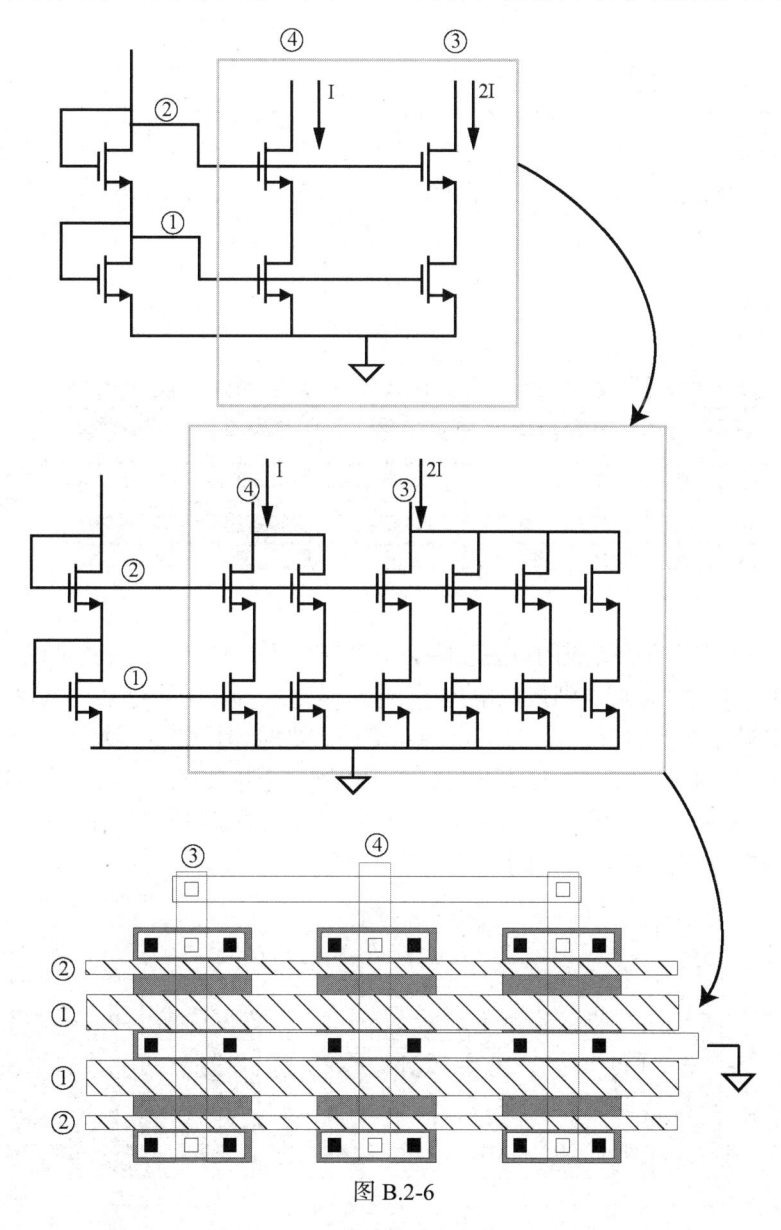

图 B.2-6

通常情况下，电路设计中并不要求共源共栅晶体管具有相等宽度。然而，这样做不会造成性能损失（对极高频电路并不如此）。出于对版图一致性和规律性的考虑，共源共栅晶体管宽度应该相等。

如前所述，一系列的匹配原则可以使器件的外围相同。考虑如图 B.2-6 中的例子。中间的每个晶体管两侧各有一个晶体管。但两侧的每个晶体管并不如此。因此违背了一个基本匹配原则。这些可以通过增加没有电学功能的晶体管来解决，实现"外围一致"的匹配原则。图 B.2-7 是由图 B.2-6 添加哑晶体管后修改而成的。

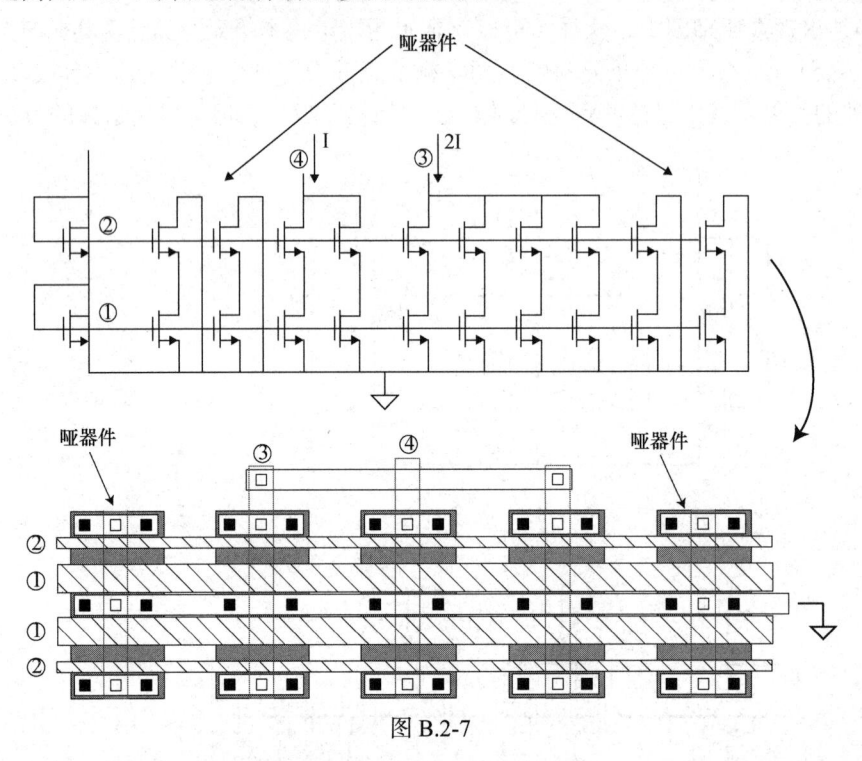

图 B.2-7

为了使电路工作正常，普通的衬底和阱必须连到合适的电位上。也就是说，p 型衬底(或者双阱工艺中的 p 阱)必须连到最低电位上(通常是地)，而 n 阱则连到最高电位(通常是 V_{DD})。从匹配和减小干扰的角度看，考虑这些连接是重要的。图 B.2-8 展示了充分的阱连接(连到 n 阱)以满足基本的电路要求。然而，按照匹配原则，这并没有匹配晶体管的外围。从电学角度看，阱是不平衡的。如图 B.2-9 所示，这种状况可以通过对匹配器件围一圈阱来解决。此例中，一条阱带包围了晶体管阵列。

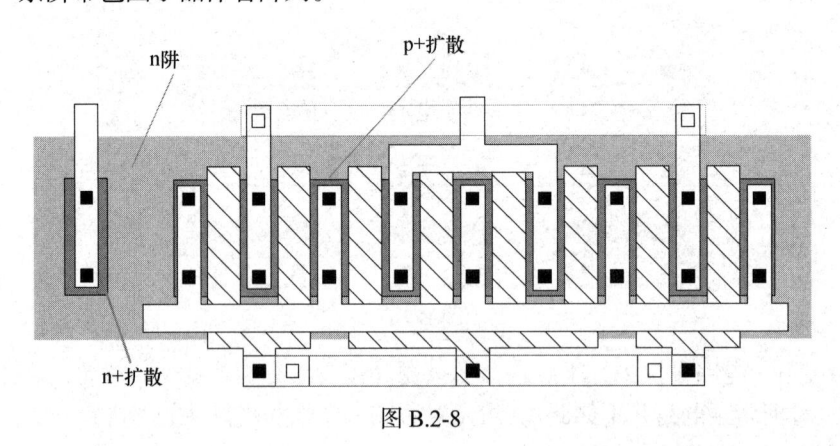

图 B.2-8

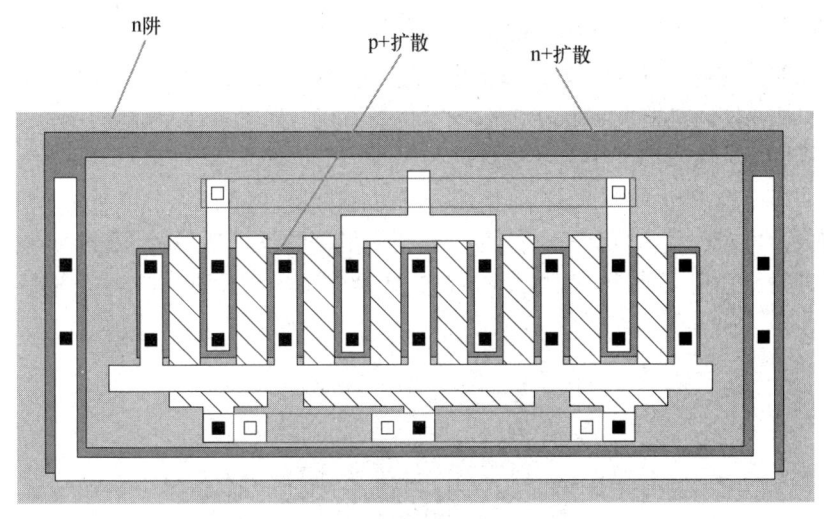

图 B.2-9

由于源漏极触点靠近沟道,用深亚微米技术制造的晶体管会受到这种沟道应力的影响。为了减少负面影响,匹配晶体管必须使它们的触点匹配(从单位匹配原则可以明显看出)。此外,触点与沟道(多晶硅)的距离不能是设计规则所允许的最小值。为了建立匹配情况下的规则,必须确定所用工艺下多晶硅与触点间距的影响特性。

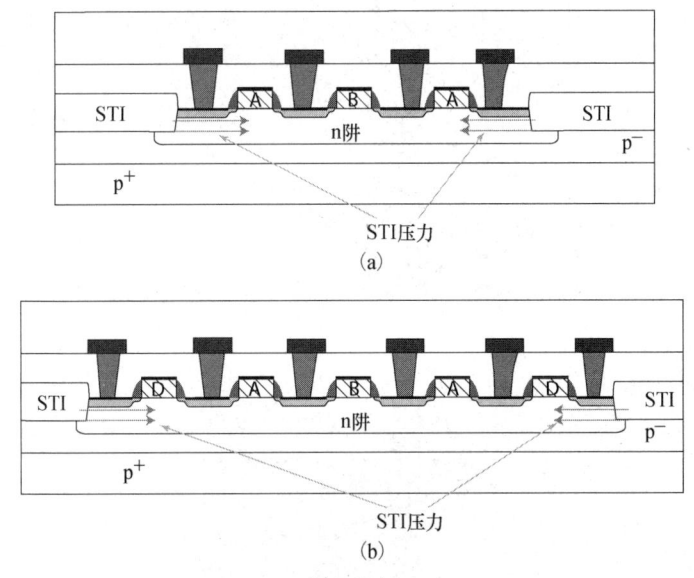

图 B.2-10

浅槽氧化层(STI)靠近沟道会影响晶体管的性能[1]。图 B.2-10(a)给出了一种 $2:1(2\times A:B)$ 的情形。然而,STI 引入的压力会造成外侧的晶体管 A 和中间晶体管 B 的性能差异。随着距离减小,压力会越显著。一个解决办法是增加匹配晶体管和 STI 的距离。如图 B.2-10(b)所示,使用哑晶体管,不但可以增加与 STI 的距离,还可以匹配所有晶体管的外围。在不清楚所用工艺特性的情况下,STI 和晶体管间的最优距离是不能得到的。因此通常在外围使用两个哑晶体管,因为这样做几乎不影响面积,且能显著地提升性能。

一个晶体管靠近阱边缘会影响阈值电压[1]。这是由靠近阱边缘的表面掺杂浓度变化引起的。图 B.2-11(a)给出了两个晶体管朝向的一种情况，其中一个靠近阱边缘而另一个远离。可以预见它们离阱边缘距离不同带来了阈值电压上的差异。此例中，阱的另外三面延伸一段相对长的距离，从而使晶体管受到很小的影响或不受影响。如图 B.2-11(b)所示，一个解决办法是改变晶体管朝向，使它们的电流与最近的阱边缘平行，且晶体管到阱边缘距离一样。这样，两个晶体管的掺杂梯度也一样。另一个解决办法如图 B.2-11(c)所示，每个晶体管与阱边缘等距(左边和右边)且与电流方向正交(垂直)。当使用如图 B.2-7 所示的结构时，对近阱效应的补偿是很复杂的。为了达到好的匹配，靠近阱边缘时的朝向和离阱边缘的距离是非常重要的。

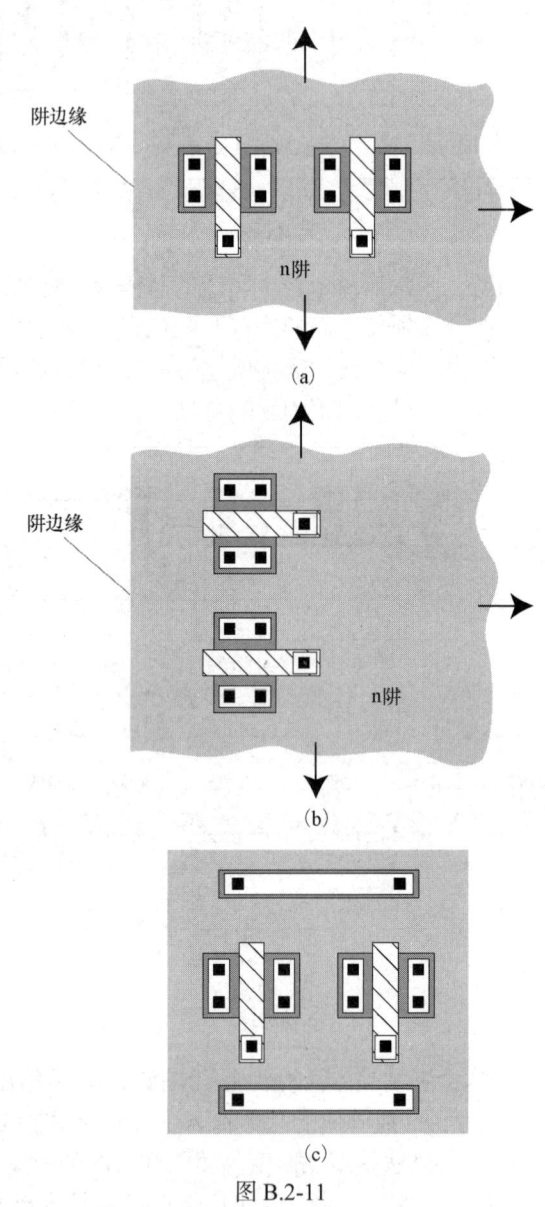

图 B.2-11

B.3 电阻版图

精密模拟电路设计中最有用的电阻是由多晶硅制成的。图 B.3-1 是一个多晶硅电阻的版图(沿切割线的俯视图和侧视图)。通常,在模拟电路中使用的多晶硅电阻需要一个硅化物块,以实现合理的方块电阻。因为硅化多晶硅是低电阻的,所以电阻的阻值基本是由非硅化区域确定的。从硅化到非硅化多晶硅的过渡区不好控制,但是为实现精确的匹配,必须考虑这一点。解决的关键是使过渡区(从硅化多晶硅到非硅化多晶硅)在电流路径外面。考虑图 B.3-2 所示的例子,假设几乎没有或没有电流流过电阻的抽头,那么没有电流流过硅化边界,电流流过部分的阻值就是均匀的。因此,可以达到非常精确的电阻率。然而,不是所有电路的拓扑结构都如图 B.3-2 所示。在一些情况下,会使用类似于图 B.3-3 中所示的版图,使用同质心布局和单元匹配原则。但是,图 B.3-3 并不是完美的,$2(R)$ 路上有一个过孔电阻,而 R 路上没有。为了减轻这种效应,可以在 R 串上添加过孔或者增加电阻的阻值来减小过孔电阻占总电阻的百分比。

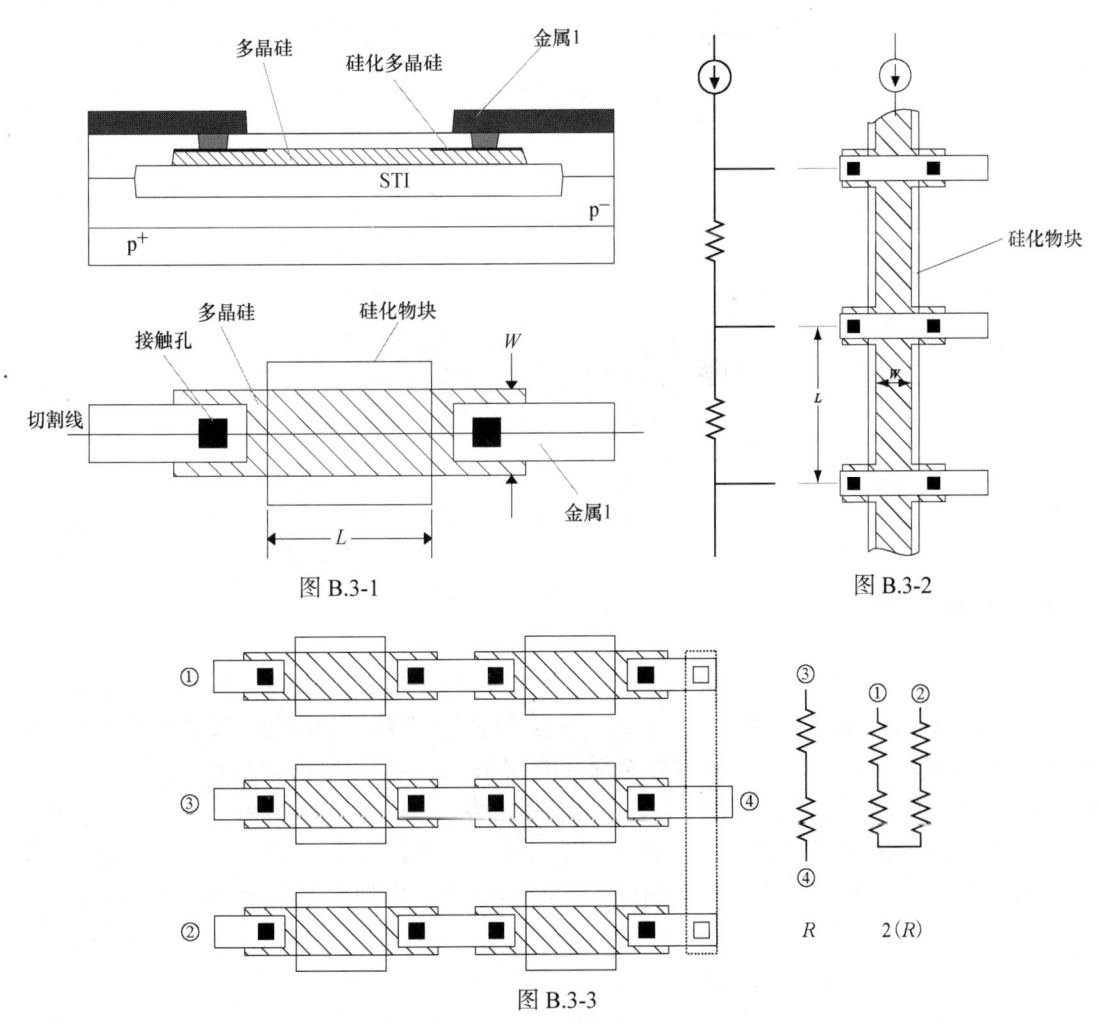

图 B.3-1

图 B.3-2

图 B.3-3

图 B.3-1 和图 B.3-2 中隐含了电阻版图的另一方面,那就是通过电阻的电流路径应该是笔直的。这在精确匹配中非常重要,因为转角会改变电阻值。相匹配的电阻应该朝向相同。从工艺技术角度来看这可能没什么意义,但这样做很少出问题,因此应作为标准做法。

精密电阻不应该以最小尺寸绘制。如果其他电路没有特定的要求(如寄生电容),选择电阻的宽度至少是设计规则允许的最小尺寸的两倍。与晶体管一样，当空间允许的时候要使用哑电阻。

图 B.3-4 所示的是一个阱电阻。该阱电阻由轻掺杂扩散工艺制造，不是非常的精确也不能表现出良好的匹配性，但是在不需要精确的高值电阻时会很有用。

回到图 B.3-1，每个电阻的阻值由 L/W 的比值和相应的方块电阻决定的。有人会想知道 L 和 W 的真实值，事实上，流过电阻的电流既不均匀也不单向，特别是在接触孔下方的过渡区。通常按如图所示测 L 和 W，并把电阻分为两部分：电阻的主体部分(沿其长度的部分，L)和接触孔部分。人们可以选择不同的方法，只要能够利用测量技术来描述器件特性。

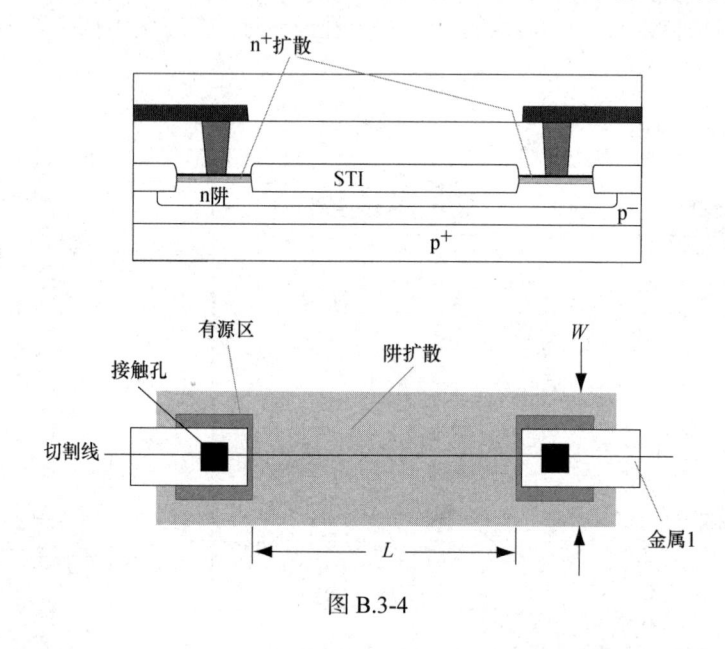

图 B.3-4

B.4 电容版图

电容可由多种方法制成，具体取决于工艺和特定应用。这里只详细讨论两种电容结构。

图 B.4-1(a)是 MiM 电容版图。注意，电容层边界完全落于第四层金属边界内且顶板接触孔位于电容层中心。电容层应在底板金属 4 的边界内，以获得最精确的电容。

纯数字工艺一般不提供 MiM 电容，因此精密电容通常由多层金属制成——MoM 电容。二层金属 MoM 叉指电容的例子如图 B.4-1(b)所示。由图可见，两个电容板交错在两个金属层之间，因此，顶板和底板没有明显的区别。这个概念可以很容易地扩展到更多的金属层(见图 2.4-2)。

MiM 电容值近似为[①]

$$C = \frac{\varepsilon_{ox} A}{t_{ox}} = C_{ox} A \tag{B.4-1}$$

其中 ε_{ox} 是二氧化硅的介电常数(约为 $3.45 \times 10^{-5} \text{pF}/\mu\text{m}$)，$t_{ox}$ 是氧化物的厚度，A 是电容面积。

---

① 这是无限大平板电容的公式，该式在平板尺寸接近间距时不太准确。

可见电容只取决于面积 A 和氧化物厚度 t_{ox}。另外还有边缘电容,它是电容周长的函数。因此,两个电容比值的误差是由面积比或氧化物厚度比的误差引起的。如果误差是由氧化物厚度的均匀线性变化造成,那么同质心的集合布局可以消除此影响[2]。与面积比相关的误差是由集成电路中不能准确定义的电容尺寸引起的,是由与制作掩模相关的容差,对定义电容平板材料的非均匀刻蚀和其他限制造成的[3]。

图 B.4-1

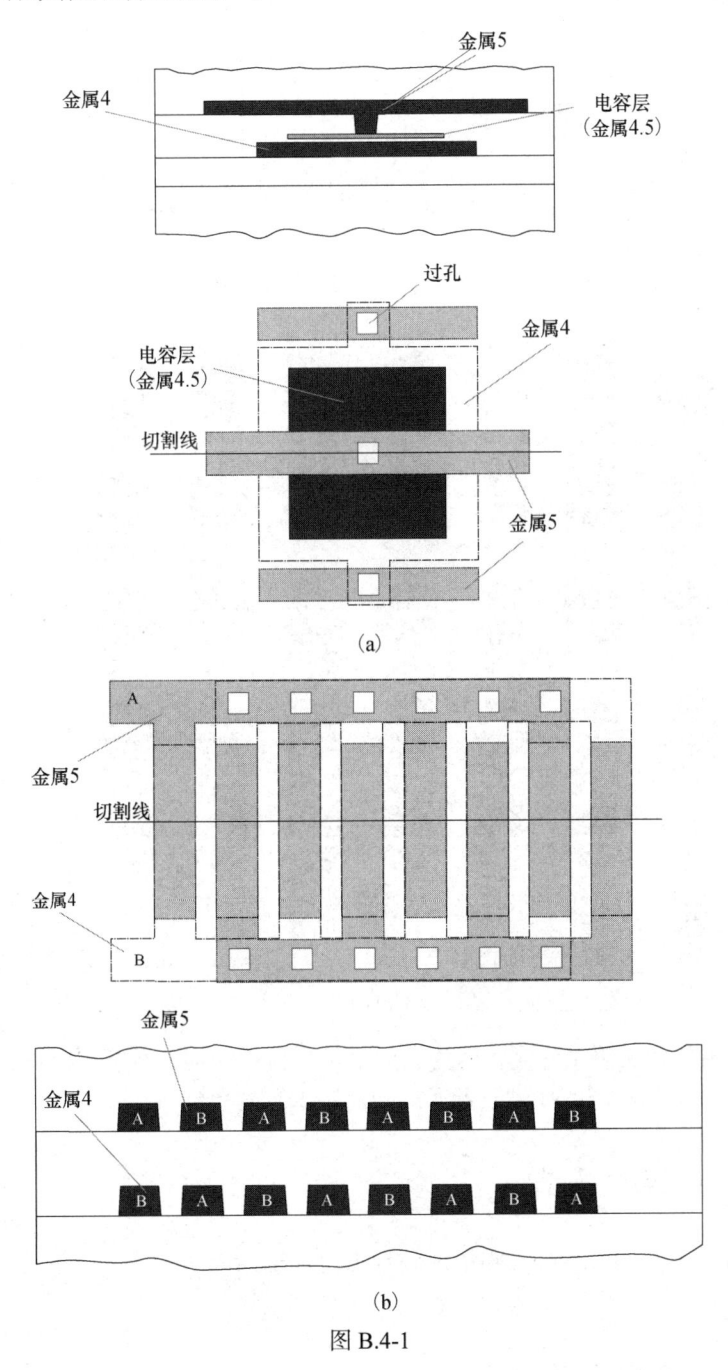

图 B.4-2 所示的是一个可能在数模转换器中使用的二进制加权电容阵列。每个电容都是根

据权重标识的(例如,连接在一起的 16 个单元的电容被标为"16")。它们以单元匹配的原则和同质心的方式被画出来。未使用的单元区域填充没有电气连接的"哑"电容。每个单元电容的顶板都处理为倒角,以减少圆角效应。每个单元电容的顶板互联相匹配,使得金属 5 和金属 4 的寄生效应相匹配。图 B.4-2 中没有画出阵列上方和下方的哑电容以及阵列每一侧的哑电容列。

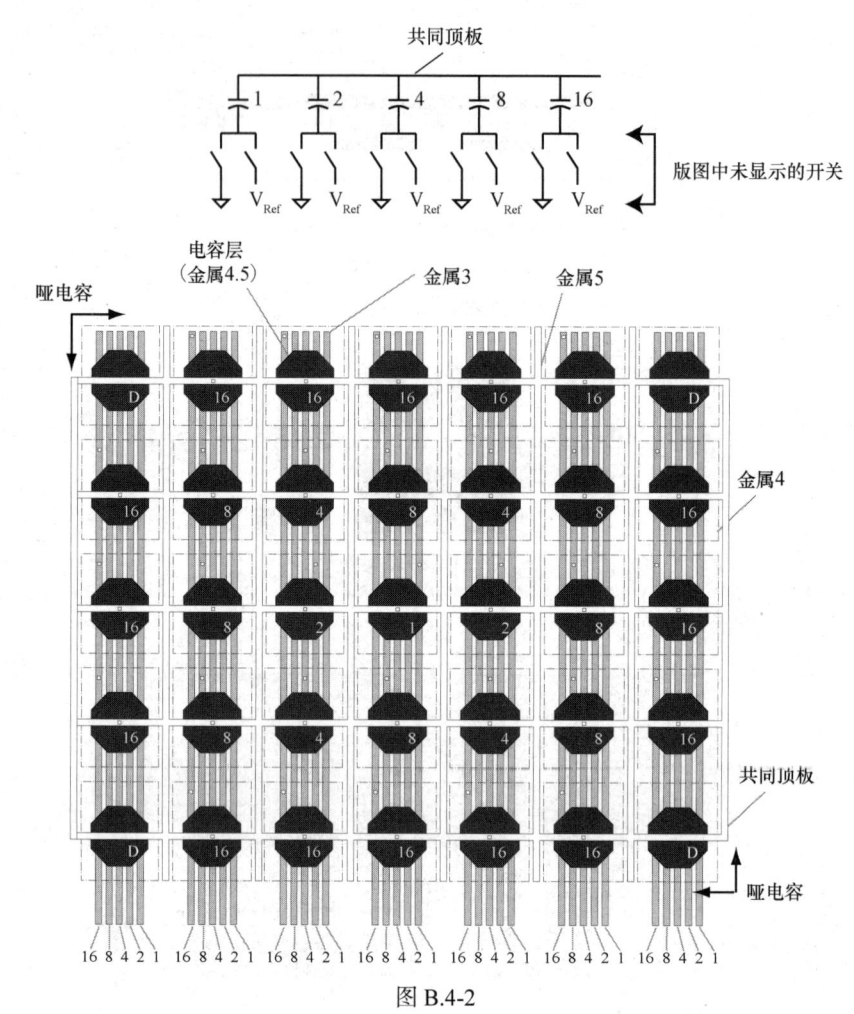

图 B.4-2

MoM 电容器的模型更难建立,因为它们不是平行板结构。虽然可以估算它们的值,但是更精确的值需要由晶圆厂商提供或者通过构建测试结构找到。

B.5 最优实践经验总结

布局晶体管、电阻和电容的准则可以归结为以下的实践经验。

匹配晶体管

- 使用匹配的单元和选择整数比。
- 使用线性结构(没有弯曲或转角)。

- 在接触孔和栅极之间使用两倍的最小间距。
- 使用相同的朝向。
- 为达到 PLI，将匹配对分为更小的两个。
- PLI 和同质心一起考虑，将匹配对分为更小的四个并使用 PLI 朝向。
- 使用哑晶体管(如果空间足够使用两个)。
- 匹配好外围区域。

匹配电阻

- 使用匹配的单元和整数比。
- 使用线性结构(没有弯曲或转角)。
- 使用相同的方向。
- 使用哑电阻。
- 最小宽度应该至少是版图规则最小尺寸的两倍。
- 在重要的电流路径上避开接触孔或硅化物过渡区。
- 尽量在电路中使用大电阻以降低接触孔效应。

匹配电容

- 使用 MiM 电容实现精确匹配。
- 使用匹配的单元和整数比。
- 使用带有斜切角的方形顶板。
- 匹配顶板的寄生参数。
- 使用同质心布局。

B.6 版图规则

在绘制集成电路版图时，一定要遵循规则，以确保集成电路的可制造性。控制制造能力的版图规则部分起因于工艺中的刻蚀掩模步骤，后一步光掩模版的特征必须与前一步集成电路上定义的特征校准。即使用精确的自动校准工具仍然会存在误差。某些情况下，两层是否严格对齐对电路工作有重大影响。因此，对准容差限制了特征尺寸以及电路中其他层的尺寸定位。

电性能的要求也规定了特征尺寸和其他层的尺寸定位。保持给定电位差的扩散区之间的容许距离正是一个很好的例子。如果要设计向技术限制挑战的电路，那么了解与电性能相关的规则对设计者来说十分重要。设计规则的限制受特定条件下工艺(如掺杂浓度、结深等)特性的约束。

下面一组设计规则基于最小尺寸分辨率 λ (不要与第 3 章介绍的沟道长度调制系数 λ 混淆)。最小尺寸分辨率 λ 通常为工艺技术中最小几何长度的一半。

基本版图级要定义五层金属、双阱、浅槽氧化层，硅栅 CMOS 电路包含：

- n 阱
- p 阱
- AA(有源区)

- 选择层(定义 n 型和 p 型扩散区)
- 多晶硅
- 硅化物块
- 金属 1~5(金属层)
- 过孔 2~5
- 电容顶板(对于 MiM 电容)
- 焊盘

该工艺下详细的设计规则在表 B.6-1 中给出,并在图 B.6-1 和图 B.6-2 中以图形的形式示出。

表 B.6-1

1	n 阱		
	1.1	宽度	12
	1.2	间距(不同电势)	18
	1.3	间距(相同电势)	6
2	有源区(AA)		
	2.1	宽度	10
	2.2	间距	3
	2.3	源/漏到阱边缘	6
	2.4	衬底/阱接触孔有源区到阱边缘	3
	2.5	从 p^+ 到 n^+ 有源区的间距(非对接)	4
4	选择层		
	4.1	与晶体管沟道的间距	3
	4.2	有源区的覆盖	2
	4.3	接触孔的覆盖	1
	4.4	宽度和间距(不能重叠,可以一致)	2
3	多晶硅栅		
	3.1	宽度	2
	3.2	在场区的间距	3
	3.2a	在有源区的间距	3
	3.3	栅极超出有源区的部分(宽度方向)	2
	3.4	栅极与有源区边界的间距(长度方向)	3
	3.5	多晶硅与有源区的间距(在场区)	1
20	硅化物区		
	20.1	宽度	4
	20.2	间距	4
	20.3	与接触孔的间距(硅化物区内不允许有接触孔)	3
	20.4	与外部有源区的间距	3
	20.5	与外部多晶硅的间距	3
	20.6	在硅化物区内定义的硅化物多晶硅电阻	5
	20.7	多晶硅电阻的宽度	7
	20.8	多晶硅电阻的间距	2
	20.9	多晶硅的覆盖(或有源区)	4

续表

5	多晶硅上的接触孔		
	5.1	尺寸	2×2
	5.2	多晶硅覆盖接触孔	1.5
	5.3	间距	3
	5.4	与有源区的间距(栅区域)	2
6	有源区上的接触孔		
	6.1	尺寸	2×2
	6.2	有源区覆盖接触孔	1.5
	6.3	间距	3
	6.4	与多晶硅栅的间距	2
7	金属 1		
	7.1	宽度	3
	7.2	间距	3
	7.3	接触孔的覆盖	1
	7.4	宽金属的间距(超过 10)	6
8	过孔-X-1(X = 2-5)		
	8.1	尺寸	2×2
	8.2	间距	3
	8.3	由金属 1 覆盖	1
	8.4	允许接触孔或过孔上打过孔 1(叠孔)	
9	金属 X(X = 2-5)		
	9.1	宽度	3
	9.2	间距	3
	9.3	由过孔 1 覆盖	1
	9.4	宽金属的间距(超过 10)	6
28	电容顶层金属(对于 MiM 电容)		
	28.1	宽度	40
	28.2	间距(共享底板)	12
	28.3	被底层金属覆盖的顶板	4
	28.4	过孔的覆盖	3
	28.5	与底层金属过孔的间距	4
	28.6	底层金属对过孔的最小覆盖	2
	28.7	超出底板的可用规则	25
	28.8	虚拟形状的最小宽度(没有过孔)	4
	28.9	最小间距：底板到其他相同的金属	8
	28.10	顶层金属上的最小过孔间距	20
	28.11	最小过孔间距(到金属顶部)	40
	28.12	最大顶层金属的宽度和长度(微米)	30
	28.13	最大底板金属的宽度和长度(微米)	35
	28.14	顶板下没有过孔	
	28.15	顶板下没有有源或无源电路	

图 B.6-1

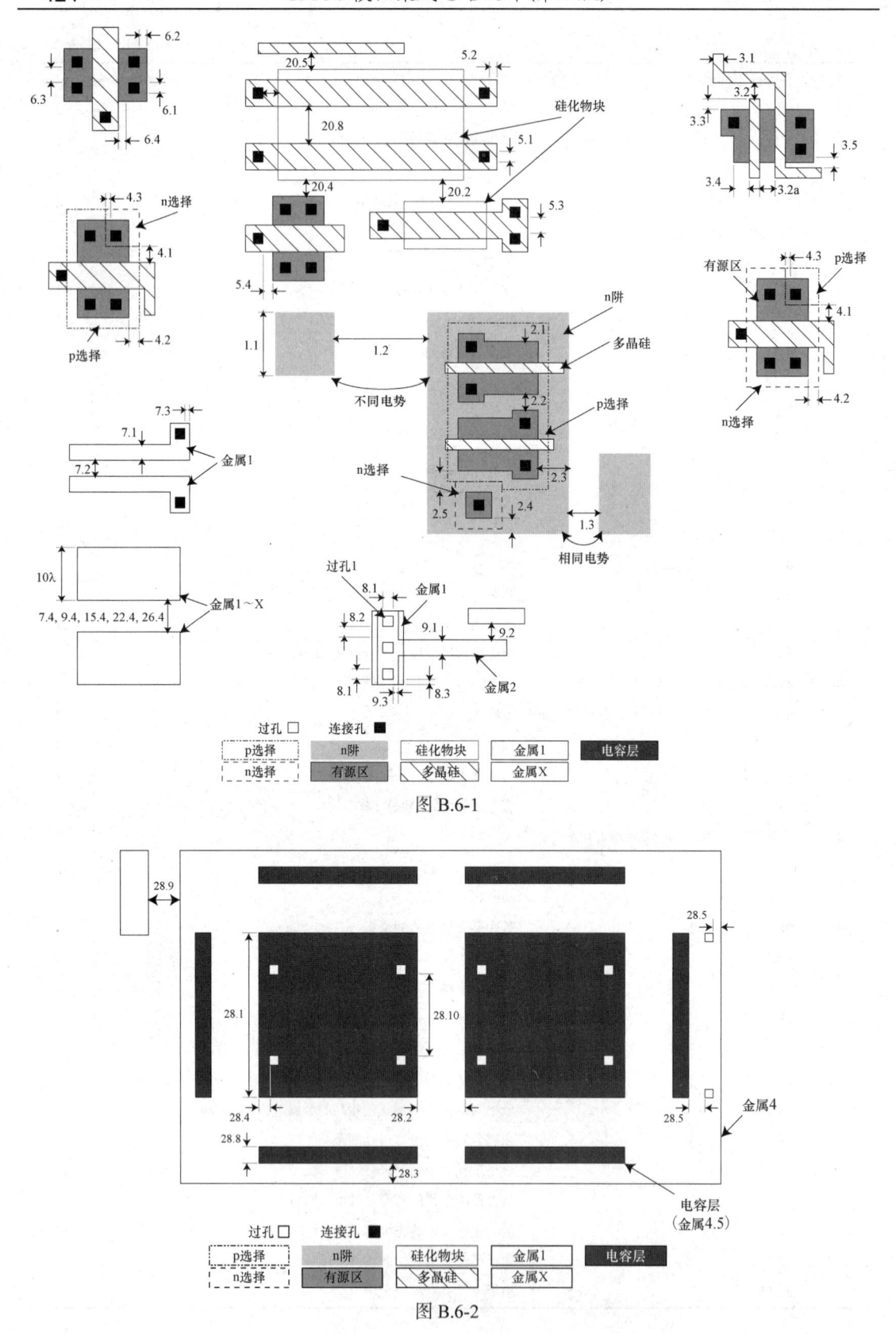

图 B.6-2

多数情况下，晶圆制造厂都采用一种特定的设计规则。设计开始前，设计者应该确定采用何种工艺，并获得提供该工艺的晶圆制造厂商的设计规则。这在代表最高发展水平的模拟CMOS制造中尤为重要。需要注意这里提出的原则在转化为特定工艺时不能改变。

参考文献

1. P. G. Drennan, M. L. Kniffin, and D. R. Locascio "Implications of Proximity Effects for Analog Design," Proceedings of IEEE 2006 Custom Integrated Circuits Conference (CICC), pp. 169–176, Sept. 2006.
2. J. L. McCreary and P. R. Gray, "All-MOS Charge Redistribution Analog-to-Digital Conversion Techniques—Part I," IEEE J. Solid-State Circuits, Vol. SC-10, pp. 371–379, Dec. 1975.
3. J. B. Shyu, G. C. Temes, and F. Krummenacher, "Random Error Effects in Matched MOS Capacitors and Current Sources," IEEE J. Solid-State Circuits, Vol. SC-19, pp. 948–955, Dec. 1984.

附录 C CMOS 器件性能

第 3 章中介绍了两种强反型 MOS 管模型,在一定的端口 (S, G, D, B) 条件范围内能够描述 MOS 管的性能。无论采用简单模型还是复杂模型,这些模型在进行手工计算和计算机仿真时都非常有用。但是,在使用模型前,必须提供描述给定器件特性的正确模型参数。假如在设计前不能从晶片厂商那里得到器件模型的参数,就需要对器件进行性能测定,以得到合适的参数。对于设计者而言,谨慎的做法是从晶片厂商那里得到器件的样品并且进行性能测定,从而得到希望的模型参数。性能测定过程就是本附录的内容。

对于简单模型,可用图形和数值方法来提取模型参数。对良好的测试结构中的几何方面问题应引起注意。一些技术和结果将被扩展至复杂模型,通过进一步研究将获得一些与此模型相关的二阶参数。另外,必须进行性能测定的还有晶体管噪声和无源元件的参数。

C.1 简单晶体管模型的特性

描述 MOS 管在强反型饱和区与非饱和区的公式已在 3.1 节给出,为了方便起见在这里重新给出:

$$i_D = K' \left(\frac{W_{\text{eff}}}{2L_{\text{eff}}} \right)(v_{GS} - V_T)^2 (1 + \lambda v_{DS}) \tag{C.1-1}$$

$$i_D = K' \left(\frac{W_{\text{eff}}}{L_{\text{eff}}} \right) \left[(v_{GS} - V_T)v_{DS} - \frac{v_{DS}^2}{2} \right] \tag{C.1-2}$$

其中,

$$V_T = V_{T0} + \gamma \left[\sqrt{2|\phi_F| + v_{SB}} - \sqrt{2|\phi_F|} \right] \tag{C.1-3}$$

主要关心的参数是 $V_{T0}(V_{SB}=0)$,K',γ 和 λ。本节将重点放在确定这些参数的方法上。前面注意到参数 K' 对于饱和区和非饱和区是不同的。因此,不同的情况应当做不同的描述。为了使专业术语简单,在这部分附录中,用 K'_S 表示饱和区,K'_L 表示非饱和区。采用上述定义后,式 (C.1-1) 和式 (C.1-2) 可以写成

$$i_D = K'_S \left(\frac{W_{\text{eff}}}{2L_{\text{eff}}} \right)(v_{GS} - V_T)^2 (1 + \lambda v_{DS}) \tag{C.1-4}$$

$$i_D = K'_L \left(\frac{W_{\text{eff}}}{L_{\text{eff}}} \right) \left[(v_{GS} - V_T)v_{DS} - \frac{v_{DS}^2}{2} \right] \tag{C.1-5}$$

首先假设 v_{DS} 的选择使式 (C.1-4) 中的 λv_{DS} 远小于 1,且 v_{SB} 为零,因此 $V_T = V_{T0}$。式 (C.1-4) 可以简化为

$$i_D = K'_S \left(\frac{W_{\text{eff}}}{2L_{\text{eff}}} \right)(v_{GS} - V_{T0})^2 \tag{C.1-6}$$

整理得到

$$i_D^{1/2} = \left(\frac{K'_S W_{\text{eff}}}{2L_{\text{eff}}}\right)^{1/2} v_{GS} - \left(\frac{K'_S W_{\text{eff}}}{2L_{\text{eff}}}\right)^{1/2} V_{T0} \qquad \text{(C.1-7)}$$

上式具有如下形式：

$$y = mx + b \qquad \text{(C.1-8)}$$

可以看出该式为一直线方程，其中 m 为直线的斜率，b 为 y 轴上的截距。对比式(C.1-7)和式(C.1-8)可以得到

$$y = i_D^{1/2} \qquad \text{(C.1-9)}$$

$$x = v_{GS} \qquad \text{(C.1-10)}$$

$$m = \left(\frac{K'_S W_{\text{eff}}}{2L_{\text{eff}}}\right)^{1/2} \qquad \text{(C.1-11)}$$

$$b = -\left(\frac{K'_S W_{\text{eff}}}{2L_{\text{eff}}}\right)^{1/2} V_{T0} \qquad \text{(C.1-12)}$$

由这些式子可以看出，如果画出 $i_D^{1/2}$ 随 v_{GS} 变化的图形，并且测量图形直线部分的斜率，在 W_{eff} 和 L_{eff} 已知的情况下，可以很容易地得到 K'_S。同时，当 $i_D^{1/2} = 0$ 时，x 的截距为 V_{T0}。图 C.1-1(a) 说明了这些方法。在选择器件进行性能分析时，选择大的 W 和 L 非常重要，这样可使 W_{eff} 和 L_{eff} 的值尽可能接近设计值，使得在提取 K'_S 时得到更好的精度。

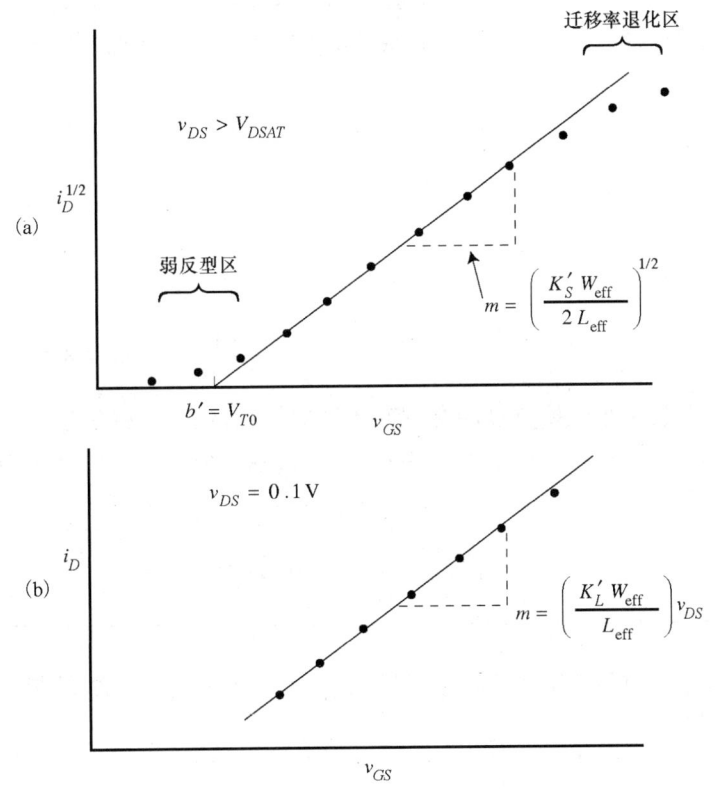

图 C.1-1　(a) $i_D^{1/2}$ 和 v_{GS} 的关系曲线，用于确定 V_{T0} 和 K'_S；(b) i_D 和 v_{GS} 的关系曲线，用于确定 K'_L

线性迭代这样的数值方法可以取代图 C.1-1(a)中的图形分析法以提取上述器件参数。在使用数值方法时,要注意下面一些问题。一些二阶效应可能导致最佳拟和曲线不准确,如在 $v_{GS}=V_{T0}$ 附近存在弱反型电流,在 v_{GS} 较大时迁移率下降等,以及由此导致 V_{T0} 和 K'_S 的数值错误。因此,不适合模型的数据不能在参数提取过程中使用。

例 C.1-1 V_{T0} 和 $K'_S(W/L)$ 的计算

晶体管的数据如表 C.1-1 所示,线性迭代公式基于

$$y = mx + b$$

$$m = \frac{\Sigma x_i y_i - (\Sigma x_i \Sigma y_i)/n}{\Sigma x_i^2 - (\Sigma x_i)^2/n} \tag{C.1-13}$$

$$b = \bar{y} = m\bar{x} \tag{C.1-14}$$

确定 V_{T0} 和 $K'_S W/2L$。表 C.1-1 中的数据同样给出了 $I_D^{1/2}$ 和 V_{GS} 的关系。

表 C.1-1

$V_{GS}(V)$	$I_D(\mu A)$	$\sqrt{I_D}(\mu A)^{1/2}$	$V_{SB}(V)$
1.000	0.700	0.837	0.000
1.200	2.00	1.414	0.000
1.500	8.00	2.828	0.000
1.700	13.95	3.735	0.000
1.900	22.1	4.701	0.000

解:在使用线性迭代之前,必须检查数据的线性度。检查数据点间的斜率是一种确定线性度的简单方法。

$$\text{斜率} = m = \frac{\Delta y}{\Delta x} = \frac{\sqrt{I_{D2}} - \sqrt{I_{D1}}}{V_{GS2} - V_{GS1}}$$

可得

$$m_1 = \frac{1.414 - 0.837}{0.2} = 2.885 \quad m_2 = \frac{2.828 - 1.414}{0.3} = 4.713$$

$$m_3 = \frac{3.735 - 2.828}{0.2} = 4.535 \quad m_4 = \frac{4.701 - 3.735}{0.2} = 4.830$$

这些结果说明第一个数据点(V_{GS} 的最小值)如果没有错误,就是在晶体管处于弱反型时的 数据。在以下分析中不应该使用这个数据点。经过线性迭代计算,得出结果

$$V_{T0} = 0.890 \text{ V}$$

$$\frac{K'_S W_{\text{eff}}}{2 L_{\text{eff}}} = 21.92 \text{ μA/V}^2$$

接下来,考虑非饱和工作区参数 K'_L 的提取。式(C.1-5)可以重新写成

$$i_D = K'_L \left(\frac{W_{\text{eff}}}{L_{\text{eff}}}\right) v_{DS} v_{GS} - K'_L \left(\frac{W_{\text{eff}}}{L_{\text{eff}}}\right) v_{DS} \left(V_T + \frac{v_{DS}}{2}\right) \tag{C.1-15}$$

如果 i_D 和 v_{GS} 的关系曲线如图 C.1-1(b)所示,则可以得到斜率为

附录 C CMOS 器件性能

$$m = \frac{\Delta i_D}{\Delta v_{GS}} = K'_L \left(\frac{W_{\text{eff}}}{L_{\text{eff}}}\right) v_{DS} \tag{C.1-16}$$

知道了斜率，可以很容易地确定 K'_L 为

$$K'_L = m \left(\frac{W_{\text{eff}}}{L_{\text{eff}}}\right)\left(\frac{1}{v_{DS}}\right) \tag{C.1-17}$$

如果 W_{eff}、L_{eff}（假设这些值足够大从而减少尺寸变化与外部扩散的影响）和 v_{DS} 已知，那么零电场迁移率参数 μ_o 的近似值可由式(3.1-13)的 K'_L 得到。下一节将给出更准确的 μ_o 计算方法。

至此，γ 是未知的。使用和前面同样的方法，式(C.1-3)可被写成线性形式，其中，

$$y = V_T \tag{C.1-18}$$

$$x = \sqrt{2|\phi_F| + v_{SB}} - \sqrt{2|\phi_F|} \tag{C.1-19}$$

$$m = \gamma \tag{C.1-20}$$

$$b = V_{T0} \tag{C.1-21}$$

其中，$2|\phi_F|$ 是未知的，但通常在 0.6~0.7 V 之间。一旦 γ 被计算出来，那么使用式(3.1-4)可以计算出 N_{SUB}，使用式(3.1-5)可以计算出 $2|\phi_F|$。再应用式(C.1-18)、式(C.1-19)、式(C.1-20)和式(C.1-21)就可以确定 γ 的数值。迭代技术可以用来实现具有所需精度的 $2|\phi_F|$ 和 γ 的值。总体来说，$2|\phi_F|$ 的近似值可以给出令人满意的结果。

通过画出 V_T 和式(C.1-19)中 x 的关系曲线，可以测量出最佳拟合曲线的斜率，并从中提取参数 γ。为此，必须用先前介绍的方法确定不同 v_{SB} 下的 V_T 值。图 C.1-2 说明了这个过程，图中画出的每个 V_T 值必须与 v_{SB} 对应。结果如图 C.1-3 所示。由最佳拟合曲线测出的斜率 m 即参数 γ。

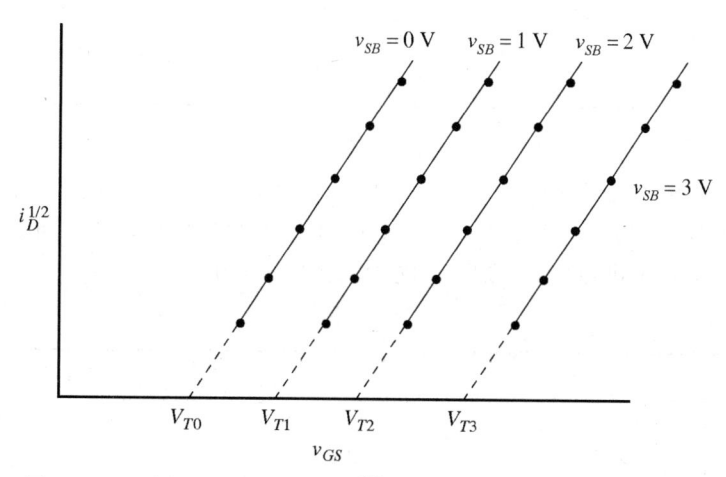

图 C.1-2 不同 v_{SB} 的值所对应的 $i_D^{1/2}$ 和 v_{GS} 的关系曲线，用于确定 γ

V_T

$V_{SB} = 3\text{ V}$

$V_{SB} = 2\text{ V}$

$V_{SB} = 1\text{ V}$

$m = \gamma$

$V_{SB} = 0\text{ V}$

$(v_{SB} + 2|\phi_F|)^{1/2} - (2|\phi_F|)^{1/2}$

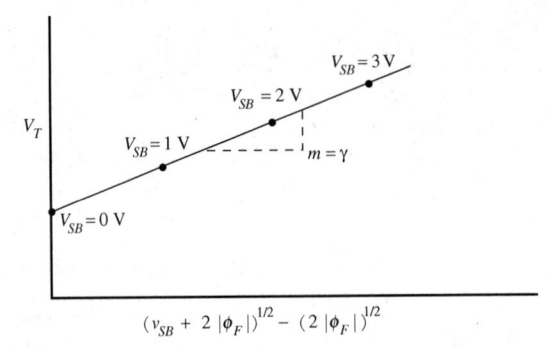

图 C.1-3　V_T 和 $f(v_{SB})$ 的关系曲线，用于确定 γ

例 C.1-2　计算 γ

使用例 C.1-1 的结果和以下晶体管的数据，使用线性迭代的方法来计算 γ 的数值。假设 $2|\phi_F|$ 为 0.6 V。

解： 表 C.1-2 中列出了 $V_{SB} = 1\text{ V}$ 和 $V_{SB} = 2\text{ V}$ 时晶体管的数据。通过对表中数据进行快速检查发现 $i_D^{1/2}$ 和 V_{GS} 为线性关系，可以用于线性迭代分析。

表 C.1-2

$V_{SB}(\text{V})$	$V_{GS}(\text{V})$	$I_D(\mu\text{A})$
1.000	1.400	1.431
1.000	1.600	4.55
1.000	1.800	9.44
1.000	2.000	15.95
2.000	1.700	3.15
2.000	1.900	7.43
2.000	2.10	13.41
2.000	2.30	21.2

采用与例 C.1-1 相同的处理过程，可以得到以下阈值：$V_{T0} = 0.898\text{ V}$ ($v_{SB} = 0\text{ V}$)（由例 C.1-1 得出），$V_{T1} = 1.143\text{ V}$ ($V_{SB} = 1\text{ V}$)，$V_{T2} = 1.322\text{ V}$ ($V_{SB} = 2\text{ V}$)。表 C.1-3 给出了在三个 V_{SB} 值下，V_T 与 $[(2|\phi_F| + v_{SB})^{1/2} - (2|\phi_F|)^{1/2}]$ 的值。有了这些数值，线性回归可以在 V_T 和 $[(2|\phi_F| + v_{SB})^{1/2} - (2|\phi_F|)^{1/2}]$ 的相应数据上进行。式(C.1-13)的回归参数为如下。

表 C.1-3

$v_{SB}(\text{V})$	$V_T(\text{V})$	$\left[\sqrt{2|\phi_F| + V_{SB}} - \sqrt{2|\phi_F|}\right]$
0.000	0.898	0.000
1.000	1.143	0.490
2.000	1.322	0.838

$$\Sigma x_i y_i = 1.668$$

$$\Sigma x_i \Sigma y_i = 4.466$$

$$\Sigma x_i^2 = 0.9423$$

$$(\Sigma x_i)^2 = 1.764$$

由此得出 $\gamma = m = 0.506$。

简单模型中的三个主要参数已经被计算出来，接下来要做的是计算剩余的三个参数 λ、ΔL 和 ΔW。所有可能用到的器件长度的沟道长度调制参数 λ 将被确定。为简单起见，式(C.1-4) 可以重新写成

$$i_D = i'_D \lambda v_{DS} + i'_D \tag{C.1-22}$$

该式是熟悉的线性形式，其中，

$$y = i_D \quad [\text{式}(C.1-4)] \tag{C.1-23}$$

$$x = v_{DS} \tag{C.1-24}$$

$$m = \lambda i'_D \tag{C.1-25}$$

$$b = i'_D \quad [\text{式}(C.1-4), \lambda = 0] \tag{C.1-26}$$

通过画出 i_D-v_{DS} 曲线可以测量饱和区数据的斜率，并且除以截距 y 就可以计算出 λ。图 C.1-4 说明了下面的例子的求解过程。

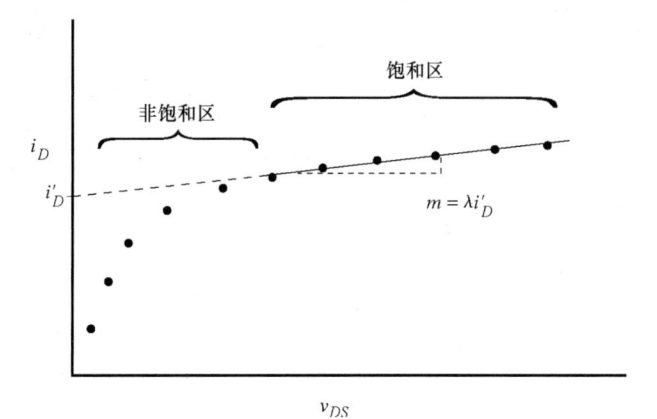

图 C.1-4　i_D 和 v_{DS} 的关系曲线，用于确定 λ

例 C.1-3　确定 λ

表 C.1-4 给出了 I_D 和 V_{DS} 的数据，确定参数 λ。

表 C.1-4

$I_D(\mu A)$	$V_{DS}(V)$
39.2	0.500
68.2	1.000
86.8	1.500
94.2	2.000
95.7	2.50
97.2	3.00
98.8	3.50
100.3	4.00

解： 注意，表 C.1-4 的数据覆盖了饱和区和非饱和区。通过快速检查发现在 $v_{DS}=2.0\text{ V}$ 时已达到饱和。为了计算参数 λ，应该采用 v_{DS} 大于等于 2.5 V 时的数据。线性迭代参数为

$$\Sigma x_i y_i = 1277.85$$

$$\Sigma x_i \Sigma y_i = 5096.00$$

$$\Sigma x_i^2 = 43.5$$

$$(\Sigma x_i)^2 = 169.0$$

由这些值可以计算出 $m = \lambda i'_D = 3.08$ 和 $b = i'_D = 88$，求得 $\lambda = 0.035\text{ V}^{-1}$。

饱和区的斜率通常非常小，要特别小心，不要将两个低分辨率的数据点相减（以得到斜率），产生一个与数据点测量精度相同大小的数。如果这样，那么得到的数值就会出现令人无法接受的错误。

到目前为止，在所出现的方程中，L_{eff} 和 W_{eff} 分别用来表示晶体管的长度和宽度。之所以使用这些符号，是因为这些尺寸由晶片厂商决定，它们与版图画的尺寸是不一样的（由于扩散、氧化侵蚀、掩模误差等原因）。下面的分析将确定有效尺寸与版图尺寸之间的不同。

比较两个晶体管，它们有相同的宽度，但是其长度不等，工作在非饱和区，v_{DS} 相等。假设晶体管的宽度非常大，因此 $W \cong W_{\text{eff}}$。大信号模型可以表示为

$$i_D = \frac{K'_L W_{\text{eff}}}{L_{\text{eff}}}\left[(v_{GS} - V_{T0})v_{DS} - \left(\frac{v_{DS}^2}{2}\right)\right] \tag{C.1-27}$$

$$\frac{\partial i_D}{\partial v_{GS}} = g_m = \left(\frac{K'_L W_{\text{eff}}}{L_{\text{eff}}}\right) v_{DS} \tag{C.1-28}$$

两个晶体管的宽长比为

$$\frac{W_1}{L_1 + \Delta L} \tag{C.1-29}$$

$$\frac{W_2}{L_2 + \Delta L} \tag{C.1-30}$$

在式（C.1-29）和式（C.1-30）中，假设两个晶体管的 ΔL 是一样的。比较式（C.1-28）、式（C.1-29）和式（C.1-30），可得

$$g_{m1} = \frac{K'_L W}{L_1 + \Delta L} v_{DS} \tag{C.1-31}$$

$$g_{m2} = \frac{K'_L W}{L_2 + \Delta L} v_{DS} \tag{C.1-32}$$

其中，$W_1 = W_2 = W$（假设为有效宽度）。对式（C.1-31）和式（C.1-32）进行进一步处理，可得

$$\frac{g_{m1}}{g_{m1} - g_{m2}} = \frac{L_2 + \Delta L}{L_2 - L_1} \tag{C.1-33}$$

进一步处理可得

$$L_2 + \Delta L = L_{\text{eff}} = \frac{(L_2 - L_1)g_{m1}}{g_{m1} - g_{m2}} \tag{C.1-34}$$

L_1 和 L_2 的数值已知，并且小信号模型参数 g_{m1} 和 g_{m2} 可以通过测量得到，所以 L_{eff}（或 ΔL）可以计算得到。通过相似的分析可以计算出 W_{eff}，并得到下面的结果。

$$W_2 + \Delta W = W_{\text{eff}} = \frac{(W_1 - W_2)g_{m2}}{g_{m1} - g_{m2}} \tag{C.1-35}$$

式 (C.1-35) 在两个晶体管具有相同长度但不同宽度时有效。

在计算 ΔL（或 ΔW）的时候，为了避免大数相减时可能出现的数值误差，必须十分小心以使长度（或宽度）值有较大的差别，并且这些值要足够小以使所选模型可以适用于所有晶体管。下面的例子将说明如何计算 ΔL。

例 C.1-4 计算 ΔL

给定两个具有相同宽度和不同长度的晶体管。根据以下数据计算 L_{eff} 和 ΔL。

$$W_1/L_1 = 20\,\mu\text{m}/10\,\mu\text{m}\,(\text{画图尺寸})$$

$$W_2/L_2 = 20\,\mu\text{m}/20\,\mu\text{m}\,(\text{画图尺寸})$$

$$g_{m1} = 6.65\,\mu\text{S}\,(v_{DS} = 0.1\,\text{V},\ i_D = 6.5\,\mu\text{A})$$

$$g_{m2} = 2.99\,\mu\text{S}\,(v_{DS} = 0.1\,\text{V},\ i_D = 2.75\,\mu\text{A})$$

解：使用式 (C.1-34)，L_{eff} 可以按照下式计算。

$$L_{\text{eff}} = L_2 + \Delta L = (20 - 10)(6.65)/(6.65 - 2.99) = 18.17\,\mu\text{m}$$

因此，$\Delta L = -1.83\,\mu\text{m}$。由这个结果，可以估算横向扩散 ($LD$) 为

$$LD = |\Delta L|/2 = 0.915\,\mu\text{m}$$

本节说明了如何确定简单模型的参数 V_{T0}, K'_S, K'_L, γ, $2|\phi_F|$, λ, ΔL 和 ΔW。假设 N_{SUB} 已知，$2|\phi_F|$ 可以由迭代确定（如果 N_{SUB} 未知，那么 N_{SUB} 必须通过其他方法测量，例如体电阻）。同时，要记住这些模型参数中，除了 λ，ΔL 和 ΔW，其他参数都与温度有关。

C.2 1/F 噪声

在许多应用中，较好的噪声性能对于模拟电路的设计来说尤为重要。因此，应当对晶体管的噪声特性进行描述。式 (3.2-12) 定义的 MOS 管的均方噪声电流如下：

$$i_n^2 = \left[\frac{8kTg_m(1+\eta)}{3} + \frac{(KF)I_D}{fC_{\text{ox}}L^2}\right]\Delta f \quad (\text{A}^2) \tag{C.2-1}$$

式中符号与 3.2 节保持一致。在高频情况下，式 (C.2-1) 括号中的第一项起主要作用，而在低频情况下，括号中的第二项起主要作用。由于只有第二项含有模型参数，因此它是特性描述中唯一需要考虑的部分。式 (C.2-2) 描述了低频时的均方噪声电流。

$$i_n^2 = \left[\frac{(KF)I_D}{fC_{ox}L^2}\right]\Delta f \quad (\text{A}^2) \tag{C.2-2}$$

这个均方噪声电流在晶体管小信号模型中由源极和漏极间的电流源表示,如图C.2-1所示。因为噪声通常在输入端而不是在输出端考虑,那么输入等效噪声由式(C.2-2)乘 g_m^{-2} 得到。

$$e_n^2 = \left[\frac{(KF)I_D}{g_m^2 fC_{ox}L^2}\right]\Delta f \quad (\text{V}^2) \tag{C.2-3}$$

在饱和区,将 g_m 的表达式代入式(C.2-3),有

$$g_m = \sqrt{2K'_S(W/L)I_D} \tag{C.2-4}$$

可以得到输入噪声电压

$$e_n^2 = \left[\frac{KF}{2K'_S WLfC_{ox}}\right]\Delta f \quad (\text{V}^2) \tag{C.2-5}$$

为了性能分析的需要,假设噪声电压在 1 Hz 带宽内进行测量,则 Δf 项等于 1。由式(C.2-5)可得

$$\log[e_n^2] = \log\left[\frac{KF}{2K'_S WLC_{ox}}\right] - \log[f] \tag{C.2-6}$$

作图表示 $\log[f]$ 和 $\log[e_n^2]$ 的关系并测量其截距,其值等于

$$\log\left[\frac{KF}{2K'_S WLC_{ox}}\right]$$

从中可得出参数 KF。

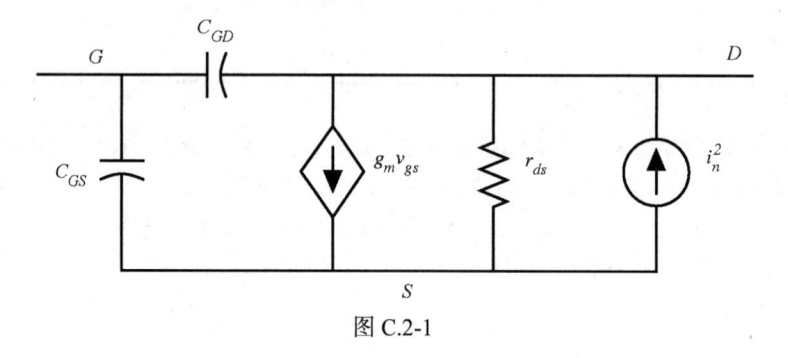

图 C.2-1

C.3 其他有源元件的性能描述

前面几节对大信号模型的重要参数进行了描述,本节将对典型 CMOS 工艺中的其他有源元件进行描述。

对 CMOS 设计者最为重要的有源器件之一是衬底双极型晶体管(BJT)(见 2.5 节)。BJT 的集电极常与 CMOS 工艺的衬底相连。例如,若 CMOS 工艺采取的是 p 阱工艺,那么 n 衬底就是集电极,p 阱为基极,p 阱中 n+扩散区为发射极。衬底 BJT 常常被用在以下两个方面:第一是输出驱动。因为 BJT 的 g_m 值比 MOS 管的 g_m 值要大,所以 BJT 输出阻抗(通常为

$1/g_m$) 也较小。第二是带隙基准电压电路。在这两个应用中,主要关注的参数是直流 β 值 β_{dc} 和漏电流密度 J_S。β_{dc} 与发射极直流电流的依赖关系也值得讨论。如下列方程所示,这些参数影响着器件的工作。对于 $v_{BE} \gg kT/q$ 的情况,有

$$v_{BE} = \frac{kT}{q} \ln\left(\frac{i_c}{J_S A_E}\right) \tag{C.3-1}$$

$$\beta_{dc} = \frac{i_E}{i_B} - 1 \tag{C.3-2}$$

式中,A_E 是 BJT 发射结的横截面积。为了求参数 β_{dc},式(C.3-2)可写成式(C.3-3)的形式,由此得出 i_E 和 i_B 的线性关系为

$$i_E = i_B(\beta_{dc} + 1) \tag{C.3-3}$$

画出 i_B 和 i_E 的关系曲线,通过测量斜率可以得到 β_{dc}。一旦 β_{dc} 已知,式(C.3-1)可以写为

$$v_{BE} = \frac{kT}{q} \ln\left(\frac{i_E \beta_{dc}}{1+\beta_{dc}}\right) - \frac{kT}{q} \ln(J_S A_E) = \frac{kT}{q} \ln(\alpha_{dc} i_E) - \frac{kT}{q} \ln(J_S A_E) \tag{C.3-4}$$

画出 $\ln[i_E \beta_{dc}/(1+\beta_{dc})]$ 和 v_{BE} 的关系曲线,其中,

$$m = 斜率 = \frac{kT}{q} \tag{C.3-5}$$

$$b = y - 截距 = -\left(\frac{kT}{q}\right)\ln(J_S A_E) \tag{C.3-6}$$

因为发射区面积已知,所以可以直接得到 J_S。

例 C.3-1 确定 β_{dc} 和 J_S

现有一只双极型晶体管,其发射区面积为 1000 μm²,以下是相关数据:

I_E(μA)	I_B(μA)	V_{BE}(V)
100	0.90	0.540
136	1.26	0.547
144	1.29	0.548
200	1.82	0.558
233	2.11	0.560

利用这些数据,确定 β_{dc} 和 J_S。

解:使用线性迭代方法分析 I_E 随 I_B 变化的数据以确定斜率 m。结果为

$$m = 110 = \beta_{dc}$$

因为 β_{dc} 已知,由式(C.3-4)可以得到斜率和截距,由此可以计算 J_S。下表列出了各次计算的值。

V_{BE}(V)	$\ln[I_E\beta_{dc}/(1+\beta_{dc})]$
0.540	−9.20
0.547	−8.89
0.548	−8.84
0.558	−8.51
0.560	−8.36

根据这些数据，斜率和截距的计算结果为

$$m = 0.025 \text{ V} = kT/q$$

$$b = 0.769 = -(kT/q)[\ln(J_S A_E)]$$

由此可以得到 $J_S A_E$ 的值为 43.8 fA。发射区面积为 1000 μm^2，J_S = 4.38×10^{-17}A/μm^2。

C.4 电阻的特性

到目前为止，已经介绍了对于 CMOS 电路的设计者来说可用的主要有源元件的特性，本节将介绍无源元件和它们的寄生参数，其中包括电阻、接触电阻和电容。

首先考虑方块电阻的特性。虽然有很多描述特性的办法，但是由电阻的几何尺寸可以得到最有用的结果。这种方法的特点表现在：(1)方块电阻在不同的电阻宽度下是不同的；(2)弯曲(bend)效应导致的误差；(3)不能准确地预测端点效应。因此，电阻值应当是宽度的函数，同时应当考虑弯曲效应和端点效应对电阻值的影响。

图 C.4-1 所示是一种可用于确定方块电阻和几何宽度变化(偏差)的结构[1]。通过对节点 A 引入电流，并使节点 F 接地，测量 BC(V_n) 和 DE(V_w) 的电压降，可以确定电阻 R_n 和 R_w 如下：

$$R_n = \frac{V_n}{I} \tag{C.4-1}$$

$$R_w = \frac{V_w}{I} \tag{C.4-2}$$

方块电阻计算如下：

$$R_S = R_n\left(\frac{W_n - 偏差}{L_n}\right) \tag{C.4-3}$$

$$R_S = R_w\left(\frac{W_w - 偏差}{L_w}\right) \tag{C.4-4}$$

其中，R_n 为窄电阻器的电阻值(Ω)，R_w 为宽电阻器的电阻值(Ω)，R_S 为材料(多晶硅，扩散电阻，等等)的方块电阻(Ω/□)，L_n 为版图中窄电阻器长度，L_w 为版图中宽电阻器长度，W_n 为版图中窄电阻器宽度，W_w 为版图中宽电阻器宽度，偏差为版图宽度与实际器件宽度的差值。

附录 C CMOS 器件性能

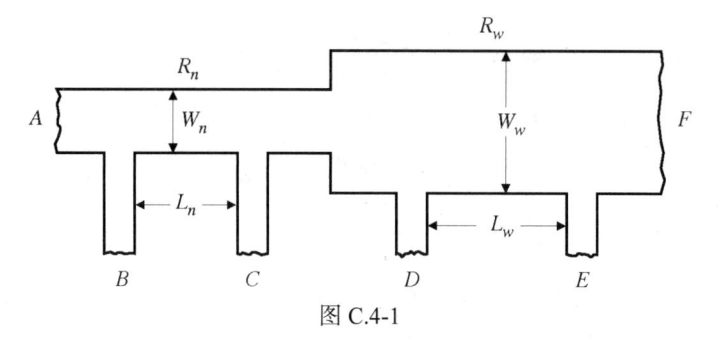

图 C.4-1

求解式(C.4-3)和式(C.4-4)得

$$\text{偏差} = \frac{W_n - kW_w}{1-k} \tag{C.4-5}$$

其中,

$$k = \frac{R_w L_n}{R_n L_w} \tag{C.4-6}$$

且

$$R_S = R_n \left(\frac{W_n - \text{偏差}}{L_n} \right) = R_w \left(\frac{W_w - \text{偏差}}{L_w} \right) \tag{C.4-7}$$

这个方法消除了任何接触电阻的影响,这是因为没有足够大的电流流过接触电阻引起压降。下面的例子介绍了这种方法的使用。

例 C.4-1 计算 R_S 和偏差(BIAS)

考虑图 C.4-1 的结构,给出如下尺寸:

$$W_n = 10\,\mu\text{m} \quad L_n = 40\,\mu\text{m}$$
$$W_w = 50\,\mu\text{m} \quad L_w = 200\,\mu\text{m}$$

使流入节点 A 的电流为 1 mA,节点 F 接地。经测量,得到如下电压:

$$V_n = 133.3\,\text{mV}$$
$$V_w = 122.5\,\text{mV}$$

因此 R_n 和 R_w 的值为

$$R_n = \frac{0.1333}{0.001} = 133.3\,\Omega$$
$$R_w = \frac{0.1225}{0.001} = 122.5\,\Omega$$

确定方块电阻 R_S 和偏差。

解: 利用式(C.4-6)计算 k 值得

$$k = \frac{R_w L_n}{R_n L_w} = \frac{122.5 \times 40}{133.3 \times 200} = 0.184$$

利用式(C.4-5)和计算出的 k 值可以确定偏差。

$$\text{偏差} = \frac{10 - 0.184 \times 50}{1 - 0.184} = 0.98 \, \mu m$$

计算完偏差以后，利用式(C.4-7)可以确定方块电阻。

$$R_S = 133.3 \left(\frac{10 - 0.98}{40} \right) = 30.06 \, \Omega/\square$$

不仅可以进一步计算电阻器的方块电阻率，还可以计算接触电阻。考虑图 C.4-2 所示的两个电阻器，这两个电阻器的值为(假设接触电阻相同)

$$R_A = R_1 + 2R_c; \qquad R_1 = N_1 R_S \qquad (C.4-8)$$

和

$$R_B = R_2 + 2R_c; \qquad R_2 = N_2 R_S \qquad (C.4-9)$$

其中，N_1 为 R_1 的方块个数，R_S 为方块电阻率，以 $\Omega/\square$ 为单位，R_c 为接触电阻。求解这两个方程可以得到

$$R_S = \frac{R_B - R_A}{N_2 - N_1} \qquad (C.4-10)$$

$$2R_c = R_A - N_1 R_S = R_B - N_2 R_S \qquad (C.4-11)$$

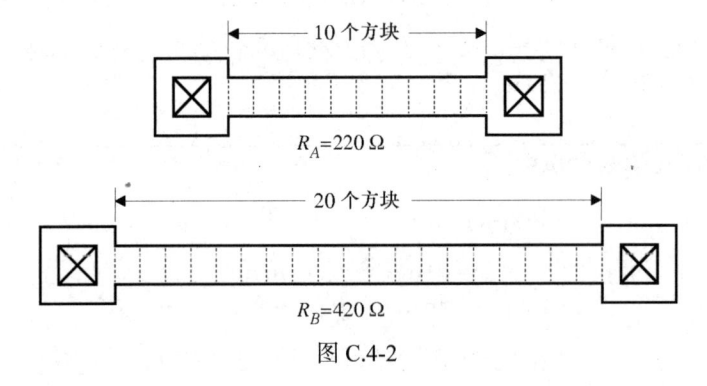

图 C.4-2

下面的例子将说明这些方程的应用。

例 C.4-2 计算接触电阻和方块电阻率

考虑图 C.4-2 所示的电阻器。

解：它们的电阻值可以表示为

$$R_A = 2R_c + 10R_S$$

和

$$R_B = 2R_c + 20R_S$$

R_A 和 R_B 的测量值为 220 Ω 和 420 Ω，利用式(C.4-8)和式(C.4-9)，可得 R_S 和 R_c 为

$$R_S = \frac{R_B - R_A}{N_2 - N_1} = \frac{420 - 220}{20 - 10} = 20 \, \Omega/\square$$

$$2R_c = R_A - N_1 R_S = 220 - 10 \times 20 = 20 \, \Omega$$

$$R_c = 10\ \Omega$$

在描述轻掺杂电阻 p 阱或 n 阱中的夹层电阻(pinched resistor)性能时,应考虑电阻所在衬底的反偏(backbias)效应(即电阻和其衬底间的电位差的影响)。为此,要测量电阻值随端点和衬底之间电压的变化,如图 C.4-3 所示。根据应用,可以将电阻描述为反偏电压的函数,并通过列表给出,或用 JFET 作为电阻的模型,相应的模型方程类似于 MOS 管。图 C.4-4 说明了 p 阱电阻与反偏的关系。

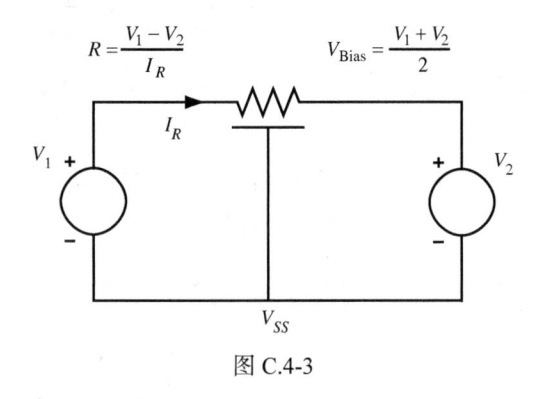

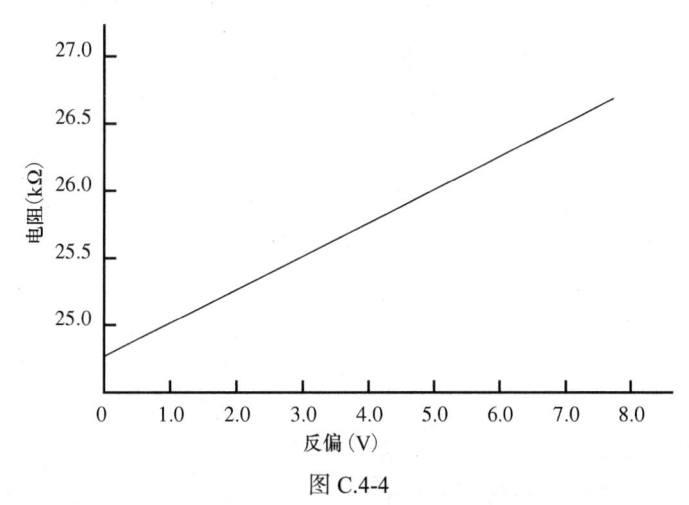

图 C.4-3

图 C.4-4

一种更为简单的直接确定接触电阻的方法在某些场合更有用。图 C.4-5 示出了这种结构[1],它将两种不同的材料(金属或其他材料)通过单一接触连接在一起。这种结构的等效电路如图 C.4-6 所示。容易看出,若电流从焊盘 1 流向焊盘 2,测量焊盘 3 和焊盘 4 间的电压,那么电压与电流的比值就是接触电阻。

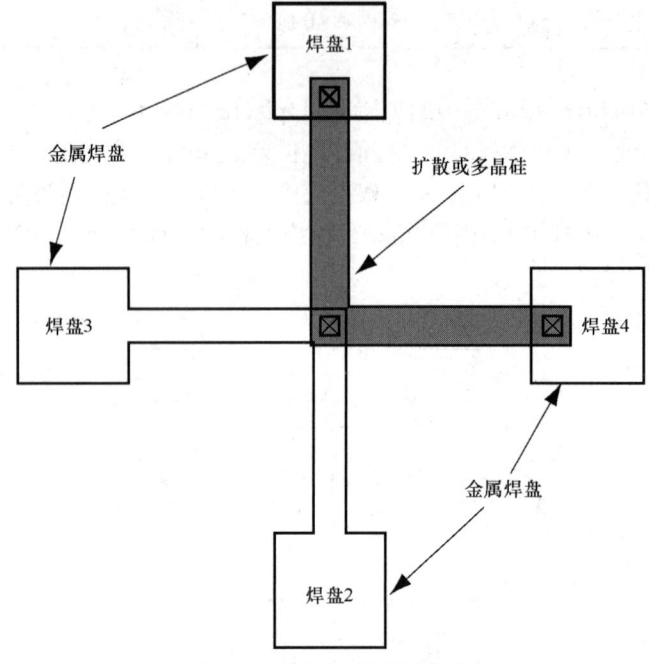

图 C.4-5　接触电阻测试结构

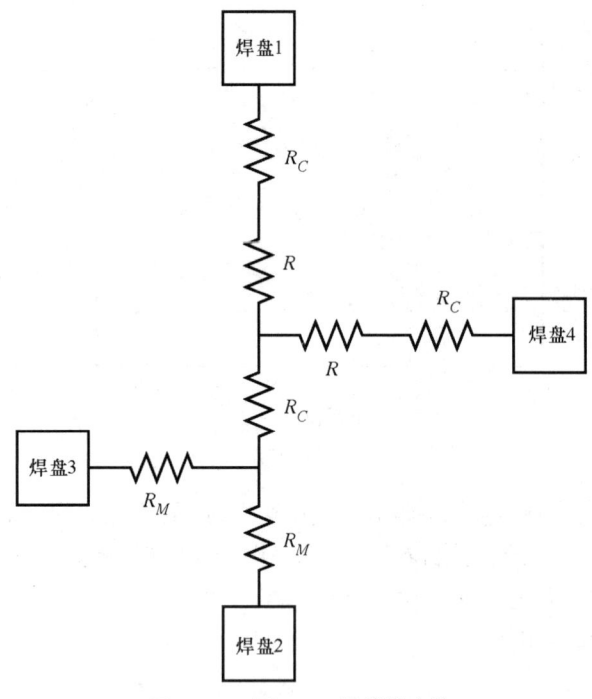

图 C.4-6　图 C.4-5 的等效电路

C.5　电容特性

在 CMOS 工艺中常常遇到很多电容，主要可分成两类：MOS 电容和耗尽型电容。MOS

电容器包括寄生电容，如 C_{GS}，C_{GD} 和 C_{GB}。耗尽型电容器则包括 C_{DB} 和 C_{SB}。此外还有许多其他的互联电容需要描述，包括 $C_{\text{poly-field}}$，$C_{\text{metal-field}}$ 和 $C_{\text{metal-poly}}$。对这些电容的特性进行描述，以用于仿真模型（如 SPICE 电路仿真），或作为寄生元件被包括在电路仿真中。用于 SPICE 晶体管模型中的电容特性描述是 CGSO，CGDO 和 CGBO（当 $V_{GS}=V_{GB}=0$ 时）。通常情况下，SPICE 使用漏源面积、结（耗尽）电容和 CJ（零偏置值）计算 C_{DB} 和 C_{SB}。另外两个模型参数是 MJ 和 MJSW，用于计算耗尽电容，这一电容是电容两端电压的函数。此外，必须对寄生电容进行描述，这样可以估计互联电容，并包含在仿真中。

考虑晶体管寄生电容 CGSO，CGDO 和 CGBO。CGSO 和 CGDO 在 SPICE 模型中是器件宽度的函数，而电容 CGBO 则是器件的单位长度值。在 SPICE 中，三种电容都以 F/m 为单位。典型晶体管的栅极、漏极重叠电容非常小，因而虽然有直接测量的可能性，但难度太大。为了减少测量步骤，可以增加寄生电容的乘数因子，这就是说，测量一个较宽的晶体管的 C_{GS}，然后将结果除以晶体管的宽度，由此得到 CGSO（每单位宽度）。图 C.5-1 给出了一个测量 C_{GS} 和 C_{DS} 的实用测试结构的例子[2]。这种结构使用了多个较宽的晶体管以便于测量。连接源极和漏极的金属线与栅极平行，并与栅极充分分开，以减小栅极到金属的电容。图 C.5-2 示出了测量栅极到漏极和源极电容的实验装置。测量的电容为

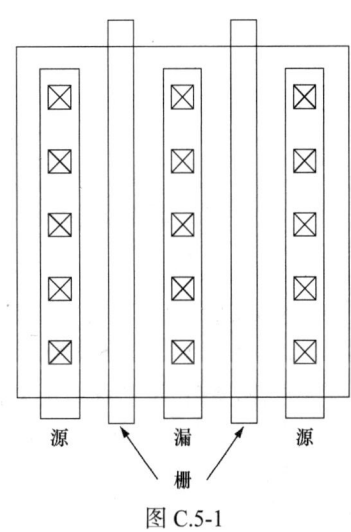

$$C_{\text{meas}} = W(n)(\text{CGSO} + \text{CGDO}) \tag{C.5-1}$$

图 C.5-1

其中，C_{meas} 为总的测量电容，W 为一个晶体管的总宽度，n 为晶体管的总数。

假设 CGSO 和 CGDO 相等，二者可以通过式(C.5-1)和测量的数据来计算。

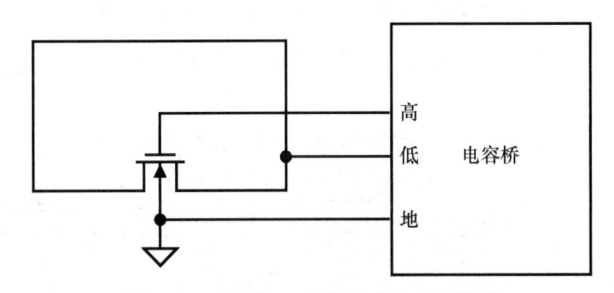

图 C.5-2 测量 C_{GS} 和 C_{GD} 的实验装置

对于非常窄的晶体管，由于晶体管边界的边缘场和其他边界效应，使用上述方法得出的结果不是很准确。为了描述窄器件的 CGSO 和 CGDO，可以使用类似于图 C.5-1 的结构表征不同的器件尺寸，如图 C.5-3 所示。计算寄生电容的公式与式(C.5-1)相同。

图 C.5-3

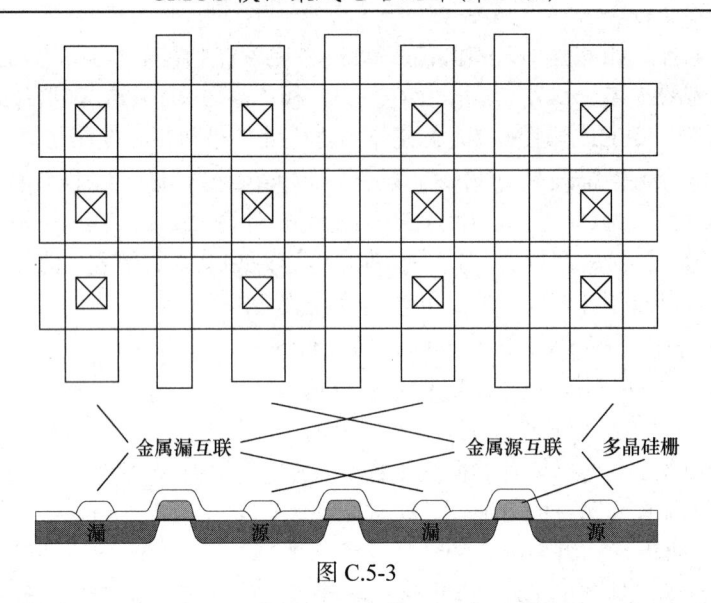

电容 CGBO 是由晶体管栅极的一端悬落(overhang)在场氧化层之上产生的(参见表 B-1 中的规则 3.3),如图 C.5-4 所示。这个电容由互联电容 $C_{\text{poly-field}}$ 近似(注意:由于场氧化层的倾斜,悬落电容并不是真正的平板电容)。因此,对 CGBO 性能分析的第一步是通过测量场上多晶硅带(宽度应该与要求的器件长度一致)的总电容以得到 $C_{\text{poly-field}}$ 的值,并根据如下关系用该值除以总的面积:

$$C_{\text{poly-field}} = \frac{C_{\text{meas}}}{L_R W_R} \quad (\text{F/m}^2) \tag{C.5-2}$$

其中,C_{meas} 为多晶硅带电容的测量值,L_R 为多晶硅带的中心线的长度,W_R 为多晶硅带的宽度(通常为器件长度)。在得到 $C_{\text{poly-field}}$ 的值后,CGBO 可近似为(见图 3.2-6)

$$\text{CGBO} \cong 2(C_{\text{poly-field}})(d_{\text{overhang}}) = 2C_5 \quad (\text{F/m}) \tag{C.5-3}$$

其中,d_{overhang} 为悬落于场氧化层上的尺寸(见表 B-1 中的规则 3.3)。

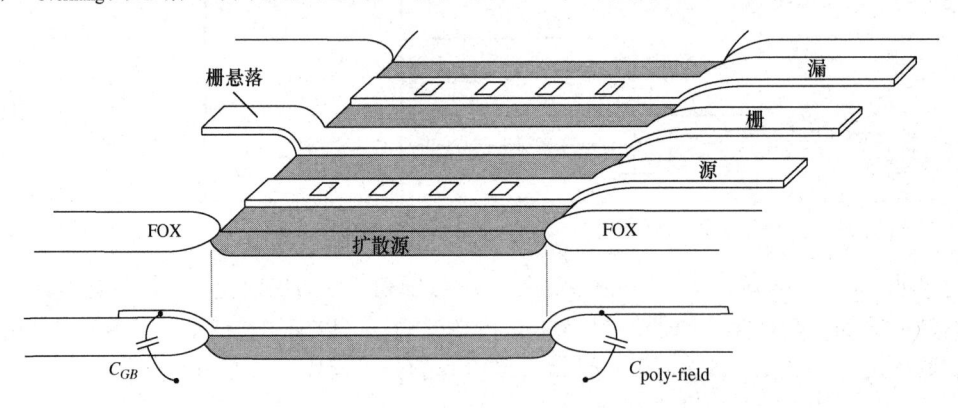

图 C.5-4 栅极到衬底电容和多晶硅-场氧化层电容的说明

接下来,考虑结电容 C_{BD} 和 C_{BS}。正如式(3.2-5)和式(3.2-6)所描述的那样,这些电容由底部和周边元件组成。为方便起见,这里给出的方程采用的符号略有不同。

$$\mathrm{CJ}(V_J) = A \cdot \mathrm{CJ}(0)\left(1+\frac{V_J}{\mathrm{PB}}\right)^{-\mathrm{MJ}} + P \cdot \mathrm{CJSW}(0)\left(1+\frac{V_J}{\mathrm{PB}}\right)^{-\mathrm{MJSW}} \tag{C.5-4}$$

其中，V_J 为结的反向偏置电压，$\mathrm{CJ}(V_J)$ 为 V_J 处的底部结电容，$\mathrm{CJSW}(V_J)$ 为 V_J 处的周边结电容，A 为电容底部的面积，P 为电容的周长，PB 为衬底的结电位。常数 CJ 和 MJ 可以通过测量一个较大的矩形电容结构来得到，这种结构的周边电容对总电容的贡献最小[3]。对于这样的结构，$\mathrm{CJ}(V_J)$ 可近似为

$$\mathrm{CJ}(V_J) = A \cdot \mathrm{CJ}(0)\left(1+\frac{V_J}{\mathrm{PB}}\right)^{-\mathrm{MJ}} \tag{C.5-5}$$

为了便于进行线性迭代计算，把上式重新写成

$$\log[\mathrm{CJ}(V_J)] = (-\mathrm{MJ})\log\left(1+\frac{V_J}{\mathrm{PB}}\right) + \log[A \cdot \mathrm{CJ}(0)] \tag{C.5-6}$$

通过测量不同电压条件下的 $\mathrm{CJ}(V_J)$ 值，并绘出 $\log[\mathrm{CJ}(V_J)]$ 和 $\log[1+V_J/\mathrm{PB}]$ 的关系曲线，可以确定曲线的斜率 -MJ 和 Y 轴的截距 $\log[A \cdot \mathrm{CJ}(0)]$（其中 Y 是左边的一项）。知道电容的面积后，底部结电容的计算可以直接进行。

例 C.5-1　计算 CJ 和 MJ

考虑大的结电容（100 μm × 100 μm 的大小）在不同反向偏置电压条件下的以下数值。假设周边电容可以忽略，计算系数 MJ 和底部结电容 CJ(0)。其中 PB 的数值近似为 0.7。

V_J(V)	$C_{\mathrm{meas}}(10^{-12}\mathrm{F})$
0	3.10
1	1.95
2	1.57
3	1.35
4	1.20
5	1.10

解：以上数值应转换为式 (C.5-6) 所要求的形式，具体如下：

$\log[1+V_J/\mathrm{PB}]$	$\log[\mathrm{CJ}/(V_J)]$
0.000	-11.51
0.3853	-11.71
0.5863	-11.80
0.7231	-11.87
0.8270	-11.92
0.9108	-11.96

使用线性迭代方法进行处理，可以得到 MJ 和 CJ(0) 的近似值为

$$\mathrm{CJ}(0) = 3.1\times10^{-4} \quad (\mathrm{F/m}^2)$$
$$\mathrm{MJ} = 0.49$$

使用窄长条形结构和与前面相似的处理办法可以计算得到 CJSW 和 MJSW。这种窄长条形结构的结电容的大小主要由周长而不是底面积决定。

计算 $C_\text{poly-field}$ 的方法同样可用于计算 $C_\text{metal-field}$ 和 $C_\text{metal-poly}$，此处需要一种可以达到足够大电容以方便测量的测试结构。一旦建立了这种结构，这些（每平方米）电容就可以用来确定互联电容。

另外一些描述电路电容特性的方法在文献[4,5]中做了介绍，这里不做过多说明。有兴趣的读者可参见文献[6~8]。

参考文献

1. C. Alcorn, D. Dworak, N. Haddad, W. Henley, and P. Nixon, "Kerf Test Structure Designs for Process and Device Characterization," *Solid State Technol.,* Vol. 28, No. 5, pp. 229–235, May 1985.
2. P. Vitanov, U. Schwabe, and I. Eisele, "Electrical Characterization of Feature Sizes and Parasitic Capacitances Using a Single Test Structure," *IEEE Trans. Electron Devices,* Vol. ED-31, No. 1, pp. 96–100, Jan. 1984.
3. A. Vladimirescu and S. Liu, "The Simulation of MOS Integrated Circuits Using SPICE2," Memorandum No. UCB/ERL M80/7, October 1980, Electronics Research Laboratory, College of Engineering, University of California, Berkeley, CA 94720.
4. H. Iwai and S. Kohyama, "On-Chip Capacitance Measurement Circuits in VLSI Structures," *IEEE Trans. Electron Devices,* Vol. ED-29, No. 10, pp. 1622–1626, Oct. 1982.
5. M. J. Thoma and C. R. Westgate, "A New AC Measurement Technique to Accurately Determine MOSFET Constants," *IEEE Trans. Electron Devices,* Vol. ED-31, No. 9, pp. 1113–1116, Sept. 1984.
6. Y. R. Ma and K. L. Wang, "A New Method to Electrically Determine Effective MOSFET Channel Width," *IEEE Trans. Electron Devices,* Vol. ED-29, No. 12, pp. 1825–1827, Dec. 1982.
7. F. H. De La Moneda and H. N. Kotecha, "Measurement of MOSFET Constants," *IEEE Electron Device Lett.,* Vol. EDL-3, No. 1, pp. 10–12, Jan. 1982.
8. D. Takacs, W. Muller, and U. Schwabe, "Electrical Measurement of Feature Sizes in MOS Si2-Gate VLSI Technology," *IEEE Trans. Electron Devices,* Vol. ED-27, No. 8, pp. 1368–1373, Aug. 1980.

附录 D 二阶系统的时域和频域关系

在学习运算放大器的过程中,有许多原因需要考虑二阶系统的时域和频域的关系。首先,很多运算放大器结构在合适的精度下可以近似为二阶系统,这样的处理是在模型精度和复杂度之间的一种合理折中。另一个原因是这些关系允许通过简单的时域测量来预测频域特性。

D.1 频域中的二阶系统

通常,一个二阶低通系统的传输函数在频域中用电压变量表示为

$$A(s) = \frac{V_o(s)}{V_{in}(s)} = \pm \frac{A_0 \omega_n^2}{s^2 + 2\zeta\omega_n s + \omega_n^2} = \pm \frac{A_0 \omega_0^2}{s^2 + (\omega_0/Q)s + \omega_0^2} \tag{D.1-1}$$

其中,$A_0 = V_o(s)/V_{in}(s)$ 的低频增益,$\omega_0 = \omega_n =$ 以弧度/秒表示的极点频率,$\zeta =$ 阻尼因子 $(1/2Q)$,$Q =$ 极点 $Q(=1/2\zeta)$。式(D.1-1)的根如图 D.1-1 所示。

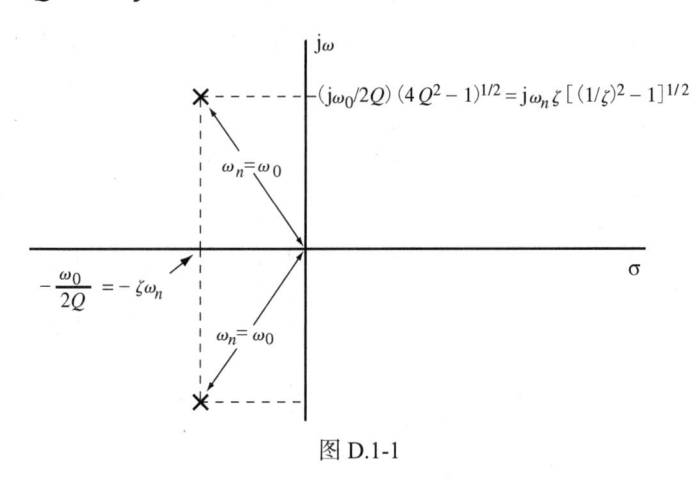

图 D.1-1

频域响应的幅度可由式(D.1-1)求出

$$|A(j\omega)| = \frac{A_0 \omega_n^2}{\sqrt{(\omega_n^2 - \omega^2)^2 + 4\zeta^2 \omega_n^2 \omega^2}} \tag{D.1-2}$$

在式(D.1-2)中,可以用 A_0 对幅度进行归一化,并且用 ω_n 对角频率进行归一化得

$$\frac{|A(j\omega/\omega_n)|}{A_0} = \frac{1}{\sqrt{[1-(\omega/\omega_n)^2]^2 + 4\zeta^2(\omega/\omega_n)^2}} \tag{D.1-3}$$

图 D.1-2 示出了用 dB 表示的式(D.1-3)随 $\log \omega/\omega_n$ 的变化情况,其中 ζ 或 $1/2Q$ 作为参数。求式(D.1-3)对 ω/ω_n 的导数并令其为 0,得到 $|A(j\omega/\omega_0)/A_0|$ 的峰值为

$$M_p = \frac{1}{2\zeta\sqrt{1-\zeta^2}} \tag{D.1-4}$$

其中 $\zeta < 0.707$。

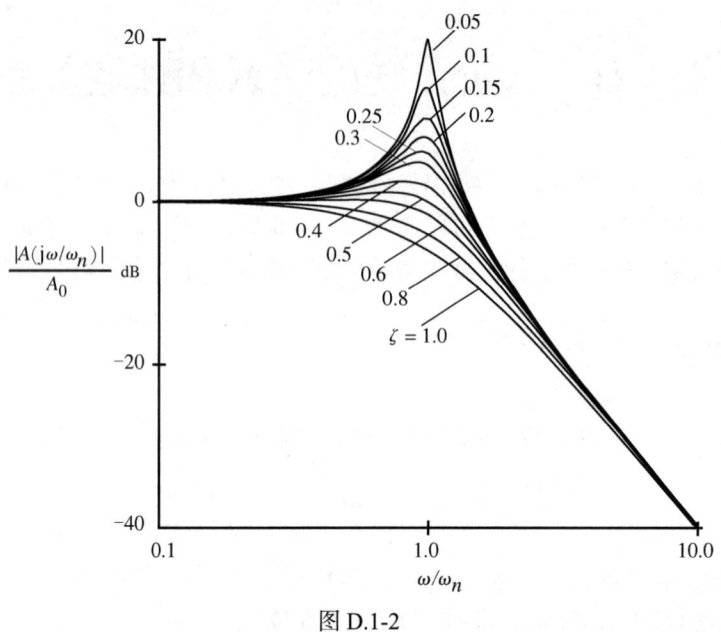

图 D.1-2

式(D.1-1)的二阶函数可以在很多实际系统的分析中看到。考虑图 D.1-3 所示的单环反馈方框图。闭环增益 $A(s)$ 可表示为

$$A(s) = \frac{V_o(s)}{V_i(s)} = \frac{\alpha a \beta}{1 + a\beta} \tag{D.1-5}$$

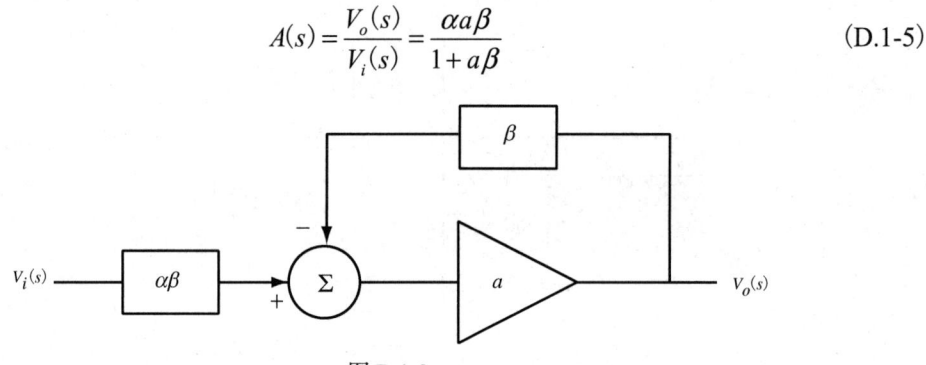

图 D.1-3

设 α 和 β 是实数,且 a 为放大器增益并表示为

$$a(s) \cong \frac{a_0 \omega_1 \omega_2}{(s + \omega_1)(s + \omega_2)} \tag{D.1-6}$$

其中,a_0 是放大器的直流增益而 ω_1 和 ω_2 是负的实轴极点。将式(D.1-6)代入式(D.1-5)得

$$A(s) \cong (\alpha\beta) \frac{a_0 \omega_1 \omega_2}{s^2 + (\omega_1 + \omega_2)s + \omega_1 \omega_2 (1 + a_0 \beta)} \tag{D.1-7}$$

比较式(D.1-7)和式(D.1-1)得出下面等式:

$$A_0 = \alpha \, a_0 \beta / (1 + a_0 \beta) \tag{D.1-8}$$

$$\omega_n = \omega_0 = \sqrt{\omega_1 \omega_2 (1 + a_0 \beta)} \tag{D.1-9}$$

$$2\zeta = 1/Q = \frac{\omega_1 + \omega_2}{\sqrt{\omega_1 \omega_2 (1 + a_0 \beta)}} \tag{D.1-10}$$

同样的方法也适用于二阶带通或高通系统，但是常见的是低通系统，因此只详细地讨论低通系统情况。β 和 α 可能和频率有关，这将使分析变得更为复杂。

D.2 时域中的二阶低通系统

由于在频域中进行测量会花很多时间，因此，从时域性能判断其频域性能是很有意义的。下面进行分析推导。式(D.1-1)的单位阶跃响应为

$$v_o(t) = A_o \left[1 - \frac{1}{\sqrt{1-\zeta^2}} e^{-\zeta \omega_n t} \sin\left(\sqrt{1-\zeta^2}\,\omega_n t + \phi\right) \right] \tag{D.2-1}$$

其中，

$$\phi = \arctan\left(\frac{\sqrt{1-\zeta^2}}{\zeta}\right) \tag{D.2-2}$$

采用归一化幅度和角频率的阶跃响应见图D.2-1。对这幅图说明时要小心，因为它是归一化的，ω_1 和 ω_2 的几何均值都保持恒定（即 ω_n 保持恒定），即使 ζ 变化，时间常数也是恒定的。当对放大器进行补偿时，这种情况是不会出现的，因为主极点和非主极点的几何均值会不断增加直至获得期望的响应。

先讨论欠阻尼情况，即 $\zeta < 1$。对于欠阻尼情况，总存在过冲，见图 D.2-2，过冲可表示为

$$\text{过冲} = \frac{\text{峰值} - \text{终值}}{\text{终值}} = \exp\left(\frac{-\pi \zeta}{\sqrt{1-\zeta^2}}\right) \tag{D.2-3}$$

在图 D.2-2 中，可求出发生过冲的时间 t_p 为

$$t_p = \frac{\pi}{\omega_n \sqrt{1-\zeta^2}} \tag{D.2-4}$$

因此，过冲的测量可用来计算 ζ（或 $1/2Q$）。有了这些结果和 t_p 的值，可以利用式(D.2-4)计算 ω_n。因此 $\zeta < 1$ 的二阶低通系统频率响应可以由阶跃响应的 t_p 和过冲的测量结果确定。

接下来考虑过阻尼情况，即 $\zeta \leqslant 1$。这种情况下没有过冲。单位阶跃响应可由式(D.2-1)化简得到

$$v_o(t) = A_0 \left\{ 1 - \frac{1}{2\sqrt{\zeta^2 - 1}} \left[\frac{e^{-\omega_n t \left(\zeta - \sqrt{\zeta^2-1}\right)}}{\zeta - \sqrt{\zeta^2-1}} - \frac{e^{-\omega_n t \left(\zeta + \sqrt{\zeta^2-1}\right)}}{\zeta + \sqrt{\zeta^2-1}} \right] \right\} \tag{D.2-5}$$

图 D.2-1

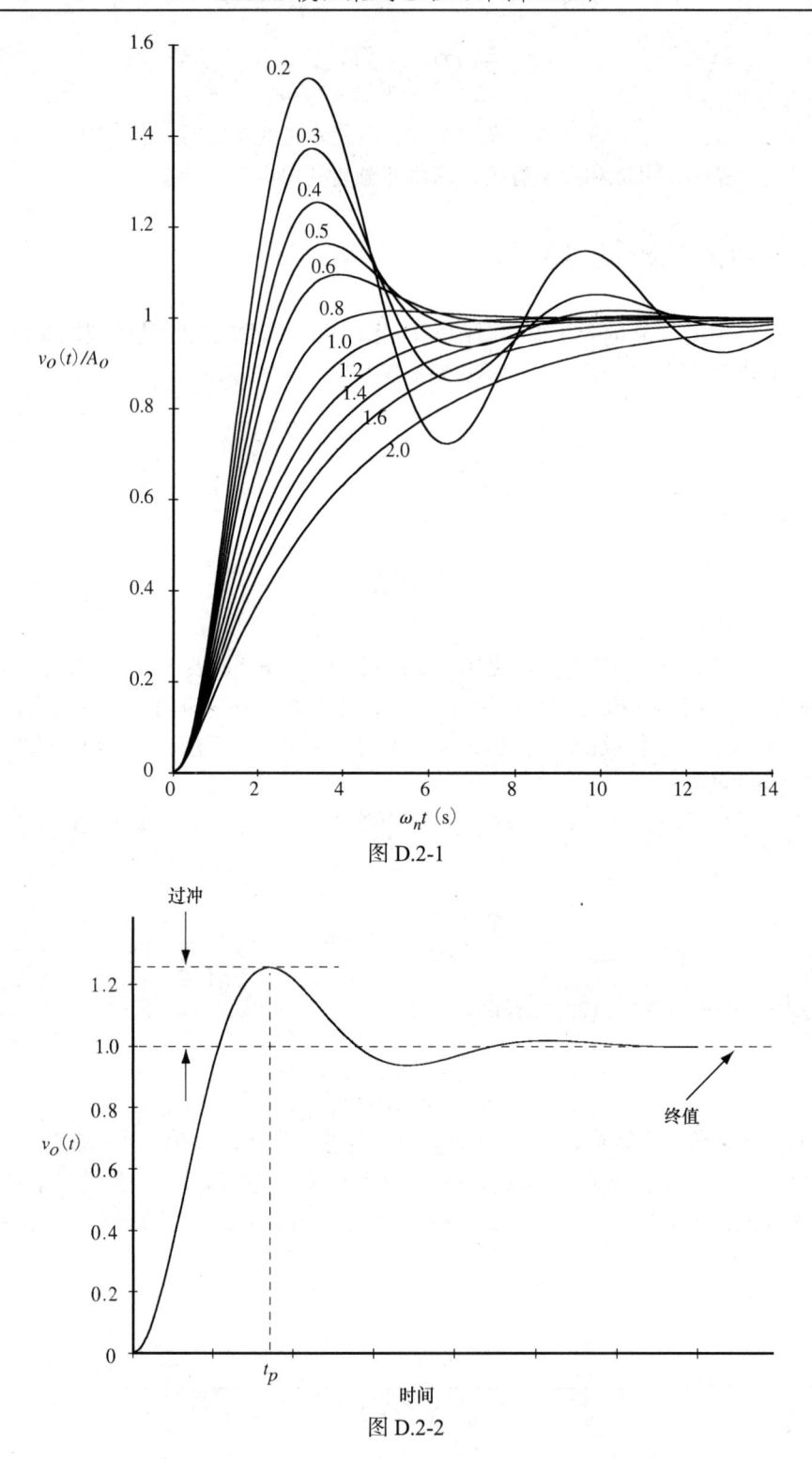

图 D.2-2

由于很难测量这类响应的各个参数，因此很难确定 ζ 和 ω_n。幸运的是，很少碰到 $\zeta > 1$ 的情况。如果 $\zeta > 1$，找出图 D.2-1 中与阶跃响应最一致的曲线就可获得最佳的结果。估计

$v_o(t)$(在 $\omega_n t = 4$ 时),并且选择 ζ 的值,直到 $v_o(4/\omega_n)$ 在这一点上与实验数据一致,则可获得更高的准确性。

D.3 由 ζ 和 ω_n 确定相位裕量和交界频率

前面的讨论给出了如何从时域阶跃响应确定 ζ 和 ω_n。本节将讨论如何从 ζ 和 ω_n 得出相位裕量 ϕ_m 和交界频率 ω_c。图 D.3-1 说明了 ϕ_m 和 ω_c 的含意。

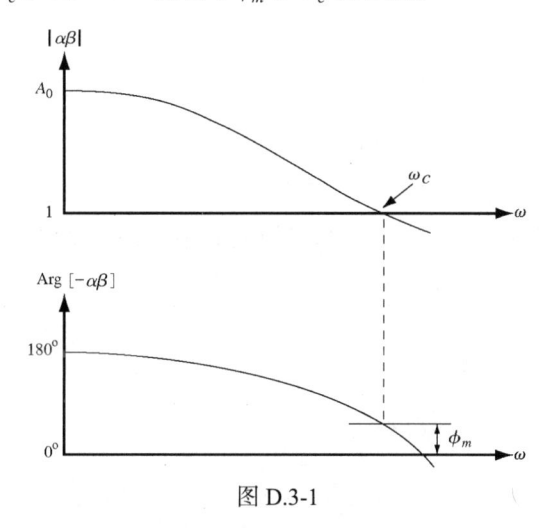

图 D.3-1

为了得到期望的关系式,假设 α 和 β 是实数。从式(D.1-5)可以得到

$$\alpha\beta = \frac{1/\alpha}{(1/A) - (1/\alpha)} \tag{D.3-1}$$

将式(D.1-1)代入式(D.3-1)给出环路增益为

$$\alpha\beta = \frac{A_0 \omega_n^2 / \alpha}{(s^2 + 2\zeta\omega_n s + \omega_n^2) - (A_0 \omega_n^2/\alpha)} = \frac{A_0/\alpha}{\left(\dfrac{s}{\omega_n}\right)^2 + 2\zeta\left(\dfrac{s}{\omega_n}\right) + 1 - \left(\dfrac{A_0}{\alpha}\right)} \tag{D.3-2}$$

当 $|\alpha\beta| = 1$ 时,$\omega = \omega_c$,因此式(D.3-2)变为

$$|\alpha\beta| = \frac{A_0/\alpha}{\sqrt{\left[1 - A_0/\alpha - (\omega_c/\omega_n)^2\right]^2 + \left[2\zeta(\omega_c/\omega_n)^2\right]}} \tag{D.3-3}$$

因为 $|\alpha\beta| = 1$,所以可由式(D.3-3)解得 ω_c 为

$$\omega_c = \omega_n \left[\sqrt{[2\zeta^2 - (1 - A_0/\alpha)]^2 - (1 - 2A_0/\alpha)} - 2\zeta^2 + (1 - A_0/\alpha)\right]^{1/2} \tag{D.3-4}$$

知道了 A_0、α、ω_n 和 ζ,就可以计算二阶系统的截止频率。在运算放大器中,$\alpha = A_0$,因此式(D.3-4)变为

$$\omega_c = \omega_n \left(\sqrt{4\zeta^4 + 1} - 2\zeta^2\right)^{1/2} \tag{D.3-5}$$

图 D.3-2 给出了这个函数的图形。

图 D.3-2

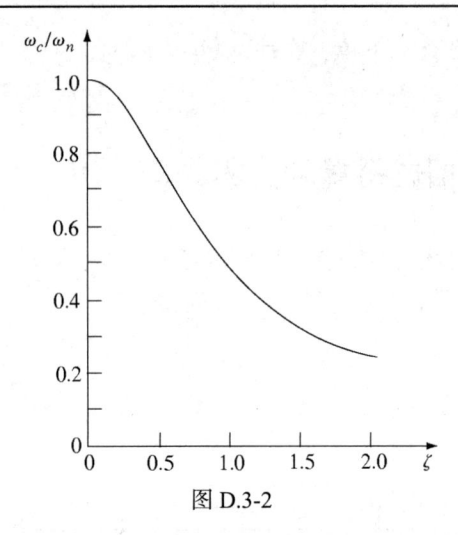

$\alpha\beta$ 的相位可以由式(D.3-2)求出。但是必须加上 $\pm\pi$ 以表示图 D.1-3 中加法器的符号，因此有

$$\phi_m = \arctan\left(\frac{2\zeta\omega_c/\omega_n}{(1-A_0/\alpha)-(\omega_c/\omega_n)^2}\right) \tag{D.3-6}$$

因为 $A_0 = \alpha$，所以可以将式(D.3-6)写为

$$\phi_m = \arctan\left(\frac{2\zeta}{\omega_c/\omega_n}\right) \tag{D.3-7}$$

将式(D.3-5)代入式(D.3-7)可得

$$\phi_m = \arctan\left(\frac{2\zeta}{(\sqrt{4\zeta^4+1}-2\zeta^2)^{1/2}}\right) \tag{D.3-8}$$

式(D.3-8)的等效形式为

$$\phi_m = \arccos\left(\sqrt{4\zeta^4+1}-2\zeta^2\right) \tag{D.3-9}$$

图 D.3-3 给出了式(D.3-8)、式(D.3-9)和式(D.2-3)中的 ϕ_m 与阻尼系数 ζ 之间的函数关系图。由 ζ 确定的系统时域性能使设计者可以通过式(D.3-9)或图 D.3-3 来估计相位裕量的值。例如，如果过冲峰值为 10%，那么图 D.3-3 中的虚线表示对应的相位裕量大约为 58°。

附录 D 二阶系统的时域和频域关系

$$\text{相位裕量} = \arccos\left[\sqrt{4\zeta^4+1}-2\zeta^2\right]$$

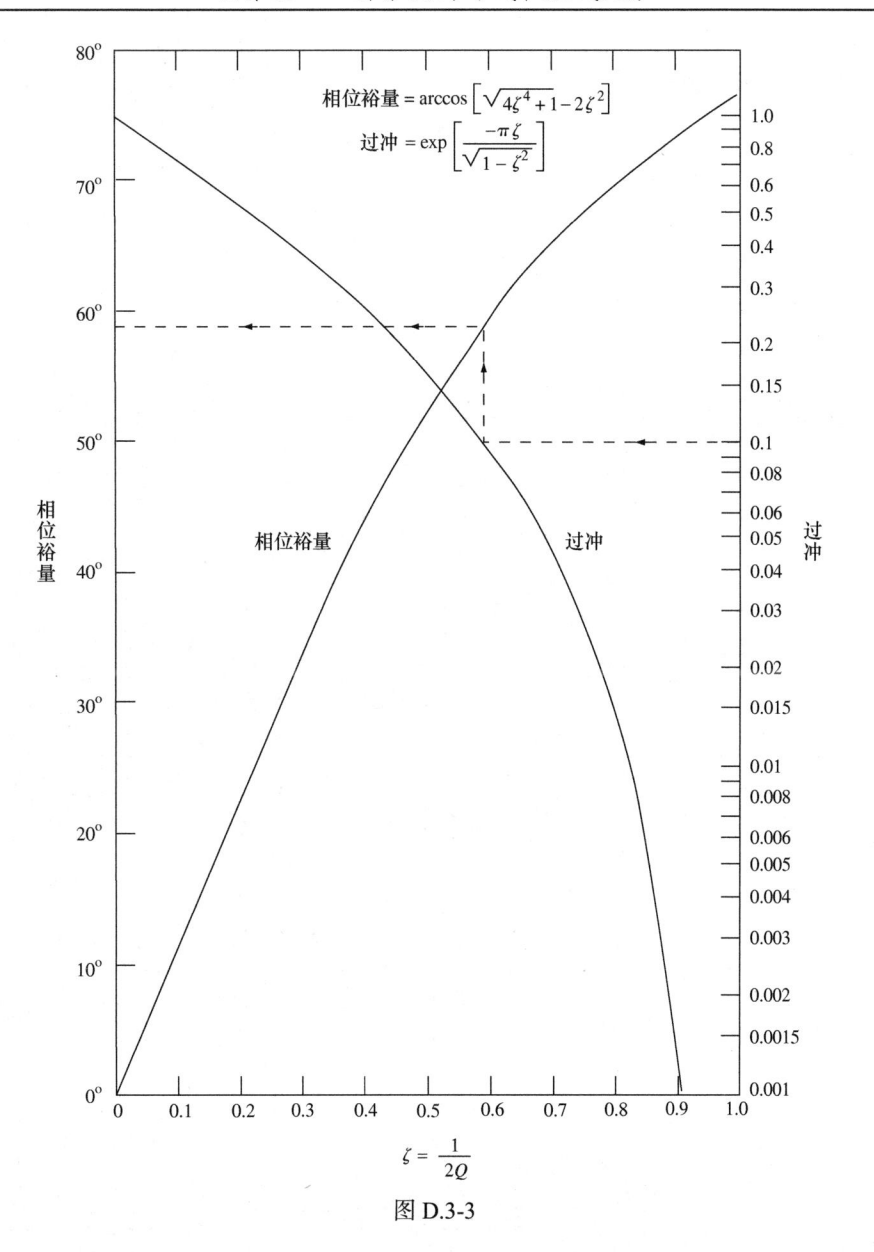

$$\text{过冲} = \exp\left[\frac{-\pi\zeta}{\sqrt{1-\zeta^2}}\right]$$

图 D.3-3